U0334532

同济博士论丛
TONGJI Dissertation Series

总主编 伍 江 副总主编 雷星晖

郭 戈 黄一如 著

住宅工业化发展脉络研究

Research on the Development
Context of Housing Industrialization

同济大学出版社
TONGJI UNIVERSITY PRESS

内 容 提 要

　　本书主要侧重于住宅工业化的历史、理论及设计方法论层面的探讨。将"住宅工业化"置于"工业化社会"发展的背景下,从社会生产方式演变的视角出发,展开对住宅工业化的发展脉络研究,从类型特征、理论谱系、设计方法和驱动因素等层面,寻找影响其发展的制导因素,试图为我国住宅工业化的发展提出建议。

图书在版编目(CIP)数据

　　住宅工业化发展脉络研究 / 郭戈,黄一如著. —上海:同济大学出版社,2018.9
　　(同济博士论丛 / 伍江总主编)
　　ISBN 978-7-5608-6996-4

　　Ⅰ. ①住… Ⅱ. ①郭… ②黄… Ⅲ. ①住宅-建筑工业化-研究 Ⅳ. ①TU241

　　中国版本图书馆CIP数据核字(2017)第093881号

住宅工业化发展脉络研究

郭　戈　黄一如　著
出 品 人　华春荣　　　责任编辑　罗　璇　熊磊丽
责任校对　徐春莲　　　封面设计　陈益平

出版发行　同济大学出版社　　www.tongjipress.com.cn
　　　　　(地址:上海市四平路1239号　邮编:200092　电话:021-65985622)
经　　销　全国各地新华书店
排版制作　南京展望文化发展有限公司
印　　刷　浙江广育爱多印务有限公司
开　　本　787mm×1092mm　　　1/16
印　　张　31.75
字　　数　635 000
版　　次　2018年9月第1版　　2018年9月第1次印刷
书　　号　ISBN 978-7-5608-6996-4

定　　价　150.00元

"同济博士论丛"编写领导小组

"同济博士论丛"编辑委员会

总 主 编：伍 江

副 总 主 编：雷星晖

编委会委员：（按姓氏笔画顺序排列）

袁万城　莫天伟　夏四清　顾　明　顾祥林　钱梦骎
徐　政　徐　鉴　徐立鸿　徐亚伟　凌建明　高乃云
郭忠印　唐子来　闫耀保　黄一如　黄宏伟　黄茂松
戚正武　彭正龙　葛耀君　董德存　蒋昌俊　韩传峰
童小华　曾国荪　楼梦麟　路秉杰　蔡永洁　蔡克峰
薛　雷　霍佳震

秘书组成员：谢永生　赵泽毓　熊磊丽　胡晗欣　卢元姗　蒋卓文

总　序

在同济大学 110 周年华诞之际，喜闻"同济博士论丛"将正式出版发行，倍感欣慰。记得在 100 周年校庆时，我曾以《百年同济，大学对社会的承诺》为题作了演讲，如今看到付梓的"同济博士论丛"，我想这就是大学对社会承诺的一种体现。这 110 部学术著作不仅包含了同济大学近 10 年 100 多位优秀博士研究生的学术科研成果，也展现了同济大学围绕国家战略开展学科建设、发展自我特色，向建设世界一流大学的目标迈出的坚实步伐。

坐落于东海之滨的同济大学，历经 110 年历史风云，承古续今、汇聚东西，秉持"与祖国同行、以科教济世"的理念，发扬自强不息、追求卓越的精神，在复兴中华的征程中同舟共济、砥砺前行，谱写了一幅幅辉煌壮美的篇章。创校至今，同济大学培养了数十万工作在祖国各条战线上的人才，包括人们常提到的贝时璋、李国豪、裘法祖、吴孟超等一批著名教授。正是这些专家学者培养了一代又一代的博士研究生，薪火相传，将同济大学的科学研究和学科建设一步步推向高峰。

大学有其社会责任，她的社会责任就是融入国家的创新体系之中，成为国家创新战略的实践者。党的十八大以来，以习近平同志为核心的党中央高度重视科技创新，对实施创新驱动发展战略作出一系列重大决策部署。党的十八届五中全会把创新发展作为五大发展理念之首，强调创新是引领发展的第一动力，要求充分发挥科技创新在全面创新中的引领作用。要把创新驱动发展作为国家的优先战略，以科技创新为核心带动全面创新，以体制机制改革激发创新活力,以高效率的创新体系支撑高水平的创新型国家建设。作为人才培养和科技创新的重要平台,大学是国家创新体系的重要组成部分。同济大学理当围绕国家战略目标的实现,作出更大的贡献。

大学的根本任务是培养人才,同济大学走出了一条特色鲜明的道路。无论是本科教育、研究生教育,还是这些年摸索总结出的导师制、人才培养特区,"卓越人才培养"的做法取得了很好的成绩。聚焦创新驱动转型发展战略,同济大学推进科研管理体系改革和重大科研基地平台建设。以贯穿人才培养全过程的一流创新创业教育助力创新驱动发展战略,实现创新创业教育的全覆盖,培养具有一流创新力、组织力和行动力的卓越人才。"同济博士论丛"的出版不仅是对同济大学人才培养成果的集中展示,更将进一步推动同济大学围绕国家战略开展学科建设、发展自我特色、明确大学定位、培养创新人才。

面对新形势、新任务、新挑战,我们必须增强忧患意识,扎根中国大地,朝着建设世界一流大学的目标,深化改革,勠力前行!

万　钢

2017 年 5 月

论丛前言

　　承古续今,汇聚东西,百年同济秉持"与祖国同行、以科教济世"的理念,注重人才培养、科学研究、社会服务、文化传承创新和国际合作交流,自强不息,追求卓越。特别是近20年来,同济大学坚持把论文写在祖国的大地上,各学科都培养了一大批博士优秀人才,发表了数以千计的学术研究论文。这些论文不但反映了同济大学培养人才能力和学术研究的水平,而且也促进了学科的发展和国家的建设。多年来,我一直希望能有机会将我们同济大学的优秀博士论文集中整理,分类出版,让更多的读者获得分享。值此同济大学110周年校庆之际,在学校的支持下,"同济博士论丛"得以顺利出版。

　　"同济博士论丛"的出版组织工作启动于2016年9月,计划在同济大学110周年校庆之际出版110部同济大学的优秀博士论文。我们在数千篇博士论文中,聚焦于2005—2016年十多年间的优秀博士学位论文430余篇,经各院系征询,导师和博士积极响应并同意,遴选出近170篇,涵盖了同济的大部分学科:土木工程、城乡规划学(含建筑、风景园林)、海洋科学、交通运输工程、车辆工程、环境科学与工程、数学、材料工程、测绘科学与工程、机械工程、计算机科学与技术、医学、工程管理、哲学等。作为"同济博士论丛"出版工程的开端,在校庆之际首批集中出版110余部,其余也将陆续出版。

　　博士学位论文是反映博士研究生培养质量的重要方面。同济大学一直将立德树人作为根本任务,把培养高素质人才摆在首位,认真探索全面提高博士研究生质量的有效途径和机制。因此,"同济博士论丛"的出版集中展示同济大学博士研究生培养与科研成果,体现对同济大学学术文化的传承。

"同济博士论丛"作为重要的科研文献资源,系统、全面、具体地反映了同济大学各学科专业前沿领域的科研成果和发展状况。它的出版是扩大传播同济科研成果和学术影响力的重要途径。博士论文的研究对象中不少是"国家自然科学基金"等科研基金资助的项目,具有明确的创新性和学术性,具有极高的学术价值,对我国的经济、文化、社会发展具有一定的理论和实践指导意义。

"同济博士论丛"的出版,将会调动同济广大科研人员的积极性,促进多学科学术交流、加速人才的发掘和人才的成长,有助于提高同济在国内外的竞争力,为实现同济大学扎根中国大地,建设世界一流大学的目标愿景做好基础性工作。

虽然同济已经发展成为一所特色鲜明、具有国际影响力的综合性、研究型大学,但与世界一流大学之间仍然存在着一定差距。"同济博士论丛"所反映的学术水平需要不断提高,同时在很短的时间内编辑出版110余部著作,必然存在一些不足之处,恳请广大学者,特别是有关专家提出批评,为提高同济人才培养质量和同济的学科建设提供宝贵意见。

最后感谢研究生院、出版社以及各院系的协作与支持。希望"同济博士论丛"能持续出版,并借助新媒体以电子书、知识库等多种方式呈现,以期成为展现同济学术成果、服务社会的一个可持续的出版品牌。为继续扎根中国大地,培育卓越英才,建设世界一流大学服务。

伍 江

2017 年 5 月

前　言

　　中国的住宅建设已进入一个重要的转型期,即在满足住宅适量的快速增长的同时,又要追求质量的全面提升,同时还要合理利用和节约资源。因此,实现住宅产业由粗放型向集约型转变,发展住宅工业化是新时期经济发展的迫切需求。本书主要侧重于住宅工业化的"历史、理论及设计方法论"层面的探讨。将"住宅工业化"置于"工业化社会"发展的背景下,从社会生产方式演变的视角出发,展开对住宅工业化的发展脉络研究,从类型特征、理论谱系、设计方法和驱动因素等层面,寻找影响其发展的制约因素,试图为我国住宅工业化的发展提出建议。

　　在对研究涉及的重要概念进行辨析,建构统一概念体系的基础上,本书首先对住宅工业化的源流和发展进行梳理。结合"历时性"和"共时性"的分析方法,将整个住宅工业化的发展历程分为4个阶段:以"将工业模式带入住宅"为特征的20世纪二三十年代、以"激进试验与大量建造的两极"为特征的20世纪四十至六十年代、以"向多样化与开放性转型"为特征的20世纪七八十年代和以"可持续发展目标下的部品体系化"为特征的20世纪末至21世纪。本书还对住宅工业化潮流中的建筑师设计思想和案例、工业化住宅建筑风格演变、特定时间中风格的统一性进行分析。

　　其次,本书从哲学和建筑学理论的层面寻找住宅工业化思想发展与现代主义建筑思潮的关系,发现工业化住宅多方面的特征都根源于现代主义建筑思想,例如平等空间和标准住宅、理性居住与最小化生存、系统架构与可变单元、技术至上与居住机器、移动和生长的住所,等等。可以说,工业化住宅是现代主义建筑思潮在居住建筑中的具体表现。

再次,本书对工业化住宅的设计方法的演变过程进行了总结,将其设计特征的演变归因于社会生产方式的变化,根据对设计基础(模数协调)、设计方法、设计趋势的分析总结出工业化住宅设计逐渐由"定型"转向"开放"的发展规律,并指出先进技术与可持续发展目标整合是未来工业化住宅的设计趋势。

最后,本书通过对各国住宅工业化发展历程、住宅内涵和驱动模式的分析,提出我国应逐步建立以政府为主导、企业为主体的发展模式,将保障性住宅建设视为住宅工业化的发展重点,努力实现"三步并举"跨越式的发展目标。此外,还对提升我国工业化住宅设计能力的途径提出若干建议。

目　录

第1章
绪 论

1.1 研 究 课 题

1.1.1 问题的提出

住宅工业化一直是中华人民共和国成立后中国城市住宅发展的目标。我国早在20世纪六七十年代就为解决住宅短缺问题学习苏联住宅建设的经验,以设计标准化为基础,工业化住宅建筑体系逐步兴起,成为我国住宅工业化发展的第一次高潮。然而到目前为止,粗放的建造生产方式、成套技术体系的缺乏,产品通用化和标准化的低水平,缺乏住宅产业政策支持等一系列原因,使得我国住宅工业化虽然经过多年实践,仍然没有长足的进展。

目前,建设"资源节约型、环境友好型社会"[①],已经成为我国社会的发展战略。而住宅是发展循环经济、建设资源节约型社会最为重要的载体之一。为此,2004年12月,我国政府从基本国情考虑,从人与自然和谐发展,有效利用资源和保护环境角度,提出大力发展"节能省地型住宅"。这成为我国住宅建设方式的重大转折和今后一段时期住宅建设的基本方针。[②]"住宅工业化"作为实现此目标的重要手段和途径,在政府政策和领先企业实践的推动下,重新成为业界的热点话题。

工业化住宅的设计既是住宅工业化的起点,也是其持续发展的难点之一,更是许多建筑师难以突破的技术瓶颈。如何在新的历史条件下进行工业化住宅的设计,成为我国建筑师不得不面对的时代问题,而这远非解决"标准化"与"多样化"的矛盾这么简单。采用工业化的建造方式一定要放弃高标准的设计、构造以

---

① 中共十六届五中全会通过的《关于制定国民经济和社会发展第十一个五年规划的建议》中,明确提出了"建设资源节约型、环境友好型社会",并首次把建设资源节约型和环境友好型社会确定为国民经济与社会发展中长期规划的一项战略任务。

② 2004年12月3—5日,中央经济工作会议,国家领导明确提出发展"节能省地型住宅"。

及建筑表达方式吗？工业化住宅是否可以同时满足"大规模生产"与"个性化"的需求？如何与可持续发展目标整合？如何实现从设计图纸到工厂生产线的转化？在住宅工业化的进程中建筑师是如何参与这一变革的？现代主义建筑理论对工业化住宅的发展产生怎样的影响？工业化住宅的设计方法又有怎样的发展规律？在世界住宅工业化的发展图景中，我国处于怎样的位置，又该如何借鉴国外经验呢？

随着探讨的愈加深入，我们可以发现这些问题的解答就愈多地涉及对世界范围内住宅工业化发展过程的全面认识。因为将"住宅工业化"置于"工业化社会"发展的背景下，梳理和探究其根源与脉络，是我们理解并提升自身要义的借镜，也是我们自主创新的基础。因此，循着历史的轨迹深度，扩展研究视野，探寻当代工业化住宅发展问题的解读，是非常必要并且十分紧迫的。

"一切历史都是当代史"。① 可以说，当代住宅工业化的发展是其历史的延续、活化和生成。本书将从社会生产方式演变的视角出发，展开对住宅工业化的发展脉络研究，着重于其类型特征、理论谱系、设计方法、驱动因素这几个方面，试图捕捉住宅工业化的发展轨迹，为我国住宅工业化的发展和工业化住宅的设计方法提出有益的建议与启示。

1.1.2 课题来源

本书研究的课题来自2007年受上海市科学技术委员会委托研究的课题"工业化住宅关键技术体系研究与综合示范"，编号07dz12017。本课题属于该课题的分课题之一：工业化住宅设计研究，编号07dz12017-2。

1.2 研究对象与范围界定

1.2.1 研究对象

住宅工业化的研究涉及建筑领域各学科的理论与技术、国家产业政策与标准制定、生产制造与企业管理、社会观念与文化等领域，范围非常广泛，每一方面都有许多值得研究和探讨的问题。

在本书的研究中，以"住宅工业化"与"工业化住宅"为研究对象，主要侧重于"工业化住宅的历史、理论及设计方法论"层面的探讨。本书对具体建造过程中的构法和工法不做深入讨论，对施工管理、产业链建设、产业政策、经济评价等方面不

① 出自意大利学者克罗齐（Benedetto Croce）的《历史学的理论与实际》。

做涉及。

"住宅工业化发展脉络研究"的内容主要包括住宅工业化的概念体系、住宅工业化发展源流、在其发展史上有影响的建筑师及其设计案例研究、住宅工业化思想的理论谱系、工业化住宅设计方法与趋势以及对我国发展的启示等。

1.2.2 范围界定

1. 时间范围

19世纪建筑领域出现的由产业革命引起的建筑革命催生了建筑生产的工业化,孕育了20世纪的现代建筑运动思潮。住宅工业化的技术和理论在此基础上开始萌芽。因此,本书研究的时间范围是从20世纪初为起点一直到21世纪的当代。

实际上,预制建筑系统最早可以追溯到17世纪。19世纪60年代,产业革命(Industrial Revolution)发源于英格兰。随着产业革命引起社会生产和社会生活的大变革,也引起了空前的建筑革命。但是20世纪以前的预制住宅实践,严格意义上并不能称之为"工业化住宅"。直到美国建筑师和工程师G.阿特伯里(Grosvenor Atterbury, 1869—1956)于1909—1910年,设计了美国纽约皇后区的森林山花园(Forest Hills Gardens)模范住宅项目。这座首次采用预制大板钢筋混凝土结构的住宅,是世界上第一座体系建筑,也是多位学者公认的工业化住宅的起点。

在建筑形式上,住宅在整个20世纪一直都是实践思想和表达建筑地位的最合适、最实时的工具。回顾住宅工业化演进史,20世纪初始的十年,工厂制造的建筑和构件的发展与美国本土和广布世界的英、法殖民地居住地的发展密不可分。从那时起,跨越200多年的建筑史,从20世纪二三十年代欧洲和美国的先锋派;到第二次世界大战后经济繁荣和婴儿潮以及相应的住宅短缺的黄金十年;接着到新材料的引进的20世纪60年代;最后到计算机技术戏剧性地改变工业产品状态的过去的十年,住宅工业化的探索运动又重新回到每个关于建筑与组装产品关系新话题的前沿。

在进入21世纪后的十年,人类社会进入工业化后时代(信息时代),住宅建设领域新观念、新技术、新材料、层出不穷,因工业时代得名的"工业化住宅"与可持续发展目标结合,呈现出多元发展的态势,已远远超越了其原初的内涵。全球化带来观念与技术的无国界,也为我国住宅工业化的新一轮发展带来难得的历史机遇。

2. 空间范围

本书研究的空间范围是:世界范围内住宅工业化全景式的描述和发展脉络研究。主要以住宅工业化发达的欧美和亚洲的日本为借鉴对象,并将我国的住宅工业化发展置身于全球坐标下进行定位和横向比较。

工业革命起源于欧洲，随着工业革命的传播，欧美国家的住宅工业化较早得以发展，并长期保持着理论研究和技术的领先性。两次世界大战，尤其是第二次世界大战（1939—1945）带来的城市破坏和住宅危机，导致许多国家进入了大量建造时期（Mass housing period）。这对工业化住宅发展的推动是决定性的。就此出现了几种不同的发展模式：

西中欧（包括英国、法国、前联邦德国、荷兰、意大利等）、北欧（瑞典、芬兰、挪威）等国在政府的推动下发展工业化住宅，各有特色。在理论上，源于荷兰的开放住宅的理论在欧洲得到普及和实践。进入21世纪后，欧洲各国以生态技术在工业化住宅的应用和室内填充体产品的发展为特色。

第二次世界大战后，以苏联为中心的东欧国家（包括前民主德国、波兰、罗马尼亚、捷克等）作为与资本主义阵营对立的社会主义阵营，同样在政府的大力推动下发展工业化住宅。苏联的住宅标准设计和住宅工业化取得很大成就，小到住宅区大到整个城市，都用标准化、工业化的方法建造。这种在国家意志下的"社会主义的住宅建筑群"与西方资本主义世界形成鲜明对比。

美国住宅建筑没有受到第二次世界大战的影响，但是汽车普及和居民流动，为预制住宅生产公司的发展创造了契机。除了大量建于郊区的木结构或钢结构低层住宅外。美国还出现了"移动住宅"（Mobile home）这种工业化住宅类型，以及在此基础上发展的"制造住宅"（Manufactured home）和"模块住宅"（Modular home）。加拿大和澳大利亚的情况也与此类似。

在亚洲，日本是当代住宅工业化的领先国家。日本的住宅产业化始于20世纪60年代初期，很大程度上得益于住宅产业集团的发展。日本从1985年开始陆续进行21世纪型住宅模式的研究开发。继承荷兰开放住宅思想的SI（Skeleton+infill）住宅，受到我国住宅产业界的推崇。此外，新加坡公共组屋和我国香港地区的公屋建设，这两种与保障性住房建设结合的住宅工业化发展模式，也非常值得我国借鉴。

我国从20世纪50年代起就开始学习苏联发展住宅工业化。但是受意识形态影响，早期以社会主义阵营的先进技术为标杆，视野仅限于以苏联为主的几个社会主义国家。直到20世纪80年代，引入荷兰支撑体住宅理论（SAR），在工业化住宅的适应性上做了一些有益的研究和积极的尝试[①]，但未能得到大范围的推广。近年，出现了以万科为首的一些大型住宅开发企业以日本住宅工业化模式为主要学习对象的

---

① 从1984年开始，南京工学院（现东南大学）在无锡进行了支撑体住宅的研究与实践，重视居民对设计过程的参与。

趋势。

除了这些在政府推动下的主流发展,从工业化住宅诞生之日起,作为一种先锋现象,就与实验性建筑密不可分。不论是源远流长的"未来主义住宅"(Future housing)和技术乌托邦住宅(Techno-utopia housing),还是 20 世纪 60 年代包括建筑电讯(Archigram)在内的欧洲"激进建筑运动"(radical architecture),或是同时期日本出现的"新陈代谢派"(Metabolist),以及一些建筑师个人的住宅试验,都充满了对工业化住宅的畅想。这些乌托邦式的设想多以工厂化大量生产、廉价、可移动、使用新材料、最小化等为特征。不但在整个建筑史上成为一种独特的现象,更启发了后代的建筑师,深刻影响了工业化住宅的发展走向。许多早期的概念图纸,早已变成现实,如塑料住宅、仓体住宅、整体卫浴、整体家居、预先空间协调、能源自给、建筑服务的快速发展、实力雄厚的建筑制造商等等。直到今天,不断涌现的前沿设想,仍然可以在一些现在看来超时代的工业化住宅设计中找到。

在研究中,不管是过去的唯苏联论或是唯日本论、唯欧洲论,都是不全面的,很容易造成理论观点的偏颇和技术的盲从(我国官方甚至狭隘地认为住宅产业化起源于日本[①])。而以大师作品和纪念性建筑为主线的"大建筑史",也容易使我们忽略许多闪现的思想火花和微观层面的探索,尤其是在工业化住宅这一领域。因此,本书避免以某一种发展模式作为中心,试图进行广泛而全面的讨论。我国的住宅工业化之路究竟会走向何方? 在研究中保持这一问题的开放性,比在"不知有汉,何论魏晋"的状态下做出定论要明智得多。

3. 理论范围

本书的理论框架以产业经济学为理论视角,以对住宅工业化有深刻影响的一些现代主义建筑理论为基本内容,以开放建筑理论为理论主线,同时也涉及模数和模数协调理论、可持续发展理论、数字化建造理论和先进制造业理论等。

1)产业经济学理论

产业经济学(Industrial Economics)从作为一个有机整体的"产业"出发,探讨在以工业化为中心的经济发展中产业间的关系结构、产业内企业组织结构变化的规律以及研究这些规律的方法。产业经济学的研究对象是产业内部各企业之间相互作用关系的规律、产业本身的发展规律、产业与产业之间互动联系的规律以及产业在空间区域中的分布规律等。

以产业经济学的视角审视住宅工业化,有助于我们在整个社会工业化的背景下对住宅产业进行定位,了解住宅产业与其他产业的联动关系,明确住宅产业和住宅

---

① 这种说法是不正确的,实际上日本的 SI 住宅源于荷兰的开放建筑理论(Open building),早期在我国也称之为支撑体住宅理论(SAR)。这一点我国学者丁成章在 2005 年就有指出。

产业化的内涵，把握其发展规律。在对住宅产业化与住宅工业化的联系与区别的分析中，对工业化住宅的概念进行界定。建立研究的概念体系。此外，从规模生产到量产定制化，社会生产方式的演变和企业组织结构变化也直接影响了工业化住宅的设计特征。

2）现代主义建筑理论

住宅工业化作为现代主义建筑思潮在居住建筑中的反映，与现代主义建筑理论的发展密不可分。工业化住宅多方面的特征都根源于现代主义建筑思想，并随着现代主义建筑理论的发展而发展。因此，反观现代主义建筑理论有助于我们认识住宅工业化的本质。

"现代性"的启蒙来自"理性"。在哲学层面，理性主义（Rationalism）和其后的结构主义（Structuralism）对工业化住宅的影响最大。从理性主义中诞生的功能主义（Functionalism），给住宅带来新的美学原则。在早期工业化住宅发展工程中，功能主义思想的指导下的"最小化生存"（Existence minimum）空间一度成为工业化住宅的主流。而极端的卫生主义（Hygienisme）成为当时最低标准住宅的设计依据。结构主义（Structuralism）是20世纪六七十年代西方思潮中的显学。强调整体秩序与群化思维。结构主义建筑的一个分支则是以约翰·哈布瑞根（J.N. Habraken）为代表发展的开放建筑理论（Open building）。

技术作为一种不可见的而又是最富革命性的因素促使工业化住宅成为"由生产条件决定的构配件的组合"。从技术至上主义（Technologic supremacist）到技术乌托邦（Techno-utopia），从包豪斯（Bauhaus）到高技派（Hi-Tech），工业化住宅逐渐脱离了早期的"机器意向"转变为与生态、节能技术高度结合的"生态美学"上来。

3）开放建筑理论

开放建筑理论为工业化住宅的设计提供了切实可行的理论依据和设计方法，是工业化住宅理论构架的主线。因此，开放建筑理论及其发展也是本书的理论主线，贯穿于整个研究过程。

从20世纪60年代起源于荷兰的"骨架支撑体"理论（SAR），以设计方法来回应使用弹性变化的课题，强调居民参与。20世纪七八十年代，SAR理论向开放建筑理论演进，逐渐由理论和设计研究转向生产技术应用体系的研发，在世界范围内广泛传播。进入1990年代，日本在开放建筑理论基础上发展了SI（Skeleton-infill）住宅理论。SI住宅与开放住宅一样，都将住宅分为公共性的支撑体S（Skeleton）和反映住户不同需求的填充体I（Infill）两个部分，注重住宅的耐久性能和二阶段供应，成为日本工业化住宅的主要形式。SI住宅理论及其技术对我国住宅产业界影响很大，是我国发展住宅工业化的主要学习对象。

在开放建筑理论的基础上延伸出"可变住宅"或称"适应性住宅"（Flexible

housing）以及研究低收入者居住的"可负担住宅"（Affordable Housing）研究也与住宅工业化研究课题互有交集，因此在本书中也有涉及。

4）模数和模数协调理论

工业化住宅设计、生产和施工活动应用模数协调的原理和原则方法，可规范住宅建设生产各环节的行为，制定符合相互协调配合的技术要求和技术规程。模数化和模数协调是进行工业化住宅设计的基础，同时也是一种建筑概念的体现。因此探讨工业化住宅设计中模数和模数网格应用的基本理论和应用规律，对于我国工业化住宅的进一步发展很有意义。

模数和模数协调理论具体包括模数化的原理，以及建筑统一模数制、基本模数、扩大模数、分模数、模数网格、接口、误差等概念。最后落实到模数网格的应用，以促进了工业化住宅设计方法的完善。

5）可持续发展理论

"工业化建造住宅"本身就是比"现场建造住宅"更加环境友好的建造方式。随着社会进一步向环保型及资源循环型转变，可持续发展目标对工业化住宅提出进一步要求。可持续发展理论在工业化住宅中的衍生与运用，一方面表现为开放建筑理论中提供的多样化的选择性，另一方面表现在建立在高度发展的工业化制造技术之上，提升住宅价值的各个系统的整合（system integration），最终达到生命周期成本（LCC）更低、耐久性更高的"长寿命化"住宅的目的。可持续发展理论在我国工业化住宅中的运用，则对我国建设"节能省地型住宅"的发展方针作出回应。

6）数字化建造理论

基于建筑信息模型BIM（Building Information Modeling）技术的数字化建造是建筑设计方法的一次重大转型。BIM的应用贯穿于整个项目全生命周期的各个阶段：设计、施工和运营管理。真正实现了从"设计"住宅到"制造"住宅的跨越。是从根本上解决"标准化"和"多样化"的矛盾的途径。作为学科前沿，数字化建造还没有形成完整的理论体系。本书主要介绍了建筑信息模型BIM、虚拟设计和制造的相关论述，以及一些建筑师，如格雷戈·林恩（Greg Lynn）提出的量产定制化（one-of-a kind）理论。

7）先进制造业理论

工业化住宅的生产方式介于制造业与建筑业之间，兼备了二者的特点，但比普通住宅更接近制造业。制造业的总体技术水平和管理水平高于历来是一个粗放型行业的建筑业。因此工业化住宅的设计和建造必须深刻理解制造业，借鉴先进制造业理论。主要包括精益生产（lean production, LP）、敏捷制造（agile manufacturing, AM）、大规模定制（mass customization, MC）、快速动态响应协同产品设计理论、面向大量定制的延迟制造理论、并行工程（concurrent engineering, CE）、虚拟制造（virtual manufacturing）等。

1.3　研究现状与文献综述

1.3.1　住宅工业化历史与发展研究

1. 国外研究

1）欧美

在全球视角下，通过对工业化住宅的历史研究可以发现其在广泛的地域发展中的共同规律，因此国外许多学者都非常重视工业化住宅的历史研究。尽管早期也有许多研究成果，但最全面的还属2008年7月美国MOMA艺术馆举行的名为"房屋交付：预制现代住宅"（Home Delivery: Fabricating the Modern Dwelling）[1]的展览。该展览首次将全球工业化住宅的发展历程用直观的形式系统地展现与世人面前，可谓是现今最彻底的对工业化住宅的历史和现代的展示和检验。

展览按照年代顺序，将预制住宅技术追溯上至17世纪，下至利用虚拟技术建造住宅的当代。包括了大量珍贵的历史图片、文字和模型，而且还以5座以新技术建成的住宅，展示了当代工业化住宅的最新成就。[2]展览不仅囊括了所有著名的设计案例，也对许多非发达国家（例如古巴、以色列）的探索，和一些名不经传的工业化住宅作品给予了关注。展览后，Barry Bergdoll的同名书著作《住家速递：——预制现代住宅》（Home Delivery: Fabricating the Modern Dwelling）[3]出版。在此书开篇以《现代主义的黏性——从泰罗制到虚拟建造》为题，论述了住宅工业化的发展与社会生产方式演变的联系，并将此归结为现代主义思想的延续。

美国学者Allison Arieff与Bryan Burkhart在 *Prefab*[4] 一书中也对工业化住宅的发展历史进行了简要的总结和评述，主要侧重于美国工业化住宅的发展。后文以案例研究的形式，介绍了许多当代杰出的工业化住宅设计。

此外，从建材和建造技术的发展历史中也可以找到工业化住宅的发展轨迹。例如在E.J. Morris的《建筑预制混凝土》（*Precast Concrete in Architecture*）[5] 可见

---

① Home Delivery: Fabricating the Modern Dwelling. http://www.momahomedelivery.org.
② 详见：本书章节6.5.1.
③ Barry Bergdoll. Home Delivery: Fabricating the Modern Dwelling［M］. Birkhäuser Basel, August 1, 2008.
④ Allison Arieff & Bryan Burkhart. Prefab［M］. Gibbs Smith, September 13, 2002.
⑤ E.J. Morris. Precast Concrete in Architecture［M］. George Godwin Limited, 1978.

预制混凝土技术的发展历程和在住宅中的表现。美国俄克拉荷马州大学（The University of Oklahoma）建筑学院 Hermann Gruenwald 教授在"预加工建筑系统"（*Pre-engineered Building Systems*）[1]讲义中，对作为一种体系建筑的工业化住宅进行了阐述。在美国康奈尔大学（Cornell University）Jonathan Ochshorn 的建筑历史教材中对 20 世纪的钢结构住宅进行了总结[2]。斯坦福大学的工业设计史（Industrial Design History）中也关注了工业化住宅的发展史。

　　20 世纪 90 年代，英国也出现许多住宅工业化的通史研究著作，例如 Brenda Vale 的 *Prefabs-a history of the UK temporary housing programme*[3]（1995 年），Brian Finnimore 的 *Houses from the factory system building and the welfare state*（1989 年），Miles Glendinning 和 Stefan Muthesius 的 *Tower Block*（1994 年）等。

　　2）日本

　　日本的住宅工业化大约始于 20 世纪 60 年代初期，到 60 年代中期，已有了相当发展。20 世纪 60 年代末和 70 年代，日本住宅工业化研究盛行，对各国发展展开大量调查研究，出版了很多研究报告。例如：《住宅生产的工业化》[4]《世界的预制装配化系统》[5]《日英住宅生产中产业构造以及生产技术发展的比较研究》[6]《北欧的住宅对策》[7]《诸国外开放系统的研究报告 KEP REPORT》[8]等。这些对国外住宅工业化发展道路的调查研究为日本寻找本国的发展道路打下了坚实的基础。

　　20 世纪 70 年代后出现了许多工业化住宅历史研究的著作。其中既有侧重于"工业化"本身，也有侧重于"性能和构法"、"住宅生产的社会化"以及"传统构法的再评价"等方面。例如 1977 年，内田祥哉（Uchida Yoshichika）就在《建筑生产的开放系统》中将 20 世纪 50—70 年代后期的住宅生产工业化的演变进行了概括性的总结。1988 年，内田祥哉又在此基础上写出《建筑生产的过去、现在、未来》[9]，对第二次世界大战后 40 年来的工业化住宅构工法的历史变迁进行

①　Hermann Gruenwald. Pre-engineered Building Systems［EB/OL］.The University of Oklahoma-College of Architecture, http://www.ou.edu/class/hgruenwald/teach/5970/597212.htm. 2008-6-8.
②　Jonathan Ochshorn. Steel in 20th-Century Architecture［EB/OL］, http://people.cornell.edu/pages/jo24/writings steel-part4.html, 2009-2.
③　Brenda Vale. *Prefabs: The history of the UK Temporary Housing Programme*［M］. Routledge. August 1, 1995.
④　カミヘユ・ボノム、ルイ・レオナヘル共著,水田喜一郎、松谷一蒼朗译.住宅生産の工業化［M］.鹿岛出版社,1970.
⑤　プレハブ建築協会編著.世界のプレハブ・システム［M］,1968.
⑥　安藤正雄、住宅综合研究所.住生産における産業構造および生産技術の變化関日英比較研究［M］.
⑦　北欧五ケ国建設省編、森 千朗尺.北欧の住宅對策［M］.相模書房,1968.
⑧　日本住宅工团.諸外國におけるォヘプンシステムに關调查研究报告（KEP REPORT）［M］.日本住宅工团,1979.
⑨　内田祥哉.建築生産の過去・現在・未来［M］.日本建築センター,1988.

了总结。松村秀一（Shuichi Matsumura）[1]在1987年的著作《工业化住宅的考虑系列丛书·行家的住宅》[2]中以通史的形式将预制住宅的历史变迁进行总结，是住宅工业化研究中最常被引用的文献之一。在1999年出版的另一本著作《住宅的考虑方法——20世纪的住宅系谱》[3]中通过"居住的革命、量产的梦、商品化的住宅、新世纪的素材、100年的风景"5个章节，对住宅工业化思想的发展历程和表现形式进行了系统的阐述，并对日本工业化住宅的发展进行展望。日本正式建筑学会构法计划小委员会编写的《工业化的独立式住宅资料》也是工业化住宅通史性的重要资料。

此外日本经济产业省的研究报告《住宅产业的新范式》（2008年）中也对日本住宅产业的诞生和发展历史和产业政策的历史进行了总结。

2. 国内研究

1）对我国住宅工业化发展历程的总结

中华人民共和国成立以来，我国就学习苏联，开始走上住宅工业化的道路，实际上在现代住宅发展过程的各个阶段，我国一直相当重视将工业化作为生产的首要方式。但是目前对于我国住宅工业化发展历程的专门论述相当少见。

实际上关于我国现代住宅发展历史的著作都屈指可数。除了我国清华大学学者吕俊华和美国学者彼得·罗等人所著的《中国现代城市住宅：1840—2000》[4]以外，别无他本。通过此书对我国现代住宅发展各阶段的阐述，可以寻找出住宅工业化的发展线索。董悦仲等编著的《中外住宅产业对比》[5]中，新加坡与我国预制结构技术发展对比一章，简要论述了我国住宅结构的发展与预制技术的兴起、衰落与今后的发展对策，从技术发展的角度，对我国住宅工业化的发展过程进行了回顾。

除此以外，从许多专业期刊文献中也可以了解到当时住宅工业化的发展情况。例如1960年，建筑科学研究院工业与民用建筑研究室发表的《住宅建筑结构发展趋势》[6]；1979年南宁全国工业化住宅建筑会议发表的《国内工业化住宅建筑概况和意见》[7]；1981年发表的《概述国内几种工业化住宅体系的经济效果》[8]；1985年《中国

---

[1] 东京大学教授，被誉为日本建筑生产和住宅工业化研究的第一人。主要从事建筑构法、建筑生产系统等方面的研究。
[2] 松村秀一.工業化住宅·考—シリーズ·プロのノウハウ[M].学芸出版社,1987.
[3] 松村秀一.「住宅」という考え方—20世紀の住宅の系譜[M].東京大学出版会,1999.
[4] 吕俊华,彼得·罗,张杰.中国现代城市住宅：1840—2000[M].北京：清华大学出版社,2003.1.
[5] 董悦仲等编.中外住宅产业对比[M].北京：中国建工出版社,2005.1.
[6] 建筑科学研究院工业与民用建筑研究室.住宅建筑结构发展趋势[J].建筑学报,1960（1）.P32-35.
[7] 南宁全国工业化住宅建筑会议特约通讯员.国内工业化住宅建筑概况和意见[J].建筑技术,1979.01.P6-8.
[8] 知慧.概述国内几种工业化住宅体系的经济效果[J].住宅科技,1981.3.P14-15.

建筑年鉴（1984-1985）》中的《建筑标准设计》[①]章节；1993年发表的《北京住宅建筑工业化的发展与展望》[②]等等。

我国香港地区住宅工业化的发展与内地模式不同，主要反映在"香港房屋委员会及房屋署"[③]的公屋建设上，在《香港建筑工业化进程简述》[④]等文章中也有所介绍。

2）对国外住宅工业化发展经验的引入

"一五"时期，中国就开始学习苏联标准设计方法。在1955年，我国国家建设委员会和建设工程部组织翻译了赫鲁晓夫在全苏建筑工作人员会议的报告《告全苏建筑工作人员书》，以及8个主要报告和39个专业小组报告，拟共同形成《全苏建筑工作人员会议重要文集》。《住宅及公用建筑物在工业化大量修建条件下的建筑艺术问题》[⑤]是39个专业报告之一。可见当时苏联非常重视工业化住宅的建筑艺术问题。后来又陆续翻译出版了《论在大量住宅建设中的住宅、单元和住户的型式》[⑥]、《2—5层住宅标准设计》[⑦]、《现阶段住宅建筑中建筑师的任务》[⑧]《住宅标准设计的编制方法问题》[⑨]等著作和资料。这些译著为我国住宅工业化的研究和应用打下理论基础，极大地促进了当时我国住宅标准化和工业化的发展。

"文革"结束后，改革开放带来住宅建设的新一轮热潮。20世纪八九十年代，我国住宅工业化的研究此时已跳出苏联经验的局限，积极学习法国、前联邦德国、日本、瑞典、丹麦等西方住宅工业化发达国家的经验。1980年瑞士托·施米德等著的《体系建筑》[⑩]、1983年内田祥哉的《建筑工业化通用体系》[⑪]、1986年《法国工业化

① 周金祥.建筑标准设计.中国建筑年鉴（1984—1985）[M].北京：中国建筑工业出版社,1985.P348.
② 胡世德.北京住宅建筑工业化的发展与展望[M].北京：北京中国建筑中心科技信息研究所,1993.
③ 香港房屋委员会及房屋署.http://www.housingauthority.gov.hk/,2009-2-4.
④ 陈振基,吴超鹏,黄汝安.香港建筑工业化进程简述[J].墙材革新与建筑节能.2006年第5期.P54-56.
⑤ （苏）M.B.勃索欣.住宅及公用建筑物在工业化大量修建条件下的建筑艺术问题[M].北京：建筑工程出版社,1955.
⑥ 全苏建筑工作人员会议文件——论在大量住宅建设中的住宅、单元和住户的型式[M].（苏）П.Н.布罗欣报告人、王凤琴、钱辉焴译.北京：建筑工程出版社,1955.
⑦ B.E.科列里柯夫.2—5层住宅标准设计[M].马嗣昭译.北京：建筑工业出版社,1956.
⑧ （苏）A.查里茨曼著,现阶段住宅建筑中建筑师的任务（苏联第二次建筑师代表大会文件集）[M].城市建设部办公厅专家工作科译.北京：城市建设出版社,1956.
⑨ B.B.加连柯夫.住宅标准设计的编制方法问题[M].城市建设出版社译.北京：城市建设出版社,1957.
⑩ （瑞士）托·施米德.体系建筑[M].陈琬译.中国建筑工业出版社,1980.
⑪ （日）内田祥哉.建筑工业化通用体系[M].姚国华、吴家骊译.上海科学技术出版社,1983.

住宅的设计与实践》[①]、1993年瑞典建筑研究联合会著的《瑞典住宅研究与设计》[②]在我国相继出版。

在建筑专业期刊中,对各国工业化住宅新发展的介绍也十分活跃。可见《西德"新家乡"住宅建筑体系》[③]《东德工业化住宅建筑的多样化》[④]《英国工业化住宅建设——从"国际式"风格到多元化》[⑤]《赫尔辛基"纳里奥基尔"居住区,芬兰》[⑥]《丹麦住宅建筑工业化的特点》[⑦]《美国住宅建设工业化的特点》[⑧]《法国住宅工业化的发展》[⑨]等文章。

进入21世纪后,随着住宅工业化重新成为住宅产业界的热点话题,人们在大力引进国外先进技术的同时,逐渐意识到:只有在对住宅工业化发展历程的全面认识基础上,借鉴国外经验才能有的放矢。许多研究者都开始重新审视各国住宅工业化的发展历程,并在新的历史条件下扩大研究视野,寻找自己的发展道路。

在董悦仲等编著的《中外住宅产业对比》[⑩]中,多位专家对比了我国与日本、美国、英国、法国、新加坡等国的住宅产业,主要着重于产业发展、政策制定等宏观层面。大连理工大学范悦教授在《可持续住宅工业化的世界》一章中总结了PCa住宅工业化在欧洲的发展过程,文章还提出了我国工业化住宅的市场定位问题。

万科集团在工业化住宅研究早期,就已对各国的住宅工业化发展历程进行了广泛的考察。万科集团工程师楚先锋在2008年《住区》(01、05、06期)杂志中连续发表了一系列题为《国内外工业化住宅的发展历程》的文章,简要介绍了日本、法国、美国、我国香港和我国内地的工业化住宅发展历程,并指出万科以日本作为重点学习对象的必然性。

① 法国工业化住宅的设计与实践[M].娄述渝,林夏编译.北京:中国建工出版社,1986.2.
② (瑞)瑞典建筑研究联合会合著,斯文·蒂伯尔伊主编,瑞典住宅研究与设计[M].张珑等译.北京:中国建筑工业出版社,1993.11.
③ 陆仓贤.西德"新家乡"住宅建筑体系[J].世界建筑,1980(2).P7.
④ 魏永生.东德工业化住宅建筑的多样化[J].住宅科技,1982/07.P13-14.
⑤ 程友玲.英国工业化住宅建设——从"国际式"风格到多元化[J].世界建筑,1989(06).P21-24.
⑥ (芬)奥利·培卡·约凯拉,彭蒂·卡尤加,邹欢;赫尔辛基"纳里奥基尔"居住区,芬兰[J].世界建筑,1997年04期.P43.
⑦ 佚名.丹麦住宅建筑工业化的特点[J].中国建设信息,1998(36).P42.
⑧ 佚名.美国住宅建设工业化的特点[J].中国建设信息,1998(36).P38.
⑨ 佚名.法国住宅工业化的发展[J].中国建设信息,1998(35).P72-73.
⑩ 董悦仲等编.中外住宅产业对比[M].北京:中国建工出版社,2005.1.

1.3.2 工业化住宅设计理论与方法研究

1. 国外研究

1）欧美

早在1972年，C.A. Grubb 与M.I. Phares 就在 *Industrialization: New Concept for Housing* [①] 一书中指出工业化是住宅发展的新方向。Esther McCoy 于1977年出版的 *Case study houses 1945–1962* 介绍了美国约翰·伊坦斯（John Entenza）发起的"住宅案例研究计划"，该书对各国住宅工业化的影响十分深远。Albern 与 F. William 等人编著的 *Factory Constructed Housing Developments: Planning, Design, and Construction* [②] 介绍了美国工厂制造住宅的规划、设计、建造等发展情况。

近年，欧美许多著作以低层预制住宅建筑设计方法和形态研究为主要内容，展现了工业化住宅的多元面貌。从许多住宅案例中显示出将工业化技术与可持续发展技术结合的新趋势。在 Sheri Koones 的 *Prefabulous: The House of Your Dreams Delivered Fresh from the Factory* [③] 中，作者认为预制住宅（Prefab）也可以是优美的（fabulous），试图打破人们对工业化住宅等于廉价和丑陋的成见。类似的著作还有 James Grayson Trulove 和 Ray Cha 的 *PreFab Now* [④]、Jill Herbers 的 *Prefab Modern* [⑤]；Michael Buchanan 的 *PreFab Home* [⑥]；Martin Nicholas Kunz 的 *Best Designed Modular Houses* [⑦]；Mark Anderson 的 *Prefab Prototypes: Site-Specific Design for Offsite Construction* 等等 [⑧]。Joseph 和 Chuen-huei Huang 的 *Participatory Design for Prefab House: Using Internet and Query Approach of Customizing Prefabricated Houses* [⑨] 中提出通过互联网和互交问卷使预制住宅实现用户定制化的方法。

"开放建筑"理论是对工业化住宅设计影响最大的建筑理论，1984年，国际上成立了开放建筑研究小组，其研究成果可见开放建筑CIB* W104 Open Building

---

① C.A. Grubb & M.I. Phares. *Industrialization: New Concept for Housing* [M]. Praeger Publishers Inc., U.S., October 5, 1972.

② Albern, William F., Morris, M.D.,（Morton Dan）. *Factory constructed housing developments: planning, design, and construction* [M]. CRC Press, c1997.

③ Sheri Koones. *Prefabulous: The House of Your Dreams Delivered Fresh from the Factory* [M]. Taunton, March 6, 2007.

④ James Grayson Trulove & Ray Cha. *PreFab Now* [M]. Collins Design, September 4, 2007.

⑤ Jill Herbers. *Prefab Modern* [M]. Collins Design, February 7, 2006.

⑥ Michael Buchanan. *PreFab Home* [M]. Gibbs Smith, September 24, 2004.

⑦ Martin Nicholas Kunz. *Best Designed Modular Houses* [M]. Birkhauser, December 1, 2005.

⑧ Mark Anderson. *Prefab Prototypes: Site-Specific Design for Offsite Construction* [M]. Princeton Architectural Press, May 30, 2006.

⑨ Joseph Chuen-huei Huang. *Participatory Design for Prefab House: Using Internet and Query Approach of Customizing Prefabricated Houses* [M]. VDM Verlag. August 21, 2008.

Implementation的网站[①]、开放建筑理论的创始人约翰·哈布瑞根(N. John Habraken)[②]的个人主页,以及国际开放住宅协会[③](Open House International)的网站。开放建筑理论的发展过程可见Koos Bosma等人编著的 *Housing for the Millions — John Habraken and the SAR*(*1960–2000*)[④]一书。

在开放住宅理论基础上发展的可变住宅研究,也是与工业化住宅相关的研究课题。Schneider等人的著作 *Flexible Housing*[⑤]就是其中之一。英国谢菲尔德大学建筑系Jeremy Till和Sarah Wigglesworth教授2004年也有可变住宅的研究课题[⑥]。

在欧美国家,工业化住宅因为造价低廉,常以提供给低收入人群的"可负担住宅"出现。因此"可负担住宅"的研究课题也与工业化住宅有一定相关性。可见美国"可负担住宅协会"对移动住宅的相关研究。以及David J. Brown的 *The HOME House Project: The Future of Affordable Housing*[⑦];Sam Davis的 *The Architecture of Affordable Housing*[⑧]等著作。

2)日本

日本从1985年开始陆续进行针对21世纪型住宅模式的研究开发,先后进行了多层住宅用新材料、设备系统开发项目(1984—1990),新工业化住宅产业技术·系统开发项目(1989—1995),创造生活价值住宅开发项目(1994—2000)和资源循环型住宅技术开发项目(2000—2004)。其研究成果可见"UR都市機構"[⑨]的网站的介绍。日本住宅开发项目(HJ)课题组的主要研究成果《21世纪型住宅模式》[⑩]也于2006年在我国出版。

日本在20世纪80年代开始的公团部品开发试验项目(Kodan Experimental Project, KEP)和百年住宅体系(Century Housing system:CHS)等国家层面部品化的研究对日本住宅产业的发展产生巨大深远的影响,大大提升了研发新型体系的环境。20世纪90年代后在参考CHS成果的基础上,沿着CHS的研究思路,集结产学研的力量开发出了SI住宅,并在很多实际项目得到应用。KSI(Koden Skeleton Infill

① CIB* W104 Open Building Implementation. http://open-building.org/.
② N. John Habraken. http://www.habraken.com.
③ Open House International. http://www.openhouse-int.com/index.php.
④ Koos Bosma, Dorine van Hoogstraten, Martijn Vos. Housing for the Millions — John Habraken and the SAR(1960–2000)[M]. NAi Publishers.
⑤ Schneider, Tatjana., Till, Jeremy. Flexible housing[M]. Architectural Press, 2007.
⑥ Flexiblehousing. http://www.afewthoughts.co.uk/flexiblehousing/index.php.
⑦ David J. Brown. *The HOME House Project: The Future of Affordable Housing*[M]. The MIT Press, 2005.
⑧ Sam Davis. *The Architecture of Affordable Housing*[M]. University of California Press, 1995.
⑨ UR都市機構.http://www.ur-net.go.jp/.
⑩ (日)日本住宅开发项目(HJ)课题组编著,松树秀一、田边新一主编.21世纪型住宅模式[M].北京:机械工业出版社,2006.9.

计划,可回收再利用是其诉求。参与的业界系统有 TGIS, Shin Toshi 及 UDC)的住宅标准在 2003 年开始在全国推广,国土交通省在 2007 年将"2000 年住宅"作为住宅建设的长期目标。

日本通产省还成立了预制住宅协会(プレハブ建築協会ホームページ,PREFAB CLUB),进行技术推广、教育认定等工作。除此以外,1981 年《建筑文化》(414 号)刊出了住宅工业化的特集《住宅生产的 70 年代》。1988 年,日本住宅综合中心编著了《日本住宅技术的潮流与展望》,对日本工业化住宅的技术的发展也进行了总结和展望。

2. 国内研究

1)住宅产业发展研究

1998 年,我国住房和城乡建设部住宅产业化促进中心成立(其前身是建设部住宅产业化办公室),统一管理、协调和指导全国有关住宅产业化方面的工作,并提供相应的技术咨询和技术服务。主编的《住宅产业》期刊,成为产业政策发布和学术交流的平台,也成为我国住宅产业发展动向的窗口。

进入 2000 年后,在政府对住宅产业的推动下,以"住宅产业"为主题的多部专著问世。谢伏瞻等主编的《住宅产业:发展战略与对策》[1]针对我国住宅产业的发展现状,提出发展战略,侧重于产业政策等宏观层面的把握;哈尔滨工业大学管理学院的李忠富教授所著的《住宅产业化论:住宅产业化的经济、技术与管理》[2]是住宅工业化研究领域较为全面深入的一本专著。书中对住宅产业的概念、特点、构成、发展历程和现状、发展基本模式、对产业结构的影响、适合产业化的建筑体系、工业化的设计与管理、生产方式和管理技术、支持体系等内容都进行了阐述;丁成章编著的《工厂化制造住宅与住宅产业化》[3]以美国的工厂化制造住宅(主要是低层钢结构住宅)为研究对象,对工厂生产住宅的过程和优势,移动住宅、模块住宅、制造住宅的概念和特点进行了详细的介绍;谢芝馨所著的《工业化住宅系统工程》[4]将系统理论应用在住宅工业化上,将工业化住宅的整个过程视为一个系统工程,为住宅工业化研究开拓了新的思路。

2)工业化住宅设计方法研究

通过 20 世纪五六十年代对苏联的学习,70 年代后我国住宅预制技术得到空前发展,工业化住宅体系逐步兴起,住宅工业化的自主研究开始起步。

20 世纪 80 年代,建设部组织人力展开一系列工业化住宅的研究工作。例如,赵

① 谢伏瞻等主编.住宅产业:发展战略与对策[M].北京:中国发展出版社,2000.6.
② 李忠富.住宅产业化论:住宅产业化的经济、技术与管理[M].北京:科学出版社,2003.11.
③ 丁成章编著.工厂化制造住宅与住宅产业化[M].北京:机械工业出版社,2004.3.
④ 谢芝馨.工业化住宅系统工程[M].北京:中国建材工业出版社,2003.3.

冠谦先生曾主持和参与"北方通用大板住宅建筑体系"、"住宅建筑工业化对策"、"我国建筑工业化发展途径"等科研课题。同济大学等许多高校的学者都参与其中,取得了不少成果。

当时对工业化住宅的研究主要集中于结构体系、设计参数、基本间等几个方面。设计方法以学习苏联为主,也有学者引入当时荷兰的支撑体设计理论,在理论研究和实践上都取得一定进展。例如《试论工业化住宅的建筑创作问题——探索住宅建筑工业化与多样化的设计途径》[①]《苏联工业化定型住宅的设计方法》[②]《工业化住宅设计方法分析》[③]、《砖混住宅标准化与多样化探讨》[④]等文章。可见,当时已经开始对工业化住宅的设计方法进行总结,对工业化住宅设计的多样化与适应性进行探索。

日本是当代住宅工业化最发达的国家之一,由于对工业化住宅抗震因素的考虑与我国相同,因此近年业界对日本SI住宅多有研究。2006年,日本住宅开发项目(HJ)课题组编著的《21世纪型住宅模式》[⑤]在我国出版,全面介绍了SI住宅的关键技术。楚先锋的《日本KSI住宅》和松村秀一的《适于长久居住和高舒适度的部品化体系》也介绍了日本的SI住宅研究成果。

2007年8月《住区》杂志发表了"工业化住宅"专刊(总第26期),集中了目前国内探索适于我国的住宅工业化道路的最新成果。楚先锋的《中国住宅产业化路在何方?》[⑥]《万科PC技术实验路——上海新里程PC项目探索》等文章中特别介绍了万科集团的研究和实践成果。此外还有曹麟的《论预制混凝土墙板技术在当前的发展》、李恒等人的《住宅工业化成功的关键因素》等。

我国高校作为科研机构多年来也致力于住宅产业化的技术研究。例如同济大学建筑系戴复东院士、颜宏亮教授近年指导了《中国经济发达地区的住宅产业化探索——基于轻钢板住宅体系适用技术初步研究》(胡向磊,2004年)、《住宅产业化——钢结构住宅维护体系及发展策略研究》(于春刚,2006年)、《住宅产业化——住宅部品体系集成化技术及策略研究》(高颖,2006年)等多篇博士论文的研究。这些论文主要讨论了轻钢结构住宅的产业化和部品集成化技术。来增祥教授指导的《住宅装修产业化模式研究》(胡沈健,2006年)博士论文,探讨了住宅装修产业化的

① 陈登鳌.试论工业化住宅的建筑创作问题——探索住宅建筑工业化与多样化的设计途径[J].建筑学报,1979.2.P6-11.
② 李德耀.苏联工业化定型住宅的设计方法[J].世界建筑.1982-03.P62-66.
③ 窦以德.工业化住宅设计方法分析[J].建筑学报,1982.9.P57-61.
④ 陈峰.砖混住宅标准化与多样化探讨[J].黑龙江科技信息,2002.4:82.
⑤ (日)日本住宅开发项目(HJ)课题组编著,松树秀一、田边新一主编.21世纪型住宅模式[M].北京:机械工业出版社,2006.9.
⑥ 楚先锋.中国住宅产业化路在何方?[J].住区,2007.8(总第26期):22-27.

问题。2007年黄一如教授承担了上海市科委的"工业化住宅设计研究"课题。

　　3）开放建筑理论与可变住宅研究

　　1965年,荷兰约翰·哈布瑞根教授首次提出SAR理论,随着SAR理论在国际上的传播,在我国也得到反响。1981年,张守仪的《SAR的理论与方法》[①]介绍了SAR的发展趋势,并详细介绍了SAR65(基本方法)、SAR70(住宅设计的计算机方法)和SAR73(群体设计方法)。同年,东南大学建筑系鲍家声教授在美国MIT做访问学者时,接触到了约翰·哈布瑞根的SAR理论。1988年,其著作《支撑体住宅》[②]出版,在我国开创了支撑体住宅设计理论与方法的研究。目前鲍家声教授仍主持东南大学"开放建筑研究和发展中心"的工作。除了理论研究,1986年还在无锡惠峰新村试点工程中进行了支撑体住宅试验,工程建成后在国内外引起了强烈的反响。

　　国内其后的灵活住宅、适应性住宅、大开间住宅等住宅设计思路都是这一思想的延续和发展。例如,贾倍思的《长效住宅——现代住宅建筑新思维》[③](1993)、贾倍思和王微琼的《居住空间适应性设计》[④](1998)。20世纪90年代初,天津市建筑设计院开发了天津支撑体住宅(Tianjing Support Housing)简称"TS"体系[⑤]。深圳盈翠豪庭设计方案(2000年)、北京丽景国际公寓(2002年)、深圳蛇口花园城3期(2003年)则对高层住宅设计中应用支撑体设计方法进行了尝试[⑥]。

　　近年,大连理工大学建筑系的范悦教授主持了"可持续建筑与构法研究所",致力于开放建筑与居住环境共生研究。承担了开放建筑与居住模式、工业化构法的国际比较、中国住宅开口部部品设计生产过程分析以及国家自然科学基金可持续开放住宅室内填充体模式化的研究课题。范悦教授指导的硕士论文《探索开放住宅理论在我国住宅设计的应用发展》(程勇,2008),总结了开放住宅理论的发展轨迹,并为我国开放住宅理论的应用提出建议。

　　我国台湾成功大学建筑研究所,也在多个层面进行开放建筑的研究。林丽珠的博士论文《开放式界面之建筑构造理论》(2003),对开放住宅理论有所发展,指出开放式的构造界面是开放建筑理论的发展方向,并构架了开放式构造界面的理论框架和评价体系。

---

①　张守仪.SAR的理论与方法[J].建筑期刊,1981.6.P1-10.
②　鲍家声,倪波.支撑体住宅[M].南京:江苏科学出版社,1988.4.
③　贾倍思.长效住宅——现代住宅建筑新思维[M].南京:东南大学出版社,1993.1.
④　贾倍思,王微琼.居住空间适应性设计[M].南京:东南大学出版社,1998.1.
⑤　曹凤鸣."TS"体系——灵活可变的居住空间[J].建筑学报,1993.03.P14-17.
⑥　单皓,岳子清.支撑体在高层住宅设计中的应用与实践[J].建筑学报,2004.04.P14-16.

4）住宅模数与模数协调研究

20世纪80年代初，印度R.纳贾拉简所著得《建筑标准化》在我国出版，是为数不多的关于建筑标准化的译著。[1]徐勤的《工业化住宅建筑参数几个问题的探讨》[2]和李耀培的《扩大模数及其网格在工业化住宅设计中的应用》[3]等文章探讨了如何在工业化住宅中运用模数网格进行设计的问题。

赵冠谦先生主持编制了我国第一套"统一建筑模数"。1986年《建筑模数协调统一标准（GBJ 2—86）》正式颁布。2001年，开彦教授主持编写的《住宅建筑模数协调标准（GB/T 50100—2001）》正式颁布。2006年《住宅整体卫浴间（JG/T 183—2006）》和《住宅整体厨房（JG/T 184—2006）》也陆续颁布。我国住宅模数标准逐渐丰富和完善起来。

2007年6月，"中国住宅可持续发展与集成化、模数化国际研讨会"在北京召开。与会者总结了西方国家的发展经验，深入探讨21世纪具有中国特色的住宅建筑的发展模式以及工业化、标准化、模数化的方策。开彦教授在《中国住宅标准化历程与展望》[4]报告中，对我国住宅标准化和模数化发展进行了总结，并提出进一步发展的意见。

1.3.3 目前国内研究的不足之处

对比国内外住宅工业化的研究现状，我国研究存在如下几个不足之处。

（1）概念和定义是任何理论研究的基本。我国住宅工业化发展的阻碍之一，就是相关概念（住宅产业、住宅产业化、住宅工业化、工业化住宅、预制住宅、集成住宅等等）的混沌状态。造成该研究领域的学术争论，无法在前提一致的基础上进行。

（2）以往国内对国际住宅工业化发展历程的研究，不但数量上较少，而且存在"碎化"的倾向。这种"碎化"一方面体现在学习对象的局限上，这多少与意识形态影响有关。另一方面体现在研究内容的细碎上，例如对某种具体技术的关注。总的来说，缺乏对大历史的关照，可以说对各国住宅工业化的"个性"略有了解，但对其"共性"却认识不足。住宅工业化的发展脉络研究是一个较少有人涉足的研究领域。

（3）以往对工业化住宅的研究往往根据实践需要，在设计方法和建造技术方面研究成果较多，而理论研究较为缺乏。例如住宅模数协调这类基础理论，长期得不到发展。开放住宅理论（支撑体住宅理论）在20世纪80年代引进我国后，也如昙花

① （印）R.纳贾拉简著.建筑标准化［M］.苏锡田译.1982.02.
② 徐勤.工业化住宅建筑参数几个问题的探讨［J］.哈尔滨建筑工程学院学报,1982（4）.P68-80.
③ 李耀培.扩大模数及其网格在工业化住宅设计中的应用［J］.建筑学报,1982.8.P39-44.
④ 开彦.中国住宅标准化历程与展望［J］.中华建设,2007.6: 22-24.

一现，未能得到大范围推广和深入发展。近年引进同源于荷兰开放住宅理论的日本 SI 住宅理论受到业界的推崇。这之间存在一个研究的断层，需要我们在继承过去经验的基础上，发展自己的理论体系。

（4）过去工业化住宅的设计往往局限于预制结构体系设计、基本间设计的路子，方法单一。对室内填充体和部品层面的研究还在逐步发展中。目前对住宅工业化的研究，内容上偏向于发展模式、产业政策、管理等层面，对当代工业化住宅的研究主要集中于日本 SI 住宅上，而对其他国家的最新发展动态把握不足。建筑实例和研究动向的介绍都很缺乏，难以了解国际住宅工业化发展的全貌。

（5）我国在 20 世纪六七十年代，由于生产力水平低下，建造的工业化住宅存在不少历史问题，人们普遍对工业化住宅存在负面评价，主要集中于对住宅质量和安全性、住宅形式多样化和个性化的要求上。这对今日工业化住宅的市场接受程度造成一定的影响。解决"标准化"和"个性化"的矛盾始终是工业化住宅设计的焦点问题。

（6）当前我国住宅工业化发展以大型企业集团为主体，他们基于实践的研究成果为当代我国住宅工业化的研究做出很大的贡献。但是由于其研究基于自身企业发展和市场考虑，因而带有一定片面性。与之相对，政府和科研机构的研究难以落到实处，建筑师个体的贡献就更少了。

总之，我国住宅工业化的研究仍存在许多不足之处有待解决。但是我们在借

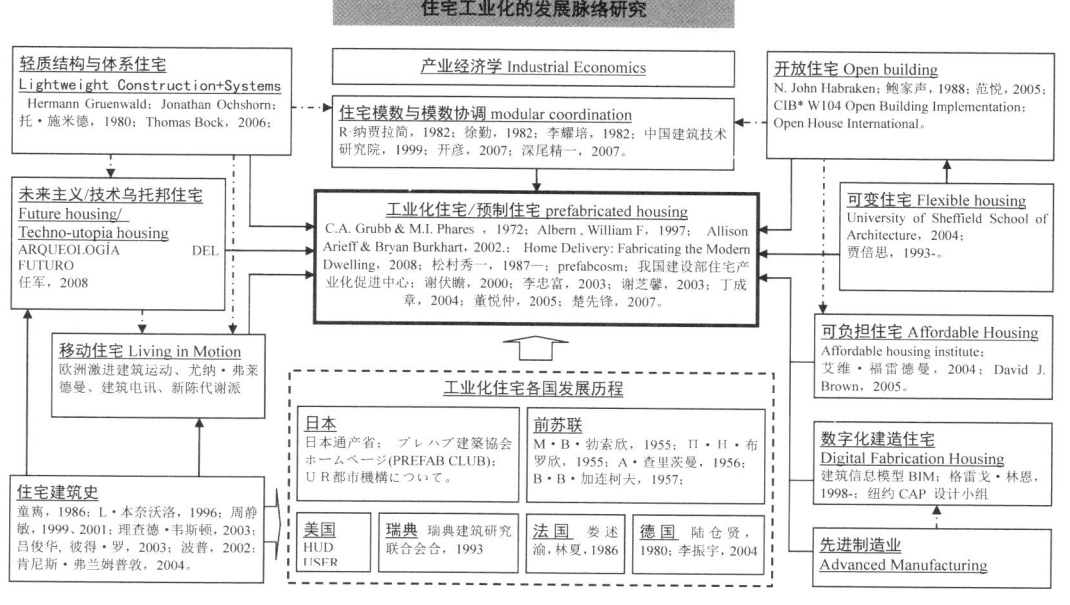

图 1-1 文献图

鉴发达国家先进经验时,必须注意到社会发展条件、工业化水平、居住方式、住宅形式的不同。如何在现有国情的基础上走出自己的住宅工业化道路,仍然任重而道远。

1.4　研究意义

1）充实资料,完善研究体系

住宅工业化研究与大多数研究一样,需要大量准确而客观的史料作为基础。由于之前的相关研究在基础资料方面仍存在很多不足,因此对基础资料的进一步挖掘和充实是重要任务之一。首先,大量文献得到发掘和利用,不仅丰富了对住宅工业化历史的认识,而且使我们的一些既有看法得到修正;其次,本书力图从社会生产方式的"深描"中获得启发,对盲从工业化住宅既有成说的做法展开批判,为住宅工业化建立清晰的概念体系;再次,对照现代主义建筑理论的发展,建立住宅工业化的理论谱系,将从理论上加深对工业化住宅的认识,有利于该研究领域的建设。

2）扩展研究领域、建立从设计到生产的途径

进入21世纪后,结合先进制造业、现代管理技术、信息技术和可持续发展技术的住宅工业化,早已超越了建筑领域,成为一个交叉学科的研究课题。因此,本书试图跳开原先就建筑谈建筑的窠臼,将工业化住宅的研究课题放在更广阔的层面讨论。在新的历史条件下,建立住宅工业化与其他相关学科的沟通,例如先进制造业、可持续发展乃至数字化建造领域,这种视野的泛化将有助于我们建立从设计到生产的途径,真正实现从"设计住宅"到"制造住宅"的跨越。

3）分析案例,发展设计方法,指导设计实践

从住宅工业化发轫之初到今日,该研究领域就不断出现具有活力的探索。其中既有政府推动的大规模建设,也有未能实现的前瞻性实验,这些探索不但说明住宅工业化发展成功的一面,也说明了其失败的一面。我们不但可以从这些案例中得到对实践的借鉴和教训,而且可以获得对住宅工业化的理论思考。而对当代崭新案例的及时梳理和分析有助于我们把握住宅工业化的未来走向。除此以外,本书试图在案例研究的基础上,总结并进一步发展工业化住宅的设计方法。为我国工业化住宅的建设实践做出方法论的贡献。

4）总结发展规律,寻找我国住宅工业化的发展道路

基于对住宅工业化发展历程的研究,本书试图总结其发展的规律和影响因素。结合我国国情和建筑工业化的发展现状,提出建设性的观点和意见,以推动我国住宅工业化在发展观、技术和模式上的自主创新。

1.5 研 究 方 法

1）研究范式

本研究课题属于定性研究（qualitative research），定性研究关注对个体的内在理解和意义、重视诠释、强调复杂性、丰富性与深度。在研究认识论（Epistemology）上选择解释主义（也称释义论，interpretivism）的研究范式（paradigms）。

解释主义或与其相关方法的范畴内，关心对事物的解释方式，研究目的是解释性理解、寻求复杂性、提出新问题。在研究过程中，解释主义者倾向于将现象作为一个整体去认识和做解释，解释主义研究的图式是彼此融合和非线性的。在探索性调查上，解释主义者利用来自过去的经验证据，注重对相关背景知识的全面了解。解释性研究专指在复杂背景下对社会与自然现象的研究，意在以叙述和整体的形式解释这些现象。解释性历史研究是解释学系统的一部分，本书对住宅工业化思想的发展脉络考察，属于建筑史"解释研究"的一个部分。而这种解释是个积极的过程。

2）研究策略

本书的研究策略主要是"解释性历史研究"与"案例研究"策略的结合，以"解释性历史研究"为主。

① 解释性历史研究

历史研究法是从历史数据中，将史料有系统地组织，并加以解释，使各自分立不相关联的史实发生关系，以研究过去所发生的事件或活动，寻求一些事件间的因果关系以发展规律，作为了解现在和预测将来的基础。解释性历史研究建立在历史性的知识立场上，为了解释从前被人们忽略的有关社会、文化等力量的动力机制，以消除误解和无知为研究目的。

住宅工业化研究同其他研究课题一样，有一个发展世系，既包括其表现形式和研究观点的当代研究，也包括其历史背景和发展源流。实际上脱离了历史的陈述是很难有什么意义的，鉴往知来才能产生有价值的本土化理论。

历史的研究，基本上是纵向研究和横向研究。纵向研究是上下古今的研究，对住宅工业化发展史的纵向比较研究有助于揭示住宅工业化总体发展脉络以及它的各个方面前后的变化面貌，例如重大历史事件对其发展的影响；横向研究是一个国家或地域之间的研究。通过对住宅工业化发展史的横向研究，可以发现在同一历史时期，各地区住宅工业化发展的相互影响和技术传承。通常由于经济文化的地区差距，工业化住宅发展呈现出不平衡性的状态，在这种比较中，本书注意不以某一种发展模式作为中心，避免我国20世纪六七十年代受意识形态影响以苏联及东欧模式为中心，或是近年一些大型住宅开发企业以日本为主要模式的研究方法。

② 案例研究与综合策略

案例研究就是在现实背景中，用经验来研究一个现象或者情境。案例研究关注案例背景，往往采用多重案例，加以调查分析，弄清其特点及其形成过程（即解释因果关系），为理论发展做出贡献。

建筑学的研究离不开实践案例的分析，本课题的研究也基于大量的综合案例的基础上，它们给予论文庞大的论述基础，并使之更具有可靠性、思辨性和现实意义。对单一的工业化住宅案例或建筑师做缜密而深入研究，其主要目的在于提供研究课题假设的来源，及提供具体的实例，以建立理论模式。

3）研究方法

（1）文献研究法

文献研究法是根据一定的研究目的或课题，通过调查文献来获得资料，从而全面地、正确地了解掌握所要研究问题的一种方法。本课题进行文献分析（document analysis）：① 能了解住宅工业化的历史和现状，帮助确定研究课题。② 能形成关于住宅工业化和工业化住宅的一般印象，有助于进一步分析。③ 能得到现实资料的比较资料。④ 有助于了解住宅工业化的全貌。

（2）调查研究法

调查研究法是指根据母群体所选择出来的样本，从事探求与课题相关变项的发生、分配及其彼此相互关系的一种研究法。对调查搜集到的大量资料进行分析、综合、比较、归纳，从而为人们提供规律性的知识。本书对我国住宅工业化相关企业进行了现状调查。调查方式以文献数据收集为主，访问调查为辅；调查的性质为调查研究及实况调查的结合。

（3）相关研究法

凡是经由使用相关系数而探求变项间关系的研究，均称为相关研究，其主要目的，是在确定变项之间关系的程度与方向。本书在现代主义建筑思潮对住宅工业化思想的发展和特征的影响中运用了相关研究法。在我国住宅工业化企业调查分析中也运用了相关研究法，分析了多种因素对住宅工业化企业发展的影响。

（4）跨学科的研究方法

跨学科研究法运用多学科的理论、方法和成果从整体上对某一课题进行综合研究，也称"交叉研究法"。本书在立足于建筑学这一学科的基础上，还借鉴了哲学（如理性主义、结构主义）、产业经济学和先进制造业（如产业结构、大规模定制、模块化理论、柔性制造技术）、管理学（如精益生产）、社会学、计算机（建筑信息系统BIM、虚拟设计和生产）等学科的理论成果。

1.6 研究思路与本书结构

1）研究思路

本书的研究遵循从收集和分析"现象"到寻找"规律"再到挖掘"动因"的思维发展过程。从历史上工业化住宅的表现形式作为研究切入点，在此基础上厘清住宅工业化思想的发展脉络，总结出工业化住宅设计理论和设计方法的演变规律，寻找产生这些现象的制导因素，最后再总结规律指导实践。

2）本书结构

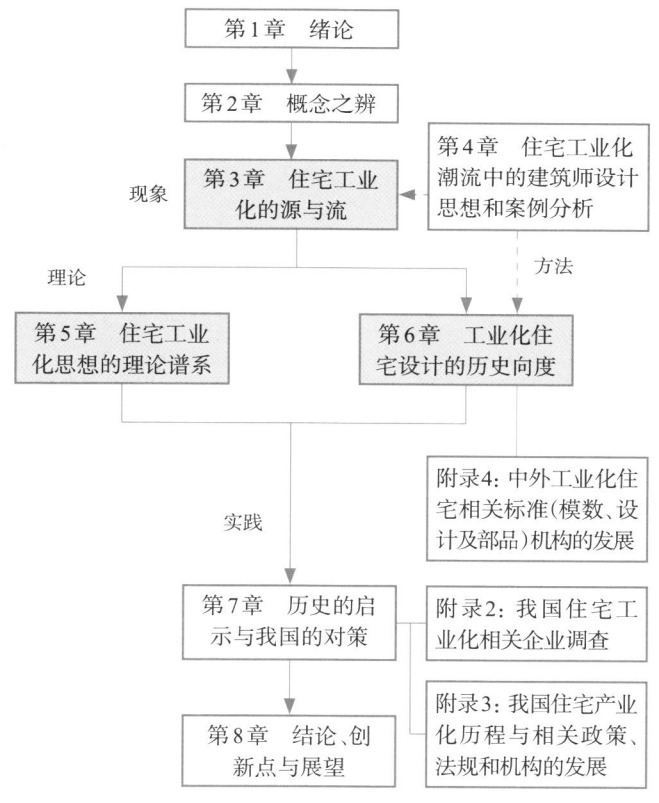

图1-2 本书的结构体系

如上图所示，根据研究内容和逻辑关系，本书的结构分为八章，包括四个主体部分。

第一个主体部分（第3章）为住宅工业化的源与流。本书对在不同的社会历史条件下，工业化住宅的表现形式和发展脉络进行梳理。由于史料的庞杂，在行文结构上采用了历史研究常用的编年史体例，以体现住宅工业化思想发展的"历时性过程"。在把握历史内在脉络的基础上，从过去如何造成现在、过去的建构如何诠释现在的问题意识出发，从社会思潮、技术发展、生产方式等方面入手，研究"工业化"如何纳入"住宅"的过程及其复杂的关系。与此同时，在每个特征明显的发展阶段中采用"共时性结构"，将各国各地区的发展进行对比，并将我国住宅工业化的发展历程放在世界的范围内进行考量。

本书试从时间的维度——历史沿革，从空间的维度——各国发展，从社会的维度——社会及技术的影响，将整个住宅工业化的发展历程分为4个阶段：以"将工业模式带入住宅"为特征的20世纪二三十年代、以"激进试验与大量建造的两极"为特征的20世纪四十至六十年代、以"向多样化与开放性转型"为特征的20世纪七八十年代、以"可持续发展目标下的部品体系化"为特征的20世纪末至21世纪。2000年以后的发展部分内容作为当代工业化住宅的发展趋势在第6章中进行阐述。

第二个主体部分（第5章）为住宅工业化思想的理论谱系。试从哲学和建筑学理论的层面找寻住宅工业化思想的发展、工业化住宅的特征与现代主义建筑思潮的对应关系。主要包括：平等主义、理性主义和功能主义、结构主义和开放建筑理论、技术至上主义、技术乌托邦、包豪斯和高技派、建筑电讯和新陈代谢派5个小节。最后总结出住宅工业化思想的理论谱系。

第三个主体部分（第6章）为工业化住宅设计的历史向度。将工业化住宅的设计特征演变的深层驱动因素归因于社会生产方式的变化，并从历史的视角，分析工业化住宅设计方法的演变过程。主要分为：生产模式与设计特征、设计基础（工业化的住宅模数协调）、设计方法、设计趋势这4个小节。

第四个主体部分（第7章）为历史的启示与我国的对策。通过对各国住宅工业化发展历程、住宅内涵、驱动模式的分析，对我国住宅工业化的发展目标、发展重点和驱动模式提出建议。并针对我国国情和住宅产业化发展现状提出提升工业化住宅设计能力的途径。

四个主体部分以外的章节分别是：

第1章阐述了论文的研究背景、研究对象与范围界定、研究现状与文献综述、研究意义、研究方法、研究思路与本书结构；第2章就研究问题涉及的重要概念进行辨析和解释，为其后的论述建构统一的概念体系，着重于对"住宅工业化"和"工业化住宅"的概念界定。

第4章上是第3章的重要补充，在本章中对住宅工业化潮流中的建筑师设计思想和案例进行分析，将历史视为"精神的运动"，这些代表性的建筑师可视为"时代人物",他们抓住了更高的精神法则,并用物质形式实现了这一目标。[①]对工业化住宅建筑风格演变、特定时间中风格的统一性也进行了分析。

最后在第 8 章提出结论,总结创新点,并提出进一步研究的展望。

1.7 本章小结

本章对课题研究产生的背景、课题来源、研究对象与范围界定、研究现状与文献综述、研究意义、研究方法、研究思路及论文结构作了概述。文献综述部分对于本研究密切相关的领域的研究现状、存在问题作了全方位和系统的概述、评论。为随后展开的研究打下基础。

[①] 哲学家黑格尔(G.W.F. Hegel)认为历史是对公共意识或者思想正在进行的评价,简单地讲,公共意识就是所有人类个体意识的综合或超越。因此,一个单独的主体常常会陷于一个他不能理解的更大的时代精神之中。这种方法对 20 世纪初现代主义建筑运动的影响十分巨大。

第2章
概念之辨

2.1 导　　言

任何理论体系都构造在基本范畴的基础之上，因此，对住宅工业化问题的研究必须从基本范畴的理论研究做起。笛卡尔派的哲学家主张，一切争论必须从弄清争论中所用的名词或术语的准确含义开始。定义是逻辑推理的前提，也是理论争论的基础，只有前提和基础一致，讨论才会有意义。

目前在我国学术界，关于我国住宅工业化的相关概念和定义众说纷纭、表述错综繁杂。住宅产业、住宅产业化、住宅工业化、工业化住宅、预制住宅、集成住宅等等概念在文献中处于随机使用的状态，如果不理出清晰的脉络将难以进行相关研究的深入。究其原因，首先，产业、产业化、工业化作为舶来的经济学概念，文化差异导致了在翻译和转述过程中内涵的不断消解；其次，概念引入的过程不可避免地带上"中国特色"（产业化就是个典型的具有中国特色的概念），中国化固然可以结合国情、因地制宜，却不利于国际交流和经验借鉴，概念错位和混淆不清往往导致住宅工业化的研究对象界定不清；最后，随着住宅工业化的发展，其内涵也在随着时代的发展不断更新和充实。

因此有必要从众多研究中剥离出基本概念，从理论层次上进行梳理，以正本清源，对基本概念进行辨析并建立起清晰的概念系统，奠定研究住宅工业化的理论基石。本章主要从基本理论层次来探究住宅工业化范畴，试图通过对住宅工业化理论的系统研究，揭示住宅工业化的基本内涵。在理论视角的选择上着重强调全面而准确把握住宅工业化范畴，在逻辑上把工业化看作是人类进行社会化大生产的一种生产方式，对住宅产业、住宅产业化、住宅工业化和工业化住宅做出概念界定。

2.2　住宅产业与住宅产业化

2.2.1　在社会生产背景下理解住宅产业

1. 产业的定义与住宅产业的研究范围

产业是社会生产力发展的结果，是社会分工的产物，它随着社会分工的产生而产生，并随着分工专业化程度的提高而不断变化和发展。产业是与社会生产力发展水平相适应的社会分工形式的表现，是一个多层次的经济系统。在社会生产力发展的不同阶段，社会分工的主导形式的转换和社会分工不断向深层次的发展形成了具有多层次的产业范畴。

产业一词在不同历史时期和不同理论研究领域有不同的含义。产业是国民经济中具有同一性质，承担一定社会经济功能的生产或其他经济社会活动单元构成的，具有相当规模和社会影响的组织结构体系。这一概念既考虑了构成产业的同一性，也反映了构成产业的内在要求和条件，即必须是那些在社会经济活动中承担着不可或缺的功能，以及足以构成相当规模和影响的单元集合。[①]

英文中"产业"（Industry）的含义是"指各种制造或供应货物、劳务或收入来源的生产性企业或组织"，其范围囊括国民经济各个部门（《简明不列颠百科全书》，中国大百科全书出版社，1986年版）。在中文中，"产业"的传统含义是指"私有土地、房屋等财产或家产"，完全属于一种微观经济单位的实物财产概念，后来则引申为指各种生产的事业或特指工业，但并没有一个与英文"产业"意思对等的名词。

现代西方经济学中普遍认为，"产业一方面是指依据特定的基准划分的表示国民经济组成的若干个小单位，另一方面是指把诸企业依据特定的基准结合在一起的集团单位"。或者说产业具有二重含义，一是指按某一标准划分的国民经济各部分的集合，二是指具有某种同一属性的企业的集合。换言之，广义的产业是从事国民经济中同性质的生产或其他经济社会活动的企业、事业单位、机关团体和个体的总和；狭义的产业主要指直接从事同类经济活动的企业、事业单位和个体的总和。

因此，"产业"概念是介于微观经济组织和宏观经济组织（国民经济）之间的"集合概念"，产业作为经济单位，它既不属于客观经济所指的国民经济，也不属于微观经济所指的企业经济活动或居民消费行为。它介于宏观经济和微观经济之间，属于中观经济。[②]

在住宅产业的相关研究中，产业的这种双重含义经常会造成对研究范围的混

---

① 戴伯勋，沈宏达主编.现代产业经济学［M］.北京：经济管理出版社，2001.P51.
② 范金.应用产业经济学［M］.北京：经济管理出版社，2004.12.P2-3.

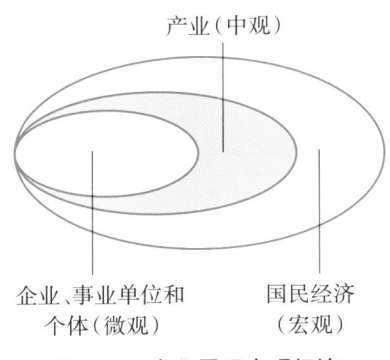

图2-1 产业属于中观经济

(图中标注：)
产业（中观）
企业、事业单位和个体（微观）
国民经济（宏观）

清。就"住宅产业"来说，按照狭义的产业含义，研究范围一般包括住宅产业的发展、房地产开发业（住宅开发）、住宅建设业（住宅规划设计、施工建造、室内外装饰）、住宅设备与部品制造业（建材、设备、购配件）等；如按照广义的产业含义，除了上述领域，一般还包括住宅产业政策、住宅消费市场（住房流通、住宅消费服务业）、住房制度改革（住房分配）、住房金融市场（住宅投融资、住房贷款）等内容。在本书中，产业的定义采用狭义的产业含义。

2. 产业分类及住宅产业与其他产业的关系

产业是具有相同再生产特征的个别经济活动单位的集合体，在社会再生产过程中从事不同的社会分工活动，各有其不同的地位、作用和特点。同时，它们之间又相互交换、合作，形成不同的结构比例关系。为了深入揭示产业间的内在联系，就必须研究产业的分类。目前最主要的分类方法是三次产业分类法。三次产业分类法从深层次反映了社会分工深化与产业结构演进的关系，得到广泛应用和普及。根据这一划分标准，第一次产业是指广义上的农业；第二产业是指广义上的工业；第三产业是指广义上的服务业，其活动是为了满足人们高于物质需要的需要。

中国有自己的对产业进行科学分类的国家标准，即由中国国家标准局编制和颁布的《国民经济行业分类与代码（GB/T4754-2002）》。它把中国全部的国民经济划分为20个门类，98个大类，300多个中类和更多小类。其中并无"住宅产业"这一分类。实际上，所谓的"住宅产业"与相关产业的界限是很模糊的，因此要想清楚地划定住宅产业与其他相关产业的界限是非常困难的。而且由于目前我国住宅的生产经营方式与其他房屋建筑物相比没有太大区别，因此从事住宅建设的投资部门、设计部门、建筑施工企业以及建材与制品、建筑设备部品及住宅流通与消费的企业大多还与一般的建筑物生产与流通消费企业混在一起，尚没有分离出来。随着住宅产业化的发展，与住宅建设直接相关的投资、建造、材料制品设备生产、流通与消费等行业中的部分企业将会从原有的行业中分离出来，专门从事与住宅相关的生产与流通管理，并且还会产生出一些新的企业组织形式，成为住宅产业独有的主体形式。

目前我国国民经济划20个门类中与住宅产业相关的产业主要有：

C制造业：家具制造业、塑料制品业、非金属矿物制品业、金属制品业等。E建筑业：房屋和土木工程建筑业、建筑安装业、建筑装饰业、其他建筑业。J金融、保险业：银行业、保险业、其他金融活动。K房地产业：房地产业。M科学研究、技术服

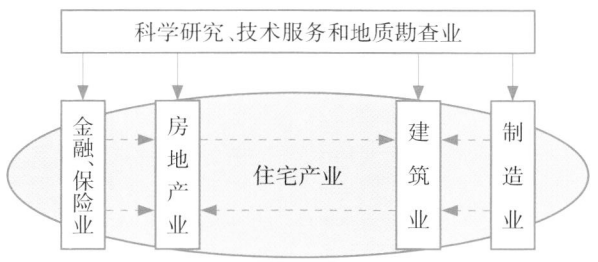

图 2-2 住宅产业相关产业

务和地质勘查业：研究与试验发展、专业技术服务业、科技交流和推广服务业、地质
勘查业。住宅产业与这些产业的关系如上图所示。

2.2.2 住宅产业与住宅产业化的内涵

"住宅产业"一词于1967年出现在日本，通商产业省重工业局铸锻造制品科科
长内田元享所写《住宅产业—发展经济的主要角色》(住宅産業—経済成長の新しい
主役)一文，第一次提出"住宅产业"，并认为住宅有必要进行工业化大生产，住宅产
业是继汽车、家电行业之后的一个主导产业。[1] 60年代中期，日本混凝土构配件生
产首先脱离建筑承包企业，形成独立行业。构配件与制品的工厂化生产和商品化供
应发展很快，参与住宅生产的各类厂家越来越多。日本政府围绕住宅生产与供应，
将各有关企业的活动加以"系统化"协调，提出了发展以承担住宅生产与供应的企
业群为对象的"住宅产业"。

1974年，日本《建筑大辞典》将"住宅产业"作了如下解释：指住宅及其有关部
件的生产、销售企业或其经营活动的总称，其中也包括"非住宅用地开发"。1988年
5月，日本通产省产业结构审议会住宅与都市产业分会在向通产省提出的《住宅产
业发展政策措施建议》中指出，住宅产业主要包括以下几个方面：① 承担居住空间
新建和改造的建造业、改造业、内外装修装饰工程业。② 提供所需材料、设备的住
宅建材业、住宅设备制造业、内装修装饰材料业。③ 承担住宅及其建材、设备等的
流通产业，以及与居住生活密切相关的服务业。④ 为支持居民自己改善居住条件
(新建和改造)的DIY(do it yourself)产业。[2]

除了日本以外，住宅产业在各国都是客观存在的，但其他国家并未明确提出住
宅产业的概念。英美等国有时也提到housing industry这一概念，但多指从事小型独

---

① 内田元亨.住宅産業—経済成長の新しい主役[M].中央公論.中央公論社,1967.3.
② 谢芝馨.工业化住宅系统工程[M].北京：中国建材工业出版社,2003.3.P32.

立式住宅构配件生产和组装的住宅生产厂商。[①]

我国在1992年以前就提出过发展住宅产业化，主要是指预制构件在现场施工装配式的建筑，它是以建筑施工为主体，以提高劳动力生产率为目标而推行的建筑工业化。[②] 在1994年以后，从市场经济和解决居民住宅问题出发，建设部开始使用"住宅产业"这一概念。1996年，建设部发布的（建房［1996］181号）《住宅产业现代化试点工作大纲》和《住宅产业现代化试点技术发展要点》中指出："住宅产业生产与经营以住宅（区）为最终产品的重要产业，住宅产业的发展涉及住宅区规划、设计、施工以及物业管理，涉及相关的材料和部件，是一项复杂庞大统工程。"从此拉开了我国推进住宅产业化的序幕。

2.2.3　本书对住宅产业和住宅产业化的概念界定

所谓住宅产业是指进行住宅或住宅区开发建设、经营管理的综合性产业，其最终目标是生产住宅并支撑住宅消费，同时兼属于第二产业和第三产业。住宅产业贯穿于住宅投资、生产、流通和消费的全过程，是住宅产业化的基本载体。狭义的住宅产业系指从事装配式住宅及其构品的生产和销售的企业或其经营活动的总称。再广一点的含义也包括采用传统施工方法建造的住宅的生产和销售的企业。广义的住宅产业包括从事与住宅有关的设备、部品、材料的生产和销售企业，也包括住宅出租、斡旋、金融等企业。

住宅产业化是一个现代概念，它与传统体制下住宅自给自的自然经济生产方式属于不同的范畴。我国学者李忠富对住宅产业化的定义较为全面，他认为"住宅产业化是采用社会化大生产的方式进行住宅生产和经营的组织形式。具体说住宅产业化就是以住宅市场需求为导向，以建材、轻工等行业为依托，以工业化方式生产各种住宅构配件、部品，然后以现场装配为基础，以人才、科技为手段，将住宅生产全过程的设计、构配件生产、施工建造、销售和售后服务等诸环节联结为一个完整的产业系统，从而实现住宅供产销一体化的生产经营组织形式。"

产业含义的二重性经常会造成对"住宅产业化"研究范围的混淆。在本论文中，采用狭义的产业概念，主要指直接从事同类经济活动的企业、事业单位和个体的总和或者具有某种同一属性的企业的集合，针对住宅产业，就是从事住宅建设相关经济活动的企业的集合。研究范围包括住宅产业的发展、房地产开发业（住宅开发）、住宅建设业（住宅规划设计、施工建造、室内外装饰）、住宅设备与部品制造业（建材、设备、购配件）等。中国对产业进行分类的国家标准中并无"住宅产业"这一

① 李忠富.住宅产业化论：住宅产业化的经济、技术与管理［M］.北京：科学出版社，2003.11.P8.
② 聂梅生.住宅产业现代化的发展态势及特征.房材与应用［J］.2000.28（3）.P3-5.

分类,可见,"住宅产业"是个跨越第二产业建筑业和第三产业房地产业,并与制造业、金融保险业、科学研究技术服务和地质勘查业相关的行业概念。

2.3　住　宅　工　业　化

2.3.1　工业化与产业化的联系与区别

1. 工业化的概念

"工业化",是一个国家或地区发展的动态目标和过程,是经济发展不可逾越的阶段,是衡量一个国家或地区经济发展阶段与发达水平的重要标志。在英文中,industrialization是一个表示动态的名词,工业是由拉丁文的indo(在……内)和struere(建造)二词组合而成的,长期以来它具有手艺、发明和本领等含义,进一步引申,也有行业的意义。在18世纪,这个词才获得其现有的通用含义。[①]众所周知,工业化以工业革命(18世纪60年代,英国)为起点,工业革命产生后就开始了工业化的历史进程。但是"工业化"一词出现在经济学文献中则是20世纪20年代的事。[②]在中文中,"工业化"是一个国外引进的词汇,工业化的"化",是指在历史的某一特定的转变阶段,在人类的社会生活中,发生的全面的、根本性的变革过程。

可见,工业化是一个内涵十分丰富的经济范畴,人们对工业化定义的表述多种多样。从广义和狭义两个角度讲,狭义的工业化是指工业(特别是制造业)在国民经济中比重不断上升的过程;广义的工业化定义,是指一个国家或地区从农业社会向工业社会的转化,以及工业社会的自身发展过程,这一转变不仅限于技术层面、工具的改变,还包括了人们的分工、工作方式、管理体制,直到思想观念的全面变革。

工业化的特征可概括为四点:一是生产技术的突出变化,具体表现为以机器生产代替手工劳动;二是各个层次经济

图2-3　中国工业化的典型场景

(图片来源:国务院发展研究中心.中国现代化进程的回顾与展望.www.showchina.org/.../zgjj/200709/t126178.htm,2008-7-16.)

---

① 赵国鸿.论中国新型工业化道路[M].北京:人民出版社,2005.5.P4-6.
② 龚唯平.工业化范畴论——对马克思工业化理论的系统研究[M].北京:经济管理出版社,2001.4.P4.

结构的变化,包括农业产值和就业比重的相对下降或工业产值和就业比重的上升;三是生产组织的变化;四是经济制度和文化的相应变化。

由于国家在工业化过程中对产业发展战略、产业结构等的主导和干预以及特殊的城乡政策,因此用从其他国家总结出的标准来判断我国工业化的阶段有一定偏差,综合多种标准的结论,我国的工业化已进入中期。[①]

联合国欧洲经济委员会(U.N.ECE.1959)将"工业化"(Industrialization)定义为:生产物的标准化(Standardization);生产过程各阶段的集成化(Integration);尽可能采用机械作业代替人的手工作业(Mechanization);生产过程的连续性(Continuity);工程的高度组织化(Organization);与生产活动构成一体的有组织的研究和实验(Research & Development)[②] 这个定义属于微观层面的工业化概念,对住宅工业化的研究具有非常大的指导意义。

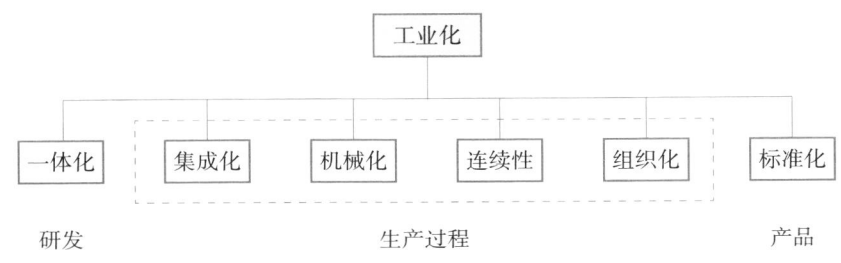

图2-4 联合国欧洲经济委员会对工业化的定义

2. 工业化与产业化的关系

工业化与产业化的关系,无论从理论角度研究,还是从实践角度探索,是一对联系大于区别的概念。英语里工业与产业、工业化与产业化是同一个词,是不加区分的。例如 Industrial Revolution 既可译为"工业革命"又可译为"产业革命",《简明大英百科全书》中:"Industry(产业)"相应的"Industrialization"在汉语里是工业化,而非产业化,产业化没有对应的英文词汇。也就是说,作为动态名词,工业化与产业化之间的区分不具有国际性,是中国人在改革过程中赋予二者以不同的内涵。但是不论产业化还是工业化内涵为何,既然为"化",必然是一个过程。是一种经济发展的过程,或为一个历史发展的阶段。

---

① 赵国鸿.论中国新型工业化道路[M].北京:人民出版社,2005.5.P24.
② 罗晴秋.远大住宅工业产业化模式[Z].2008国家康居示范工程节能省地环保型住宅与住宅产业化技术创新大会(南京),2008.

1）工业化与产业化的联系（宏观层面）

着眼于整个国民经济结构转变的工业化定义与产业化的联系，集中体现在以下三个方面：首先，各行业产业化是一国工业化的核心内容。其次，各行业产业化是检验一国工业化实现程度的客观标准。再次，只有形成产业化才能最终实现一国的工业化。工业化不是一个孤立的结果，也不是一个单一的进程。一方面，一国工业化的最终实现依赖于各行业产业化的最后完成，没有各行业的产业化就没有一国的工业化；另一方面，产业化对一国工业化的实现具有加速作用的同时，它自身作为结果，也将最终完成于一国工业化的进程之中。所以宏观层面的工业化与产业化是相互依存、相互促进的关系。

2）工业化与产业化的区别（微观层面）

从某种意义上说，当早期人类开始进行一定范围的物物交换的时候，最低级形态的产业化实际上就已经开始萌芽了。此后人类一直处于缓慢但从未中断的产业化进程中。工业化是18世纪60年代后，随着英国的产业革命使机器逐步取代手工劳动而诞生了近代工业后才出现的一个名词。工业革命的兴起，一个最直接的后果，就是使人类生产的产业化的规模和范围得到前所未有的快速扩大，从而极大地改变了人类延续千万年的生产方式、生活面貌与生存格局。

着眼于生产要素投入组合与产出关系的变化的工业化，首先是一种技术手段，是通向产业化的途径、过程、手段，而不是终点、目标和归宿。可以说产业化的内涵和外延高于微观层面的工业化，产业化是微观层面工业化的扩展。将工业化内涵的一般表述与产业化内涵的一般描述相比较，我们可以看出：在微观层面工业化的

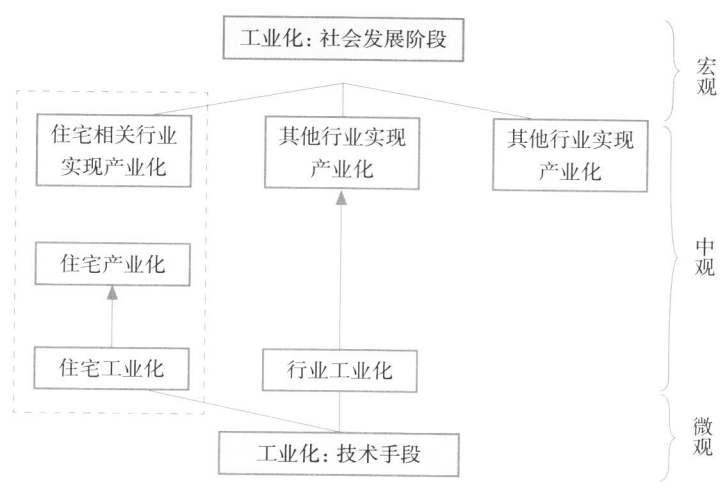

图2-5　工业化与产业化的关系

内涵中,更多地是强调运作的条件和组织形式,与产业化概念相比较,狭义的工业化概念是个更加微观,并且操作性极强的实践性概念。工业化与产业化的关系如上图所示。

3)产业化概念在中国

中国在传统计划经济时期没有产业化这个词[1],到20世纪80年代改革开放后出现的,不过二十年而已,但它的发展一直得到学术界和政府部门的关注。产业化最初用于高新技术,后来使用范围越来越广,出现频率越来越高,得到迅速普及。

在中文中,"化"加在名词或形容词的后面而具有了新的含义。包含两层意思:发生性质或本质的变化,即变质;发生某些状态的变化,即在原有某些特点的基础上,再增加某些新的特点,使原有的客观事物结构更优化,功能更显著。所以产业化可以理解为:使之转变为制造、供应货物或劳务,形成收入来源的生产性企业或组织的过程或结果。所以说产业化是个动态概念,必须在过程中理解。[2]

可以说产业化是一个中国化的概念,描述了我国现阶段的实现目标和政策趋向。我国目前通行的"产业化"一词,是一个含义已经被泛化了的概念。现在我国有一种观点根据英文字面含义(housing industrialization)将住宅产业化等同为住宅工业化,但实际上这种观点是错误的。

2.3.2 建筑工业化

建筑工业化是一个国家建筑业技术与管理水平的综合体现,是各国建筑业发展的一个共同方向。建筑工业化的程度高低取决于工厂生产产品产值占全部产值的比重,或者现场手工操作劳动量占总劳动量的百分比,比重越大或百分比越低,表明工业化程度越高。

建筑工业化是指建筑业要从传统的以手工操作为主的小生产方式逐步向社会化大生产方式过渡,即以技术为先导,采用先进、适用的技术和装备,在建筑标准化的基础上,发展建筑构配件、制品和设备的生产,培育技术服务体系和市场的中介机构,使建筑业生产、经营活动逐步走上专业化、社会化道路。[3]

1995年4月,我国建设部颁布了《建筑工业化发展纲要》(建建字第188号)。提出建筑工业化的重点是房屋建筑,特别是量大面广、对提高人民居住水平直接相关的住宅建筑。我国建筑工业化的基本内容是:采用先进、适用的技术、工艺和装

① 鲁志强.技术及其产业化[J].新材料产业,2002(1).
② 胡沈健.住宅装修产业化模式研究[D].上海:同济大学建筑系,2006.
③ 中华人民共和国建设部.建筑工业化发展纲要(建建字第188号)[S].1995-04-06.

备,科学合理地组织施工,发展施工专业化,提高机械化水平,减少繁重,复杂的手工劳动和湿作业;发展建筑构配件、制品、设备生产并形成适度的规模经营,为建筑市场提供各类建筑使用的系列化的通用建筑构配件和制品;制定统一的建筑模数和重要的基础标准(模数协调、公差与配合、合理建筑参数、连接等),合理解决标准化和多样化的关系,建立和完善产品标准、工艺标准、企业管理标准、工法等,不断提高建筑标准化水平;采用现代管理方法和手段,优化资源配置,实行科学的组织和管理,培育和发展技术市场和信息管理系统,适应发展社会主义市场经济的需要。①

住宅建筑工业化的特点是:① 住宅建筑从市场分析到工程竣工,通过系统的组织设计和施工,工程项目的每个过程都严格通过组织、管理、协调,按规范化方式有计划地进行。② 工业化的施工过程和构配件生产过程具有明显的重复性,构配件生产过程的重复性只有当构配件具有通用性,能够适用于不同规模的建筑,不同使用目的和不同环境时才能成为可能。

2.3.3　本书对住宅工业化的概念界定

住宅工业化是指用工业大规模生产的方式生产住宅建筑产品。在本书中,住宅工业化是建筑工业化在住宅建设中的体现,属于具体行业内的工业化,研究内容属于微观层面,因此,采用着眼于生产要素投入组合与产出关系的变化的工业化定义,以便深入到了住宅工业化内部的技术经济关系之中。针对"住宅工业化"中的"工业化",本书引申该研究领域中普遍认可的联合国欧洲经济委员会(U.N.ECE. 1959)对"工业化"的定义,即住宅构件的标准化;住宅生产过程各阶段的集成化;机械化的生产和施工方式;住宅生产过程的连续性;工程的高度组织化以及与住宅工业化相关的研究和实验。

具体的讲,部品生产工厂化将原来在现场完成的构配件加工制作活动和部分部品现场安装活动相对集中地转移到工厂中进行,改善工作条件,可实现快速、优质、低耗的规模生产,为实现现场施工装配化创造条件。构配件和部品的工厂化程度在很大程度上反映了建筑工业化的水平;在住宅生产和施工中采用合适的机械,有效地逐步地代替手工劳动,用机械完成主要的构配件装配工作。施工机械化为改变建筑生产以手工操作为主的小生产方式提供了物质基础。施工机械化是与部品工厂化相对应的;还应按照工业产品生产的组织管理方法和建筑产品的技术经济规律来组织生产。②

---

① 中华人民共和国建设部.建筑工业化发展纲要(建建字第188号)[S].1995-04-06.
② 李忠富.住宅产业化论:住宅产业化的经济、技术与管理[M].北京:科学出版社,2003.11.P8-12.

2.4 工业化住宅

2.4.1 工业化住宅的定义

在本研究参考文献的参阅过程中,发现国内关于"工业化住宅"的概念界定非常模糊,"工业化住宅"、"预制住宅"、"模块住宅"、"制造住宅"等相关概念的随意使用,往往带来概念的混淆,也影响了我们借鉴国外研究成果的效果。实际上各国关于"建筑工业化"(Building Industrialization)以及脱胎于建筑工业化的"住宅工业化"(Housing Industrialization)的概念基本一致,但是"工业化住宅"在英语中对应的词汇"Industrialized Housing"几乎很少有人使用,绝大部分英文文献使用"Prefabricated Housing(预制住宅)"或是缩写的"Prefab"一词。在日文文献中"工業化住宅"与"プレファブ住宅(prefab住宅)"互换的情况较多,但也有意义上的区别。此外,由于欧美国家工业化住宅发展较早,尤其是美国工业化住宅的商品化程度很高,出现了工厂制造住宅类别的细分:模块住宅和制造住宅。

因此,将上述这些概念进行辨析非常有必要,在此前提下将提出本论文对工业化住宅的定义。

1. 工业化住宅与几个相近概念的翻译与比较

1)日语中工业化住宅(工業化住宅)与预制住宅(プレファブ住宅,即prefab住宅)的区别与联系

在日语中"工业化住宅(工業化住宅)"与"预制住宅(プレファブ住宅,即prefab住宅)"的概念有所区别。日本建筑学会编制的《工业化住宅的构法计划》对"工业化住宅"和"预制住宅"的定义如下:

(1)工业化住宅(工業化住宅)

工业化住宅,倾向于指由于工业化前进的结果而形成的住宅,适当的生产技术被运用在住宅建设中,这种技术的科学性得到了有效的发挥,从而引起住宅行业的变革。

早先的工业化住宅使用了工厂生产的规格化部件,往往是在施工方法和构造简易的情况下建成的住宅。在适当的批量生产性和确保施工的同时,提供一定的居住功能,价格低廉。

所谓工业化住宅,不仅包含了在工厂生产的零部件和在现场的工业构造生产过程,它还包含着与时代结合的内涵。正如日本的松村秀一教授的对工业化住宅的定义所指出的,工业化住宅的定义要点在于:一方面是作为硬件的技术层面,另一方面还应包括社会的组织和管理的软件层面,并且要随着时代的发展而改变的

一个过程①。

（2）预制住宅（プレファブ住宅,即 prefab 住宅）

预制住宅,即 prefab 住宅是 Prefabricated House 的省略语。预制住宅是预先在工厂加工,或是柱子、房梁、地基等的部件预先构件化,在建筑现场组织装配的住宅。由于工厂生产而带来稳定的质量和建造工期缩短、降低成本等好处。

近年来,由于日本高技能的建筑人员不足、建材制造厂的商品开发,大住宅制造厂的进入等原因,大大促进了住宅建筑的预制装配化。日本预制装配化建筑协会提出预制住宅的以下特征:

① 在工厂中导入了机器人等最新技术,部件在彻底贯彻质量控制的条件下生产出来,质量偏差被最大限度地消除,产品具有较高的精度。② 部件标准化。由于部件规格化,以前受建筑施工人员的技能左右的施工质量,被工业化的施工方法所取代。③ 由于工厂生产的比重较高,减轻了现场工作量,实现了工期的大幅度的缩短。④ 为了用工厂化大量生产,进行严格的成本管理,不存在预制住宅建成后被迫接受不确定支出的情况。⑤ 从购买生产设备、现场施工管理等各个步骤不断合理化的条件下,可以从总体上降低成本。②

（3）区别与联系

由以上定义可见,在日语中"工业化住宅"与"预制住宅"的区别在于:"工业化住宅"倾向于与社会发展时代和生产方式的结合,区别于前工业社会的住宅建造方式;"预制住宅"倾向于指住宅的具体建造方式,区别于传统的"现场建造住宅"。可以说工业化住宅的概念包含预制住宅的概念,包含了比预制住宅更广泛的层面。

事实上,更多的住宅可归为"工业化住宅"而非预制住宅。例如,目前日本只有20% ~ 25%的住宅属于预制住宅,该比例之所以如此小,主要是因为预制住宅是按照日本建筑中心对工厂化住宅的认定标准来认定的。该认定标准是:全套住宅建造过程中的2/3或以上在工厂完成,及主要结构部分(墙、柱、地板、梁、屋面、楼梯等,不包括隔断墙、辅助柱、底层地板、局部楼梯、室外楼梯等)均为工厂生产的规格化部件,并采用装配式工法施工的住宅。其实,在日本85%以上的高层集合住宅都不同程度地使用了预制构件。③

在过去,"预制住宅"初次作为"工业化住宅"大规模登上历史舞台是为了解决在第二次世界大战后欧美和日本各国战后住宅缺乏的问题。当时的住宅生产方式不能解决这个难题,于是工厂化大量生产方式成为唯一的手段被大量普及。在今

---

① 范悦.2007中国住宅可持续发展与集成化、模数化国际研讨会发言.
② プレハブ建築協会ホームページ.http://www.purekyo.or.jp/.2009-4-9.
③ 楚先锋.国内外工业化住宅的发展历程(6)日本篇(下)[EB/OL]. http://blog.sina.com.cn/s/blog_4d9ac2550100bir6.html, 2009-4-15.

天，"预制住宅"作为"工业化住宅"的实例而举出，换句话讲，预制住宅是住宅工业化的表现。其原因一方面，正是由于工业化技术的进步，使得今天的住宅生产中，运用预制构件的方式愈加常见，预制化的比例也越来越大。另一方面，"预制住宅"的生产供给结构，反映了与住宅产业相关的其他工业随着时代发展进步的事实。现在"预制住宅"实际上成为了"工业化住宅"的标准，不过，随着时代的发展和消费者需求的变化，工业化住宅的形式也将随着不断变化。甚至随着工业化时代的结束、信息社会的来临而迈进一个崭新的层面。

2）英语中预制住宅与模块住宅、制造住宅的区别与联系

（1）预制住宅

实际上，"预制"一词，并不像"模块住宅"、"制造住宅"、"板式住宅"（Panelized home）或是"现场建造住宅"（Site-built home）一样是个工业用词。这个词既可以指板柱系统，也可以指模块建筑系统。如今预制一词的运用更接近于住宅的形式，而不是指住宅结构。

预制住宅，是指预先在工厂生产制造的住宅。可以指的是用构件（例如板材）和模块建造的住宅，如"模块住宅"；或是有标准化截面的部段（Transportable sections）建造的完全预制的住宅，以便于运输和组装。如"制造住宅"。也可以指"移动住宅"。尽管这3种住宅在性质上类似，但是思路和设计却有很大区别，分别代表了住宅设计两个层面。此外他们的结构形式也有很大区别。

在美国，当地建筑规范（LBC）并不适用于预制住宅。"移动住宅"和"制造住宅"依据HUD强制性规范（联邦制造住宅规范和安全标准）建造，这类住宅在某些社区是不被允许的。人们必须在购买前查阅当地相关法规。[①] 而"模块住宅"依据IBC（International Building Code）国际建筑规范建造。[②]

预制住宅比传统住宅所需劳动力要低得多。由于价格便宜而逐渐流行于欧洲、加拿大和美国。在英国，"预制"一词通常与第二次世界大战后用于解决暂时的居住危机（尤其是伦敦）而大量建造的预制住宅相联系。在澳大利亚，这种工厂建造的住宅除了被称为"预制住宅"（Prefabricated home）还被称为"运输住宅"（Transportable home）或"再定位住宅"（Relocatable homes）。运输住宅倾向于指那些在基地建造，所有权归户主的住宅。

当今，尽管许多预制住宅基于市场设计，但是并未完全市场化，其主要原因如下：① 产品的成本收益还未能适应当前需求；② 还不被普通消费者认为是现实的住宅解决方案，消费者对此概念并不熟悉，或是根本不向往；③ 由于过去为大量

---

① Prefabricated home［EB/OL］. http://en.wikipedia.org/wiki/Prefabricated_home, 2008-9-12.

② Prefabricated housing［EB/OL］. http://en.wikipedia.org/wiki/Prefabricated_housing, 2009-4-13.

建造所做的工业化住宅设计质量低下,社会评价很低;④ 由于贷款方用于评估预制住宅的指导方针愈加严格,难于筹措资金。

当前,现代建筑师积极地进行具有高质量设计的大量生产的预制住宅的试验。现代预制住宅应当视为一种复杂的现代主义设计。在工业化住宅的建造中运用"绿色"材料和技术也越来越普遍。许多工业化住宅可以根据特定地点和气候进行定制,这使得它比以往更加灵活、更加现代。

（2）模块住宅

模块住宅是在部段（sections）基础上设计的住宅,预先在非现场生产构成住宅的多个模块或构件,然后用卡车送至现场,用起重机组装成一个单独的居住建筑。在美国,典型的模块住宅,要根据最后模块运送的目的地的当地法规建造。通常采用钢结构或木结构,其设计可根据用户定制。

同汽车的生产线类似,模块住宅的建造也常在大型室内生产设备的装配线上进行,装配线把模块从一个工作点送至另一个工作点。独立的建造检查员在安装基地监督安装过程,以确保复合所有相关规范。

模块住宅多用有平台可装货的卡车运输而不是被拖到基地,没有车轴和汽车式的框架,当然也有少数类似拖车（trailer）的例外。模块住宅常有两部分组成,屋顶是单独的部分,安装完成和现场建造的住宅外观几乎一样。[①]模块住宅通常比现场建造的住宅价格低廉,建造时间更短。对建造商和顾客都更划算。[②]

模块住宅在筹措资金、资产评估和建造过程中,以类似常规住宅安装和对待为特色。通常是三种预制住宅中最贵的一种。尽管住宅的部段是预制的,但是部段和模块搭接在一起的方式更像传统住宅。制造住宅和移动住宅被认为是私人财产,随着时间推移,资产价值降低。[③]

（3）制造住宅

制造住宅是一种住宅单元大部分在工厂安装并在现场使用的住宅形式。在美国,"制造住宅"一词,特指完全在 HUD 强制性规范（联邦制造住宅规范和安全标准）监督环境下建造的住宅。"移动住宅"指的生产前预先复合1976年 HUD 规范规定的工厂建造住宅。

最初这种住宅形式受到关注是由于其"移动性"。主要由于人们对移动生活方式的需求而市场化。1950年代,这种住宅由于首先是廉价易建,并能长期（甚至永久性地）保持在基地而完全市场化。早先单元小于或等于8英尺,1956年后建议在10

---

① Manufactured housing［EB/OL］. http://en.wikipedia.org/wiki/Manufactured_housing, 2008-9-12.

② Modular home［EB/OL］. http://en.wikipedia.org/wiki/Modular_home, 2008-9-12.

③ Prefabricated housing［EB/OL］. http://en.wikipedia.org/wiki/Prefabricated_housing, 2009-4-13.

图 2-6　现代 3 开间制造住宅

图 2-7　澳大利亚现代预制住宅

（图片来源：Manufactured housing. http://en. wikipedia. org/wiki/Manufactured_housing, 2008-9-12.）

图 2-8　两层模数住宅

图 2-9　伦敦 Stoke Newington 区的多层模块住宅 Raines Court，是英国首次建造这类居住建筑的两栋之一，摄于 2005 年 12 月

（图片来源：Modular home. http://en.wikipedia.org/wiki/Modular_home, 2008-9-12.）

英尺或 3 m 以内，这有助于加强坚固性。1960 年代到 1970 年代，这种住宅越来越大，使移动更加困难。今天当一幢工厂制造运到基地后，通常会永久性地安装在基地上。

　　过去工厂制造住宅由于其低造价和由于比现场建造住宅房产价值低的原因受到人们消极的评价。在美国，工厂制造住宅房产价值的快速降低，使其再出售的贷款风险远远大于传统住宅。贷款期限通常限制在 30 年内，利率相当高。换句话讲，这种住宅贷款比传统住宅贷款抵押要多很多。所以一直以来工业化住宅常与低收入家庭相联系。低收入家庭往往遭受偏见和分区布置的待遇。分区布置在一个基地区域内规定了人数和密度，最小化的面积需求和苛刻的室外装修和色彩。现代的模块住宅在外表上与就现场建造的住宅几乎没什么区别，更新的说开间住宅，建造标准比过去更高，这在一定程度上有助于保持其价值不会迅速降低。[①]

制造住宅通常采用钢结构建造，以完整的部段形态运至安装基地。移动住宅是相对简单的一种预制住宅，建造在车轮上，可以移动到其他地方。制造住宅和移动住宅可以安置在移动住宅园（mobile home parks）；制造住宅也可以安置在专为制造住宅划出的私人土地上。许多美国城市并没有为现代制造住宅更新区域规定，一词在某些区域可能禁止制造住宅的建造。

制造住宅的建造通常涉及穿过部段的管道和电线的连接，并将部段密封起来。制造住宅可以是单开间、双开间甚至是 3 开间宽，这仅是部件宽度的一个度量。许多制造住宅生产公司提供多样化的设计，顾客可在网上有选择多种平面图。制造住宅可建在永久性的基地上，如设计适当，一般人很难看出与绑棍建造住宅的区别。

制造住宅一般通过与所有者和运营者相独立的零售公司销售。最初由当地承包公司安装，接下来由担保的制造住宅公司负责运营时的修缮。因为上述原因，服务和信誉就变得非常重要。[②]

3）我国工业化住宅的新提法：集成住宅

集成住宅（Integrated Home）是近年我国住宅产业界对工业化住宅的一种新提法。不同于以往我国引进苏联等国技术发展的以结构为主的施工工艺上的"工业化住宅"（这个词很容易让人联想到以前声誉不佳的大板住宅。）集成化住宅指的是用社会化生产、系列化供应、装配化施工的模式进行规模化住宅建设统称，集成化是当今我国住宅建设现代化的一个重要特征。集成化住宅的特征是结构部件小型化、空间尺寸的扩大化、管道布局有序化、整合化厨卫部件、标准化生产原则。我国学者开彦认为"集成住宅"等同于"体系住宅"。[③]

实际上，集成住宅这个词脱胎于"集成技术"在住宅中的应用。所谓集成技术，又称系统功能集成，就是将建筑物的若干个既相对独立又相互关联的子系统组成具有一定规模的大系统的过程。主要体现在设备集成，新材料新工艺的应用。因此在我国"集成住宅"多被住宅和住宅构件生产企业（集成住宅企业集团）作为适宜推广的概念所使用[4]。这些企业构成了我国住宅产业链的雏形，但是在技术层面上，主要还是在以引进技术，进行技术集成的层面运作，属于住宅工业化的较低层次。

"集成化"既包括了住宅结构体系集成，也包括住宅部品体系、住宅设备体系的

---

① Manufactured housing［EB/OL］. http://en.wikipedia.org/wiki/Manufactured_housing, 2008-9-12.
② Prefabricated housing. http://en.wikipedia.org/wiki/Prefabricated_housing, 2009-4-13.
③ 开彦.集成住宅——未来住宅产业化的一颗明星［EB/OL］.开彦的博客.http://www.chinachs.org.cn/blog/user1/kaiyan/archives/2006/216.html, 2006-10-7.
④ 详见附录2：我国住宅工业化相关企业调查报告。

集成。"工业化"一词是发达国家针对传统工业而言的，而"集成化"则是我国住宅产业化过程中一种社会化生产方式在住宅生产中的体现，是在当前房地产市场的需求下的成品住宅体系技术。这种提法，究其原因还是因为从技术发展的角度看，我国当前住宅建造技术仍处在重度落后的状态，基本生产方式仍然是手工操作形式的湿作业劳动，在这种前提下，发展工业化住宅只能从集成住宅入手。正如我国学者开彦所说"集成住宅"是"工业化住宅的现实主义的表现"。[①]

2. 本书对工业化住宅的概念界定

工业化住宅是指采用工业化、产业化生产经营方式生产的住宅，是住宅产业化的标志性产品。工业化住宅采用产业化方式在工厂里制造各种住宅通用部品，采用各种新的工业化施工技术在建筑工地形成现代化住宅，整个过程机械化操作，施工干作业，它的诞生标志着住宅建设将由住宅建造转变为住宅制造，它要求建筑设计、结构设计、施工、管理及科学研究等各个方面都逐步向综合性和现代化方向发展。

我国学者谢芝馨认为工业化住宅指"工业化生产住宅的全部部品，装运到施工现场，采用组装式施工方式，或采用模板现场浇注的各种机械施工体系，按图纸快速建造而成的住宅"。[②] 这个定义在今天看来远不够完善。

工业化住宅是本论文的研究对象，基于对工业化住宅的发展历程和表现形式的了解基础上，考虑到对我国工业化住宅领域已有研究成果的衔接，对工业化住宅的范畴做出如下界定。

（1）工业化住宅是基于社会生产方式（工业化社会）提出的概念，区别于传统建造方式的住宅，因而具有历史性；随着生产技术的进步，工业化住宅的内涵也处于发展和变化中，因而具有动态性和开放性。

（2）工业化住宅以全部或部分采用工厂制造的构件建造住宅为主要特征，其中既包括工业化程度较低的所谓"集成住宅"，也包括工业化程度较高的"模块住宅"，甚至完全在工厂制造的"制造住宅"。

（3）工业化住宅既包括非现场建造的住宅，即"预制住宅"，也包括运用"现代建造法"，即MMC（modern methods of construction）建造的住宅。[③]

（4）工业化住宅以可批量生产，易于建造，提供可负担的住宅为最终目标。在本书中，既包括实现这一目标的工业化住宅，也包括未建成的方案和相当多的试验住宅。

---

① 开彦.集成化是住宅产业现代化的重要特征［EB/OL］.开彦的博客.http://www.chinachs.org.cn/blog/user1/kaiyan/archives/2006/216.html, 2006-10-7.
② 谢芝馨.工业化住宅系统工程［M］.北京：中国建材工业出版社，2003.3.P34.
③ 现代建造法是指采用标准化的构件，并用通用的大型工具进行生产和施工的方式。

2.4.2 工业化住宅的系统构成

早在20世纪初，德国建筑师K.瓦克斯曼（Konrad Wachsmann, 1901— ）和瑞士建筑师弗里兹·哈勒（Fritz Haller）等致力于建筑体系开发的建筑师，就提出了在工业化住宅设计的"整体解决之道"（General Solution）。[①] 从当代日本和美国那些大型住宅生产企业的住宅产品系列中，我们不难发现，从设计到生产和装配乃至后期维护的系统化解决方案是工业化住宅设计和制造的理想模式。

工业化住宅的系统通过标准化的建筑部件、模件装配以及几何结构便利简化过程。使完整的系统易于了解并且实现了设备的最优化。无论是开放式还是封闭式的工业化住宅系统，在可连续生产的建筑系统发展中，它都结合了以下5个子系统：设计系统、建筑系统、生产系统、后勤系统和装配系统。以下以日本三泽房屋生产的HYBRID住宅的建造为例，对工业化住宅建筑系统的5个子系统进行详细说明：

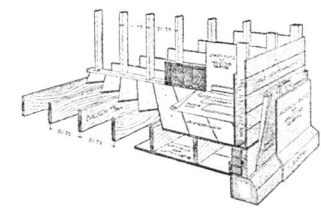

图2-11 K.瓦克斯曼所绘木结构系统

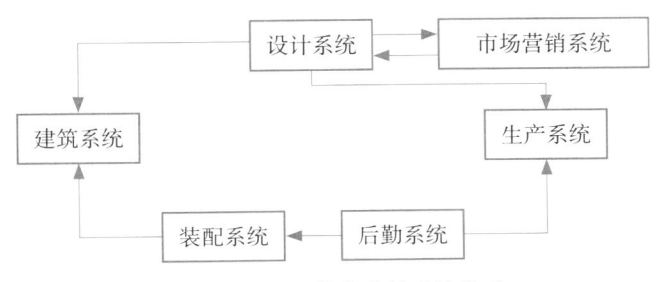

图2-10 工业化住宅的系统构成

（图片来源：作者绘）

（1）设计系统

一般解决原则的发展与出现的具体问题有着本质的不同。工业化住宅的设计系统是为一些具有基本要素形态服务的、普通形式的制造模型，它能够让结构配置存在多种变化。这种变化要通过可调整的部件（按参数定义）和不同的组合

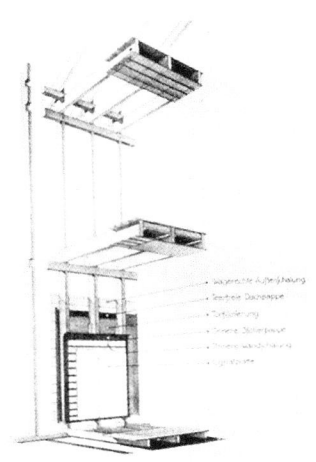

图2-12 K.瓦克斯曼所绘木结构系统2，载于其1930年所著的 *Holzhausbau-Technik und Gestaltung*

（图片来源：http://www.archinect.com/schoolblog/blog.php?id=C0_294_39, 2009/3/24.）

---

① Thomas Bock.轻质结构与体系[J].建筑细部（DETALL）—轻质结构与体系, 2006.12.P768-776.

来实现。基于一些基本模型的几何体系是不可或缺的组成部分。这个设计系统同时也可以解决"普遍化、标准化"与"个性化、定制化"这一个始终阻碍工业化住宅发展的矛盾。

例如，日本三泽房屋利用先进的CAD系统为顾客高效设计优质图纸。CAD系统是其设计部门的核心组成部分。由于生产信息的管理、各种零配件、设备的累计以及生产订单的统计等全部录入电脑在系统里进行管理，所以CAD系统能迅速针对顾客的意图进行调整并及时反映到设计上。与之相应，设计上效率的提高也促成了整个工程效率的提高。在大幅度地节约了成本的同时，针对每位顾客不同的需要设计出不同风格的优质图纸。

日本三泽房屋的CAD系统不仅可以与顾客随时对话交流，对图纸进行修改，而且能够针对顾客构想自动生成平面图和立面图。因此，可以参照生成的构想图预见最后的设计图纸，也方便了准确报价。此外，该系统拥有共约22 000个零配件、设备的设计模型可供选择，可以高效快速对应顾客各种各样的需求，全面支持房间布局、价格与总费用的预算，从而得到最优化的住宅建造方案。这个CAD系统除了设计出报价需要的图纸以外，还可以提供工厂生产图纸（500幅）、现场生产资料（费用明细）等相关信息内容，可以节省大量的人工费。

（2）建筑系统（建筑体系）

回顾历史，在工业化住宅发展的早期，建筑师就以建筑体系的设计为主体，开拓工业化住宅大量生产的可能性。从1933年，美国鲁道夫·M.辛德勒（Rudolf Michael Schindler）开发的"辛德勒住宅系统"（Schindler Shelters）；1941年，格罗皮乌斯与K.瓦克斯曼合作开发的"组装式住宅体系"（packaged-house system）到60年代法国的样板住宅和苏联的标准住宅，再到1990年代日本建筑师难波和彦开发的"箱"系列住宅和葛西洁开发的"木箱"系列住宅；荷兰著名的MATURA填充体部品体系（Matura Infill System）。成功的工业化住宅建筑体系都基于对下述事实的了解：设计模型在技术方面的实施对一栋建筑中所有的单独部件都起决定性的作用，并且使它们以不同的等级层次排列（完整体系、子体系、建筑群组、建筑部

图2-13　日本三泽生产电脑管理室

图2-14　日本三泽生产的成品单元

件和建筑零件）。定义好各部件之间关系非常重要，在工业化住宅这个复杂体系中，连接模块是处于核心位置的要素。

例如，日本三泽房屋在钢骨架结构和单元组合施工的基础上，采用了超级梁施工方法，则住宅1楼单元的天花梁和2楼单元的地板梁的结合部位将得以加固，通过使用膨胀螺栓实现的整体加固，可以进一步提升结构主体的强度。如此一来，不仅可以省去以往必需的柱子，还增加了隔墙的移动、设置、拆除的自由度。此外，通过使用自由搭配型家具，可以实现多种不同风格的家庭设计。

（3）生产系统

传统建筑中所使用的零部件有接近50%到60%是工业化连续生产出来。但是，这些零部件彼此之间的连接以及与工地上制造的部件之间的连接是不精确的，这样就造成了质量的下滑。我们的目标是在工厂中生产住宅所需的部件。在工厂中，所使用的自动化技术使生产条件更加有组织也更为合理，并且提高了雇员的工作效率。现代生产技术以电脑操控的自动化处理体系为特色，无论是单个的数控机床、复杂的程序处理中心或是完全自动化生产线都被应用其中。按照程序运转的计算机操控机器人是所有技术的关键所在。对于工业化住宅未来前景而言，编制的数据传递到CAD系统（CAD/CAM连接指令）速度和难易程度将是至关重要的因素。这是技术上的关键也是发展住宅制化的机会。

例如，日本三泽房屋的Ceramic系统的生产准备系统，因为使用了顾客服务器系统，具备了具有柔软的扩张性的分散方式而非集中方式。三泽房屋生产的钢筋混凝土房屋全工程有90%都在工厂完成的高度工业化住宅。依照设计图纸，从面板、单元的制造，到面板、设备的安装，直到单元的完成，都是以彻底的品质管理为基础，进行高品质部材和部件的流水生产，然后再运送到施工现场进行组装，建造合理房屋的生产

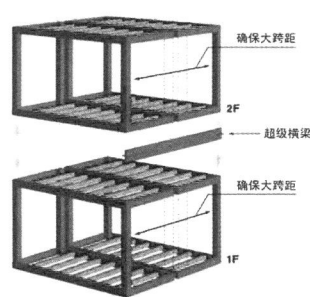

图2-15　日本三泽超级梁施工方法

图2-16　日本三泽房屋通过超级梁施工方法实现大空间

（图片来源：日本三泽房屋产品介绍：HYBRID住宅.楚先锋的BOLG. http://blog.sina.com.cn/chuxfcoco.2009-3-12.）

图2-17　日本三泽房屋钢筋混凝土房屋的生产过程

（图片来源：日本三泽房屋产品介绍：HYBRID住宅.楚先锋的BOLG. http://blog.sina.com.cn/chuxfcoco.2009-3-12.）

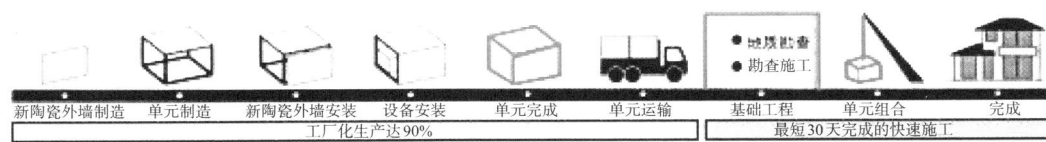

新陶瓷外墙制造　单元制造　新陶瓷外墙安装　设备安装　单元完成　单元运输　基础工程　单元组合　完成

工厂化生产达90%　　　　最短30天完成的快速施工

图2-18 日本三泽房屋工厂的生产线

图2-19 日本三泽房屋工厂焊接机器人

图2-20 日本三泽房屋整体材料的组装只需要1天

图2-21 日本三泽房屋的装配过程

（图片来源：日本三泽房屋产品介绍：HYBRID住宅.楚先锋的BOLG. http://blog.sina.com.cn/chuxfcoco.2009-3-12.）

系统。

（4）装配系统

住宅工厂化具有快速施工的特点。90%的住宅工厂生产化以及品质管理体制的贯彻执行可以使现场施工取得理想的效果。要完成一栋房屋的建设，一般的传统方法需要4个月，而通过住宅工厂化则仅需花2个月的施工期。[①]工厂预制使要在工地上完成的工作只剩下装配工作了。缩短建筑期并不是目的所在，目的是要借助平行生产和标准化过程来缩短整个项目过程。对于那些预制建筑部件来说，连接部分的承载力决定了整个体系的质量。这些要素保证了荷载的转移、耐力的调整以及建筑部件的固定。在日本，移动机器人不光在工厂中得到应用，而且还采用了高度现代化的升降技术和装配技术的自动化工地上。

例如，传统的施工方法中，现场的施工大概有17种不同的分工。要完成一座建筑物的建设，需要人员多达450人。与此相对的是，日本三泽房屋有熟练的全能手，可包揽三个方面的工作（基础工程、主体结构、收尾工程），其他方面仅需要电工、水管工以及煤气工。整体材料都在系统化管理的工厂里面生产，现场施工一座标准的住宅，仅需要5名人员和一台吊机。与传统施工方法相比，MISAWA HOME的建筑方法花费人力少，工程品质高。

（5）后勤系统

后勤系统包括按订单自动装配体系和高效的、有组织的、并列出工地序号的运输单位。例如日本三泽房屋自己拥有一个以工厂为中心的供给网络，可以为各个地区的顾客运送品质优良的住房。公司的运输体系已经完全系统化，全国原材料制造商与生产、收货点统一联网，收货、转运站能够在第一时间进行收集和配送。组装材料在工厂一旦完成可以即时用卡车迅速运输到需求地。即时运输避免了各种材料混载运送的情况，同时也解决

---

① 日本三泽房屋产品介绍：HYBRID住宅.楚先锋的BOLG. http://blog.sina.com.cn/chuxfcoco.2009-3-12.

了施工现场物资堆积过多的烦恼,运输的整体效能(车+人)与传统施工方法相比,可以节省至少二分之一以上。

（6）市场营销系统

市场营销系统和设计系统是统一反复的进程。产品必须符合顾客的要求,并布置好销售网络。

例如20世纪80年代,日本的大型组合式住宅企业开始使用起市场学手法,特别是借鉴汽车企业销售价格档次与消费者的爱好的关系来决定车中设计的方法,以进行分类销售。住宅销售也与汽车销售同样,分析价格、地点、居住者的生活形态、爱好（流行或传统）,以进行非类销售。组合式住宅企业从汽车企业学习借鉴的另一个方法就是生产体系与商品形态。20世纪80年代以后,以少品种的大量销售,转换为多品种的生产,不是最大公约数地促进销售,而是组成适应各种人需求的生产体制。不仅变更车种,还变更颜色、部品,以细微的差异满足消费者。以住宅的多品种生产对应消费者更为多样的需求,经营策略也更为重要。[1]

图 2-22 日本三泽房屋运送组装式材料的卡车

2.4.3 工业化住宅的分类

1. 按结构种类分类

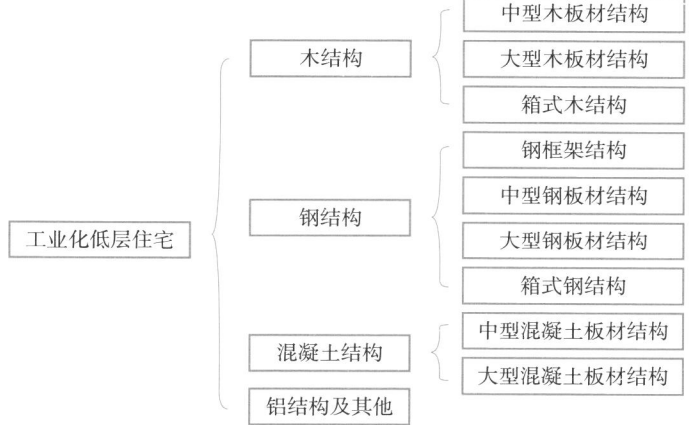

图 2-23 工业化低层住宅的结构分类

[1]（日）井出建,元仓真琴,编著,卢春生译.北京:建筑工业出版社,2004-09.P86.

工业化低层住宅的房屋结构可分为木结构、钢结构、混凝土结构(也包括少量铝结构和塑料住宅)。

木结构可细分为中型木板材结构、大型木板材结构和箱式木结构;钢结构可细分为钢框架结构、中型钢板材结构、大型钢板材结构和箱式钢结构;混凝土结构可细分为中型混凝土结构、大型混凝土结构。多高层住宅又采用传统建房法与工业化建房法相结合的混合式结构,以及完全工业化建房法两种类型。现列举日本工业化住宅的几种主要类型:

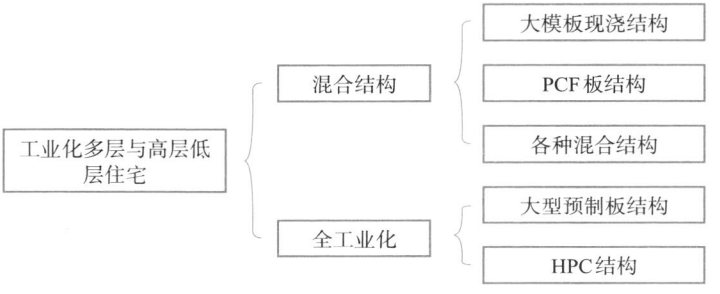

图2-24 工业化多层与高层住宅的结构分类

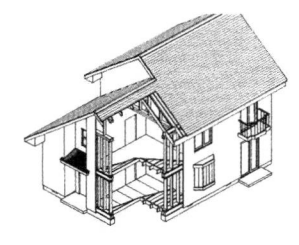

图2-25 装配式木骨架墙结构住宅示意图

1)木结构工业化住宅

(1)装配式木骨架墙结构

这是北美一带的建房法,将断面标准化的木构件组装成竖格状的骨架,并在其两侧用铁钉钉敷胶合板和石膏板等板材后,作为承重墙使用。施工步骤是,首先将地板做好,然后在地板上制作墙板。由于作业面稳定,就是技术不很熟练的工人组装起来也不成问题。由于属于墙承重结构,所以平面布置与传统木框架结构房屋一样,又是难以做到整齐的格局。虽然能够获得尺寸较大的空间,却无法开出较大的门、窗口。

在北美,竖框的构建间距为40 cm左右,表面贴的是被称作"四八板"的宽度为1 219 mm的面板;在日本这种建房法建造的住宅是按照910 mm的方格骨架进行设计的,竖框构件间距为455 mm,面板宽度则为910 mm。

(2)大型木板材结构

这种大型板材结构如果是在限定具体方案的情况下,是

图2-26 大型木板材结构住宅示意图

(图片来源:(日)日本建筑学会编,新版简明住宅设计资料集成[M].滕征本等译.北京:中国建工出版社,2003.6.P186、187.)

生产效率很高的建房方法。实际上,类似标准型的木制商品化住宅过去曾经在日本有过很好的销售业绩。但是随着居住要求的多样化的进展。大型板材结构的房屋采用得少了。与此相反,中型木板材结构在日本采用了910 mm等的方格形式,设计出来的房间配置与中型钢板材结构一样,灵活性很强,从而成为木结构住宅的主要产品。

但是,在装配式木骨架墙结构的建房法中,为了减轻现场作业的劳动强度也在朝着墙体板材化的方向努力。如果能够按照不同的户型建成可以生产多种尺寸和形状的板材生产线的工厂,那么,大型木板材结构建房法必然成为一种灵活高效的预制装配式结构的先驱。

典型实例如:日本三泽住宅O型。[①]

2)钢结构工业化住宅

(1)钢框架结构

钢框架结构与中型板材结构一样,钢框架是用轻型钢材在工厂里生产的。梁和柱为主要构件,但是,有的框架是加斜撑的,也有不加斜撑的纯框架式的。还有使用花格梁的做法。虽然也是按方格来规划平面的,不过,还是有910 mm的单方格系统和将梁柱以双网格的形式,净距取900 mm倍数的系统两种类型。因为要架设钢梁,希望结构尽可能形成纯平的平面。

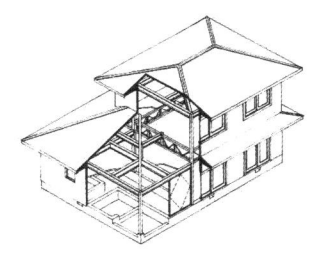

图2—27 钢框架结构住宅示意图

典型实例如:窪田住宅H型、国立住宅RA型。

(2)中型钢板材结构

这种结构体系在工业化生产的住宅中所占的比例一直是最大的。在工厂里,用轻型钢材加工成型,并加设斜撑构件的框架式板材,然后运到现场,与钢梁组装成框架体系。

饰面的板材有在工厂铺好的也有在现场铺设的。由于是按照方格结构布置的,所以房间配置非常灵活。像这样能够按照业主的希望和宅基地的形状建造住宅,完全可以与按照传统木造框架建房法建造的住宅相媲美。常用的格框有1 000 mm、960 mm和910 mm几种。

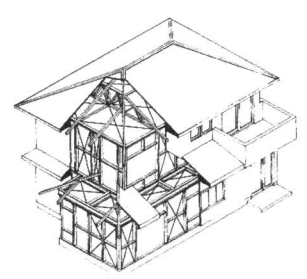

图2—28 中型钢板材结构住宅示意图

---

① (日)日本建筑学会编.新版简明住宅设计资料集成[M].滕征本等译.北京:中国建工出版社,2003.6.P188.

典型实例如：日本石水住宅B型、日本大轮住宅C型。

（3）大型钢板材结构

与钢框架结构一样，用大型板材组装而成的钢结构工业化住宅，这种结构住宅平面布置的灵活性很小。

（4）钢制箱式组合结构

将几个乃至几十个工厂生产的空间组件在现场组装成一幢住宅。这是一种可以实现高度工厂化生产和高效率建房的方法。常用的箱体单元的宽度为2 200～2 400 mm。大的居室可以用几个箱体单元组成，装修可在现场施工。浴室、厕所和厨房等较为复杂的部分则应在工厂做成完整的组合体。钢构件是在工厂自动焊接的，组装成框架结构的箱体。在住宅的中央汇集四根柱子，而且壁柱尺寸大是其缺点所在。此外，平面布置的自由度受限制，多数的单元长度是3.6～5.4 m。

典型实例如：日本塞克斯海姆M-3型、日本丰田住宅J型、日本三泽住宅UⅡ型。[①]

（5）钢框架结构+蒸压轻质混凝土板外墙结构

首先将H型钢梁组装在由方形钢管构成的钢柱上，构成纯框架式的主体结构，然后再将用蒸压轻质混凝土板制成的地（楼）板和外墙安装在主体结构上。这种结构具有框架体系的特征，是一种平面布置灵活，可以获得较大空间的房屋结构体系。此外，还具有便于采用悬挑细部的优点，缺点是主体结构的框架柱要求具有较大的整体性。

梁柱连接是标准化的，所以，能够做到施工的顺序化、连贯化。此外，蒸压轻质混凝土板的安装方法也能够做到合理化，可以说，在主体钢结构上安装作为维护部件的蒸压轻质混凝土板的作业，基本上与常用的老式施工方法没什么差别。这种结构体系适合在都市建造上下层建筑面积相等的2层和3层住宅。

典型实例如：海贝尔住宅D、E型。

3）混凝土工业化住宅

（1）中型混凝土板材结构

这种结构是将预先在工厂制作的肋型混凝土板在现场用

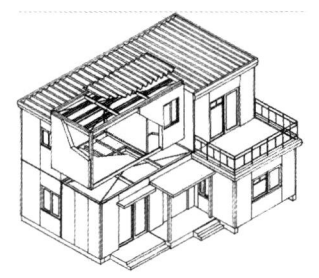

图2-29　钢制箱式组合结构住宅示意图

（图片来源：（日）日本建筑学会编，新版简明住宅设计资料集成[M].滕征本等译.北京：中国建工出版社，2003.6.P187、188.）

---

① （日）日本建筑学会编，新版简明住宅设计资料集成[M].滕征本等译.北京：中国建工出版社，2003.6.P186.

螺栓连接而构成的房屋主体结构。

在日本，这种结构是由于1960年时，由日本建设省牵头，为一种难燃化的公有住宅而开发出来的住宅建造方法，所以，称之为大量生产的公有住宅。分为卧梁和不用卧梁的两种结构类型。为了使得"住宅板材工业协作协会"能够承担起室内装修的任务，所以，将这种住宅体系明确划分为几种类型。此外，为了明确尺寸调整规则，在大量生产的公有住宅中，采用了900 mm方格的内距尺寸制。930 mm、960 mm等尺寸的方格构造也有采用。

典型实例如：宜家住宅、日本大荣成品住宅、那尔空住宅。

（2）大型混凝土板材结构

房屋的主体结构使用工厂生产的预制混凝土大型板材组装而成。

这里介绍的是，日本为多层公寓住宅开发的建筑技术。有910 mm和960 mm的单一方格系统。结构表面整齐光洁，与中型板材相比，主体结构的设计灵活性小。安装时需要起重设备。便于建成平屋顶和屋顶平台。室内装修所使用的轻质隔断墙和木质装修部件与主体结构泾渭分明。

目前，日本正在将采用轻质混凝土等的做法从多层住宅的施工中向独立住宅方面推广，处于开发上的理由，由大型的综合建筑公司供应的比例大，与其他类型的装配式住宅相比具有不同的特点。

典型实例如：帕尔公司、匹公司S型。

（3）大型混凝土板材结构的公寓住宅

在工厂或现场制作尺寸与房间大小相同的预制混凝土板，然后，再用起重机装配成复合设计要求的房屋。在日本，5层楼的住宅曾是这种结构主流产品，现在正在设法开发层数更多的公寓式住宅。

由于是墙承重体系，所以，可以直接满足平面设计和承重墙配置的要求，与框架体系的高层公寓式住宅的平面布置完全不同。适合建造楼梯间型的住宅，一般呈箱式造型，若想建造形状复杂的建筑，有一定挑战性。

典型实例如：日本安藤建设、大成预制装配公司、旧电电

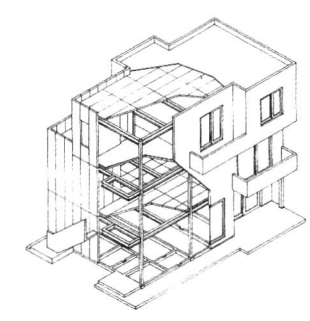

图 2-30　钢框架结构+蒸压轻质混凝土板外墙结构住宅示意图

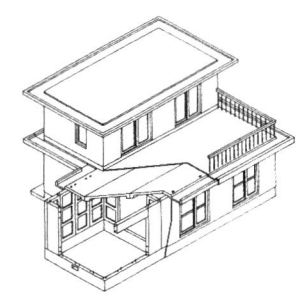

图 2-31　中型混凝土板材结构住宅示意图

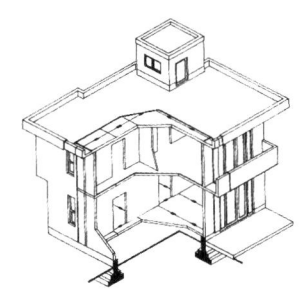

图 2-32　大型混凝土板材结构住宅示意图

（图片来源：（日）日本建筑学会编. 新版简明住宅设计资料集成［M］.滕征本等译.北京：中国建工出版社，2003.6.P189.）

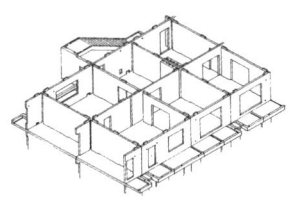

图2—33　大型混凝土板材结构的公寓住宅示意图

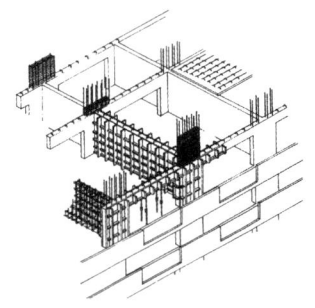

图2—34　混合结构的公寓式住宅示意图

（图片来源：（日）日本建筑学会编，新版简明住宅设计资料集成［M］.滕征本等译.北京：中国建工出版社，2003.6.P189.）

图2—35　英国使用MMC建造住宅

（图片来源：Phil Jones. Housing sustainability and modern methods of construction［PPT］. 2008—06.）

公社DEFSI法。

（4）混合结构的公寓式住宅

1970年以前，在日本建设公寓式住宅所采用的工业化建房法是以多层住宅中采用的大板结构和高层住宅中采用的HPC结构为主体的，后来，出现了将大模板技术、钢筋骨架及加配钢筋桁架的预制混凝土薄板（通用板及PCF板）等的技术组合起来的混合结构的建造方法。不是全部采用预制装配构件，而是针对墙、楼板、柱、梁等的不同部位的不同情况，分别采用具有针对性的恰如其分的合理化生产手段。

此外，为了搞活高层公寓式住宅的平面特性，开发出了更为灵活的结构构造方式，即在跨度方向采用壁式结构，而在进深方向采用框架体系的新型混合结构方式。由于户际的隔断墙上没有了大梁，不仅获得光滑明亮的内部空间，同时，又为大模板技术的推广提供了有利条件。

典型实例如：日本竹中工务店。①

2. 按照工业化建造方式分类

工业化建造方式是指采用标准化的构件，并用通用的大型工具（如定型钢模板）进行生产和施工的方式。在欧洲，更常用的说法是"现代建造法"，即MMC（modern methods of construction），并受到政府的积极推行。"现代建造法"可定义为更好的产品和生产过程，是一种为提高效率、质量和顾客满意度、减少环境影响、可持续发展、可准时交货的建造方式。②

MMC可以带来饰面和平面立面的多样化；减少建造时间，交货及时；减少环境影响和浪费；提高质量；有助于提高零碳排放目标；有助于提高建造的标准化，减少错误；有助于弥补工人的技术不足。目前也有不少缺点，主要是市场难于接受，成本太高、投资回报不理想、风险大。

根据工业化住宅构件是否在建造现场生产，工业化住宅可以分为"非现场建造"和"现场建造"两种。

---

① （日）日本建筑学会编，新版简明住宅设计资料集成［M］.滕征本等译.北京：中国建工出版社，2003.6.P189.

② Phil Jones. Housing sustainability and modern methods of construction［PPT］. 2008—06—05.

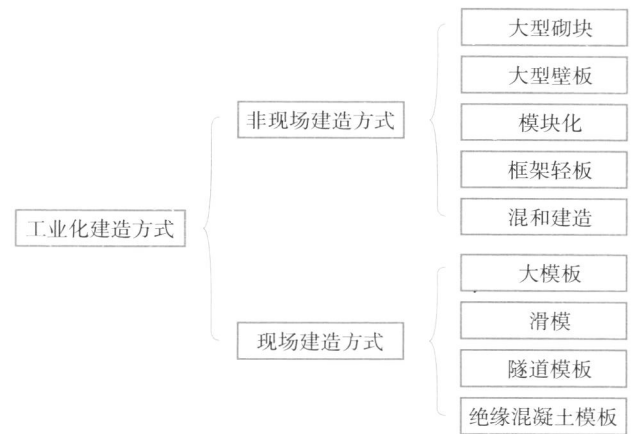

图2-36　按照工业化建造方式分类的工业化住宅

1）非现场建造住宅

非现场建造在我国常被称为"预制装配式"。即：按照统一标准定型设计，在工厂内成批生产各种构件，然后运到工地，在现场以机械化的方法装配成房屋[1]。这种方法也被称为"工厂化制造住宅"，工厂化制造的住宅几乎全部是在工厂里加工制造，到达工地就已经完成了30%～90%。住宅有70%～90%的工作——框架、保温、屋顶、外挂板、门、窗的制造，配电、给排水系统的配备，以及油漆和铺地毯这样的内部装修——都是在环境受到控制和保护的工厂里完成的。然后把这些住宅部段或模块送到工地，并将其放置到基础上。[2]

主要有以下三个操作方向：

① 模块化（Module）是指在工厂里生产部件（如房屋的整体或部分），然后将部件运送到工地，再由其中既放置就位，进行安装。

② 构件组合（A Kit of parts）是将有明显标记的单个构件（例如宽4 in、厚2 in的木材、窗户）运送到工地，再进行装配。

图2-37　非现场制造的住宅安装在基地上

图2-38　固定工厂化制造的部段

① 楚先锋.建筑工业化的几种方式和"预制装配整体式建筑".楚先锋的 BOLG. http://blog.sina.com.cn/s/blog_4d9ac2550100ae1v.html, 2008−09−12.
② 丁成章编著.工厂化制造住宅与住宅产业化［M］.北京：机械工业出版社,2004.3.P68.

图2-39　老式拖车或"移动"住宅

图2-40　当代全预制住宅

（图片来源：丁成章编著.工厂化制造住宅与住宅产业化［M］.北京：机械工业出版社，2004.3.P75-78.）

图2-41　模块化住宅的建造实例1

图2-42　模块化住宅的建造实例2

③ 结构板式化（Panelize），构件是不同尺寸的板材，一些仅仅有基本框架（开放式面板），另一些则配有绝缘材料并已经开了窗洞（封闭式面板），运至现场，根据设计图纸进行安装。这种方式与传统的建造技术相似。①

非现场建造（预制装配式）住宅的主要优点是：构件工厂生产效率高，质量好，受季节影响小，现场安装的施工速度快。但是非现场建造住宅首先必须建立材料和构件加工的各种生产基地，一次投资很大；各企业要求有较大、较稳定的工作量，才能保证大批量的连续生产；构件定型后灵活性小，处理不当易使住宅建筑单调、呆板。另一个缺点是，其结构整体性和稳定性较差。②

非现场建造的住宅类型主要有全预制、模块化（盒子）、框架轻板、混和建造、大型砌块、大型壁板等方式。现举例如下：

（1）全预制

本书所说的全预制住宅是指美国"HUD规范"或"移动"住宅、"拖车"住宅。依照其所采用的联邦建筑规范，住宅全部在工厂里制造而成，并执行美国住宅和城市发展部（HUD）颁发的"HUD规范"③。住宅连同家用电器、地毯、油漆、灯具以及能在工地迅速接通的公用设施一齐到达工地，其特色是80%～90%的工作已经完成（那些由两个以上部段，或是两层组成的住宅则需要在工地进行组装）。当今天的大多数制造住宅都是放在永久基础上，并考虑作为不动产，不会再移动时，术语"移动住宅"就不适用了。④

全预制住宅是建造在一个不可拆卸的，有着和拖车类似

---

① （加）艾维·福雷德曼.适应型住宅［M］.赵辰，黄倩译.南京：江苏科技出版社，2004.6. P112.

② 楚先锋.建筑工业化的几种方式和"预制装配整体式建筑".楚先锋的BOLG. http://blog.sina.com.cn/s/blog_4d9ac2550100ae1v.html,2008-09-12.

③ HUD规范也称为"联邦制造住宅建筑和安全标准"，归类于管理制造住宅的设计、建造、强度和耐久性、可运输性、防火性能、节能性能和质量控制的国家规范。它也规定了制热、给排水、空气调节、热力性能、电气系统的性能标准。HUD规范是一个"优先权"规范，意味着无论施工场地在哪里，它都优先于任何其他建筑标准。因为它属于联邦规范，所以标准在全美国都是相同的。

④ 丁成章.工厂化制造住宅与住宅产业化［M］.北京：机械工业出版社，2004.3.P68.

的车轴和车轮的钢或木底盘上。依靠自身的车轮把部段送到住宅工地。一旦到了正式位置,就可以拿掉车轮和车轴,但按照 HUD 规范指南要求,底盘必须要保留。

按照全面工程结构方法来设计制造住宅。每一个模块和楼层规划都是作为一个完整的单元来设计。楼层托梁、墙系统、过梁、桁架的规格都要由工程师作全面的计算,住宅的每一个构件都是和其他构件协同工作的。

（2）模块化（Volumetric Construction 或 Modular Construction）

模块化建造优先采用预先在工厂条件下生产三维单元产品再运输到现场的方式。不论从基础的结构还是到内外饰面和设备均已完成的整个单元,模块也可以以多种形式运到施工现场进行装配。

在美国完成了内外装修,也包括内部的生活设施,如家用电器、油漆、地毯及其他更多的东西的模块化住宅,其 70% ～ 85% 的工作已经完成。模块化住宅是分段制造、运送到住宅工地,并放置到基础上。许多是 2 ～ 3 层高,并且由 2 ～ 6 个模块或部段组成。[①] 在我国模块化建造的住宅也常被称为"盒子住宅"。

模块化住宅在设计灵活性、舒适性、定制设计能力等方面与全预制住宅相比更加直接地和工地建造商竞争。模块的成本得益于工厂制造条件的优越性:可循环利用的高精度模具和现场快速组装的需求使这种方式便于使用,同时也提供了良好的气密性和绝热性。

（3）框架轻板（Panelised Construction）

框架轻板也被称为板块化建造,是一种非现场制造方式。用工厂制造的整体墙板来建造板式住宅,依照一定的模数在工厂里制造墙板,运输到工地,然后再根据设计施工图把墙板装配到传统的基础或混凝土地面上。

最常见的方式是用开放面板（open panels）和一组骨架结构的结合。复杂一些使用封闭面板（closed panels）,墙板上通常带有覆盖物,有时也带有窗户、门、电气配线和外挂板,预制

图 2-43　模块化住宅的建造实例 3

（图片来源: Phil Jones. Housing sustainability and modern methods of construction［PPT］. 2008-06.）

图 2-44　框架轻板住宅的建造实例 1

（图片来源: Phil Jones. Housing sustainability and modern methods of construction［PPT］. 2008-06.）

[①]　丁成章.工厂化制造住宅与住宅产业化［M］.北京:机械工业出版社,2004.3.P68.

图2-45　框架轻板住宅的建造实例2

（图片来源：Phil Jones. Housing sustainability and modern methods of construction［PPT］. 2008-06.）

图2-46　框架轻板住宅的建造实例3

（图片来源：Phil Jones. Housing sustainability and modern methods of construction［PPT］. 2008-06.）

性更强，典型的包括内填充层和绝缘层，有些也包括设备、门窗内装和外装覆层。如果安装得当，气密性和绝热性会更好。但是与混凝土组合时会产生热桥的问题。框架轻板住宅比模块化住宅和全预制住宅需要更多的工地劳动。

混和建造（Hybrid construction），混合了"框架轻板"和"模块化"方式，算是一种"半模块化建造"。典型的方式是厨房、卫生间服务空间单元是模块化的，房屋的其余部分的建造使用板块化。[①]

（4）预切割住宅

预切割住宅是另一种类型，根据设计规格，在工厂里把建筑材料切割成恰当的尺寸后运送到工地组装。预切割住宅包括成套住宅、原木住宅、圆屋顶住宅。预切割住宅需要的工地劳动较多。

2）现场建造住宅

工业化住宅的另一种工业化建造方式是现场建造方式。现场建造的工业化住宅直接在现场生产构件，生产的同时就组装起来了，生产与装配合二为一，但是在整个过程中仍然采用工厂内通用的大型工具（如定型钢模板）和生产管理标准。它的优点是比"非现场建造"方式的一次性投资少，适应性大，能节约运输费用。它的另外一个优点是结构整体性强。但现场用工量比"非现场建造"大，所用模板比预制得多，施上容易受到季节时令的影响。

现场建造的住宅类型主要有：大模板、滑模、隧道模板、绝缘混凝土模板等，采用工具模板定型的现场浇注施工方式现举例如下。

（1）隧道模板（Tunnel Form）

隧道模板建造是一种现场制造方式，既可以预制又可以非预制建造，这种快速的建造方式适合于有许多重复单元的项目，例如旅馆、集合住宅和学生宿舍。这种方式提供了经济性、快速、质量和精确性，还有混凝土的固有优点，例如良好的防火和隔声性能和绝热性。取决于外饰面，有潜在的热

---

① Phil Jones. Housing sustainability and modern methods of construction［PPT］. 2008-06-05.

图2-47 隧道模板建造住宅实例3 图2-48 隧道模板建造住宅实例4、5

(图片来源：Phil Jones. Housing sustainability and modern methods of construction［PPT］. 2008-06.)

桥问题。

（2）绝缘混凝土模板（Insulating Concrete Formwork, ICF）

绝缘混凝土模板建造（ICF）也是一种现场制造方式，是双层墙体的组合，由膨胀聚苯乙烯块或聚苯乙烯板快速地为建筑墙体的建造提供模板。接着模板内将填充工厂生产的品质保证的预拌混凝土，从而建立坚固的结构。保留的膨胀聚苯乙烯块提供了高度的绝热性，混凝土芯则提供了坚固性和良好的隔声性。具有连续良好的绝热性和气密性。①

图2-51 隧道模板建造住宅实例1：建造过程

图2-52 隧道模板建造住宅实例1：建成效果

图2-49 绝缘混凝土模板（ICF）住宅墙体的建造过程1 图2-50 绝缘混凝土模板（ICF）住宅墙体的建造过程1

(图片来源：Phil Jones. Housing sustainability and modern methods of construction［PPT］. 2008-06.)

① Phil Jones. Housing sustainability and modern methods of construction［PPT］. 2008-06-05.

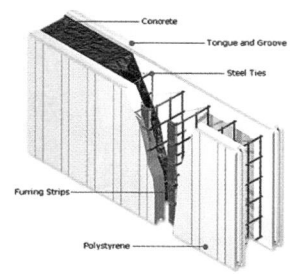

图2-53 绝缘混凝土模板（ICF）住宅墙体的构造

(图片来源：Phil Jones. Housing sustainability and modern methods of construction［PPT］. 2008-06.)

3）各国应用情况

日本的工业化住宅主流采用了预制和现浇相结合的方法，预制混凝土构件的连接部位采用现浇的方式，以加强其整体的强度和结构的稳定性。香港的工业化住宅主流则是采用内浇外挂的方式，结构的梁和柱采用现浇结构，外墙板采用外挂式的预制大板，这样既能保证结构的稳定性，又能保证外墙的围护性能。

绝缘混凝土模板建造（ICF）在德国很风行，在英国自建房者中也有一定市场份额。目前正受到数家英国住宅公司的关注。[1]

在美国，运用工业化建造方式的住宅，主要是独立式住宅。现有新的独立式住宅大约有一半是采用工厂化制造的形式来建造。1998年，在美国有超过60%的全预制住宅是由两个以上的单元在工地用各种方法再结合到一起。大约75%的这些住宅是放置在私人土地上，已经超过放在全预制住宅社区的数量了。许多新的全预制住宅社区提供搁在永久性混凝土基础上的高质量住宅，许多还带有地下室。在美国模块化住宅是根据所在州采用的模块化建筑规范制造的。地方规范如果与美国国家规范有冲突，只会影响工地的建造要素，如基础、车库、露台和门廊等。与全预制住宅相比，模块化住宅只占了很少一部分住宅市场。

美国全预制住宅传统的目标市场是住宅市场的低端部分，主要是强调能够买得起。模块化住宅制造商也同样提供能够买得起的住宅，但是也面向中等收入和高收入的人群。美国国家高速公路规则对模块化和制造住宅的运输限制是23 m长（德克萨斯州为26 m），大约3.4 m高，4.3～5.5 m宽（超宽则需要特许批准）。

我国在20世纪70年代引进苏联技术，开始工业化住宅的实践，当时除砖混住宅外，还发展了砌块住宅、装配式大板住宅、大模板住宅、滑模住宅、框架住宅、隧道模住宅、盒子住宅等住宅建筑体系，其中应用比较广泛的是：大板住宅、大模板住宅、砌块住宅和框架轻板住宅。近年随着我国工业化住宅发展的新一轮高潮，住宅企业万科开发了PC（预制混凝土结构）技术体系，据称其整体性和抗震的性能不低于现浇混凝土结构。他们将这一种结构称之为"预制装配整体式"建筑，以区别于传统性能较差的"预制装配式"建筑。[2]

2.5　本章小结

"住宅产业化"的内涵与外延大于"住宅工业化"。"住宅工业化"是实现"住宅

[1] Phil Jones. Housing sustainability and modern methods of construction［PPT］. 2008-06-05.
[2] 楚先锋.建筑工业化的几种方式和"预制装配整体式建筑".楚先锋的BOLG. http://blog.sina.com.cn/s/blog_4d9ac2550100ae1v.html, 2008-09-12.

产业化"的途径和过程,而非目的。住宅工业化程度与社会生产水平直接相关。本书侧重于研究工业化住宅设计的历史和具体方法,属于"住宅工业化"范畴,并以"住宅产业化"为背景展开。

(1)住宅产业是住宅产业化的基本载体,住宅产业是指从事住宅建设相关经济活动的企业的集合,包含整个产业链。

(2)住宅工业化是建筑工业化在住宅建设中的体现,是指用工业大规模生产的方式生产住宅建筑产品。包括住宅构件的标准化;住宅生产过程各阶段的集成化;机械化的生产和施工方式;住宅生产过程的连续性;工程的高度组织化以及与住宅工业化相关的研究和实验。

(3)工业化住宅是基于社会生产方式(工业化社会)提出的概念,以全部或部分采用工厂制造的构件建造住宅为主要特征,既包括非现场建造的住宅(如"预制住宅"),也包括运用现代建造法(MMC)建造的住宅。工业化住宅以实现可批量生产,易于建造,提供可负担的住宅为最终目标。

(4)工业化住宅系统包括5个子系统:设计系统、建筑系统、生产系统、后勤系统和装配系统。

(5)工业化住宅按照结构种类主要可分为木结构、钢结构、混凝土结构三种(也有部分铝结构和塑料工业化住宅);按照建造方式分类,可分为"非现场建造"和"现场建造"两种。

在本书中的各概念在不同语境下,均有使用。各概念间的关系如下图所示:

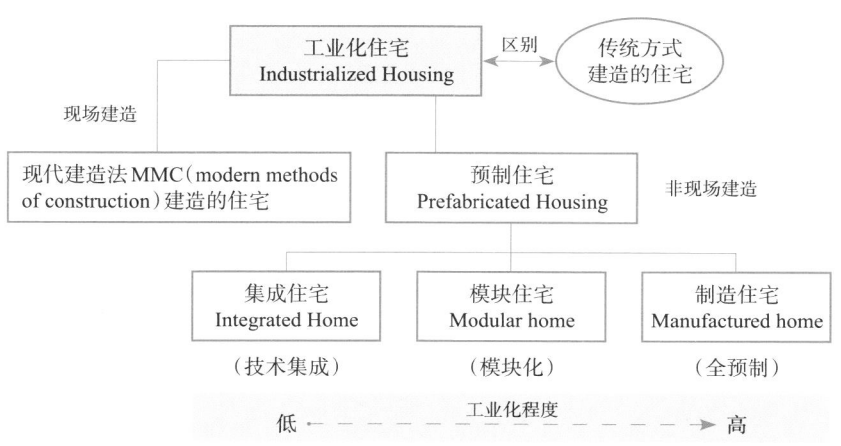

图2-54 工业化住宅相关概念关系图

第3章
住宅工业化的源与流

3.1 导　　言

一所住宅便宜到每个人都可以负担、容易装配和扩展；轻便并且可以建在任何地方，而在内部紧凑的空间里还有令人愉悦的设计，这就是——20世纪现代建筑运动思潮影响下的建筑师梦想中的工业化住宅，这个梦想已经被实现了近半个世纪。如果说从定义之争着手是一种对住宅工业化范畴横断面的剖析，那么对住宅工业化演进史的考察，则可以在纵向上把握住宅工业化的发展脉络。不仅有助于加深对住宅工业化范畴的认识，更重要的是有利于发现新的思想和理论生长点，把握住宅工业化发展的新动向。

工业化生产住宅从梦想到提倡，路程并不算漫长，但带实施起来得到人们的普遍认可，却经历了相当长的时间。预制结构始终是现代建筑史的核心话题之一，预制住宅的新颖构筑和未来派的改革都始终与传统结构进行不懈的竞争。本章结合时代背景（两次世界大战和石油危机的重大影响）和预制技术的进步，对住宅工业化思想的发展脉络进行全面的梳理，将整个发展过程分为："将工业模式带入住宅"的1920年代到1930年代、"激进试验与大量建造的两极"的1940年代到1960年代、"向多样化与开放性转型"的1970年代到1980年代，以及"可持续发展目标下的部品体系化"的1990年代到21世纪。

图3-1　产业革命中生活条件恶劣的贫民窟

（图片来源：Le Corbusier: Eyes which do not see［EB/OL］. Industrial Design History. industriallydesigned. blogspot.com/2008/03/le-..., 2008-3-13.）

3.2　将工业模式带入住宅：20世纪20至 30 年代

3.2.1　时代背景

19世纪60年代，产业革命发源于英格兰中部地区。从那时起，随着机器生产逐步取代手工劳动，大规模工厂化生产取代个体工场手工生产，产业革命引起了社会生产和社会生活的大变革。

1）房屋建造量急剧增长，建筑类型不断增多

19世纪工业的大发展和城市的扩大需要建造大批工厂、仓库、住宅、铁路建筑、办公建筑、商业服务建筑等。生产性和实用性为主的建筑愈益重要。对新型建筑提出了新的功能要求。大跨度、增加建筑层数和复杂的使用功能的要求使建筑形制变化迅速，传统的定型的法式制度已不能满足上述要求。

2）工业发展给建筑业带来新型建筑材料

已往建筑所用的主要材料不外是土、木、砖、瓦、灰、砂、石等天然的或手工制备的材料。预制混凝土技术（PCa, Precast Concrete）起源于19世纪的欧洲。1875年首项PCa专利在英国提出。1903年著名的"富兰克林大街的公寓"在巴黎建成。[①]在当时是第一栋以钢筋混凝土结构所设计的公寓。产业革命以后，建筑业的第一个变化是铁用于房屋结构上（内柱、梁、屋架、穿顶等）。19世纪后期，钢产量大增，性能更为优异的钢材代替了铁材。与此同时水泥也渐渐用于房屋建筑。19世纪出现了钢筋混凝土结构，钢和水泥的应用使房屋建筑出现飞跃的变化。

3）结构科学的形成和发展

结构科学的形成和发展使人越来越深入地掌握房屋结构的内在规律，从而能够改进原有的结构形式，有目的地创造优良的新型结构。随着数学和力学的发展，终于在19世纪后期弄清了一般建筑结构的内在规律，建立了为实际工程所需要的计算理论和方法，形成系统的结构科学。

图3-2　巴黎富兰克林大街的公寓，1903年，设计者：奥格斯特·佩雷（Auguste Perret）

（图片来源：范悦.PCa住宅工业化在欧洲的发展［J］.住区，2007.8（总第26期）.P32.）

图3-3　工业革命前的工匠兼设计师

（图片来源：庄明振，吴昆家.初次遇见工业设计［EB/OL］.www.gigabyte.org.tw/.../industry/industry-2.html, 1992-06.）

---

① 范悦.PCa住宅工业化在欧洲的发展［J］.住区，2007.8（总第26期）.P32.

4）建筑业的生产经营转入资本主义经济轨道

在资本主义社会大量的房屋是企业家手中的固定资本或商品。资本的所有者要求在最短的时间内以最少的投资从建筑活动中获取最大的利润。这一准则也在建筑设计、建筑观念以及建筑美学方面或隐或现地表现出来。此外，从19世纪起建筑师成为自由职业者，在建筑设计中从事竞争，于是商品生产的经济法则也渗入建筑师的职业活动中。

19世纪建筑领域出现的这场由产业革命引起的建筑革命，深度和广度空前。进入20世纪后，变化继续进行着，并且向世界更多的地区扩散。正是这个建筑历史上空前的建筑革命催生了建筑生产的工业化，孕育了20世纪的现代建筑运动思潮。住宅工业化的技术和理论基础在此基础上开始萌芽。

3.2.2　20世纪20年代以前

预制建筑系统最早可以追溯到17世纪。1624年，人们将木板房用船从英格兰运到美国波士顿北部的Cape Ann，为捕鱼的船队提供住宅。大约十几年后，瑞典人介绍了一种用槽口相交成角的原木搭建小屋的技术。到了19世纪，伴随着轻便结构住宅随着定居点和殖民地的建立而大量兴起，人们寻求一种可立即建造住宅的解决方案。1833年，可见为澳大利亚的英国移民设计的成套住宅（kit home）的介绍。1894年，在美国加利福尼亚黄金潮期间，为了保证加州的采矿者能够迅速而有效地建设住所而生产大量成套住宅，由火车运至当地。在1908年，可以通过邮寄目录订购。铁皮建筑在19世纪末期也不断从英国运至各处殖民地。美国农家子弟哈奇生（Ernest Franklin Hodgson），于19世纪末以板条和螺丝钉搭造的狗屋、工具房、车库及度假小木屋等实验性样版，打开北美组装屋市场。

到20世纪早期，建筑家和发明家们持续地进行着住宅体系的实验。1904年，在英国利物浦，J.A. Brodie 开发了木结构双住宅。[1]

1906—1908年，美国大无畏的发明家托马斯·阿尔

图3-4　爱迪生和他设计的浇注混凝土住宅

---

[1] Allison Arieff & Bryan Burkhart. *Prefab* [M]. Gibbs Smith, September 13, 2002. P13.

瓦·爱迪生发明了用巨大模具单独浇注的混凝土住宅（Single-Pour Concrete House），目的是为普通工人提供坚固、可负担的住宅。在此住宅中的所有部分包括楼梯、书架甚至是钢琴和浴缸都使用模具浇铸、单独成型的。爱迪生还设想可预先印制彩色墙面、建造过程仅需几个小时，最重要的是这种住宅每栋仅需1 200美元，即使贫民也可负担。当时的《美国科学》(*Scientific American*)杂志形容其"艺术、舒适、坚固而非单调的"。①

图3—5　浇注中的混凝土住宅

（图片来源：Adam Goodheart. WHY DOLORES CHUMSKY HATES THOMAS EDISON[EB/OL].http://flyingmoose.org/truthfic/edison.htm, 1996.）

　　实际上这个实验由于模具数量庞大（2 000种），耗资巨大（设备投资达175 000美元）而宣告失败。②这种住宅在新泽西州建了100多幢，有些至今还存在。③1911年，爱迪生宣布转向利用轻质泡沫混凝土（foam concrete）预制家居的生产，同样也以失败告终。

　　美国建筑师和工程师G.阿特伯里（Grosvenor Atterbury, 1869—1956）于1907年建造了一座试验性住宅。④1909—1910年，他设计的位于美国纽约皇后区的森林山花园（Forest Hills Gardens）的模范住宅项目，是预制大板钢筋混凝土结构首次采用，也是世界上第一座体系建筑。该住宅项目由拉塞尔·塞奇基金会（Russell Sage Foundation）⑤赞助。

　　G.阿特伯里为森林山住宅项目开发了一种革命性的建造方法：每栋住宅均有大约170个标准混凝土板组成，这些混凝土板都是在工厂预制的，在现场用起重机安装。这个系统即使用现代标准衡量也是非常精密的：板由空心绝缘模板铸造；铸造模子带有内套，可以使模子在混凝土完全干透

---

① Allison Arieff & Bryan Burkhart. *Prefab*[M]. Gibbs Smith, September 13, 2002. P13.

② Adam Goodheart. WHY DOLORES CHUMSKY HATES THOMAS EDISON[EB/OL]. http://flyingmoose.org/truthfic/edison.htm, 1996.

③ Horden Cherry Lee and Haack+Höpfner. *Home Delivery: Fabricating the Modern Dwelling*[EB/OL]. http://museumhours.blogspot.com/, 2008−8−13.

④ Horden Cherry Lee and Haack+Höpfner. *Home Delivery: Fabricating the Modern Dwelling*[EB/OL]. http://museumhours.blogspot.com/, 2008−8−13.

⑤ 拉塞尔·塞奇基金会成立于1907年，是20世纪美国最早的私人基金会，在解决贫困、老年问题、改善医院和监狱条件方面都起了先驱作用。

前脱落。混凝土预制板通过模子→卡车→起重机的简单过程运至建造现场。G.阿特伯里的预制住宅系统思想影响了1920年代中期许多欧洲现代主义建筑师，例如，建筑师恩斯特·梅（Ernst May）在德国法兰克福建造了无数实验性的预制混凝土大板住宅。[①]G.阿特伯里可被认为是现代工业化住宅的始祖。

工业化住宅虽然早有起源，却在20世纪早期将工业的效率和材料带进住宅的热潮中才逐渐变成现实。1908年，亨利·福特（Henry Ford）的T模式取得巨大成功。预示着大量产品的生产线可以为大众生产高质量的、如同汽车一样大的产品。福特的生产线理念运用到建筑中是指利用大规模的工厂和设备、高效率的规划，集中形成大规模的高效工地以及移动建筑系统。

工厂生产同时也提供了更低价和更高质量的产品。人们希望将这种生产技术运用到住宅制造上来，同样能够提供高质量、可负担的价格和易达性。在福特的T模式投入生产不久以后，工业生产进入了预制领域。到1910年代末期，许多公司开始提供多种式样的、高质量的、预切割的或是预制的成品住宅。成立于1906年的阿拉丁预制住宅公司（Aladdin Readi-Cut Houses）是第一家真正提供成套住宅（不同于有许多组件的、预切割住宅）的公司。但是第一家著名的通过邮件提供预制住宅的公司则是美国的西尔斯—罗巴克公司（Sears, Roebuck & Co.）。[②]

1908—1940年，西尔斯公司通过邮寄目录（包括木材、钉子、墙面板、窗户、门、其他硬件、涂料等）和建立售楼处的方式出售出近100 000套住宅，价格从500至650美元不等。公司拥有自己的工厂，通过铁路将土建材料运送到全国各地，运营的范围主要集中在东北部和中西部。他们拥有中档（Standard Bilt）和高档（Honor Bilt）两套体系，均在工厂内预制加工，然

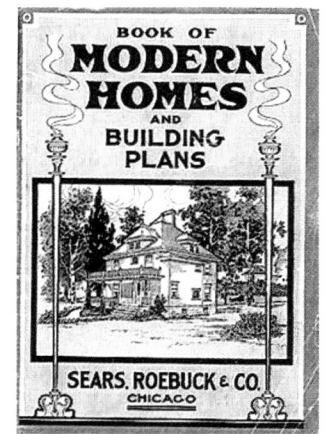

图3—6 西尔斯公司的预制住宅邮寄目录，1908—1940年

（图片来源：Allison Arieff & Bryan Burkhart. *Prefab*［M］. Gibbs Smith, September 13, 2002. P14.）

① Grosvenor Atterbury［EB/OL］. http://en.wikipedia.org/wiki/Grosvenor_Atterbury, 2009—2—17.
② Allison Arieff & Bryan Burkhart. *Prefab*［M］. Gibbs Smith, September 13, 2002. P13.

后成套地运送到现场进行装配。①

　　西尔斯住宅低廉的价格和方便的建造使蓝领工人真正拥有自己的住宅成为可能。西尔斯的目标是使购买房屋像买家具一样容易。事实上这种"将高质量预切割材料打包运到家门口"的概念起到了作用。巨大的订购量使西尔斯保持灵活性，并为顾客提供多种设计。既有传统的风格，也有流行的风格，并有许多不同的形状和尺寸。这种高超的销售策略使成千上万的美国人可以用西尔斯住宅实现他们的美国梦。②

　　最终，西尔斯公司由于经济上的决策不力和短浅的经营目光而致失败，并不是因为市场营销手段贫乏或是产品不合标准。他们过于放开的财务措施（如慷慨的贷款）并没有考虑到经济发生衰退或房屋需求缩减的可能性，他们仅仅立足于获得最高的销售额，而忽略了销售的风险。③

　　包豪斯的奠基人沃尔特·格罗皮乌斯（Walter Gropius），早在1910年就倡导住宅的工业化。实际上这是致力于产生"新时代的新建筑"的包豪斯的主要目标之一。这时期，欧洲预制住宅的发展在建筑上最显著的例子可算法国建筑师勒·柯布西耶1914年设计的"多米诺（Dom-Ino）住宅"。多米诺住宅展现了一种新的结构框架。用预应力混凝土板制成地板、支撑和楼梯，排除了对承重墙的需要。

3.2.3　20世纪20年代初至20世纪30年代末

1. 概述

　　第一次世界大战（1914—1918）以后的欧洲，面临战争毁坏的城市，新住宅开始破茧重生。20年代末期，建造商和建筑师明显地对于大量建造住宅的设想充满兴趣，并且热衷于用各种材料和技术来将其实现。住宅工业化在试验中蹒跚前

图3-7　乔治·慕赫（Georg Muche）和理查·保立克（Richard Paulick）设计的钢制住宅，1926—1927年

（图片来源：http://www.bauhaus-dessau.de/index.php?The-steel-house-by-georg-muche-and-richard-paulick, 2009-01-23.）

① （加）艾维·福雷德曼著，适应型住宅［M］.赵辰、黄倩译.南京：江苏科技出版社，2004.6. P109.
② Allison Arieff & Bryan Burkhart. *Prefab*［M］. Gibbs Smith, September 13, 2002. P13.
③ （加）艾维·福雷德曼著，适应型住宅［M］.赵辰、黄倩译.南京：江苏科技出版社，2004.6. P109.

图3-8　亨利·福特（Henry Ford）的自传——《我的生活和工作》（*My Life and Work*），1923年

（图片来源：www.amazon.com/.../dp/B0013PTQ4M.）

图3-9　G.舒特-李霍茨基（G. Schütte-Lihotz ky）设计，法兰克福厨房（Frankfuter Küche），1926年

（图片来源：（美）肯尼斯·弗兰姆普敦著，现代建筑：一部批判的历史［M］.张钦楠等译.北京：生活·读书·新知三联书店，2004.3.P149.）

行。欧洲国家开始将"预制"技术作为一种在时间和经济上都高效的建造方式，对预制住宅敞开胸怀。英国、法国、德国发展了混凝土和钢结构的预制系统，瑞典则专注于木结构的预制系统。

　　住宅产业为了发展工厂生产过程而模仿汽车工业的模式，而经济大萧条进一步推动了这个风潮，当时看来，工厂建造住宅似乎是唯一可行的方式。1932年，阿契博得·麦克列许（Archibald MacLeish）[1]在《财富》（*Fortune*）杂志上声明，"现在人们已经达成共识：未来的低造价住宅将会在工厂分成几个部分或整体制造，然后在现场组装，换言之，住宅的生产方式将会和汽车一样"。[2]

　　在这一时期，不乏对拓展钢结构的可能性感兴趣的建筑师和工程师。在1926年左右，德国包豪斯的乔治·慕赫（Georg Muche）和理查·保立克（Richard Paulick）、卡尔凯斯特那公司（Carl Kaestner Company）、沃尔兄弟（the Woehr Brothers）、布鲁恩和罗斯（Bruane and Roth）都相继开发出了钢结构住宅的原型。

　　钢材在1930年代成为住宅中不可或缺的重要组成部分。一些钢材生产商又回头研究预制。一些钢制住宅的原型产生于1933年芝加哥世界博览会。例如，美国建筑师乔治·弗瑞德·凯克（George Fred Keck）建造的明日住宅（House of Tomorrow）和水晶住宅（Crystal House），都是由钢支撑骨架和钢地板系统构成。

　　这时期，包豪斯的成立、一系列现代住宅展的举办和现代建筑国际会议（CIAM）的成立，极大地推动了现代建筑的传播，他们围绕"工业化住宅"的议题进行了探讨和实践，其中以1927年"德意志制造联盟"（Deutscher Werkbund）的斯图加特魏森霍夫试验住宅区（Weissenhof Siedlung）展影响最为

---

① 阿契博得·麦克列许（Archibald MacLeish，1892—1982），1933年获得普立兹奖。为时代（Time）与财富（Fortune）杂志撰稿，竖立了"纪录性"文学（documentary literature）的优质写作标准。1939年，被指派为美国国会图书馆馆长。

② Allison Arieff & Bryan Burkhart. Prefab［M］. Gibbs Smith, September 13, 2002. P15.

深远。

　　尽管预制大板住宅通常被认为是前苏联、东欧国家和东德的典住宅建筑形式，但是预制建造的思想在世界各地广泛传播，尤其是广泛用于公共住宅（public housing）的建设。

　　2. 各国工业化住宅的发展

　　1）德国

　　第一次世界大战后德国经历了5年的经济增长期，到1924年经济开始稳定。

　　1923年亨利·福特的自传——《我的生活和工作》（*My Life and Work*）在德国发行，书中描述了他关于生产线模式（即T模式）的成功，这种模式所引导的新观念从美国一直风行到苏联和德国。在这种背景下建筑师布鲁诺·陶特（Bruno Taut）指出：“当今的建筑问题必须实行生产线化，就像设备、汽车以及其他同类产品一样，符合工业的大机器化生产。福特在汽车行业的成功，从某种意义上讲，就是以最佳的方式选择原材料……正是这种方式能应用于建筑业。”

　　为能保证像T模式的标准住房建筑，国际现代建筑协会（CIAM）秘书长西格弗莱德·吉迪恩（Sigfried Giedion）与荷兰人奥德（Oud）进行磋商，出台了一套新办法，应用于建筑过程和住宅的设计。妇女运动和社会各方面的压力促使德国政府于1926年成立了RGF机构，专门研究设计、施工和物业管理等各方面的课题。这个机构在许多工程上资助了使用预制建筑系统。如沃尔特·格罗皮乌斯领导设计的德骚特登（Dessau-Torten）地产。在这个项目中运用了格罗皮乌斯与阿道夫·迈耶（Adolf Meyer）在1923年开发的“建造体块”（Building Blocks）系统——一种标准化平顶住宅。[①]

　　1925年恩斯特·梅（Ernst May）被任命为建筑部部长。房屋改革的焦点在法兰克福，梅亲自制定了新开发区的标

图3-10　胡夫爱森住宅区鸟瞰

（图片来源：李振宇、邓丰，刘智伟 著.柏林住宅：从IBA到新世纪[M].北京：电力出版社，2007.9.P1.）

图3-11　德国第一幢用预制大板建造的住宅Splanemann-Siedlung，建于1926—1930年

（图片来源：Splanemann-Siedlung-Erste Plattenbauten in Deutschland [EB/OL]. http://www.panoramio.com/photo/14572532, 2009-2-17.）

① Allison Arieff & Bryan Burkhart. *Prefab* [M]. Gibbs Smith, September 13, 2002. P15.

图3-12 奇夫霍克（Kiefhoek）住宅方案鸟瞰，荷兰鹿特丹，J.J.P奥德设计，1927年

（图片来源：（美）理查德·韦斯顿著，20世纪住宅建筑［M］.孙红英译.大连：大连理工出版社，2003.9.P78.）

准——法兰克福诺曼底（Norman）标准，包括向金属框的胶合板门、非装饰性的硬件以及节省空间和水的小型浴缸，其中最出名的是"法兰克福厨房"（Frankfuter Küche）。在此期间，在梅指导下完成的住宅有1.5万个单元。超过了法兰克福建造住宅总量的九成。逐步上涨的成本最后促使梅成为预制混凝土板结构的先锋，使用了预制混凝土平板部件和装配的半工厂化方法。这种被称为"梅系统"的结构用于1927年开始的普朗海姆及霍恩布列克住宅区设计中。梅提倡的"最小化"住宅只有32平方米，当时主要为了解决难民的安置问题，但很快就作为永久性住房流行起来。

与勒·柯布西耶"最大生存空间"（existence-maximum）号召相反，梅的最低标准取决于广泛使用安排巧妙的贮藏室及折叠床，最重要的是发挥高效率的、实验室版的法兰克福厨房。"法兰克福厨房"专为"没时间照顾家庭的现代女性"设计，这种新型的厨房更像一个药房或实验室，是家庭的中心。由女建筑师格丽特·里霍兹奇（Grete Lihotzky）设计。里霍兹奇专门研究厨房家务，包括如何布局以对物品进行高效的取放。法兰克福厨房是在详尽分析了实际需要以后进行的设计，只有约6.5平方米，从卫生角度考虑与其他区域隔离，并装有拉门可以关上。这种厨房最后被放在1万多工人公寓和住宅中。有许多现代厨房的特点，例如连续的工作区、壁橱、专用的储存单元，都是在20世纪20年代发展起来的。[1]

1925年，陶特和瓦格纳（Martin Wagner）借助魏玛共和国的社会改革计划，规划设计了位于新克尔恩（Neukölln）的胡夫爱森住宅区（Hufeisensiedlung, 1925—1927）。首先尝试合理化建筑设计方法，运用了最优化平面、体系建筑和部分预制化、定型化等措施，奠定了近郊新村住宅的新格局的基础，对此后的建筑设计产生了深远的影响。[2]

---

[1] （美）理查德·韦斯顿，20世纪住宅建筑［M］.孙红英译.大连：大连理工出版社，2003.9.P69-70.
[2] 李振宇，邓丰，刘智伟.柏林住宅：从IBA到新世纪［M］.北京：中国电力出版社，2007.9.P1.

在德语中"Plattenbau"[①]，特指大型预制混凝土板结构建筑。在德国，第一幢用预制大板建造的住宅被认为是在柏林的利希滕贝格（Lichtenberg district）的"Splanemann-Siedlung"公寓，建于1926—1930年，由建筑师马丁·瓦格纳（Martin Wagner）设计。这栋2—3层的公寓住宅，用当地生产的大板建造。为了解决两至三年回国士兵的居住问题而建的公寓，原名138公寓。地上重量约7吨，使用了多辆原用于传统砖建筑的门式起重机。该住宅受到马丁·瓦格纳在荷兰郊区瓦特尔赫拉夫斯湖（Watergraafsmeer）的"Betondorp"项目启发。[②]

包豪斯于1927年成立建筑系，在此期间，一批由马塞尔·布劳埃尔（M. Breuer）设计的预制房屋反映出迈耶的影响。[③]

1932年阿道夫·迈耶（Adolf Meyer）在论住宅的文章中，强调采用标准化的浴室和厨房设备以及全新的材料和方法的结构。同期《包豪斯书集》中有格罗皮乌斯撰写的《住宅工业化》，书中有一幅由卡尔·菲格（K. Fieger）设计的圆房插图，预示了1927年理查·布克明斯特·富勒（Richard Buckminster Fuller）的戴麦克辛（Dymaxion House）住宅中提出的集中型轻质结构的概念。此外，格罗皮乌斯出版了自己的"系列单元住宅"（Serienhäuser），这种系列住宅最终于实现在1926年建于德骚（Dessau）的包豪斯教师住宅。

2）其他欧洲国家：英国、荷兰、意大利、法国

工人住宅的新观念传遍了欧洲大陆，在英国，大战后复兴的重点是住宅、工厂、学校建筑，用预制构件造低层校舍是英国创举。如当时的"CLASP规格"预制装配法已发展到外国市场。[④]

一战后的荷兰基于美国发展的建造思想，成为建筑预制的先行者。

在荷兰鹿特丹，奥德（Oud）设计的奇夫霍克（Kiefhoek）住宅开发方案广受好评。尽管奥德善于满足"最小化存在"的建筑标准，但他从不认为可以把住房简单归结为"功能"问题。1925年，他给一本关于建筑和机器的作品集投稿时写道，"我向往一所能够满足我所有舒适要求的住宅，但它绝不止于一台可居住的机器"。[⑤]

1930年，意大利建筑师Figini和Pollini，Monza设计了电业楼（La Casa Elettrica）。电业楼是钢筋混凝土造2层楼，是一种作为"居住机器"设想的实验性批量生产的住

① 由板Platte（panel）和建筑Bau（building）。复数形式是Plattenbauten。
② Plattenbau[EB/OL]. http://en.wikipedia.org/wiki/Plattenbau, 2009-2-17.
③ （美）肯尼斯·弗兰姆普敦,现代建筑：一部批判的历史[M].张钦楠等译.北京：生活·读书·新知三联书店,2004.3.P136.
④ 童寯.近百年西方建筑史[M].南京：南京工学院出版社,1986.02.P103-104.
⑤ （美）理查德·韦斯顿,20世纪住宅建筑[M].孙红英译.大连：大连理工出版社,2003.9.P72.

图3-13　奇夫霍克（Kiefhoek）住宅

（图片来源：（美）理查德·韦斯顿著，20世纪住宅建筑［M］.孙红英译.大连：大连理工出版社，2003.9.P78.）

图3-14　电 业 楼（La Casa Elettrica）

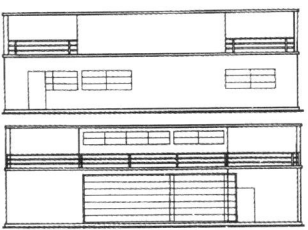

图3-15　电 业 楼（La Casa Elettrica）立面图

（图片来源：（日）日本建筑学会编，新版简明住宅设计资料集成.滕征本等译.北京：中国建工出版社，2003.6.P83.）

宅。对人的活动进行了合理规范后而实施的面积最小化住宅的试点。有将2层作为平台使用的户型，也有分隔成不同个人房间的户型等不同方案。由于是按照近代建筑式的预制装配化设计，诸如厨房设备、橱柜、隔断墙等细部也都按照"机械化时代"的新颖构思开发和采用的。水平方向和高度方向的尺寸采取模数化，整个住宅都一致强调按比例，尤其是水平比例来规划的。透明感十足，整个住宅流露出一种"机械化时代"的意境。令人感兴趣的还有正门旁边设直达厨房的通路；南面的玻璃窗全部采用双层，而形成温室作用的玻璃夹层。①

1933年，在法国，E.博顿（Eugéne Beaudouin, 1898—　　）和M.洛兹（Marcel Lods, 1891—　　）在德朗西（Drancy）建造了"城市住所"（Cité de Ia Muette）。

图3-16　德朗西，"城市住所"小区住宅立面（博顿和洛兹，1933年）

（图片来源：（意）L.本奈沃洛著，西方现代建筑史［M］.邹德侬等译.天津科学技术出版社，1996-09.P550.）

"城市住所"包括几座4层大楼和五个16层塔式建筑。支撑框架是金属的，而房顶和垂直的非承重墙则是钢筋混凝土预制件；外部覆盖物、楼梯、阳台栏杆及许多其他的细部也是混凝土板做的，都是在预先订好的经济限制之内，在尽可能严密的质量监控下制作而成的，从而也简化了今后的维修工作。这样，如果从远处看，建筑的外观显得有些过分呆板，若从近

---

① （日）日本建筑学会编，新版简明住宅设计资料集成［M］.滕征本等译.北京：中国建工出版社，2003.6.P83.

处看,则具有一种令人信服和现实主义的持证。①

3)美国

预制构件在美国已有很长的历史,传统的气球构架(Balloon Frame)实际上是系统建筑的早期形式。预制构件从一开始就与某些地方工业的特色联系起来。在20世纪的头几年里,有一系列以混凝土板的应用为基础的理论试验;一战后,在美国一种大批量生产的保温隔热的钢铁房屋已被登上了广告。②20世纪20年代美国建筑师弗兰克·劳埃德·赖特作出印有纹样的预制砖工法;同年代建筑表现的混凝土"阿利制法"(Early Process)在美国确立。③

20世纪20年代以后,在美国,西尔斯-罗巴克公司(Sears, Roebuck & Co.)、阿拉丁预制住宅公司(Aladdin Readi-Cut Houses)和其他相似的公司沉静在销售成套住宅获得巨大的成功之中,他们认为没有必要吸收国际式的工业美学。预制业稳步地进入更广泛的流行意识和文化范围中。例如,1921年,布斯特·基顿(Buster Keaton)和他的新娘骄傲地拍摄了一部关于建造预制住宅的短片:*In One Week*。1927年,罗伯特·塔潘(Robert Tappan)发表了一种钢结构住宅。④

1929年美国经济大萧条,真正提起了人们对于大量建造住宅的兴趣。这种兴趣的真正驱动力是希望住宅开发可以刺激低迷的经济。于是1930年以后,美国第一次预制建筑的大规模试验开始了。

1932年,经济形势导致霍华德·费希尔(Howard T. Fisher)成立了综合住宅公司(the General Houses Corporation),以住宅构件的组装者的方式运作。综合住宅公司生产的低造价住宅价格从3 000到4 500美元不等。还建造了许多压型钢板和费希尔设计的标准件组成的样板房。费希尔对大众的这种当代先进住宅的品位持乐观态度。"住宅设计的最后一步当

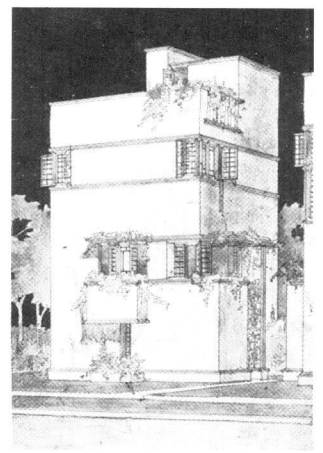

图3-17 弗兰克·劳埃德·赖特设计的美国系统住宅 **American System-Build Houses, 1911—1917年**

(图片来源:http://www.vitruvius.com.br/arquitextos/arq100/arq100_02.asp, 2009-2-9.)

图3-18 布斯特·基顿(**Buster Keaton**)的短片:**In One Week, 1921年**

(图片来源:http://www.vitruvius.com.br/arquitextos/arq100/arq100_02.asp, 2009-2-9.)

① (意)L.本奈沃洛著,西方现代建筑史[M].邹德侬等译.天津科学技术出版社,1996-09.P550.
② (英)尼古拉斯·佩夫斯纳、J.M.理查兹、丹尼斯·夏普,反理性主义者与理性主义者[M].邓敬等译.北京:中国建工出版社,2003.12.P15.
③ 范悦.PCa住宅工业化在欧洲的发展[J].住区,2007.8(总第26期).P32.
④ Allison Arieff & Bryan Burkhart. *Prefab*[M]. Gibbs Smith, September 13, 2002. P13.

图3-19 乔治·弗瑞德·凯克（George Fred Keck）建造的明日住宅（House of Tomorrow），1932年

图3-20 乔治·弗瑞德·凯克（George Fred Keck）建造的水晶住宅（Crystal House），1932年

（图片来源：A short overview of steel framed houses［EB/OL］. http://www.arch.mcgill.ca/prof/sijpkes/lecture-oct-2004/lecture-final-2004.html, 2009-2-2.）

图3-21 理查德·诺伊特拉（Richard Neutra）设计的罗维尔别墅（Lovell House），1928—1929年

（图片来源：http://www.neutra.Org, 2009-2-2.）

然是建立在大众需求上"，费希尔在1935年的《住宅和花园》（*House and Garden*）杂志上说道。他认为大众热衷于现代设计的观点被证实为太过主观，实际上美国人还没准备好接受直接从组装线上下来的住宅。

在这种情况还不明显时，多个公司也乐观地跟上了这股潮流，包括美国之家（American Homes）、美国住宅公司（American Houses）和Homosote建材公司（Homosote Company）等。美国住宅公司的罗伯特·麦克劳林（Robert McLaughlin）和其他建筑界同事一样也看到了低造价住宅的经济优势，在1932年的住宅原型公之于众后，他推出自己的预制住宅品牌，被称为美国移动住宅（American Motohomes）。这种钢结构住宅从6卧4卫2车库的房型到简单的4房住宅都有。构件全都在新泽西的工厂制造，而后在现场组装。

1933年，美国建筑师乔治·弗瑞德·凯克（George Fred Keck）在芝加哥世界博览会建造的明日住宅（House of Tomorrow）和水晶住宅（Crystal House），都是由钢支撑骨架和钢地板系统构成。

未来住宅是一栋3层12面玻璃墙的钢结构住宅，内部有中央供热和空调系统，以及可调节光线的百叶。凯克利用构件预制节省的建造费用来提高居住品质，例如宽大的户外平台、浴室内的防冻玻璃墙和当时最先进的厨房设施。在第一年，共有750 000人参观了这座住宅，广受欢迎。因此凯克接着设计了第二座更激进的水晶住宅。水晶住宅采用了革新的结构系统，可在3天内建造完毕，但这种粗犷的结构美学令普通住宅买家难以接受。最终被拆成碎片出售。①

除了建筑主流外，机器制造房子的梦想和以其他形式表现出来。对于有远见的美国人理查·布克明斯特·富勒（Richard Buckminster Fuller）来说，欧洲人还没有认识到新材料的大批量生产带来的实际潜能。为了使人们认识到这种潜在能力，必须历史性地看待世界资源和生产方式，必须改变建立在资源缺乏和与世隔绝基础上的旧经济体系，住房问题必

---

① Allison Arieff & Bryan Burkhart. Prefab［M］. Gibbs Smith, September 13, 2002. P15-17.

须摒弃其文化包袱,向军事行动一样把它看成后勤问题。他的办法是大批量生产独立的房子,然后空运到世界各地。将房子设计成重量最轻但强度最高,而且像飞机一样,将压力和张力分离并充分利用张力。他把它设计的第一座房子称之为"4D"并于1928年出版了他的设计。1929年,芝加哥的一家以实物大模型制作未来派新家具的商店——马歇尔·菲尔德(Marshall Field)商店赋予它一个众所周知的名字——戴麦克辛住宅(Dymaxion House),意为以最少的结构提供最大效能的住宅。[①]

　　出生于维也纳的现代主义建筑师理查德·诺伊特拉(Richard Neutra)这个时期也在实验预制住宅。1938年,他甚至在高端的挡风玻璃住宅(Windshield House)中安装了预制浴室。1928—1929年,他设计的罗维尔别墅(Lovell House),是现代主义住宅建筑的重要作品,被认为是美国第一座运用了轻钢框架的住宅,同时也是早期运用压力混凝土喷浆(gunite)的实例。该住宅表现了他对工业产品的偏爱,这明显地反映在他对工厂预制窗的运用上和安装在楼梯井的福特A型汽车前灯上。罗维尔别墅可谓是在技术环境下住宅的重要例证。[②]

　　理查德·诺伊特拉在1932年建的Hollyridge地产项目(Hollyridge Estate)也是利用标准木框架的一例佳作。诺伊特拉的建筑哲学强调人与自然的关系,将钢铁、玻璃等预制建筑材料与自然美学结合。后来诺伊特拉的合作者鲁道夫·辛德勒(Rudolf Michael Schindler)没有像诺伊特拉那样关注预制,但是他对混凝土、平屋顶和天窗的运用深深影响了加利福尼亚现代主义(California modernism)——一场与革新的、可负担住宅紧密联系的建筑运动。[③]

图3-22　阿尔伯特·费瑞和A.劳伦斯·考舍设计铝制住宅,美国纽约,1931年

(图片来源:(美)理查德·韦斯顿著,20世纪住宅建筑[M].孙红英译.大连:大连理工出版社,2003.9.P85.)

　　1934年1月,美国建筑师西奥多·拉尔森(Theodore Larson)在《建筑报道》(*The Architectural Record*)杂志中,发表文章《新住宅设计和建造系统》(*New Housing Designs and*

① (美)理查德·韦斯顿,20世纪住宅建筑[M].孙红英译.大连:大连理工出版社,2003.9.P83.
② Lovell_House[EB/OL]. http://en.wikipedia.org/wiki/Lovell_House,2009-2-8.
③ Allison Arieff & Bryan Burkhart. Prefab[M]. Gibbs Smith, September 13, 2002. P18.

Construction Systems），编汇了当时住宅的几个例子。包括布克明斯特·富勒的戴麦克辛住宅（Dymaxion House）、乔治·弗瑞德·凯克（George Fred Keck）的明日住宅、理查德·诺伊特拉（Richard Neutra）的罗维尔别墅。[①]

瑞士的阿尔伯特·费瑞（Albert Frey）1930年移居美国，次年在纽约展示了他的"铝屋"。这确立了他作为新建筑代表人物的地位。"铝屋"是他与担任《建筑记载》（Architectural Record）杂志主编的 A.劳伦斯·考舍（A Lawrence Kocher）合作设计的。费瑞先前曾与勒·柯布西耶合作设计过萨伏伊（Savoye）别墅。这座3层高的房子家在空心铝柱上，配以钢框门窗和带螺纹的铝板外壳。他在十天内就装配架设成功，后来又在6小时内拆除，重新建造在长岛，并改装、扩建的几乎无法辨认。

在1940年，他又在加州棕榈泉（Paim Springs）附近的沙漠建造自己真正的铝屋（32 m²）时，使用了金属板、石膏与玻璃，与环境进行了巧妙的结合。其铝板与环境的对比与反射效果和多样的色彩反映了工业化住宅的进化。[②]

铝屋是阿尔伯特·费瑞"为当代生活所设计的住宅"（A House for Contemporary Life）。这一可大量生产的住宅原型是第一座按照勒·柯布西耶的法则设计的住宅，也是美国第一座轻钢和铝制的住宅。[③]

1941年，在西尔斯公司停产的同一时期，德国建筑师沃尔特·格罗皮乌斯和康拉德·瓦斯曼（Konrad Wachsmann），在美国开始工厂预制住宅的生产。他们的实践后来被称为组装住宅（Packaged House），包括对灵活性和多样性的设计概念。他们的资金来自私人资助、政府贷款以及国家住房管理署（National Housing Administration）的担保，他们获得一个很大的战后弃置的工厂，其年生产能力为3万套住宅，但实际上只生产和销售了很少量的房屋。到20世纪50年代，他们的冒险也以失败而告终。不是因为技术或者建筑上的因素，而是受困于销售、研究和开发。作为新产品的实践者，他们与传统的房屋开发商之间的竞争是很激烈的（公众趋向于选择最经济的方案），而在从将最初概念是县城最终产品的过程中，预制房屋的设计者浪费了大量的时间和资源。格罗皮乌斯和瓦斯曼在投入生产之前已经用去了50万美元，结果没有足够的资金进行下一步工程。由于前几年都没有获利，他们对追加投资失去了信心，项目则由于缺乏生产资金而荒废了（Herbert，1984）。[④]

---

① JIN-HO PARK. *An Integral Approach to Design Strategies and Construction Systems R.M. Schindler's "Schindler Shelters"*［J］. Journal of Architectural Education. Volume 58 Issue 2, 2006—3—13. P29—38.
② （美）理查德·韦斯顿，20世纪住宅建筑［M］.孙红英译.大连：大连理工出版社，2003.9.P86—91.
③ Allison Arieff & Bryan Burkhart. Prefab［M］. Gibbs Smith, September 13, 2002.
④ （加）艾维·福雷德曼著，适应型住宅［M］.赵辰、黄倩译.南京：江苏科技出版社，2004.6. P25—26.

4）苏联

20世纪30年代，苏联首先在工业建筑中推行建筑构件标准化和预制装配方法。第二次世界大战后，为修建大量的住宅、学校和医院等，定型设计和预制构件有很大发展。

"纳康芬"（Narkomfin）是苏联在1928至1930年间展开的公共住宅乌托邦试验，由 Moisei Ginzburg 和 Ignaty Milinis 设计。[1] 作为用于集体生活的特殊住宅，它的官方名字为"人民财政委员会"，是苏联结构主义建筑的代表。"纳康芬"主体大楼里的每间房都设计得很小，以适应集体化生活。邻接的建筑物配备其公用设施：餐厅、厨房、洗衣房、托儿所等，屋顶上还设计了花园和公用日光浴室。这种住宅首次在住宅建筑上表现了钢筋混凝土，并反映了当时苏联在住宅建筑形式上的探索。

图3-23　1930年代的纳康芬（Narkomfin）住宅

（图片来源：Narkomfin Building. http://en.wikipedia.org/wiki/Narkomfin_Building, 2008-11-27.）

"纳康芬"住宅的先锋思想影响了后来的许多住宅建筑设计。勒·柯布西耶曾在莫斯科研究过该住宅，1945年设计的马赛"居住单位（United-habitation）"继承了"纳康芬"的一些理念[2]。其中双层公寓的房型设计概念又被很多建筑师采用，例如莫什·萨夫迪（Safdie Moshe）1967年于蒙特利尔设计的生境馆（Habitat' 67）[3]。

5）日本

沃尔特·格罗皮厄斯（1910）提出"住宅产业化"不到十年的时间，即1920年左右，"预制装配住宅"就作为一个新概念传入了日本。1932年，一批从德国留学回来的日本建筑系教授创办了"新建筑工艺学院"，注重"包豪斯"的体系和总体性（绘画、雕刻和家具制作等）。当时也有少量的实验性工业化住宅的研发，但这些试验都没有发展到工厂化大批量生产销售的程度。

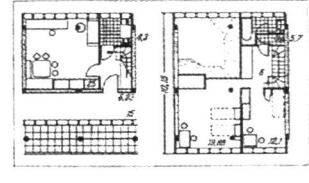

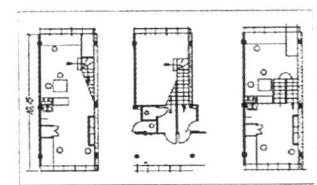

图3-24　纳康芬（Narkomfin）住宅的不同户型

6）中国

我国对将住宅工业化的认识不像人们所预想的，仅限于社会主义时期，而是可以回溯到以往的住宅大规模建造时期。

---

① Narkomfin Building. http://en.wikipedia.org/wiki/Narkomfin_Building, 2008-11-27.
② 详见后文：勒·柯布西耶（Le Corbusier, 1887—1965）：居住的机器。
③ 详见后文：莫什·萨夫迪（Moshe Safdie, 1938—　）：三维模数。

那时,在一些贸易往来的港口城市以及新兴的北方贸易城镇,可以直接接触到新的进口建筑材料和新技术。①

在20世纪30年代的民国时期,上海的繁荣达到鼎盛时期,与国外的文化艺术交流不断,成为一个国际化大都市。自1925年以后,上海公共租界内开始大规模兴建高层建筑,建筑界呈现出一片繁荣景象,与当时国外的建筑潮流基本同步。许多国外建筑师和海外归来的建筑师大有作为。在这种背景下,当时出现了一些介绍国外建筑动向的英文建筑杂志,例如 *THE CHINA BUILDER* 就是其一。

1930年10月的 *THE CHINA BUILDER* 中有一篇名为 *The Building of Homes* 的文章。文中介绍了现代化的居住方式与当时建筑工业的新发展。指出人工建造的低精确性,建造施工过程应使用更高效的各种机械设备。住宅设计应适应住户需求。在文中还比较了亨利·福特的汽车组装生产线和住宅建造的不同,但是文章作者认为想要达到高效低造价的住宅目标,依靠工厂的组装生产线,甚至整体运送到顾客处是几乎不可能的。②

由此可见,当时用工业化方式建造住宅仍然存在许多争议。

3. 现代住宅展和现代建筑国际会议(CIAM)的影响

(1)1927年,德国斯图加特博览会魏森霍夫试验住宅区

1927年 "德意志制造联盟" (Deutscher Werkbund)的斯图加特魏森霍夫试验住宅区(Weissenhof Siedlung)展览初衷是应对第一次世界大战后德国住房紧缺和经济状况急剧恶化中的住房建设问题,强调经济与适用。

展览聚集了密斯、柯布西耶、格罗皮乌斯等17位世界著名的现代主义建筑师,以探索未来住宅设计为己任,使用创新的设计概念和设计方法,对住宅建筑的平面布局、空间效果、建筑结构、建筑材料等进行了一系列革新。

作为以 "居住" 为主题的德国工作联盟第2届展览会场,

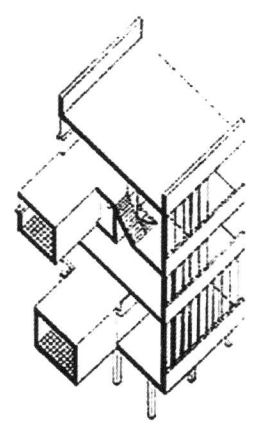

图3-25 纳康芬(Narkomfin)住宅的单元轴测图

(图片来源:communist-condo. http://www.tslr.net/2007/07/communist-condo.html, 2008-11-27.)

---

① 吕俊华,彼得·罗,张杰.中国现代城市住宅:1840—2000[M].北京:清华大学出版社,2003.1.P284—286.

② *The Building of Homes* [J]. *THE CHINA BUILDER*. Bruce Printing & Publishing Co, 1930—10.P35.

在密斯的策划之下,由17名建筑家设计的住宅楼在展览会结束后售出。当初的宗旨是向中低收入者提供新型住宅,而实际建成的几乎全是大规模的住户群。任何一幢住宅都具有平屋顶和白墙这一现代主义建筑的共性,尽管形式多样,但都呈现出具有统一性的外观,开创了"国际主义风格"(The International Style)。

图3-26 1927年斯图加特博览会目录的封面:"面积极小的房屋"

(图片来源:(瑞)瑞典建筑研究联合会合著,斯文·蒂伯尔伊主编,瑞典住宅研究与设计[M].张珑等译.北京:中国建筑工业出版社,1993年11月.P65.)

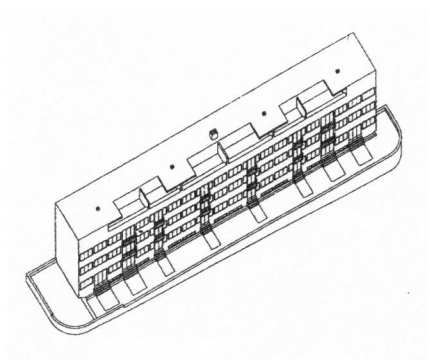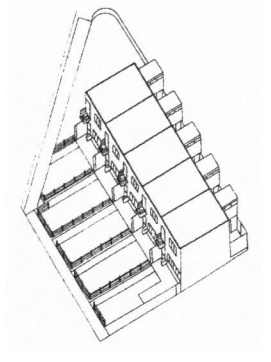

图3-27 魏森霍夫试验住宅区的密斯楼 图3-28 魏森霍夫试验住宅区的J.J.P.楼

(图片来源:(日)日本建筑学会编,重庆大学建筑城规学院译.建筑设计资料集成——居住篇[M].天津:天津大学出版社,2006.4.P140.)

J.J.P.外区住宅楼遵循的是设计者以其在荷兰实践的2层低空间的另外一种表现形式的方案。其特点是专用庭设在通道侧。勒·柯布西耶大楼是实现了设计者现代建筑五大原则的住宅楼。它的特点是卧室与客厅之间未隔断的开间式设计。密斯·凡·德·罗大楼是处于用地脊梁部分的最大的一幢住宅,由于采取隔间和分离式结构体,为用户准备了多种多样的户型。最上层设有洗衣房和晒台。[①]

(2)1928年,第一届现代建筑国际会议

1928年第一届现代建筑国际会议(the International Congresses of Modern Architecture/CIAM)通过的成立宣言强调了建筑产业化的必要性,认为"为了最有效地进行建筑生

---

① (日)日本建筑学会编,建筑设计资料集成——居住篇[M].重庆大学建筑城规学院译.天津:天津大学出版社,2006.4.P140.

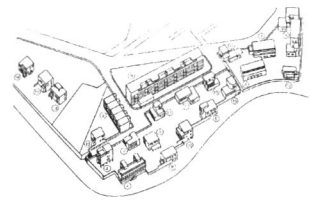

图 3-29　魏森霍夫试验住宅区总平面轴测图,德国斯图加特,1927 年

(图片来源:(美)理查德·韦斯顿著,20世纪住宅建筑[M].孙红英译.大连:大连理工出版社,2003.9.P73.)

图 3-30　魏森霍夫试验住宅区密斯楼

(图片来源: Splanemann-Siedlung-Erste Plattenbauten in Deutschland[EB/OL]. http://www.panoramio.com/photo/14572532, 2009-2-17.)

图 3-31　魏森霍夫试验住宅区的柯布西耶楼

(图片来源:(日)日本建筑学会编,建筑设计资料集成——居住篇[M].重庆大学建筑城规学院译.天津:天津大学出版社,2006.4.P140.)

产,必须在建筑设计和建造中实行合理化和标准化,设法减少专业技术人员的复杂手工劳动,代之以工业化和工厂化的方法。房屋的使用者也要使自己的生活方式适应新的社会生活要求,为了使房屋能最大限度地满足大多数人受到限制的需要,应减少自己对房屋的个别需求而重视房屋的普遍作用"。

1929 年 CIAM 在德国法兰克福举行第二次会议,讨论的主题是"生存空间的最低标准"(Die Wohnung für Existenzminimum),研究合理的最低生活空间标准。对低造价住宅的研究,引起国际建筑界的广泛关注。[①]同年,国际现代建筑协会(CIAM)在巴黎举行一个大型博览会。展览的主题是:严格按照功能主义的要求,为欧洲贫穷的工人阶级设计小的可适用于有限面积的居住单元。介绍了基于绝对理性原则的设计。

(3)1930 年,斯德哥尔摩博览会

1930 年在斯德哥尔摩举行的博览会是斯图加特博览会和巴黎博览会的综合。它展示了严格按照功能主义原则和立体主义设计思想,可以设计出能满足不同家庭对住房大小和标准的不同要求。对各种住户都按人口和收入分类。[②]

(4)1931 年,德国建筑展

1931 年以"我们时代的住宅"(Die Wohnung unserer Zeit)和"新的建设"(Das neue Bauen)为主题的"德国建筑展"(Deutsche Bauausstellung)在设计经济住宅模型的同时,考虑如何降低建筑造价,帮助解决居住和失业问题。

(5)1932 年,美国"国际式:1922 年以来的建筑展"

20世纪20年代,早期欧洲的工业化住宅试验还没有传播到美国,因为这些欧洲现代主义大师,例如勒·柯布西耶、格罗皮乌斯、密斯·凡·德罗、阿尔瓦·阿尔托和奥德还不为美国民众所熟知。但是当1932年,纽约现代艺术博物馆首次举行建筑展后,欧洲的现代主义大师才被介绍到美国。展览的

① 吴焕加著.20世纪西方建筑史[M].河南:河南科学技术出版社,1998.12. P152.

② (瑞)瑞典建筑研究联合会合著,斯文·蒂伯尔伊主编,瑞典住宅研究与设计[M].张珑等译.北京:中国建筑工业出版社,1993.11.P65.

名为"国际式：1922年以来的建筑"（*The International Style: Architecture Since 1922*）。这群现代主义建筑师的设计哲学和风格极大地影响了美国建筑师。国际式在美国传播时，不仅影响了美国的居住建筑，而且对其后30年的建筑发展都有不可估量的影响。

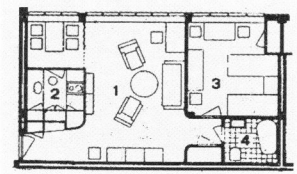

图3-32 1930年斯德哥尔摩博览会展出的一套住宅平面图，设计者：艾立克·伏里伯尔伊

3.3 激进试验与大量建造的两极：20世纪40至60年代

3.3.1 时代背景

1）社会发展

在20世纪40年代中期，西方各国从第二次世界大战（1939—1945）中劫后余生，正在蓬勃兴起的新的科技革命给它奠定了新的物质技术基础，注入了新的生命活力，出现其战后发展的"黄金时代"（Golden Age）。从50年代中期开始，西方各国的经济发展如日中天，创造出战后发展的经济奇迹（Economic Marical）。在20世纪50年代末，西方各先进工业国的经济与生产开始进入战后的非常繁荣时期，科技迅速发展，生产大大提高，其中，迅速地把先进的科技利用到生产上去、带动生产，然后生产上的进步又反过来影响科技发展。电子计算机的发明，应用与其自身的迅速进步与发展不仅影响了整个社会的生产与科技发展，还强烈地影响了人们的思想。

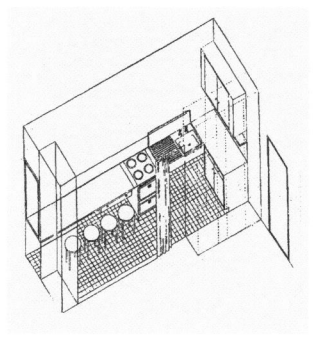

图3-33 新型的HSB小厨房（哥德堡的HSB之家，1930年）

（图片来源：（瑞）瑞典建筑研究联合会合著，斯文·蒂伯尔伊主编，瑞典住宅研究与设计［M］.张珑等译.北京：中国建筑工业出版社，1993.11.P65.）

从20世纪50年代开始，当代西方社会思潮应运而生，出现多元化的局面，多元文化对主流文化进行挑战。新左派运动、反战运动、黑人民权运动、青年反主流文化运动、学生运动、女权运动、环境保护运动、流行音乐兴起、家庭和社会关系变化、性观念革命、社会价值观的改变、后现代思潮崛起等等，不仅给这个时代留下了社会变革和文化变革的深深的印记，而且，随着历史的发展而不断地扩展、延伸，直接影响着我们现在生活的时代。20世纪60年代，西方各国正处于从工业社会向发达工业社会，或称后工业社会推进的转折点。经济的高速增长，使资本主义社会单向度发展矛盾和问题更加突出。

摆脱与资本主义经济发展不同步的社会的和文化的束缚,实现进一步的社会调整和文化变革,是整个社会完成转型的关键。"60年代"举起个人主义和文化自由主义的旗帜,对以理性为基础的社会规范和社会权威进行批判。这些批判不仅引发了以青年学生为主体的文化变革运动,促进了社会的变革和文化的变迁,也催生了某些新的时代精神。

2)建筑思潮

社会激荡的时代往往是产生新思想、新理论和实践的最佳土壤,通常也是城市和建筑激烈变革,创新和变革式的理论和实验性建筑层出不穷的时期。在20世纪60年代以前,建筑技术飞速发展,建筑与科学技术紧密结合,"现代建筑"设计原则得到极大普及。当时,人们认为技术能解决一切问题,充满了乐观主义精神。建筑中的注重"高度工业技术"的倾向就是在这样的社会背景下产生和发展起来的。在这个时期,注重"高度工业技术"的建筑设计倾向于(High-Tech)把注意力集中在创新地采用与表现预制的装配化标准化构件方面,产生了预制装配式的居住建筑的潮流。例如日本的"新陈代谢学派"与英国的"建筑电讯集团"的理论基础即是对工业社会技术与消费的信任,相信物质进步、机械化工业化水平提高会带来解决未来城市问题的方法。

这股思潮20世纪60年代最为活跃,到70年代初逐渐停滞。第二次世界大战结束后,世界强权美国与苏联进入冷战与太空竞赛,航天科技的发明对建筑界也有很大的影响。在这种社会环境下,建筑界以前所未有的热情畅想未来,以大量生产为目标,诞生了许多充满乌托邦色彩的、激进的住宅试验。虽然这些实验脱离实际,并没有成功,但是为后来的工业化住宅发展和研究带来许多启发。

3)战后住宅危机与大量建造时期(Mass housing period)

20世纪以来,欧洲各国普遍出现了缺房现象。第二次世界大战给欧美许多地区以及日本等亚洲国家的居住环境带来了巨大打击。另外,即使在没遭受战争破坏的美国和英国,战时由于停止了新建住宅,供给回国士兵及其家人的住宅也大量缺乏。由于战争的破坏以及战争期间建设停顿、人口增长、房屋老化,特别是由于战后国民经济工业化过程加速,大量农村人口和外国侨民涌入城市,变成工业人口,因而使一些欧洲国家的房荒问题更趋严重。

第二次世界大战后开始真正大量建设住宅,这就是"大量建造时期"。大批量建造的主角是住宅小区,其建造方法采取了比较积极的工业化构法。特别由预制混凝土制成的墙板或楼板拼装构成结构体的大型板式构法。

例如,法国在1954年左右展开了大规模住宅小区的建设开发。1956—1957年,建设科学技术中心的CSTB选定了20种工业化构法,并提出了使用这些构法建造一万二千户住宅的计划。在建设方面,通过与CSTB认定的工业化构法签订了3年连续合同,使得以卡谬大板体系(Camus)、瓜涅大板体系(Coignet)为代表的大型板式 PC 构法被积极采用。法国大规模住宅建造的时期应该是在 20 世纪 50 年代末到 70 年代初这一段时期。

原联邦德国在 1956 年制定了第二次建设法以后,开展了公共住宅的大规模建设,这期间为其大规模建造期(Mass Housing)。不过,在德国,大型板式 PC 构法的应用并不多,即使在 20 世纪 60 年代的中期也只是占新建住宅的 3% ～ 4%。其原因主要是第二次世界大战后由于大批难民涌入,德国比起其他国家较容易获得廉价劳动力的缘故。另一方面,原德意志民主共和国在 1955 年通过了运用工业化构法大量兴建住宅的决定。从那以后,其建设的主体便是依照苏联的标准为前提设计的大型板式工业化构法。

在丹麦,为了能尽快解决住宅数量上的不足,住宅省在 1960 年提出了"住宅工业化计划案",并以同年 3 月开始的 Ballerup 项目(7 500 户集合住宅建设项目)为起点,展开了大规模住宅建设。

在瑞典,到 20 世纪 50 年代还存在深刻的住宅短缺问题,因此瑞典政府在 1959 年设置了住宅建设委员会,并赋予其制订住宅建设计划的权限。经国会通过,此委员会在 1966 年开始了有名的"100 万户建设计划"(用 10 年时间新建住宅 100 万户的供给计划),此后的 10 年便成为瑞典的大规模住宅建设期。这个时期,瑞典与丹麦一样,主要推行了以混凝土类的工业化构法为技术手段的集合住宅的建设。[1]

第二次世界大战使苏联的住房遭到巨大破坏,1 700 多个城市和 7 万个村庄的约 1 亿平方米住房毁于战火,相当于苏联第一、第二两个五年计划期间建房面积的总和。约有 2 500 万人无处栖身,住房短缺的矛盾变得十分突出。苏联政府以简易、经济为原则,分别于 1954—1963 年、1964—1970 年、1971—1980 年分三期大规模地建设了三代住房,解决住房数量问题[2] 苏联的住宅工业化方针是在苏共第一、第二次全苏建筑工作者会议上提出的。

3.3.2　预制技术的发展

建筑师威尔斯(Royal Barry Wills)在第二次世界大战快结束时预言:时代迫使建筑师们重新审视房屋成本和规模的关系。人们对产业革新给予了强烈的希望和信心,尤其是预制技术,它是解决住房危机的一剂良方。虽然在战后房产市场繁荣之前,预制产品已经存在,但那时很多人发现它既笨重又昂贵。从预制的厨卫一体的示范单元可以看出,预制部件比预制整个房屋更加经济,通过背靠背的设置方式

---

① (日)松村秀一著.住区再生[M].范悦、刘彤彤译.北京:机械工业出版社,2008.07.P8-20.
② 陈光庭.国外城市住房问题研究[M].北京:科学技术出版社,1991-11.

（可最大限度让厨房和卫生间共用设备，如水、暖、电），把厨房和卫生间作为一个整体可体现出效益的最大化。通过将常见构件（如门、窗和墙板）的标准化，可以显著地减少成本，因此运用这些预制结构的可行性也大大增加。①

各国住房建设逐步加快，相继在实施住宅标准设计的同时，大力发展预应力混凝土技术（RC, Reinforced Concrete）和以混凝土预制混凝土为代表的工业化批量生产技术，从而推动了建筑工业的实施。例如，墙体、楼板以及柱、梁等部分在工厂里利用模具进行大量制作，然后运往工地进行组装，被称为预制装配化。这时预制混凝土的方法类似于铸造行为，同一形状的模具能运用的次数越多，工业化的效率越高。预制混凝土住宅的最盛期，就是被称为大规模住宅建设期的1965—1975年。②

从20世纪60年代起，轻型外墙材料（cladding）这一词在英国的实践中获得精确定义：覆盖在建筑框架或结构上的非承重表层构件。这个定义的重点是非承重。但是在20世纪60年代中期，已经有不少一体成型（one-off）的建筑设计了。在英国和美国，这些建筑以运用PCa构件为建筑特征，这些构件在功能上不仅是外维护构件，同时也是主要的结构构件。从此以后，潮流开始倾向于大量使用PCa作为主要的结构构件。轻型外墙材料一词的内涵完全改变了。建立在技术角度上的建筑设计日益引起重视。③

3.3.3 工业化住宅的发展走向

1. 住宅的新材料和新结构

1）塑料住宅

除了柯布西耶在后期混凝土建筑中探索塑性材料的造型外。艾欧尼尔·尚恩（Ionel Schein, 1927—2004）也致力于塑性材料的运用，它是工业化大量制造理想的英雄。他在1956年设计的塑性汽车旅馆单元，有居住单元的感觉，可以移动、拼接。④1956年艾欧尼尔·尚恩设计未能实现的鹦鹉螺形的全塑料住宅。整个房子是用塑料模型拼起来的，每个房间的柜子窗户等等都是一体成形，所以房间可以自由拆组，例如可以把整个厨房搬到另一个地方，因为材质是塑料，所以也很轻便运送。

探索其他材料的可能性的实践还有：

① （加）艾维·福雷德曼著，适应型住宅［M］.赵辰、黄倩译.南京：江苏科技出版社，2004.6. P25-26.
② 董悦仲等编.中外住宅产业对比［M］.北京：中国建工出版社，2005.1.P204.
③ E.J. Morris. Precast Concrete in Architecture［M］. George Godwin Limited, 1978. introduction.
④ Reyner Banham著，近代建筑概论（Guide to Modern Architecture）［M］.王纪鲲译.台北：台隆书店，1972.

1960年，Casoni+Casoni设计的塑料材质的回旋住宅（Rondo House）。

1965年，Jean Maneval设计的由6个气泡空间组成的住宅（Casa en plástico）又称"the 'six-shell' bubble"。该住宅完全由人造材料工业化生产而成，在1968年商品化成为系列产品。原是作为比利牛斯山上一个实验性度假中心项目的一部分。每个单元均可由卡车轻易运输。外壳材料为加强聚酯和聚亚安酯泡沫塑料，有与环境融合的白色、绿色和棕色三种。实际一共只生产了30套，于1970年代停止生产。[1]

1965年，日本小松塑料工业（Komatsu Plastic Industry）设计的塑料材质的小松滑雪旅馆（Komatsu Ski-Lodge）；1967年，德国建筑师Wolfang Doring设计的由两个空间组成的塑料住宅（Viviendas espaciales）。

1967年，建筑师马特·苏伦内（Matti Suuronen）设计出玻璃纤维UFO——未来屋（Futuro House）。马特·苏伦内的未来屋曾正式命名为Casa Finlandia。这种房屋首先出现在芬兰，当地作为现代化周末小别墅以及滑雪棚出售。重量轻而且完全由玻纤增强聚酯塑料制造。未来屋宽8 m，内部呈紫色和淡蓝色。全部备有淋浴间、厨房和容纳8人床铺环

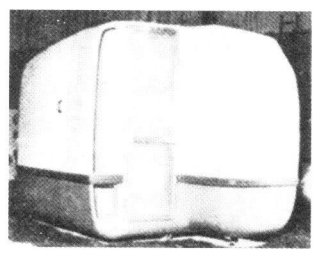

图3-34　艾欧尼尔·尚恩1956年设计的塑性汽车旅馆单元外观

（图片来源：Reyner Banham著，近代建筑概论（Guide to Modern Architecture）［M］.王纪鲲译.台隆书店，1972.）

图3-35　艾欧尼尔·尚恩设计的全塑料螺旋形住宅

（图片来源：http://modernsavannah. com/talk/, 2008-8-10.）

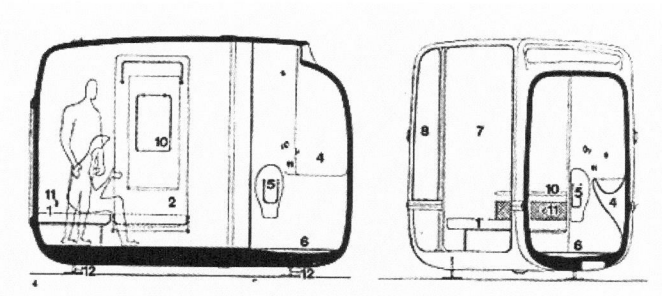

图3-37　艾欧尼尔·尚恩1956年设计的塑性汽车旅馆单元剖面图

（图片来源：CATALOGO［1］ELEMENTOS CAPSULARES 01-03［50/60/70］. ARQUEOLOGÍA DEL FUTURO［EB/OL］. http://arqueologiadelfuturo.blogspot. com, 2009-1-9.）

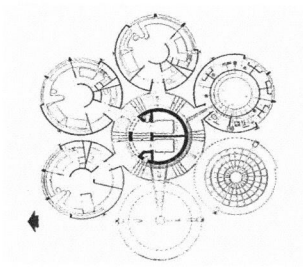

图3-36　Casoni+Casoni设计的塑料材质的回旋住宅（Rondo House），1960年

（图片来源：CATALOGO［1］ ELEMENTOS CAPSULARES 01- 03［50/60/70］. ARQUEOLOGÍA DEL FUTURO［EB/OL］. http:// arqueologiadelfuturo.blogspot.com, 2009-1-9.）

---

① Jean Maneval: the "six-shell" bubble［EB/OL］. http://www.designboom. com/eng/archi/maneval.html, 2009-1-11.

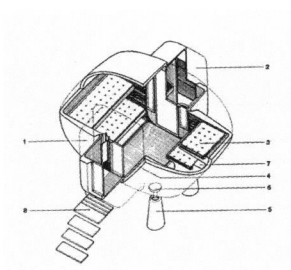

图3-42 日本小松塑料工业（Komatsu Plastic industry）设计的小松滑雪旅馆（Komatsu Ski-Lodge）

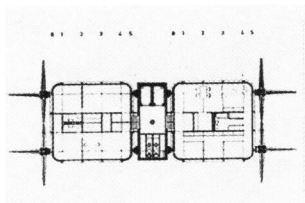

图3-43 Wolfang Doring 设计的塑料住宅Viviendas espaciales

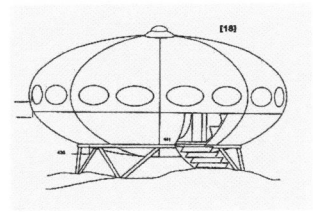

图3-44 未来屋（Futuro House）立面图

（图片来源：CATALOGO［1］ELEMENTOS CAPSULARES 01-03［50/60/70］. ARQUEOLOGÍA DEL FUTURO［EB/OL］. http://arqueologiadelfuturo.blogspot.com, 2009-1-9.）

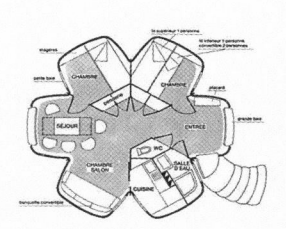

图3-38 Jean Maneval设计的 the "six-shell" bubble

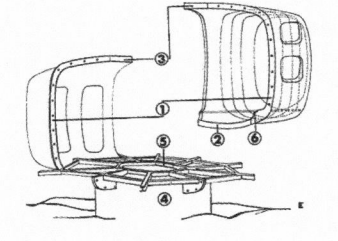

图3-39 the "six-shell" bubble 剖面图

（图片来源：CATALOGO［1］ELEMENTOS CAPSULARES 01-03［50/60/70］. ARQUEOLOGÍA DEL FUTURO［EB/OL］. http://arqueologiadelfuturo.blogspot.com, 2009-1-9.）

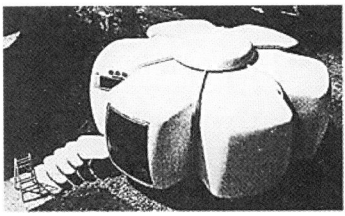

图3-40 the "six-shell" bubble 鸟瞰

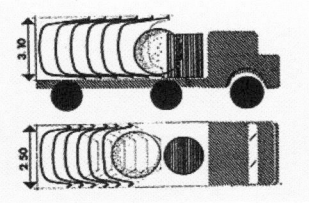

图3-41 the "six-shell" bubble 的运输

（图片来源：jean maneval（1923-1986）：the "six-shell" bubble. www.designboom.com/eng/archi/maneval.html, 2009-1-9.）

绕中央式"壁炉"的房间。这种房屋可以用直升机运到任何地方。当时的想法是，未来的人们越来越重视离家的活动，并来回迁移，大量生产可以使每个人都买得起。瑞典空军和苏联青年旅行社都表示了兴趣。[1]1973年的石油危机导致原料价格大幅上涨，打破了大量生产的计划，仅建造了96套，其中48套在芬兰生产[2]。未来屋反映了20世纪60年代的乐观主义精神，当时认为技术能解决一切问题时代的标志之一。

---

① 黄泽雄. "未来"型房屋（1968年）［J］. 国外塑料，2004（12）：78.

② The Futuro house. http://www.berting.nl/futuro/, 2008-8-14.

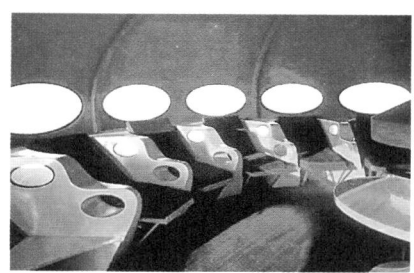

图 3-45　未来屋室内床位

图 3-46　由飞机运输的未来屋，摄于 1969 年 12 月，斯德哥尔摩

图 3-47　未来屋：未来家庭的度假别墅

（图片来源：The Futuro House. http://www.berting.nl/futuro/，2008-8-14.）

2）轻钢结构工业化住宅

轻型钢结构通常有两种：一种是用薄钢板（厚 6 mm 以下）冷轧的薄壁型钢组成的骨架结构；一种是用断面较小的型钢（如角钢、钢筋、扁钢等）制作桁架，再组成骨架结构；还有混合使用两种方法组成的骨架结构。薄壁型钢在汽车、飞机和船舶的骨架结构上的广泛使用，促进了轻型钢结构在工业化体系建筑中的发展。

轻型钢结构建筑的结构形式受欧洲传统的木构架建筑影响较大，常由薄壁型钢或小断面型钢组合成桁架来代替木构建筑的墙筋、搁栅和椽架等。骨架的组合方式一般同建筑规模、生产方式、施工条件以及运输能力有关。常见的有：单元构件式建筑体系、框架隔扇式建筑体系、盒子组合式建筑体系。

第二次世界大战之后，在英国、美国和法国开发了以钢材为基础工业化住宅系统，包括让·普鲁韦（Jean Prouvé）在 1940 年基于他早期使用弯曲钢板（bent steel sheet）设计的几个项目（例如 Pavillion Démontable 项目，1939 年）。

1940 年代至 1950 年代英国的 Hertfordshire County Council 和 CLASP 轻型钢结构学校体系建筑。1960 年代期间 Ezra Ehrenkrantz 领导的加利福尼亚大学结构系统 SCSD（the School Construction System Development Program in California）是关于钢结构工业化住宅的较为知名的研究。[①]

图 3-48　未来屋塔式结构模型顶部是加油站

（图片来源：The Futuro House. http://www.berting.nl/futuro/，2008-8-14.）

图 3-49　让·普鲁韦设计的 **Pavillion Démontable**

（图片来源：Jonathan Ochshorn. Steel in 20th-Century Architecture［EB/OL］. http://people.cornell.edu/pages/jo24/writings/steel-part4.html，2009-2.）

---

① Jonathan Ochshorn. Steel in 20th-Century Architecture［EB/OL］. http://people.cornell.edu/pages/jo24/writings/steel-part4.html，2009-2.

 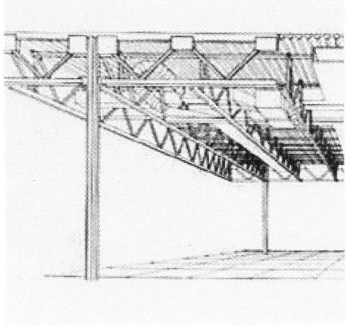

图3-50 CLASP轻型钢结构学 **图3-51 SCSD轻型钢结构体系**
校体系

（图片来源：Jonathan Ochshorn. Steel in 20th-Century Architecture［EB/OL］.
http://people.cornell.edu/pages/jo24/writings/steel-part4.html, 2009-2.）

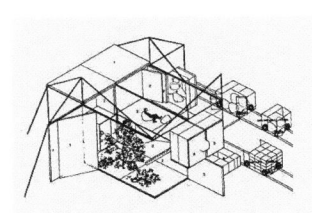

图3-52 建筑电讯（Archigram）
的 David Greene+Michael
Webb设计的驶入式住宅
（Drive in House），1964—1966
年

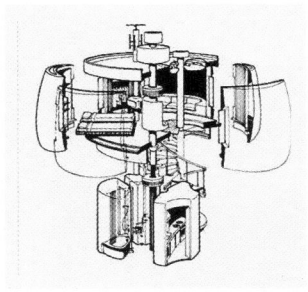

图3-53 日本设计师荣久
奄宣司（Kenji Ekuan）设计
的最小空间系统（Espacio
Mínimo），1962年

（图片来源：CATALOGO［1］
ELEMENTOS CAPSULARES 01-
03［50/60/70］. ARQUEOLOGÍA
DEL FUTURO［EB/OL］. http://
arqueologiadelfuturo.blogspot.com,
2009-1-9.）

2. 居住空间的新设想

除了对住宅新材料和新结构的探索外，在20世纪五六十
年代的欧洲，对住宅移动性的扩展导致了对一种新居住
空间的定义。这个定义围绕着模块化（Modularity）、增值
（Proliferation）和吊舱的集聚（Agglomeration of pods, MOBILE
CITY）展开。[1] 在"可移动的住宅"的概念下，产生了许多试验
性的工业化住宅设想。这些设计，充满了未来感和乌托邦色
彩，反映了20世纪50—70年代的乐观主义精神。

著名的英国建筑空想学派建筑电讯的超时代的概念"插
入城市"（Plug-In City）和"生存舱"（Living Pod）最具代表性。
1964—1966年，建筑电讯的David Greene+Michael Webb还设
计了驶入式住宅（Drive in House）。

除了几乎同时兴起的日本新陈代谢派和建筑空想家尤
纳·弗莱德曼（Yona Friedman）的住宅思想，还有许多同时代
的以"移动性"、"模块化"和"最小化空间"为着眼点的工业
化住宅设计作品。

例如：1961—1973年，法国建筑师尚内亚克（Chanéac）设
计的细胞住宅（Cellules）。

1962年，日本设计师荣久奄宣司设计的最小空间系统

---

[1] 建筑实验室——法国中央地区当代艺术基金会建筑收藏展（Archilab:
Collection du FRAC Centre）［EB/OL］. www.frac-centre.asso.fr, 2008-08.

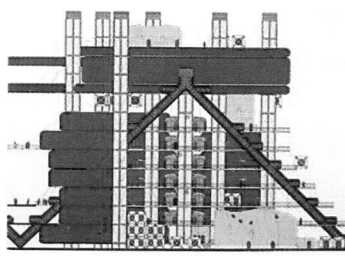 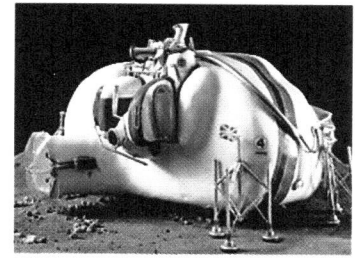

图3-54　阿基格拉姆派的插入　图3-55　阿基格拉姆派的生存舱
城市

（图片来源：http://archigram.net/projects_ pages, 2008-8-14.）

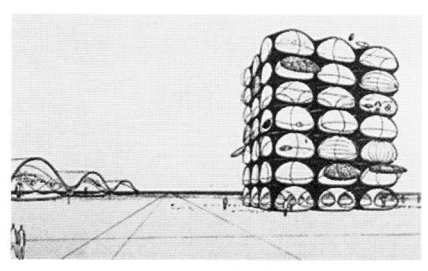 

图3-56　尚内亚克的细胞住宅　图3-57　尚内亚克的细胞
（Cellules）设计草图，1961年　　住宅（Cellules）结构，1964年

（图片来源：Chaneac［EB/OL］. http://www.frac-centre.fr/public/collecti/artistes/chaneac/cha07gfr.htm, 2009-1-15.）

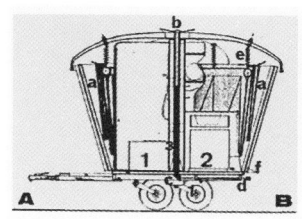

图3-58　Lotiron+Perriand 设
计的大篷车（Caravana Fleur）

（Espacio Mínimo）；1963—1964年，法国建筑师纪·洛提耶
（Guy Rottier）设计的"飞行旅游住家"（Maison de Vacances
Volante）；1967年，设计师Lotiron+Perriand设计的大篷车
（Caravana Fleur）。

1969年，奥地利"新格拉茨建筑"（New Graz Architecture）
的代表，胡特（Eilfried Huth）与多明尼克（Gunther Domenig）
设计的"拉格尼茨新居住形式"（Neue Wohnform Ragnitz），
对未来新的居住形式进行思考；1969年，Atelier P+F设计
的24面细胞六角结构，"Y"形单人蜂巢住宅（24 Células
Hexagonales ligeras, autoportantes y apilables）。

1968年，帕斯卡·豪斯尔曼（Pascal Haüsermann）与
Chanéac和Antti Lovag开发的可自发调节的舱房装配系统，他
们可相互连接形成城市集聚体。1969年，他还设计了SP70系

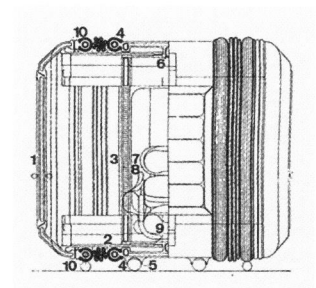

图3-59　胡特（Eilfried Huth）
与多明尼克（Gunther Domenig）
设计的"拉格尼茨新居住形式"
（Neue Wohnform Ragnitz）

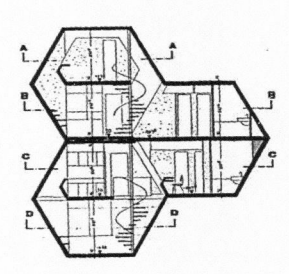

图3-60 Atelier P+F设计的"Y"型单人蜂巢住宅

（图片来源：CATALOGO［1］ELEMENTOS CAPSULARES 01-03［50/60/70］. ARQUEOLOGÍA DEL FUTURO［EB/OL］. http://arqueologiadelfuturo.blogspot.com, 2009-1-9.）

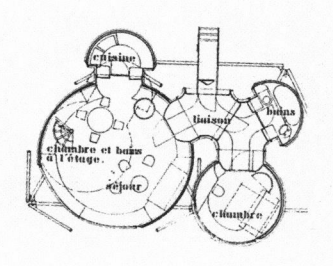

图3-61 帕斯卡·豪斯尔曼设计的气泡系统（System Bubble）

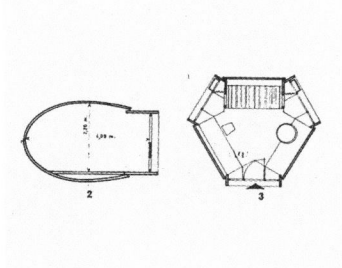

图3-62 帕斯卡·豪斯尔曼设计的SP70系统（System SP70）

（图片来源：CATALOGO［1］ELEMENTOS CAPSULARES 01-03［50/60/70］. ARQUEOLOGÍA DEL FUTURO［EB/OL］. http://arqueologiadelfuturo.blogspot.com, 2009-1-9.）

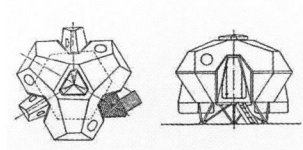

图3-65 黑川雅之（Masayuki Kurokawa）设计的Project-P

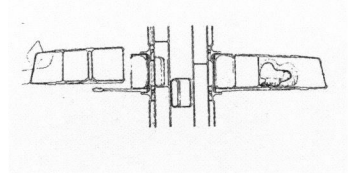

图3-63 舒立茨（Helmuth C. Schulitz）设计的移动住宅系统（Mobile housing System）

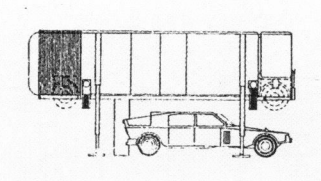

图3-64 Allan Boutwell设计的自主移动住宅（Autonomous vehicle Homes）

（图片来源：CATALOGO［1］ELEMENTOS CAPSULARES 01-03［50/60/70］. ARQUEOLOGÍA DEL FUTURO［EB/OL］. http://arqueologiadelfuturo.blogspot.com, 2009-1-9.）

统（System SP70）。[1]

1970年，钢结构设计师舒立茨（Helmuth C. Schulitz）设计的移动住宅系统（Mobile housing System）；1970年，Allan Boutwell设计的自主移动住宅（Autonomous vehicle Homes）。

1971年，日本设计师黑川雅之（Masayuki Kurokawa）设计的Project-P（蔓延Spreading 99）；1972年，GK工业设计事务所（GK Industrial Design Associates）设计的"寄居蟹住宅"（Yadokari）。

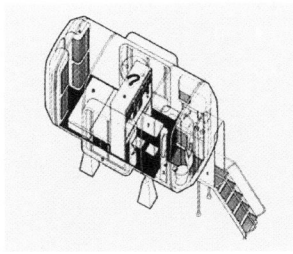

图3-66 GK工业设计事务所设计的"寄居蟹住宅（Yadokari）"

（图片来源：CATALOGO［1］ELEMENTOS CAPSULARES 01-03［50/60/70］. ARQUEOLOGÍA DEL FUTURO［EB/OL］. http://arqueologiadelfuturo.blogspot.com, 2009-1-9.）

---

① 建筑实验室——法国中央地区当代艺术基金会建筑收藏展（Archilab：Collection du FRAC Centre）［EB/OL］. www.frac-centre.asso.fr, 2008-08.

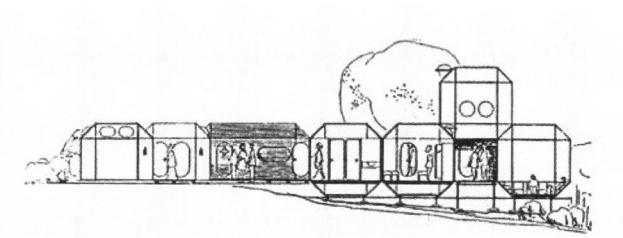

图3-67　"3h design"事务所设计的移动住宅（Pappeder 26）

（图片来源：CATALOGO［1］ELEMENTOS CAPSULARES 01-03［50/60/70］. ARQUEOLOGÍA DEL FUTURO［EB/OL］. http://arqueologiadelfuturo.blogspot. com, 2009-1-9.）

　　1972年，德国"3h design"事务所在斯图加特，为1972年慕尼黑奥林匹克运动会设计的移动住宅（Pappeder 26）。

　　3. 模块化集合住宅的探索

　　模块化集合住宅体的鼓吹者勒·柯布西耶在法国马赛设计了一栋12层的公寓，被形容像葡萄酒架，在马赛公寓（The United Habitation in Marseilles）里，模数化的单元可以像酒瓶一样插入。

　　追随着勒·柯布西耶的足迹，20世纪60年代，建筑界爆发了对模块化和巨构的极大兴趣，基于此思想的建筑实际上已经建造，那就是蒙特利尔生境馆（Habitat' 67），呈现为一个连锁混凝土单元的堆叠体。设计者莫什·萨夫迪当时年仅24岁，这个设计也是他研究论文的一部分。生境馆的结构原本可根据需要有机延展，目前仍保持原状。同样的，1970年东京的银座中银舱体大楼也是这种思想的发展。银座中银舱体大楼是由一系列房间单元模块与核心筒相连，反映了家庭的灵活性和单身生活的持续。设计者黑川纪章设想这些模块可以周期性的更换，但实际上不能更换，目前还因年久失修面临被拆除的命运。

　　就在同一时期，美国建筑师保罗·鲁道夫（Paul Rudolph）设计了更具实际思想的东方共济会花园（Oriental Masonic Gardens）——一个为纽黑文（New Haven）所建的经济型住宅社区，展现了由一串串活动住宅组成的灵活的风车型平面。①

---

① Horden Cherry Lee and Haack+Höpfner. *Home Delivery: Fabricating the Modern Dwelling*［EB/OL］. http://museumhours.blogspot.com/, 2008-8-13.

图3-68　勒·柯布西耶设计的马赛"居住单位"（United-habitation）公寓

（图片来源：www.sustainingtowers. orgSOA-hist-intro.htm, 2008-8-7.）

图3-69　蒙特利尔生境馆（Habitat' 67）

（图片来源：http://www.sj33.cn/ architecture/jzsj/200606/8918. html, 2008-8-13.）

图3-70　东京银座中银舱体大楼

（图片来源：http://museumhours. blogspot.com/, 2008-8-13.）

图3-71　东方共济会花园透视图　图3-72　建造中的东方共济会花园

（图片来源：Kelviin Aeon. http://www.flickr.com/photos/73172555@N00/sets/
72157600205119545/, 2007-05-11.）

4. 支撑体住宅（SAR）理论的起源与传播

1）SAR理论简介

1961年，荷兰约翰·哈布瑞根（J.N. Habraken）提出了一个住宅建设的新概念，称之为"骨架支撑体"理论，出版了一本书，名为《骨架——大量性住宅的选择》（*Support — An Alternative To Mass Housing*）。1960年代中叶在哈布瑞根教授的带领下，在荷兰成立了由设计事务所等民间企业出资的建筑研究机构SAR（STICHTING ARCHITECTEN RESEARCH）开始专门从事支撑体与填充体的研究以及城市设计与建造方法的应用。

1965年哈布瑞根教授在荷兰建筑师协会上首次提出了将住宅设计和建造分为两部分——支撑体（Support）和可分体（Detachable Units）的设想。此后，这个研究会对此提出了一整套理论和方法，即称之为SAR理论。该理论提出后，在欧洲（联邦德国、法国、意大利、英国、瑞士等）和一些发展中国家中不断得到反响。这个理论后由住宅的理论发展为群体规则的理论和方法。

这一理论提出以后，在欧洲（联邦德国、法国、宏大利、英国、瑞士等）和一些发展中国家的建筑师中不断地得到反响，他们研究SAR理论的设计方法，有的建造实验性工程。20世纪70年代在意大利博罗尼亚（Bologna）的建筑博览会上展出了这一理论和实践的作品，系统地介绍了多年来研究所取得的丰硕成果。这个建筑博览会的主题是"建筑的工业化"，但

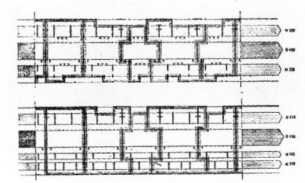

图3-73　支撑体住宅结构的底层和楼层平面示例

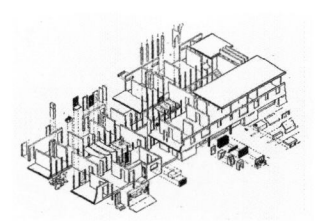

图3-74　支撑体住宅结构剖透视示例

（图片来源：鲍家声，倪波.支撑体住宅［M］.南京：江苏科学出版社，1988.4.P51.）

是 SAR 的展出并不是着力于工业化,而是向公众强烈表明住宅建设的骨架支撑体的新概念,已卓有成效地得到了发展。至今很多国家仍在继续进行这方面的研究,在美国麻省理工学院建筑系大学部和研究生院中都开设 SAR 理论这门课。而且一些研究生用这一理论与本国的传统住宅相结合,探讨新的住宅设计途径。[①]

1960 年代至 1970 年代,SAR 理论致力于发展其理论与方法,以设计方法来回应使用弹性变化的课题。此方法的特色包括层级(Level)、区带(Zone)、区段(Sector)、模数协调(Module coordination)等观念与技术(哈布瑞肯,1994 & Habraken, 1972),并应用在住宅和都市设计上。其中以支架(Support)与填充(Infill)分离的层级观念最为重要且流传最广。这个时期为开放建筑(Open Building)发展的第一阶段。[②]

2)SAR 的基本理念

(1)层次理论

约翰·哈布瑞根(J.N. Habraken)提出的"层次"(Level)理论并奠定了开放建筑(Open Building)和开放住宅的理论基础。层次理论将城市和建筑分为城市肌理(Urban tissue)、建筑主体(支撑体 Support)和室内装修(填充体 Infill),三个层次分别由政府部门、开发商和住户负责决策。层次理论促使更多的部门(包括政府、开发商、产品厂家、使用者等)参与住宅建设过程。[③]

(2)SAR 理论

SAR 自成立以来,致力于支撑体与填充体之间的边界条件以及各构成元素(子系统)之间的模数协调原则的研究,并从城市肌理角度将研究扩展到了城市设计范围,发表了大量的研究成果。SAR 理论的主要思想有几点:

以使用者为本的居住哲学。居住作为一种行为是经过住宅建设过程的结果。所以,居住不是能被设计或者建造出来的。使用者(住户)是决定住宅建设过程是否完成和结束唯一的存在。也是决定其重新开始的唯一存在。所以,"建筑师"不要试图去设计住宅,而应该将精力放在提供居住者良好的条件和环境。从而实现现代意义的住居行为。

使用者参与设计决策。人的需求、行为和社会的变化作为住宅设计的主要依据,研究者们把住宅划分为公共部分和私有部分。对于私有部分,可根据使用者的不同要求划分,创造不同的室内空间;使用者不同的喜好、经济能力决定了他们选择不同的填充体产品,形成了多样化的住宅建设。

与工业化生产方式相结合。认为忽视个性导致了住宅建设千篇一律的结果,并

① 鲍家声,倪波.支撑体住宅[M].南京:江苏科学出版社,1988.4.P3.
② 林丽珠.开放式界面之建筑构造理论[D].台湾:国立成工大学建筑研究所,2003 年 7 月.P7.
③ 范悦,程勇.可持续开放住宅的过去和现在[J].建筑师,2008.06.总第 133 期.P90~94.

非由于采用了工业化方法的问题。而相反只有推行工业化和规格化，才能实现大批量的快速生产和市场流通，在保证产品质量的同时，满足居住者对产品种类的多样需求。

在上述思想的基础上，SAR将建筑的支撑体和填充体进行分离，运用30 cm的基本模数格网，提出了在各个子系统可以进行互换的方法。支撑体和填充体分别可以用公共设施的道路和私有财产的汽车来比喻，前者作为具有耐久性的部分由建筑师参与设计，后者作为工业化部品的消费品，住户使用者可以对其进行自由选择。[①]

实际上，SAR理论包含着两方面内容，一是它的支撑体和可分体的概念，一是实现这一概念的设计方法。前者表现了一种信念，认为人要求对他的环境发生作用是其生活要求的一部分，另一方面，人强烈而习惯地要求与周围的人彼此联系，共同活动，分享其环境。这两个同等重要的意向和要求构成了住宅所代表的两个领域：一个是公共的领域，另一个是私人的领域。

每一项住宅建设都存在着这两个领域。在是否承认它并采取什么方式来对待这两个领域的问题上，SAR理论和方法与以往的住宅建设的理论和方法有着根本的不同。SAR提出的支撑体和可分体的住宅建设概念明确承认这两个领域不同的范畴，并确定前者由统一的社区规划来决定，后者则由居住者自己来决定。

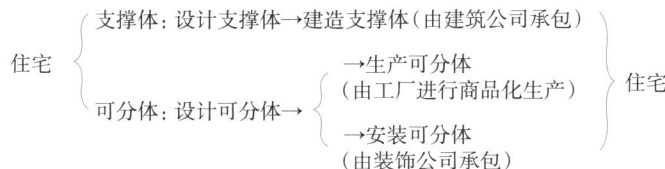

图3-76　支撑体住宅建设图解：一个住宅、两个部分、三个建设过程

（图片来源：作者改绘自：鲍家声，倪波.支撑体住宅［M］.南京：江苏科学出版社，1988.4.P52.）

图3-75为SAR的设计概念图。对于空间的划分和描述，

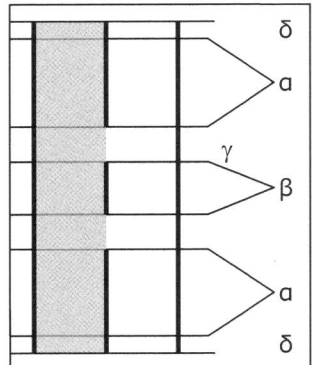

图3-75　支撑体住宅（SAR）的设计概念图

_____

① 范悦，程勇.可持续开放住宅的过去和现在［J］.建筑师，2008.06.总第133期.P90～94.

使用区（Zone）、界（Margin）、段（Sector）的概念。功能空间按进深方向被划分为 4 个区。支撑体中两区间的部分称为界，用以限定特定生活空间的领域。支撑体中两道承重墙之间的部分被称为段，相邻的段称为段群，对段群的不同分隔形成不同的居住空间。可适应不同人群的使用需求。

α 区——与室外空间有联系的私人室内空间；一般规定布置要求采光的居室、起居空间、入口等。

β 区——与室外空间无联系的私人室内空间；一般规定布置卫生间、储藏室等。

γ 区——私人用的室外空间；一般布置阳台、凉廊或露台。

δ 区——内部或外部公共交通空间。

5. 其他

在第二次世界大战（1939—1945）前后，也有一些零星的工业化住宅探索。1946 年，沃尔特·格罗皮乌斯设计的组装式住宅体系（protégé Marcel Breuer），展出于美国纽约现代艺术博物馆。这个系统在商业上彻底失败。实际上，最初这个预制系统结构与富勒设计的最大限度利用能源单位（Dymaxion Deployment Unit, DDU）于 1941 年一同展出。展出目的是为美国军方在第二次世界大战中提供营房。当时富勒的住宅思想远远超越了时代。[1]

模数配合和标准化是工业化住宅规划和设计的两个重要概念。第二次世界大战后，欧美各国认识到基础标准，特别是模数协调标准对住宅生产工业化的重要意义。20 世纪 60 年代，联合国在总结各国经验的基础上提出关于建筑模数协调的建议。1965 年在丹麦哥本哈根举行的第三届国际建筑研究、学习和文献工作委员会（CIB）大会期间，首次使用了"模数标准化"这个术语。大会的中心议题是工业化建筑。[2]

3.3.4　住宅危机对各国工业化住宅的推动

1. 法国

20 世纪 40 年代初期，有一些早期的预制住宅建设活动。例如：1944 年，在法国，勒哈夫里·贝瑞受命为勒阿弗尔的重建制订规划工作，贝瑞承担了主要的建筑设计，都市饭店、教堂和各种住宅群，为达此目的，还组织了一个专门的工作室。整个布置是以 6.21 m 的恒定模度为基础，这就有可能使许多结构标准化和预

---

[1]　Horden Cherry Lee and Haack + Höpfner. *Home Delivery: Fabricating the Modern Dwelling* [EB/OL]. http://museumhours.blogspot.com/, 2008–8–13.
[2]　（印）R.纳贾拉简.建筑标准化 [M].苏锡田译.1982 年 02 月 .P60.

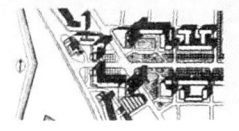

图3-77　勒哈夫里·贝瑞为港口作的方案：福克大道和大洋港

（图片来源：（意）L.本奈沃洛著，西方现代建筑史［M］.邹德侬等译.天津科学技术出版社，1996-09.P669.）

图3-78　60年代的巴黎北郊萨尔塞勒新区（Sarcelles）

（图片来源：Keystone/Getty Images. City Homes. Blocks of modern flats dominate the streets in Sarcelles, France. http://www.jamd.com/image/g/2672521，2008-8-20.）

图3-79　1950年代法国的卡谬大板体系（Camus）施工现场

（图片来源：（日）松村秀一著，住区再生［M］.范悦、刘彤彤译.北京：机械工业出版社，2008.07.P9.）

制化；在整体结构的某些建筑物中，有衍梁、立柱、天花板，在其他建筑物中，只有板壁、门窗框和楼梯。精心保持构件的统一性，避免在整体上产生单调，体积的安排和韵律的结合做相应变化，各种特殊的构件都是在精心推敲之后引用。当前的预制构件系统，事实上是运用了勒哈夫里·贝瑞和勒·柯布西耶两位大师50年前就在工业领域内开始的技术试验。①

为了应对缺房现状，法国于50年代和60年代进行了大规模的工业化住宅建设。这一阶段主要是解决住宅的有无和如何降低住宅价格的问题，以"又多、又快、又省地建设住宅"为口号，以功能主义等现代派建筑理论为指导，以预制大板和工具式模板作为主要施工手段，进行了大规模的成片的住宅建设，在城市周围建设了许多新居住区。由于建筑理论的偏颇和大规模建设经验的不足，这一阶段虽然从住宅数量上相对地满足了需求，但是对于建筑设计和规划却掉以轻心，从而带来了严重的后果。如居住区选点不合理，功能单一化，形成"卧城"；建筑形式千篇一律，难以识别；与周围环境不协调等等。这一阶段片面地追求建设的数量，因而被称为住宅建设的"数量时期"。主要侧重于工业化工艺的研究和完善。②

就在大规模建造运动的中期，即20世纪60年代中期，已经出现了批判那些支持大规模建造政策的倾向。巴黎北郊萨尔塞勒新区（Sarcelles）的严重失误使这种批评达到高潮，报刊甚至以"萨尔塞勒症"来改制战后新区的各种问题。当时为了片面追求施工方便和经济效果，建了不少15—20层沿吊车轨道线形发展的条式建筑，如南希市（Nancy）一幢建筑竟长达500 m，其立面呆板，没有个性，形成所谓"塔吊轨道建筑"。施工工艺决定了建筑的形式。加上其他诸如：选址、功能、公共设施和空间、户型、施工质量等问题，促使法国于19世纪70年代开始进行新区的大规模改造和住宅的创新设计。

---

① （意）L.本奈沃洛著，西方现代建筑史［M］.邹德侬等译.天津科学技术出版社，1996-09.P669.
② 法国工业化住宅的设计与实践［M］.娄述渝，林夏编译.北京：中国建工出版社，1986.2.P3.

1964年，法国首次试图通过发展通用构配件的方法来形成一种"开放式的工业化"。当时为此制定了法国第一个尺寸协调规定，并对轻质外墙板进行了全面的评选，此外，还要求接受政府补贴的所有房屋工程都采用这些构件。但是由于这些构件的价格比较贵，从而使这项政策遭到彻底地失败。[①]

作为世界上推行建筑工业化最早的国家，从20世纪50年代到70年代，法国走过一条以全装配式大板和工具模版现浇工艺为标志的建筑工业化道路，有人把它称为"第一代建筑工业化"。50到60年代，法国一些大、中型施工企业提出了自己的预制施工方法，如卡谬大板体系（Camus）、瓜涅大板体系（Coignet）等，一直被世界很多国家学习和引进。这些体系仅是一种"结构—施工"体系，并未形成标准设计。建筑设计由业主所聘请的建筑师制定。施工企业及其所属的预制厂根据来图加工制作。预制厂的模板，侧模可以调整，构件生产具有一定的灵活性。尽管是订制式的生产方式，但由于当时工程规模较大，一次生产上千户住宅的构件，所以预制厂能够获得足够的批量。[②]

此外，从60年代后期开始，越来越多法国建筑师改变传统观念，致力于社会住宅的设计，创造了丰富多彩的建筑形式和建筑空间，反映出形形色色的流派与观点。

19世纪50年代起，各国向法国、丹麦等PCa发达国家的借鉴和学习，大多选择在标准设计基础上的PCa的大板工法。但各国的工业化构法多以专用体系（Closed system）的大型工法为主，兼容性不强。后来通过不断技术创新，由50年代初级阶段的专用体系发展到70年代进入高级阶段的通用体系，以标准化、系列化、通用化的部品为中心，组织专业化社会化大生产，推动了住宅产业的高度发展。

2. 德国

1945年5月8日，第二次世界大战德国战败投降。战后德国分别由美、英、法、苏四国占领，柏林市也划分成4个占领

图3-80　1963年法国的PCa住宅施工现场

图3-81　1960年代末法国的PCa住宅施工现场

（图片来源：范悦.PCa住宅工业化在欧洲的发展［J］.住区，2007.8（总第26期）：32-35.）

图3-82　尼森式活动房

（图片来源：李振宇.城市·住宅·城市——柏林与上海住宅建筑发展比较［M］.南京：东南大学出版社，2004.10.P37.）

---

① 法国工业化住宅的设计与实践［M］.娄述渝，林夏编译.北京：中国建工出版社，1986.2.P33.

② 法国工业化住宅的设计与实践［M］.娄述渝，林夏编译.北京：中国建工出版社，1986.2.P24.

图3-83 斯大林大街轴线俯瞰

图3-84 卡尔·马克思大街二期住宅区鸟瞰

（图片来源：李振宇，邓丰，刘智伟著.柏林住宅：从IBA到新世纪［M］.北京：中国电力出版社，2007.9.P2-3.）

图3-85 民主德国预制大板住宅施工现场：钢丝的焊接

图3-86 民主德国新勃兰登堡地区预制大板住宅施工现场

（图片来源：Plattenbau［EB/OL］. http://de.wikipedia.org/wiki/ Plattenbau, 2009-2-17.）

区。1949年5月23日，美、英、法控制的西占区成立了德意志联邦共和国。同年10月7日，东部的苏占区相应成立了民主共和国。德国从此正式分裂为两个主权国家。

在第二次世界大战后的前几年，东柏林主要依靠军队装备"尼森式活动房"来应付巨大的房荒。直到1952年，才见着了少量的两层的行列式临时住宅。[①]第二次世界大战后，德国也像其他欧洲国家一样，经历了大规模住房重建工作。随着第二次世界大战后东、西柏林的分裂，柏林住宅朝着截然相反的两个方向发展。同法国一样，第一阶段住房重建主要强调数量的增加，满足当时的需求。德国的住宅供给和工业化主要由民间主导，其特色表现在有国外引进的大型PCa构法与国内合理化构法的并用上，后期的PCa产业表现出制造业的特色，生产管理的自动化技术很强。[②]

1）德意志民主共和国（DDR）

在民主德国社会主义国家的首都东柏林，住宅建筑仅次于行政建筑，成为社会主义建设的标志，在50年代追求壮丽的"社会主义内容，民族形式"，后转为放弃形式，数量优先的标准化大板住宅。东柏林以大规模的建筑方式来表明社会主义民主德国首都的雄心，宽敞气派的街道，巨大宏伟的建筑体量，成为当时东柏林住宅建筑的风尚。

在民主德国预制住宅发展的头几年，人们运用传统施工方法兴建大型砌块住宅，但是由于耗时耗力，住房短缺问题难以快速解决。于是1953年，在柏林Johannisthal诞生了第一个预制混凝土大板住宅。扩大城市霍耶斯韦达（Hoyerswerda）则是在这一领域的"试验田"。自1957年以来第一栋预制大板住宅建成以来，预制大板住宅在东德普遍实现。建造预制混凝土构件的灵感来自已建立的包豪斯的现代建筑思想。[③]

东柏林先是建造了模仿莫斯科高尔基大街的斯大林大街

① 李振宇.城市·住宅·城市——柏林与上海住宅建筑发展比较［M］.南京：东南大学出版社，2004.10.P37.
② 中外住宅产业对比［M］.董悦仲等编.北京：中国建工出版社，2005.1.P204.
③ Plattenbau［EB/OL］. http://de.wikipedia.org/wiki/Plattenbau, 2009-2-17.

图3-87 民主德国三栋6层早期预制大板住宅，位于伊尔梅瑙（Ilmenau）

图3-88 德累斯顿沿主要街道的预制装配式住宅，摄于2006年5月

（图片来源：Plattenbau［EB/OL］. http://de. wikipedia. org/wiki/Plattenbau, 2009–2–17.）

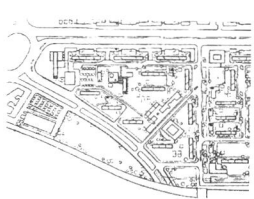

图3-89 卡尔·马克思大街二期住宅区平面示意图

（图片来源：李振宇.城市·住宅·城市——柏林与上海住宅建筑发展比较［M］.南京：东南大学出版社，2004.10.P44.）

图3-90 柏林大板建筑吊装

一期工程（Stalin-Allee Ⅰ，1952—1958年），作为民主德国的国有住宅。后作为对西柏林汉莎小区的回应，卡尔·马克思大街二期（Karl-Max-Allee Ⅱ，1959—1965年）住宅区以大板建筑和装配式的方法建成。这些组群式布置的条状住宅形成的街区继而成为东柏林甚至全民主德国的住宅建筑新样板，是"社会主义的住宅建筑群"。相对于斯大林大街一期住宅区来说，建筑的立面和造型大大简化，这是功能主义的一种体现。这种大规模、低密度，以中高层为主的组群模式在东柏林延续了几十年。

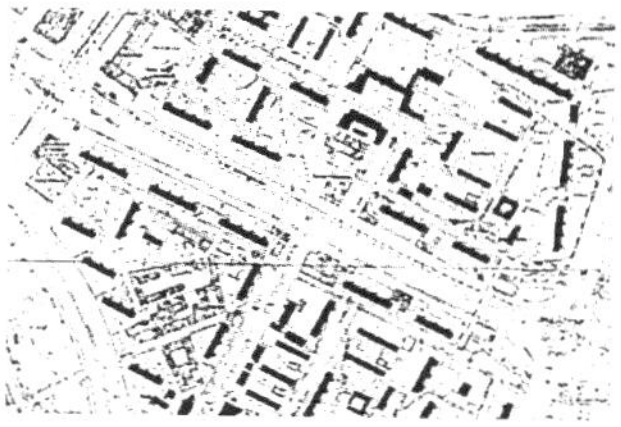

东柏林在公有制土地下，全方位采用大板和装配建筑形式形成统一的住宅区城市设计模式。到20世纪60年代末，东柏林几乎所有的住宅建筑都采取了大板装配建筑来生产了。[1]

2）德意志联邦共和国

预制大板住宅也是西德重要的住宅建筑类型。兴建预制大板住宅的主要原因一方面是由于第二次世界大战中大部分住宅区被摧毁，急需大量住宅，另一方面用于政府组织的社会住房。在西德，预制大板住宅更多地以建筑师和城市规划者的想法实现的现代建筑和城市规划的形式实现。

最早兴建的大型居住区是位于西柏林市中心蒂尔加藤区的汉莎小区（Hansa Viertel, 1956—1958），作为1957年国

图3-91 汉莎小区总平面图

图3-92 阿尔托在汉莎小区设计的高层住宅

图3-93 格罗皮乌斯在汉莎小区设计的高层住宅

[1] 李振宇.城市·住宅·城市——柏林与上海住宅建筑发展比较［M］.南京：东南大学出版社，2004.10.P45.

图3-94 柯布西耶在汉莎小区设计的居住综合体

（图片来源：李振宇，邓丰，刘智伟著.柏林住宅：从IBA到新世纪［M］.北京：中国电力出版社，2007.9.P2-3.）

图3-95 英国建筑顾问小组设计的阿孔永久预制房两层楼住宅，1944年

图3-96 英国的预制住宅，20世纪40年代末

（图片来源：（美）理查德·韦斯顿著，20世纪住宅建筑［M］.孙红英译.大连：大连理工出版社，2003.9.P89.）

际建筑展览会的样板小区。1957年以"明日城市"（Stadt von Morgen）为主题的国际建筑展（Internationale Bauaustellung），邀请了13个国家的53位建筑师进行了45个单体项目设计，最后建成了36个单体。成为西欧战后旧城改造具有里程碑式的工程之一。

这些项目体现了平民化、工业化、标准化和多样化的建筑风格。因此，在不同的意识形态和技术条件下，东柏林实行严格的工业化和标准化政策，而西柏林区在多样化上进行了更多的探索和实践。柯布西耶为汉莎住宅小区设计了一个体态庞大的"集群住宅"，该建筑由530个住宅单位组成，建筑由混凝土板搭建而成。

3. 英国

第二次世界大战期间，由于大量的军营需求是预制住宅受到欢迎。在英国人们也使用了大量的预制建筑，如尼森活动房（Nissen huts）和贝尔曼飞机棚（Bellman Hangars）。

第二次世界大战后预制住宅在英国各地的大量增加归因于1944年的布尔特委员会[①]（Burt Committee）和临时住宅法案（Housing（Temporary Accommodation）Act）。所有预制住宅的不动产都是为了给第二次世界大战和清除贫民窟后的无家可归者提供住宅。[②]

英国在50年代为迅速建造更多的住宅，以解决严重房荒之急，在英国曾把国防工业巨大的生产力全部调集到一起来帮助满足对住房的紧急需求。将一些军工厂转向民用，建造大量临时性房屋，通常会把房子作的表面上非常传统。同时英国政府为吸取国外工业化住宅建设的经验，曾派代表团去法国、瑞典、丹麦等国考察。回到英国后，为了尽快解决房荒的矛盾，就迫不及待地采取直接照搬和模仿国外的建造方式，用预制装配式的方法建造了一些低层和多层的住宅。但数量不多，工业化的程度也不高。

---

① 布尔特委员会是英国政府为解决住宅短缺而设立的机构，建立于1942年。该委员会认为预制住宅是解决这一难题的方法，并与1944年颁布临时住宅法案。

② Prefabricated housing［EB/OL］. http://en.wikipedia.org/wiki/Prefabricated_housing, 2009-4-12.

英国预制住宅的主要供应对象是家庭。典型的预制住宅有门厅、两间卧室和一间浴室（这对当时的英国人来说是很新奇）、一间起居室和带有设备的厨房。根据不同的住宅形式，建造材料有钢、铝、木材或石棉。铝制的"B2"预制住宅分成4 个预组装的部段，可又客车运至全国各地。"通用住宅（The Universal House）"由位于英格兰哈福德郡 Rickmansworth 的通用住宅公司生产（the Universal Housing Company Ltd）。[1]

1944 年一个建筑顾问小组开发的阿孔（ARCON-Architecture Consultants）房则使用了钢筋结构，提高了内部布局的灵活性，圆形屋脊和压制薄钢板是钢筋建筑的明确表达。无数工厂预制的单层"活动房"分布在全英曾遭受过严重炮击的城市里。大多数预制住宅设计的使用年限是5—10 年，但实际上远不止如此，今天仍有不少当时的预制住宅还幸存着。例如2002 年，布里斯托（Bristol）市还有700 多个还在使用的案例。许多英国立法机构为了实现政府将于2010 年实现的"体面房屋标准"（Decent Homes Standard），开始拆除这些最后幸存的第二次世界大战预制住宅。[2]

实际上用于生产这些简陋的英国活动房屋的技术相当复杂。尽管他们是真正的大规模生产的房屋，但在英国与世界上大多数地方一样，人们不想生活在看起来像是批量生产的房子里，房建工业很快又恢复到使用较传统工艺的阶段。[3] 类似的预制住宅在英国是真正大批量生产出来的，它使用了来自战时工业的"技术传递"——在极为平常的外表下意欲表现出"不平常"。

英国伦敦市郊洛汉姆顿住宅区是英国工业化住宅建设的早期典型。在其建筑风格上颇有争议的，还没有形成英国自己的建筑风格。洛汉姆顿住宅区，是建在一块52 公顷的东西狭长的地段上，共建有2 650 套住宅，建筑密度高，选址好，风

图3-97　英国第二次世界大战后预制住宅：通用住宅（The Universal House），Mark 3，钢框架板材

图3-98　英国1950 年的钢制预制住宅

（图片来源：Prefabricated housing［EB/OL］. http://en.wikipedia.org/wiki/Prefabricated_housing, 2009-4-12.）

---

① Prefabricated housing［EB/OL］. http://en.wikipedia.org/wiki/Prefabricated_ housing, 2009-4-12.

② Prefabricated housing［EB/OL］. http://en.wikipedia.org/wiki/Prefabricated_ housing, 2009-4-12.

③ （美）理查德・韦斯顿. 20世纪住宅建筑［M］. 孙红英译. 大连：大连理工出版社，2003.9. P89.

图3-99　英国阿麦斯罕预制住宅(COAM)的厨房

图3-100　英国阿麦斯罕预制住宅(COAM)的房间，有固体燃料火炉

（图片来源：Prefabricated housing[EB/OL]. http://en.wikipedia.org/wiki/Prefabricated_housing, 2009-4-12.）

景优美,曾为英国人誉为50年代的骄傲建筑。设计基本上就是采用所谓"国际式"的建筑风格。其中,1952年在洛汉姆顿东郊建成的第一期工程,规模较小,占地12公顷,共建750套住宅。一般均用传统的砖墙承重,坡屋顶形式。洛汉姆顿西郊为第二期工程(1955—1959年),占地40公顷,规模较大,共建有1 900套住宅。其中三分之一为11层的板式公寓,这组公寓被认为是精确模仿法国马赛公寓最成功的作品。建造方式采用现浇框架,预制混凝土条形板外墙填充,在细部节点上也全加模仿。[①]

60年代,是英国工业化住宅建设进入高潮时期。英国建筑界受到功能主义建筑理论的影响,在大工业生产方式下,建造了大批形式和内容单一的住宅。建设的规模大,数量多,工业化生产程度也逐渐提高。

在此建筑工业化盛期,英国年轻建筑师史密斯夫妇提出自己的理论,认为建筑创作必须面对社会文化、社会需要,科学技术的客观现实,应改变设计手法,改变人们的审美标准,即与大量、快速、廉价的工业化生产方式相一致的新的美学观,提倡暴露结构与材料以及服务设施的所谓"新粗野主义"风格。

谢费尔德市公园山公寓是"新粗野主义"风格在住宅建筑上的响应。建筑外形如实地暴露钢筋混凝土框架结构,也直率地反映出结构单元和建筑单元重合的内容。单幢公寓建筑虽为简单的矩形,但组合体庞大而粗犷,如一条巨蟒随地形蜿蜒起伏。这种"新粗野主义"风格在英国颇有影响,一直到1968年在伦敦市中心一住宅区还沿用了这一风格。[②]

五六十年代的英国工业化住宅建设,无论在内容与形式以及施工质量上都存在不少问题,建筑缺乏人情味,很少考虑环境艺术,更谈不上原有城市历史文化的联系,因而被认为是反人性的建筑。

英国战后推行公营住宅路线,1960—1970年采用和引进

---

① 程友玲.英国工业化住宅建设——从"国际式"风格到多元化[J].世界建筑,1989(06).P21-24.
② 程友玲.英国工业化住宅建设——从"国际式"风格到多元化[J].世界建筑,1989(06).P21-24.

了许多国外的体系并拥有很高的PCa构法使用率。但1968年发生了因煤气爆炸而使高层PCa住宅毁坏的Ronan Point事件，宣告了工业化的终结。

　　Ronan Point大楼位于伦敦东部的纽黑文，是一栋23层的高层公寓。是1960年代，英国为解决伦敦居住问题，建设廉价、可负担住宅的风潮的产物。由Taylor Woodrow Anglian设计，建于1966—1968年。运用了大板预制体系（Large Panel System building or LPS）。这种体系在工程生产好大型混凝土板后再在工地进行安装。在1968年，建好仅几周以后，由于天然气爆炸毁坏承重墙，导致大楼一角倒塌。经调查认为是由于墙与楼板界点薄弱造成的。虽然大楼经过加固，但是公众对高层住宅开始质疑。40多年后，缺乏居住加上滋生的社会问题，只是大量高层住宅被拆除，1986年Ronan Point大楼也难逃此命运。

　　Ronan Point大楼事件的真正影响在于根本改变了英国的住宅规范。政府规定增加了住宅的安全性。除了9座像Ronan Point大楼这样的大板预制体系被拆除外，20世纪80年代，住宅研究机构发布报告强烈建议政府和业主检验大板预制体系住宅的安全性。[1]

　　4. 北欧三国

　　1）瑞典

　　在1930年，瑞典50%的人口仍居住在农村地区。[2]直到30、40年代之后，社会的进步才得以使当时的理想成为现实。瑞典在政府强有力的计划和财政支援下，建设了大批量中高层PCa住宅。从20世纪60年代起建筑部品的规格化逐步纳入瑞典工业化标准（SIS），使通用体得到较快的发展。瑞典国家标准和建筑标准协会（SIS）出台了一整套完善的工业化建筑规格、标准。如"浴室设备配管"标准（1960年）、"主体结构平面尺寸"和"楼梯"标准（1967年）、"公寓式住宅竖向尺寸"及"隔断墙"标准（1968年）、"窗扇、窗框"标准（1969

图3−101　煤气爆炸后的英国Ronan Point大楼，每日电讯报，1968年摄

（图片来源：Ronan Point. http://en.wikipedia.org/wiki/Ronan_Point, 2008−8−21.）

图3−102　瑞典100万户建设计划期间的施工现场

（图片来源：（日）松村秀一著，住区再生［M］.范悦、刘彤彤译.北京：机械工业出版社，2008.07.P18−19.）

---

① Ronan Point. http://en.wikipedia.org/wiki/Ronan_Point, 2008−8−21.
② （瑞）瑞典建筑研究联合会合著，斯文·蒂伯尔伊主编，瑞典住宅研究与设计［M］.张珑等译.北京：中国建筑工业出版社，1993年11月.P64.

年)、"模数协调基本原则"(1970年)、"厨房水槽"标准(1971年)等。[①] 在20世纪50—60年代,瑞典政府大规模推进公共建造住房计划,著名的百万工程(Million Program),在短短十几年间建造了一百万套廉价住房提供给中低收入者,这在当时缓解住房紧缺矛盾是非常有积极意义。

2)丹麦

丹麦在工业化住宅的开发和建造方面已有数十年历史,在世界上具有很高的水平。丹麦的工业化来自产业进步的要求而非战争破坏,研究和开发非常系统。1960年前后的情况是:用传统的建造方法不能满足日益增长的住房需求,建筑业必须考虑对工业产品质量的呼声,以及必须采取措施减少建筑业产品成本和工业消费品成本之间的日益增大的差距。

为了改变这种状况,建筑业的各方同政府开始合作拟订建筑工业化的基本原则。这就是以后举世闻名的"丹麦开放住房体系"(Danish Open System Approach),它在工业化建造工法的开发方面起了重要的作用,其基本思路是为在工厂生产的、尺寸协调的建筑部件创造一个开放的市场,这些部件不仅可以组合用于各种类型的住房项目,而且能保证建筑师在规划和设计时有充分的自由度。

丹麦还是世界上第一个将模数法制化的国家,国际标准化组织的ISO模数协调标准就是以丹麦标准为兰本的。1960年的《建筑法》规定,"所有建筑物均应采用1 m为基本模数,3 m为设计模数",并制定了20多个必须采用的模数标准,包括尺寸、公差等。通过模数和模数协调,保证了不同厂家构件的通用性。国家规定,除自己居住的独立式住宅外,所有的住宅都必须按模数进行设计。同时,以发展"产品目录设计"为中心推动通用体系发展。[②]

1961年,丹麦政府根据住房性能要求制定了全国统一房屋规范和第一个5年开发计划,特别是要求补贴住房都要根据模数原则和标准规划设计,以确保能采用在工厂生产的模数

图3-103 埃里克·Chr.索伦森设计索伦森住宅外观,丹麦杰格斯伯格

(图片来源:(美)理查德·韦斯顿著,20世纪住宅建筑[M].孙红英译.大连:大连理工出版社,2003.9.P178.)

① 建设部赴瑞典丹麦考察组.瑞典、丹麦的可持续建筑与住房政策——建设部考察组赴瑞典、丹麦考察报告[EB/OL](摘自《住宅产业》).http://www.chinahouse.gov.cn/gjhz7/7a126.htm,2008-8-20.
② 佚名.丹麦住宅建筑工业化的特点[J].中国建设信息,1998(36).P42.

化房屋部件。这时期,有些丹麦建筑师的住宅设计也颇具特色。1955年埃里克·索伦森设计的索伦森住宅,从模数化的平面布置、系列的庭院装饰、裸露的原木结构和装饰高雅的花园中,可以明显看到日本建筑的影响。

3)芬兰

20世纪60年代期间,许多领先潮流的芬兰建筑师又开始对工业化感兴趣。1967年,阿诺·鲁萨乌尔利(Arno Ruusuvuori)承接了知名的时装与纺织品公司迈里迈科(Marimekko)委托给他的设计任务:尝试性使用简单的预制构件来设计一幢避暑别墅。结果是,房体看上去是一个设计十分简单却格外优雅的长而薄的盒子,由一个带顶的门廊将房子和桑拿房连接起来。

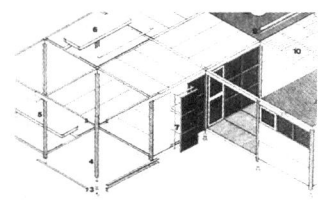

图3-104 加里奇森和帕尔赖斯莫设计,"莫得里"避暑别墅结构系统,芬兰,1969年

1969年,年轻建筑师克里斯丁·加里奇森(Kristian Gullichsen)和茱海尼·帕尔赖斯莫(Juhani Pallasmaa)模仿它设计了"莫得里(模块)"工业化避暑别墅系统。他们受到Edo时期模块化建筑的影响。但是"莫得里"设计中使用的是木料,而不是钢或铝,设计也简朴有序,被认为是斯堪的纳维亚建筑贡献给现代建筑设计的精华。①

芬兰发展工业化,除了战争破坏原因,还应归因于本国寒冷气候持续时间长、冬季施工困难上。20世纪60年代中叶由政府和民间共同开发的工业化标准体系BES得到广泛认可,在全国推广和普及。

图3-105 加里奇森和帕尔赖斯莫设计,"莫得里"避暑别墅外观

(图片来源:(美)理查德·韦斯顿著,20世纪住宅建筑[M].孙红英译.大连:大连理工出版社,2003.9.P185.)

BES体系是将准用体系改为通用体系的一种预制混凝土构建体系。BES住宅体系是为了改变缺乏灵活性的预制混凝土技术开发的。其目的在于通过多学科的研究和建设的反馈,发展一套可变性大、有效的混凝土构件体系。不同的平面布置表明,通过将标准构件纵向或横向位移,可以组成各种不同的室内和室外空间。

第二次世界大战后,在芬兰建筑师协会内部,在早期的建筑标准化问题上,阿尔瓦·阿尔托(Alvar Aalto, 1898—1976年)强调一种"塑性的标准化",奥利斯·布隆姆斯达特(Aulis

---

① (美)理查德·韦斯顿著,20世纪住宅建筑[M].孙红英译.大连:大连理工出版社,2003.9.P182-183.

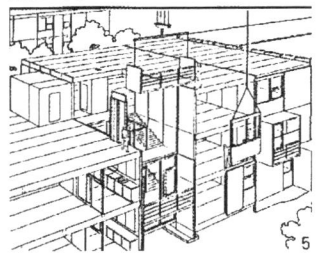

图3-106 芬兰BES工业化标准体系

(图片来源：范悦.PCa住宅工业化在欧洲的发展[J].住区，2007.8（总第26期）：34.)

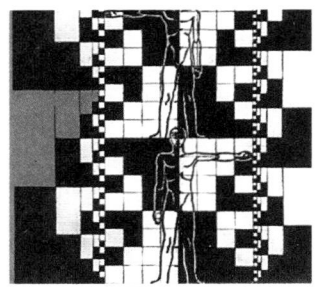

图3-108 布隆于1957年所做的180 cm人体比例与和谐关系研究草图

图3-109 布隆1973年所做的25-V比例系统研究模型之一

(图片来源：方海.芬兰建筑的两极——阿尔托，布隆姆斯达特及其建筑学派[J].建筑师，2005（4）总第114期.P44-49.)

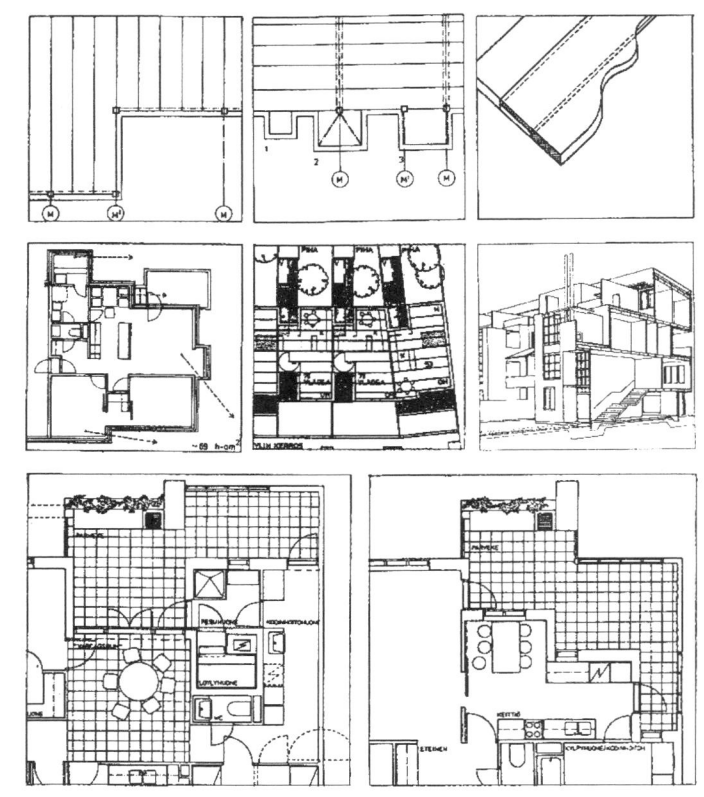

图3-107 芬兰BES工体系典型平面类型及预制构件运用实例

(图片来源：（瑞）瑞典建筑研究联合会合著，斯文·蒂伯尔伊主编，瑞典住宅研究与设计[M].张珑等译.北京：中国建筑工业出版社，1993年11月.P64.)

Blomsted, 1906—1979）则开始发展他的工业化生产的住房体系，以适应第二次世界大战重建的急需。布隆的研究愈加深入并进而探讨世界通用的模数系统。在20世纪，布隆是柯布西耶之外唯一对建筑比例问题进行系统而深入研究的建筑师。他对建筑中的尺度、比例及和谐的独特的研究是划时代的。为的是对工业化时代的建筑设计寻求人性化的设计原则，这种原则能够使现代建筑师、设计师自由追求本质的内容和符合日常生活的设计表达。①

① 方海.芬兰建筑的两极——阿尔托，布隆姆斯达特及其建筑学派[J].建筑师，2005（4）总第114期.P44-49.

5. 美国

第二次世界大战期间在美国，人们使用匡西特活动房屋（Quonset huts，一种用预制构件搭成的长拱形活动房屋）作为军营使用[①]。由于美国住宅建筑没有受到第二次世界大战的影响，因此第二次世界大战后没有走欧洲的大规模预制装配道路。但是严重的住房短缺、由于汽车普及带来居民的流动和大量的工作需求，为一些工业化住宅工厂的发展创造了契机，廉价快速的住宅满足了大量退伍军人的需求，实现了许多人的美国梦。

1）住宅案例研究计划

《建筑与艺术》（*Arts & Architecture*）杂志的编辑约翰·伊坦斯（John Entenza，1903—1984年）是美国加州现代主义建筑运动的关键人物。1944年，他用了一期的篇幅来讨论住宅产业化问题。1945年到1966年约翰·伊坦斯发起了著名的"住宅案例研究计划"委托了当时的新派建筑师为解决第二次世界大战后美国的住宅危机和退伍军人居住问题设计和建造36座廉价高效的现代住宅。作为用社会学与教育学等观点进行社会调查并加以综合的实例研究房屋。

前六个住宅于1948年以前全部完工，吸引了350 000名参观者。[②] 当时的大多数房地产开发商固守传统的建筑风格和技术，虽然36个住宅并未全部建成，但"个案研究"住宅设计所采用的开放式平面和梁柱结构仍然激发了全美，甚至远达澳洲的一整代青年建筑师的灵感。

（1）案例研究住宅8号——伊姆斯住宅

1945年查尔斯·伊姆斯（Charles Eames）与埃罗·沙里宁（Eero Saarinen）合作完成了8号住宅伊姆斯住宅的设计工作，但在1948年秋当原材料运抵施工工地时，查尔斯却彻底改变原来的设计理念。他通过使用标准的格桁（lattice beam）和窗户（window sections）达到了玻璃和钢建造的房子那种精致和立方体效果。在20世纪60年代，这座住宅被认为是战后建

图3-110　伊姆斯住宅入口

（图片来源：Eames House［EB/OL］. http://en.wikipedia.org/wiki/Eames_House, 2008-08-18.）

图3-111　查尔斯·伊姆斯和蕾·伊姆斯设计，伊姆斯住宅外观。美国加利福尼亚，洛杉矶，1949年

图3-112　查尔斯·伊姆斯和蕾·伊姆斯设计，伊姆斯住宅室内

（图片来源：（美）理查德·韦斯顿著，20世纪住宅建筑［M］. 孙红英译. 大连：大连理工出版社，2003.9.P146-147.）

---

① Prefabricated housing［EB/OL］. http://en.wikipedia.org/wiki/Prefabricated_housing, 2009-4-12.

② Case Study Houses［EB/OL］. http://en.wikipedia.org/wiki/Case_Study_Houses, 2008-08-18.

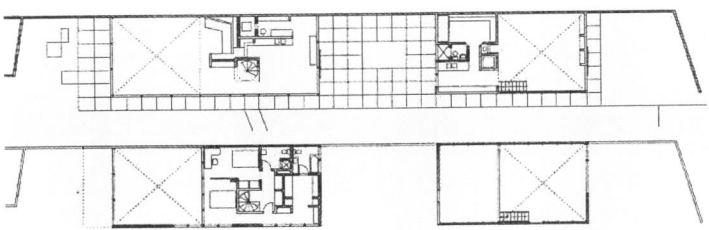

图3-113　查尔斯·伊姆斯和蕾·伊姆斯设计，伊姆斯住宅一层、二层平面图

（图片来源：（日）日本建筑学会编，建筑设计资料集成——居住篇［M］.重庆大学建筑城规学院译.天津：天津大学出版社，2006.4.P65.）

筑界最杰出的成就，20世纪中期现代建筑的里程碑。所有轻钢材料（H型钢和钢窗框之类）均从生产厂家目录中选用，建造时将这些工业产品用螺栓紧固。该住宅使用人工仅需3天就可竣工。由预制螺旋楼梯通往地层入口。5.1 m高油漆钢柱、面板和彩色玻璃组成的蒙德里安式的立面及室内丰富的装饰，使其具有区别于其他现代住宅的鲜明特色。[1]后伊姆斯夫妇亲手建造住宅一事被制成电影，宣传其生活方式，让人们的思维超越"实验住宅"的领域。[2]

（2）案例研究住宅18号

案例研究住宅的18号房（1956—1958）也是一栋不同凡响的住宅之一，它是克莱吉·埃尔伍德（Craig Ellwood）设计的第三座使用预制钢架和钢板系统的房子。22号住宅（斯塔赫住宅，1959—1960年）也使用了钢结构，强调了南加州的魅力。但是与当时杂志预测的不同，钢材并没有成为主流房屋的重要材料。[3]

此外，美国现代主义著名建筑师诺伊特拉（Richard Neutra）设计了案例研究住宅中的6号和13号住宅。

图3-114　案例研究22号住宅（斯塔赫住宅，1959—1960年）

（图片来源：（美）理查德·韦斯顿著，20世纪住宅建筑［M］.孙红英译.大连：大连理工出版社，2003.9.P146-147.）

图3-115　卢斯特隆住宅外观

①　Eames House［EB/OL］. http://en.wikipedia.org/wiki/Eames_House, 2008-08-18.

②　（日）日本建筑学会编，建筑设计资料集成——居住篇［M］.重庆大学建筑城规学院译.天津：天津大学出版社，2006.4.P65.

③　（美）理查德·韦斯顿著，20世纪住宅建筑［M］.孙红英译.大连：大连理工出版社，2003.9.P146.

2）预制住宅生产公司的兴起

第二次世界大战以后，美国政府大力支持房地产建设。1949年，联邦政府公布了"Housing Act"计划，并提出宏伟目标：为每一个家庭提供大方的具有良好居住条件的住宅。在经济复苏和房地产政策的刺激下，美国房地产行业进入一个快速发展的时期，住房需求远远大于住房供应，住房开工创新高，住房拥有率节节上升，从1950年的55%上升到1960年61.9%。[①]许多美国住宅公司抓住了1950年代美国战后重建过程中房地产市场快速增长的机会，迅速发展壮大。

1947年芝加哥工业家和发明家卡尔（Carl Strandlund）在俄亥俄州成立卢斯特隆房屋公司（Lustron）。19世纪40年代起生产预制全钢住宅（外墙、内墙、屋顶），室内墙面是搪瓷涂层板条。被认为比传统砖墙住宅结实3倍。每个2卧1卫的卢斯特隆住宅约1 000平方英尺。在1949—1950年间共生产了2 560套钢制住宅。据1949年的报刊记载，比当时常规住宅便宜25%。[②]

威廉·莱维特（William Levitt）是美国房地产开发历史最大也是最有影响的一个开发商。20世纪50年代，威廉·莱维特发明了美国现代郊区（suburbia）住宅。

莱维特公司最先把流水线技术运用到住房建筑，以缩短工期，减低房价。莱维特是动力型工具的引进以及施工现场劳动专门化的功臣，自称是"住宅工业中的通用"。他和桑斯（Sons）在广泛使用预制件的情况下将房屋的建造过程分成26步。先铺设混凝土板，再安装预制柱、梁和木质外墙，最后安装室内电器。各工种的施工队伍在每个楼里重复着他们特定的任务，所有工序井井有条。他还大批量买进原材料，子公司生产木材、混凝土。木材都在工厂按照预定的尺寸切割，混凝土采用预制构件，将尽量多的工作在现场以外的工场完成。详细的分工大大提高了生产率。[③]

图3-116　卢斯特隆住宅室内

（图片来源：卢斯特隆房屋公司.http://www.lustronconnection.org, 2008-8-15.）

① 美国四大房地产公司简介.MBA智库百科.http://wiki.mbalib.com/、2009-6-17.

② Lustron house［EB/OL］. http://en.wikipedia.org/wiki/Lustron_house, 2008-8-15.

③ （加）艾维·福雷德曼著，适应型住宅［M］.赵辰、黄倩译.南京：江苏科技出版社，2004.6.P28.

莱维特式住宅因造价低廉、经济实用,很快地被各地效仿。近60年过去了,这些住宅依然很好地发挥着居住功能,并形成了独特的郊区文化。当时预言莱维特成为未来"贫民窟"的说法不攻自破。在这里,建造质量是关键因素。价格低廉,并不代表质量低下和偷工减料。通过良好的成本控制,完全能够做到价廉物美。虽然在战后的若干年中,许多大型住宅开发项目在建筑风格等方面受到了舆论的批评,但最初建于长岛亨普斯特德莱维敦式住宅依然独树一帜,而且成了美国文化的标志之一。1950年7月的《时代周刊》把莱维敦作为封面故事,称威廉·莱维特"对一个极其古老的传统行业进行了一次唯一的、最强有力的现代化变革"。①

在1948年到1950年期间卢斯特隆房屋公司也促进了威廉·莱维特加快发展全钢制、两卧室的小住宅的生产。②

图3-117 1957年莱维特公司推出的样板房

(图片来源:莱维特公司 http://www.levittowners.com/building.htm, 2008-8-16.)

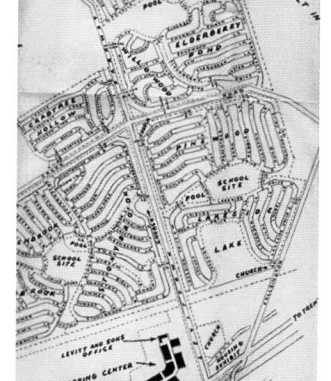

图3-118 莱维特镇早期规划图

---

① 佚名.美国梦:Levittown"莱维敦"式住宅.搜图网.http://www.sootuu.com/jianzhu/2711/2717/2007012212075.html, 2007-1-22.
② Leslie Camhi. *The Museum of Modern Art Surveys — and Builds! — Some Curious Experimental Homes*[EB/OL].http://www.villagevoice.com/2008-08-05/art/the-museum-of-modern-art-surveys-mdash-and-builds-mdash-some-curious-experimental-homes/, 2008-8-13.

截至1951年，北美五分之一的房屋是由预制件构成的
（Architecture Forum, 1951）。在凯撒（Kaiser）装配式住宅中，
降低成本的主要手段就是生产的规模化。著名的美国实业家
凯撒（Henry J. Kaiser）大力提倡大规模生产，他和开发商博恩
（Fritz Burn）合作，以其实践组装式建房计划。工业产品包括
整体墙面、地板、天花板、管道装备、厨房设施以及可以容纳两
辆轿车的车库。为避免千篇一律，房屋的外观尽量作的多样
化，现场施工时有五种选择：科德角式（Cape Cod）、殖民风格
（Colonial）、牧场风格（Ranch House）、加州风情（California），
以及当代风格（Contemporary）。90 m² 的住宅售价在6 950 ～
8 650美元（Architecture Forum, 1949b）。①

图3-119　建莱维特镇分段
运输的材料

3）活动房屋的发展

除了大量建于郊区的木结构或钢结构低层住宅外，美国
的活动房屋也是颇具当地特色的工业化程度很高的一种住宅
类型。在美国，居民频繁迁居。交通方便，尤其由于汽车的
普通，都助长流动不息倾向。汽车后面挂住宅式拖车，比传统
房屋容易维持，于20世纪30年代开始推广。同时，汽车旅馆
Motel如雨后春笋散布全美，专供汽车旅行过夜，所不同于常
规旅馆的是卧室外侧有停车地方。实际上这种住宅在美国比
世界上任何地方都多，叫活动房屋或是家庭拖车场（the trailer
park）。

图3-120　莱维特住宅框架

（图片来源：莱维特公司http://
www.levittowners.com/building.
htm, 2008-8-16.）

拖车内隔成卧、坐小间，带有厨、厕、浴设备，可被拖到任
何"拖车园"Mobile Park"抛锚"，交付租地费，就地接通水电，
停居几天或暂时落户。这类活动住宅在全美约占四分之一。
汽车制造业起促进作用，到60年代更进一步把拖车园变相作
成立体集中，改进设计布置，钢材水泥甚至塑料预制居住单
元。如抽斗式吊挂在容有水电管道交通竖架，犹如把人类拉
回到架木为巢的古代。每户造价只有常规住宅一半，用地面
积缩减到更为可观。这种设想早在1947年就由柯布西埃首次
用模型倡议，证明如把360分散户如由常规布置，改为集中成

图3-121　1967年 Airstream
拖车房（trailer）

图3-122　典型的活动房
（mobile home）

（图片来源：Mobile home
sweet what? Part 1［EB/OL］.
affordablehousinginstitute.org/
blogs/us/2006/..., 2006-5-1.）

---

① （加）艾维·福雷德曼著，适应型住宅［M］.赵辰、黄倩译.南京：江苏科技
出版社，2004.6.P28.

图3-123　加利福尼亚克鲁兹的拖车园（Santa Cruz, California）

（图片来源：Mobile home sweet what? Part 1［EB/OL］. affordable-housinginstitute.org/blogs/us/2006/..., 2006-5-1.）

一幢，就只占十户用地面积，即节约用地1/36。① 美国郊区住宅已经部分实现了预制。目前，三分之一的美国住宅是活动房屋②。到2006年全国共计大约有880万活动房屋。③

6. 日本

日本在20世纪50年代以前的住宅短缺的年代里，由于资料不足和法规上的规模限制的原因，只能建设小型住宅。住宅短缺和家庭观念的现代化，再加上向桌椅式生活方向的转变等促进了日本的居住方式的大变革，这就是战后日本的基本特征。面对这样的具体情况，通过合乎理性的思考，于是，从根本上改变居住方式和追求居住面积的"最小化"的尝试便盛行了起来。但是，进入60年代以后，出现了都市中的建筑用地供不应求和居住过于密集等新的问题，从而最大限度利用窄小建筑用地的小住宅的数量大增。由于这样的住宅特别需要排除因周边环境过密所带来的影响，所以，必然就要追求住宅面积的"最小化"和采用防卫性的"封闭式"手法。④

第二次世界大战后伊始，日本的1 700万户中约有420万户缺房，为在短期内缓解住房短缺的问题，日本政府建造了大量集合住宅。1949年提出了最初的标准设计方案，其中有代表性的是面积只有40平方米的公营住宅标准设计51C型，成为这时期住宅设计的原型。⑤

在第二次世界大战后的日本居住形态的变革中，改变最为显著的是烹调和进餐的关系，厨房实现了前台化。这样的生活方式在1950年被公营住宅的标准设计采用。后来在1955年的住宅工团标准设计中，又以DK（厨房兼餐厅）的名称加以

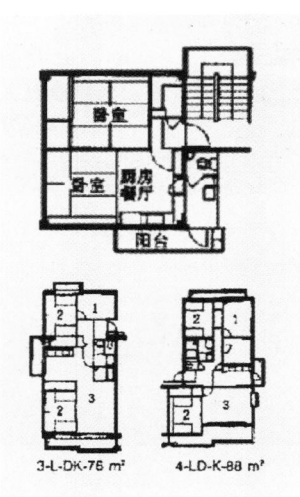

图3-124　日本住宅典型nLDK型方案

（图片来源：张菁，刘颖曦.战后日本集合住宅的发展［J］.新建筑，天津大学建筑学院，2001.02. P47-49.）

---

① 童寯.近百年西方建筑史［M］.南京：南京工学院出版社，1986.02.P142.
② Horden Cherry Lee and Haack+Höpfner. *Home Delivery: Fabricating the Modern Dwelling*［EB/OL］. http://museumhours.blogspot.com/, 2008-8-13.
③ Mobile home sweet what? Part 1［EB/OL］. affordablehousinginstitute.org/blogs/us/2006/..., 2006-5-1.
④ （日）日本建筑学会编，新版简明住宅设计资料集成［M］.滕征本等译.北京：中国建工出版社，2003.6.P18.
⑤ 张菁，刘颖曦.战后日本集合住宅的发展［J］.新建筑，天津大学建筑学院，2001.02.P47-49.

采用。从此以后,获得迅速普及。^①

1953年前后,经济稍有宽裕时,新一代建筑师们提出了nLDK型方案,即以L(起居室)、D(餐厅)和K(厨房)为住宅的基本构成因素,以家族团聚的起居室为中心,布置各房间,连接n个卧室。

这种类型的住宅通过标准化构件设计和推行工业化生产方式降低了造价,使大量生产和普及推广成为可能,在一定程度上解决了住宅紧缺问题。由于卧室面积和个数的可变,可衍生出不同的类型来满足不同家庭的需求,很受居民的青睐,这一形式直到现在仍为日本城市住宅的主流。^②

日本的住宅产业化始于20世纪60年代初期。1960年后,经济进入高速成长期,城市问题、住宅问题愈加严重。当时住宅需求急剧增加,而建筑技术人员和熟练工人明显不足。为了使现场施工简化,提高产品质量和效率,日本对住宅实行部品化、批量化生产。日本政府鼓励在大城市郊区集中兴建大居住区,特别是修建低价的公团住宅,以应付大量流入的人口。

60年代中期,日本住宅建筑工业化有了相当发展,混凝土构配件生产首先脱离建筑承包企业,形成独立行业。构配件与制品的工厂化生产和商品化供应发展很快,参与住宅生产的各类厂家越来越多。住宅的生产与供应开始从以前的"业主订货生产"转变为"以各类厂家为主导的商品的生产与销售"。日本政府围绕住宅生产与供应,将各有关企业的活动加以"系统化"协调。正是在市场关系发生这种重大变化的情况下,1967年"住宅产业"一词在日本出现。

1969年,日本制订了《推动住宅产业标准化五年计划》,开展材料、设备、制品标准、住宅性能标准、结构材料安全标准等方面的调查研究工作,依靠各有关协会加强住宅产品的标准化工作,并对房间、建筑部件、设备等尺寸提出了建议。分别制订了"住宅性能标准"、"住宅性能测定方法和住宅性能

图3-125　日本1967年左右的工业化装配式住宅小区

(图片来源:(日)松村秀一著,住区再生[M].范悦、刘彤彤译.北京:机械工业出版社,2008.07. PX.)

---

① (日)日本建筑学会编,新版简明住宅设计资料集成[M].滕征本等译.北京:中国建工出版社,2003.6.P18.
② 张菁,刘颖曦.战后日本集合住宅的发展[J].新建筑,天津大学建筑学院,2001.02.P47-49.

等级标准"以及"施工机具标准"、"设计方法标准"等。①

战后初期的都市集合住宅,是大量化、经济化和快速化的住宅工业的产物,制造出了单调、庞大、重复的都市住宅空间,大量的板状平行布置的集合住宅充斥着城市的空间。在日本,大约是在1955年前后开始开发各户专有庭园和界墙的联排式住宅,而在1960年是开始了多层公寓式住宅的建设。在1970年前后,为数众多的建筑企业建立了预制混凝土大板厂,一时形成结构开发的竞争局面。②

20世纪60年代和70年代可谓日本集合团地的实验时代,展开了大规模的集合团地开发运动。预制装配式住宅的正式投产大约就在1960年前后开始。③1970年以后,经济的复苏和对社会住宅的积极建设,使住房危机基本得以缓解。70年代是日本住宅产业的成熟期,大企业联合组建集团进入住宅产业。日本住宅产业化的发展很大程度上得益于住宅产业集团的发展。住宅产业集团(Housing Industrial Group, HIG)是应住宅产业化发展需要而产生出的新型住宅企业组织形式,是以专门生产住宅为最终产品,集住宅投资、产品研究开发、设计、配构件部品制造、施工和售后服务于一体的住宅生产企业,是一种智力、技术、资金密集型、能够承担全部住宅生产任务的大型企业集团。如大和房屋工业株式会社(Daiwa House Industry Co., Ltd)等公司。

大和房屋工业株式会社是日本发展工业化住宅的先锋,它的发展轨迹,可谓日本工业化住宅发展的缩影。大和房屋工业株式会社始建于1955年,当时的公司名称就显示出公司利用工业化制造住宅的决心。1950年9月,日本关西地区约有20 000所住宅在强台风中摧毁。大和房屋受风中摇摆的竹子启发,发展了钢管住宅,后来又发展成为高质量的无焊接钢管系统DSQ Frame。为解决战后婴儿潮带来的住房缺乏,1959

图3-126 日本大和房屋工业株式会社钢管住宅,1950年

图3-127 日本大和房屋工业株式会社Midget House,1959年

(图片来源:http://www.daiwahouse.co.jp/English/history/index.html, 2008-09-05.)

---

① 佚名.日本的住宅产业化发展经验和启示(来源:《日韩住宅产业化考察报告》[EB/OL]).2007-12-04.中安网.http://www.cps.com.cn/news/Html/duijiang/guangcha/2007/12/82400196618239.html.

② (日)日本建筑学会编,新版简明住宅设计资料集成[M].滕征本等译.北京:中国建工出版社,2003.6.P189.

③ (日)日本建筑学会编,新版简明住宅设计资料集成[M].滕征本等译.北京:中国建工出版社,2003.6.P187.

年展出了"Midget House"小型住宅,改用轻钢代替钢管作为结构,并在镀锌铁皮和屋顶加入绝缘系统以改善居住环境,是早期的预制住宅。这种住宅需要在3小时内建成,单价与传统木结构相同,只有在平均3.3 m²,并小于10 m²的情况下才不需专门建筑许可。1962年"Daiwa House A Type"开始出售,并在大和开发的新城Senli New Town大量建设。1965年建立了日本第一个预制住宅的专门工厂Nara Factory。到1970年,计算机开始在住宅设计和工厂预算与订单系统中应用。

1960年世界设计会议(The World design Conference)在日本召开,产生了日本的新陈代谢派。日本建筑界更加国际化。[1]在60年代到70年代,受新陈代谢派的影响,出现了一些运用预制构件建造住宅的优秀作品。这些建筑师自觉地运用预制构件,使这些住宅的外观带有强烈的工业化色彩,但也从侧面体现了日本当时预制工业的发达。

主要有以下几个例子:

(1)空中住宅(Sky House、菊竹清训,1958)

新陈代谢派在包括住宅在内的建筑中,加入了时间轴的概念。菊竹清训以身为新陈代谢派的旗手,当时特别强调家庭成员人数增加的事实,并发表了他自己的住家"空中住宅"的设计。空中住宅完成于1958年,虽然是代谢派出现之前几年的作品。它已显出一个代谢论者的手法:将建筑视为可依未来改变及技术进步而变更的可活动体。

空中住宅位于东京都文京区,钢筋混凝土造2层楼,宅地面积247 m²,总建筑面积98 m²。该住宅建在山坡的宅地上,用四块墙柱将一个7.2 m²的居室支架在半空中,并选择其中两个作为它的单元核,再用可更替的设施来区分出客厅的空间。只有四片承重墙是钢筋混凝土构造,其余部分皆为标准化的工业制品,像厨房及浴室等设备皆视之为"可移动的网",可依照未来的生活方式或技术的发展来更换。[2]

在楼板与由四榀双曲扁壳构成的屋盖之间的这一主要空

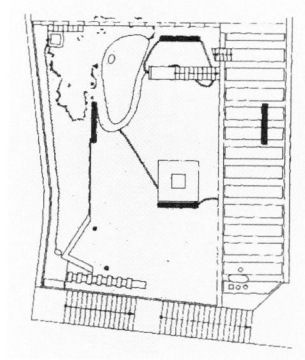

图3-128 菊竹清训设计空中住宅底层平面图

(图片来源:(日)日本建筑学会编,新版简明住宅设计资料集成[M].滕征本等译.北京:中国建工出版社,2003.6.P20.)

图3-129 菊竹清训设计的空中住宅室内,1958年

图3-130 菊竹清训设计的空中住宅外观,1958年

① 魏光吕.日本当代建筑(1958~1984)[M].台北:詹氏书局,1987.08.P9.
② 魏光吕.日本当代建筑(1958~1984)[M].台北:詹氏书局,1987.08.P129-130.

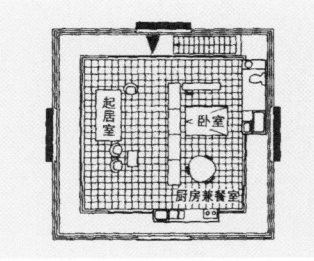 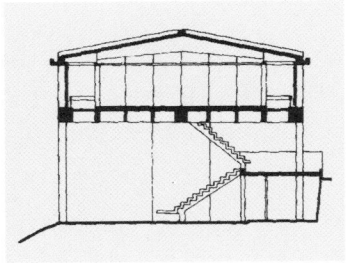

图3-131　菊竹清训设计空中住
宅二层平面图　　　**图3-132　空中住宅剖面图**

（图片来源：（日）日本建筑学会编，新版简明住宅设计资料集成［M］.滕征本
等译.北京：中国建工出版社，2003.6.P20.）

间的周边设有回廊。由主体结构构成的宽敞的室内为用橱柜类家具自由分间的一室式，并充分预计到如何适应未来的变化的问题。设置在起居室的"柜台"具有随意选位的可能性。悬空居室的下方是按照庭园来规划的，但也将将来可能悬挂儿童室的问题考虑了进去。①

（2）三号空中大楼（渡边洋治，1970）

1970年，渡边洋治设计的三号空中大楼（Sky Building No.3）：三号空中大楼是一栋14层高有着银色外皮的公寓住宅，大约由150个舱式单元所组成。它由厚2.3 cm的铜皮的预铸防水外皮覆盖，曲折的外表是为了获得最大的采光。这种单元式的构造方法可使用轻型的结构载重、预制式构造和建筑设备的系统化。在考虑到工业化及大量制造因素后，最初的意念则演化为航行南极或外太空的轮船和太空船。渡边洋治设计的这栋建筑看起来已不再像普通的居住寓所了。三号空中大楼代表了当时极端的天真和乐观主义的气氛。②

图3-133　渡边洋治设计的三
号空中大楼外观全景，1970年

（图片来源：魏光吕.日本当代建筑（1958~1984）［M］.台北：詹氏书局，1987.08.P101~103.）

---

① （日）日本建筑学会编，新版简明住宅设计资料集成［M］.滕征本译.北京：中国建工出版社，2003.6.P20.
② 魏光吕.日本当代建筑（1958~1984）［M］.台北：詹氏书局，1987.08.P101-103.

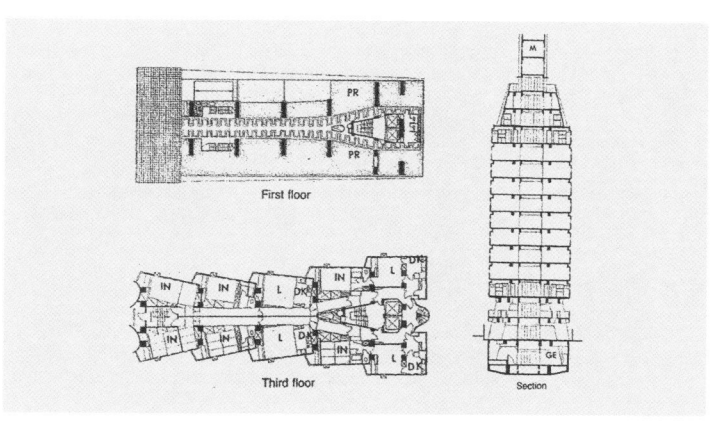

图3-135　渡边洋治设计的三号空中大楼外观细部，1970年

图3-134　渡边洋治设计的三号空中大楼平面和剖面图，1970年

（图片来源：魏光吕.日本当代建筑（1958~1984）[M].台北：詹氏书局，1987.08.P101-103.）

（3）广岛公寓住宅（大高正人，1968—1973）

1968—1973年，大高正人设计的广岛公寓住宅（HIROSHIMA MOTOMACHI & CHOJUEN APARRMENT）：大高正人曾是前川国男的门徒，非常擅长于预铸系统中创造舒适的使用空间；他在此设计中对工业化设施及人性空间所作的结合为他夺得了极高的赞赏。

广岛公寓住宅由建在靠近广岛中心区住宅计划中的二栋高层公寓所组成，象征了广岛的战后重建。由两组8至20层及12至14层，不同高度的楼层组成结构上的钢架是由9 m×9 m的梁柱跨距所组成的。除了钢筋混凝土板之外，所有的构件包括钢梁外的防火层、阳台、贮藏设施及浴厕单元等均为工厂成品。在接合上建筑师使用了隔跳的系统，也就是每二层楼使用一个单边走廊以对应在结构上每二层楼为一个单元的

图3-136　大高正人设计的广岛公寓住宅楼梯细部，1968—1973年

（图片来源：魏光吕.日本当代建筑（1958~1984）[M].台北：詹氏书局，1987.08.P108-110.）

图3-137　大高正人设计的广岛公寓住宅外观全景，1968—1973年

（图片来源：魏光吕.日本当代建筑（1958~1984）[M].台北：詹氏书局，1987.08.P108-110.）

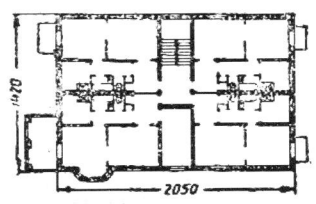

图3-138　苏联住宅标准设计实例：1单元2层住宅一层平面图

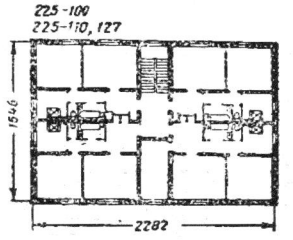

图3-139　苏联住宅标准设计实例：1单元2层住宅二层平面图

（图片来源：（苏）М.В.勃索欣.住宅及公用建筑物在工业化大量修建条件下的建筑艺术问题[M].建筑工程出版社,1955.P34.）

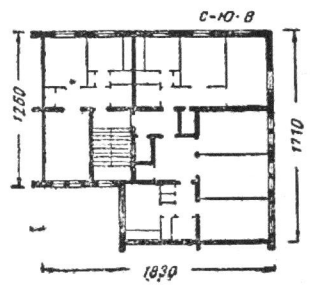

图3-140　苏联住宅标准设计实例：拐角式单元

（图片来源：（苏）А.查里茨曼著,现阶段住宅建筑中建筑师的任务（苏联第二次建筑师代表大会文件集）[M].城市建设部办公厅专家工作科译.北京：城市建设出版社,1956-08.P17.）

系统。[①]

　　7. 苏联

　　20世纪50年代，苏联在发展住宅标准设计的工作中获得了显著的成就，根据标准设计进行的大量住宅建设逐年增加，有工人村、城市中的街坊组，甚至整个城市。在苏联，遵照标准设计综合计划拟定进行的、并按应有的程序批准的住宅标准设计是具有国家法律效力的。因此，标准化实际上就是尽可能提高一般住宅建筑的思想性与艺术水平、日常使用和物质技术质量的一种组织手段，是面对巨大建设量的必然选择。[②]

　　1）住宅标准设计的发展

　　住宅标准设计为建筑工业化，采用先进的高速流水作业法，减少各种类型住宅构件和配件的数目，以及为在此基础上整顿建筑工业的工作，创造了前提。此外还在标准设计中，建筑配件的标准尺寸和结构的统一性方面进行的大量工作。[③]

　　住宅建筑的标准化降低了住宅设计费和及时地供应工地以及设计预算文件。标准设计可使每立方米建筑所耗的劳动量（与1939—1945年的设计相比较）减低36%，钢筋消耗量（虽然钢筋混凝土楼板代替了木结构楼板）减少了34%，锯材减少60%，砖减少11%。战前时期，莫斯科兴建了大约50幢多层大型砌块住宅。到1955年，大型砌块住宅已相当普遍，在斯大林格勒，5层大型砌块的住宅，最多不超过100至125个工作日。[④]

　　1949—1953年，苏联住宅建筑研究所对全部现行的住宅标准设计和标准单元进行了分析及200多处实地调查。总结

① 魏光吕.日本当代建筑（1958~1984）[M].台北：詹氏书局,1987.08.P108-110.
② （苏）В.В.加连柯夫.住宅标准设计的编制方法问题[M].城市建设出版社译.北京：城市建设出版社,1957-08.P4.
③ 全苏建筑工作人员会议文件——论在大量住宅建设中的住宅、单元和住户的型式[M].（苏）П.Н.布罗欣报告人、王凤琴、钱辉焴译.北京：建筑工程出版社,1955.P4-5.
④ （苏）М.В.勃索欣著,住宅及公共建筑物在工业化大量修建条件下的建筑艺术问题（全苏联建筑工作人员会议文件）[M].徐日珪、费世琪译.北京：建设工业出版社,1955-05.P29-30.

出之前住宅标准化设计的总的情况。成套标准设计得到不断的扩展和修正。[1]1951年出版了《苏联城市住宅建筑标准设计目录》。[2]

　　苏共中央提出"创造一切可能，是标准住宅的设计处理能大大地符合于高度工业化建筑方法的要求，索求一切方法，使这些处理能得到根本的简化，并使每套标准设计中必要的住宅型式得到大大地缩减"的口号。[3]在这种情况下，当时衡量标准设计质量的准绳是工业化的程度、施工的简单程度、构件的单一化和重复使用的程度。在一定地区内，最大限度的规格化得到了保证。同时结构图式也随着钢筋混凝土楼板的运用而逐渐得到统一。此外，编制整套标准单元设计的规划和结构时，还提出应以模数制为基础和大量标准房屋数量的要求。

　　当时2房、3房的住户处于设计和建设的住宅中约占90%，在这阶段是主要的住户型式。后来提出调整每户面积和改善住宅设备的问题，提出厨房标准化和确定厨房设备名目表引申到编制住宅设备的确定和全苏标准制定的任务，以便广泛地进行设备的工厂化生产，并将这些设备列入建筑预算造价内，并与整个房屋在建筑完工后一起交付使用。[4]

　　第二次世界大战后几年来，苏联按标准设计修建的住宅一般都是1—3层，1957年前后由于住宅建筑的不断增长，制定4—5层房屋的标准设计工作逐步展开。[5]住宅外墙利用砖石砌体的承重能力，使用轻砼填充料和保温板的轻型砌体，使用小孔砖，小孔松砖与矿渣砼砌块等。钢筋砼构件上使用了

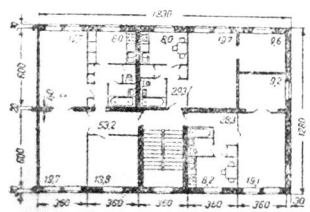

图3-141　苏联住宅标准设计实例：自由方位的标准成套单元

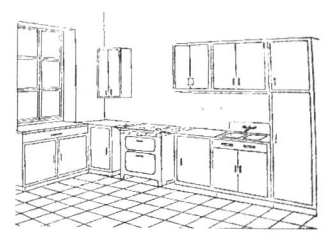

图3-142　苏联住宅标准设计中典型的厨房设备

（图片来源：全苏建筑工作人员会议文件——论在大量住宅建设中的住宅、单元和住户的型式[M].（苏）П.Н.布罗欣报告人、王凤琴、钱辉焵译.北京：建筑工程出版社,1955.P27、17.）

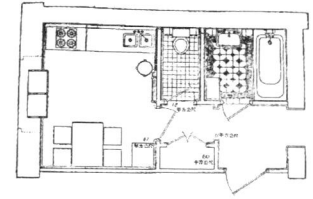

图3-143　统一的成套标准单元住户里的厨房和卫生间标准设备的设计

（图片来源：现阶段住宅建筑中建筑师的任务（苏联第二次建筑师代表大会文件集）[M].A.查里茨曼城市建设部办公厅专家工作科译.北京：城市建设出版社,1956-08.P10.）

①（苏）B.B.加连柯夫.住宅标准设计的编制方法问题[M].城市建设出版社译.北京：城市建设出版社,1957-08.P5-7.
②　B.E.科列里科夫.2—5层住宅标准设计[M].马嗣昭译.北京：建筑工业出版社,1956-07.P3.
③　全苏建筑工作人员会议文件——论在大量住宅建设中的住宅、单元和住户的型式[M].（苏）П.Н.布罗欣报告人、王凤琴、钱辉焵译.北京：建筑工程出版社,1955.P28-29.
④　全苏建筑工作人员会议文件——论在大量住宅建设中的住宅、单元和住户的型式[M].（苏）П.Н.布罗欣报告人、王凤琴、钱辉焵译.北京：建筑工程出版社,1955.P16.
⑤（苏）B.B.加连柯夫.住宅标准设计的编制方法问题[M].城市建设出版社译.北京：城市建设出版社,1957-08.P1-2.

图3-144　50年代列宁格勒，斯大林大街大型砌块住宅外观1

图3-145　50年代列宁格勒，斯大林大街大型砌块住宅外观2

（图片来源：（苏）M.B.勃索欣.住宅及公用建筑物在工业化大量修建条件下的建筑艺术问题［M］.建筑工程出版社,1955.）

当时技术上的最新成就，包括由高效钢种制成的焊接钢筋。广泛利用由矿棉、泡沫硅酸盐、保温板及其他材料构成的保温层。[①]

1954年8月，苏联共产党中央委员会和部长会议通过了"关于发展生产装配式钢筋混凝土建筑结构和配件的决议"，这个决议对苏联建筑工业化的进一步发展和确定它以后多年的发展趋势有决定性的影响。[②] 装配式钢筋混凝土建筑结构要求所有住宅的建筑制件逐步改为通用规格化。

在莫斯科霍罗舍夫公路上的整个建筑群的4层住宅建筑是大量修建框架预制板结构住宅的第一次尝试。在该公路上1951年以来所修建并已使用的16栋住宅中有1栋是6层的，并装有电梯。建筑师、结构师和工艺技术员又继续研究出比矿渣混凝土更有效的隔热材料预制板。利用框架预制板结构，减少墙的厚度减轻墙重。同时也研究带有承重墙板的房屋立面的建筑艺术。

设计经验证明，砌块和预制板建筑的建筑艺术手法不同，主要是在于根据所采用的材料和墙的厚度来处理立面墙。预

---

① B.E.科列里科夫.2—5层住宅标准设计［M］.马嗣昭译.北京：建筑工业出版社,1956—07.P5.

② 全苏建筑工作人员会议文件——论在大量住宅建设中的住宅、单元和住户的型式［M］.（苏）П.Н.布罗欣报告人、王凤琴、钱辉焻译.北京：建筑工程出版社,1955.P9.

图3-146　莫斯科彼斯昌街，第七街坊框架预制板住宅设计，莫斯科设计院第九设计室

（图片来源：（苏）M．B．勃索欣．住宅及公用建筑物在工业化大量修建条件下的建筑艺术问题［M］.建筑工程出版社，1955.P40.）

制板住宅里面处理中，有以下三种分割里面墙的原则：窗间墙板和带窗墙板；窗间墙板和（上下窗之间的）镶嵌板；一个房间大的预制板。这三种方法在工厂利用传送装置生产预制板的过程中，或是在建筑现场上装配房屋的过程中，表现了自己的优缺点。

2）建筑制品的规格化的发展

建筑制品的规格化原则与住宅标准化发展的每一阶段相符。

1950年代前，在标准化发展的最初阶段，制品的规格化是在每套标准设计的范围中单独进行的，即"按套规格化"。在大量修建住宅进一步工业化和局部采用标准设计的过程中，成套规格化与施工组织新形式产生矛盾。

1947年，苏联建筑委员会建议编制1—3层住宅成套标准设计中，一律采用国家城市设计院建议的跨度、楼盖梁距和高度等。根据以上任务书，产生了第一套供一定地区使用的综合成套标准设计。这一系统称为"区域规格化"。第一次将局限于一套标准设计范围内的建筑制品规格化扩大到一个区。这与大型区域企业和房屋建筑工厂的生产条件符合。此时也产生了制品规格化"过简"的倾向。结构规格的过分划一，降低了内部平面布置的质量，使大半标准设计沦为"平均主义"住户。

随着建筑量的不断增长，房屋建筑大型工厂大批以工业化方式来制造建筑制品，提出了以建筑制品"通用规格化"代

图3-147　莫斯科市内运用大型板式构法建造的住区

（图片来源：（日）松村秀一著，住区再生［M］.范悦、刘彤彤译.北京：机械工业出版社，2008.07.P2.）

替"区域规格化"的要求。实际上1949年,苏联建筑科学院建筑研究所就提出了详尽的建筑制品通用规格化的草案。1952年和1953年由国家城市设计院编制的《俄罗斯苏维埃联邦社会主义共和国2—5层石造住宅的标准(规格化)工业制品名目标》尽管有不少缺点,但是这是建筑制品"通用规格化"原则的第一次实现。[①]

接下来,有学者又提出标准设计中经常重复的同类细节设计的通用规格化问题。有关材料、砂浆等标号的同类技术指示的通用规格化问题。"细节通用规格化和制品通用规格化"之间的相互配合以及规格化制品与住宅构件的配合有直接关联,可以迅速促进工业化建筑制品的通用规格化进一步发展,扩大实现工具和设备专门化的可能性。[②]

3)工业化住宅设计方法的发展

苏联工业化定型住宅的设计方法,有一个不断发展完善的过程,大体可分为三个发展阶段。

第一阶段:是房屋部分构件的标准化,并制定了构件目录,进行工业化生产,如门、窗、梁、窗台板、条形楼板、楼梯段以及卫生设备等个别构件。例如ИИ-03目录和ИИ-04目录就是这个时期的构件目录。ИИ-03目录是供砖或砌块作承重墙的居住建筑和公共建筑采用的目录。1964年,又开始采用ИИ-04目录,它是供框架、板材结构体系的行政和生活用公共建筑和辅助性建筑使用的。这个阶段的设计多为四五层,在设计方法上,或对单体住宅进行定型,或对单元进行定型。单元类型少,一般有平直、转角和尽端单元;组合体类型也很有限。所以,大规模采用必然带来建筑立面及规划方式单调的问题。

第二阶段:随着大板住宅建筑的发展,上述方法不能满足城市规划及建筑多样化的要求。为改变这种情况,主要措施之一,是由单体定型设计发展成为相互联系的,比较发达的成套定型设计,即定型设计系列。它有两个基本特点:一是全

图3-148 苏联大板住宅的立面处理示例:窗间墙板和(上下窗之间的)镶嵌板装配预制墙图

(图片来源:(苏)M.B.勃索欣.住宅及公用建筑物在工业化大量修建条件下的建筑艺术问题[M].建筑工程出版社,1955.P37、38.)

① (苏)B.B.加连柯夫.住宅标准设计的编制方法问题[M].城市建设出版社译.北京:城市建设出版社,1957-08.P28-32.
② (苏)B.B.加连柯夫.住宅标准设计的编制方法问题[M].城市建设出版社译.北京:城市建设出版社,1957-08.P55.

系列有组成房屋的各种单元,比起第一阶段有较大的变化,可以拼装成不同层数、长度、外形的房屋。二是全系列采用统一的结构方案和墙体材料,有一个统一的构配件目录。在设计方法上都是先将房屋、单元、半单元、户、基本开间和基本间进行定型,并广泛采用单元组合体的设计方法在此基础上再将构件定型,一般称为专用体系设计方法。这样做,有利于住宅多样化。但是,这种方法由于专用体系增加,构件规格品种也随之急剧增加,不能适应大规模工业化生产的要求。

第三阶段:为了满足住宅建筑以及城市规划提出的更高水平的要求,并解决专用体系增加、构件太多的问题,在1960年代中期提出要制定比较完全的工业化统一构件汇总表。[①]

4)当时工业化住宅建设存在的主要问题

(1)住宅建筑艺术与建筑工业化方针的矛盾

一方面,建筑工业法以及新材料的采用,不得不使建筑师去寻找一些符合于这些进步方法与材料的新的布局手法与新的建筑形式。另一方面,由于大量修建的住宅的建筑艺术具有极大的从属性和限制性,使艺术处理产生特殊的困难。只有外部装饰构件严格地规格化,标准尺寸达到一定的最小限度,并且去掉所有独一无二的、不能重复应用的构建与配件,才能使外部装饰构件采用工厂化和装配化的方式进行生产。

图 3-149　苏联 1-253 套 3 层 3 单元标准房屋立面图,Π.沃尔乔克设计

(图片来源:(苏)В.В.加连柯夫.住宅标准设计的编制方法问题[M].城市建设出版社译.北京:城市建设出版社,1957-08.P66.)

图 3-150　苏联早期古典主义划一建筑零件的 4 层标准住宅立面截断设计,М.О.巴尔希奇设计

(图 片 来 源:(苏)М.В.勃 索 欣.住宅及公用建筑物在工业化大量修建条件下的建筑艺术问题[M].建筑工程出版社,1955.P37、38.)

---

① 李德耀.苏联工业化定型住宅的设计方法[J].世界建筑.1982-03.P62-66.

保证成套标准设计中各单独房屋外部建筑形式的充分多样化（在保证该套房屋总体风格特点的条件下）与满足工业化施工方法的基本要求（尽可能减少建筑配件和建筑制品的标号和规格类型）的矛盾，是当时标准住宅修建中有待解决的严重问题。[①]

20世纪50年代初，苏联许多建成的住宅的外部建筑艺术处理中，追求浮华和过分提高层数的设计思想，忽视了大量工业化建筑的条件，常常与现代工业化的施工方法相抵触，同时还与新式的建筑材料及其制造法相抵触。复古主义和立面过多装饰的民族形式遭到严厉的批评。例如：列宁格勒斯大林大街的大规模大型砌块住宅，机械地运用了古典柱式。在对莫斯科建筑的批评中提道："根本改进新建街道和街坊的建筑艺术与规划的质量，并不是依靠在设计上采用许多不必要的装饰，而是必须依靠技巧与革新活动，并应考虑广泛地利用现代技术的可能性。"[②]基辅的一些住宅因使用工业法制造的传统陶制建材而受到好评。

因此，苏联中央对建筑工作者提出严格地限制不同类型的立面建筑构件的要求和建立标准化建筑艺术配件的任务。[③]以达到简单、严谨、符合建筑工程中新结构与新方法的建筑艺术。[④]

在编制新的4～5层住宅成套标准设计时，苏联设计人员试图提出有益的建议。例如，1951年建筑师M.巴尔什及其领导的设计院在苏联建筑科学院院士会议上提出的一套4层房屋标准设计。采用了同一类型和形式简单的方案（无露台、阳台）等。窗间墙的宽度、立面窗孔的距离和尺寸一样。为了

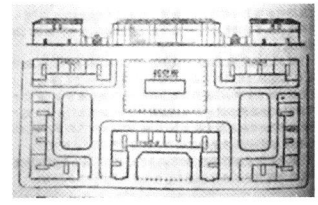

图3-151 标准住宅及小型建筑物所组成的街坊总平面图

（图片来源：2—5层住宅标准设计［M］.马嗣昭译.北京：建筑工业出版社，1956-07.P48.）

图3-152 明斯克市斯大林大街住宅

（图片来源：（苏）B.B.加连柯夫.住宅标准设计的编制方法问题［M］.城市建设出版社译.北京：城市建设出版社，1957-08.P11.）

---

① （苏）B.B.加连柯夫.住宅标准设计的编制方法问题［M］.城市建设出版社译.北京：城市建设出版社，1957-08.P61-62.
② （苏）M.B.勃索欣著，住宅及公共建筑物在工业化大量修建条件下的建筑艺术问题（全苏联建筑工作人员会议文件）［M］.徐日珏、费世琪译.北京：建设工业出版社，1955-05.P21.
③ 全苏建筑工作人员会议文件——论在大量住宅建设中的住宅、单元和住户的型式［M］.（苏）Π.H.布罗欣报告人、王凤琴、钱辉焔译.北京：建筑工程出版社，1955.P39.
④ （苏）M.B.勃索欣著，住宅及公共建筑物在工业化大量修建条件下的建筑艺术问题（全苏联建筑工作人员会议文件）［M］.徐日珏、费世琪译.北京：建设工业出版社，1955-05.P15.

实现立面艺术的多样化,使其具有独特风格,采用各式建筑配件(腰线、柱头及其他装饰品)限制到最低数目为原则,用有限配件按各种方式组合,设计出多种立面形式。由于同意了窗户、窗间墙的距离和尺寸,可在立面组成多种图案。这种方法允许建筑师在不采用新配件和不牵扯内部布置和结构系统的条件下,创造各种立面。缺点是牺牲了阳台等与住宅平面有机联系的实用价值构件的装饰作用。在统一会议上建筑师沃尔乔克也提出一个 2 ～ 3 层矿渣和砖砌房屋的成套标准设计(1 ～ 253 套)。

(2)住宅外部建筑艺术与街坊内部空地建筑艺术的统一问题

城市建设方面,街坊内部文化生活组织不能令人满意。单个建筑由于缺乏群体布置的方法,产生了在建筑艺术上的浪费现象,如过多的悬楼、内阳台、外阳台等,而没有考虑这些构件与气候和方位的配合。

苏联建筑专家批评了高尔基大街解放内部、庭园内部建筑艺术的缺失等反例。提出应建立"建筑群"的概念,将住宅建筑艺术问题的重心转移到城市规划方面来,加强大量修建的住宅在城市建筑总体中的艺术水平,并提高用群体布置的方式来修建街坊和街道的技巧。[①]

(3)建筑施工质量问题

建筑施工中存在的误差和不精确的薄弱环节,使当时建筑物中存在着大量需要修补和修正的地方。为了掩盖材料和施工工作中可能发生的毛病,所做的设计往往造型复杂、浪费材料、时间和劳动力,抵消了工业化住宅施工迅速和节省劳力的优点。材料和施工质量低也造成房屋维护上的巨大开支。[②]此外,还存在(各种色调)的饰面砖与空心砌块的质量问题。细木制品及小五金的质量改进问题等。

图3-153 明斯克市卡尔·马克思大街按标准单元建成的6层114户住宅

图3-154 马格尼托哥尔斯克右岸部分冶金工作者大街的住宅

(图片来源:(苏)B.B.加连柯夫.住宅标准设计的编制方法问题[M].城市建设出版社译.北京:城市建设出版社,1957-08.P11、12.)

---

① 现阶段住宅建筑中建筑师的任务(苏联第二次建筑师代表大会文件集)[M].(苏)A.查里茨曼城市建设部办公厅专家工作科译.北京:城市建设出版社,1956-08.P23.

② 现阶段住宅建筑中建筑师的任务(苏联第二次建筑师代表大会文件集)[M].(苏)A.查里茨曼城市建设部办公厅专家工作科译.北京:城市建设出版社,1956-08.P26.

5）优秀工业化住宅案例

20世纪60年代前，在苏联按照标准设计或标准单元修建的住宅中，也有较高建筑艺术水平的作品。例如：马格尼托哥尔斯克右岸部分和诺沃西比尔斯克左岸部分的街坊、莫斯科附近的柳布林诺和雅西诺夫（顿巴斯）的居住街坊的综合建筑。[①]这些住宅都采用了通用规格化的一般建筑配件和装饰配件以及规格化的建筑制品，包括福利设施的构建和建筑小品的构件：

（1）明斯克市斯大林大街高层住宅（总建筑师：苏联建筑科学院院士МП·巴鲁斯尼柯夫）。采用标准单元，住宅层数与干道宽度协调，表现手法协调、建筑群布局完整。

（2）明斯克市卡尔·马克思大街按标准单元建成的6层114户住宅。

（3）马格尼托哥尔斯克右岸部分高层房屋。运用先进的工业化施工方法和专为这个城市编著的标准单元和重复使用的单独设计。

（4）克麦罗沃省斯大林斯克城莫洛托夫大街北部住宅建筑（勃洛夫金设计）。立面装饰风格和建筑细部的多样性避免了建筑的单调。[②]

8. 澳大利亚

早在20世纪60年代，澳洲皇家建筑师协会便提出了快速安装预制住宅的概念，并于此后做了大量的研究。但结论是，澳洲住宅建筑市场尚未大到足以克服预制件的成本。澳大利亚的住宅产业化要晚于美、加，其国土条件与美、加类似。在20世纪80年代，随着居民生活水平的提高及轻钢结构住宅制作技术的突破，工业化住宅在性能和成本上渐显优势，由市场完成了传统住宅产业向工业化的过渡。

9. 中国

住宅工业化一直是中国城市住宅发展的目标。和世界上的其他地方一样，住房的严重紧缺和资源的缺乏使得工业化在提高生产力和材料性能上的前景非常令人向往。在中华人民共和国建立初期，城市住宅主要面临的是短缺问题，因此如何采用简单易行的方法快速建造住宅，成为住宅建设的主要议题。由于历史和意识形态的原因，以及鉴于苏联在第二次世界大战结束后，积累了一定的城市重建和住宅建设的经验，苏联在新中国住宅规划设计、体制和建造等方面的影响十分深刻。在对苏联标准设计思想的选择性学习中，中国城市住宅逐步发展，在标准设计制度下，艰苦探索适于国情住宅工业化道路。由于生产力水平较低、住宅建设长期得不到重视，所以经过多年实践，住宅工业化仍然很不完善。

---

① （苏）В.В.加连柯夫.住宅标准设计的编制方法问题［M］.城市建设出版社译.北京：城市建设出版社,1957—08.P1—2.

② （苏）В.В.加连柯夫.住宅标准设计的编制方法问题［M］.城市建设出版社译.北京：城市建设出版社,1957—08.P10—15.

1）我国住宅标准设计的发展

（1）苏联住宅工业化思想与国情的结合

住宅工业化主要包括三个方面的内容，即设计标准化、构件工厂化和施工机械化。设计标准化是基础。"一五"时期，中国就开始学习苏联标准设计方法。标准设计主要包括面积标准的确定、标准图的制订以及建筑体系的选用。这个时期住宅建设的目标是在资金有限的条件下快速建造和容纳尽可能多的家庭。

由此时期开始，中国的城市住宅规划设计领域出现了标准设计的概念。[1] 标准化设计方法的引进弥补了当时建筑设计、施工技术人员非常短缺的问题，使设计效率大大提高。我国东北地区是最先引进苏联的住宅标准设计方法的地区，早在 1952 年就在苏联专家的指导下开始了标准设计。到 1953 年，东北地区利用标准设计施工的住宅面积已有 67.9 万平方米，占同期建筑总任务的 34%。自 1955 年始，国家建委委托城市建设部制定住宅建筑标准设计，按照东北、华北、西北、西南、中南、华东六个分区编制。住宅建筑主要是砖混结构，采取住宅单元定型和由单元组成的整栋住宅楼定型，包括建筑、结构、给排水、采暖、电气照明全套设计。[2]

为了与中国实际相结合，在实践中提出了"合理设计、不合理使用"的口号。即人均面积标准 $6 \sim 9 \ m^2$，标准过高，导致多户合住，问题颇多。因此，在 1955 年召开的"1956 年全国楼房住宅评选会议"上，对标准设计进行了批评。

（2）住宅标准设计地方化

1959 年开始，住宅标准设计工作由过去的国家建委同意组织，改为由各省、市、自治区自己组织。标准设计开始注重地方性。各地专门负责标准设计的部门，推进了标准设计的发展。

地方化成为了标准设计推广实施的一个重要方面。在标准设计的定额指导下，各地按需进行了修改和调整，从而在符合国家居住建筑标准和工业化方法的同时，满足当地实际的居住需求。另外建筑师在住宅设计的一些具体手法和细节（功能、立面、细部设计）上，试图在僵化的标准控制下，进行有限的发挥和艰苦的探索。

1959 年后，建筑工程部成立了标准设计院并在全国设立分院，分别负责全国和地方通用标准设计。1961 年经济调整时期标准设计院被撤销。60 年代中，建筑工程部又成立建筑标准设计管理所负责标准设计工作。1970 年以前实施的是全国和地方两级标准设计管理。1970 年开始取消全国通用建筑标准设计机构，全部标准设

---

① 闵玉林.大规模建造城市型底层住宅规划设计问题［D］.北京：清华大学建筑系研究生结业论文，1955.P1.

② 周金祥.建筑标准设计.中国建筑年鉴（1984—1985）［M］.北京：中国建筑工业出版社，1985.P348.

计由地方负责进行。[①]

2）住宅结构和预制技术的初步发展

从新中国成立到1978年以前，除了设计标准化外，城市住宅结构的发展和预制技术的兴起为构件工厂化和施工机械化打下一定基础，这期间多种工业化住宅建筑体系也开始出现。住宅结构和预制技术有了初步发展。解放初期，随着新中国建设事业的发展，党的发展政策是优先发展重工业，将有限的财力与物力投入工业建设之中，这对当时促进国民经济的迅速恢复与初步建立工业体系起了很大的作用，但住宅建设没有得到应有的重视。

实际上从1949年中华人民共和国成立以来，到1978年以前，中国城市住宅大多仍采用砖混结构，最初以2～4层的集合式住宅为主，随着人口的增加，60—70年代则成为5或6层砖混住宅的一统天下。在相当长的历史时期，中国仍有大量住宅采用烧结黏土砖建造。

20世纪50年代基本没有开展大规模的住宅建设，只在大城市新设的国家机关、事业单位建有一批仿苏联模式的公寓住宅，设有厨房、厕所及上下水，一般以3～4层为主。其结构体系类似传统的砖木结构，墙体采用砖墙；楼盖有采用现浇钢筋混凝土板的，但更多的是采用木结构楼板；屋面采用木屋架或横墙支承的木檩条大屋盖结构体系。[②]

"一五"期间，出现砖混通用图，标准化水平开始提高。20世纪50年代中末期，针对工业建筑研发的预应力技术，包括大型屋面板、冷拔钢丝等技术，用于生产预制预应力空心板与预应力檩条等楼面屋面构件。这是住宅建设中预制技术应用的开始。因墙体还采用方便的黏土砖，只是对于楼面、屋面用预制构件简单代替木构件，还不具备现代意义的房屋顶制与住宅产业化的理念。[③]

20世纪60年代初，随着三年自然灾害的结束，国家经济实力逐步有所恢复。随着城市中破旧贫民窟的改造及大型工矿企业职工居住的需要，有一个建设工人新村的小高潮。而当时面临的是钢材、水泥紧缺，而同时木材奇缺，住宅的楼盖与屋盖已不可能采用木结构，同时楼盖的现浇板体系因楼板、钢材及水泥的影响难以采用，因此迫切需要一种省料的预制构件化的楼板预应力技术来代替木楼盖体系。

60年代以后，楼板、楼梯、阳台、通风道、垃圾道、过梁等都逐步采用预制化，并且产生了砖混住宅专用的施工机械，如塔式起重机。除了预应力空心板、檩条以外，

① 周金祥.建筑标准设计.中国建筑年鉴（1984—1985）[M].北京：中国建筑工业出版社，1985.P348.
② 董悦伸等编.中外住宅产业对比[M].北京：中国建工出版社，2005.1.P85.
③ 董悦伸等编.中外住宅产业对比[M].北京：中国建工出版社，2005.1.P85.

甚至还用细石混凝土生产门框、窗框等预制构件，对于城镇与农村的住宅建设作出了很大的贡献。

3.4　向多样化与开放性转型：20世纪70—80年代

3.4.1　时代背景

1）社会发展

战后时期于20世纪60年代末或70年代初结束。20世纪70年代以后，西方国家面临着日益严重的经济增长和高水平国家福利所带来的社会负担问题，这些问题在20世纪70年代的世界石油危机时被激化。1973年冬季，石油禁运和矿工罢工使一些国家进入紧急状态，战后惊人的经济发展停止了。高失业率、昂贵的能源和国际性的货币体系不稳突然出现。在整个西方世界里，人们的情绪普遍发生了变化，流行的观点从乐观转向悲观。

随着技术成为世界的主宰，为人类创造了巨大的财富。与此同时，现代性的后果得到淋漓尽致的彰示。生态环境严重恶化，自然与人的关系不断紧张。一些严重的社会问题也反映在人的精神方面，社会公共价值观松动，具有普遍约束力的伦理道德日益滑坡。因此，世界社会思潮的主题集中于反思西方近现代化的经验与教训，对冷战后全球化时代的社会现实进行整体的、综合和多层次的反思和批判：不仅检讨工业革命以来人们的思想、观念和后果，更为重要的是对人本身的审视，对人的价值的企求、对人的重视将更为全面，全面发展人性的努力重新成为社会思潮的主流。

欧洲在80年代前后逐步迈入后工业社会，文化精神也经历着重大的历史变迁。各种新派哲理思想和多元化艺术潮流汇入以后现代思潮为背景的撞击和兼容中。产生于20世纪60年代的后现代主义在80年代达到鼎盛，是西方学术界的热点和主流。后现代社会中膨胀的信息媒介、符号体系的转换，日趋综合包容的文化语境和根本性的批判意识是20世纪现代文化发展及精神流向的内在轨迹。

后现代主义衍生的文化信念是反对主流方案、反对单一以理性为中心、反对二元对立，更反对功能主义和实用主义为主的美式文化生活。功能主义、国际式和建筑师曾经追求的固定文化模式在某种程度上被消解。世界建筑再也不可能用一种主导概念加以概括。这反映在住宅建筑设计领域，体现为对多样化生活方式的尊重和对住宅开放性和个性化的重视。英国建筑评论家查尔斯·詹克斯（Charles Jencks）说，后现代建筑的第二个层次是"面向广大公众或当地居民，这些人注意的是舒适问题、房屋的传统和生活方式等事项"。

2）大量建造时代的终结和住区再生问题

住宅不足的问题，通过60年代集中的批量建设，基本得到解决。进入20世纪70年代以后，很多人们开始住进了通过大批量建造的住宅小区中。在这些国家，大批量建设方式完成为其历史使命，但是，千篇一律的住宅外观和户型设计以及规模超大的住区规划，成为人们批判的对象。从那以后，欧美的住宅建设逐渐从高层向低层、从郊外向城市中心、从千篇一律向多样性、从巨大尺度向人性化尺度、从中央集权的计划向住户参加型的计划、从量向质发生了方向性的重大改变。另外，在住宅供给的策略逐渐被修正的过程中，作为大批量生产时代的产物，容纳了多数人群居于其中的住宅也开始老化。这样，如何实现居住环境的再生便成了重大的课题。

例如，法国在20世纪五六十年代大量建设时期，新建住宅户数在1972年创最高纪录达到55万户，而在20世纪90年代每年却不超过30万户。1950年起，法国适宜租金住宅组织HLM，开始在公共住宅建设中承担重要角色。20世纪80年代开始，着手于集合住宅的再生事业，截至2000年，已经进行了200万户住宅的再生。在1997年的年度投资额中，对于新建和再生的投资，二者基本持平。①

在20世纪70年代末，原联邦德国媒体开始对大批量建设期建设的大规模的住区进行了批判，称之为"草原上的仓库"、"混凝土沙漠"、"轻视人类的产物"。在各大城市首长会议以及警察当局等也开始频繁地提及20世纪60年代到70年代建设的这些住区所存在的问题。特别是鉴于住区内的犯罪等多方面的报道不在少数，建设部门调查了全部8个住区，并在1982年发表了调查报告，在这个报告中指出了一些问题，比如由于居民的所处阶层不平衡，导致了住房空置现象，另外供青少年使用的设施不足，还有小区管理中居民参与的程度很低，等等。同时，对于那个时期的工业化构法的施工任务问题也有言及。这个时期原联邦德国的住宅市场，从1972—1978年间，新建住宅的建设量减少了1/2，而住宅再生的工程量增加了将近2倍。②

在丹麦，到1999年，丹麦全国住宅总数为240万户，其中20世纪60年代以及70年代的20年建设的住宅占了30%多。但是，在大规模住宅建设期运用大型板式构法建造的集合住宅当中，尤其是早期的产品，由于接缝处施工质量问题而造成漏水等一直没有解决，进入20世纪80年代以后维护管理费比预想的增加很多，加上租金上涨而带来的空置住房的增加，其结果是使住宅协会经营失败的事例有所增加。

在瑞典，从20世纪70年代后期至80年代前期这段时期，瑞典住宅市场发生了变化，即社会对于小型项目以及环境问题的关注度开始提高。20世纪80年代中期，住宅市场急剧缩小。瑞典政府也在1984年开始着手以住宅及小区的更新、改造为

---

① （日）松村秀一著，住区再生［M］.范悦、刘彤彤译.北京：机械工业出版社，2008.07.P8-10.
② （日）松村秀一著，住区再生［M］.范悦、刘彤彤译.北京：机械工业出版社，2008.07.P11-14.

目的的工作,并着重在改善集合住宅的交通方向(增设电梯等)与节能方面作了推动。这个时期,有230万户住宅进行了改修,这相当于住宅建设总投资的60%。[①]

20世纪70年代,战后住宅不足问题达到消解,进入了工业化住宅发展的后半阶段。各国开始寻求更能体现多样化和人性化的城市住宅供给的原则。80年代以后,住宅发展开始转向注重住宅质量性能和多样化发展。

3.4.2 预制技术的发展

1)预制混凝土技术的发展

预制混凝土PCa技术(Precast Concrete)从18世纪初起发展至今,有其自己的发展特征,从现浇混凝土到今天对预制建筑的精确诉求有相当大的不同。20世纪70年代,美国预应力混凝土协会(PCI)编制出版了 *Architectural Precast Concrete* 和 *Guide for Precast Concrete Wall Panels* 两书,书中系统论述了预制混凝土墙板的设计、生产、运输、安装、经济及美观等等相关技术内容,标志着预制混凝土技术的成熟。德、法等欧洲国家的预制混凝土技术与美国类似。[②]

PCa的使用方法在20世纪80年代发生了变化,有别于前期的适用于标准设计的大型板式工法,在欧洲PCa产业整体规模趋于缩小的过程中,为了适应地域性和市场需求,出现了多元化的尝试。一方面,改变工业化方法的单调乏味的印象,充分体现预制混凝土构法的表现力;另一方面,基于原有工业化和低成本之上,提高产品的质量、效率和流通。[③]

(1)艺术表现力的增强

很多建筑设计师尝试在设计中运用和发挥PCa特有的表现力,尤其是挖掘PCa部品用于外立面的装饰性。这种PCa的应用多是对应特定项目而进行设计和生产。还有在PCa板

图3-155 比利时布鲁塞尔 rue des Bolteux 的一栋七层建筑

图3-156 法国巴黎La Boursidlère 一栋五层办公建筑立面细部

(图片来源：E.J. Morris. Precast Concrete in Architecture [M]. George Godwin Limited, 1978. PP546-548.)

① (日)松村秀一著,住区再生[M].范悦、刘彤彤译.北京：机械工业出版社,2008.07.P17-20.
② 曹麟.论预制混凝土墙板技术在当前的发展[J].住区,2007.8(总第26期)：P51.
③ 范悦.PCa住宅工业化在欧洲的发展[J].住区,2007.8(总第26期)：P32-35.

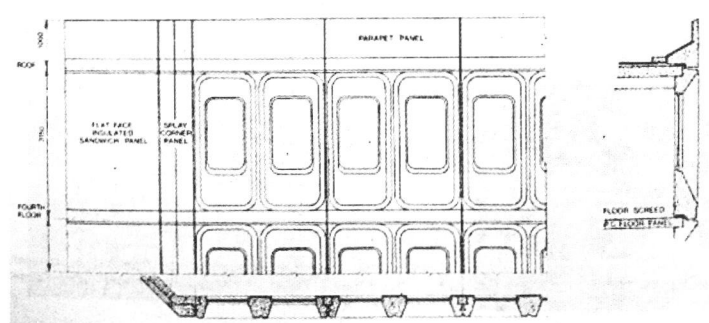

图3-157　英国北安普敦郡河岸大厦（Riverside House）立面窗墙单元细部构造

（图片来源：E.J. Morris. Precast Concrete in Architecture［M］. George Godwin Limited, 1978. P449.）

图3-158　美国波士顿 Roxse Housing 居住区

（图片来源：E.J. Morris. Precast Concrete in Architecture［M］. George Godwin Limited, 1978. P516.）

图3-159　英国剑桥 Boulton House 立面细部

构建表面施加外表研磨、水洗、镶瓷砖等装饰工艺。随着制造工艺技术的提高，过去手工工艺才能做到的一些复杂造型也都可以实现。尽管大多数PCa建筑是公共建筑，而非住宅，但是在运用PCa构件技术上和表现力上都很值得住宅设计借鉴。

例如以下几个案例：

建于1973年，位于比利时布鲁塞尔rue des Bolteux的一栋7层建筑（建筑师：Bureau d'Architecture Marcel Lambrichs，结构工程师：J. Verdeyen and P. Moenaert）非常有PCa建筑的特色。其中五层办公部分外墙运用了整层高的"Y"形的PCa构件，仅用不锈钢构件在交叉点与楼板的边梁连接，形成了颇具雕塑感的立面效果。

建于1974年，位于法国巴黎La Boursidlère的一栋5层办公建筑（建筑师：The Charles Living Partnership，结构工程师：Séchaud et Bossuyt et Cie）。这栋建筑的PCa结构由该项目的结构工程师特别设计：包括整层高的外墙单元和楼板，两者利用现浇混凝土连接。整个建筑表面呈现出亚光的马赛克效果。

建于1975年，位于英国北安普敦郡（Northampton）的河岸大厦（Riverside House），运用了整层高的PCa墙体构件，每个构件有双层凹陷，内或嵌有可开启的双层铝合金窗，或是密闭的夹层面板。在墙体单元之间是预应力混凝土梁。墙体单元表面是白水泥面层。

　　PCa住宅，并不仅仅与由于经济原因（最主要的是降低造价）在苏联等一些国家大量兴建的粗劣的低造价住宅相联系。同样也有一些在建筑设计上非常成功的案例，其中最为著名的就是20世纪50年代勒·柯布西耶（Le Corbusier设计的马赛公寓（United-habitation, 1946—1953）。

　　位于美国马萨诸塞州波士顿的Roxse Housing居住区，共有364个的住宅单元，包括3层住宅的步行区和8层街区。其结构由多种变化的"Techcret"系统构成，包括PCa大板墙体和楼板。

　　位于英国剑桥的Boulton House是一栋设计出色的PCa宿舍建筑。由著名的英国奥雅纳工程顾问公司（Arup Associates）设计于1968年。该建筑的H形框架结构与外墙板的连接留有空隙，突出了立面的凸窗。

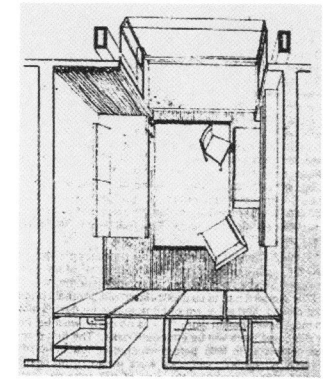

图3-160　英国剑桥Boulton House，单元鸟瞰透视

（图片来源：E.J. Morris. Precast Concrete in Architecture［M］. George Godwin Limited, 1978. P389.）

图3-161　英国剑桥Boulton House外观

（图片来源：Trinity Hall: Huntingdon Road: Boulton House, Wychfield. http://www.cambridge2000.com/cambridge2000/html/0004/P4080654.html, 2008-10-31.）

　　而在运用PCa构件的表现力方面，最著名的莫过于法国建筑师吕内·雅努斯基（Manuel Nuñez Yanowsky）在1980年设计的毕加索广场住宅（Les Arènes de Picasso\Pablo Picasso Place）以其新颖大胆的艺术造型和精美的彩色骨料混凝土预制构件引起了人们的重视。建筑师采用彩色骨料，并对混凝土的配比进行了精心计算和现场的试制。

（2）性能和质量的提高

基于原有的工业化和低成本上，提高产品的性能和质量，发展高效低成本的通用技术方法。提高生产效率和建设质量，在一定区域形成通用的技术产品。例如：在北欧利用率很高的高性能空心板（Hollow core slab）等，经过PCa厂家的研究和市场开发，这种空心板产品系列齐全，能适应多种建筑用途和墙体、楼板等不同部位的使用要求，厂家提示各种应用和参数以便在设计中采用，具有很强的通用性。

在北欧等寒冷地区，在外墙构件中加入保温材料夹心层（Sandwich Panel），以提高墙体性能的复合PCa板的做法很普遍。在芬兰和丹麦比较常见的是PCa作为承重结构材料进行组装施工的过程中，现场上在其外表面贴敷保温材料之后，最后再用手工进行砖外砌表面作业，或在阳台外墙板在现场进行木质板材贴面。

（3）流通环境的改善

在欧洲逐渐形成了良好的流通环境，这是PCa得以发展的重要原因。在德国，在任何一个地区中心都有关于PCa的"地图"，在地图上清楚地表现了产品的分类以及生产厂家的信息，实现了PCa产品的通用。欧洲的建筑市场逐渐无国界化，在荷兰工厂生产的PCa部品也有很多运往相邻的德国流通。欧洲统一标准（Eurocode）对于带有夹心层的外墙板的规格有统一的标准。这些都便于PCa流通环境的形成。①

2）轻钢结构工业化住宅的探索

1971年，杰尔·韦尔斯（Jerry Wells）和佛瑞德·科艾特（Fred Koetter）继续深入的研究潜在的轻规格冷轧钢板模块化住宅；塞德里克·普里斯（Cedric Price）同一年也在做同样的工作。其他人也在1970年到1980年从事以钢材为基础的建筑系统实验，包括黑尔莫特·斯霍李兹（Helmut Schulitz）在加州大学的"实验系统和建筑物技术团队"（TEST, Team for Experimental Systems and Building Techniques）；迈克尔·霍普金斯（Michael Hopkins）在英国的插座系统（Patera System）；甘特·胡勃勒（Gunter Hubner）和弗兰克·胡斯特（Frank Huster）在德国的住宅系统原型；伦佐·皮亚诺（Renzo Piano）在意大利的实验住宅；以及米希尔·科恩（Michiel Cohen）和简·帕斯曼（Jan Pesman）在荷兰的赫乌系统（Heiwo system）。②

但是这些工业化住宅试验只有小部分是成功的，即使生产出来住宅往往还处于原型阶段，或是数量很少，甚至根本没有生产。

---

① 范悦.PCa住宅工业化在欧洲的发展［J］.住区，2007.8（总第26期）：P32-35.
② Jonathan Ochshorn. Steel in 20th-Century Architecture［EB/OL］. http://people.cornell.edu/pages/jo24/writings/steel-part4.html, 2009-2-10.

3.4.3　支撑体住宅（SAR）理论的发展和实践

1. 从支撑体住宅（SAR）理论到开放建筑理论

1973年，世界石油危机迫使各国减少新建住宅的供给，旧有住区的更新引起广泛重视。1974年，荷兰政府颁布了《租金与补贴政策白皮书》，指出住房政策的目标是为低收入阶层提供合适的住房。SAR的主张适应了当时社会的需求，引起荷兰政府及社会住宅机构的重视。1975年，约翰·哈布瑞根（J.N. Habraken）就任美国麻省理工学院建筑系主任，将SAR的理论方法应用于美国公共住房的维护、更新。随着开放建筑期刊（Open House international, OHI）的开设，SAR理论得到广泛传播，影响并推动了许多国家的住宅建设。

80年代SAR理论研究达到进一步发展。在荷兰建立了新的研究组织——SAR网，积极推广SAR理论的应用。社会住宅在荷兰得到新的发展，一个称为"开放建造"的运动成为荷兰社会住宅发展的推动力。"开放建造"运动意味着建筑工程设计强调实用者参加，他们应该对所做的一切承担最大的责任。[1] 1980年代后，开放建筑的研究在不断深入。1984年，荷兰戴尔夫特技术大学成立从事开放建筑的专业研发机构OBOM；同年，SAR主要成员之一凡·兰登教授（A. van Randon）成立开放建筑研究小组和"开放建筑基金会"，提出建构开放性建筑市场和模数协调规则。[2]

支撑体住宅（SAR）不仅在荷兰成为现实，在欧洲其他国家也都得到了发展。英国PSSHAK（Primary System Support and Housing Assembly Kits，意指基本的支撑体和成套装配的住宅）研究组织既是一个代表。他们试图创造一种具有适应性和灵活性，并可选择标准的住宅形式。

20世纪70至80年代，支撑体住宅（SAR）理论向开放建筑理论演进。主要是发展建住宅层级的营建系统，以建筑结构体的设计作为提供个别空间自由变化的手段。20世纪80年代以后，随着工业化产业技术的不断成熟，开放住宅进入一个理性研究和过渡的阶段，并呈现出逐渐由理论和设计研究转向生产技术应用体系的研发的倾向。开放住宅的研究者们开始热衷于探索支持新型开放住宅的要素技术和填充体的部品体系。1990年代以后逐渐被一些发达国家作为住宅建设的主要模式加以研究并推广。日本等国开始借鉴开放住宅原理探索新型的可持续住宅建设以及产业化的模式。[3]

---

① 鲍家声，倪波.支撑体住宅[M].南京：江苏科学出版社，1988.4.P24.
② 范悦，程勇.可持续开放住宅的过去和现在[J].建筑师，2008.06.总第133期.P90–94.
③ （日）松村秀一.住区再生[M].范悦、刘彤彤译.北京：机械工业出版社，2008.07.P27–31.

2. 开放建筑理论影响下的工业化住宅

1）欧洲、中国

（1）比利时：医疗职工住宅，1970年

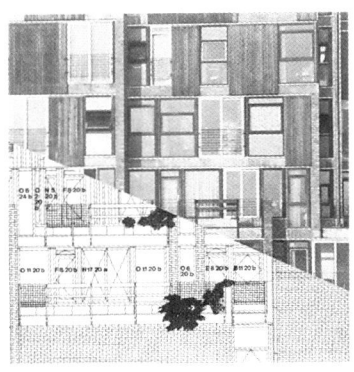

图3-162　吕西安·克罗设计的　图3-163　吕西安·克罗设计的
医疗职工住宅立面效果　医疗职工住宅立面设计图

（图片来源：Woluwé-U.C.L.. la MéMé-Faculté de médecine. http://homeusers.
brutele.be/kroll/auai-project-ZS.htm, 2009-2.）

图3-164　吕西安·克罗设计
的医疗职工住宅立面细部1

图3-165　吕西安·克罗设计
的医疗职工住宅立面细部2

（图片来源：Woluwé-U.C.L.. la
MéMé-Faculté de médecine. http://
homeusers.brutele.be/kroll/auai-
project-ZS.htm, 2009-2.）

比利时建筑师阿特里尔·吕西安·克罗（Atelier Lucien kroll）在1970年代建立自己的Atelier Kroll工作室，并成为有名的社会文化基础建设者。吕西安·克罗是民众参与及生态维持建筑设计的提倡者。他否定过度地把专业领导形容作一种对大众的环境决定权的限制。1970—1972年，他设计了位于比利时的医疗职工住宅（Medical Faculty Housing）。该住宅的设计过程通过居民参与，运用具有功能的预制构件，呈现出9种材质的立面效果。

（2）荷兰：老人乐园，1974年

1974年，由H.赫兹伯格（Herman Hertzberger）设计的位于荷兰阿姆斯特丹的老人乐园（De Drie Hoven），是荷兰最早和最优秀的为老年人和残疾人设计的综合性住宅。

老人乐园拥有55个双人间、190个单人间和一个可提供250个床位的看护中心。建筑群由主栋和四个分栋组成。结构上采用模数制式设计的主要特点之一，它为平面布局提供了最大限度的自由，而且为将来增减改建提供了良好的基础。从建筑外观可以清晰看出其结构关系，表现了支撑体住宅

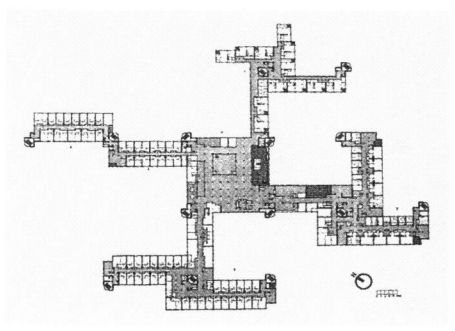

图 3-167　老人乐园住宅群一层平面图

图 3-168　老人乐园住宅群中庭景观

图 3-166　老人乐园住宅群鸟瞰

（图片来源：周静敏.世界集合住宅——新住宅设计［M］.北京：中国建工出版社，1999.09.P222-224.）

（图片来源：周静敏.世界集合住宅——新住宅设计［M］.北京：中国建工出版社，1999.09.P221-223.）

（SR）设计思想的影响。[1]

（3）英国：伦敦艾德莱德路PSSHAK研究组织设计项目，1976年

位于伦敦艾德莱德路的PSSHAK的工程是由建筑师拉比尔·哈默德（Nabeel Hamdi）和尼乔罗斯·威尔克松（Nicholas Wilkinson）设计，把主要结构和内部填充体分开的理论，应用于实践。包括两个工程项目，分别于1976年、1977年建于伦敦。第二个工程为8幢三层楼住宅，建于0.565公顷的基地上。每公顷可居住247人，最少容纳住户32户或每户1～2人的公寓64户。

首先在建设支撑体结构（包括承重梁、横墙和钢筋混凝土楼板）完成时，向住户发出住宅的有关资料，详细了解住户的生活需要及其对空间的要求，然后按照住户意愿安装填充体（包括墙、门、碗橱、浴室和厕所）。因此，这些住宅具有广泛的适应性、灵活性和可识别性。这两个例子被哈布瑞根教授认为是70年代SAR概念建造的最好的两个实例。[2]

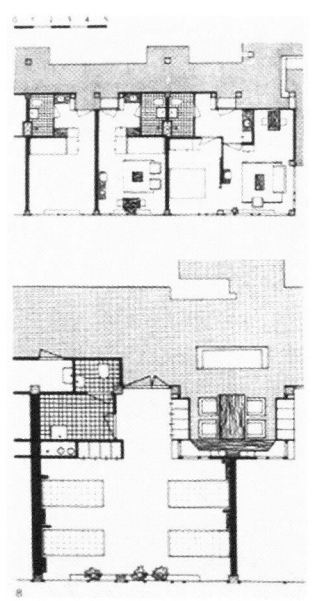

图 3-169　老人乐园住宅群典型单元平面

（图片来源：周静敏.世界集合住宅——新住宅设计［M］.北京：中国建工出版社，1999.09.P222-224.）

[1]　周静敏.世界集合住宅——新住宅设计［M］.北京：中国建工出版社，1999.09.P220.
[2]　鲍家声，倪波.支撑体住宅［M］.南京：江苏科学出版社，1988.4.P15.

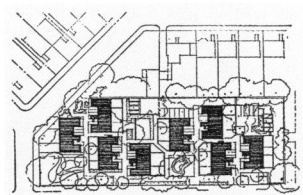

图3-170 伦敦艾德莱德路支撑体住宅总平面

（图片来源：鲍家声，倪波.支撑体住宅［M］.南京：江苏科学出版社，1988.4.P17.）

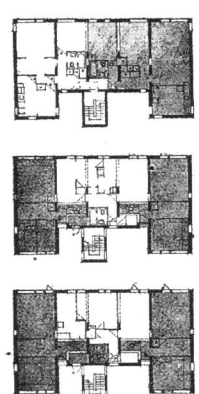

图3-171 伦敦艾德莱德路支撑体住宅，建筑师根据住户自行设计的草图画的平面图

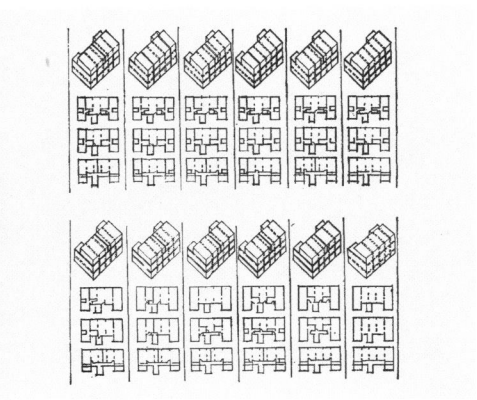

图3-172 伦敦艾德莱德路支撑体住宅的灵活性和适应性

（图片来源：鲍家声，倪波.支撑体住宅［M］.南京：江苏科学出版社，1988.4.P20-21.）

（4）荷兰：莫利维利特（Molenvliet）住宅，1977年

1961年哈布瑞根教授提出支撑体住宅理论："支撑体是房屋的基本结构，住宅就建在其中，买一架住房内部的装修、变动或拆除可独立自如地进行而不牵连他人。"1977年在荷兰鹿特丹附近的帕本德莱希特（Papendrecht），一组支撑体住宅工程建成，可视为这一理论发展的一个重要里程碑。

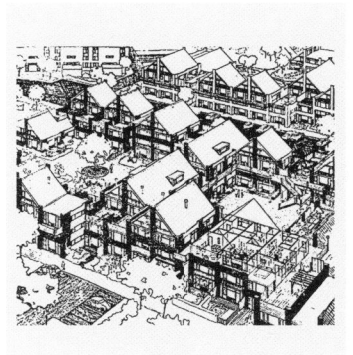

图3-173 莫利维利特支撑体住宅组团鸟瞰

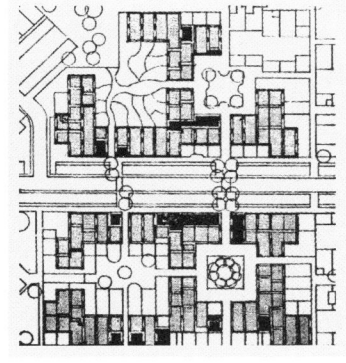

图3-174 莫利维利特支撑体住宅平面

（图片来源：鲍家声，倪波.支撑体住宅［M］.南京：江苏科学出版社，1988.4.P11-15.）

图 3-175　莫利维利特支撑体住宅外观 1

图 3-176　莫利维利特支撑体住宅外观 2

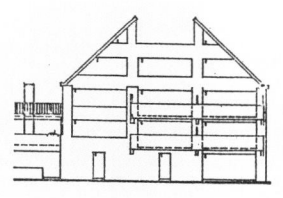

图 3-177　莫利维利特支撑体住宅立面

（图片来源：鲍家声，倪波.支撑体住宅[M].南京：江苏科学出版社，1988.4.P11-15.）

　　此工程建在莫利维利特（Molenvliet）包括 123 套住宅，由建筑师弗兰斯·万·德·威尔夫（Frans Van der Werf）设计。居住者在设计中的发言权十次设计的核心，每个居住者能够在支撑体提供的范围内安排他所需要的配套构件。

　　这个住宅工程是按支撑体和填充体设计的。支撑体有钢筋混凝土骨架和隔墙组成，整个系统采用 4.8 m 的网格。根据住宅的朝向，设计了两种支撑体结构，谨慎分别为 11.30 m 和 9.6 m。每个住宅中部的垂直管道也是支撑体的一部分。并在楼板上预设了洞孔，以设置住宅内部楼梯。用户可以自由选择内隔墙的位置、立面形式、服务设施（电、煤气管道）的安排和卫生设备及中心供热的装置，甚至 6 种墙板和立面构件的颜色。①

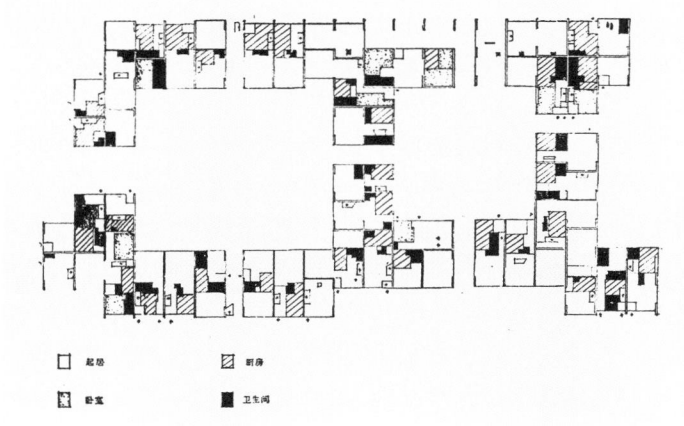

□ 起居　　▨ 厨房

▨ 卧室　　▨ 卫生间

图 3-178　莫利维利特支撑体住宅底层平面

（图片来源：鲍家声，倪波.支撑体住宅[M].南京：江苏科学出版社，1988.4.P16.）

① 鲍家声，倪波.支撑体住宅[M].南京：江苏科学出版社，1988.4.P11.

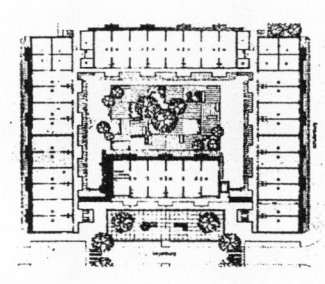 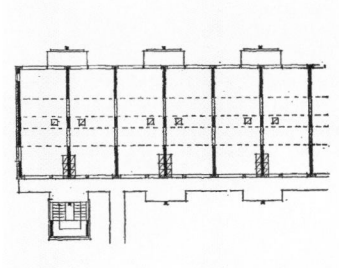

图3-179　荷兰安格布尔格住宅　图3-180　荷兰安格布尔格住宅
平面　　　　　　　　　　　　组合支撑体平面

建筑师在此项目中运用了许多荷兰城市住宅的传统要素。如坡屋顶、木制窗户、面向中庭开启的房门等。住户与建筑师一起共同决定类似窗户的颜色或自己独有的户型。并将这种不同家庭活动的多样性反映在建筑的外观上。

（5）荷兰：克安布尔格住宅，1982年

1982年完成的荷兰克安布尔格（Keyenburg）支撑体住宅设计工程是开放建造思想的典型实例。此支撑体住宅发展成最简单的平行墙的原则，外墙没有任何凹凸，与立面正交。住宅开间统一为4.8 m，进深为10.8 m。每一开间为一户，每户面积为4.5 m（净开间）×10.50 m = 47.25 m^2，适合两人居住。担任住宅都设于四幢住宅的顶层，进深减小1.5 m，每户专用一个屋顶平台。楼内部空间的安排、设施及立面窗户的位置等都可由住户自己决定。[①]

（6）瑞士：塔马特住民参与住宅，1985年

与之相似的例子还有，1985年，五人设计组（Atelier）在瑞士伯尔尼（Bern Switzerland）设计的塔马特住民参与住宅（Siedlung Thalmatt 2）。该住宅群被设计成立体网格状，最小从5 m×5 m×2.7 m开始以各种各样的规模来室内应不同的需求。希望入住者在建筑师的指导下，根据自己的意愿和购买能力选择适合自己的规模，之后与建筑师一起在被指定的方格网中进行详细的设计及追加安装一些设备。最后不同的

图3-181　荷兰安格布尔格
住宅鸟瞰

（图片来源：鲍家声，倪波.支撑体住宅［M］.南京：江苏科学出版社，1988.4.P24.）

图3-182　瑞士塔马特住民
参与住宅外观

（图片来源：周静敏.世界集合住宅——新住宅设计［M］.北京：中国建工出版社，1999.09.P233-234、239.）

①　鲍家声，倪波.支撑体住宅［M］.南京：江苏科学出版社，1988.4.P23-28.

图3-183　塔马特住民参与住宅全景

（图片来源：周静敏.世界集合住宅——新住宅设计［M］.北京：中国建工出版社，1999.09.P238.）

图3-184　塔马特住民参与住宅窗户

（图片来源：周静敏.世界集合住宅——新住宅设计［M］.北京：中国建工出版社，1999.09.P233-234、239.）

36个居住单元构成了一个整体。得益于基本网格的构成系统，各住户的位置和方位可以充分考虑。

（7）中国：无锡支撑体住宅，1985年[①]

我国于1984年10月至1985年11月进行支撑体住宅的尝试与实践，由当时的南京工学院建筑系与无锡市房管局合作进行。实验工程为一住宅组团，位于江苏无锡惠山北麓。采用砖混结构。共建支撑体房屋12幢，总面积12 100 m^2。包括9幢四合院台阶型住宅楼和2幢3层别墅式小楼。可容纳住户217户，平均每户建筑面积55.76 m^2。[②]

图3-185　我国无锡支撑体住宅外观1

图3-186　我国无锡支撑体住宅外观1

（图片来源：鲍家声，倪波.支撑体住宅［M］.南京：江苏科学出版社，1988.4.P101.）

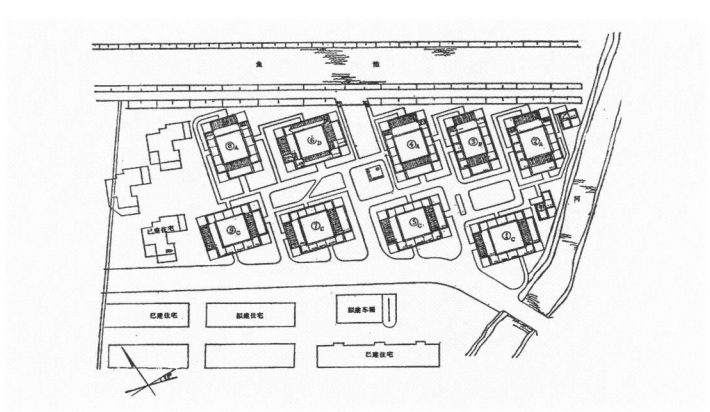

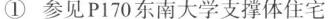

图3-187　我国无锡支撑体住宅总平面

（图片来源：鲍家声，倪波.支撑体住宅［M］.南京：江苏科学出版社，1988.4.P81.）

---

① 参见P170东南大学支撑体住宅。
② 鲍家声，倪波.支撑体住宅［M］.南京：江苏科学出版社，1988.4.P55.

图3-188　荷兰德布鲁布鲁托地区的集合住宅沿街立面

（图片来源：（日）日本建筑学会编，建筑设计资料集成——居住篇［M］.重庆大学建筑城规学院译.天津：天津大学出版社，2006.4.P65、93.）

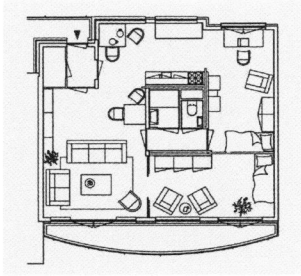

图3-190　德布鲁布鲁托地区的集合住宅家具布置实例1

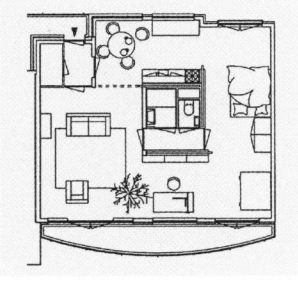

图3-191　德布鲁布鲁托地区的集合住宅家具布置实例2

（图片来源：（日）日本建筑学会编，建筑设计资料集成——居住篇［M］.重庆大学建筑城规学院译.天津：天津大学出版社，2006.4.P65、93.）

（8）荷兰德布鲁布鲁托地区的集合住宅，1986年

1989年，荷兰建筑师Duinker & VanderTorre设计了德布鲁布鲁托地区的集合住宅。为钢筋混凝土5层住宅，共14户。平均户型面积80 m²。

这是建在阿姆斯特丹现有街道中的集合住宅。该住宅根

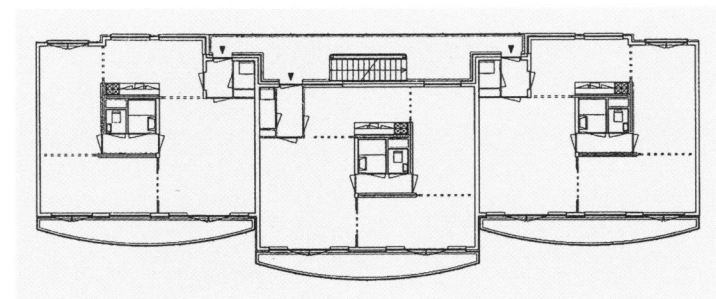

图3-189　德布鲁布鲁托地区的集合住宅标准层平面

（图片来源：（日）日本建筑学会编，建筑设计资料集成——居住篇［M］.重庆大学建筑城规学院译.天津：天津大学出版社，2006.4.P65、93.）

据入住者的需要设计为具有灵活性的住宅，具有对人的活动一览无余的开放性。各住宅是将厕所、浴室和厨房的给排水系统集在中央部分，居室则环绕四周而成，滑动式的隔墙均可藏入给排水系统用的夹墙中，将它们拉出后，可将居室分隔成4部分。即使是居室中最窄的部分，为了放置双人床，也确保有2.7 m的宽度。①

（9）奥地利：住民参与及未来型住宅，1988年

工业化住宅与开放性设计思想的结合也为居民参与的可持续发展住宅探索提供了设计方法和技术。1988年，G.多梅尼格（Gunther Domenig）在奥地利格拉茨（Graz Austria）设计的32户住民参与及未来型住宅（Wohnbau Neufeldweg）是一座根据家庭构成的变化，以分期式建立的未来型多层住宅。住宅从外观上显示其发展过程。部分阳台和结构构架的预备结构暴露在外与立面构成有机地融为一体，均可根据房主的要求为了将来的增建而设计。混凝土预制楼板、铝墙面及板

---

① （日）日本建筑学会编，建筑设计资料集成——居住篇［M］.重庆大学建筑城规学院译.天津：天津大学出版社，2006.4.P93.

材屋顶重工业材料的积极运用为外来扩建的简易性和经济性提供了良好的保证。①

图3-192　奥地利住民参与及未来型住宅阳台和预留结构

（图片来源：周静敏.世界集合住宅——新住宅设计［M］.北京：中国建工出版社，1999.09.P233-234.）

图3-193　奥地利住民参与及未来型住宅外墙　　图3-194　奥地利住民参与及未来型住宅庭院一侧景观

（图片来源：周静敏.世界集合住宅——新住宅设计［M］.北京：中国建工出版社，1999.09.P233-234.）

2）日本

日本在这一时期出现了受20世纪60年代开放建筑理论和新陈代谢理论影响一些住宅，特点是重视居住者对建设的参与和可调节性，住宅可随着居住者生活和家庭成员变化，室内隔断和地面可随心所欲地加以变动。

（1）川边宅邸，1970年

川边宅邸位于日本神奈川县高座郡，是钢筋混凝土造2层楼，宅地面积134 m²，总建筑面积51 m²，由东孝光设计。该住宅为避免在窄小的住宅中使用墙壁进行隔断，特制了两个可以移动的隔断用家具。家具的一侧是写字台和碗橱，再加上往楼上去的柜子，而另一侧则由衣橱和搁板构成，底部

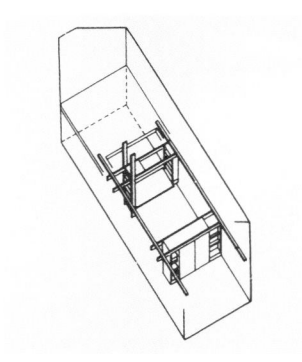

图3-197　川边宅邸移动家具轴测图

图3-198　Sekisu住宅剖面图1、2

（图片来源：（日）日本建筑学会编，新版简明住宅设计资料集成［M］.滕征本等译.北京：中国建工出版社，2003.6.P46、64.）

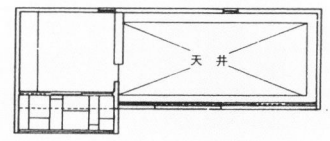 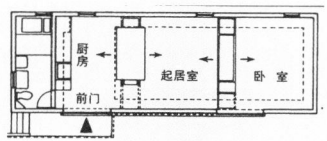

图3-195　川边宅邸一层平面图　　图3-196　川边宅邸二层平面图

（图片来源：（日）日本建筑学会编，新版简明住宅设计资料集成［M］.滕征本等译.北京：中国建工出版社，2003.6.P46.）

---

① 周静敏.世界集合住宅——新住宅设计［M］.北京：中国建工出版社，1999.09.P233.

有轨道,可以任意移动。在天井处加设突出的边缘,以便扩建时使用。

(2) Sekisu 住宅,1971 年

1971 年,日本建筑师大野胜彦设计了"Sekisu 住宅",该住宅是 2 层钢结构工业化住宅,采用钢骨单元结构法。内外装修、设备、屋顶工程等整个工程的 90% 是在工厂施工的。这种住宅后来被时代所淘汰,但其普通的箱体结构,能再组合成多种多样的住宅,类似于预制装配式住宅。[①]

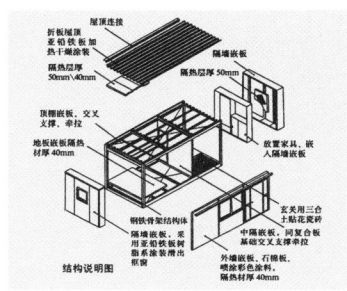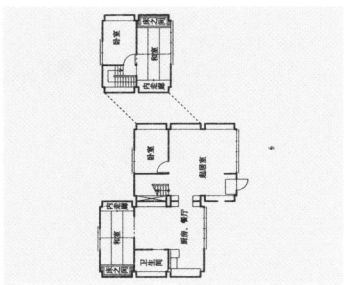

图 3—199 Sekisu 住宅结构说明图 图 3—200 Sekisu 住宅单元平面图

(图片来源:(日)日本建筑学会编,建筑设计资料集成——居住篇[M].重庆大学建筑城规学院译.天津:天津大学出版社,2006.4.P64.)

(3) 21—36 私邸,1973 年

21—36 私邸位于日本千叶县松户市,木造 2 层楼,宅地面积 248 m^2,总建筑面积 69 ~ 119 m^2,由进藤繁设计。该住宅备有可以自由装拆的活动地面板和可以手动开闭自如的顶棚面

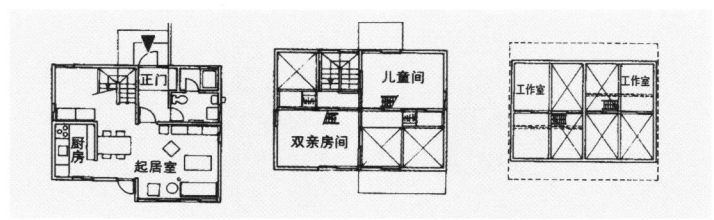

图 3—201 21—36 私邸一层、二层、屋顶层平面图

(图片来源:(日)日本建筑学会编,新版简明住宅设计资料集成[M].滕征本等译.北京:中国建工出版社,2003.6.P46.)

---

① (日)日本建筑学会编,建筑设计资料集成——居住篇[M].重庆大学建筑城规学院译.天津:天津大学出版社,2006.4.P64.

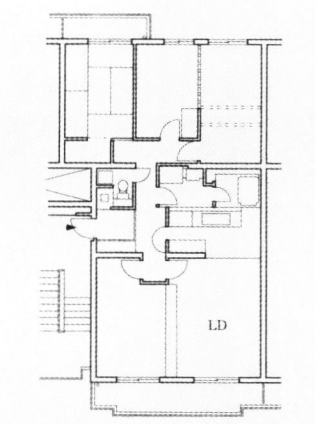 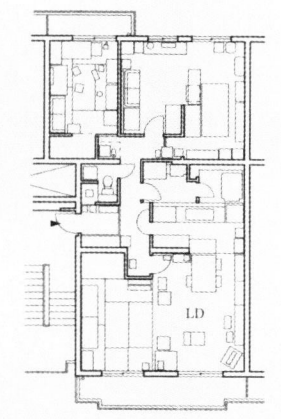

图 3-202　鹤牧试验项目平面图　**图 3-203　鹤牧试验项目根据生**
移动隔墙示例　　　　　　　　**活方式的改变,平面图变化示例**

(图片来源:(日)日本建筑学会编,建筑设计资料集成——居住篇[M].重庆
大学建筑城规学院译.天津:天津大学出版社,2006.4.P93.)

板,以便应对变更时的需要。

（4）WR-76住宅,1976年

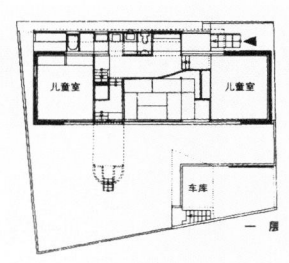 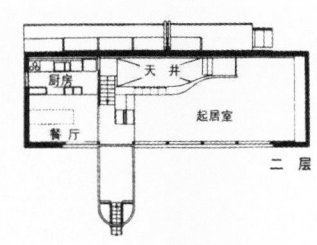

图 3-204　WR-76住宅一层、二层平面图

(图片来源:(日)日本建筑学会编,新版简明住宅设计资料集成[M].滕征本
等译.北京:中国建工出版社,2003.6.P46.)

　　WR-76住宅位于日本东京都町田市,钢筋混凝土+木造
2层楼,宅地面积210 m²,总建筑面积131 m²,由畑聪一设计。
该住宅在两层高的混凝土箱体中组装一层结构上独立的木质
板。墙体与室内采用不同结构的目的在于,考虑到在长期住
的情况下,将用水的房间在混凝土箱体中独立出来,使管道伸
出室外。

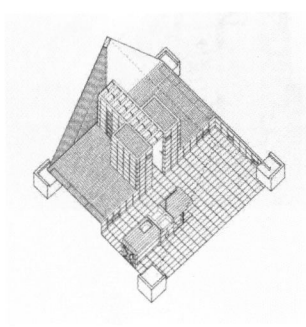

图3-205 300万住宅轴测图

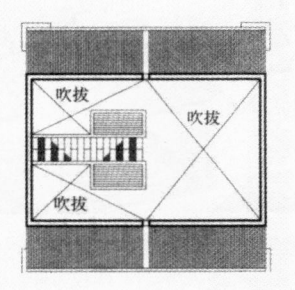

图3-206 300万住宅屋顶阁楼平面图

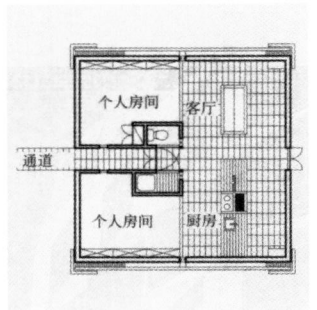

图3-207 300万住宅屋一层平面图

（图片来源：（日）日本建筑学会编，建筑设计资料集成——居住篇[M].重庆大学建筑城规学院译.天津：天津大学出版社，2006.4.P55.）

（5）鹤牧——KEP及其居住方式房地产试验项目，1973—1981年

KEP是柯丹实验住宅项目（Kodan Experimental Housing Project）的缩写。它起始于1973年由日本住宅公团开发的"由工厂生产的开放式部件形成的住宅供应系统"。因此，它是以住宅的多样性、可变性和互换性以及开发生产合理的住宅用部件为目标。1981年，在前野町高台集合住宅（东京都板桥区）中进行了试验建设，纵观其成果，则建成了房地产"鹤牧"。

由平面可见，起居室与南面西式房间之间的储物柜以及北面西式房间之间的隔墙是能够移动的（4 LDK，89 m²）。该家庭是1982年入住的，家庭成员为夫妇和一个长子。入住之初，拆去了北面西式房间的隔墙，作为主人的书房兼会客厅用，主妇和长子住在南面的西式房间，主人在北面的和室就寝。入住9年后，将北面房间调整为长子的使用空间，这时，将南面的西式房间也改造成了和室，作为夫妇共用卧室，并拆去了与起居室间的储物柜，从而将两间房合并成一间房使用。[①]

（6）300万住宅，1983年

1983年，日本建筑师吉柳满设计了"300万住宅"。该住宅为钢结构平房。用地面积166 m²、基地面积52 m²、总建筑面积55 m²，位于名古屋。

这是在总工程费用（包括设备费、杂费）需控制在400万日元以内的条件下设计出来的住宅。以边长7.2 m的正方形平面的4个角为基础，按45°的倾斜角度架起4根钢架，采取了隔热措施的屋顶与基础相连接。混凝土块造的人口通道延伸到房屋内部，兼起分隔内部空间的作用。[②]

（7）鹤卷-3房地产项目，1985年

1985年，日本住宅都市整备公团和Arsert建筑研究所及环综合设计。是建在中层住宅大楼街道一角的9栋低层集合

① （日）日本建筑学会编，建筑设计资料集成——居住篇[M].重庆大学建筑城规学院译.天津：天津大学出版社，2006.4.P93.
② （日）日本建筑学会编，建筑设计资料集成——居住篇[M].重庆大学建筑城规学院译.天津：天津大学出版社，2006.4.P55.

住宅,位于东京都多摩市。为钢筋混凝土结构2层住宅,共29户,户型面积为100～105 m²。其特点是各住户二层的平面结构是根据入住者的要求来提供的。尽管入口朝北和入口朝南的一层住户的平面结构均为标准设计,但二层除厕所部分外,分为3类:均可由入住者自由设计的"全自由空间型",除北侧和室和厕所部分外,可自行设计的"半自由空间型",全部空间都已按设计隔断的"全部成套型"。其他如厨房系统、隔墙存放装置、热水供应采暖设备和太阳能系统均预备有标准型和任选型,供入住者选择。①

图3-208　鹤卷—3房地产项目北入口住宅与南入口住宅平面图及变化

（8）筑波·樱花小区,1985年

1985年,住宅都市整备公团与阿尔森多建筑研究所及千

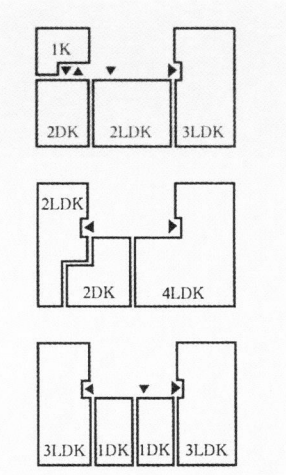

图3-209　筑波·樱花小区户型空间可变多样性

① （日）日本建筑学会编,建筑设计资料集成——居住篇［M］.重庆大学建筑城规学院译.天津:天津大学出版社,2006.4.P93.

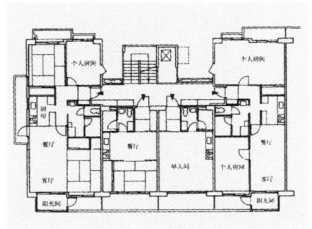

图3-210　筑波·樱花小区标准平面图

（图片来源：（日）日本建筑学会编，建筑设计资料集成——居住篇［M］.重庆大学建筑城规学院译.天津：天津大学出版社，2006.4.P55.）

代田设计，设计了筑波·樱花小区。该住宅为3～5层的钢筋混凝土住宅，共159户。用地面积11 932 m²（建筑密度30%），总建筑面积12 705 m²（容积率1.06），户型面积35～115 m²。

这是考虑了可适应住户面积变化的结构系统的集合住宅。可将80 m²的住宅分割成30 m²和50 m²的住宅，也可将35 m²和80 m²的住宅合并成115 m²的住宅。针对住户面积的扩大，在采用轻质钢骨架的基础上架设隔音效果好的隔墙。设备用的配管、配线利用双重顶棚、墙壁内装饰的中间层，公用排水立管利用公用空间进行维护管理。①

3.4.4　政府导向的工业化住宅

1.概述

到20世纪70年代，在第二次世界大战后遭受房荒的国家（尤其是欧洲各国），在一定程度上解决了住宅危机，很多国家实现了"一个家庭一套住宅"。大规模住宅产业代表着房屋革新的顶点。其进步意义在于，激发了房屋生产的流水线工作方式。住宅变得更加紧凑和高效，材料和建造技术的应用使得房屋更加经济，也大大提高了生产效率。各种市场营销策略（包括开发商的广告宣传）促使人们相信大规模住宅是最佳方式。但是另一方面，因为缺少控制和较好的设计，大规模住宅往往意味着"速食"社区的产生，这又千篇一律的低造价小套型的房屋构成。同样类型的中产街社区不断出现。过于快速建造的住房势必带来隐患，社区结构没有经过规划或者规划很差，对于一些必要的设施没有给予充分的重视，例如学校、医院、公共设施、商店、交通运输以及就业问题。

因此在大规模建设下，城市空间和住宅的问题越来越多，改造与更新成了这一时期工业化住宅发展的主题。这既包括对既有工业化住宅的改造也包括利用工业化构配件进行的住宅更新。不断成熟的技术也在推动工业化住宅持续发展。"在相对较短的时间里建造大规模的、前后承接的住宅区，为今后进行长期的建设提供了有利条件。反过来，长期的建设项目

---

① （日）日本建筑学会编，建筑设计资料集成——居住篇［M］.重庆大学建筑城规学院译.天津：天津大学出版社，2006.4.P164.

也将使新技术有可能层出不穷。"（古斯塔夫逊，1977年）[1] 这句话正是对当时各国住宅状况的客观评价。

然而1973年第一次石油危机以来，世界经济环境发生了极大的改变。大多数西方工业化国家进入了经济衰退期。许多国家以1973年为界开始减少了代用公共性质的集合住宅建设量。[2] 住宅工程趋向小型化，分散化。五六十年代常见的千户以上的大工程大幅度减少，代之以几十户、一百户左右的小型工程。[3] 城区插建和旧房改造工程增加。另一方面，随着住宅数量的相对满足和居民生活水平的提高，人们对住宅的质量要求提高。

20世纪70年代以后，虽然各国细微之处虽有不同，但住宅的规划和设计都有所改进，由高层向低层、由单调外观向丰富外观发展，打破了50、60年代住宅单调的局面，使工业化住宅的设计水平大大体高。这时期住宅设计引起建筑设计界的关注，成为建筑创新最活跃的领域，在理论和实践上都出现了繁荣的局面。20世纪80年代，预制混凝土技术的发展有别于前期适应于标准设计的大型板式工程，出现了多元化的尝试、体现了一定的地域特色。[4]

在标准化设计方面，在20世纪70年代到90年代，许多国家都不断改进。同时存在着两种趋势：一个是许多国家（法国、日本、苏联、瑞典、芬兰等）都努力实现以标准化构配件组成建筑物的方法，即发展"通用体系"。从理论上讲，通用体系（Systèmc ouvert）是一种最为完美的工业化建筑方式，能将构件标准化，生产社会化与建筑多样化协调起来，形成一种开放式的工业化。这种理论主张将构配件生产与施工分割开来，以建筑构配件为中心组织专业化、社会化的大生产，形成许多新兴的、各自独立但又互为依存的工业部门。由于各厂商都遵循全国统一制订的有关尺寸协调、接点、公差及质量的标准规则，所以各厂商分头设计、生产的构配件可互相装配，并组合成形式多样的建筑。[5]

另一个趋势是缩小定型单位，使标准化和多样化更好的统一起来。同时，也不排除整栋房屋定型设计的方法。

由于历史背景的不同，各国的发展道路呈现不同的特点。从主导力量上看，欧洲、日本和前苏联体现了较强的政府导向。无论在工业化标准制定、投资、制造上，政府都扮演很重要的角色。比较突出的是瑞典，该国曾在1960—1975年实施了著

---

① （瑞）瑞典建筑研究联合会合著，斯文·蒂伯尔伊主编，瑞典住宅研究与设计[M].张珑等译.北京：中国建筑工业出版社，1993年11月.P233.
② 范悦.PCa住宅工业化在欧洲的发展[J].住区，2007.8（总第26期）.P35.
③ 娄述渝.法国工业化住宅的设计与实践[M].林夏编译.北京：中国建工出版社，1986.2.P03-24.
④ 范悦.PCa住宅工业化在欧洲的发展[J].住区，2007.8（总第26期）.P35.
⑤ 法国工业化住宅的设计与实践[M].娄述渝，林夏编译.北京：中国建工出版社，1986.2.P31-33.

名的"百万套住房计划"。而美国则体现出企业自由发展的固有特点，政府只是在工业化标准制定及宏观调控上起一定作用。

从制造方式上看，欧洲走的是大规模工业化预制装配道路，建造了大量住宅，形成了一个完整的、标准化的、系列化的建筑住宅体系。苏联、东欧和法国、德国等国家在20世纪五六十年代形成了装配式大板住宅建筑体系。[①]而美国则注重于住宅的个性化、多样化。美国住宅多建于郊区，以低层木结构为主，用户按照样本或自己满意的方案设计房屋，再按照住宅产品目录，到市场上采购所需的材料、构件、部品，委托承包商建造。

2.法国：样板体宅和构造体系

20世纪70年代，法国住房矛盾有所缓和，工程规模缩小，建造量分散，原有构件厂开工率不足，再加上工业化住宅暴露出的千篇一律的缺点，迫使法国去寻求建筑工业化的新途径。为适应建筑市场的需求，向以发展通用构配件制品和设备为特征的"第二代建筑工业化"过渡。从70年代开始，对战后新区的改造成为全行业密切关注的重大课题。

70年代以后，工程规模趋向分散化和小型化。订制式生产已不能适应建筑市场的新形势，预制工艺逐渐衰落，大批预制厂关门。住房部于1968年提出样板体宅政策（Modèle）。其目的是通过同一标准定型设计在不同工程中的重复运用来获得足够的累计批量，保证生产的经济效益。1972年，为迎合业主提高住宅质量的需求，住房部进一步要求样板住宅必须在建筑设计或建筑技术方面有所创新，选中的方案称为"新样板住宅"（Modèle Innoration）。1973—1975年，法国共选了25种新样板住宅，各年度的建设量分别为16 200户、20 800户和12 800户。新样板住宅在建筑设计上有较大的发展。[②]新样板住宅包括：DM 73样板住宅方案、"AT HOME"样板建筑方案、房屋和花园样板建筑、W样

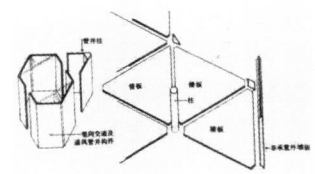

图3-211　AT HOME样板建筑主要构件示意图

（图片来源：法国工业化住宅的设计与实践[M].娄述渝，林夏编译.北京：中国建工出版社，1986.2.PP25、30.）

---

① 李振宇.城市·住宅·城市——柏林与上海住宅建筑发展比较[M].南京：东南大学出版社，2004.10.P281.
② 法国工业化住宅的设计与实践[M].娄述渝，林夏编译.北京：中国建工出版社，1986.2.P24.

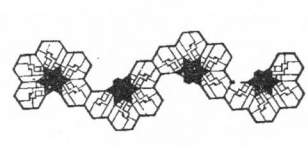 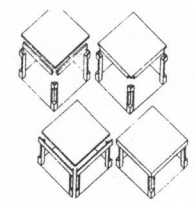

图3-212　AT HOME样板建筑楼层平面的曲线组合　**图3-213　Maillard-S.A.E样板方凳式预制构件**

（图片来源：法国工业化住宅的设计与实践［M］.娄述渝，林夏编译.北京：中国建工出版社，1986.2.PP25、30.）

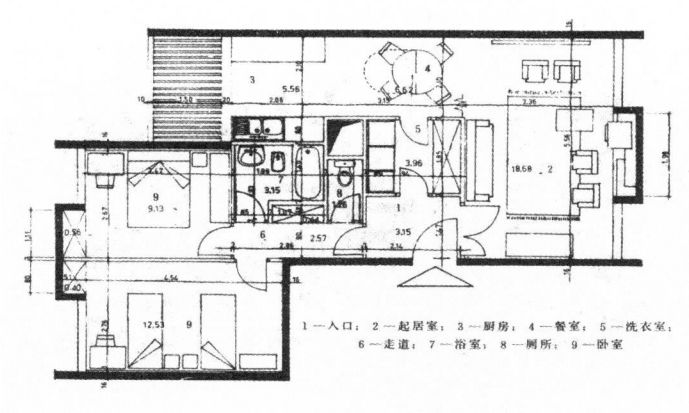

1—入口；2—起居室；3—厨房；4—餐室；5—洗衣室；6—走道；7—浴室；8—厕所；9—卧室

图3-214　DM 73样板住宅5种基本单元之一

（图片来源：法国工业化住宅的设计与实践［M］.娄述渝，林夏编译.北京：中国建工出版社，1986.2.P25.）

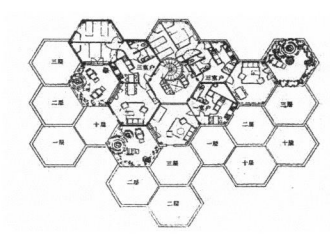 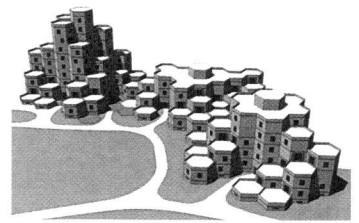

图3-215　房屋和花园样板住宅平面图示意　**图3-216　房屋和花园样板住宅效果示意**

（图片来源：法国工业化住宅的设计与实践［M］.娄述渝，林夏编译.北京：中国建工出版社，1986.2.P27.）　（图片来源：范悦.PCa住宅工业化在欧洲的发展［J］.住区，2007.8（总第26期）.P35.）

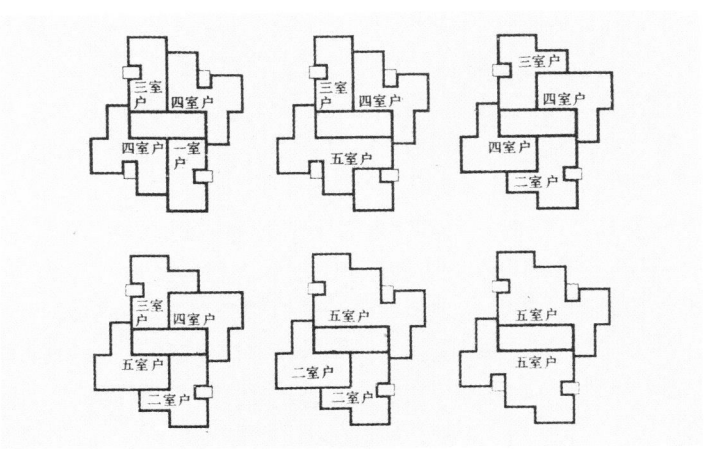

图3-217　W样板建筑套型组合示意图

（图片来源：法国工业化住宅的设计与实践［M］.娄述渝，林夏编译.北京：中国建工出版社，1986.2.P28.）

图3-218　运用Maillard-S.A.E样板建设的图鲁兹市工程外观

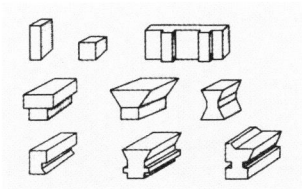

图3-219　MAI LLE样板组合的各种形体

图3-220　运用MAI LLE样板设计示例

（图片来源：法国工业化住宅的设计与实践［M］.娄述渝，林夏编译.北京：中国建工出版社，1986.2.P31、32.）

板建筑方案、Maillard-S.A.E样板住宅方案、MAI LLE样板住宅方案等等。

　　大多数样板住宅以户单元或构造单元为标准定型单位进行组合，其变化有较大的局限性。再者，要将各业主建在不同地点的工程协调地组织起来，以保证生产的均衡性，也有许多困难。为了寻求一种既适应新的建筑市场需要，又能实现多样化的工业化的理想模式，在建筑规划委员会的领导之下，从1971年起，法国对通用体系进行了大量的研究和实验，形成了后来推行的构造体系的雏形。[1]

　　由于开放式工业化涉及行业体制和生产方式的改革，所以各有关方面的协调配合是成功的关键。1977年法国成立了"构件建筑协会"（ACC）。1978年，构建协调协会已制订出尺寸协调规则。该规则制订出来以后，构件建筑协会曾对节点标准化进行了研究。经研究，法国放弃了制定全国统一节点规则的设想，而是在1978年推广"构造体系"（Système Constructif），作为向开放式工业化过渡的一种手段。

　　构造体系由一系列能互相装配的定型构件组成，形成该

――――――

[1] 法国工业化住宅的设计与实践［M］.娄述渝，林夏编译.北京：中国建工出版社，1986.2.P31-33.

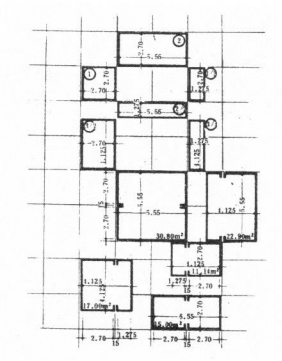 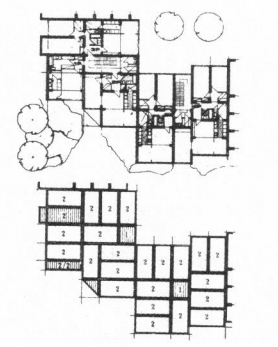

图3-221 SCOT体系几种基本 图3-222 SCOT体系组成的灵
盒子 活平面

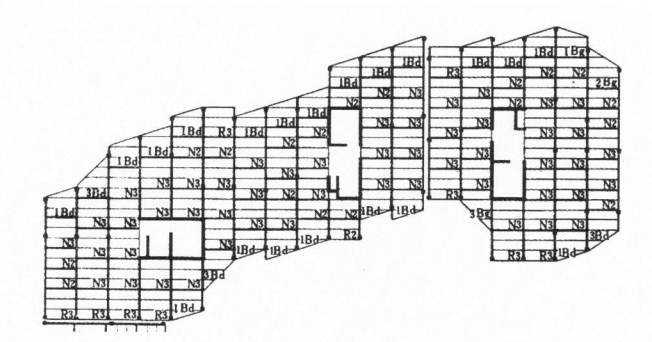

图3-223 运用SOLFEGE体系的某住宅工程多变的平面及板型组合

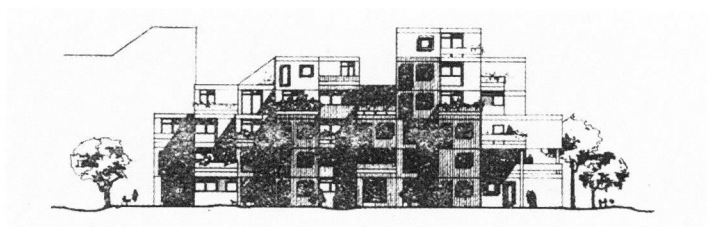

图3-224 运用SOLFEGE体系设计的多样化住宅

(图片来源:法国工业化住宅的设计与实践[M].娄述渝,林夏编译.北京:中国建工出版社,1986.2.P41.)

图3-225 运用SOLFEGE体
系的住宅

(图片来源:法国工业化住宅的
设计与实践[M].娄述渝,林夏
编译.北京:中国建工出版社,
1986.2.P36-43.)

体系的构件目录。建筑师可采用其中构件,像搭积木一样组成
多样化的建筑,也称为积木式体系(Meccano)。实际上是一种
以构配件为标准化的体系,比以户单元、构造单元或楼层平面

为标准定型组合的样板住宅在设计上更为灵活。到1981年为止，全国已选出25种体系，年建造量约为一万户。①其中包括：SCOT体系、SOLFEGE体系、SGE-C体系、ETOILE体系等等。

法国在25个构造体系之中，除少部分是木结构及钢结构以外、绝大多数是混凝土预制体系，多户住宅体系略多于独户住宅体系。它们表现出下列趋势：为使多户住宅的室内设计灵活自由，结构上较多采用框架或板柱结构。墙体承重体系向大跨度发展，Leiga体系的跨度为12 m。为加快现场施工速度，创造文明的施工环境，不少体系采用焊接、螺栓连接。倾向于将结构构件生产与设备安装和装修工程分开，以减少预制构件中的预埋件和预留孔，简化节点，减少构件规格。施工时，在主体工程交工后再进行设备安装和装修工程，前者为后者提供了一个理想的工作环境。施工质量高。这些体系无论是构件生产还是现场施工，施工质量都能达到较高水平。建筑设计灵活多样。比按户单元或结构单元定型的样板住宅进了一步。

构造体系虽然遵循尺寸协调规则，但规则本身较灵活，允许不同的协调方式，另外各体系的结构原则及接点也不一致，所以不同体系的构件一般不能通用，所以构造体系是一种专用体系。通过发展构造体系建立一个通用构件市场的设想未

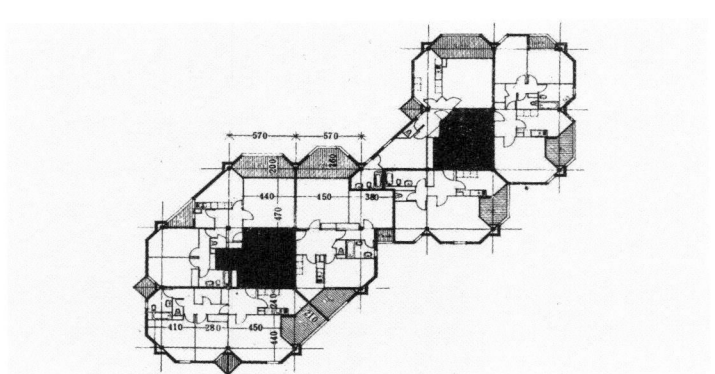

图3-226　运用ETOILE体系设计的27户住宅楼平面图

（图片来源：法国工业化住宅的设计与实践［M］.娄述渝，林夏编译.北京：中国建工出版社，1986.2.P46.）

---

① 法国工业化住宅的设计与实践［M］.娄述渝，林夏编译.北京：中国建工出版社，1986.2.P35.

能实现。绝大多数体系未做到生产与施工分离，仍然是一种封闭型的生产方式。构造体系的设计质量虽然比第一代工业化建筑大大提高，但由于构件不能通用、体系数量偏多使构造体系的价格比现浇和预制相结合的混合工艺贵5%～10%。其年建造量仅占法国住宅建造量的四十分之一。

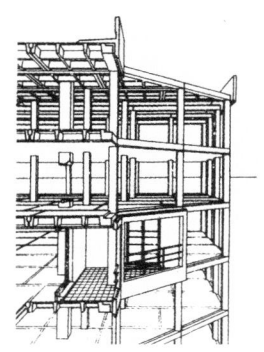

图3-227　SOLFEGE体系透视示意图

1982年，法国政府调整了技术政策。推行构配件生产与施工分离的原则，发展面向全行业的通用构配件的商品生产。但要求所有构配件之间都能做到通用是不现实的。因此准备在通用化理论的完美性方面做些让步，也就是说一套构配件目录只要与某些其他目录协调，并组成一个"构造逻辑系统"就可以了，这一组合不仅在技术和经济上可行，还应能组成多样化的建筑。每个"构造逻辑系统"形成一个软件，用电子计算机进行管理，不仅能辅助设计，而且可以快速提供工程造价估算。建筑科技中心（C STB）进行这方面的研究和试验。

新政策的另一个重点是强调在建设的每一个环节（产品生产和流通、设计、施工和管理等）挖掘提高生产率的潜力，并发探建筑业的所有方面和所有企业（不论企业大小）的积极性。

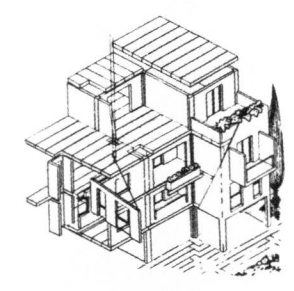

图3-228　SGE-C体系透视示意图

法国政府以前的政策是重点发展预制工艺，企图按照汽车工业装配工艺线的生产模式来改造建筑业。但是主体工程实际上只占住宅总造价的50%，而混凝土预制构件的生产价格只占总造价的20%。如果构件生产效率提高10%，也只能使总造价降低2%，所以把提高生产率的希望仅仅放在顶制构件生产上是片面的。另外，预制工艺设备投资大，生产不灵活，只有大企业有可能采用，中、小企业无力问津。后来，法国住房部制定了一项称之为"居住88"的计划，该计划要求到1988年时，全国有20 000套样板住宅的总造价（不包括地价）比1982年降低25%，而且质量不能降低。作为建筑业技术改造的第一阶段。七八十年代，法国以住宅设计为中心，组织了大量科学研究、设计竞赛和试验工程，使住宅设计在型式与造型、室内设计、建筑环境等方面有了长足的进步。[①]

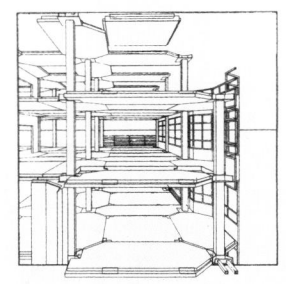

图3-229　ETOILE体系透视示意图

（图片来源：法国工业化住宅的设计与实践［M］.娄述渝，林夏编译.北京：中国建工出版社，1986.2.P39、42.）

---

① 法国工业化住宅的设计与实践［M］.娄述渝，林夏编译.北京：中国建工出版社，1986.2.P45~47.

图3-230 东柏林郊区20世纪70年代的大板住宅

（图片来源：李振宇.城市·住宅·城市——柏林与上海住宅建筑发展比较[M].南京：东南大学出版社,2004.10.P45.）

图3-231 1W73-6住宅型工业化住宅，东德卡尔·马克思城,海克特城某住宅区

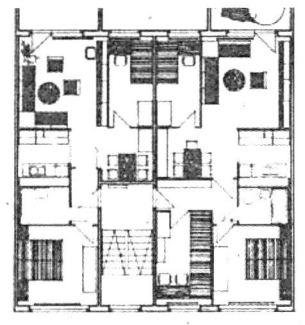

图3-232 1W73-6住宅型工业化住宅单元平面

（图片来源：佚名.1W73-6型工业化住宅，东德[J].世界建筑,1980(2).P23.）

3. 德国：标准化大板住宅

1）德意志民主共和国（DDR）

由于预制大板住宅联合解决了激增的人口、老建筑重建和现代灵活住宅的建设这几个问题，因而大受欢迎。在东德，1960年代后的所有新建住宅都是预制大板住宅。[①] 从20世纪70年代起，东德新建的大板住宅，配有卫生设备和集中供暖。在20世纪60年代和70年代前期，住宅的平面有好几种标准系列，如QP64、QP71、P2和WBS70等。最普遍的住宅系列是P2，以及其后的WBS70。这些设计具有灵活性，可以建成各种高度的塔式住宅公寓或是成排住宅公寓。到70年代中期，建筑公司及基本只建造WBS70系列，即"住宅单元系列"。[②]

1972—1977年间，在WBS70的基础上进一步设计和发展了6层住宅典型设计1W73-6，这个典型设计具有更多的方案变化（户型、阳台和入口），以适应住宅建设的多种需要。并为行动不便者设计了3种不同的入口、空间处理和设备方案。1W73-6住宅设内厕所和内厨房，由空气调节器通风。地下室中设有洗衣机、干燥室、锅炉房和储藏室。在卡尔·马克思城的许多地段都有兴建。[③]

民主德国针对住宅短缺问题，从1972年起开始实行公营房屋计划。新建社区或是像哈雷新城（Halle-Neustadt）这样的多达10万人的整个城市，通常全部都是预制混凝土大板建筑。住房计划雄心勃勃，根据住房计划，共约3万个新居住区建设或翻修。其中很大一部分是用于国家预算。但是历史城市核心区域的老建筑，不能以公营房屋的方式解决。这些房屋往往归私人所有或被地方住房当局（KWV）定为不产生收益的低租金住宅，都需要保持。因此，一部分衰败的历史性内城阻碍了民主德国的住房计划。[④]

20世纪70年代末，为了彻底解决住房紧张，也为了和工业区发展配套，东柏林在其东北远郊区开始建设马尔昌居住

① Plattenbau[EB/OL].http://en.wikipedia.org/wiki/Plattenbau,2009-2-17.
② 李振宇.城市·住宅·城市——柏林与上海住宅建筑发展比较[M].南京：东南大学出版社,2004.10.P43-45.
③ 佚名.1W73-6型工业化住宅，东德[J].世界建筑,1980(2).P23.
④ Plattenbau[EB/OL].http://de.wikipedia.org/wiki/Plattenbau,2009-2-17.

区（Marzahn, 1976—1990年）。这不仅是全德国最大的居住区，在全欧洲也是屈指可数的。其主要建筑走向沿街道而设，有一定的曲折变化，住宅平面采取标准定型化设计，建造方式为大板建筑。这样的大居住区迅速地增加了住房的数量。在当时的情况下，大多数人是满意的，只有少数居民和专业人员对新住宅区的千篇一律，老城区的老龄化有一些非议和批评。

1980年代初期，民主德国也开始在复杂城市核心区内进行住宅修复投资，但在一些城市，如柏林附近地区贝尔瑙（Bernau），当地政府更赞成拆除了事。对于像Hallesche载体建设这类较大的城市建设项目，则运用了隧道模板预制混凝土技术。

这时期，大多数的新开发区已形成了统一的设计模式，多样化的混凝土预制构件由于成本高，只在小范围内使用。预制大板住宅立面简单，只有少数装饰，呈现出反复统一的立面形象。但是自1980年代起，有的重要位置的预制大板住宅开始注意与城市文脉相协调。例如，在柏林Friedrichstraße和宪兵街的住宅。也有一些低层的预制大板住宅，例如柏林北部的Bernau镇。在这个镇有包括城墙在内的，几乎全是木框架建筑的历史中心。1975年后大多数建筑尽毁。在1980年代，被2～4层的预制大板住宅取代。为了与中世纪的教堂和城墙协调，这些住宅运用了小尺度的设计单元。降低了从教堂到城墙的高度。一个相似的项目是建在柏林老城区环绕尼古拉斯教堂的尼古拉小区（Nikolaiviertel），而这里的住宅外观设

图3-233 典型预制大板住宅，位于东德哈雷新城（Halle-Neustadt）

图2-234 哈雷新城（Halle-Neustadt）典型预制大板住宅立面

图3-235 位于东德罗斯托克（东德港市）的预制大板住宅

（图片来源：Plattenbau［EB/OL］. http://en.wikipedia.org/wiki/Plattenbau, 2009-2-17.）

图3-236　位于民主德国新勃兰登堡（Neubrandenburg）的预制大板住宅

（图片来源：Plattenbau［EB/OL］. http://de.wikipedia.org/wiki/Plattenbau, 2009-2-17.）

计的更有历史感，甚至出现了山墙装饰。[1]

2）德意志联邦共和国

在1957年以来，纽伦堡Langwasser成为一个卫星城，预制混凝土大板住宅在此大量兴建。由于建设周期长，直到20世纪90年代还在发展，因此几十年来预制大板住宅的建设都可以看到。

图3-237　纽伦堡的Langwasser，摄于2007年2月

（图片来源：Plattenbau［EB/OL］. http://de.wikipedia.org/wiki/Plattenbau, 2009-2-17.）

图3-238　位于联邦德国慕尼黑Neuperlach的预制大板住宅，建于1980年代

在联邦德国面积较大的预制大板住宅居住区有：慕尼黑Neuperlach（现居住55 000人，计划居住80 000人）；纽伦堡Langwasser（36 000人）；柏林Märkisches区（36 000人）；柏林Gropiusstadt（34 000人）；法兰克福—西北小镇（23 000人）等等。最近的大型居住区有科隆Chorweiler（13 418人）和不来梅。从1980年代以后，联邦德国再没兴建重要的大型住宅居住区，已建的也有部分未能完成或建设减缓。住房需求基本上得到满足。

在住宅建设过程中，由于德国大规模地运用统一计量的UNI标准，才可以在建筑工业中使用手工技艺；这样就能够在小的系列中建立单独的构件。虽然在手工业和工业之间的鸿沟并没有克服，但却按常规搁置了起来，同时功能关系得到保证。除此以外，只有在劳动力成本低廉时，这种建筑方式才是可行的，但是如何把工人的传统技艺转换成大批量生产这个难题成为格罗皮乌斯40年前在包豪斯面临问题的大规模

图3-239　德国曼海姆鸟斯唐的预制大板住宅，摄于2006年5月

[1] Plattenbau［EB/OL］. http://de.wikipedia.org/wiki/Plattenbau, 2009-2-17.

翻版。^①

　　1990年，东西德统一后，大板住宅成为建筑质量低下、建筑和环境恶劣的象征，受到公众和专家的批评。现在这些住宅的空置率很高，据统计约有一百万左右。许多预制大板住宅体量巨大，常常建在城市边缘（例如柏林的 Marzahn、Hellersdorf 和 Halle-Neustadt），因而不便居住。近年许多预制大板住宅被改造成高档公寓，一些则逐渐完全毁坏，由于缺乏资金投入逐渐被遗弃。^②

　　4. 瑞典：结构体系的综合

　　1967年瑞典政府制订了"百万计划"（Million Program），即要在十年之内在郊区建起一百万套新住宅。在30和40年代，功能主义思潮不仅影响当时的社会民主改革，对瑞典当时的规划工作也有较大影响。这就是为什么到了60、70年代，当社会具有大规模工业化生产的条件后，大批原有住房就被轻易地拆除。^③

　　瑞典"百万计划"中技术上的发展是以建筑专用体系的竞争为基础的。取代以往在竞赛结果中扩大选择余地的作法，建筑业主和设计师们变得更加依赖于专利产品。这种发展即使在"百万计划"这一宏大的项目中，也难以获得经济效益，甚至在更新改造项目中，亦不能提供有利的条件（奥古斯特逊等人，1979年）。

　　1970—1975年，在瑞典，主要受大批量建设特有的经济上的优势所支配。大规模建设项目以高效的结构体系的综合为特征，以现场施工和数量持续上升的预制构件作补充。风景、楼房设计、总平面布置都在很大程度上对建筑技术提出了新的要求。这引起一场在更新过程中对于传统的、非理性主义的甚至造价昂贵的建造方法的回归。从一开始，更新只被人们理解为只适于上了年纪的建筑工人所从事的工作，以及组织失业者就业的手段。现在，更新工作的内涵已被上升到与

图3-240　德国科隆 Chorweiler 中心的预制大板住宅，摄于2005年2月

（图片来源：Plattenbau［EB/OL］. http://de.wikipedia.org/wiki/Plattenbau, 2009-2-17.）

---

① （意）L. 本奈沃洛著，西方现代建筑史［M］. 邹德侬等译. 天津：天津科学技术出版社，1996-09.P677-679.

② Plattenbau［EB/OL］. http://en.wikipedia.org/wiki/Plattenbau, 2009-2-17.

③ （瑞）瑞典建筑研究联合会合著，斯文·蒂伯尔伊主编，瑞典住宅研究与设计［M］. 张珑等译. 北京：中国建筑工业出版社，1993年11月.P64.

图3-241　Brabrand镇的工业化住宅

(图片来源：叶耀先.丹麦小城镇工业化住宅[J].小城镇建设，2000.01.P86.)

图3-242　20世纪70年代，丹麦建造的大型板式PC构法的住宅区

(图片来源：(日)松村秀一著，住区再生[M].范悦、刘彤彤译.北京：机械工业出版社，2008.07.P18.)

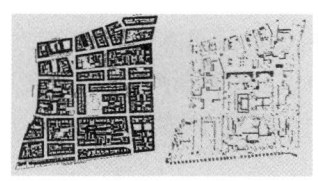

图3-243　丹麦哥本哈根"黑三角区"1969年总平面图与改造后总平面图对比

(图片来源：(瑞)瑞典建筑研究联合会合著，斯文·蒂伯尔伊主编，瑞典住宅研究与设计[M].张珑等译.北京：中国建筑工业出版社，1993年11月.P234.)

新建同样的高度来认识，因为有足够的原因来维持理性并为适应新的居住条件寻找有效的技术手段。

5. 丹麦：产品目录设计

20世纪70年代是丹麦住宅建设发展较快的一个时期，1972年和1973年是全盛年份，其住宅投资额为70年代年均投资额的130%以上，每年建住宅5.2万套，平均每千居民10.5套，反映了大规模住宅建设的特点。以后有所下降，80年代住宅建造量平均每千居民4～5套。70年代初，独立式住宅只占新建住宅总数的40%，到80年代，独立式住宅约占85%以上，多层住宅比例显著下降。①

20世纪70年代，丹麦主要实施了以大型板式构法为主的大规模住宅建设，在这个过程中，像Larsen & Nielsen这样的国际知名的工业化构法的企业充分发挥了作用。实施的机构是大约由650家组成的世界最早的非营利住宅协会，而主要供给承租住宅。②

20世纪70年代，丹麦也建设了一批工业化住宅项目，其中Brabrand镇的工业化住宅项目，建于1974—1975年，共有402套1～5层住宅，总建筑面积为31 840平方米，一套住宅建筑面积从45平方米到128平方米，平均每套80平方米。其特点是：住宅面宽8.4 m，阳光充足；到室外休闲空间距离短；结构系统简单，组成构件数量最少；楼梯在起居面积之外，有独立屋顶。③

丹麦哥本哈根"黑三角区"采用装配构件进行城市更新。1969年更新前，这个地方共有7 900个住宅，住着16 000人。更新完成后，住宅数变为3 900个，人口变为7 800人。新住宅为四层，比原来的住宅少大约1～2层。新建部分的公寓面积平均为85 m²。全区平均每户的室外空间总和为40～50 m²。这一改建项目是采用了由建筑工业合作股份有限公司向哥本哈根"住宅建筑"协会提供的构件来完成的(《北桥地区的新住宅》，1982年)。

---

① 佚名.丹麦住宅建筑工业化的特点[J].中国建设信息，1998(36).P42.
② (日)松村秀一著，住区再生[M].范悦、刘彤彤译.北京：机械工业出版社，2008.07.P17.
③ 叶耀先.丹麦小城镇工业化住宅[J].小城镇建设，2000.01.P86.

丹麦推行建筑工业的途径是开发以采用"产品目录设计"为中心的通用体系,同时比较注意在通用化的基础上实现多样化。以发展"产品目录设计"为中心推动通用体系发展。丹麦将通用部件称为"目录部件"。每个厂家都将自己生产的产品列入产品目录,由各个厂家的产品目录汇集成"通用体系产品总目录",设计人员可以任意选用总目录中的产品进行设计。

主要的通用部件有混凝土预制楼板和墙板等主体结构构件。这些部件都适合于3 M的设计风格,各部分的尺寸是以1 M为单位生产的,部件的连接形状(尺寸和连接方式)都符合于"模数协调"标准,因此不同厂家的同类产品具有互换性。同时,丹麦十分重视"目录"的不断充实完善,与其他国家相比,丹麦的"通用体系产品总目录"是较为完善的。推动通用体系化发展的主要有两个单位,即国立建筑研究所(SBI)和体系建筑协会(BPS)。BPS是民间组织,其会员包括了200多家主要的建材生产厂。

此外,丹麦较重视住宅的多样化,甚至在规模不大的低层住宅小区内也采用多样化的装配式大板体系。[①]

80年代,丹麦建筑研究院和在丹麦赫斯霍尔姆的BPS中心还进行了有关模数协调、功能分析和节点技术的统一规定的研究(布赖克等人,1969年;布赖克和克里斯蒂森,1974年;布赖克和克耶尔,1975年,1981年)。[②]在丹麦,由国家融资的重点工程,要求从前期策划阶段开始便需要各厂家参加技术设计,预制装配化程度和意识非常高。[③]

6. 苏联:从构件到房屋

苏联在20世纪60年代以后开始放慢建设速度,提出在保证数量的同时保证质量,提高建设标准,强调功能,完善设施,注意提高居住环境质量。1972—1980年,采用单元组合体的定型设计住宅,住宅体型可结合总体要求作多样组合;

图3-244　丹麦低层PCa住宅及工业化部品组合例

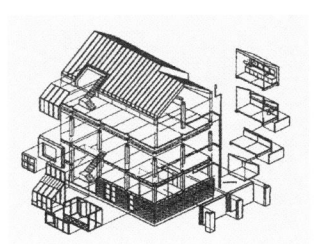

图3-245　丹麦低层PCa住宅及工业化部品组合例轴测图

(图片来源:董悦仲等编.中外住宅产业对比[M].北京:中国建工出版社,2005.1.P205.)

①　佚名.丹麦住宅建筑工业化的特点[J].中国建设信息,1998(36).P42.
②　(瑞)瑞典建筑研究联合会合著,斯文·蒂伯尔伊主编,瑞典住宅研究与设计[M].张珑等译.北京:中国建筑工业出版社,1993年11月.P233.
③　董悦仲等编.中外住宅产业对比[M].北京:中国建工出版社,2005.1.P209.

70年代以来,前苏联对建筑工业化加以改进,并注意避免建筑工业化造成的单一化,提高大量建造的城市住宅的艺术水平。

20世纪六七十年代苏联前高层住宅逐渐兴起,成为同50、60年代的赫鲁晓夫卡并存的城市生活图景。70年代中建造的莫斯科市北契尔坦诺沃、维尔纽斯市拉斯季奈依以及列宁格勒市普希金城等居住区,采用建筑工业化方法修建住宅,注意到住宅户型、类型和布局的多样化,考虑到住宅体型同人体尺度和原有环境的协调。在发展预制装配住宅体系的同时,也注意发展全现浇、装配与现浇结合等多种工业化体系建筑。[1]

1981年起,采用《工业化定型构件统一目录》,即"从构件到房屋"的设计方法,住宅开间加大,便于近期灵活布置和远期更新。80年代初苏联住宅的年平均建造量为1亿多平方米,主要采用预制钢筋混凝土大板体系。[2]

1991年苏联解体后,俄罗斯对住宅实行无偿私有化,将现有住房无偿转归住户所有。住宅私有化了,但是物业管理、房屋修缮费用仍然由国家承担。苏联时期遗留下来的住宅和公用设施已经老化,不进行大规模修缮或更新无法正常运转。

7. 日本:住宅部品化系统与标准化户型

日本政府为了解决第二次世界大战后住宅不足的严重问题,积极推进了住宅建设工业化。终于到1973年,日本国内实现了长年以来"一户家庭一户住宅"的梦想,同时也达成了当时政府制定的目标。但是随着世界第一次石油经济危机的影响,日本也进入了持久低速经济发展的时期,在这样的背景下,住宅建设行业开始了从数量到质量的运动。1974年,北美装配式木骨架墙的建造方式正式传入日本。[3]

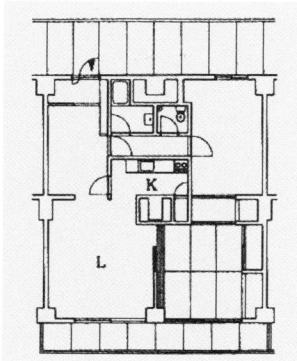

图3-246　用PC板修建的标准设计住宅(东急三田公寓)

---

① 佚名.苏联建筑[EB/OL].互动百科.www.hoodong.com/wiki/%E8%8B%8F%E8%81%94%E5%BB...,2008-8-16.

② 佚名.苏联建筑[EB/OL].互动百科.www.hoodong.com/wiki/%E8%8B%8F%E8%81%94%E5%BB...,2008-8-16.

③ (日)日本建筑学会编.新版简明住宅设计资料集成[M].滕征本等译.北京:中国建工出版社,2003.6.P186.

（1）住宅部品化系统的研究开发

1980年，日本建设省提出了"提升计划"，其中开始了为实现更高更新的居住机能而采用的部品化系统Century Housing System（CHS）的研究。这套系统的目的是将构成住宅的各种部品系统化，根据其不同的使用年代进行适当的更新，从而使住宅整体长期保持舒适的居住状态，也令住宅户型本身的更改更加灵活和方便。

在更新老化部品的同时，新的部品要能够反映和对应当前的设计，提供全新的功能和机能，这突出了不同部品彼此邻界面的设计方法的重要意义，同时也需要强调模数协调的重要作用。

首先，日本自古以来的木结构传统住宅的结构系统成为研究对象。传统的木结构住宅建设逐步发展形成了高度分工的合作体制：明确不同部品的配置，使得不同部品更加容易地拆解，有不同的专门技师负责不同相应部品的更新等，所有房屋建设所需部品都遵循模数协调原则。这也逐步成为是否可以应用与处于类似状态的，现代的非木结构住宅的部品化系统（CHS）的基本思想。

此外，不同部品的连接面根据使用年数不同分为5种：3～6年程度、6～12年程度、12～25年程度、24～50年程度、50～100年程度。通过邻接面设计研究，在不同部品彼此邻接面设计上下了很大功夫，在更新使用年限短的部品的时候，不会对使用年限长的部品产生损害。例如，传统配管埋设做法得到了革新：一般使用周期在30年程度的配管就不会埋设在使用周期在60年以上的混凝土墙和混凝土楼板之中。[1]

（2）标准化户型的进化

日本近代多层住宅的历史中，由公共机构或发展机构等大量供应标准化户型和合理化建设一直是日本多层住宅的主题。标准化出自使人的生活定型或定量的想法，在日本与之并行发展的是以厨房或厕所为中心的家务劳动合理化。20世纪50年代至70年代，日本住宅工团在大量供给住宅方面起了

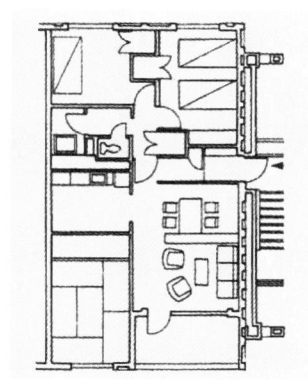

图3-247 钢筋混凝土结构工业化内装的高层住宅（芦屋滨海滨城）

（图片来源：（日）日本建筑学会编，建筑设计资料集成——居住篇［M］.重庆大学建筑城规学院译.天津：天津大学出版社，2006.4.P86.）

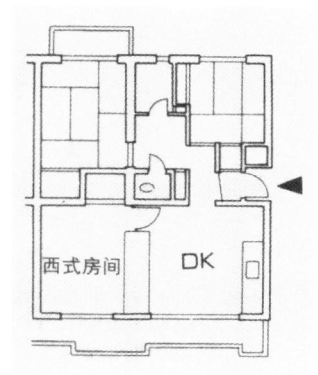

图3-248 住宅工团标准设计示例2：随意型61 m²

西式房间　DK

---

① （日）松村秀一.适于长久居住和高舒适度的部品化体系［J］.住区，2007.8（总第26期）：P37.

很大的作用。^①日本 1981 年对公营住宅制定了"公营住宅标准设计标准"（以户为单位的标准设计通则），各设计单位和企业可据此编制自己住宅标准设计。

如图 3-247 所见，在住宅大量供应时期，建筑技术的工业化已涉及更广的范围。可将按一般施工方法制定的标准设计用 PC 板来修建，并可进行尺寸调整。图 3-248 是由钢筋混凝土结构的建筑主体和工业化、标准化的设备装置及内装构件构成的高层住宅。提高居住性和向附近空间的展延。^②

20 世纪 80 年代后，人们对战后初期大量化、经济化和快速化的住宅工业的产物的都市集合住宅，和单调、庞大、重复的板状平行布置的集合住宅进行了全面的反省和探讨。随着经济高度增长期的结束，带来了住宅自身的巨大转变，住宅设计更加注重人的价值观和生活形式的多样。随着物质生活水平的提高，人们对 n-LDK 的居住方式产生了不同见解。

"α room"，即 n LDK+α，在原 n LDK 的基础上增加一个 α，即住宅内功能不固定的可变空间。1990 年竣工的由坂仓建筑研究所设计的东京多摩新城集合住宅中，这种增设了"α room"的住宅平面形式首次出现。根据住户各自的需求，有各种不同的形式，有的与起居室结合起来，类似太阳房，作为起居室空间的补充和延伸；有的从住户中独立出来，作书房、琴房、画室，任居住者自己确定。据调查：住户经过一段时间摸索后，都把它利用起来。有的把它当作工作房，也有的把它当作健身房，甚至有的住户把 α room 当成店铺营业。同是 α room，功能相异、形式多样、丰富多彩。这种 α room 使广场、街道以及整个集合住宅变得生动起来，成为多彩生活的体现和缩影，是集合住宅设计中尊重人性、开发个性的一种新的尝试。^③

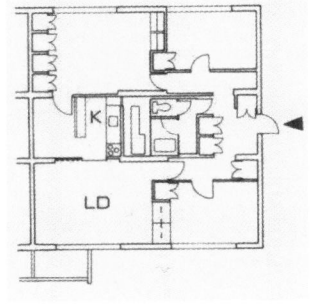

图 3-249　住宅工团标准设计示例 2：3LDK 97 m²

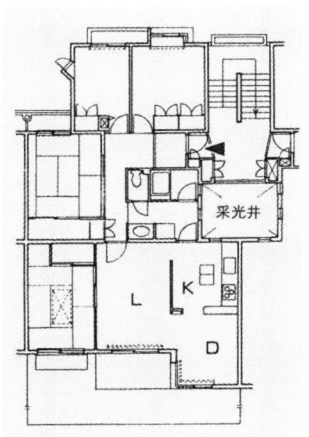

图 3-250　住宅工团标准设计示例 3：4LDK 97 m²

（图片来源：（日）日本建筑学会编，新版简明住宅设计资料集成［M］.滕征本等译.北京：中国建工出版社，2003.6.P46.）

①　（日）井出建、元仓真琴编著，国外建筑设计详图图集.12：集合住宅［M］.卢春译.北京：建筑工业出版社，2004-09.P86.
②　（日）日本建筑学会编，建筑设计资料集成——居住篇［M］.重庆大学建筑城规学院译.天津：天津大学出版社，2006.4.P86.
③　张菁，刘颖曦.战后日本集合住宅的发展［J］.新建筑，天津大学建筑学院，2001.02.P47-49.

8. 美国：预制构件商品化与技术专业化

美国未出现过欧洲国家在第二次世界大战后曾经遇到的房荒问题，发展住宅建筑工业化的道路与其他国家不同。美国物质技术基础较好，商品经济发达，他们的住宅工业化在20世纪七八十年代已达到较高水平。这不仅反映在主体结构构件的通用化上，而且特别反映在种类制品和设备的社会化生产和商品化供应上。

除工厂生产的活动房屋（Mobile Home）和成套供应的木框架结构的预制构配件外，其他混凝土构件与制品、轻质板材、室内外装修以及设备等产品十分丰富、数达几万种，用户可以通过产品目录，从市场上自由买到所需产品。20世纪70年代，全国有混凝土制品厂三四千家，所提供的通用梁、柱、板、桩等预制构件共八大类五十余种产品，其中应用最广的是单T板、双T板、空心板和槽形板。美国建筑砌块制造业立足于砌块品种的多样化。全国共有不同规格尺寸的砌块2 000多种，在建造建筑物时可不需砖或填充其他材料。轻质板材、装修制品以及设备组合件，品种繁多，可供用户任意选择。美国发展建筑装饰装修材料的特点是基本上消除了现场湿作业，同时具有较为配套的施工机具。厨房、卫生间、空调和电器等设备近年来逐渐趋向组件比，以提高工效、降低造价，便于非技术工人安装。

此外美国在现场施工方面，分包商专业化程度很高、专业分工很细，为在建筑业实现高效灵活的总—分包体制提供了保证。模板工程从设计到制作已成为独立的制造行业，并已走上体系化道路。现场运输由专业公司承担，同时兼营挖掘、搬运、支垃圾、清理现场等业务。在旧建筑拆除方面，有几百家小公司专门从事控制爆破拆除技术，同时兼营场地平整、托运等项目。机械设备租赁业较发达。据悉美国一家设备租赁公司70年代的年租金额就有二十多亿美元。机构租赁业的发展避免了建筑企业资金积压，提高了机械的利用率。[①]

9. 中国

"文革"结束后，在住房体制改革的带动下，住宅建设快速发展，随着城市化水平的提高和人口的膨胀，使得城市建设用地更加紧张。如何在有限的土地中解决更多人口的居住问题便成为住宅建设的关键问题之一。严格控制住宅面积标准是缓解住宅紧张的重要措施，在此条件下，采用工业化住宅体系，可以得到更高的建筑面积。例如，1978年国家标准规定："每户建筑面积一般不超过42平方米，如采用大板、大模等新型结构，可按45平方米设计……"[②]

我国工业化住宅建筑也有了较大的发展。据不完全统计，1977年仅建工系统采用工业化建造的住宅面积为174万平方米，占当年竣工的6.1%（过去只占

① 佚名.美国住宅建设工业化的特点[J].中国建设信息，1998（36）.P38.
② 吕俊华，彼得·罗，张杰.中国现代城市住宅：1840—2000[M].北京：清华大学出版社，2003.1.P209.

1%～2%）。大城市发展尤为迅速。如北京达到了30%左右，上海超过了50%。目前各地采用的大模板现浇墙体的方法，预制大板全装配的方法，利用粉煤灰、煤矸石和混凝土制作中小型砌块砌筑的方法，以及采用钢筋混凝土构件做成框架、内外墙采用轻质板材的方法等，把建筑设计、材料选用、构件制作、运输方案、施工方法、机械配套以及组织管理等各个环节，加以综合考虑，配套解决，逐步向工业化住宅建筑体系发展，为实现建筑工业化，加快住宅建设步伐走出了新的路子。[①]

1）住宅预制技术的空前发展和工业化住宅体系的兴起

在进入20世纪70年代，预应力空心板等技术已在国内普遍推广应用，板宽0.9 m或1.2 m，常用跨度为2.7～3.9 m，以长线台座钢管抽芯法加工生产。其极少的钢筋用量与较高的楼板抽空率具备了相当理想的经济指标，再加上生产工艺简单成熟，产品质量易于保证，使之在中国城乡，特别是四川、浙江、江苏等地成为一种极为普及的技术。[②]

20世纪70年代，为了解决城市人口与土地的矛盾，北京、上海等一些大城市开始建设高层住宅。在60年代住宅工业化发展的基础上，高层住宅的建设开始大量地采用工业化施工方法，例如上海地区普遍使用的滑升模版技术。由于传统的承重墙结构与地层商业要求的大空间之间存在冲突，所以在一些高层住宅中开始使用框架结构。[③]

1976年唐山大地震后，砖混住宅中开始设置构造柱和圈梁。砖混住宅除砖砌体须手工完成外，其他部分主要由机械施工，因此，可以说是部分工业化的住宅体系。[④]

除砖混住宅外，在中国还发展了砌块住宅、装配式大板住宅、大模板住宅、滑模住宅、框架住宅、隧道模住宅、盒子住宅等住宅建筑体系，其中应用比较广泛的是：大板住宅、大模板住宅、砌块住宅和框架轻板住宅。

（1）大板住宅建筑

1958年开始试点，1966年以后发展较快。据不完全统计，至1977年底，北京、南宁、昆明、西安、沈阳等地共建大板建筑约100万平方米。[⑤]

20世纪70年代，大板建筑的板材大体有以下几种：外墙板有单一材料的实心和空心大板（包括普通混凝土、轻混凝土和硅酸盐制品）、复合材料大板（包括加气

① 南宁全国工业化住宅建筑会议特约通讯员.国内工业化住宅建筑概况和意见[J].建筑技术,1979/01.P6-8.
② 董悦仲等编.中外住宅产业对比[M].北京：中国建工出版社,2005.1.P85.
③ 吕俊华,彼得·罗,张杰.中国现代城市住宅：1840—2000[M].北京：清华大学出版社,2003.1.P179.
④ 胡世德.北京住宅建筑工业化的发展与展望[M].北京中国建筑中心科技信息研究所,1993.P21.
⑤ 南宁全国工业化住宅建筑会议特约通讯员.国内工业化住宅建筑概况和意见[J].建筑技术,1979/01.P6-8.

混凝土和玻璃棉夹芯)和振动砖板等。内墙板有实心板(包
括普通混凝土、轻混凝土和硅酸盐制品)和空心板(普通混凝
土)。其中以普通混凝土空心板、轻混凝土实心板和振动砖板
使用较多。

　　对于住宅建设中节约问题的重视,反而促进了住宅工业
化体系的研究与发展。60 年代,发展最快的是大板和振动
砖壁住宅。由于振动砖壁板钢筋水泥的用量少,而砖板经过
振动密实后,强度和整体性大大提高,一方面墙体可以很薄,
提高住宅的面积系数;另一方面,为更合理地使用黏土砖开
辟了新途径。[1] 北京市从 1958 年开始试建大型薄腹壁板住
宅,[2] 60 年代起转向振动砖壁板的研究。到 1965 年,已在几个
小区成片地建造了振动砖壁板住宅,这些住宅大多数是采用
北京市建筑设计院设计的 64 板住 1 型标准设计或稍加改动完
成的。1963 年在上海、天津建造了陶粒混凝土的壁板住宅实
验楼。在沈阳则利用工业废料建造了湿碾矿渣炉渣混凝土壁
板住宅。

　　大板建筑的优点是:装配化程度高、抗震性能好、施工
速度快、工效高,而且不受季节影响,可以常年组织生产和施
工,同时可以大量利用工业废料。缺点是:北方地区由于抗
震、防寒等因素,大板建筑的用钢量大,用水泥多,造价高。大
板建筑工业化装配程度高,每平方米建筑现场用工一般在
1.5 ～ 2.0 个工日左右。[3] 南宁、昆明等地区的大板建筑,钢材
用量和造价接近当地的砖混结构建筑,可以在南方低烈度地
震区的多层住宅建筑中普遍采用。

　　大板建筑在国外是一种比较成熟的建筑体系。从我国发
展的情况来看,也是一种切实可行的建筑体系。20 世纪 70 年
代以前,由于轻质材料没有发展起来,特别是没有创造成片成
街大面积连续施工的条件,因此,它的优越性还没有充分发挥

图 3-251　大板住宅施工现场

(图片来源:吕俊华,罗彼得,张
杰.中国现代城市住宅:1840—
2000[M].北京:清华大学出版
社,2003.1.P182.)

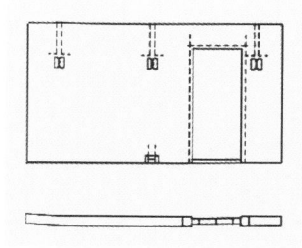

**图 3-252　上海陶粒混凝土大
板住宅:陶粒混凝土横墙板**

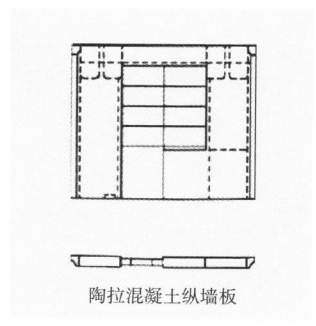

陶拉混凝土纵墙板

**图 3-253　上海陶粒混凝土大
板住宅:陶粒混凝土纵墙板**

---

① 建筑科学研究院工业与民用建筑研究室.住宅建筑结构发展趋势[J].建
　筑学报,1960(1).P32—35.
② 周金祥.建筑标准设计.中国建筑年鉴(1984—1985)[M].北京:中国建
　筑工业出版社,1985.P348.
③ 南宁全国工业化住宅建筑会议特约通讯员.国内工业化住宅建筑概况和
　意见[J].建筑技术,1979/01.P6—8.

图3-254 大模板住宅施工现场

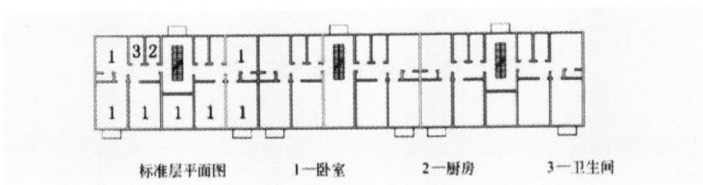

图3-255 上海陶粒混凝土大板住宅：标准层平面图

标准层平面图　　1一卧室　　2一厨房　　3一卫生间

（图片来源：吕俊华，彼得·罗，张杰.中国现代城市住宅：1840—2000［M］.北京：清华大学出版社，2003.1.P157.）

出来。80年代，大板建筑在北方有些地区仍存在用钢量大、用水泥多、造价较高的问题。

（2）大模板住宅建筑

大模板住宅建筑是1974年开始发展起来的，现在全国共建了80余万平方米，主要有"内外墙现浇"、"内浇外挂"和"内浇外砌"三种形式。20世纪70年代我国"内浇外挂"大模板建筑的现场土建用工量每平方米一般为2.0～3.0个工日，比砖混结构工效有所提高，工期也有所缩短。在地震区，"内浇外砌"的大模板建筑，其造价和用钢量都与砖混结构相近。

当时，大模板住宅建筑与砖混结构相比，还存在水泥用量大、寒冷地区冬季施工比较困难等问题。在多层住宅建筑中采用"内浇外挂"的结构形式时，用钢量和造价均增加较多。外墙采用砌砖或砌块的大模板建筑比较经济、现实，但现场需增加砌筑的作业班。因此，在当时条件下，在许多地区采用内墙大模板现浇，外墙采用现浇、现砌、挂板等多种形式。当时条件下，制作大模板虽然一次用钢量比较大，但是如一套钢模板按周转400次摊销计算，每平方米建筑面积的钢模用钢量约0.8公斤。[①]

1977年时，提出"外砖内模"，即砖砌的外墙和现浇大模板内墙相结合的体系。外砌利用了砖价低廉和保温隔热功能较好的优势；内墙用现浇14 cm混凝土墙，具有结构性能好、墙体减薄的优点，使用面积可增加约4%，砌砖抹灰减少一半以上。"外砖内模"体系的工艺设备简单，建房的综合机械化水平

图3-256 砌块住宅施工现场

（图片来源：吕俊华，罗彼得，张杰.中国现代城市住宅：1840—2000［M］.北京：清华大学出版社，2003.1.P157、182、136.）

① 南宁全国工业化住宅建筑会议特约通讯员.国内工业化住宅建筑概况和意见［J］.建筑技术，1979/01.P6～8.

可以达到50%～60%,现场单方用工可平均节省0.2个工左右,平均总工期缩短6%,它兼具大模板和砖棍住宅两者的优点,并与我国当时生产技术和组织管理水平比较适应,经济效果和使用功能都比较理想,是适宜于在大中城市、大面积推广的工业化住宅体系。因此,发展迅速,如北京在1979年竣工37万m²,1981年正在施工的达60万m²。[1]

(3)砌块住宅建筑

砌块住宅建筑从1957年开始发展,在南方地区被大量采用,北方部分地区也开始推广。据不完全统计,全国各种砌块年生产能力100多万m³,80年代初已建成600多万m²建筑,仅1977年一年就建成了近140万m²。以北京为例,1955年到1979年共建设了砌块住宅10.3万m²。上海1961年采用工业废料制成的硅酸盐砌块建造住宅30多万m²,节约8 000多万砖。[2]

砌块建筑可以大量利用工业废料,如粉煤灰、煤矸石、炉渣、矿渣、尾矿粉等。并可利用本地资源,如采用连砂石混凝土、细石混凝土等。其中以利用工业废料的砌块最多,70年代末,建成的砌块建筑达400万m²。当时砌块形式有空心、实心中小型两种类型。中型砌块重约200～300公斤,小型砌块重在20公斤以下。实心粉煤灰中型砌块多在工厂生产,中小型的空心砌块有各种成型机进行成批生产。[3]

砌块建筑的优点是:施工简便、造价低、适应性强,还可以大量利用工业废料和本地资源。砌块建筑平面和空间布置方便、灵活。同时,施工工期比砖混结构缩短1/4至1/3,造价降低10%。砌块建筑的主要问题在于砌块本身,比如砌块的抗压、抗拉能力、保温隔热性、砌筑技术等。

1957年北京地区建设的洪茂沟住宅区中就应用了大型砖砌块体系。该住宅建筑层高2.8 m,外墙由两皮砖砌块和一皮混凝土过梁组成,纵墙承重。砌块有47种规格,由砖厂用砌砖机生产,现场由两台起重机吊装。此后经过近30年的发展,砌块技术日益成熟。[4]

浙江从1974年开始研究空心砌块住宅建筑的设计、生产、施工等方面的成套技术,完成了九套住宅通用设计,包括有屋面水箱、厕所盒子在内的19种构配件。浙江推行的砌块具有块大(每块相当于几十到一百多块黏土砖)、空心、墙体薄、强度高等特点。和砖棍结构相比:自重减轻40%,使用面积每户可多1.5 m²。其缺点是热

① 知慧.概述国内几种工业化住宅体系的经济效果[J].住宅科技,1981.03.P14-15.
② 吕俊华,彼得·罗,张杰.中国现代城市住宅:1840—2000[M].北京:清华大学出版社,2003.1.P157-158.
③ 南宁全国工业化住宅建筑会议特约通讯员.国内工业化住宅建筑概况和意见[J].建筑技术,1979/01.P6-8.
④ 胡世德.北京住宅建筑工业化的发展与展望[M].北京中国建筑中心科技信息研究所,1993.P16.

图3-257 北京洪茂沟砌块
住宅外观

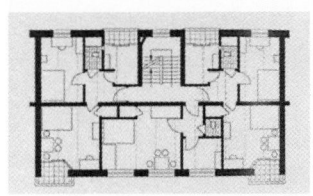

图3-258 北京洪茂沟砌块
住宅平面

图3-259 框架轻板住宅施
工现场

（图片来源：吕俊华，罗彼得，张
杰.中国现代城市住宅：1840—
2000［M］.北京：清华大学出版
社，2003.1.P136.）

工性能较差。

广州采用当地资源丰富的水泥、石渣和碎石制作小型混凝土空心砌块，主规格为390×190×190，可完全不用黏土砖镶嵌，工效比砌黏土砖快一倍。砌筑时，在建筑物四角、楼梯间四角和纵横墙交接处的小砌块孔洞中，插筋、捣灌混凝土以形成钢筋混凝土芯柱，并与每层设置的圈梁联结，增强了建筑物的整体刚度，因而抗震性能较好。适宜于建六层住宅，1980年计划竣工20万 m²。

上海地区推广粉煤灰密实砌块，综合经济效果要比传统的砖棍建筑好。今后每年如利用50万吨粉煤灰生产100万 m³砌块，3万吨粉煤灰生产6万 m³加气混凝土板材，就可供上海建造300万平方米住宅用的墙体、屋面板。[①]

（4）框架轻板住宅建筑

框架轻板体系建筑是由传统的框架结构和新型轻质板材组合而成，从1975年开始试点，20世纪70年代起全国很多省、市开始试点，个别地区已重点推广。框架轻板建筑的突出特点是，采用钢筋混凝土框架的承重结构，自重轻（500 kg/m²），有利于抗震，减少运输量，简化基础工程的设计与施工，可以大量利用工业废料制作新型轻质墙体。同时，房间布置比较灵活，适应性强，可以与公共建筑实现通用化、系列化。而且水泥用量少，施工速度较快。根据20世纪70年代一些试点工程试验结果，其自重做到每平方米400～600 kg，水泥用量65～100 kg斤，用钢量与其他体系相当，用工量在2.5个工日左右。

（5）全装配式大板结构体系住宅建筑

20世纪80年代初，北京等地从东欧引进住宅建造工业化的标志性技术——全装配式大板结构体系。装配式大板体系的优点是壁薄、有效使用面积可增加5%，结构自重（900 kg/m²）比砖混体系（1 500 kg/m²）轻40%左右，其抗震能力大于相同建筑平面布置的砖混结构的三倍，施工工期为砖混结构的2/3，机械化程度高，劳动强度低。[②]

① 知慧.概述国内几种工业化住宅体系的经济效果［J］.住宅科技，1981.03.P14-15.
② 知慧.概述国内几种工业化住宅体系的经济效果［J］.住宅科技，1981.03.P14-15.

该体系所有墙板楼板都为工厂生产的大块的预制板,外墙还带有保温层与饰面层。施工现场由吊车安装,节点钢筋现场焊接,再后浇连接为整体,具有工厂化程度高、现场施工快、整体件较好等优点,这些特点使装配式大板结构一度成为北京高层住宅的主要结构形式之一。

(6)其他工业化住宅体系

对于其他形式的装配式住宅,如盒子结构多层住宅体系、南斯拉夫板柱体系,都有一定的试点应用,但由于各种原因最后都没有得以推广与发展。

中国住宅建设预制技术在20世纪80年代末达到顶峰,多层住宅以采用预应力空心板体系为主,高层住宅以装配式大板结构体系为主,这两大类预制体系对于中国20世纪70—80年代的住宅建设做出了杰出贡献。[1]

2)对住宅设计多样化与适应性的探索

住宅建设的标准化与住宅形式多样化的矛盾是住宅发展过程中的必然,这个时期围绕住宅设计中的标准化与多样化,在学习国外比较成熟的理论基础(如SAR)上,做了不少有益的研究和尝试,特别是一些建筑院校在参与工程实践中,由于其理论研究的优势,创造了一些优秀作品,其思想对以后的住宅设计都产生了一定的影响。不过,由于这些设计的相对超前性,在当时进行了一定的试点后,都没有得到大范围的推广。

住宅建设中的标准化和多样化表现在两个方面,其一,构配件工业化生产的标准化和多样化;其二,住宅设计上的标准化与多样化。将两者有效结合起来的方法就是发展体系化设计。体系设计解决标准化和多样化的主要手法是"组合"。首先确定建筑模数,其次是确定"组合"方式。当时,比较常用的组合方式为单元定型组合和以户为单位灵活划分空间。单元定型组合是采用一些平面参数,并确定这几种平面参数可以形成的"基本间",由基本间形成组合单位,再组成单元或直接组成建筑。当时中国对住宅面积标准有严格的规定,户型

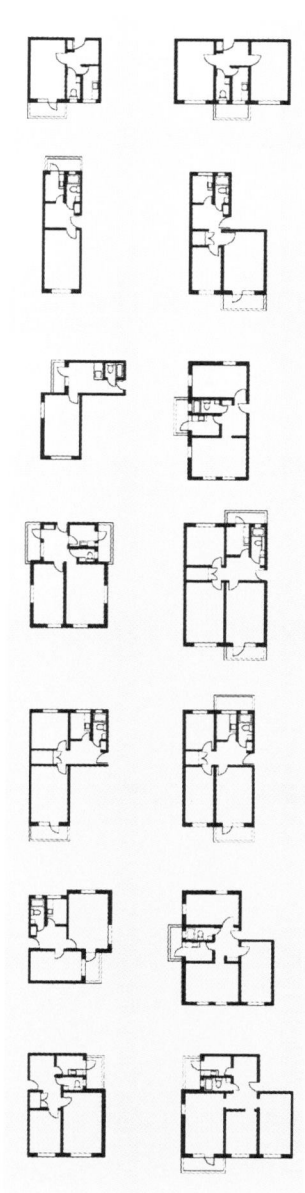

图3-260　天津市1980年住宅标准设计——14种基本户型

(图片来源:吕俊华,罗彼得,张杰.中国现代城市住宅:1840—2000[M].北京:清华大学出版社,2003.1.P213.)

---

[1] 董悦仲等编.中外住宅产业对比[M].北京:中国建工出版社,2005.1.P86.

变化有限,所以采用单元组合的体系比较经济,因此这种住宅得以较大的发展。

(1)天津市1980年住宅标准设计

天津市1980年住宅标准设计的特点是以"户"作为最基本的研究对象,通过"定型房间(基本房间)——定型户(标准化基本单位)——组成单元(标准设计的表达形式)——组成住宅个体(使用标准设计)"的方式进行设计。在对户型、人口、平面参数、面积指标等多方面的综合分析之后,确定了14种基本户型,其面积幅度为31.8 ~ 66.52 m²,并将这些"户"作为标准化的基本单元加以定型。用这14种户型可以组成12种单元,这些单元再根据不同的建设地段和使用要求组成住宅个体。

(2)东南大学支撑体住宅

图3-261　东南大学支撑体住宅多样化户型

(图片来源:吕俊华、彼得·罗、张杰.中国现代城市住宅:1840—2000[M].北京:清华大学出版社,2003.1.P216.)

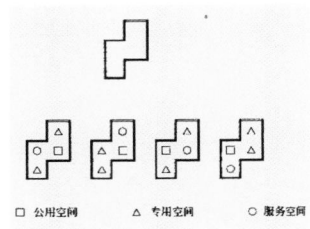

图3-262　支撑体单元和单位支撑体功能与空间关系

从1984年开始,南京工学院(现东南大学)在无锡进行了支撑体住宅的研究与实践,重视居民对设计过程的参与。支撑体住宅设想把住宅分为两个范畴,即支撑体部分和可分体部分。前者包括承重墙、楼板、屋顶等,后者包括内部轻质隔断、组合家具等,两者分开设计和建造,为住户参与提供可能,同时也可以结合"国家与个人共同负担"的房改政策,两部分分别由国家和住户投资,支撑体部分由投资、管理、设计部门负责,用户有对可分体部分类型、标准、规格、布置方式等的选择权和决定权。[①]

住房商品化放松了对住宅标准的限制,住宅的使用功能得到前所未有的重视。合理满足人们的生活方式和生活水平和对住房作为消费品的特殊性,要求住宅要有较强的适应性和灵活性。在面积有限的情况下,基于"套型",住宅设计的适应性和灵活性成为完善住宅使用功能的重要因素。

对住宅适应性和灵活性的研究是对前一时期住宅标准化和多样化的进一步发展,较为广泛。总起来讲,其基本方法都是在体系设计的基础上,以户为单位灵活划分空间,往往应用于大开间、大柱网体系,户型面积不发生变化或变化小,通过在户内设置灵活隔断产生不同户型,使住宅可以按照不同的意愿进行变化。

3)工业化住宅体系的经济效果比较

20世纪80年代初,我国在技术上比较成熟、试验推广较多的工业化住宅建筑体系有砌块、装配式大板、大模板和框架轻板等四种。但因种种原因工业化体系的经济效果尚不理想,有预制程度越高、机械化程度越高、经济效果越差的情况。如24砖墙23元/m²,加气混凝土墙34.3元/m²,混凝土墙36元/m²,而用石膏板墙则需60元/m²。但在某些地方,注意从当地的技术、经济、资源条件出发,发展适宜的工业化体系,则经济效果较好。各体系每平方米建筑面积造价比较见表3-1。

例如,框架轻板体系在20世纪80年代初尚存在造价贵、使用功能有缺陷等问题。原来横向承重的住宅建筑中,内墙既是受力部件,又是分隔部件,而在框轻体系中,改由框架承重和轻质墙分隔。框架结构本身的造价已高,预制轻质墙板的出厂价也高;为了防震,还要增添部分剪力墙;再加运输和安装的损耗,致使建筑造价提高。而苏州的框架轻板体系,由

图3-263 无锡支撑体住宅外观1

图3-264 无锡支撑体住宅外观2

(图片来源:吕俊华,罗彼得,张杰.中国现代城市住宅:1840—2000[M].北京:清华大学出版社,2003.1.P216.)

[①] 吕俊华,彼得·罗,张杰.中国现代城市住宅:1840—2000[M].北京:清华大学出版社,2003.1.P211—213.

表3-1　20世纪80年代初我国各工业化住宅体系每平方米建筑面积造价比较[①]（单位：元）

		北京	上海	沈阳	武汉	苏州	广州	南宁
砖　混		72～77	72	88	87	80	100	61
砌　块			69				106	
大模板	内浇外砌	73～80	76	97				
	内现浇			112	101			
	内浇外挂	102～113	85	130				
装配式大板	空心				102		130	63
	实心	110～118		141				
框架轻板		118～147			127	90		

（表格来源：知慧.概述国内几种工业化住宅体系的经济效果[J].住宅科技,1981年03期.P14-15.）

于利用了当地工业废料磷石膏和砂石资源,造价比其他城市略低。此外,在使用功能方面,当时国内生产的各种墙板还不能完全满足隔声、防潮、保温等要求。

大模板建筑体系的全现浇方式,建筑造价相对较高,水泥钢材耗用量较多,但整体性、抗震性能好,唯冬季施工养护问题尚待研究解决。"内浇外挂"与砖混体系相比,因造价贵、钢材多用一半,水泥多用80%,建筑的技术经济效果不够好,但与一般高层框架建筑相比造价低10%以上,工期约短一半,用工量节省一半,用钢量少20%,水泥则多用10%～20%左右,所以较适宜于建造高层建筑。此外,外挂墙板的防水、隔热、保温问题还没有很好解决。

全装配式大板结构体系虽然有诸多优点,但建立生产钢筋混凝土大板的构件厂一次投资大,建厂时间长,造价高。如北京市第三构件厂投资2 000多万元,形成年生产12万 m³ 大板成套构件、30万 m² 建筑面积的生产能力。折合每平方米建筑面积一次投资费用约70元,因而大板体系的总造价较贵。在使用功能方面,板厚14.5 cm的多孔混凝土大板作为围护结构的保温、隔热、隔声性能尚不能符合低限度的要求。在南宁市,由于当地水泥工业发展,加上地处亚热带、构件在现场预制、自然养护,大大减少了构件运输费,降低了造价,经建工总局组织鉴定,具有材料单一、工艺比较成熟,装配化程度高、投资省、上马快,技术经济指标较好等优点。

经过对20世纪80年代初国内几种工业化住宅体系的经济效果进行比较,可见在当时的经济技术条件下:框架轻板体系暂不宜用于大量建造多层住宅;大模板建

[①] 表内数字根据中国建筑科学研究院调研室资料。北京、上海、沈阳按 ±0以上土建工程计算,其他城市的包括基础部分。

筑体系的"内浇外挂"形式适于高层建筑,"内砖外模"适宜于在大中城市大面积推广;全装配式大板结构体系总造价较贵,有待进一步试验研究以日趋完善;而砌块体系经20多年的实践检验,是技术可靠、经济易行的工业化住宅建筑体系。[①]

3.4.5　其他试验性工业化住宅

（1）英国：游艇住宅,1985年

1985年,理查德·霍登（Richard Horden）设计游艇住宅,英国新森林。以铝制的制造游艇的部件建造而成。这种住宅强调"技术传递"的思想,这一思想持续影响着高技派建筑师。

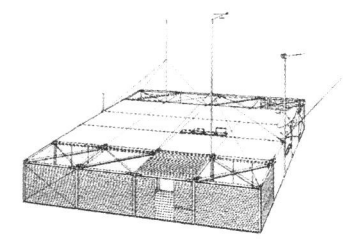

图3-265　理查德·霍登设计的游艇住宅细部,英国新森林,1985年　图3-266　理查德·霍登设计的游艇住宅轴测图

（图片来源:（美）理查德·韦斯顿著.20世纪住宅建筑［M］.孙红英译.大连:大连理工出版社,2003.9.P85.）

（2）荷兰：MARKIES住宅,1986年

1986年,荷兰建筑师Eduard Böhtlingk设计了"MARKIES"住宅。该住宅是"临时住宅设计比赛"中的一种设计思想,可移动的拖曳式周末度假房。在集装箱形的空间,可倒式的墙壁成为扩充部分的地板,蛇腹式的顶盖随可倒式墙壁的倒下而展开,像打开扇子一样。在极小的空间划分出3个区域,中心部分为用水区域,两侧分别为起居室和卧室。顶盖准备了半透明和不透明2种,打开方向可由气候和人工调节,只开一

图3-267　MARKIES住宅展开过程

图片来源:（日）日本建筑学会编.建筑设计资料集成——居住篇［M］.重庆大学建筑城规学院译.天津:天津大学出版社,2006.4.P65.）

---

① 知慧.概述国内几种工业化住宅体系的经济效果［J］.住宅科技,1981.03.P14-15.

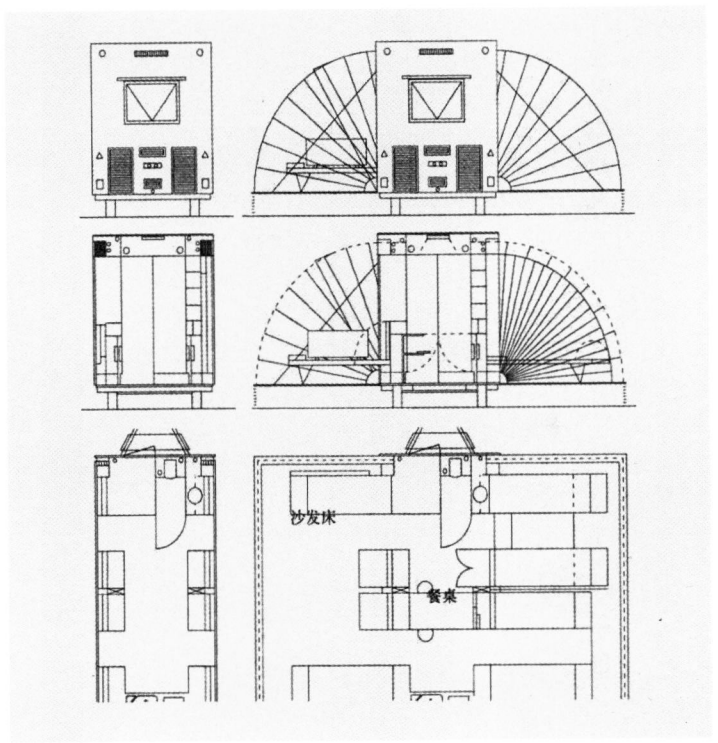

图3-268 Eduard Böhtlingk设计的MARKIES住宅

（图片来源：（日）日本建筑学会编，建筑设计资料集成——居住篇［M］.重庆
大学建筑城规学院译.天津：天津大学出版社，2006.4.P65.）

半作为阳台之用也是可能的。①

3.5 可持续发展目标下的部品体系化：
20世纪90年代至21世纪

3.5.1 时代背景

1）全球化

社会主义与资本主义阵营的"冷战"随着1991年苏联解体而结束。社会思潮
的多元化由于苏东巨变而直接发轫，意识形态的对垒转化为多种文化价值观念的冲

---

① （日）日本建筑学会编，建筑设计资料集成——居住篇［M］.重庆大学建筑城规学院译.天津：天津大
学出版社，2006.4.P65.

突。社会主义运动在全世界范围内走向低潮,以资本主义文明为代表的西方文化取得强势。

20世纪人类发展的最后二十年,科学技术的发展在多方面极大地改变了人类的面貌,几乎席卷了整个世界的全球化浪潮也相当引人注目。随着生产、金融、贸易等活动在全球范围内扩散,WTO的持续扩张,以柏林墙德倒塌为标志的冷战时代的结束,日益加深的全球化越来越模糊了意识形态的分野。人们迎来"全球化时代"。

全球化成了社会思潮发展的一种载体和助推器。在当代哲学、政治学、经济学、社会学、宗教学、马克思主义理论等众多领域,出现了西方马克思主义、女权主义、市场社会主义、"第三条道路"、非理性主义、后现代主义、全球化思潮和消费主义等各种社会思潮。

2）信息革命

信息化问题的提出和发展只有不到60年的时间,从贝尔1950年提出"后工业社会"的概念,到现在信息社会的广泛认知,我们经历了五次信息技术的重大变革,从计算机革命,到信息系统的广泛应用,到存储革命,到信息网络,到数字文化生活,逐步将信息思潮固化到社会思想体系,成为社会反复吟唱和探讨的时代话题。

信息革命的成功极大地影响当今社会的主流文化走向,并在某种程度上带来了社会主体的思维变迁。社会信息化是当今社会发展的一个重要现象,在它的牵动下,社会政治、经济、文化等领域正发生深刻变革。与此相应,社会信息化对主体性的影响也日益凸显出来。信息技术的应用,使劳动方式发生革命性变化,以全新的思维方式促进主体性发展,使思维方式发生多方面的变化。

在工程建设领域,计算机应用和数字化技术已展示了其特有的潜力,成为工程技术在新世纪发展的命脉。在过去的20年中,CAD(Computer Aided Design)技术的普及推广使建筑师、工程师们从手工绘图走向电子绘图。将图纸转变成计算机中2D数据的创建,可以说是工程设计领域第一次革命。CAD技术的发展和应用使传统的设计方法和生产模式发生了深刻变化。BIM——建筑信息模型,为工程设计领域带来了第二次革命,从二维图纸到三维设计和建造的革命。同时,对于整个建筑行业来说,BIM也是一次真正的信息革命。

3）可持续发展

可持续发展理论的形成经历了相当长的历史过程。20世纪50至60年代,人们在经济增长、城市化、人口、资源等所形成的环境压力下,对增长等于发展的模式产生怀疑,起于1980年代的绿色运动,最后在1992年联合国环境与发展大会上可持续发展要领得到与会者共识与承认。

在这种社会环境下,1990年代,开放式建筑理论再次被讨论,而此时的理论运

图3-269　英国伦敦科尔曼街办公楼

图3-270　英国伦敦科尔曼街办公楼施工过程

（图片来源：Customer Project: One Coleman Street—Decomo[EB/OL]. http://www.scia-online.com/eNews/en/eNewsMarch08_EN.html, 2008-12-23.）

图3-271　科尔曼街办公楼立面细部

（图片来源：Graham Bizley. One Coleman Street, City of London[J]. In detail, 22 February 2008. P15.）

用再也不仅是针对使用者的使用性能作讨论，而是更针对全球的可持续发展议题更深一层的探讨。现阶段的开放式理论的衍生与运用主要功能约可分为两大方向：多样化的选择性和可持续发展。两者功能是具关联性的，多样化选择下所产生的是对于整个自然环境的资源浪费及环境的破坏；可持续发展课题也为此而萌生。但换角度来说，建筑环境的可持续发展也因多样化选择需求而有对建筑废弃物减量概念所产生；此两者间互为发展。而开放式建筑主要目的亦在于发展多样化选择空间、产品或材料的循环再利用以及最终的经济性。

2000年以后，作为可持续开放住宅的特性，填充体产品分类拆除，再生利用的可行性以及可装配性发挥了积极的作用。

3.5.2　预制混凝土技术的发展

随着PCa的发展，PCa住宅的质量不断提高，它的发展与经济上的高效和能源节约的联系将更加紧密。进入2000年以后，在之前发展的基础之上PCa的发展趋势有以下几个方面。

建筑/住宅的技术越是复杂，对品质、效率的要求越高，依赖PCa的程度越高。基于高度发展的信息化和设计制造能力，摆脱传统材料的单一型，朝着复合型（High brid）PCa的综合技术解决方式发展。PCa对绿色建筑的贡献将越来越大，PCa工业化方式可减少现场混凝土浇筑模板的使用，大幅度改变对地球环境的破坏，从而保护生态平衡，还可以通过减少脚手架、钢筋搬运以及包装等环节节省资源、提高效率。另外，随着欧洲新建建筑市场的不断缩小，对既有建筑/住宅的功能提升和再生改造的大量需求，成为PCa工业化的新领域。[①]

当今欧洲预制混凝土技术发展的程度，可以用位于英国伦敦中心金融区科尔曼街（One Coleman Street）的一栋面积20 000 m² 的9层办公楼作为例证。该项目的建筑师为David Walker Architects and Swanke Hayden Connell，结构设计Arup公司，预制混凝土承包商是比利时的Decomo公司（Decomo公

---

① 范悦.PCa住宅工业化在欧洲的发展[J].住区，2007.8（总第26期）：P32-35.

司因为该项目提供专家建议和卓
越的制造效果而受奖）。

　　该建筑由棱角形的预制混凝
土部件构成的具有雕塑感的立面
非常别致。使用预制混凝土，使项
目的立面效果具有极高的可预测
性，完成面的高质量也超过了设计
者对石灰石的要求。

　　典型的梁柱立面结点被设计
成为所有波浪形立面周围的上层
建筑受力。尽管看起来很复杂，但
实际上制造这些预制混凝土构件
仅需三个模具：底层柱、上层柱和
梁。可移动的木制末端可沿模具
的钢板滑动，以控制立面构件的不
同长度。每个立面部件允许2～
3 mm的扩大，以便在暴露的表面进
行打磨。在检验了25个样品以后，
设计者选择了白水泥和四种不同
聚合物的混合材料制作立面构件。

　　混凝土板边缘有一个钢制边
角，以符合预制混凝土板背面的形

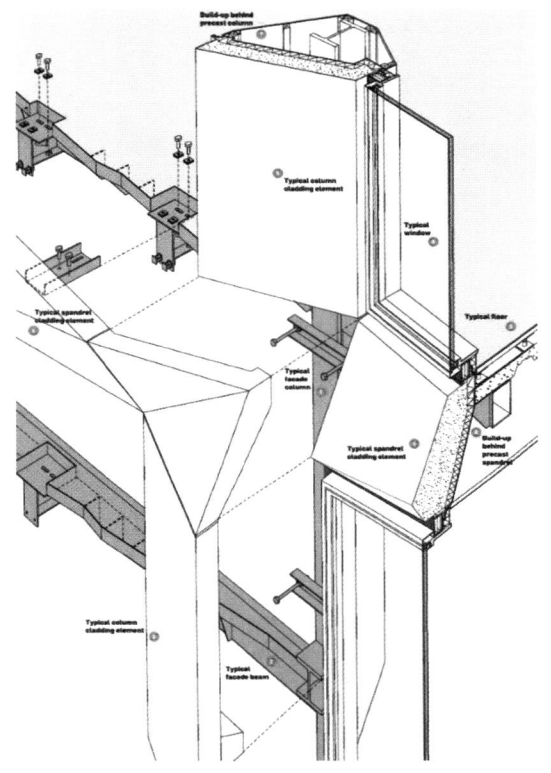

图3-272　英国伦敦科尔曼街办公楼立面构造细部

（图片来源：Graham Bizley. One Coleman Street, City of
London［J］. In detail, 22 February 2008. P15.）

状，并用来降低楼层间防火分区带来的空隙。柱构件由混凝土梁支撑，并被预制混
凝土构件后的钢结构上突出的托架和混凝土沟槽等构件固定。铝合金窗通过不锈
钢托架固定在预制梁构件上，边缘用光滑的不锈钢材质覆盖。[①]

　　在项目早期就介入的比利时预制混凝土公司Decomo，保证了该建筑立面的成
本和工期。他们发明了一种独创的滑动模板系统用于调整预制构件，这些构件在
GPS的帮助下得以精确定位在钢结构上。

　　Decomo公司的内部设计部门采用了"Allplan"设计软件，得到最佳的几何形
式，并对典型单元进行了三维模拟。在"Allplan"软件的帮助下，该项目没有出现任
何预制、安装和工期上面的问题。由于建筑平面是卵形的，Decomo公司共设计和生
产了425个部件，每个部件在整个结构重复不到6次，最重的预制柱重达7.5吨，最长

---

① Graham Bizley. One Coleman Street, City of London［J］. In detail, 22 February 2008. P15.

的梁达 4.6 m。^①

3.5.3 开放建筑的发展和实践

1. 开放建筑理论发展的新阶段

开放建筑理论理念自 20 世纪 60 年代被提出以来，在很多国家被推广和应用。除了以荷兰为代表的欧洲国家，开放住宅还传播到包括中、日、韩在内的亚洲国家。

20 世纪 80 年代到 90 年代，开放建筑由发展建住宅层级的营建系统转向发展在室内层级的营建系统，或称之为填充系统（Infill system）。以内装系统的产品提供空间变化的自由度，与建筑结构本身是否符合第二阶段发展的结构布局无关，因此，不论新建筑兴建还是旧建筑改建更新皆可使用。最有名的实例是荷兰 MATURA 填充体部品体系（Matura Infill System），其基本上是一个地板系统，可与其他市场上既有的内装建筑构件结合使用，可谓是第一套开放系统的产品。其关键技术是近乎无坡度的排水及弹性结合的电缆线。日本随后建立了 KSI 实验室，积极开发各种内装系统。这一时期是开放建筑理论发展的第三阶段。

1990 年代以后到今天可以成为开放建筑理论第四阶段，主要是发展建筑构件的界面构造技术（interface technology）。为了适应可持续发展的复杂需求，开放的界面构造正是其中的一个关键技术，目标是在整个建筑拆除的过程中减少物质损耗和增大构件再使用的潜力，以减少环境的负荷及能源与资源的消耗，因此对于"物质减量"及"零废弃物"的理想有实质的帮助。目前荷兰政府正在推动的 IFD 技术（Industrialization, Flexibility and Demountability），将发展干式拆组的构法与工法，可应用于楼板、内装及外墙（Cuperus, 2001）。

由上述开放建筑理论的发展可见，开放建筑理论的观念已由空间规划设计转向实体的构造技术，并以填充体为主要对象，构造的界面成为主要课题。这种发展也体现在工业化住宅的研究方向上。^②

2. 开放建筑理论在工业化住宅的应用

开放建筑理论的提出与发展直接针对工业化住宅，真正为工业化住宅的设计提供了理论依据和设计方法。这种方法可称其为——构法整合。以下一些是运用这种方法设计的工业化住宅体系和实例。在构法整合的手法上，下述的各种方式均呈现分层处理与分次供给的共识，如何让系统能容纳多样的次系统、如何开发有弹性

---

① Customer Project: One Coleman Street—Decomo [EB/OL]. http://www.scia-online.com/eNews/en/eNewsMarch08_EN.html, 2008-12-23.

② 林丽珠. 开放式界面之建筑构造理论 [D]. 台湾：国立成工大学建筑研究所，2003 年 7 月 .P7.

的衔接接口,成为工业化住宅发展的新方向。

(1) The Operation Breakthrough

大都运用木构架系统,或是预铸系统以及折叠滑出建造方式、玻璃纤维新建材和 TECHCRETE 的预制组架构法。这个计划企图从供销体系解决住屋问题,因而除了建造技术问题外,OB 还强调对居住性能及供应过程的处理。

(2) 日本公团部品开发试验项目 KEP(Kodan Experiment Housing Project)

KEP 将构造物分为五个次系统,分别是 1. 躯体;2. 外墙;3. 内部构成材;4. 设备;5. 暖气及热水次系统。KEP 采 30 cm 网格作为结构体以外空间的水平方向尺度基准,垂直尺度是以 0 cm、190 cm、240 cm 来控制,以确保模数规格的贯彻。

(3) 日本百年住宅体系 CHS

CHS 主要内容是针对住宅本体及住户内部构造物的使用年限、安排适当的可变与互换性能。相较于 KEP 封闭性的系统组件设计,CHS 并没有任何组件系统,仅提出原则性的规则。

(4) CLASP 构法系统(The Consortium of the Local Authorities Special Programme)

CLASP 构法系统它利用结构组件、开口部品、屋顶单元等组件和组合的准则,采用 4 吋的基本模块,模组格子在水平向为 3 呎 4 吋,垂直向为 2 呎。后来以此为基础推出了 MARK1、MARK2 系统都是采干式施工。MARK2 系统更开放外墙材料的选择,只要求相关位置的关系。使屋顶与外墙、外墙与开口部、外墙与结构体彼此脱离。

(5) SCSD 设计规范(The School Component Systems Development)

SCSD 设计规范强调教学使用的弹性以及不同产品相互组合的兼容性。主要是建立各个次系统间的兼容性准则,从而选用最开放的产品组合。结构组件是一对钢骨桁架和折曲钢板组成的梁板构造,跨度从 30 呎到 75 呎均为相同的几何型与 3 呎梁深。与 CLASP 最大的不同是有受等矩影响形成的 5 呎规划模数和管线共享空间。

(6) The Intelligent Working Place(1988—1998)

IW 为一单层钢架构造,屋顶是以宽度 4.2 m 高度 1.7 m 的三角形断面构成 IW 的水平模数为 60 cm 的方网格。15 cm 直径的圆柱立于各单元角落网格中央,20 cm 厚的金属框架外墙配置于边缘网格的外侧,外墙与结构柱分离而简化成单纯的板件。

(7) 荷兰 MATURA 填充体部品体系

由 OBOM 组织所提出的集合住宅填充系统,承袭开放营建中层级体系观念,针对 20 世纪 50、60 年代大量兴建的中低集合住宅所开发这套可填入的建筑构件系统,并在 1993 年正式商品化。MATURA 不只是一个构件系统,还是一个住宅更新的商品供应系统,从除旧到更新只需 4 星期,但由于不强调局部的更新,所以推广有限。

（8）二阶段供应住宅TSHS（Two Step Housing Supply）

"二阶段供应"是基于定型化的住宅格局与实际居住情形的脱节，固定的房型不可能符合变动的居住者，引用SAR的支架体/填充体理论将集合住宅分成"公、共、私"三种空间属性而由不同的主体与流程来控制其内容。

（9）日本兵库县百年住宅计划，1993年

以区带式的空间安排，降低设备空间区带的结构楼板以容纳自家的水平管线，形成具有高自由度的管线系统，让设备空间受管道间位置的限制得以解除。

（10）日本NEXT-21集合住宅实验楼（大阪煤气公司，1993）

主体结构为RC，三至六层采用PC工法，并运用许多标准化构件，其具体内容如下：将躯体的次系统做明确的划分；将上下楼层的设备系统独立；可供住户自由选择的外墙与隔间次系统；完整的模数配合系统；二阶段施工。

（11）DYNAX

在有两层高度的住户单元室内设置可自由安排的中间楼板，使集合住宅中的住户空间可随生活形态及家庭构成的变化而调整。在构法上采高质量、少量多种的小型化组件以兼顾规则性与兼容性的开放要求。在工法上采复合化RC工法，柱梁板墙均以半预制构材当作模板配合现浇。[①]

3.5.4 各国工业化住宅的发展

1. 日本：SI住宅的发展及其他

1）从开放建筑理论到日本SI住宅理论

（1）开放住宅思想与日本住宅研究的结合

日本的传统住宅中早有开放式的填充系统：榻榻米、隔间纸门等，有一定的模数，方便拆装更换。日本于20世纪70年代引进了起源于荷兰的开放住宅理论。由于当时还未脱离"大量建造"的基本需求。开放住宅未得到广泛的发展。由于在1980年代的KEP[②]和CHS[③]等国家层面的住宅部品技术研发的积累，日本在90年代集结产学研的力量研发出新型的SI住宅，并在很多实际项目得到应用，成为名副其实的开放住宅的领军国。

实际上，日本从1985年开始陆续进行针对21世纪型住宅模式的研究开发，先后进行了多层住宅用新材料、设备系统开发项目（1984—1990），新工业化住宅

---

① 李皇良.集合住宅外墙构法设计-以开放建筑理论为操作手法［PPT］.朝阳科技大学建筑及都市设计研究所专题研讨，2007.04.11.

② KEP（Kodan Experimental Project）：公团部品开发试验项目。

③ CHS（Century Housing system）：百年住宅体系。

产业技术·系统开发项目(1989—1995),创造生活价值住宅开发项目(1994—2000)和资源循环型住宅技术开发项目(2000—2004),这些项目的研究开发对于构筑可持续型社会、降低建筑的资源和能源消耗、保护环境等都具有非常重要的意义。[①]

从 20 世纪 80 年代后期开始的 CHS 部品化的研究对日本住宅产业的发展产生巨大深远的影响,大大提升了研发新型体系的环境;20 世纪 90 年代后在参考 CHS 成果的基础上,沿着 CHS 的研究思路,开发出了 SI 住宅。[②]KSI[③]的住宅标准在 2003 年开始在全国推广,国土交通省在 2007 年将"2000 年住宅"作为住宅建设的长期目标。[④]

相对于哈布拉根教授早期的开放住宅思想以及荷兰特有的尊重个人的自由意志和住户参与的国民意识,日本的 SI 住宅的侧重点则有所不同。日本 SI 住宅注重住宅的耐久性能(日本称之"长寿命")。避免由于管线的维修更换而破坏结构体,将设备管线从结构体中分离出来。注重在住宅的生命周期中的设备填充体的可更新性以及生命周期成本(LCC)[⑤]。注重填充体领域的独立性和发挥日本高水准的制造业和厂家的技术优势。

(2)日本 SI 住宅的基本理念

① SI 住宅的概念

简单地说,SI 住宅就是"用得长久"的住宅、具有让住宅长寿命化的"更新系统"的住宅。SI 住宅的特点之一就是"保有价值",所谓保值的住宅,就是在灵活地适应生活方式、生活阶段的多样性变化的同时,易于再改造、翻新的住宅。而且这样的住宅的外墙、分隔墙、地面、顶棚可以比较自由地改变,居住者可以自己进行(DIY)简单的设备改造及装修。

在 HOUSE JANAN(HJ)的设计中,把这种住宅与以往的"一般住宅"区别开来称为"SI 住宅"。SI 住宅与开放住宅一样,都将住宅分为具有耐久、公共性的支撑体 S(Skeleton)和反映住户不同情趣和需求的填充体 I(Infill)两个部分。承重结构部分(S=Skeleton),采用高耐久性的建造技术,形成大跨度空间,适于创造丰富的户型;填充体(I=infill),包括内装、设备、易于维修更换的排管和配线系统以及便于室内分割的部品构件。

① (日)日本住宅开发项目(HJ)课题组编著,松树秀一、田边新一主编.21 世纪型住宅模式[M].北京:机械工业出版社,2006.9.P82.
② 松村秀一.适于长久居住和高舒适度的部品化体系[J].住区,2007.8(总第 26 期):P37.
③ KSI(Koden Skeleton Infill)计划,可回收再利用是其诉求。参与的业界系统有 TGIS, Shin Toshi 及 UDC.
④ 范悦,程勇.可持续开放住宅的过去和现在[J].建筑师,2008.06.总第 133 期.P90-94.
⑤ Lift Cycle Cost,从建筑的设计、建造到使用、翻新以及拆除权过程所花费用。

SI住宅的中心思想就是提高承重部分的耐久性和填充体部分的可变性、更新性。强化S部分,尽可能延长其寿命,并将I部分设计成可最大限度进行自由改变的系统。所谓实现可变更的系统,就是无需重新建造即可达到目的,轻松实现住宅的长寿命化。其中,无论是独栋小住宅还是集合住宅其基本观点都是共通的。[①]

② SI住宅的基本规则

SI住宅的共同规则有以下几个要点:承重部分需要实现长寿命,不具有能随意改变的特性。填充体部分具备可以很容易地改变的特性。设备(配管、配线、通风道等)与承重部分分离开,并随填充体的变化可以改动。承重部分和填充体的接触部分及零部件的相邻的连接部分上,使用明确分离开的、有特点的零部件。

S1住宅的设备概念(设备的规则):要留出双层地板的“设备填充体”的空间,原则上在这个空间里配置配线、配管,这样可以轻松地改变房间的户型及用途。采用设置双层地板及双层顶棚使配管、配线、通风道等可以自由配置的方法使设备从承重部分分离开来。

表3-2　SI住宅的基本概念[②]

耐久性	● 主要部件(结构体、外装、防水、设备)的长寿命化 ● 结构主体的免震化 ● 更新时期的对应	S	① 持续200年的混凝土系统 ② 耐久50年的外部样式(防水、外装瓷砖) ③ 耐久50年的公共给排水管 ④ LCA(生命周期评价)系统
可变性	● 自由平面 ● 自由的厨卫位置设定 ● 室内样式的选择 ● 设备等级自由选择 ● 可动分隔墙、家具的设定 ● 电源插座位置的设定	S	① 外框架结构与干式分户墙 ② 集中式管道井可使每户分别设计 ③ 无梁楼板
		I	① 通用设计对应系统(开关设置高度、无障碍设计对应) ② 工厂生产基层填充体单元 ③ 居住者可移动的收藏及室内分隔
更新性	● 设备管道容易进行维护管理 ● 适应耐久性的部件更换 ● 适应单元浴房的更新 ● 适合回收利用的部件 ● 适合增设新的设备机器	S	① 面向公共部分的开放式管井 ② 双重生活用管线 ③ 适合增改建时的可移动外墙
		I	① 适合装饰更换的基座 ② 设点检口的架空地板系统 ③ 适合增设设备机器的填充体 ④ 装饰材料的回收利用系统

① (日)日本住宅开发项目(HJ)课题组编著,松树秀一、田边新一主编.21世纪型住宅模式[M].北京:机械工业出版社,2006.9.P82.
② 作者根据以下资料绘制:(日)日本住宅开发项目(HJ)课题组编著,松树秀一、田边新一主编.21世纪型住宅模式[M].北京:机械工业出版社,2006.9.P109.

③ SI 住宅的图纸的表示法

在住宅中，有2×4式、柱梁式、混凝土板式等做法，其S的结构都有所不同。这里，S部分须表示清楚，用双重线来表示其结构部分。而且，承重部分的开口部分（开关及尺寸有可能变化的S部分）的表示法，决定了承重部分的内法的尺寸等的表示规则。在实际的承重部分得到建设时，须表示出承重部分开口部的位置（内部和外部）。

2）SI 试验住宅案例

从20世纪90年代起，随着日本SI住宅研究的深入，许多实验性集合住宅，都积极地采用了这样的新技术，并且投入实际建设中。作为新技术，SI住宅也逐步开始在一般住宅设计中得到了广泛的使用。

（1）KSI住宅实验楼（Kodan-Skeleton and Infill Experimental Housing，日本都市再生机构住宅技术研究所，1999—2003年）

① KSI住宅体系

都市住宅研究所是都市复兴机构下属的科研机构。KSI住宅体系是该研究所的主要研究成果之一。SI住宅就是采用结构支撑体和填充体完全分离方法施工的住宅。K指的是"都市再生机构"，KSI住宅就是都市再生机构自己开发的一种SI住宅。该体系不仅仅是一个结构体系，同时还有配套的设备系统。其结构可达100年的寿命，内部空间可以随着住户的需要灵活隔断，设备系统便于更新改造，工程造价高于传统设计的5%～10%，达到了充分节省资源的目的。这一体系正在日本推广，已建成1万多套住宅，已建的超高层住宅达到56层。

You-make住宅是KSI住宅研究的应用成果之一。这是一种以摆脱nLDK的概念为目标的新型住宅，目前已经以分售住宅的形式出现在Abbandone原5番地、以租赁住宅的形式出现在Conforl与野本町西。KSI住宅研究成果在其他具体的集合住宅项目开发里面的应用就非常多了。如位于东京都港区的SHIODOME项目，地上56层，770户，建筑面积88 000 m²，其中683户被民间赁贷住宅预定。①

图3-273　都市再生机构的KSI住宅实验楼外观

图3-274　KSI集合住宅中不同房间布局、用途和规格

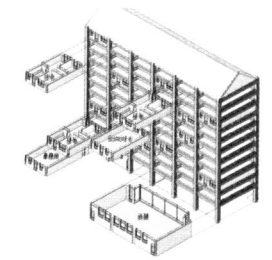

图3-275　KSI住宅轴测图

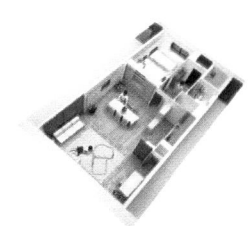

图3-276　you-make住宅SHIODOME项目户型平面

（图片来源：楚先锋.日本KSI住宅［J］.住区，2007.8（总第26期）：P40-49.）

---

① 楚先锋.日本KSI住宅［J］.住区，2007.8（总第26期）：P40-49.

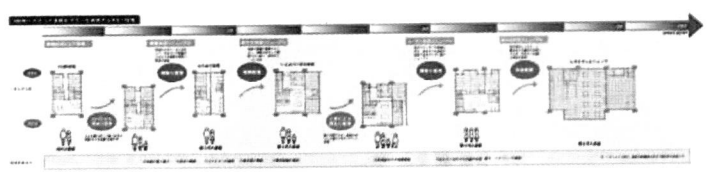

图3-277　KSI住宅100年间的灵活变化

（图片来源：楚先锋.日本KSI住宅［J］.住区，2007.8（总第26期）：P40-49.）

② KSI住宅实验楼简介

在位于东京八王子的都市再生机构住宅技术研究所内有一栋KSI住宅实验楼，通过KSI住宅实验楼，他们进行了各种必要的实验，致力于推广能够满足各类生活方式和工作方式的这种新形式的集合住宅。此外，还可以在此发布与KSI住宅有关的信息。

实验楼为纯钢架钢筋混凝土结构；层高1层为3 600 mm，2层为3 000 mm；层数为2层（结构设计时按11层计算）；建筑面积1层约260 m²、2层约230 m²；屋顶可以建造阁楼。

KSI住宅的一大特点是：耐久性以及更新性良好的、可维系百年以上的、具有高耐久性的结构体。例如：实验楼的结构体中使用了高品质混凝土，钢筋的覆土厚度也比正常情况下增加了10 mm。此外，在主体结构中采用了无承重墙的纯钢架结构，并且还注重了柱、梁以及地面等的优化配置。不仅增强了耐久性，而且提升了填充体的更新性。

KSI住宅的厨房以及浴室等的下水管道也可以自行设定。在KSI住宅中，人们可以根据生活习惯以及家庭成员的变化自由地变更房间布局以及内部装饰，从而使填充物具备了可变性。而且，由于下水管道的配管以及电气配线也可以轻松变动。因此在厨房以及浴室等场所内，可以方便地进行以往比较烦琐的下水管道的位置变更作业。此外，由于水、煤气、电气等城市生活生命线设置于公用的结构体部分，因此，在进行翻新或改建的工程时，可以最大限度地降低对于邻居的影响。

KSI住宅内、设施内都是可以灵活变更的填充体。KSI住宅由具有高耐久性主体的结构体以及下水管道位置可以改变的填充体构成。因此，虽然它属于集合住宅，但是其上下层中

图3-278　you-make住宅SHIODOME项目-效果图

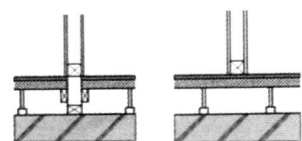

图3-279　墙壁优先施工方法和地面优先施工方法

图3-280　KSI住宅地下配线槽

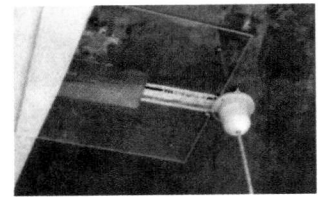

图3-281　KSI住宅采用带式电缆

（图片来源：楚先锋.日本KSI住宅［J］.住区，2007.8（总第26期）：P40-49.）

可以采取不同风格的房间布局。此外,住宅的用途和规格也可以进行变更,比如变更为办公室或商业设施等。

在技术上有以下几个特点:采用地面优先施工方法:首先进行地面施工,然后在其上方竖立间隔墙壁的施工方法。由于翻新需要而必须移动或追加墙壁时,无需再次进行地面施工。此外,由于预先完成了平坦的地面,因此为施工时创造了良好的作业基础,提升了施工性能。

采用地下配线槽方式:将以往埋设在主体内的电气配线收纳至双重地面内的配线槽中,沿住户的周围环绕配线的方式。由于主体内没有埋设配线,因此可以自由地变更房间布局。此外,还可以将电话或电视等的配线铺设至配线槽中。

采用带式电缆施工方法:不将配线埋设在主体中,而是直接粘贴于顶棚处,并在其上方进行交叉粘贴的施工方法。如此一来,不仅便于将来的翻新,还可以将顶棚的部分划为居住空间。

采用排水总管施工方法:将排水立管设置于公用部位,通过缓行配管(1/100)将各器具的排水横向支管引至公用立管,从而使各种排水连接至"排水总管"的方式。可以增加住户内部设计的自由度,并且便于翻新。此外,公用部分的保养(检查、清洁、修缮)与更新也更加方便。

实验楼的几个房间分别展示了不同的内容。

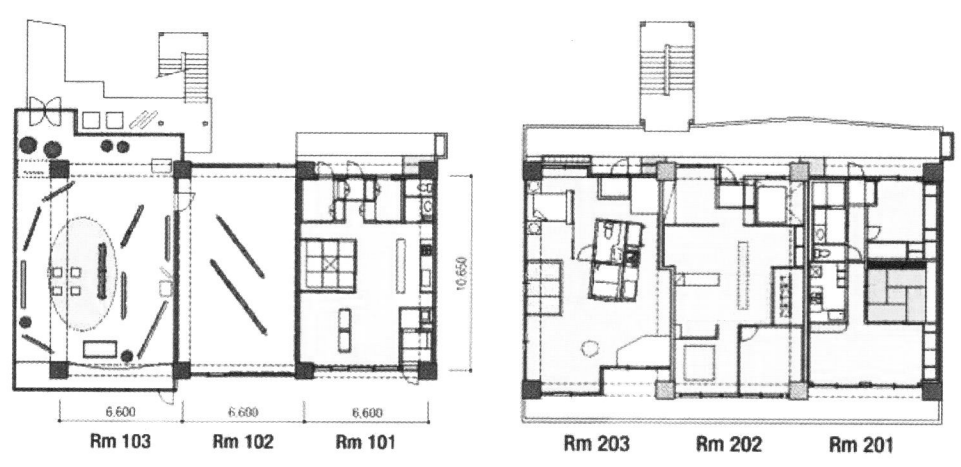

图3-282　KSI住宅实验楼一层、二层平面图

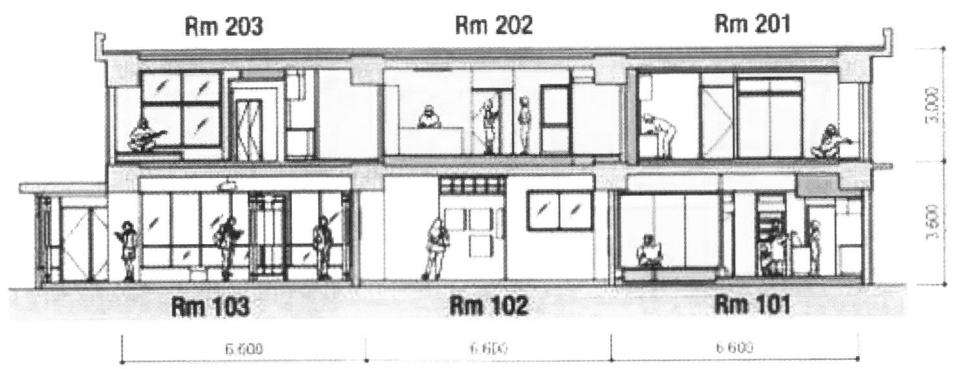

图3—283　KSI住宅实验楼剖面图

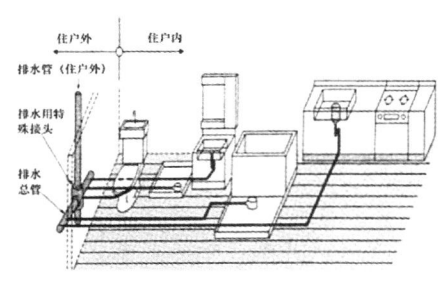

图2—284　KSI住宅的排水系统

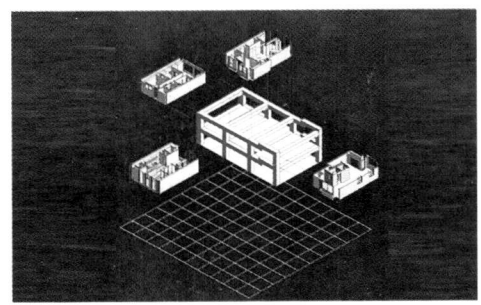

图3—285　KSI住宅实验楼分解图

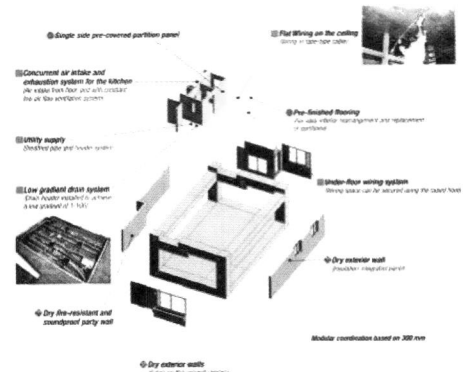

图3—286　KSI住宅实验楼203室分解图

图3—287　KSI住宅实验楼203室

(图片来源：楚先锋.日本KSI住宅［J］.住区，2007.8（总第26期）：P40—49.)

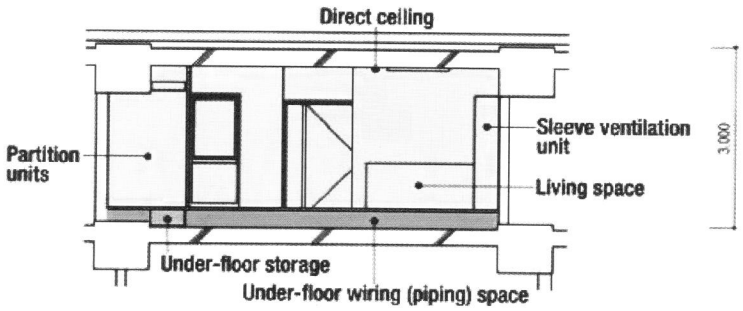

图3-288　KSI住宅实验楼203室剖面图

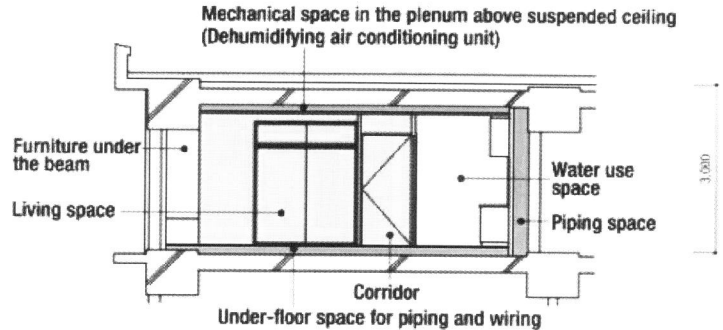

图3-289　KSI住宅实验楼201室剖面图

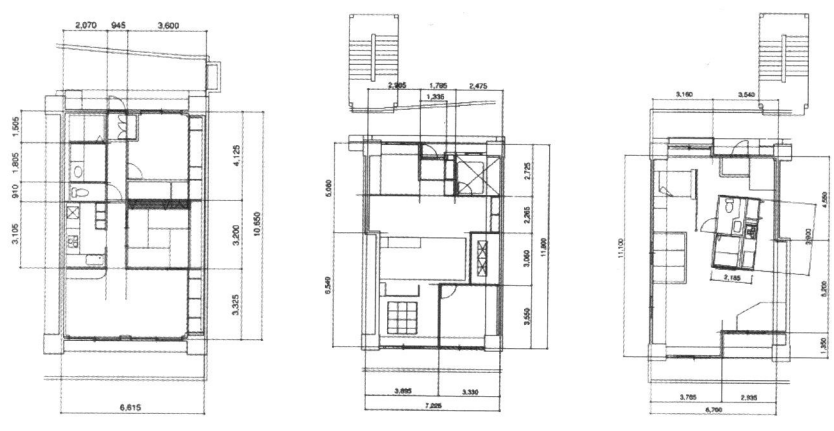

图3-290　KSI住宅实验楼201室、202室、203室平面图

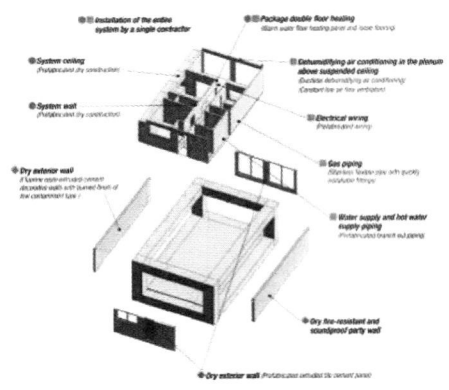

图3-291　KSI住宅实验楼201室分解

图3-292　KSI住宅实验楼201室内装饰设备统一化系统

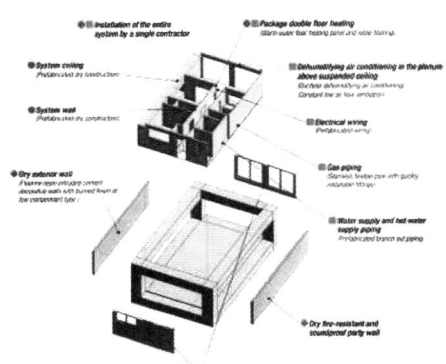

图3-293　KSI住宅实验楼202室分解

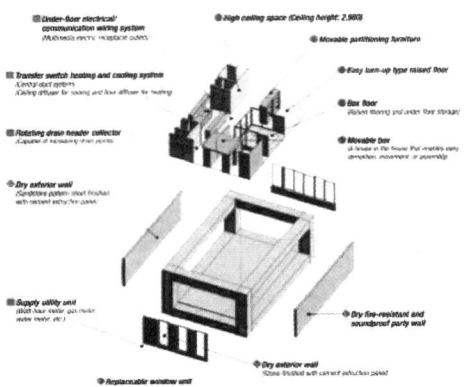

图3-294　KSI住宅实验楼101室分解

（图片来源：楚先锋.日本KSI住宅［J］.住区，2007.8（总第26期）：P40-49.）

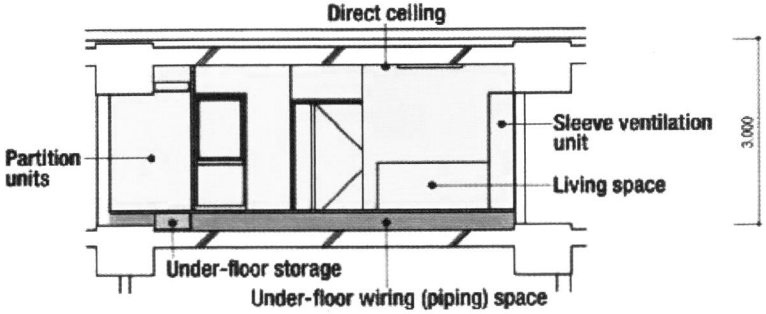

图3-295　KSI住宅实验楼202室剖面图

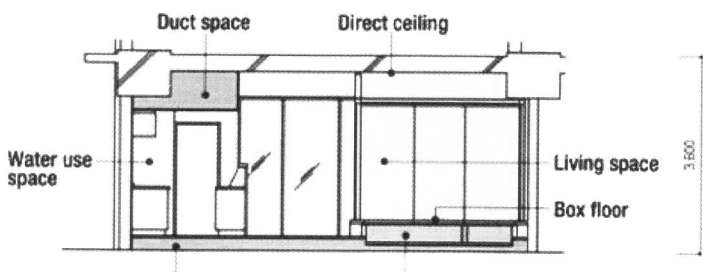

图3-296　KSI住宅实验楼101室剖面图

（图片来源：楚先锋.日本KSI住宅［J］.住区，2007.8（总第26期）：P40-49.）

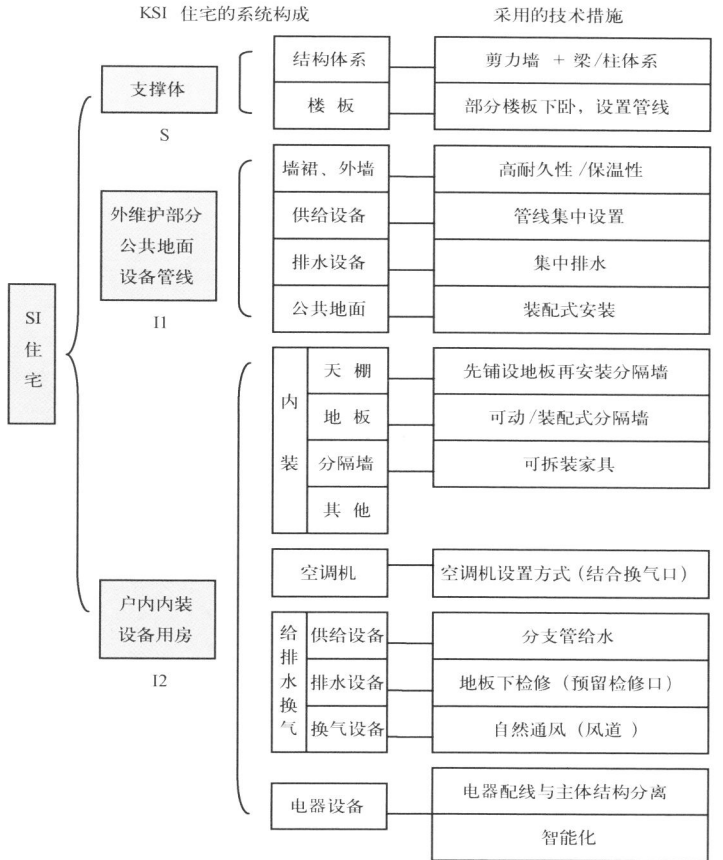

图3-297　KSI住宅的系统构成与采用的技术措施

（图表来源：作者根据以下资料绘制：范悦、程勇.可持续开放住宅的过去和现在［J］.建筑师，2008.06.总第133期.P90-94.）

图3-298　KSI住宅实验楼202室不同填充体部位试作

图3-299　KSI住宅实验楼101室立体型SI住宅

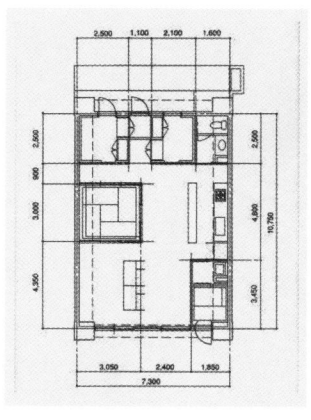

图3-300　KSI住宅实验楼101室平面图

（图片来源：楚先锋.日本KSI住宅［J］.住区，2007.8（总第26期）：P40-49.）

189

③KSI住宅的系统构成与技术要素

KSI住宅的技术要素如果按系统来划分,系统与系统之间既协调、又互相制约。比如:作为内装部分的分隔墙系统由墙体材料、螺栓和螺丝钉组成。可以被重复组装用于不同的室内部分。系统的划分使填充体具有合理的安装程序,提高了施工的效率。

(2)NEXT21集合住宅实验楼(大阪煤气公司,1993)

"试验集合住宅NEXT 21"由大阪煤气NEXT21建设委员会出资兴建。该住宅由内田祥哉与集工舍建筑都市设计研究所(Yositika UTIDA, Shu-Koh-Sha Architectural and Urban Design Studio)设计。该住宅为预制混凝土与钢筋混凝土复合结构施工法(3～6层),共18户,地下1层,地上6层。用地面积1 543 m²(建筑密度58%),总建筑面积4 577 m²(容积率2.69),户型面积32～190 m²。[①]该住宅是以分2期交付方式[②](骨架—填充分离方式)和环境共生为主题,追求未来都市家园可能性的试验性集合住宅。

NEXT 21为未来的城市环境、能源和生活为理念,从1993年10月竣工到1999年3月的5年内进行了第一阶段的实验,从2000年4月到2005年3月的5年进行了第二阶段的实验。2005年之后进行了第三阶段的实验。第一、第二阶段实验内容如下。

①SI结构系统

NEXT 21建筑物的支撑体、外墙挂板、室内填充体以及设备系统的设计借鉴了CHS的部品构成原理,即每个部品子系统都有自己的维修、升级以及更换的周期。NEXT 21骨架为限制开间的无墙坚固柱梁结构,利用预浇混凝土技术力求实现长期耐用性。并且,为食品店设置配管和绿化空间,一部分结构采用了逆向铺板方式。

为使朝南一侧的中庭呈"]"字形环绕之势而规划了具有环游性的立体街道。中庭和屋顶作为生态花园植有花草。填充(住户)部分的设计为满足居住者的要求,隔墙和下水处理的位置可自由改变。并且外墙和窗户位置的设计也考虑到了景观的取入,在其结构范围内可自由设置和改变。[③]

---

① (日)日本建筑学会编,建筑设计资料集成——居住篇[M].重庆大学建筑城规学院译.天津:天津大学出版社,2006.4.P168.

② 二步住房供应系统(Two Step Housing Supply System)是指一种由Tatsumi在京都大学开发,由Takada的继续发展的日本开放建筑设计方法。它强调在住房建造过程中公众和私有主动性之间平衡的重要性,并且主张能清晰描绘社区和各人家庭责任的住房设计、结构和长期管理方法。作者译自:http://www.open-building.org/ob/next21.html, 2008-11-27。

③ (日)日本建筑学会编,建筑设计资料集成——居住篇[M].重庆大学建筑城规学院译.天津:天津大学出版社,2006.4.P168.

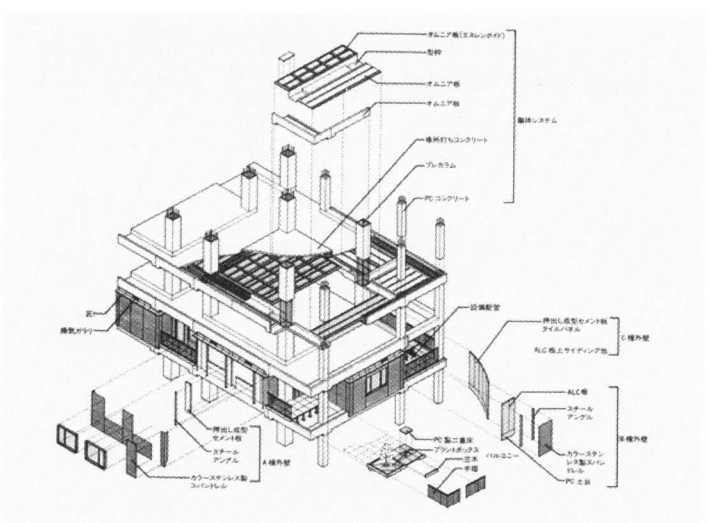

图3-301 NEXT 21住宅建筑系统构成示意图

（图片来源：NEXT21, Osaka, Japan, 1994. http://www.open-building.org/ob/next21.html, 2008-11-26.）

图3-302 NEXT 21住宅外观

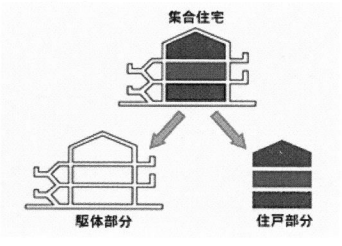

图3-303 NEXT21SI住宅概念示意图

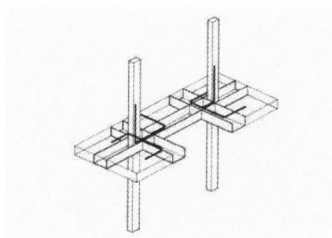

图3-304 NEXT21结构节点示意图

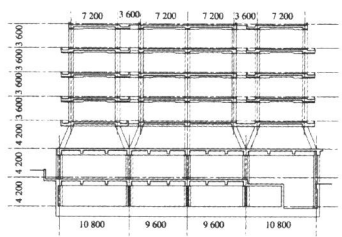

图3-305 NEXT 21住宅结构剖面图

（图片来源：NEXT21の建築システム.http://www.osakagas.co.jp/rd/next21/b_system/b_system.htm, 2008-11-26.）

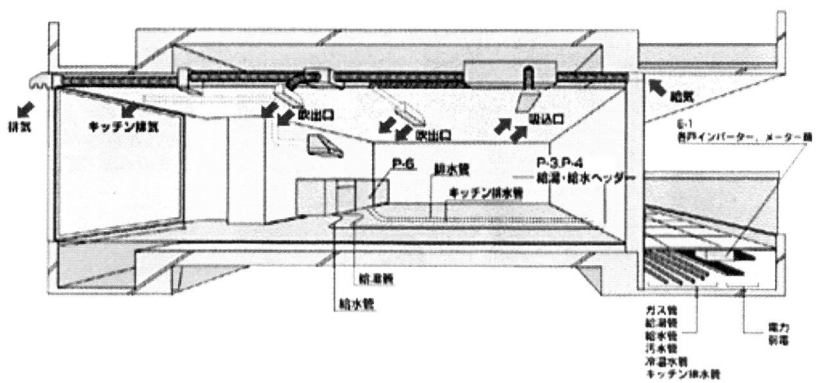

图3-306　NEXT 21住宅配管系统示意图

（图片来源：NEXT21の建築システム.http://www.osakagas.co.jp/rd/next21/b_system/b_system.htm, 2008-11-26.）

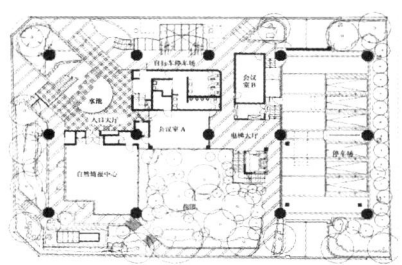

图3-307　NEXT 21住宅一层平面图　　**图3-308　NEXT 21住宅二层平面图**

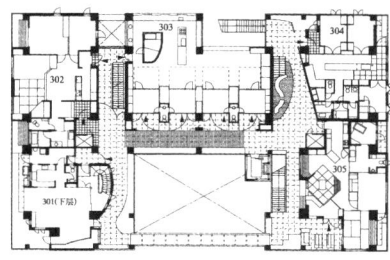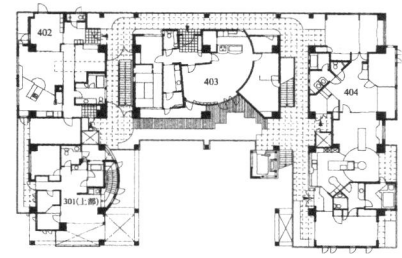

图3-309　NEXT 21住宅三层平面图　　**图3-310　NEXT 21住宅四层平面图**

（图片来源：（日）日本建筑学会编，建筑设计资料集成——居住篇［M］.重庆大学建筑城规学院译.天津：天津大学出版社,2006.4.P168.）

②住宅平面设计和多样化的户型设计

在设计过程中，18户的住户通过与13个建筑师的对话和协调来决定自己的户型平面。而各个住户与整体的关系则由"协调员"进行调整。这在开放建筑的设计实践历史上尚属首次。各住户的内外平面根据事先约定好的决定部位要素的模数协调规则进行自由的设计,并充分地考虑了适应时间发生的生活方式的变化。[①]

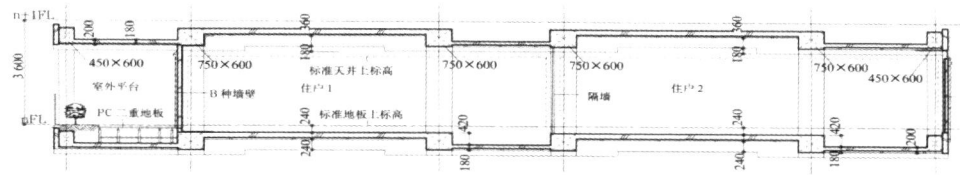

图3-311　NEXT 21住宅住户标准层剖面图

(图片来源:(日)日本建筑学会编,建筑设计资料集成——居住篇[M].重庆大学建筑城规学院译.天津:天津大学出版社,2006.4.P168.)

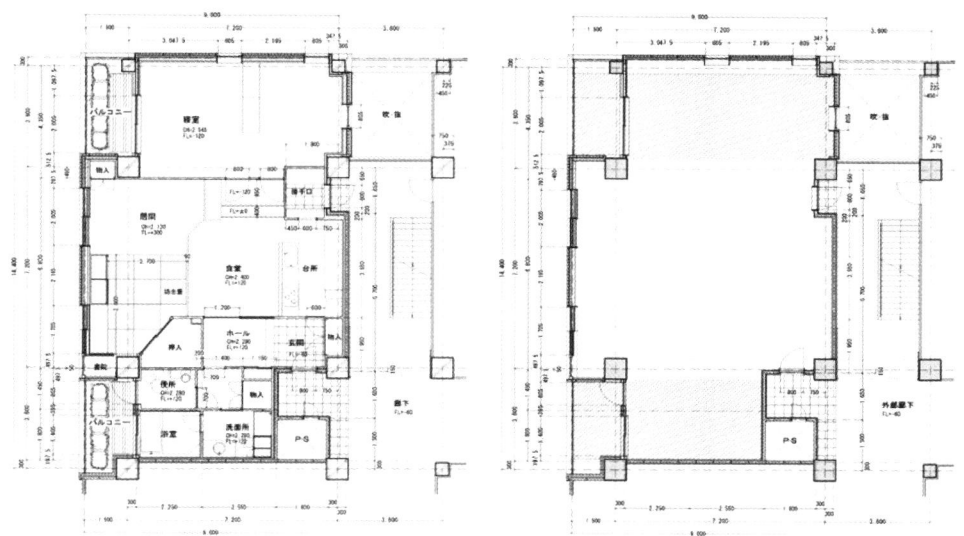

图3-312　NEXT 21住宅302室平面图　　图3-313　NEXT 21住宅302室结构部分平面图

(图片来源:NEXT21, Osaka, Japan, 1994. http://www.open-building.org/ob/next21.html, 2008-11-26.)

③ 住户内部填充体重做实验

402室作为包含外壁和给排水的大规模重做施工实验,图3-318为402室的平面布局的变化。

图3-318左图为SOHO平面,住户为丈夫在家工作的三口人家庭,为了有效地使用空间,工作间设计成了既可以作为公共空间使用,又能作为私密空间使用。为此,采用了许多大型的拉门来分隔房间。图3-318右图为经过若干年以后重新进行改装的平

① 范悦,程勇.可持续开放住宅的过去和现在[J].建筑师,2008.06.总第133期.P90-94.

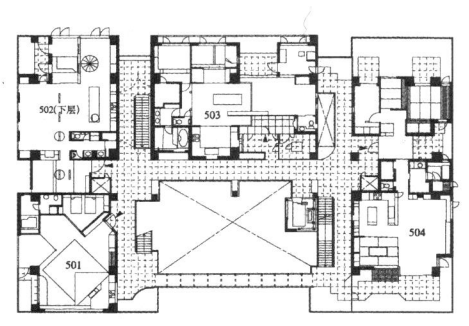

图 3-314 NEXT 21 住宅五层平面图

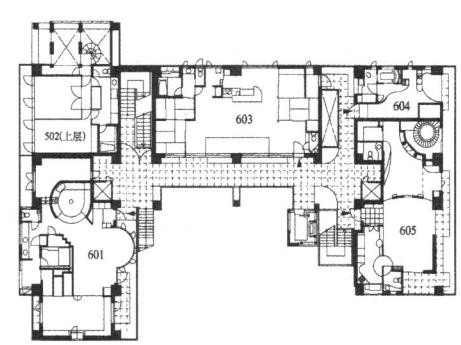

图 3-315 NEXT 21 住宅六层平面图

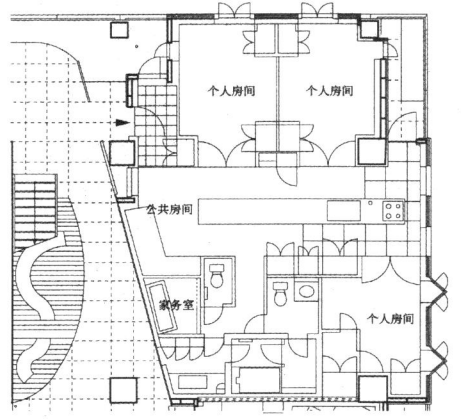

图 3-316 NEXT 21 住宅 304 室平面图

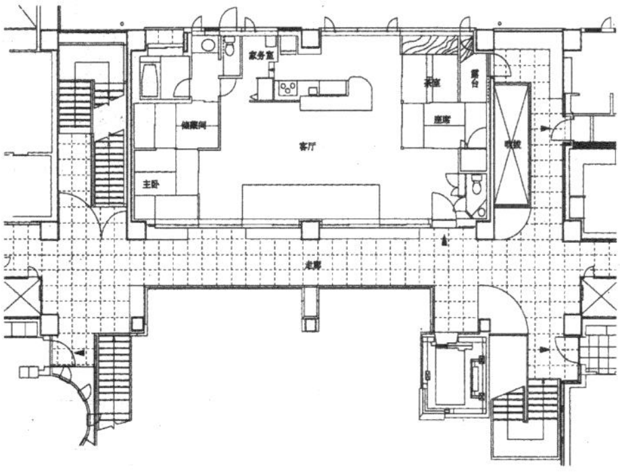

图 3-317 NEXT 21 住宅 603 室平面图

（图片来源：（日）日本建筑学会编，建筑设计资料集成——居住篇［M］.重庆大学建筑城规学院译.天津：天津大学出版社,2006.4.P168.）

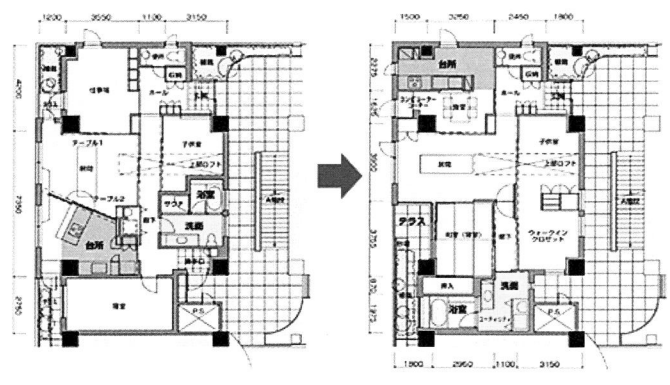

图 3-318 NEXT 21 住宅 402 室平面布局的变化

（图片来源：NEXT21の建築システム.http://www.osakagas.co.jp/rd/next21/b_system/b_system.htm, 2008-11-26.）

面,命名为温馨之家。除了房间布局(比如厨卫、阳台等)的位置发生了很大的改变,适应新的家庭使用的需要新设了小孩子的游戏场所。室内装修强调健康绿色理念并采用了天然素材。

此外还在404室的三代人居室进行了分割住户门的重做施工实验。将该户分成两户人家。在405室进行了可动室内隔墙和可动收纳单元的重做施工实验。[①]

④ 生活方式对住所的影响

NEXT 21通过灵活的两步住宅供给方式和施工系统实现了与各种各样生活方式的对应。居住者随着生活方式的转变使住宅更加协调。耐久年限长的公共结构部分(梁、柱和楼板)和耐久年限相对较短的,反映居住者个性的内部装饰,为14户住户未来的生活方式提出建议。

第三阶段实验内容:NEXT 21在为职工提供居住场所的同时,实施了长期持续的居住方式和耗能等方面的调查实验。自1993年建成入住以来,每5年为一个阶段,现已进入了第三个居住实验阶段。NEXT 21在每一个新的阶段,都要持续实行包括住户的装修改造、新一届的住户的入住以及能源系统的实验和评价。无论从其开放住宅式的设计和建造理念,还是从环境实验方面所取得的成果,此项目均受到了国际上的广泛关注。

目前NEXT 21已进行到第三阶段的实验。在这一阶段,地球变暖为首的环境问题的严重化、人口减少,出生率降低和高龄化等社会问题、世界能源供给问题的扩大成为NEXT 21第三阶段试验的社会背景和需要解决的课题。除了在节能和环保方面的大量实验,在建筑设计上主要进行了针对少子高龄社会的实验和设备自在性实验(Glass Cube)。

随着出生率降低和高龄化问题日益明显,带来日本家族和家庭的多样化,与此同时住宅的存量增加,重建和变更房间布局的需要增加。原先不太受关注的住宅户内布局研究日益引起重视。因此NEXT 21在第三阶段进行了房间布局和空间的研究,进行了容易变更,减少废料的可动隔墙家具的设计。设定居住者的生活方式是与老年人同住,同时一边受到来自

图3-319　NEXT 21住宅402室SOHO式室内布局

图3-320　NEXT 21住宅402室改造后的温馨之家式室内布局

(图片来源:NEXT21の建築システム.http://www.osakagas.co.jp/rd/next21/b_system/b_system.htm, 2008-11-26.)

---

① NEXT21の建築システム.http://www.osakagas.co.jp/rd/next21/b_system/b_system.htm, 2008-11-26.

外部的服务（看护、育儿等），一边又自立生活，而且工作夫妇的上班和回家时间也不同。

此外还进行了地域交流设计实验。为了持续性地丰富地支撑今后的城市生活，既存住宅建筑将在很长时间内，被持续使用。在这种情况下，个体住宅建筑和城市、人的关系的丰富型也开始成为住宅设计的重要条件。[1]

（3）Flexsus House 22 住宅实验楼（NEDO 新能源产业技术综合开发机构开发，2000）

Flexsus House 22 被称为"下一代构造住宅开发事业实验楼"，其主要用途既是共同住宅又是实验设施。由竹中工务店名古屋支店设计部设计，位于爱知县濑户市上之山町171-1，竣工于2000年。

在IT社会的背景之下，在家庭办公（SOHO）的小型家庭办公室式的商业住宅受到普遍关注。SOHO住宅除了隔墙、配线可变外，办公室的空间可扩大、缩小也是个课题。建在爱知县濑户市的实验性质的 Flexsus House 22 公寓的SOHO住宅是可变规模的一种尝试。

建筑物的设计分骨架部分和填充部分，追求作为长期社会群体的结构主体和自由可变的内部装饰。结构主体为由柱子和地面构成的无梁空间，层高设计在3 250 mm以上。窗框装入外墙板，墙面可变。此外，通过在阳台一侧和共用走廊下侧设置排水管，提高了下水处理的自由度。

下图SOHO住宅设想的是从事经营咨询工作的夫妇二人的生活，按照满足办公室和住宅的不同条件进行规划。通过组装了配线工具的铺面和系统顶棚，办公室部分可适应房间布置的变化。进而，为适应将来工作和家庭结构的变化，经验证可将与邻居的隔墙移到图下所示地点，从而改变房间的布局。[2]

（4）FH·HOYA Ⅱ住宅与FH·南品川住宅（建筑规划工作室，1993—2000）

①FH·HOYA—Ⅱ住宅，1996年竣工

图3-321　可动隔墙家具示例1

图3-322　21可动隔墙家具示例2

（图片来源：NEXT21, Osaka, Japan, 1994. http://www.open-building.org/ob/next21.html, 2008-11-26.）

---

① NEXT21, Osaka, Japan, 1994. http://www.open-building.org/ob/next21.html, 2008-11-26.
② （日）日本建筑学会编，建筑设计资料集成——居住篇［M］.重庆大学建筑城规学院译.天津：天津大学出版社，2006.4.P164.

图3-323　FH-HOYA Ⅱ住宅鸟瞰图

（图片来源：FH-HOYA Ⅱ. www.arch.t-kougei.ac.jp/.../jpg/fhh1/0114121.jpg, 2008-11-26.）

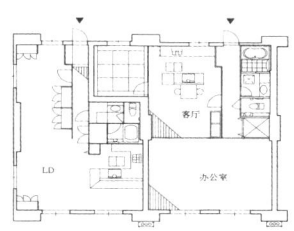

图3-324　Flexsus House 22 SOHO住宅变化前平面图

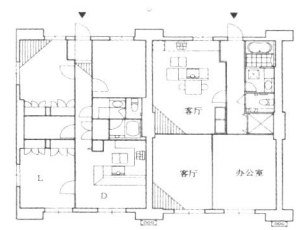

图3-325　Flexsus House 22 SOHO住宅变化后平面图

（图片来源：（日）日本建筑学会编，建筑设计资料集成——居住篇［M］.重庆大学建筑城规学院译.天津：天津大学出版社，2006.4.P164.）

FH·HOYA Ⅱ实验住宅楼位于东京都保谷市富士町，由元仓真琴和建筑规划工作室设计，由大成建设建设。设计于1993年到1995年，竣工于1996年。占地面积2 007.58 m²，建筑面积494.50 m²，共10户。设计者根据对出赁迁入者的研究，设计出能变更房间布局的集合住宅。始终贯彻工业化的构造和结构的分解。入住者迁入3个月后，进行了第2次变更。

FH·HOYA Ⅱ住宅，还开发了门窗合金框架、整体厨房、间隔、壁橱等建筑组合部件。[1]

② FH·南品川住宅，2000年竣工

2000年，日本建筑计划工作室设计了"FH—南品川"住宅。该住宅为4层钢筋混凝土结构，共19户。用地面积701 m²（建筑密度57%）、总建筑面积1 164 m²（容积率1.47）、户型面积52 ～ 56 m²。位于东京都品川区。

该住宅是建在高密度城区的都市型租赁集合住宅，是基于骨架填充（SI）和工业化手法设计而成的。解决了板状钢架结构难以处理的空调配管问题，通过使柱子、配管和框格构成整体，在不设置翼墙的情况下将其集中归并。户型总共有6种。住宅楼主要由2个重叠式跃层部分和重合成3层的平层部分构成。[2]

图3-326　FH-HOYA Ⅱ住宅轴测图

图3-327　FH-HOYA Ⅱ住宅墙体与楼板接口配筋示意图

（图片来源：FH-HOYA Ⅱ. www. arch.t-kougei.ac.jp/.../jpg/ fhh1/0114121.jpg, 2008-11-26.）

① （日）井出建、元仓真琴编著，国外建筑设计详图图集.12：集合住宅［M］.卢春生译.北京：建筑工业出版社，2004-09.P86.

② （日）日本建筑学会编，建筑设计资料集成——居住篇［M］.重庆大学建筑城规学院译.天津：天津大学出版社，2006.4.P167.

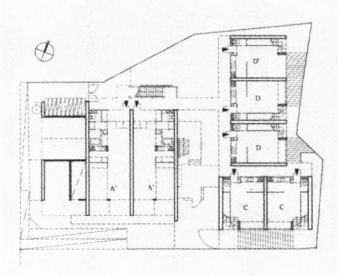

图3-328　FH—南品川住宅一层
平面图

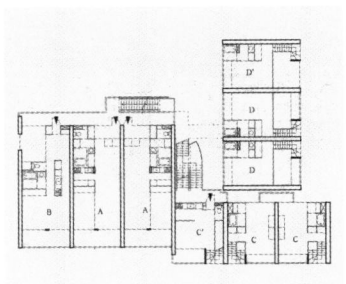

图3-329　FH—南品川住宅二层
平面图

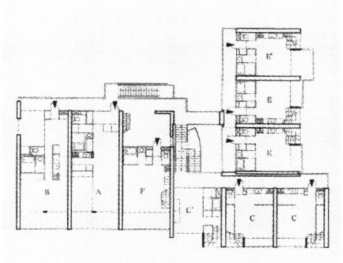

图3-330　FH—南品川住宅三层
平面图

图3-331　FH—南品川住宅四层
平面图

（图片来源：（日）日本建筑学会编，建筑设计资料集成——居住篇［M］.重庆
大学建筑城规学院译.天津：天津大学出版社，2006.4.P167.）

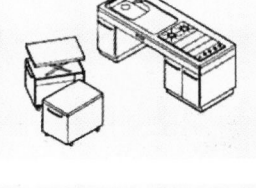

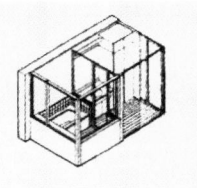

图3-332　FH·HOYAⅡ 住
宅楼的厨具组合体和浴厕组
合体

（图片来源：（日）井出建元仓真
琴编著. 国外建筑设计详图图
集.12：集合住宅［M］.卢春生
译.北京：建筑工业出版社，2004-
09.P88.）

图3-333　FH—南品川住宅外观

图3-334　FH—南品川住宅E户
型轴测图

（图片来源：（日）日本建筑学会编，建
筑设计资料集成——居住篇［M］.重
庆大学建筑城规学院译.天津：天津
大学出版社，2006.4.P167.）

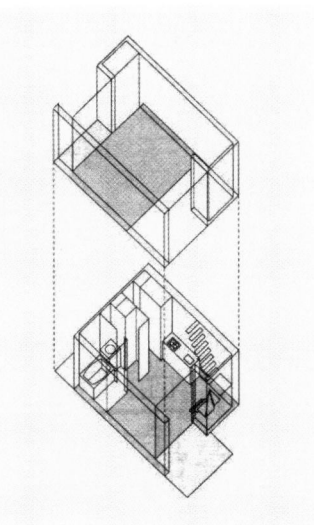

（5）木瑙鲁住宅楼（积水住宅公司，1991）

竣工于1991年的木瑙鲁住宅楼是积水住宅公司（设计者为入江经一、组合物工作室、广建设计）新投产的工业化制造的都市型租赁用多层住宅项目。位于东京都町田市玉川学院，占地面965 m²，共21户。

1980年以后，组合住宅作为积水住宅公司的集合住宅战略的一环，实施木瑙鲁（玉川学园多层住宅）项目。题目是如何向年轻的都市居民提供租赁用的住宅。"生活研究会"经过市场调查与生活方式分析研究后，提出3个类型的居住者，以此作为设计参数，设定单身户型为16.5～33 m²，双人户型为45 m²左右。[①] 21个居室各不相同。设定的城市生活者为经

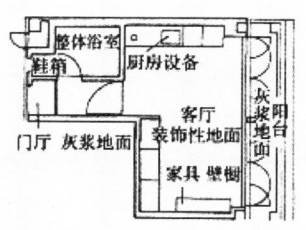

图3-335　木瑙鲁住宅SB型平面图

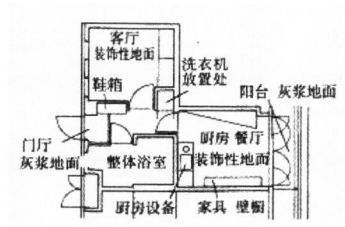

图3-336　木瑙鲁住宅SC型平面图

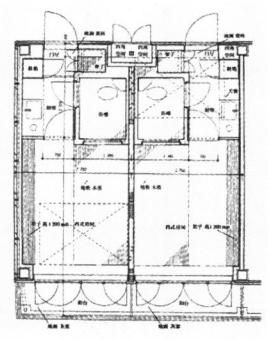

图3-337　木瑙鲁住宅16.5 m²预制户型平面布置图

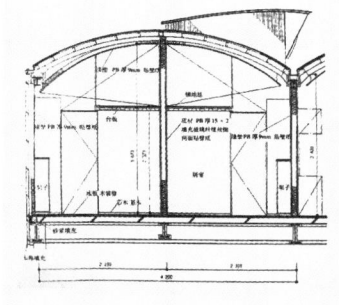

图3-338　木瑙鲁住宅16.5 m²预制户型剖面图

（图片来源：（日）井出建、元仓真琴编著，国外建筑设计详图图集.12：集合住宅［M］.卢春生译.北京：建筑工业出版社，2004-09.P84-85.）

图3-339　木瑙鲁住宅楼外观1

---

① （日）井出建、元仓真琴编著，国外建筑设计详图图集.12：集合住宅［M］.卢春生译.北京：建筑工业出版社，2004-09.P86.

图3-340　木瑙鲁住宅楼外观2

图3-341　木瑙鲁住宅各住户以板台道路与步桥连接

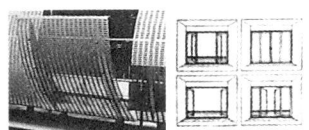

图3-342　木瑙鲁住宅可动式阳台栏杆和全面开放型合金连体门框示意图

（图片来源：(日)井出建　元仓真琴编著.卢春生译.北京：建筑工业出版社,2004-09.P84-88.)

常利用24小时店和公共浴池的人，厨房和浴室空间窄小，有效地利用了有限空间。[1] 8种户型的设计中，最小的是16.5 m² 的预制房间，凝聚着木瑙鲁住宅明确的设计思想。凹凸状顶棚天窗形成光的空间，可以全开合的合金窗扇、多功能喷头浴卫组合，大型圆拱，在平面图中难以表现的开放的居住者可以自由操作的空间。[2]

　　该住宅建筑在斜坡上，有容纳11辆车的地下停车场，地上3栋楼各可容纳7户住户。瑙鲁住宅楼针对狭窄的平面，慎重决定断面的尺寸，与交叉上仰的半波状空间相互紧密连接，形成紧张感，与其说是居室户型，不如说是大型家具复合的感觉。[3]

　　木瑙鲁项目的另一个主题是工业化和部件化，为求得生产与建设的合理化。目标是住宅工业化生产与住宅的部件化制造。组织了住宅设备及建材行业共同开发适合于都市租赁用多层住宅的相关生活用品。组织不同行业共同开发，以产品主导型转换为对应居住者要求的市场主导型开发。木瑙鲁住宅楼结构分为基础、整体浴室、插座这样的体系。基础是人生活所在的基本箱体，完全由工厂制作。整体浴室按照用于店铺等不同场合而特别设计空间，插座指楼梯、连桥这样的连接部件。在此基础上，还有整面开放型的阳台铝合金门窗框、厨具、厕所、壁橱、可动式阳台栏杆等。[4]

　　3）日本工业化住宅的其他类型

　　（1）箱式住宅及其他实验性工业化独立住宅

　　"箱式住宅"是日本现代住宅的一种新理念，也是近年日本工业化独立住宅的一种类型，以难波和彦（箱的构筑）、葛西洁（木箱之家）、千叶学、杉浦英一、冈田哲史、远藤政树、池

① （日)井出建、元仓真琴编著.国外建筑设计详图图集.12：集合住宅[M].卢春生译.北京：建筑工业出版社,2004-09.P84.
② （日)井出建、元仓真琴编著.国外建筑设计详图图集.12：集合住宅[M].卢春生译.北京：建筑工业出版社,2004-09.P173.
③ （日)井出建、元仓真琴编著.国外建筑设计详图图集.12：集合住宅[M].卢春生译.北京：建筑工业出版社,2004-09.P183.
④ （日)井出建、元仓真琴编著.国外建筑设计详图图集.12：集合住宅[M].卢春生译.北京：建筑工业出版社,2004-09.P87.

田昌弘等建筑师为代表。①

这类住宅，适应了日本都市住宅基地狭小的特点，具有简洁的"箱型"外观。以住宅内内无承重墙，由于所有的墙均可拆移，使置业者可以根据爱好对住宅自由隔断和大量使用工业化产品为特色。箱式住宅的平面简单，结构简洁，尽可能减少构件种类；材料基本尺寸尽量与构件相配，以减少材料浪费；采用标准化建筑方式，尽量减少施工项目，施工工种也要控制在最低限度；选择维护简单、耐用的材料，并保证其良好的绝热性能等。是低成本住宅。

"箱式住宅"既有钢结构、也有木结构和钢筋混凝土结构的。在日本，普通人还是在住宅制造厂的住宅展示场选购住宅，这类住宅向人们提供了在定购住宅和预制装配住房之间的新选择。

木结构的箱式住宅往往采用"SE工法"，也被称为"SELL HOUSE（电池住宅）"。1998 年 11 月，日本还举行了名为"SELL HOUSE 7 个建筑师的木结构住宅展"，成为"SE施工方法"的公开表演。这 7 个建筑师包括押野看邦英、城户岬和佐、内藤广、难波和彦、平仓直子、古谷诚章、横河健。所谓"SELL HOUSE（电池住宅）"，是采用耐震性能被保证，被系统化做了的木质施工方法（SE工法），由建筑师设计住所空间，性能质量高，并且成本得到控制的舒适的住宅原型。②

其他类似的考虑低成本、运用新结构、新构造和新材料的工业化独立式住宅案例还包括：

① 纸的原木房屋，1995 年

1995 年，日本建筑师坂茂（Shigeru Ban）设计了"纸的原木房屋"。基地面积 16 m²，总建筑面积 16 m²（4 m×4 m，联合国难民用单元标准）。该住宅是作为联合国难民住宅的发展形态而开发的临时住宅。基础处使用了大约 40 个装了沙袋的啤酒箱，墙壁和屋顶构架处用了大约 200 根直径 110 mm、长度 2 m 的纸管，屋顶铺了双层亚麻布，制造出空气层，提高隔

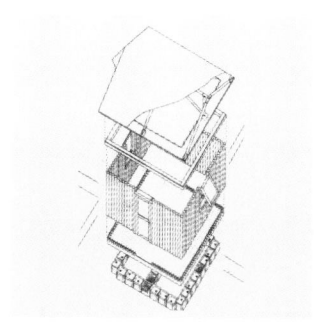

图3-343 坂茂设计的纸的原木房屋分解轴测图

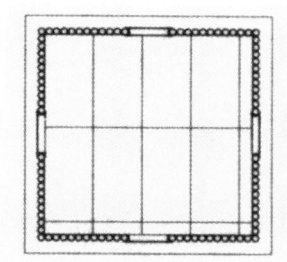

图3-344 原木房屋标准平面图

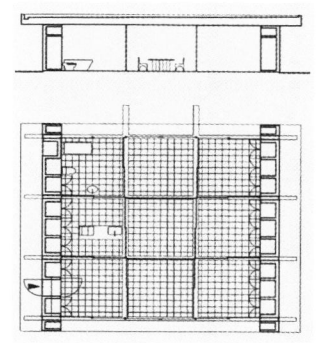

图3-345 坂茂设计的九个矩形格子的钢制家具式住宅剖面图、平面图

（图片来源：（日）日本建筑学会编.建筑设计资料集成——居住篇［M］.重庆大学建筑城规学院译.天津：天津大学出版社，2006.4.P55，64.）

---

① 于强.箱居——日本现代住宅新理念［J］.中外建筑.2002 年第 04 期.P40-41.

② "建筑" MUJI+INFILL 木 的 家 MUJI の "木 の 家"·SE工法［EB/OL］. http://d.hatena.ne.jp/udf/20041027, 2004-10-27.

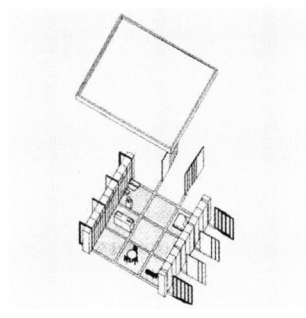

图3-346 九个矩形格子的钢制家具式住宅分解轴测图

图3-347 海野健三设计的"URC Ⅲ（侥草庵）"外观

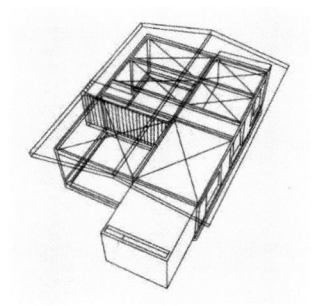

图3-348 纳谷新、纳谷学改建的S-tube住宅

（图片来源：（日）日本建筑学会编，建筑设计资料集成——居住篇［M］.重庆大学建筑城规学院译.天津：天津大学出版社，2006.4.P56、62.）

热效果。20栋这样的临时住宅曾供阪神大地震受灾的人临时居住。[1]

② 九个矩形格子的钢制家具式住宅，1997年

1997年，日本坂茂建筑设计事务所设计了"九个矩形格子的钢制家具式住宅"。该住宅为钢结构平房。用地面积336 m²，基地面积125 m²，总建筑面积125 m²，位于神奈川县秦野市。将钢制书架和小橱等家具直接作为住宅的构造部分。所有建筑构件都在工厂制作好，成套化，组装时非常方便，可以做到无木工活。拉门向外拉，能构成一室空间。[2]

③ 树木与幕墙的家，1996年

1996年，日本建筑师押野见邦英和仙波武士设计了"树木与幕墙的家"。该住宅为钢筋混凝土结构+轴组壁式结构，地下1层，地上3层。用地面积116 m²、基地面积70 m²、总建筑面积208 m²，位于东京都品川区。预先在木材加工厂将建筑构件做好后，在现场进行组装的装配式住宅。柱子、房梁在室内是裸露的，室外用玻璃幕墙进行覆盖。家具和照明器具、卫生洁具等都考虑成品化，外墙面为住宅的一种新型系统构思。

④ URC Ⅲ（侥草庵），1999年

1999年，日本建筑师海野健三设计了了"URC Ⅲ（侥草庵）"住宅。该住宅为3层钢结构+曲面钢筋混凝土结构。用地面积78 m²，基地面积47 m²，总建筑面积117 m²。该住宅采用了无需支撑的钢筋混凝土结构法。因为将网格作为标准框，所以外墙面形成独特的连续曲面。外墙壁的绿化，OM太阳能系统的引入也是其特色。

⑤ 辻堂的住家，1999年

1999年，日本建筑师手塚贵晴、手塚由此设计了"辻堂的住家"住宅。该住宅为3层钢结构（LG钢结构）。用地面积113 m²，基地面积46 m²，总建筑面积139 m²。其构思是在混凝土地基上放置LG钢结构的箱体，将外墙下部的轻量材料用于构造体，大大缩短了工期。内墙不承重，可自由计划安排。计

---

① （日）日本建筑学会编，建筑设计资料集成——居住篇［M］.重庆大学建筑城规学院译.天津：天津大学出版社，2006.4.P64.

② （日）日本建筑学会编，建筑设计资料集成——居住篇［M］.重庆大学建筑城规学院译.天津：天津大学出版社，2006.4.P56.

划 2 户人根据楼层分开来住。[①]

⑥ S-tube, 1999 年

1999 年，日本设计师纳谷新、纳谷学进行了"S-tube"住宅的改建设计，其原结构为轻质混凝土结构，扩建部分为木结构。用地面积 540 m²，基地面积 71 m²，总建筑面积 71 m²。该住宅是设计者的私人住宅。为预制装配式住宅（国家住宅产业 RN）。对此住宅进行扩建、改建。在原来的轻钢结构的框体内"放入"木结构轴组，住宅再生利用的试验获得成功。[②]

（2）重视室内可变性的工业化集合住宅

① 纽带世界（Nexus World）史蒂文大厅大楼，1991 年

1991 年，建筑师 Steven Holl 设计了"纽带世界史蒂文大厅大楼"，是 5 层钢筋混凝土住宅。总建筑面积 4 244 m²（容积率 1.48），总户数 28 户，位于福冈市。户型面积 74 ～ 110 m²，它是建在由矶崎新修建的"纽带世界"中的民用分开出售的集合住宅。住宅类型均为不同的模式，单层式和跃层式住户混杂其中。各住户内备有名为"铰链轴动空间"的轴旋转式可动隔墙，可根据季节和家族结构的变化改变分隔形式。[③]

② 吉田公寓，1999 年

1999 年，日本新世纪都市型集合住宅公司建设委员会等设计了吉田公寓。该住宅为 3 ～ 5 层钢筋混凝土结构，共 53 户。用地面积 4 027 m²（建筑密度 53%），总建筑面积 6 114 m²（容积率 1.52），户型面积 65 ～ 98 m²，位于大阪府东大阪市。

这是大阪府住宅公司规划的两期交付方式（SI 方式）的租赁式住宅。规划的主题是：（a）自由度高，耐用寿命达 100 年；（b）企业和入住者参与设计；（c）考虑了普遍性而设计的

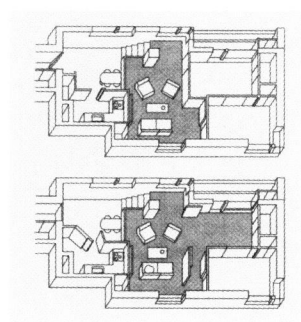

图 3-349　纽带世界（Nexus World）史蒂文大厅大楼中使用合页的隔墙板

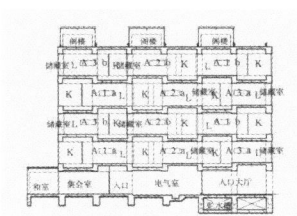

图 3-350　吉田公寓剖面图

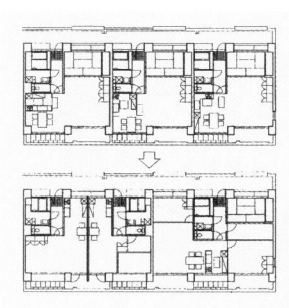

图 3-351　吉田公寓户型变化图

（图片来源：(日)日本建筑学会编，建筑设计资料集成——居住篇[M].重庆大学建筑城规学院译.天津：天津大学出版社，2006.4.P92.）

① （日）日本建筑学会编，建筑设计资料集成——居住篇[M].重庆大学建筑城规学院译.天津：天津大学出版社，2006.4.P56.
② （日）日本建筑学会编，建筑设计资料集成——居住篇[M].重庆大学建筑城规学院译.天津：天津大学出版社，2006.4.P62.
③ （日）日本建筑学会编，建筑设计资料集成——居住篇[M].重庆大学建筑城规学院译.天津：天津大学出版社，2006.4.P92.

立体街区;(d)保持与周边环境联系的"通道"和交流空间;(e)环保。住户结构为在骨架结构的一侧仅固定布置下水处理和一间房,其他的则由入住者用可拆卸式家具和隔板自由进行房间布局。考虑到将来可调整居住面积,外墙和隔墙采用干式结构施工法。为便于改变下水处理位置,下水处理区的铺板每隔一个跨度而降低一级。①

（3）工业化住宅对多样化的生活形态提供支持

1993年,内田祥哉的小组试制了NEXT 21住宅楼,设想制造部件组合化的住宅楼。混凝土框架、敷层、2层式地板设置。住宅设备等基本部分的部件尽可能自由地对应住户空间的组合。早川邦彦设计的用贺平顶房住宅楼A(用贺Aフラット,1993年竣工)使用了可动式厨房系统以及单独开发的浴厕机械组合体。

图3-352　用贺平顶房住宅楼A　图3-353　用贺平顶房住宅楼A
外观　　　　　　　　　　　　　庭院

（图片来源:世田谷区,用贺A－フラット,早川邦彦建築研究所.K's style 建築探訪世田谷区.http://www3.macbase.or.jp/~kstyle/kssetagayaku.html, 2008/11/26.）

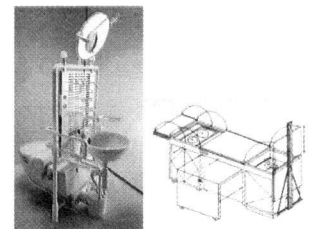

图3-354　用贺平顶房住宅楼A机械厕所组合体和可动式厨房系统

（图片来源:(日)井出建、元仓真琴编著,卢春生译.北京:建筑工业出版社,2004-09.P88.）

包括FH·HOYA Ⅱ和木瑠鲁住宅楼在内,设计者都试图提出了多种住宅楼的部件,但都在试制阶段因无法进展而停止,只有结构框架与结构框架之外其他可动建材分离的开放楼梯进展下去了。随着这一进展而要求出现新的部件,不是标准化目标,而是对多样化的生活形态提供支持。②

随着住宅需求的减缩,工业化住宅产量萎缩工业化住宅

---

① （日）日本建筑学会编,建筑设计资料集成——居住篇[M].重庆大学建筑城规学院译.天津:天津大学出版社,2006.4.P165.
② （日）井出建、元仓真琴,国外建筑设计详图图集.12:集合住宅[M].卢春生译.北京:建筑工业出版社,2004-09.P87.

研究转向更倾向于可持续发展。工业化住宅除了新建外，大量用于现有住宅的重建与改建。

此外，进入 20 世纪 90 年代，日本工业化住宅生产企业已经发展成熟，大和、大成、丰田（Toyota Home）、三泽等企业都有各自的专业领域和完整的生产线。

2. 荷兰：MATURA 填充部品体系的开发

1984 年 OBOM（Open Building Simulation Model）研究小组成立，填充系统之技术发展为其重要工作之一。在凡·兰登（van Randen）领导下开发了容纳管线的地板系统（duct-carrying system），但因管线的管径及接头太占空间而不适用。后来结合了小管径、零坡度的排水管及插座式（plug-in）接头，于 1991 年与尼古拉斯·约翰·哈布拉肯（N.J. Habraken）两位教授共同研发了一个新的地板构造系统——MATURA 填充体部品体系。因整个系统能够相当容易地拆开再重组，而方便又迅速地因应室内空间的变动与管线的移位，可谓是第一套开放系统营建理论的构造产品。

这个系统乃根据环境层级（level）关系设计了一介于地板面材与楼板结构体之间的构件"格子状板块"（Matrix tile），如同地板支架，可以容纳各种设施管线，以及介于地板与墙体之间的构件基础件（base profile），可衔接轻隔间墙底座，又可容纳电力管线。其中构件间是以"榫接"与"锁接"接合，设施管线则采用插座式之接合方式。①

MATURA 填充部品体系作为设备与管线连接体系的典型代表，在既有环境中发展局部系统。针对 20 世纪 50、60 年代大量兴建的中低集合住宅所开发这套可填入的建筑构件系统，并在 1993 正式商品化。MATURA 填充体部品体系已在包括中国的若干国家取得专利。该体系为住宅提供一套完全预制、非常灵活的室内系统，相关的填充体系已发展成非常成熟的商品化生产。②

其开发的具体内容有铺设管线系统，以及按照设定好的

图 3-355　荷兰 MATURA 填充体部品体系（Matura Infill System）

（图片来源：Almere Monitor. an Open Building/Lean Construction study［EB/OL］. http://www. agilear chitecture.com/AApages/AlmereMonitor.html, 2008/11/12.）

---

① 林丽珠.开放式界面之建筑构造理论［D］.台湾：国立成功大学建筑研究所，2002.P8.
② 范悦，程勇.可持续开放住宅的过去和现在［J］.建筑师，2008.06.总第 133 期.P90~94.

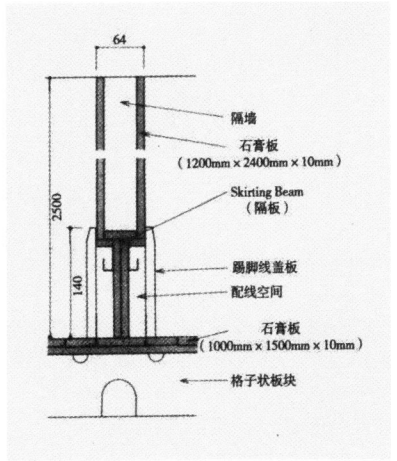

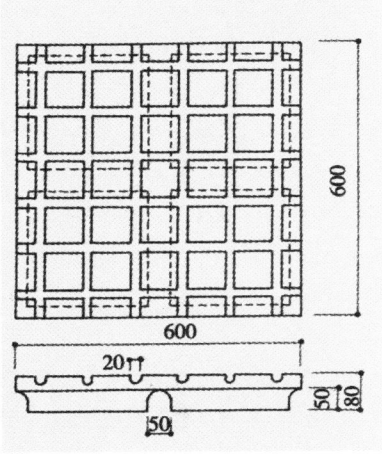

图3-356 MATURA填充体部品体系中踢脚线盖板的节点

图3-357 MATURA填充体部品体系格子状板块的尺寸

（图片来源：(日)松村秀一著，住区再生［M］.范悦、刘彤彤译.北京：机械工业出版社，2008.07.P33.）

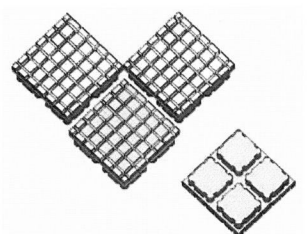

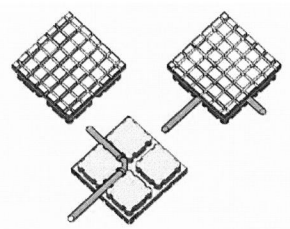

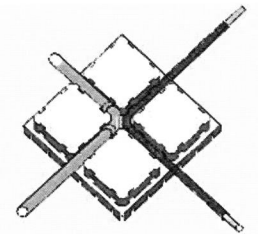

图3-358 MATURA体系的格子状板块置于受荷载的楼板上

图3-359 MATURA体系排水管嵌于格子状板的凹槽中

图3-360 MATURA体系的天然气管嵌于格子状板块的凹槽中

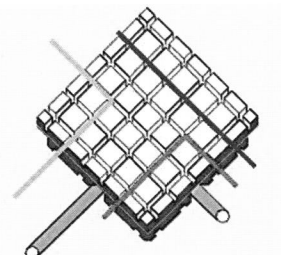

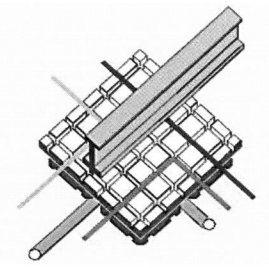

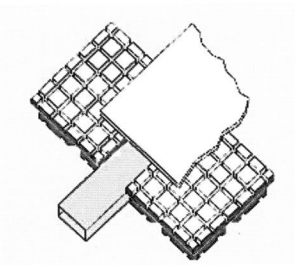

图3-361 冷热水管和中央供热管道置于格子状板块的凹槽上方

图3-362 基础构件也置于格子状板块的凹槽上

图3-363 格子状板块为适应通风管进行切割

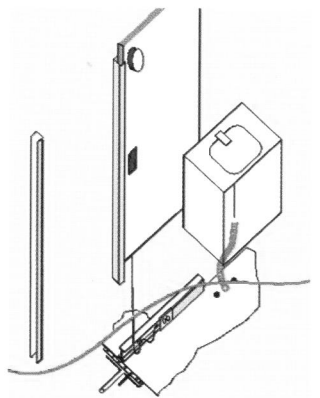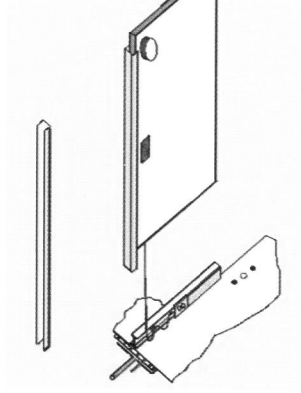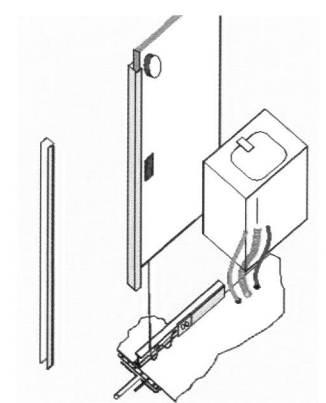

图3-364　分隔墙的电源插口于基础构件相连

图3-365　厨房和卫生间设备的管道与格子状板块下的管道相连

图3-366　分隔墙、门和厨卫设备组成"上层系统"，基础构件和各种管线构成"下层系统"

（图片来源：The MATURA System, an overview［EB/OL］, www.habraken.com, 2008-11-12.）

规则来放置和整理这些管线系统的垫层兼导轨材料"格子状板块"，加上安装在隔墙底部相当于踢脚线的走线盖板这三个内容。"格子状板块"是厚度大约为10 cm的泡沫塑料的板状部品，表面按照一定的间距开有沟槽用来放置给水管、热水管、煤气管等，而底面的沟槽则用于放置排水管。上述技术体系还配有CAD系统、部品生成体系、部品构件管理体系、施工作业指示系统等，配套软件非常丰富。

　　MATURA填充体部品体系，一方面在新建住宅的室内设计中便于用户参与并可为将来户型改变做准备；另一方面，还是用于既有集合住宅的住户室内的改造，而且在设备更新

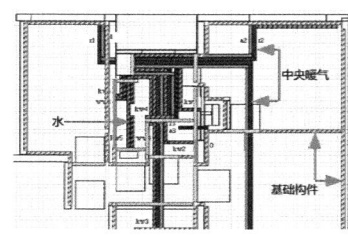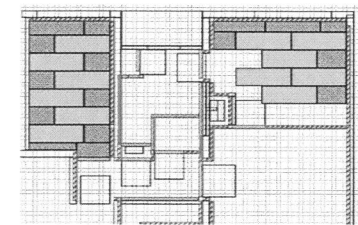

图3-367　MATURA体系埋在格子状板块上的各种管线1

图3-368　MATURA体系基础构件间的地板

（图片来源：The MATURA System, an overview［EB/OL］, www.habraken.com, 2008-11-12.）

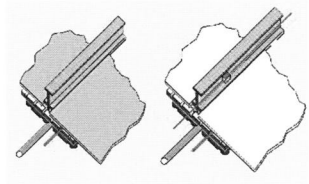

图3-369　MATURA体系的地板和电、电信等埋入基础构件的间隙

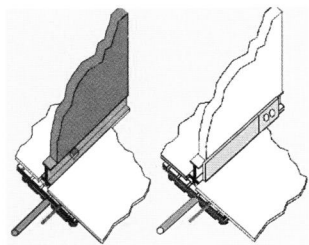

图3-370　MATURA体系的分隔墙安装在基础构件上，可用插座附件覆盖开口，封闭管道

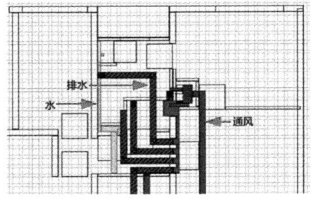

图3-371　MATURA体系埋在格子状板块下的各种管线2

（图片来源：The MATURA System, an overview［EB/OL］. www. habraken.com, 2008-11-12.）

的再生工程上的适用性良好。兰敦教授认为该体系是"一个同时瞄准新建住宅和再生住宅两个市场的部品开发的成功案例"。①MATURA不只是一个构件系统，还是一个住宅更新的商品供应系统，从除旧到更新只需4星期，但由于不强调局部的更新，所以推广有限。

在开发MATURA体系的同时，在荷兰地区业界也开始这方面的研发，例ERA填充系统、Huis in Eigen Hand（House in Own Hand）产品，基本上与Matura系统类似。Interlevel高架地板系统可容纳管线，轻隔间墙置于其上。Esprit卫浴及厨房系统的特色在管线的配置与接合方式。

2000年OBOM的研究从房屋工业化之建筑系统角度，分别就空间层面与技术层面探讨弹性使用的问题，并针对构造界面提出五项原则：（一）将机能及寿命不同的构造元素作分隔；（二）以平行组装取代顺序组装；（三）保持构件独立，避免相互穿越；（四）寿命较短的构件应提供可及性；（五）机械性接头取代化学性接头。

目前荷兰经济部及住宅与环境部共同推动IFD（Industrial, Flexible and Demountable）计划，鼓励研发可拆卸再利用的技术与产品，其中包括发展干式拆组的构法与工法，可应用于楼板、内装及外墙，近两年已支助五十多个方案。②

3.法国：建筑部件软件系统

进入20世纪90年代，法国工业化住宅仍在继续发展。建筑工业不断取得进步：产品尺寸精确、性能提高、饰面处理多样化、质量稳定。自动化技术的采用不断地提高生产力，数控采用自动化装置有助于解决建筑师提出的多样化要求，而制品仍然是采用工业化的方法生产的。可采用市场上提供的建筑部件进行设计。

信息科学的发展加速了信息和设计的管理，为建筑设计提供了新的设计工具。近年来法国混凝土工业联合会和法国混凝土制品研究中心把全国近60个预制厂组织在一起，

---

① （日）松村秀一著，住区再生［M］.范悦、刘彤彤译.北京：机械工业出版社，2008.07.P31-32.
② 林丽珠.开放式界面之建筑构造理论［D］.台湾：国立成功大学建筑研究所，2002.P8.

由它们提供产品的技术信息和经济信息。在吸收50—60年代法国推行建筑工业化经验的基础之上，经过多年的努力，编制出一套G5软件系统。这套软件系统把遵守同一模数协调规则、在安装上具有兼容性的建筑部件（主要是围护构件、内墙、楼板、柱和梁、楼梯和各种技术管道）汇集在产品目录之内，告诉使用者有关选择的协调规则、各种类型部件的技术数据和尺寸数据、特写建筑部位的施工方法，其主要外形、部件之间的连接方法，设计上的经济性等。采用这套软件系统，可以把任何一个建筑设计"转变"成为用工业经建筑部件进行设计而又不改变原设计的特点，尤其是建筑艺术方面的特点。

　　法国混凝土研究中心和工业化建筑集团负责建造试验性建筑，对各个设计方案进行处理。这样做的目的一方面是试验和改进该软件系统的功能，另一方面是分析采用G5软件系统这一设计工具对从建筑设计的草图到施工整个生产过程的影响。近年他们一直在推广这个信息处理工具。[①]

　　4.德国：住宅再生和生态住宅的新兴

　　20世纪70年代德国住房建设发展进入第二阶段，更多地强调住房质量和居住环境质量的提高。

　　在德国统一以后的20世纪90年代，东柏林在民主德国时期建造的大板住宅，建筑质量普遍存在问题（设备、墙体和屋顶的保温和防渗漏），亟待改造。近年来由于居民人数大降，

图3-372　典型预制大板住宅，位于东德哈雷新城（Halle-Neustadt）

（图片来源：Plattenbau［EB/OL］.http://de.wikipedia.org/wiki/Plattenbau, 2009-2-17.）

图3-373　位于东德什末林（Der Große Dreesch in Schwerin）的预制大板住宅，为60 000人提供住宅，1982年

（图片来源：Plattenbau［EB/OL］.http://de.wikipedia.org/wiki/Plattenbau, 2009-2-17.）

---

① 佚名.法国住宅工业化的发展［J］.中国建设信息，1998（35）.P72-73.

大板建筑空置现象严重,改造进程趋缓,拆除部分大板住宅的呼声出现了,也引起了多方的争论。[①]

由于发现原德意志民主共和国的大量住区存在重大而紧急的问题(与原联邦德国60人中只有1人为大型住区居民相比,原德意志民主共和国每4人就有1人为大型住区居民),应联邦议会要求,德国政府在1994年提出了调查报告书,该报告书中指出有必要对以下方面进行逐步改善,扩充住宅以外环境及主要交通手段,实现多样多层次的居民构成,进行环境共生方面的改善,居民参加住区的运营和管理,应对市场竞争推动建筑质量的改善。[②]

20世纪90年代德国开始推行适应生态环境的住宅政策、提倡节约物质和能源的精神,鼓励太阳能利用、节能、节水、绿化以及材料绿色化、技术集成化等新技术。

5.瑞典和芬兰:开放性填充系统的开发

到20世纪90年代,瑞典已成为住宅工业化最发达的国家之一,80%的住房采用以通用部件为基础的住房通用体系。瑞典工业化住宅公司生产的独户住房,已畅销世界各地。[③]瑞典积极推行住宅组合的规格标准,对普及PCa的使用起了很大的作用。20世纪90年代,在瑞典,作为反弹住宅市场暂时呈现出好转的情况,但1992年以后新建户数还是在持续减少。在这个过程中,住宅市场的重点不可避免地从新建向再生进行转移。另外,瑞典在1993年又开展了以节省劳动力和利用建设资金为目的的新的再生项目。[④]

瑞典非营利住宅协会联合组织SABO与民间的设备厂家共同开发了在再生工程中可自由拆装的卫生间组件(Knock Down方式)。

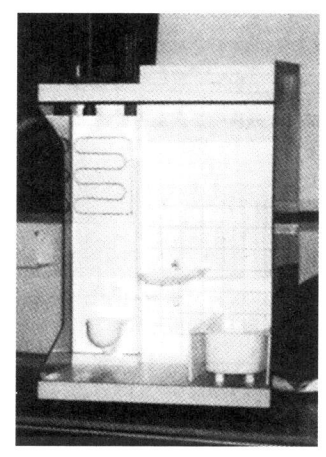

图3-374 瑞典开发的在再生工程中可自由拆装的卫生间组件

(图片来源:(日)松村秀一著,住区再生[M].范悦、刘彤彤译.北京:机械工业出版社,2008.07.P29.)

① 李振宇.城市·住宅·城市——柏林与上海住宅建筑发展比较[M].南京:东南大学出版社,2004.10.P43-45.
② (日)松村秀一著,住区再生[M].范悦、刘彤彤译.北京:机械工业出版社,2008.07.P11-14.
③ 董悦仲等编.中外住宅产业对比[M].北京:中国建工出版社,2005.1.P80.
④ (日)松村秀一著,住区再生[M].范悦、刘彤彤译.北京:机械工业出版社,2008.07.P20.

进行该部品开发的时候,首先对以往的卫生间改修工程的案例作深入的分析,对于一边居住一边施工的方式所需要的养护措施的级别,若以楼梯间为单位的话则需要在5天(约40小时)内完成所有的工程;另外,按照以往的做法即使没有太大必要(比如,不是很脏的浴缸)也要被拆除时,还要了解由此增加的造价。对于这样的部品开发,在对施工次序与各个阶段所需要的人工进行研讨的基础上,为了能将全体工程控制在40小时以内,实施了部品安装上的合理化。

同时,又对哪种工种应该在哪个阶段进行作了研讨,将全体工程由上层向下层展开时工匠们的组合方式,甚至他们操作的时间表都作了规定。工匠的班组在赶赴施工现场前,首先需要在同样大小的样板工程上进行训练,因为这项开发是基于严密规定的流水作业以便实现缩短工期的目的,所以一旦有一个工程环节出现了工匠的疏漏或迟缓,就会极大地影响整个工期和预算。

这项部品的开发中对于没有必要更新的部分不去改动,而将竖向管线和便器作为共通的更换工程,并进行了深入的开发。随着项目具体情形的不同,也有将同时受到损伤的其他部品进行更新的自由。①

芬兰是高度工业化的国家,但其营建工业的发展过去多着重在结构系统,开放系统营建则在2000年芬兰政府举办的技术竞赛后才引起较广泛的注意。目前市场上具开放性的填充系统有HSL隔间墙系统,可移动,门框及墙板框上部可容纳电线管。还有Entra2000的单元式卫浴、Villa2000的可移动厨房等。目前进行的填充系统的研究着重在设备管线方面,包括管线分布之模型及系统构件等。②芬兰还通过学校开课推广PCa教育。

6. 美国:FF&E产业与大开间体系

目前虽然美国有庞大的FF&E③(Furniture, fixtures and equipment,家具、装修及设备)产业,已有可拆解重组、可移动的隔间墙产品,活动地板或天花等,但基本上只用在商业建筑,未普及住宅,盖其功能仍单纯,不能满足住宅之需要,且大多数为产业自发的局部的发展。

1990年S.H.肯德尔(S.H. Kendall)对于营建过程自建材生产到现场组装作一完整的研究,包括建材的物质形式、接合制品、加工作业及参与的角色等,彼此间有独立但互动的层级控制,有如一种社会过程,可谓对于构造的物质层级及施工步骤作了详细的分析。④

① (日)松村秀一著,住区再生[M].范悦、刘彤彤译.北京:机械工业出版社,2008.07.P27-31.
② 林丽珠.开放式界面之建筑构造理论[D].台湾:国立成功大学建筑研究所,2002.P10.
③ FF&E是指可移动的家具、装修及其他设备,与建筑结构和公共设施没有永久性的联系。
④ 林丽珠.开放式界面之建筑构造理论[D].台湾:国立成功大学建筑研究所,2002.P10.

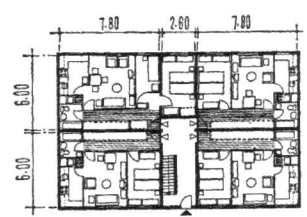

图3-375 美国预制大板建筑体系用7.8 m大开间的平面布置

（图片来源：陈登鳌.试论工业化住宅的建筑创作问题——探索住宅建筑工业化与多样化的设计途径［J］.建筑学报，1979/02.P6-11.）

90年代初，在有些建筑工业化程度较高的国家，在居住建筑中发展一种大开间、大柱网建筑体系。这种基于大开间的灵活布置法，方案多变、构件大而少、通用面广、工业化程度稍高。内部空间大，为调整面积、变化布局创造有利条件。

例如：美国以8 m、20 m、12 m甚至13.8 m的大开间来发展住宅建筑新体系，它的特点是：以大开间两边的混凝土承重墙作为单元住宅的分户墙，前后外挂的幕墙采用预制混凝土板、金属材料或砌块做成。在其大空间内可按住户的使用需要，用轻质隔断灵活布置房间。这种大开间住宅的底层还适应于作商店铺面。同时这种大开间住宅体系也可灵活组成不同体形的建筑物。由于这一体系的主构件（包括墙体、楼板、屋顶板等）尺度大（预制空心楼板长度最大到13.8 m、宽度最大到2.4 m）、规格少、数量少，对构件的生产和施工安装都有其优越性和一定的经济性，建筑工业化程度也随之提高。目前这一体系的主构件在美国已扩大通用到旅馆、办公楼、学校等公共建筑上，这也是由专用构件向通用构件发展的一例。[①]

7. 新加坡：组屋开发

新加坡政府于1960年成立"建屋发展局（Housing and Development Board, HDB）"，几十年间，为居民提供住房，创造良好居住环境。至1990年止，已有87%的国民居住在建屋发展局提供的"组屋"中。新加坡从20世纪80年代开始，为解决新加坡工薪阶层的住房问题，新加坡政府依托下属的建屋发展局成片开发公共组屋，再租售给工薪阶层。因新加坡土地资源极为紧张，故开发的组屋以高层住宅为主，住宅户型一般为三室二厅二卫或四室二厅二卫，建筑面积约120～150 m²。

新加坡对于住宅的建设经历了从现浇逐步向预制化的发展过程。新加坡的预制技术研发开始于1984年，主要从事住宅的墙、柱、梁与楼板等构件预制技术的研究、设计与应用。

---

① 陈登鳌.试论工业化住宅的建筑创作问题——探索住宅建筑工业化与多样化的设计途径［J］.建筑学报，1979/02.P6-11.

新加坡从1990年开始预制结构体系在住宅建设中得到广泛应用,至2002年建成的预制结构体系住宅逾85万套。对于住宅已实现了按部件与组件的划分,预制部件与组件的种类已达50余大类,包括结构体系、外墙饰面、卫生设备体系等方面。在组屋的建设中,2002年预制工程量已达到65%的水平。

新加坡建屋发展局自身拥有组屋住宅的开发、设计、构件预制加工、建造施工与物业管理等一套完整的体系。其预制研发中心(Prefabrication Technology Centre, DTC)是一个先进的预制技术研发与生产加工中心,并且是新加坡面向全世界的预制技术示范基地。研发与管理人员为70人,预制构件生产能力达36 000 m³/年。生产预制的墙、梁、板等构件,并专业配套生产整体厨房与卫浴间,这些整体厨房与卫浴间运到施工现场仅需接上水电管线就可使用。正是新加坡建屋发展局在设计、预制加工与施工建造等方面的综合优势,使得与预制技术相关的各项技术、政策都能得以贯彻落实。[①]

8. 中国香港:公屋开发

香港房屋委员会(房委会)是一个法定机构,于1973年4月根据房屋条例成立。房委会根据政府整体的房屋政策大纲,拟定及推行香港的公营房屋计划。房屋委员会的公屋设计方案经过多次变化和不断改进。但在建造初期,外墙和楼板全是现场支模现浇混凝土,内墙用砖砌成,材料浪费严重,产生的建筑垃圾令人头痛,施工质量无法控制。

20世纪80年代后期,香港房委会提出在公屋建设中使用预制部件。原来所有部件都是工地制造,由工地负责质量。当时ISO 9000已经公布,房委会要求预制厂生产要标准化,贯彻质量管理和质量保证体系。最先放到工地外预制的是洗手盆和厨房的灶台。为保证质量,房委会对灶台设计了专门的试验标准,要求模拟住户切菜所用力度冲击多少次后灶台外表不产生裂缝。洗手盆原来在金属盆的外面全部用普通混凝土包裹,后来改用陶粒和珍珠岩配制的轻混凝土,大大减轻了部件的重量。这两个小部件改为装配式后,不但质量得以保证,而且施工速度加快了,现场产生的建筑垃圾也减少了,预制化尝试得到了初步的成功。[②]

1)"模块"主导的户型

随着居住标准的提高,房屋委员会的公屋设计方案经过多次变化和不断改进,由原来的走廊两边排列居室的板式布置,发展到90年代的电梯设在中间,每个单元均有阳台和厕所的高层井式布置,被命名为"和谐式"设计。

香港公屋先后出现的和谐式、康和式以及新十字形公屋。它们均以"模块"作

① 董悦仲等编.中外住宅产业对比[M].北京:中国建工出版社,2005.1.P84-85.
② 陈振基,吴超鹏,黄汝安.香港建筑工业化进程简述[J].墙材革新与建筑节能.2006年第5期.P54-56.

为住宅空间的基本单位,通过模块的不同组合,可以形成系列化、多样化的套型,在建造中可以大量使用预制构件。

具体来讲,和谐式公屋拥有四种基本模块,包括一个核模块和三个附加模块,核模块是一个一居室套型,包括厨房、卫生间、阳台,以及一个可以多种分隔、做多种用途的开敞空间(可以作为卧室、起居室、餐厅等)。三个附加模块是中间卧室模块、尽端卧室模块和45度模块,这四种模块可以组合成6种从一居室到三居室的单元套型,以及两种一人居住套型。

一居室的使用面积是40 m²,组合后的两居室、三居室单元面积也仅达70 m²和85 m²左右;康和式公屋在面积标准上有所提高,只有两居室套型(使用面积46 m²)和三居室套型(使用面积60 m²),所有的三居室套型都设附属主卧室的卫生间;新十字形公屋则在套型布局上,空间动、静分区,更加注重功能合理配置。

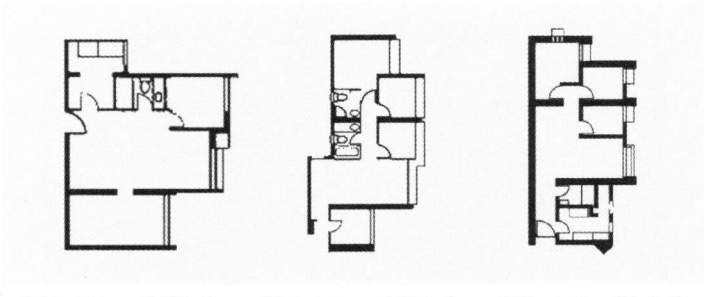

图3-376　和谐式
户型:70 m²

图3-377　康和式
户型:80 m²

图3-378　新十字
形式户型:85 m²

(图片来源:佚名.香港小户型占七成,会所等配套弥补空间不足[EB/OL].
http://house.lnd.cn/bghouse/xwzx/200710/5843620071016.htm, 2007-10-12.)

2)住宅楼梯段和内隔墙板的预制化

20世纪90年代,香港公屋需求激增。当时"和谐式"的公屋设计已经成熟,结构上是筒式结构加剪力墙,现浇混凝土不但费工费时,而且质量难以控制。相比之下,预制化有显著的优越性。房委会决定进一步推广预制工业化施工方法,提出把最费工的楼梯段预制化。之后又建议推行更大尺寸的房屋预制部件,在公屋招标时提出放弃原来内隔墙用小块砖砌

图3-379　和谐式:长亨

筑的方法，改用整层高的预制墙板，一时间香港许多企业纷纷开始研究预制墙板。

　　预制内墙板生产和应用的初期也出现了墙体开裂、隔音不良、不能承受吊挂物重量等问题，但是其施工快捷、扩大建筑使用面积、节约人工和材料、减少建筑废料等方面的优越性促使房委会坚持推广预制内墙板，并实行了一系列质量保障制度，包括引用比英国墙板指标还高的产品标准，所有生产厂家必须通过 ISO 质量保证体系认证，整个墙板制造过程要写成文件经房委会考察通过，墙板安装过程要标准化，使用的配套材料必须经过房委会认可，等等。

图3-380　和谐式乡村型：马坑

　　香港的内墙板施工时：首先，总承包商在投标前就已经向发展商（比如房屋署）送交了所用内墙板的规格、生产厂家和施工方法，并得到批准，因此在每层楼板封顶前就可将各单元需用的内墙板按设计量用塔吊放到楼面上，待主体施工超过两三层后即着手安装内墙板。这样内墙板距离出厂日期至少多出十多天，因此安装后由于收缩而产生开裂的概率大大减少。其次，内墙板的生产和安装由同一家分包商负责，制造厂家对工地负责的是最后的墙体，而不是送交的墙板，因此他们会对安装队伍进行培训，并监管使用的配套材料和方法。特殊部位和要求的墙板安装方法由制造厂家研究，经发展商认可后由安装队伍执行。第三，安装队伍在现场发现问题就随时向生产厂家反馈，比如为了减少工地操作和产生废料，要求墙板在工厂就将水电穿管预埋好，避免现场切割，厂家按照图纸埋好，做出标记，配套打包，送往工地，装配化水平由此得到进一步提高。

图3-381　康和式：和明苑

　　3）内墙板的应用从公屋扩展到私营建筑，进而发展到外墙板预制

　　在香港，私营建筑商兴建的住宅单元面积超过政府兴建的公屋，设计也更多样化。内墙板的经济效益有目共睹，一开始仅在公屋中采用，几年后便被私营建筑商接受，内墙板得到了广泛的推广应用。

　　内墙板的成功应用加快了外墙板的工厂化生产，这要归功于设计的标准化。筒式结构的"和谐式"设计成功定型，外墙板不承重，完全可以做悬挂式，再加上规格减少，就凸显了预

图3-382　新十字形式：颂明苑

（图片来源：香港房屋委员会及房屋署.http://www.housingauthority.gov.hk/, 2009-2-4.）

制化的优越性。原来外墙采用现浇混凝土施工,预留洞口后安装窗框,洞口与窗框间的缝隙用砂浆填补。由于现场难以控制质量,砂浆填入的深度或密实度不够,台风肆虐的季节容易造成雨水渗漏。使用预制外墙板,窗框直接在预制厂浇筑在混凝土内,避免了后填缝的弊病。同时外墙的瓷砖饰面也在预制厂内做好,质量得到保证,大大减少了高层建筑外饰面砖脱落事故。

在外墙板推行的初期,建筑商觉得把这样大量的工程发包出去对自己不利,有所抵触。政府此时推出了一项行政支持措施,即凡是使用预制外墙板的居住单位,凸出的窗台面积不计入容积率,发展商因此可以提高层数,有利可图,建筑商无奈被迫使用。有些大的建筑公司不愿肥水外流,自己开设预制厂,在珠江三角洲地区生产这类外墙板,窗框装好,瓷砖贴好,经检验后运到工地。由于工地空间有限,建筑商严格要求按计划运送墙板,实现吊离板车即上墙,所以现场工人数量大为减少,施工效率大为提高,公屋建设工期由过去的十数日一层提高到3～4日一层。

4)其他

值得一提的是,香港生产各种建筑部件所用的技术和材料绝大多数是内地的,有时少数机械零件或辅助材料可能用国外进口的,这绝不是单纯从经济方面考虑,而是经过反复技术比较后作出的商业决定。时至今日,预制建筑部件包括门窗、铁闸、卫生洁具,几乎全在内地生产,ISO质量保证体系也因此得以在这类企业中全面推开。

此外,香港环境保护署对建筑垃圾的限制也推动了预制化。香港环境保护署于2005年开征建筑废物处置费,对于建筑垃圾,建筑公司除了支付车费外,送往堆填区的废物每吨要交125港元,送往分类工厂则减至每吨100港元。显然,预制装配化的推广会减少废物的产生,建筑商使用预制部件的积极性就被调动起来了。

目前,香港的建筑工业化尚不够完善。目前楼板的预制尚未解决,还是现场浇灌商品混凝土。楼板和外墙板本可以用轻集料混凝土,以更大程度地减轻结构自重。但多年前房委会制订的建筑条例规定,不可在结构部位使用人造集料,限制了轻集料混凝土的推广。目前的外墙板用普通混凝土制成200 mm厚,难以满足节能要求。①

9.中国内地:住宅产业化和预制技术的衰落

1)社会发展

20世纪90年代初,在邓小平南巡讲话的影响下,房地产业出现了空前的增长,房地产业过热造成了"泡沫经济"的现象。20世纪90年代中后期的住宅产业化政策、深化住房体制改革等措施,以及国家提出"住宅产业成为新的消费热点和经济增长

---

① 陈振基,吴超鹏,黄汝安.香港建筑工业化进程简述[J].墙材革新与建筑节能.2006年第5期.P54—56.

点"的方针,希望通过住宅消费拉动经济增长。就是在这样的社会经济背景下出台的。这个时期,随着人们生活水平和居住质量的提高,导致人们物质精神需求和生活模式的多样化,促进了住宅的多样化发展,这种多样化已经超越了80年代关于形式和标准的多样化,而体现的是住宅设计由供给驱动向需求驱动的转变。

20世纪80年代初期住宅严重短缺的矛盾也已经得到很大缓解。但是90年代中期的住房仍然表现为相当程度的短缺,此时不是数量性而是结构性短缺。对住宅产业化来说,1996年是我国住宅建设的一个重要分水岭,这一年,我国住宅产业化开始启动,随后随着一系列的政策制度的拟定出台以及一批国家地方产业化基地的建立建成,我国的住宅产业步入了产业化的发展轨道。

1995年,建设部推出了《建筑工业化发展纲要》,但进展比较缓慢。后来我国政府又提出发展节能省地型住宅,这是我国政府从宏观经济和社会发展的角度出发向全国建设系统提出的重大工作任务。《关于推进住宅产业现代化,提高住宅质量的若干意见》,通篇贯穿了节能、节地、节水、节材和环境保护的思想,我国现行的住宅性能评价方法,也突出了节能、节地、节水、节材和环境保护。[①]

2)住宅产业化的具体实践

经过20年的住宅建设,中国城镇住房人均居住面积从1978年3.6 m^2上升到1997年8.8 m^2,无论在规划设计上,还是施工管理上,住宅小区的质量都提高很大,可见住宅建设的成就是显著的。但是,中国住宅建设的工业化程度和劳动生产率都比较低,各种消耗却相对较高。在国家提出经济增长模式从粗放型向集约型转变、改善产业结构、通过住宅拉动内需的背景下,全面发展住宅产业,走产业现代化的道路已成必然趋势。建设部在1996年颁布了《住宅产业现代化试点工作大纲》和《住宅产业现代化试点技术发展要点》。

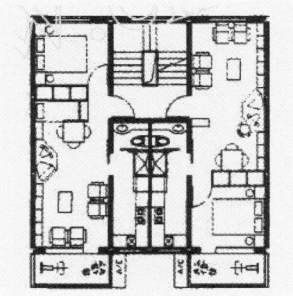

图3-383　石永利1999年设计的99TS工业化住宅体系:户型变化1

---

① 童悦仲.产业现代化,发展节能省地型住宅的助推器(摘自《中国建设报》)[EB/OL].中国住宅产业网.http://www.chinahouse.gov.cn/cyfz16/160340.htm, 2006-04-11.

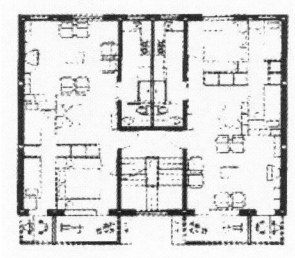

图3-384 99TS工业化住宅体系：户型变化2

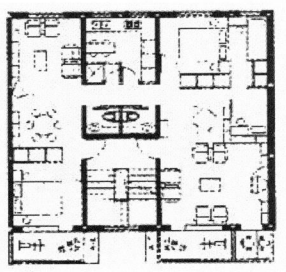

图3-385 99TS工业化住宅体系：户型变化3

（图片来源：石永利.工业化生产经济适用型住宅：介绍专利99TS工业化住宅体系[J].建筑学报，2000年7期P12-14.）

住宅产业发展目标是在20世纪最后四五年，平均每年建造城镇住宅2.4亿m²，农村住宅5.6亿多m²；21世纪头十年平均每年建造城镇住宅3.3 m²，农村住宅5亿多m²。质的需求为：每户一套，面积适当，功能齐全，环境良好，以实现"人人拥有适当的住房"的要求和体现"可持续发展"战略。作为发展住宅产业的具体措施，国家制定了"2000年小康型城乡住宅科技产业化工程"。其目的第一是促进住宅产业现代化的建设，第二是引导21世纪初叶小康型居住目标的实现。①

3）中国住宅预制技术的衰落与预制结构的特点

我国在50年代后引进的苏联工业化住宅技术非常单一，不能适应当时市场化的需要。防水和结构安全性差。1976年，唐山大地震留下的教训说明建筑安全应是第一位的。当时，唐山的建筑大多是用预制板建成，靠板与板之间的钩子实现连接。地震造成的灾害使工业化住宅广受非议。

1992年11月9日，国务院《加快墙体材料革新和推广节能建筑意见》中提出对发展新型墙体材料和节能建筑实行鼓励政策，对生产和应用实心黏土砖实行限制政策。2006年3月16日，国务院《国民经济和社会发展第十一个五年规划纲要》中提出"到2010年实现所有城市禁用实心黏土砖"。截止到2003年6月30日，全国170个城市中有140个城市完成了"禁实"任务，占82%。②

从20世纪90年代中期开始，中国迎来了真正意义的住宅建设新高潮。然而预制技术却没有随这一住宅建设高潮的到来而进一步兴旺，而是迅速趋于衰落。究其原因有诸多方面，首先是建筑造型日趋多样化，其平面与立面布置各具特色，20世纪80年代的住宅定型图、标准图已完全不适用。这一变化向传统工厂化生产的预制技术提出了最大的挑战，即预制装配技术已难以适应建筑布置要求；模板技术的飞速发展，在继钢模板以后，性能优良的竹胶模板应用及工具式钢支架的推

---

① 吕俊华，彼得·罗，张杰.中国现代城市住宅：1840—2000[M].北京：清华大学出版社，2003.1.P262-263.

② 国务院.（发改环资［2004］249号）关于印发进一步做好禁止使用实心黏土砖工作的意见的通知，2004-2-13.

广，解决了以往现浇楼板施工中的模板问题；预拌式混凝土及混凝土泵车的应用使混凝土的浇筑相当方便；民工从农村农业劳动转移而大量进城，为施工现场提供了最勤奋又低廉的劳动力资源；从结构的抗震性能考虑，现浇结构确保了很好的整体性，具有良好的抗震性能；设计人员的设计工作极为繁忙，根本没有时间再去做耗时的预制结构设计。

住宅结构体系根据住宅发展的需要有了很大的发展，多层住宅有采用内浇外砌、砌块、轻框轻板、异型柱；高层住宅有框架、框剪、剪力墙、短肢剪力墙等多种体系及多种新的施工工艺与技术。这些结构体系已完全适应住宅建筑要求，工艺与施工技术完全适合国内的施工企业的整体技术与管理水平，因此国内住宅建设工地几乎是清一色的现浇结构体系。预制装配技术从20世纪90年代中已开始衰落，一些预制构件加工企业停产、半停产或转产。

对于预制装配结构体系与现浇结构体系来说，二者都有其自身的优点与缺点，我们不能片面地对待某一种体系，而应从长远的观点、可持续发展的理念去分析去认识，并应适时预先引导，使住宅建设真正实现产业化的目标。

预制装配技术具有如下优点：① 构件加工工厂化，质量易保证；② 工地施工拼装化，施工周期短；③ 材料节约，尤其是混凝土、钢材与模板；④ 生产效率高，生产不受气候影响；⑤ 工地现场污染少，包括建筑垃圾与施工噪声；⑥ 构件生产以部品化为主，极有利于产业化。当然预制装配技术也有其不足的一面，如：① 构件标准化后灵活性差，难以适应多变的建筑要求；② 如节点连接技术处理不当会导致整体性较差；③ 墙面渗水，在做墙面防水修补后严重影响到建筑物的外观；④ 由于墙板、楼板都较薄，其隔声效果差；⑤ 预应力空心板板缝难以处理；⑥ 管线布置不方便；⑦ 构件运输与吊装都需要大型机具。

现浇结构具有如下优点：① 结构的整体性好，钢筋都实现连通，混凝土整体浇筑节点连接可靠；② 可适应各种建筑布置需要，具有突出的灵活性；③ 造价相对来说稍低，因有大量的低廉劳动力资源；④ 管线暗埋布置方便。现浇结构的缺点为：① 现场施工都为湿作业，机械化程度低，施工周期长；② 除非严格管理，一般来说混凝土浇筑质量比预制的差；③ 由于采用泵送的预拌混凝土，导致收缩变形大，楼板的收缩裂缝问题突出；④ 对施工现场的污染大；⑤ 劳动力资源消耗大，人均产值低。[①]

3.5.5 其他工业化住宅实例

（1）荷兰J.L.马泰奥大楼，1993年

1993年，西班牙建筑师Jose Luis Mateo设计了位于荷兰Den Haag的"J.L.马泰

---

① 董悦仲等编.中外住宅产业对比［M］.北京：中国建工出版社，2005.1.P86~87.

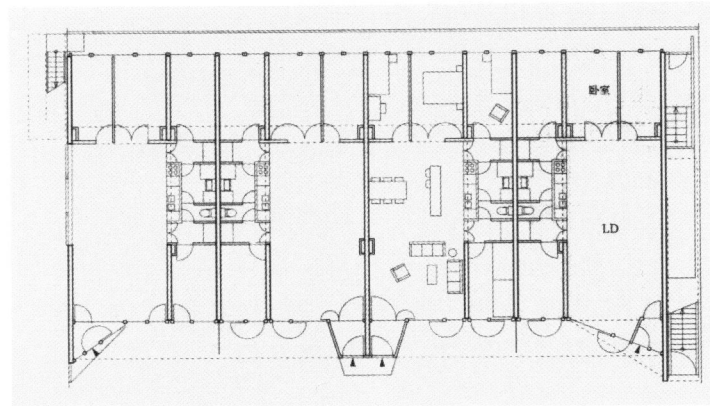

图3-386　J.L.马泰奥大楼（J.L. Mateo）一层平面

（图片来源：（日）日本建筑学会编.建筑设计资料集成——居住篇［M］.重庆
大学建筑城规学院译.天津：天津大学出版社，2006.4.P115.）

图3-387　J.L.马泰奥大楼
（J.L. Mateo）立面效果

图3-388　J.L.马泰奥大楼
（J.L. Mateo）楼梯细部

（图片来源：（日）日本建筑学会
编.建筑设计资料集成——居住
篇［M］.重庆大学建筑城规学
院译.天津：天津大学出版社，
2006.4.P115.）

奥大楼"（J.L. Mateo）。该住宅为4层钢筋混凝土结构。

　　该大楼是为纪念Den Haag的公营住宅达到20万户而进
行的建筑项目，是结构和内部均由预制构件组成的造价低廉
的设计。结构体均使用壁板，并在短时间内组装而成。一层
由地面进入，上部的二、三层和三、四层为跃层式，从三层的中
间走廊进入。一层住户有专用的庭院，三、四层的跃层式住户
有天窗和专用的屋顶庭院。开窗的正立面设有预制混凝土墙
板，形成了一个富于变化的立面。[①]

　　（2）芬兰纳里奥基尔居住区，1992—1997年

　　1992—1997年，芬兰建筑师奥利·培卡·约凯拉（Olli
Pekka Jokela）、彭蒂·卡尤加（Pentti Kareoja），在芬兰赫尔辛
基设计了"纳里奥基尔"居住区（Housing area "Nalliaukio"，
Helsinki, Finland, 1993）。

　　设计采用了近几年在芬兰普遍应用的预制混凝土构件。
和大部分其他的城市住宅一样，此项目的经济条件非常苛刻，
以此为出发点，要求建筑上的处理必须简单。设计上的特殊
之处在于把晒台像房间一样处理，而不是简单地凹进或凸出。
晒台四面都有墙，作为私密空间和公共空间的过渡。晒台用

---

① （日）日本建筑学会编.建筑设计资料集成——居住篇［M］.重庆大学建
筑城规学院译.天津：天津大学出版社，2006.4.P115.

不同的色彩加以强调,整幢房子的晒台被刷成 5 ～ 6 种颜色。

　　建筑上的另一种强调处理也与晒台有关,即立面可以被理解成是由不同的层次组成的。从外向内,先是一块垂直的彩色陶板,然后是一块涂有颜色的混凝土板。晒台嵌入墙壁约 75 cm,凹进部分的表面铺装松绿色的陶砖。白色的建筑本身成为这种形体、材料和色彩构成的背景。

　　室内随单元的大小和装修水平不同而异。设计者试图通过在单元内部隔断处用一些玻璃来赋予室内某种特征。[①]

　　(3)智利"La Habilación"住宅,1997 年

　　1997 年,Smiljan Radic Clarke 在智利设计了"La Habilación"住宅,用地面积 54 万 m^2,建筑面积约为 105 m^2。该住宅使用称为"齿条结构"的 56.5 cm × 28.2 cm 模型格栅。格子状的柱子、地板材料和房梁也采用标准成型品。自己动手就可以组装。倾斜建造的厨房和屋顶上的房间,给单调的空间增添一点趣味感。[②]

图 3-389　"纳里奥基尔"居住区外观

(图片来源: Nalliaukio housing. Olli Pekka Jokela Architects Ltd. http://www.arkopj.fi/frameset_en.html, 2008/11/11.)

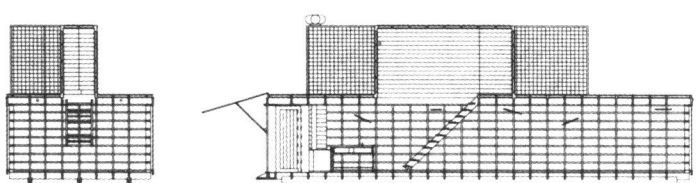

图 3-390　Smiljan Radic Clarke 设计的 La Habilación 住宅立面图

(图片来源:(日)日本建筑学会编,建筑设计资料集成——居住篇[M].重庆大学建筑城规学院译.天津:天津大学出版社,2006.4.P73.)

　　(4)丹麦 ONV 屋

　　ONV 屋的设计目的是以可负担的价格创造高质量的房屋,结果成就了一座漂亮、时尚和简洁的木屋,既可以用于度假又可以作为现代家庭一年四季的房屋。该预制住宅由丹麦哥本哈根的 ONV Architects 公司设计,他们作为丹麦提供高质量预制住宅的领导企业,而获得 2008 年度"Nykredit(丹麦领

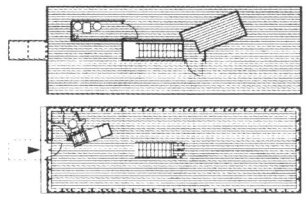

图 3-391　Smiljan Radic Clarke 设计的 La Habilación 住宅平面图

(图片来源:(日)日本建筑学会编,建筑设计资料集成——居住篇[M].重庆大学建筑城规学院译.天津:天津大学出版社,2006.4.P115.)

---

① (芬)奥利·培卡·约凯拉,彭蒂·卡尤加,邹欢.赫尔辛基"纳里奥基尔"居住区,芬兰[J].世界建筑,1997 年 04 期.P43.

② (日)日本建筑学会编,建筑设计资料集成——居住篇[M].重庆大学建筑城规学院译.天津:天津大学出版社,2006.4.P73.

图3-392　丹麦ONV屋外观

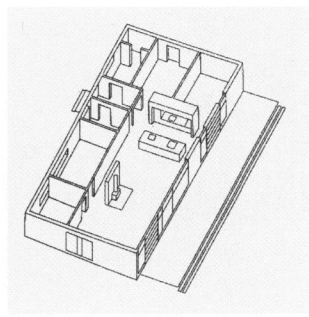

图3-393　丹麦ONV屋轴测图

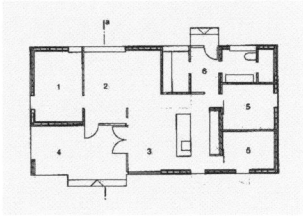

图3-394　丹麦ONV屋平面图

（图片来源：丹麦的预制住宅
［J］.建筑细部（DETALL）—轻
质结构与体系，2006.12.P792-
795.）

先的金融集团）促进奖"（The Nykredit Motivation Prize）。

　　与其他同类概念的工程相比，这一工程已经达到了较高的设计标准，而且还具有灵活性。要求最低的住宅有六种基本结构，这六种基本结构可以按照消费者的特殊需求加以修改，并可通过增加预制部分加以延伸。由于这种住宅需要高度预制，所以只能购买到相对较少的数量：最小的住宅完全在工厂中制造，然后用卡车运输至现场；较大的住宅由2至4个部分组成。当模块运送至现场后，将被安装到条形基础上。然后唯一要做的就是密封屋顶、安装天窗以及清扫连接处。最后得到的建筑是一个带斜坡的结构，其木筋墙立面用西伯利亚落叶松木覆盖，内墙则使用石膏板。在每种类型中，楼层平面都有一个较大的空间，这一空间包括生活区域和用餐区以及一个开放式厨房，厨房可以连接走廊。内部空间用大量玻璃与外部连接，用于来往交通的空间保持最小，所有地面都用琢石或石材装饰。[①]

　　ONV Architects公司致力于丹麦预制住宅的创新，在为复杂问题提供简单的解决方案的同时，并没有降低住宅的功能性和美学价值。公司的领导者Søren Rasmussen说，"工厂制造建筑将会在未来的建筑行业处于极其重要的位置，虽说不上从今以后所有的建筑都会在传送带上打包，但是我们看看当今丹麦用传统方法建造的建筑，就会发现至少半数的建筑，如果用工厂制造方法就会好很多。"[②]

图3-396　丹麦ONV屋室内

（图片来源：丹麦的预制住宅［J］.建筑细部（DETALL）—轻质结构与体系，2006.12.P792-795.）

图3-395　丹麦ONV屋的运输和安装

---

① 丹麦的预制住宅［J］.建筑细部（DETALL）—轻质结构与体系，2006.12.
　　P792-795.
② 详见 http://www.onv-prefab.dk/#，2009-3-15.

（5）英国 "M-house"，2008 年

该住宅由英国建筑事务所 Mae Architects 和建筑师 Tim Pyne 设计，是预制住宅的先锋之作。这座移动住宅兼具可移动的临时住宅的优势与 Loft 的生活标准。住宅场地可以任选——可以是野外的周末度假处，可以是平屋顶上面宽敞的居住空间，也可以是庭院的扩建部分。在订货后的 11 周，住宅两个尺寸为 17 m×3 m 的预制部分就被运送到了工地现场，并且在一天之内（沿着预制部分的纵轴线）拼装完毕。基础设施安装好之后，移动住宅就可以入住了。它可称做是现代版的大篷车，不但具有开放式设计的宽敞的起居室和用餐区，还有两间卧室（每间都安装有嵌入式的床和壁橱系统）、一间浴室、一间卫生间和一间设备室。起居室和用餐区都带有整层高的木制推拉窗，可以欣赏到窗外的景色。整个移动住宅的内墙面都覆盖着灰白色桦木胶合板，与开放式起居室的黑色油毡地面和燃木壁炉背后的黑色饰面砖形成了对比。预制体系的组装具有很高并且舒适的标准，既考虑到了声学及能耗方面的问题，也注意到了居住空间内有效的保温隔热措施和地板下供热设备。业主选择了多种立面材料，从波形铝墙板到看起来更加稳重的杉木板。①

3.6　本章小结

本章对住宅工业化的发展历程和类型特征进行总结和分析，并在此基础上探寻其中蕴含的（分化、整合、特征）的来龙去脉。在对现象的提炼与归纳中，我们可以发现许多工业化住宅的原型，在不同历史时期有相似的形式表现，举例如下：

1928 至 1930 年间，苏联的公共住宅乌托邦试验纳康芬（Narkomfin）→1945 年，法国勒·柯布西耶设计的马赛公寓（The United Habitation in Marseilles）→1967 年，加拿大莫什·萨夫迪设计的蒙特利尔生境馆（Habitat' 67）。模块化巨构集合住宅今天成为工业化住宅的一种主要的类型。

---

① 详见 http://www.m-house.org/index.php，2009-3-15.

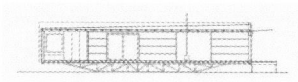

图 3-397　英国 "M-house" 剖面图

图 3-398　英国 "M-house" 细部

（图片来源：http://www.m-house.org/index.php, 2009-3-15.）

图 3-399　英国 "M-house" 外观

图 3-400　英国 "M-house" 室内

（图片来源：http://www.m-house.org/index.php, 2009-3-15.）

又如1929年，美国理查·布克明斯特·富勒（Richard Buckminster Fuller）设计的戴麦克辛住宅（Dymaxion House）→1960年代，英国建筑电讯（Archigram）设想的生活荚（Capsule Homes）大楼→1970年代，日本黑川纪章（Kisho Kurokawa）设计的中银舱体大楼（Nakagin Capsule Tower）→2006年，意大利建筑师大卫·费雪（David Fishery）设计的迪拜动态摩天楼（Dynamic Tower），能源自给的工业化高层舱体住宅一步步从幻想走向现实。

1949年，美国加州的查尔斯·伊姆斯和蕾·伊姆斯设计的案例研究住宅8号——伊姆斯住宅。与1954年，法国让·普鲁韦（Jean Prouvé）于设计的法国南锡市的自家住宅。建筑师利用现成的工业化构件，一个利用标准钢框架或标准墙板进行设计，通过工业化构件的组合获得居住的空间以及美学的趣味。这两个同时代的工业化住宅案例相互辉映，具有钢结构住宅工业化的原型特征。

因此，当代住宅工业化的发展是其历史的延续、活化和生成，呈现出清晰的发展脉络。回顾历史，可以看出工业化住宅始终在乌托邦式的雄心与决定性的无个性的标准化这两个方向之间摇摆。早期的现代主义者梦想的是人类由机器服务，与地方特色相脱离的新的生活方式。然而在极度高效、可负担及满足卫生标准的同时兼具纯净的美学特征的普通住宅可能突然转为极权主义的噩梦。而第二次世界大战结束后的工业化住宅反映了现代主义的另一面：结合自然，回归原始，重振衰落的西方文明。今天的建筑师受惠于计算机设计软件，更强调了顾客的适应性，解决了人们日益增长的对个性化的需求。而全球可持续发展的主题则成为工业化住宅持续发展的最大推动力。在理论上体现为开放建筑思想在住宅设计上的深入发展，而在实践上则体现为工业化住宅的高度体系化和它对既有建筑的重建、改造和对新型节能生态住宅发展的贡献。

第**4**章
住宅工业化潮流中的建筑师
设计思想和案例分析

4.1 导　　言

　　纵观工业化住宅史，我们可以发现它与史上许多颇负盛名的建筑大师息息相关。现代主义者们企图改变世界的理性主义乌托邦思想，为"工业化"而激动不已，工业化住宅的问题让新建筑的所有领导者都极为关注，尤其是20世纪最具影响力的艺术设计学院——包豪斯学校的建筑师们。

　　面对工业化的大潮，建筑师面临着前所未有的挑战。格罗皮乌斯于1952年3月，在芝加哥召开的美国建筑师协会会议上发表了支持建筑师参与建筑承包合同的讲话，坦率地指出工业化是建筑师职业面临的十字路口，他说："在从手工业向工业的转化中，建筑师不再处于支配地位……未来的建筑师将被迫进一步接近建筑生产，并且要和工程师、科学家及建造者一起紧密合作。由于建筑活动的复杂，建筑的工业化进程似乎只能比其他领域的生产需要的时间长，但是遗憾的是只要相会很少的建筑师直接参与并完成这种变革，或者设计那些我们在建筑种使用的部件。在这项发展中，起作用的是工程师和科学家。""青年一代建筑师一方面应使他们加入建筑工业并积极参加发展和形成所有这些建筑部件的活动；另一方面去学习怎样用这些工业化的部件构成美丽的建筑……使他们更直接地接触车间和工业以及建造者所涉及的领域，并获得更多经验。"①

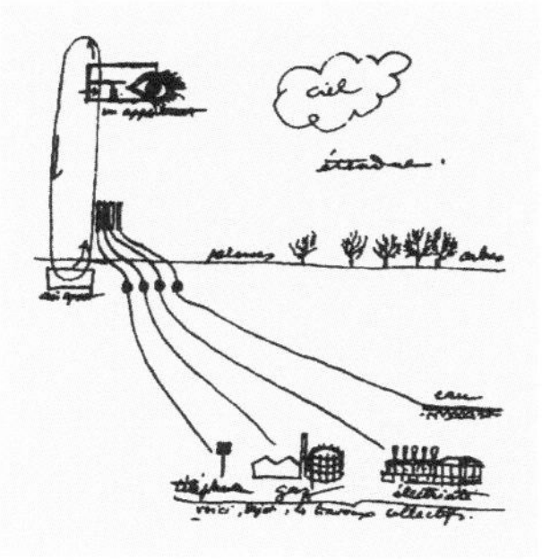

图4-1　现代建筑的任务：把现代技术的改进带进人类的家庭，勒·柯布西耶绘

（图片来源：（意）L.本奈沃洛著，西方现代建筑史［M］.邹德侬等译.天津科学技术出版社，1996—09.P549.）

---

① （意）L.本奈沃洛著，西方现代建筑史［M］.邹德侬等译.天津科学技术出版社，1996—09月.P725—P728.

如今"工业化"持续施展着对现代建筑师的巨大影响力。建筑师面对工业化住宅的挑战，更多的是解决"大规模生产"与"建筑艺术"、"个性化"的矛盾。实际上，采用工业化的建造方式并不一定意味要放弃高标准的设计、构造以及建筑表达方式。在工业化住宅发展历程中，仍有许多由杰出建筑师设计的典范之作。理查德·罗杰斯爵士（Sir Richard Rogers）曾说："当我们第一次严肃地审视预制住宅时，一般人立即得出'千篇一律'的结论。我却认为它提供给我们一个真正充满想象力与激情的住宅建造方式。"①

"偏见比无知离真理更远。"许多建筑师在工业化道路上的探索由于未经系统性的总结或是被淹埋在他们在建筑史上更为标志性的建筑作品之下而不为人知。本章将按照建筑师出生年代顺序对工业化住宅发展史上的代表建筑师的工业化住宅设计思想和设计案例进行逐一分析。

4.2　代表人物及案例研究

4.2.1　彼得·贝伦斯：标准化设计

彼得·贝伦斯（Peter Behrens, 1868—1940）是德国最重要的建筑师和工业设计家。从1907年以来，贝伦斯带来的主要意义在于：在一个正处于稳步扩展的领域里，成为一个标准化设计的领导者和示范者。虽然弗雷德里奇·瑙曼（Friedrich Naumann）在建筑工业化方面是个有智慧的先行者，贝伦斯可称为在这方面实际应用的第一个发起人。在1910年，贝伦斯第一次主张建筑的工业化，他意识到这是作为有计划工业经济的第一步，即理性化建造的重要性。

除了在1911年设计的第一个标准化办公楼外，1912年，贝伦斯展出了为柏林工会最低收入工人阶层住房设计的标准化家具。1915年贝伦斯在亨宁斯多夫（Henningsdorf）的居民点——作为战时德国通用电气公司（AEG）职工住宅，完成

图4-2　彼得·贝伦斯设计的标准最低水平住宅原型——为德国通用电力公司（AEG）的职工所建，1917年

（图片来源：（英）尼古拉斯·佩夫斯纳，J.M.理查兹，丹尼斯·夏普编著，反理性主义者与理性主义者［M］.邓敬等译.北京：中国建工出版社，2003.12.P11.）

———————

① Allison Arieff & Bryan Burkhart. Prefab［M］. Gibbs Smith, September 13, 2002.P1.

了三居室住宅的标准化,使用了长向单一类型的三层住屋的统一排列处理。由于砖块的短缺,利用压实的垃圾焚化炉渣块做成大尺度的标准化砌块,用它作为代用材料。

到1918年,"房屋的工业化"还仅有一个理论基础。贝伦斯在其文章中指出,"经济型建筑"(Von Sparsamen Bauen)假定了建设速度和经济节约可以从三种独立的方式来获得:通过设计的理性化,通过建造技术的现代化,以及通过最大限度地用个体家庭服务的社区来进行替代;而具体的实施除了适合的住宅形式,还要在广泛影响下的标准化和机械化大生产的影响下的建筑材料、结构组建和设备费用的下降;加之对机械在装配车间和建筑物最具广泛可能性的运用所带来的建造配用的下降。①

贝伦斯的标准组平面(standardized clusters)试图利用标准化生产的优点来组合平面从而能够产生与众不同的效果,从而避免因为采用了相同的单元和机械化的生产而造成的千篇一律的效果。②

4.2.2　沃尔特·格罗皮乌斯:合理化生产

20世纪初叶,包豪斯建筑学派的创始人——沃尔特·格罗皮乌斯在包豪斯学校任教期间,便致力于研究如何使建筑设计适应工厂化大生产的要求,提出了一整套关于房屋设计标准化和预制装配的理论与方法。

1. 格罗皮乌斯的住宅工业化理论

1)《根据美学一致性原则所作的一家房产公司的建设计划》

沃尔特·格罗皮乌斯在1910年3月给AEG公司(一家德国大型电器联合企业)的艾米尔·拉特诺提交了一份合理化生产住宅建筑的备忘录——《根据美学一致性原则所作的一家房产公司的建设计划》③,这是以他1906年为雅尼科夫设计的工人住宅区为示范的。这份备忘录写于格罗皮乌斯26岁那年,到今天仍然是对标准化住宅单元的预制、装配及分布的先决条件最为透彻流畅的阐述。④这份备忘录被发表在1936年的《先锋》杂志中,它让我们可以更好地了解格罗皮乌斯在以后的预制装配建筑的研究过程中所持有的原则。格罗皮乌斯本人把这份资料看作是他工

① (英)尼古拉斯·佩夫斯纳、J.M.理查兹、丹尼斯·夏普编著,反理性主义者与理性主义者[M].邓敬等译.北京:中国建工出版社,2003.12.P9-11.
② 王春雨,宋昆.格罗皮乌斯与工业化住宅[J].河北建筑科技学院学报,2005-6,22(2):P20-23.
③ (英)尼古拉斯·佩夫斯纳、J.M.理查兹、丹尼斯·夏普编著,反理性主义者与理性主义者[M].邓敬等译.北京:中国建工出版社,2003.12.P50-54.
④ (美)肯尼斯·弗兰姆普敦著,现代建筑:一部批判的历史[M].张钦楠等译.北京:生活·读书·新知三联书店,2004.3.P120.

作的基础,从此他开始了他的预制装配式建筑的理论研究。

备忘录中写道:

基本理念:"工业化生产无可比拟的优势是,最好的材料、工艺和低廉的价格。这家准备建立的房产公司将住宅工业化作为其目标。""工业化的基本原则是劳动的分工。设计者集中力量于创意上,他的创作一面世,制造者就集中力量与产品的耐用性和低成本生产上,商人则集中力量于组织产品分销上。通过使用专业人士这种唯一的方式,本质上能够使创作过程经济,公众能够获得在美学上和技术上都具有良好质量的产品。"

理念的实现:

(1)所有住宅使用相同配件和材料

住宅工业化的理念,可以通过房产公司推行在所有设计中重复使用单个配件来实现。这使批量生产成为可能,并促成了成本降低和出租率的提高。只有通过大规模生产,才能提供真正好的产品……工厂里的批量生产则保证了产品的一致性。

格罗皮乌斯认为几乎住宅的所有配件都能在工厂里生产,并列出配件清单。对住宅的所有配件来说,首先必须要确定最佳尺寸。这些标准尺寸形成了设计的基础,并将在未来的设计中保持下去。只有通过这种方式,才能保证批量销售,才能避免替换情况下的特殊制作和修理。在每个项目中,有许多使用不同制作和价格的设计,但尺寸相同。所有形式、色彩、材料和内部设备的问题都被记下来,并作为变量归类。但所有的配件被机器制造成相同的标准尺寸时,他们会配合严密。同样的原因,他们都具有可互换性。通过提供可互换的配件,房产公司依靠形式、材料和色彩的变化可满足公众对个性的需求。

与专业制造商的合同保证了所有配件能够满足房地产公司制定的标准,并在可能的情况下备有现货,并可按照易得的设计图在现场组装起来。单个的配件,特别是那些属于住宅家居用品的配件也可卖给外面的客户和企业主,房产公司可收取特许权使用费。

(2)设计的多重运用

住宅工业化的设计适用于为建立不同形式下的优质产品建立典范标准,而且针对的是大批量的生产和销售。所有样式的房屋,在大小和布置上随客户的愿望变化。在工业化制造原则的帮助下,房产公司因此可能以最低成本和最短时间建造具有高艺术价值和良好工艺的工薪阶层小区。工业化制造原则的好处在工薪阶层住宅中表现得特别明显。因为成本是建造工薪阶层住宅的主要因素。对于较为富裕的城市客户,房产公司通过相同设计的多次运用和配件的工业化制造,能够为其提供优质和艺术上成熟的住宅。

（3）房地产开发的建筑统一

在城内外建造相连的较大的房地产项目。大规模地在同一地点和时间,用同样的材料和配件来修建,可节约成本。可以考虑通过(服务的)集中化来简化运行。相同的住宅形成连续的街道,体现整个房产项目的统一性。[①]

2）关于工业化住宅的其他论述

格罗皮乌斯对工业化住宅的观点是将房屋的许多构件在工厂中批量生产,然后将它们组合成各种不同的建筑形式:工人的小住宅,大小不一的独立式住宅甚至是公寓。他的主张主要有两个目的:一个是传统的建造方法已经不合时宜了,另外就是提高设计和施工质量同时降低造价。格罗皮乌斯认为工业化手段只是媒介,应该将建筑的艺术活动与业主的经济结合起来,从而建造一个介于艺术与技术之间的优秀作品。在格罗皮乌斯看来,在生产过程中,应该按照预先规定的尺寸大量生产房屋的各种配件,如楼梯、窗户、门等。为了产生不同的效果从而满足不同的客户要求,这些配件在质量和材料上都应该不同。可是,虽然格罗皮乌斯在工业设计的概念上已经很超前了,但他所设想的工艺方法并没有超出当时工业生产的能力范围。[②]

格罗皮乌斯还认为"工业与手工业之间的不同,与其说被归为两者所采用的工具性质不同,不如说区别在于工业中劳动被细分,而手工业则由单个工人完成整个操作"。可见机器产品不再像使用手工机器时一样是单独操作(或几个密切相关的操作)的结果,而是整个相互合作工业体系的复杂结果。在这个体系中,个人因素的干预在最初创造性和选择性作用的推动后被减少到最小程度(J.M.理查兹)。[③] 格罗皮乌斯在《新建筑与包豪斯》书中指出,把无限丰富的种类减少到一定数量的典型形式是一种趋势,这一趋势大多数时候是高水平文明的标志。动力生产以及大规模生产已经是标准化几乎能适应设计的所有领域。

1927年底,格罗皮乌斯从包豪斯辞职之后更加置身于对住宅问题的研究,除了设计并督建的大量低造价住宅外,还在理论上关心住宅标准的改善及社区居民点中无等级体系的住宅街坊的发展。

为解决居住建筑问题,格罗皮乌斯提出两条思想路线:合理分布多层单元的集中式建筑问题和预制不太集中的建筑建设事宜。第二种看上去最适于美国。目标总是经济问题,但城市规划问题现在也总是出现在脑海中,事实上预制(将单个构

---

① （英)尼古拉斯·佩夫斯纳、J.M.理查兹、丹尼斯·夏普编著,反理性主义者与理性主义者[M].邓敬等译.北京:中国建工出版社,2003.12.P50.

② 王春雨,宋昆.格罗皮乌斯与工业化住宅[J].河北建筑科技学院学报,2005-6,22(2):P20-23.

③ （英)尼古拉斯·佩夫斯纳、J.M.理查兹、丹尼斯·夏普编著,反理性主义者与理性主义者[M].邓敬等译.北京:中国建工出版社,2003.12.P134.

件截短,以便建筑师可以用不同方式结合起来)是在美国郊区那形式繁多的广大建筑中能够保持某种秩序和统一的最好办法。由于这个原因,格罗皮斯坚持要把各种构件的标准化与整体的自由化谐调起来,以避免机械的重复和个人主义的蔓延这两种情况对立的危险。

格罗皮斯说:"预制构件的真正目标,当然不是把一种住房类型无穷尽地单纯增生,人们总是抵制与生活背道而驰的过分机械化的企图。但是工业化不会停留在建筑的门槛上。我们没有别的选择,只有接受所有生产领域里的机器的挑战,直到人们最后完全适应它,为他们的生物需要服务……建筑过程渐渐地分离,一方面是建筑构件的车间生产,另一方面是这种构件的组装场地。越来越强的趋势是发展成预制的建筑构件而不是整个房子。这就是要强调的地方……如果我们不能克服这些虽然有点意气用事但却可以理解的反对预制构件的反应,下一代肯定就会责怪我们。如果我们决心让人类的因素变成我们社会的模式和规模的决定因素,预制构件将是有益的。"[1]

2. 格罗皮乌斯的工业化住宅设计探索

(1)托藤住宅区项目

"标准化产品将是社会的需求。"格罗皮乌斯在托藤住宅区项目中第一次将工业化建筑从理论变为现实。该项目建于1926—1928年。托藤住宅可供5 000人居住。整个小区由316座两层高的行列式的住宅组成。他们采用的是标准化的设计,利用当地产的沙子和卵石浇注混凝土、墙、梁、填充砌块、地面以及屋面板等都采用了标准化的尺寸。

整个施工过程都是在现场完成,两座房屋中间事先铺设了铁轨,以便于用起重设备将材料从一处运往另一处。托藤住宅区中的"铁路式"布置不仅反映了其单元的标准化,而且也反映了用行走式起重机进行预制装配的流程。[2]为了使整个施工过程连贯,格罗皮乌斯制定了严格的时间表,而且给工

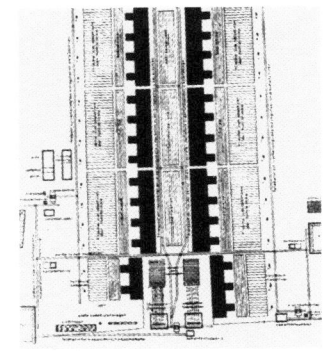

图4-3 格罗皮乌斯设计的托藤住宅区,德骚托藤,1928年场地布置按照塔吊行走路成布置

(图片来源:(美)肯尼斯·弗兰姆普敦著,现代建筑:一部批判的历史[M].张钦楠等译.北京:生活·读书·新知三联书店,2004.3.P149.)

---

[1] (意)L.本奈沃洛著,西方现代建筑史[M].邹德侬等译.天津科学技术出版社,1996-09.P610.

[2] (美)肯尼斯·弗兰姆普敦著,现代建筑:一部批判的历史[M].张钦楠等译.北京:生活·读书·新知三联书店,2004.3.P148-149.

人具体分工,每个程序由固定的人来完成,这种做法提高了工作效率。但是在格罗皮乌斯看来,整个项目并不属于装配式建筑,而只能看作是工业化建筑,因为所有的构件都是在现场加工的就像工厂里生产一样。托藤住宅是格罗皮乌斯对工业化住宅研究过程中一个重要的里程碑。

1926年,在托藤住宅建设的同时,格罗皮乌斯还在建设另外一个项目,该项目都是三层高的建筑,它采用了荷兰的Bron专利,这也是这个体系首次在德国使用。这个体系的特点主要是采用预制浇注的混凝土构件,其中包括带有门窗的墙面板、梁、楼板等等。采用这种施工方法来建造房子,可以大大缩短工期,从而能够很好地解决当时的房荒问题。

（2）魏森霍夫16号、17号住宅

1927年德意志制造联盟在斯图加特组织了第二次展览,在魏森霍夫居民点（Weissenhof Siedlung）设计的永久居民区里,设想这些样板会被大量生产。为了要使工业化大量生产的住宅仍能满足低收入家庭,又有独立住宅优点。格罗皮乌斯运用两所分离的住宅,来试验一个使用金属支柱和软木隔断的预制系统,而外部则用石棉水泥板修饰;石棉水泥板的尺寸决定了平面和立面的结构模数。①

编号16住宅的兴建大部分仍用普通的营造方式,但使用半干式的施工过程,使用的是传统的装配材料如预制板。

编号17住宅的兴建则为全干式预制过程的施工,个别的组件都先由工厂制成再运到现场组合,使用的是工字钢框架,中间填入软木绝缘物,外面再覆上石棉板,里面则是隔音板。这种新的建造方式只不过将板材构筑框架换成钢制,造价提高,并无更多过人之处。这两幢竖立在Werkbund产业上的实验住宅,明确地显示当时工业化住宅兴建的状况,然而仍然许多技术问题有待解决。②

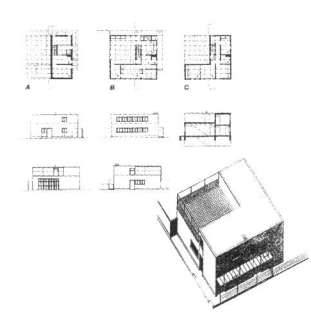

图4-4　格罗皮乌斯设计的16号住宅

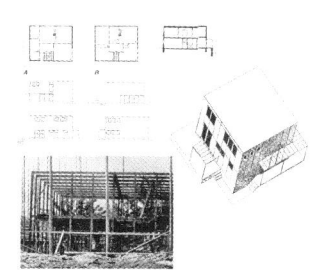

图4-5　格罗皮乌斯设计的17号住宅

（图片来源:王纪鲲.现代建筑——WEISSENHOF住宅社区[M].博远出版有限公司,1989-01.P38-39.）

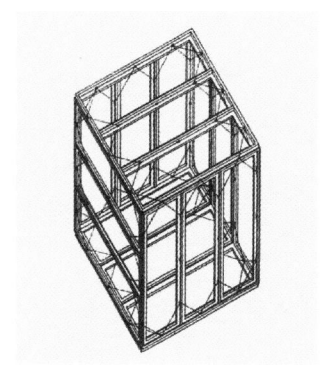

图4-6　组装式住宅体系

（图片来源:[意]L.本奈沃洛著,西方现代建筑史[M].邹德侬等译.天津科学技术出版社,1996-09.P608.）

---

① （意）L.本奈沃洛著,西方现代建筑史[M].邹德侬等译.天津科学技术出版社,1996-09.P439.
② 王纪鲲.现代建筑——WEISSENHOF住宅社区[M].博远出版有限公司,1989-01.P36-39.

图4-7 组装式住宅体系的节点细部1

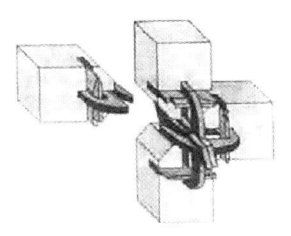

图4-8 组装式住宅体系的节点细部2

（图片来源：［意］L.本奈沃洛著，西方现代建筑史［M］.邹德侬等译.天津科学技术出版社,1996-09.P608.）

图4-9 通用制板公司的工厂

图4-10 通用制板公司的工人在生产组装式住宅体系

（图片来源：http://www.axxio.net/waxman/content/General_Panel/General-Panel.htm, 2009-3-24.）

（3）单层装配式住宅试验（与德国铜制品工厂Hirsch合作）

1931年6月，格罗皮乌斯开始与德国铜制品工厂Hirsch共同致力于对铜制房子的研究，进行单层装配式住宅试验（Hirsch Kupfer-und Messing-Werke AG.Finow），解决各种技术问题。[①] 他们研制的房屋构件都是由盒子式的骨架组成，若干的构件在边缘处连接构成一个完整的墙体。这些墙体单元由木头做骨架，两边覆盖金属板，两板之间填充绝缘材料，例如刨花、锯末等类似的东西。各个墙体单元的边缘可能预留有用于连接的螺钉或者其他一些类似的构件，以便于比较容易的就能将各个单元连接起来。墙体单元在工厂里大批量的生产并可随时送到指定的地点。后来，板与板之间的连接构件也得到了改进。木头框架被做成斜面，拴在一个U形的构件中，有了这个装置，两个、三个甚至四个构件都可以很容易的被连接起来。Hirsch公司按照这个原理建造了一座建筑，它不仅在德国而且在美国都产生了广泛的影响。为了推广新产品，世界各地都举办了展览，但是针对这些展品，许多业内人士都提出了置疑，比如房屋的技术与造价问题。[②] 后来，格罗皮乌斯又尝试用钢或者用铝来代替铜。对U形节点也进行了研究，用带弹性的螺栓取代了原来的构件。

（4）"组装式住宅体系"的研究（与通用制板公司The General Panel Corporation合作）

格罗皮乌斯1937年定居美国后，就任哈佛大学建筑系教授、主任，在美国广泛传播包豪斯的教育观点、教学方法和现代主义建筑学派理论，促进了美国建筑，尤其是住宅制造业和住宅产业化的发展。40年代，格罗皮乌斯和他的伙伴继续研究工业化住宅，并取得了巨大的成就。

在1941年格罗皮乌斯与K.瓦克斯曼（Konrad Wachsmann, 1901— ）开始一起工作，继续对预制构件进行研究。这项研究早在1931年还是在德国时从希尔斯赫铜器工厂（the Hirsch Kupfer und Messingwerke A.G.）开始的，1942到

---

① 吴焕加著.20世纪西方建筑史［M］.河南：河南科学技术出版社,1998.12.P100.

② 王春雨，宋昆.格罗皮乌斯与工业化住宅［J］.河北建筑科技学院学报,2005-6,22（2）：20-23.

1945年间，他为通用制板公司（The General Panel Corporation）从事"组装式住宅体系"的研究。他们为此申请了专利。这个体系的主要特点就是不同的房型可以采用通用的标准配件，而且各个元件之间的连接构件也得到了改进。新的连接构件更容易生产而且不容易被损坏。①

4.2.3　弗兰克·劳埃德·赖特：织理性建构

以有机建筑的理念闻名的弗兰克·劳埃德·赖特（1867—1959）虽然一直对现代大城市和国际式建筑持批判态度，但赖特也清醒地认识到：他生活的时代，正是工业蓬勃发展、城市人口急速增加的时期，人们迫切需要的是大量功能明确、造价经济、建设速度快、有时代感的住宅。

19世纪末期，乔治·华盛顿·斯诺（George Washington Snow）发明的轻型木框架体系（ball frame system）正在美国住房市场大行其道，木材加工能力也随之有了日新月异的提高。因此赖特早期的住宅建筑都是木构性质的，并无一例外都按照斯诺发明的重复模数框架体系进行设计，然后再用机械化方式生产而成。② 例如：1901年在芝加哥郊区的海兰园镇（Highland Park）设计了威利兹住宅（Willits House）：该住宅常被称作第一座草原风格住宅。在此房屋中，赖特在没有模版的情况下，使用了标准的美式轻型木框架系统，以 10 cm × 5 cm 的木板为墙来构筑。③

织理方法（plaited approach）的发展以各种形式贯穿在赖特的建筑空间。总的来说，赖特使用的织理元素一般为格形或者方形，但是从中西部森林时期（the midwestern Forst Period）的 3 英尺方格到加利福尼亚州织理性砌块住宅的 16 英寸方格，再到 20 世纪 30 年代和 40 年代的美国风住宅（the Usonian house）墙面上出现的 13 英寸宽的水平木板凹槽，这些

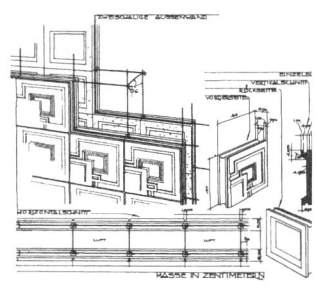

图4-11　赖特申请专利的轻质砌块上层墙体系统

（图片来源：（美）肯尼思·弗兰姆普顿著，建构文化研究——论19世纪和20世纪建筑中的建造诗学［M］.王骏阳译.北京：中国建筑工业出版社，2007.07.P112.）

图4-12　赖特设计的米拉德住宅美国加利福尼亚，1922—1923年

（图片来源：（美）理查德·韦斯顿著，20世纪住宅建筑［M］.孙红英译.大连：大连理工出版社，2003.9.P132.）

图4-13　赖特设计的米拉德住宅外观

（图片来源：David Snowman. Millard house—La Miniatura（Extérieur）. picasaweb. google.com/.../Fs9r2Nk-v5HBJqJKeXpODA, 2005—9—30.）

---

① 王春雨、宋昆.格罗皮乌斯与工业化住宅［J］.河北建筑科技学院学报，2005-6, 22（2）：20-23.

② （美）肯尼思·弗兰姆普顿著，建构文化研究——论19世纪和20世纪建筑中的建造诗学［M］.王骏阳译.北京：中国建筑工业出版社，2007.07.P106.

③ （美）理查德·韦斯顿著，20世纪住宅建筑［M］.孙红英译.大连：大连理工出版社，2003.9.P34.

图4-14　赖特设计的米拉德住宅室内，美国加利福尼亚，1922—1923年

（图片来源：David Snowman. Millard house—La Miniatura（Extérieur）. picasaweb. google.com/.../Fs9r2Nk-v5HBJqJKeXpODA, 2005-9-30.）

图4-15　赖特设计的德比住宅（Derby house），1926年

图4-16　赖特设计的德比住宅细部

（图片来源：David Snowman. Derby house—La Miniatura（Extérieur）. picasaweb. google.com/.../Fs9r2Nk-v5HBJqJKeXpODA, 2006-3-7.）

元素的模数尺寸都不尽相同。[①]

1. 织理性砌块建筑体系

20世纪20年代，赖特在加州设计了著名的蜀葵住宅（Hollyhock House）以及应用了1906年发明的"织理性砌块（也被称为纺织品方块"建筑系统的另外四栋建筑。其中最重要的和细致优雅的当属米拉德住宅（La Miniatura）。

1922—1923年，赖特在美国加利福尼亚帕萨迪纳（Pasadena）为艾丽斯·米拉德（Alice Millard）设计了米拉德住宅（即袖珍住宅）。赖特在此住宅中首次运用了织理性砌块体系。

赖特欲借"织理性砌块"使建筑工业遭到贬低的混凝土焕发出生命力。40 cm的方格网控制了所有的水平和垂直空间，甚至人们看不到的楼板托梁间隔。方块中的方形图案装饰用于附加的调节空间，如竖框（mullion）与横楣（transom）。这些图案向四方延伸，布满表面，清晰地展示出"织理性砌块"的含义：空间交织成一个连续的三维纺织品结构，以不影响钢筋混凝土力柱和横梁的建筑结构系统。[②]

2. 美国风住宅

1928年，赖特创造了"Usonia"一词，表示一种出现在美国的平均主义文化，这一文化通过汽车的普及而成为民主化城市的驱动力。这是一种与勒·柯布西耶的"都市化"截然对立的"乡村风情"的城市建筑风格。赖特不同收入的人设计了房屋单元，并将最基层的取名"美国风"住宅。[③]赖特将这一低造价的住宅体系与广亩城市结合起来，成为城市的主要实体。其基本的居住单位是一个10.4平方公里的模块，组成半自主的生活社区。

美国风（或称尤索尼亚自主体系）住宅是赖特创造的一种现场与之装配的施工体系。建筑无论大小，都建造

① （美）肯尼思·弗兰姆普顿著，建构文化研究——论19世纪和20世纪建筑中的建造诗学［M］.王骏阳译.北京：中国建筑工业出版社，2007.07. P106.
② （美）理查德·韦斯顿著，20世纪住宅建筑［M］.孙红英译.大连：大连理工出版社，2003.9.P132-133.
③ （美）理查德·韦斯顿著，20世纪住宅建筑［M］.孙红英译.大连：大连理工出版社，2003.9.P140.

在以三度的网格为体系的基础上的。建筑物的构件按这个体系插入布置，使内、外空间成为有秩序和内在联系的整体。

这种住宅只用砖、木、纸、水泥、玻璃五种材料，而且还尽量使用工厂成品，所以常常户主们自己都可以动手建造，因此比较经济。消除了一切不必要的装饰，强调保持材料本色，赖特忠于天然材料的特质并将他们在建筑整体中充分地展露。

典型的美国风住宅是由相互交织在一起的固定元素和层次构成的三维肌理。这一点从赖特设计的楼层平面、门头或高窗部位的平面以及屋顶部位的平面等三种不同高度的建筑平面桶中都有清晰的体现。建筑物的构件按这个体系插入布置，使外部空间、内部空间、窗及其他开口、平台、汽车停车坪等等成为有秩序和内在联系的整体。在美国风住宅中，美国风住宅的格网是根据夹心板的尺寸制定的，垂直方向1英尺1英尺，水平方向2×4英尺。2×4×4（英尺）的水平模数单元在形成不同空间层次的时候，总在垂直方向留出3英寸的间隙，作为确定水平凹槽的模数关系以及窗框位置、门扇高度以及固定家具尺寸的参照基础。赖特采用了与工厂标准预制尺寸相吻合的模数构件，比如8×4英尺的木板型材等，从而有效地减少了现场切割的人工费用。①

1936年赖特首次正式建造了一座"美国风"住宅——雅各布斯住宅（Herbert Jacobs House）。工程面积五百平方英尺，其预算仅为五千五百美元。建筑立在埋有暖气管的混凝土板上，墙是由红木和胶合板制成的夹心板墙，卫生间和厨房则是用砖墙。赖特巧妙地L形平面围合了一个花园，起居室和卧室均朝向花园。板条的条纹提供了一个垂直方向的模块，在水平方向上，房子展开为60 cm×120 cm的模块，以适应三合板和其他板块材料。网格系统在漆过的水泥地板中极为明显。

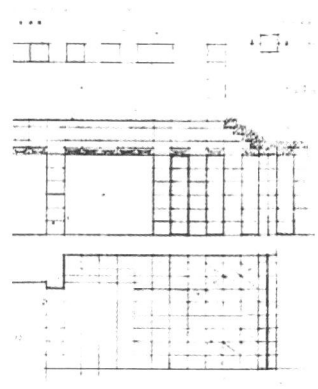

图4-17　赖特设计的理查德·劳埃德·琼斯住宅，火炉细部设计，1929年

（图片来源：（美）肯尼思·弗兰姆普顿著，建构文化研究——论19世纪和20世纪建筑中的建造诗学［M］.王骏阳译.北京：中国建筑工业出版社2007.07.P117\120.）

图4-18　赖特设计的雅各布斯住宅（Herbert Jacobs House）室内，美国威斯康星，麦迪逊，1936年

（图片来源：（美）理查德·韦斯顿著，20世纪住宅建筑［M］.孙红英译.大连：大连理工出版社，2003.9.P141.）

---

① （美）肯尼思·弗兰姆普顿著，建构文化研究——论19世纪和20世纪建筑中的建造诗学［M］.王骏阳译.北京：中国建筑工业出版社，2007.07.P118.

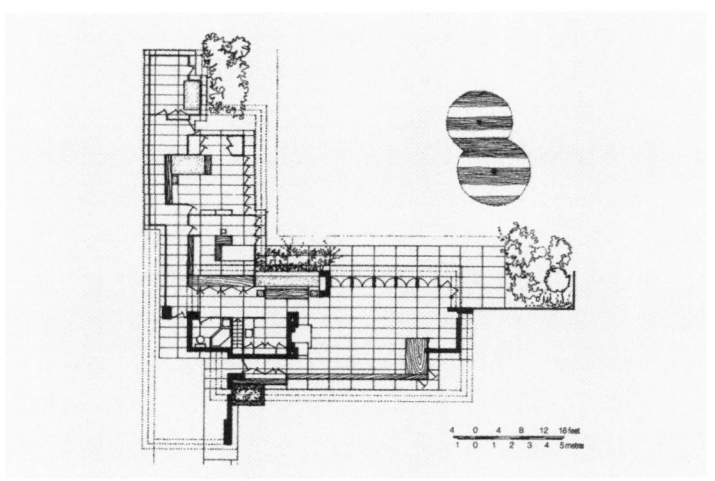

图4-19　赖特设计的雅各布斯住宅（Herbert Jacobs House）平面图，美国威斯康星，麦迪逊，1936年

（图片来源：（美）肯尼思·弗兰姆普顿著，建构文化研究——论19世纪和20世纪建筑中的建造诗学［M］.王骏阳译.北京：中国建筑工业出版社，2007.07.P120.）

　　从一开始，赖特就将美国风住宅设想为一种可以根据特定序列进行组合的系统。随着不断加深对大众自建住宅的社会经济需求的认识，赖特试图将美国风住宅的许多细节标准化，力求这种标准化在不同住宅上不仅可以重复使用，而且能够灵活变化。美国风住宅造价经济、施工迅速简便，适应美国中小城镇中产阶级的经济能力和生活方式，因此受到广泛欢迎。

图4-20　赖特设计的雅各布斯住宅（Herbert Jacobs House）外观，美国威斯康星，麦迪逊，1936年

（图片来源：（美）理查德·韦斯顿著，20世纪住宅建筑［M］.孙红英译.大连：大连理工出版社，2003.9.P141.）

3. 相关论述及其他

赖特1901年发表的题为"论机器的艺术和工艺"（The Art and Craft of the Machine）的演讲中，赖特清楚地显示出试图在生产制造构成中创造一种真正的装饰的意图。这一过程多种多样，比如来自建筑砌块的机械化生产，或者直接借鉴制作风车的木构系统组合。赖特提倡对工业家和手工艺者等现代制造业阶层进行教育和融合。他也敏锐地感到，尽管机器能够节省人力，但是它的文化价值自由在人们根据机器的内在秩序进行生产时才有可能实现。

1927年，赖特在论述自己的织理性砌块体系的时候，写道："现在，人们终于可以在工厂轻松的一支建筑材料，然后像东方地毯一样，用同一种材料编织成特定的图案，这应该是一种史无前例的创举。"

赖特认为整体现浇混凝土建筑很难成为令人信服的建构形式，因为它不宜表现构建间的交接关系。1929年他在《建筑实录》（Architectural Record）杂志上发表的宣言中阐述了他发明的织理性砌块，认为这是"一种用机械化手段进行建造的简单方法"，"……完全属于机械化生产，具有机械的完美。标准化是机器生产的灵魂……"①

虽然大量采用砌体和预制装配的建设方式，赖特的设计并没有被这些技术革新所限制。他总是满怀热情地去研究新的技术，从而让他在建筑的艺术表现方面更挥洒自若。

4.2.4　勒·柯布西耶：居住的机器

勒·柯布西耶（1887—1965）是20世纪最著名的建筑大师、城市规划家和作家，是现代建筑运动的激进分子和主将，被称为"现代建筑的旗手"。柯布西耶发展了许多大量生产住宅的设计方案，并热诚地推动了这股潮流。正如他在1919年，颇具启发性的"大量生产的住宅"（Mass Production Houses）一文所说："如果我们从内心和头脑中消除对住宅的成见，以

图4-21　勒·柯布西耶设计的雪铁龙住宅模型（Maison Citrohan），1920—1922年

（图片来源：Citrohan House（facade, plaster model. Architectural theory. Le Corbusier. 1920-22.www.usc.edu/.../slide/ghirardo/CD3.html）

---

① （美）肯尼思·弗兰姆普顿著. 建构文化研究——论19世纪和20世纪建筑中的建造诗学［M］. 王骏阳译. 北京：中国建筑工业出版社，2007.07. P100-109.

图4-22 勒·柯布西耶设计的雪铁龙住宅透视图

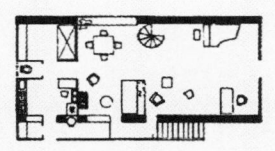

图4-23 雪铁龙住宅底层平面图

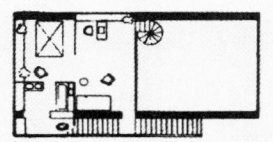

图4-24 雪铁龙住宅二层平面图

(图片来源:(美)肯尼斯·弗兰姆普敦著,现代建筑:一部批判的历史[M].张钦楠等译.北京:生活·读书·新知三联书店,2004.3.P166)

客观的视角和批评的态度审视问题,就可以得出'居住机器'(House-Machine)这一观点,即作为大量生产品的住宅。就像伴随我们生存的生产工具和设备一样令人身心健康并且美观。"[1]

1. 从"多米诺"到"雪铁龙"

勒·柯布西耶将"机器"的主要特点定义为美丽和比例感,以击败所有对机械论的狭隘描述。1914年在法兰德斯(Flanders)设计的多米诺住宅中体现了通过以结构性框架取代承重墙的空间新思想。[2]从1915年,柯布西耶从事大量性生产的经济型居住单位,柯布西耶与瑞士工程师迈克斯·杜布瓦(Max Du Bois)合作提出"多米诺住宅"。这成为他到1935年前所设计的多数住宅的结构基础,这是他对埃纳比克框架的新阐释。"多米诺"一方面指一种生产上的技术措施;另一方面作为商标名称,意指像骨牌那样标准化的房屋。他在"多米诺房屋"方案中,除了模板和钢筋加工外,其他作业均可由非熟练工人承担。承认了只有在工厂条件下通过高度熟练的技术在建筑业中结合的局限性。1918年第一次世界大战后,伏阿辛飞机公司企图用木质房屋的流水线生产来打入法国的住宅市场,受到柯布西耶的热情赞扬。

图4-25 莫诺尔(Monol)住宅示意图,勒·柯布西耶设计,1919年

(图片来源:(美)肯尼斯·弗兰姆普敦著,现代建筑:一部批判的历史[M].张钦楠等译.北京:生活·读书·新知三联书店,2004.3.P166.)

---

[1] Allison Arieff & Bryan Burkhart. Prefab[M]. Gibbs Smith, September 13, 2002. P13.

[2] (美)理查德·韦斯顿著,20世纪住宅建筑[M].孙红英译.大连:大连理工出版社,2003.9.P34.

（1）莫诺尔住宅（Monol），1919年

1919年他设计了莫诺尔住宅。莫诺尔住宅为迅速发展的使用工业化生产的材料的建筑业而设计——屋顶上采用大波浪形板面，以石棉板为墙。反映了一战后法国复苏时期大规模的住房短缺危机。

（2）雪铁龙住宅（Maison Citrohan），1922年

在1922年"多米诺住宅"发展成"雪铁龙住宅"展出与当年的秋季沙龙。真正的"雪铁龙住宅"类型直到1927年他在斯图加特的威森霍夫博览会作品中才实现。"雪铁龙"这个名字引用一家著名汽车厂的商标名称，表示房子也可以像汽车一样地标准化。①

（3）弗卢兹现代四方体住宅（Les Quartiers Modernes Frugès），1923年

1923年勒·柯布西耶为波尔多一个叫亨利·弗卢格兹（Henry Frugès）的糖厂老板在佩萨克（Pessac）郊区，设计了一批小型"雪铁龙"式的工人宿舍，即著名的勒氏弗卢兹现代四方体住宅（Les Quartiers Modernes Frugès）。这个住宅是最接近勒·柯布西耶的"大批量生产性住宅"，全部由边长为5 m的立方体单元构成。②

（4）帕萨库集合住宅（Cité Frugés, pessac, Bordeaux），1926年

1926年，勒·柯布西耶设计了帕萨库的集合住宅，为钢筋混凝土结构，3层住宅。户型面积为115 m²。柯布西耶在考虑设计之初，是以实现大规模和批量生产的廉价、多功能住宅为目标。在此介绍的住宅是被称为"金属贝壳型"的建筑。它是一种背靠背的1栋2户的住宅楼。其特点是每层都有明确的功能划分和建有屋顶庭院。往后虽然进行了屋顶庭院的增建，但在1980年，1栋被指定为文化遗产，又恢复到接近于原有的样式。其他2种类型的2层住宅楼正

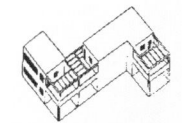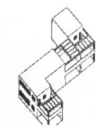

图4-26　勒氏弗卢兹现代四方体住宅轴测图，法国佩萨克，1924—1926年

图4-27　弗卢兹现代四方体住宅，法国，佩萨克，1924—1926年

（图片来源：（美）理查德·韦斯顿著，20世纪住宅建筑[M].孙红英译.大连：大连理工出版社，2003.9.P69.）

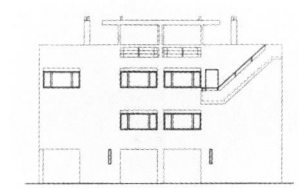

图4-28　勒·柯布西耶设计的帕萨库的集合住宅立面图

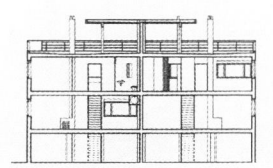

图4-29　帕萨库的集合住宅剖面图

（图片来源：（日）日本建筑学会编，建筑设计资料集成——居住篇[M].重庆大学建筑城规学院译.天津：天津大学出版社，2006.4.P102.）

① （美）肯尼斯·弗兰姆普敦著，现代建筑：一部批判的历史[M].张钦楠等译.北京：生活·读书·新知三联书店，2004.3.P166
② （美）理查德·韦斯顿著，20世纪住宅建筑[M].孙红英译.大连：大连理工出版社，2003.9.P68.

图4-30 勒·柯布西耶在维森霍夫设计的钢结构住宅

（图片来源：Shaqspeare. Stuttgart, Weissenhofsiedlung, House Citrohan by Le Corbusier. 1927, international style.commons.wikimedia.org/wiki/Le_Corbusier，摄于2005年10月.）

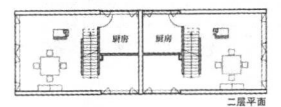
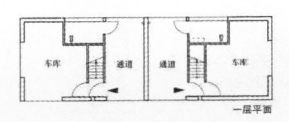

图4-31 勒·柯布西耶设计的帕萨库的集合住宅一层、二层平面图

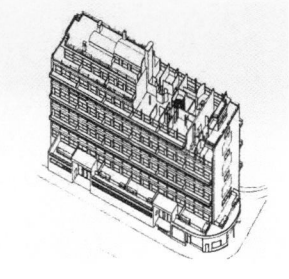

图4-32 勒·柯布西耶设计的克拉尔泰公寓（Immeuble Clarté）轴测图

（图片来源：（日）日本建筑学会编，建筑设计资料集成——居住篇［M］.重庆大学建筑城规学院译.天津：天津大学出版社，2006.4.P102、97.）

在建设之中。[①]

（5）维森霍夫住宅，1927年

1927年德意志制造联盟在斯图加特的维森霍夫居民点，柯布西耶设计了一栋钢结构住宅。

2.从"屋者居之器"到"居住单位"

1923年勒·柯布西耶的著作《走向新建筑》出版。《走向新建筑》一书中，勒·柯布西耶阐述了很多关于建造房屋的观点。例如："我们必须树立大批量生产的理念：建造大批量住宅，住宅大批量建造的住宅里，构思大批量的房屋。"一战后法国颁布了卢彻尔法案（Loucheur Act），为恢复一战经济，要求建造50万套廉价民宅。勒·柯布西耶指出，很多建筑产品实际上已经大批量地生产出来，如水泥、钢筋、卫生洁具，以及五金器具等等。而当时最需要的就是大批量生产的理念，和改变建筑的设计方式，同时也需要工业化建筑的承包商和国家统一标准的机制来规范不同的建筑上。

在《走向新建筑》中，勒·柯布西耶有两种基本房屋类型贯穿了他的生计生涯：第一，是他于1919年设计的，为迅速发展的使用工业化生产的材料的建筑设计，称之为"莫诺尔"，就是用大批量生产的石棉板来构筑墙面，然后再用就地取材的碎石填入墙中，表面贴上褶皱板。在屋顶上采用大波浪形板面。反映了一战后法国的住宅危机；第二，是1921—1922年

---

① （日）日本建筑学会编，建筑设计资料集成——居住篇［M］.重庆大学建筑城规学院译.天津：天津大学出版社，2006.4.P102.

设计的雪铁龙住宅，实际上是多米诺式设计的翻版。虽然未曾投入生产，但这种围绕一个双倍高度的起居室进行组织的空间形式却常常被勒·柯布西耶采用。①

勒·柯布西耶有句名言："屋者居之器"（Une Maison est une Machine a Habiter）。"机器"可作"工具"、"组织"、"体制"解。他只把机器作为比喻，不是说房屋本身是机器，他也从未把房屋当机器处理，而只是说房屋建筑必须如机器那样简单明了、毫无累赘、合理合用、制造标准化、大量生产、维修简易。建筑若是这样，就与机器有共性了。②他说："如果从我们头脑中清除所有关于房屋的固有概念，而用批判的、客观的观点来观察问题，我们就会得到'房屋机器——大规模生产的房屋'的概念。"这个定义被称为现代建筑中最具革命性的定义。柯布西耶有关机械精确性的理论在当时被认为是一种片面的理论眼光。但事实上却反映了对一个不断发展的棘手的物质现实领域进行例行控制的愿望。

勒·柯布西耶极力鼓吹用工业化的方法大规模建造房屋："工业像洪水一样使我们不可抗拒"，"我们的思想和行动不可避免地受经济法则所支配。住宅问题是时代的问题。今天社会的均衡依赖着它。在这更新的时代，建筑的首要任务是促进降低造价，减少房屋的组成构件"，"规模宏大的工业必须从事建筑活动，在大规模生产的基础上制造房屋的构件"。③

（1）克拉尔泰公寓，1930—1932 年

1930 年到 1932 年，柯布西耶在瑞士日内瓦设计了克拉尔泰公寓（Immeuble Clarté），这是一幢钢结构造的九层楼，共有 45 户住户。

标准化的构建构成的钢结构，再加上窗和楼梯等的标准化金属制品，实现了预制装配化，然而在受到很大限制的情况

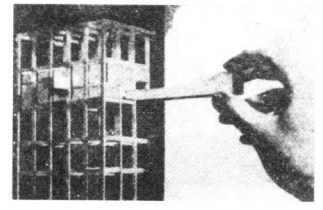

图 4-33　勒·柯布西耶设想的抽斗式住宅模型

（图片来源：童寯.近百年西方建筑史［M］.南京：南京工学院出版社，1986.02. P141.）

图 4-34　马赛公寓外观

（图片来源：（美）理查德·韦斯顿著，20 世纪住宅建筑［M］.孙红英译.大连：大连理工出版社，2003.9.P79.）

图 4-35　马赛公寓阳台细部

---

① （美）理查德·韦斯顿著，20 世纪住宅建筑［M］.孙红英译.大连：大连理工出版社，2003.9.P66.
② 童寯.近百年西方建筑史［M］.南京：南京工学院出版社，1986.02. P84—86.
③ 吴焕加著.20 世纪西方建筑史［M］.河南：河南科学技术出版社，1998.12. P100.

图4-36 马赛公寓 Module Originale 保留原初设施、家具陈设及颜色配置

（图片来源：勒·柯布西耶：马赛公寓［EB/OL］.www.artcn.cn/Article/hysj/jzsj/200606/9945_7.html，2008-10-15.）

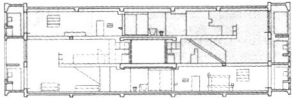

图4-37 马赛公寓单元剖面图

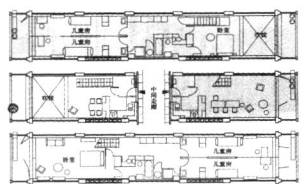

图4-38 马赛公寓单元平面图

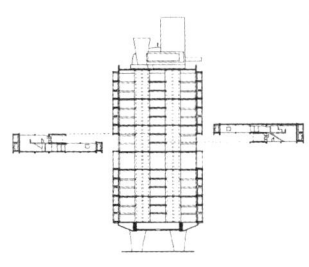

图4-39 勒·柯布西耶设计的马赛公寓剖面图

（图片来源：（日）日本建筑学会编，新版简明住宅设计资料集成［M］.滕征本等译.北京：中国建工出版社，2003.6.P113.）

下开发出了内部具有多种变化的居住空间的类型。

由于地处坡地，所以一层设置了商店、仓库、管理室、停车场等作为过渡层，并在此处安装两台电梯和楼梯，而住宅单元则布置在周围。在朝南的一侧布置配有起居室的演奏型住宅，起居室层高净空达2层高。在北侧每户一大室作灵活分间的住宅。宽敞的书斋和食堂设在两个端部，堪称功能房间齐备的住宅单元。[①]

（2）马赛公寓，1946—1953年

1945年，第二次世界大战之后，法国许多城市被战火毁坏，亟待重建。政府委托柯布西耶建造一个可解决劳工居住问题的高层集合住宅。柯布西耶选择了马赛，作为实践他的设计的地点。1945年，勒·柯布西耶开始设计马赛"居住单位"（United-habitation）公寓，从1947年到1952年"马赛公寓"建造完工，他一直是勒·柯布西耶对"居住机器"的最高理解。像其他诸如"多米诺"、"雪铁龙"、"莫诺尔"等有待被大量生产的房子一样。马赛公寓应战后的重建需要而得到促进。

马赛公寓是第一个全部用预制混凝土外墙板覆面的大型建筑物，主体是现浇钢筋混凝土结构。马赛公寓被设计成一个独立的结构，可以往其中插入单独的公寓，像酒瓶插入酒架一样。他们可以在非施工场所中被大量生产。让·普鲁韦是工业化施工方法的专家，他开发出完美可行的钢架装置原型。[②]钢筋混凝土框架落于脱开地面的强力支柱上，一切管道自支柱上升，以纵向集中于第一封闭层所谓"人造地面"中。各户均为两层，全部标准化，各不相连，铅夹层保证房间完全隔音。

被设计者称之为"居住单元盒子"的马赛公寓，按当时的尺度标准是巨大的，165 m长，56 m高，24 m宽，通过支柱层支撑在3.5×2.47英亩面积的花园上。马赛公寓中有23种不同的基本公寓设计，有18层共计337套公寓。住宅楼沿南

---

① （日）日本建筑学会编，新版简明住宅设计资料集成.滕征本等译.北京：中国建工出版社，2003.6.P97.

② （美）理查德·韦斯顿著，20世纪住宅建筑［M］.孙红英译.大连：大连理工出版社，2003.9.P81.

北轴线配置,住宅单元开间为3.66 m,开口在东西两面,楼端也有朝南的住户。住宅的剖面以"L"形的2层住户交错叠合,每3层便有沿纵轴方向布置的两条相向的内部通道。起居室的高度为2层高,高达4.8 m,面向大海和山林,形成了开阔的视野。[①]

（3）其他居住单位

此后的第二个"居住单位"建在南特（Nantes）,是为一个私人公司而建的（1953—1955）,第三个建在柏林,是受公民行政管理局（Citizen Administration）的委托为1957年的建筑博览会建造的。

1960年,勒·柯布西耶与雷诺工厂签订合同,采用金属结构大量生产"居住单位"。[②]

4.2.5　鲁道夫·M.辛德勒:板柱构造系统

鲁道夫·M.辛德勒于1887年出生于奥地利,1914年离开维也纳来到美国,在这之前曾和R.Neutra一同在奥托·瓦格纳（Otto Wagner）的手下学习并受阿道夫·路斯（Adolf Loos）的影响至深。辛德勒到美国后很长一段时间都在芝加哥师从赖特,1921年来到了南加州。1922年,他设计了自己的辛德勒住宅,是美国最早期的国际风格之一。

20世纪早期,美国的预制构造的研究对预制住宅相当有贡献。但是因为太注重成本效率及标准化制造,设计的多样性和质量缺乏（Friedman, 2001）。虽然预制已经被视为是促进更多样化住宅类型的一种方法,但是设计和生产之间的裂缝仍然很大。

在当时经济萧条以及人口剧增的情况下,1933年,R.M.辛德勒和当时的其他建筑师一起,响应政府的住宅部门,发展构造系统及独特的住宅设计,计划低成本住宅工程。R.M.辛德勒对预制住宅的构想是:降低构造成本、改善建筑效能、提高组装速度和构件的可替换、减少劳动人力,提供更

图4-40　勒·柯布西耶设计的柏林居住单元

（图片来源:W. Boesiger. *Le Corbusier*［M］. Zürich: Verlag für Architektur（Artemis）, 1995: 177—197.）

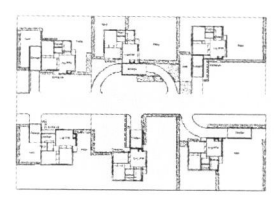

图4-41　辛德勒住宅系统沿街的6种平面变化

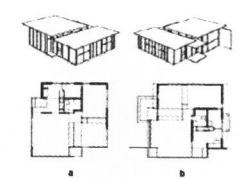

图4-42　辛德勒住宅系统两间卧房规模的四种变化之a、b

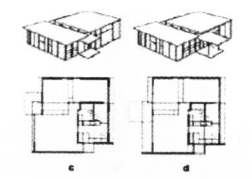

图4-43　辛德勒住宅系统两间卧房规模的四种变化之c、d

（图片来源:JIN-HO PARK. An Integral Approach to Design Strategies and Construction Systems R. M. Schindler's "Schindler Shelters"［J］. Journal of Architectural Education. Volume 58 Issue 2, 2006—3—13. P29—38.）

---

① （日）日本建筑学会编,建筑设计资料集成——居住篇［M］.重庆大学建筑城规学院译.天津:天津大学出版社,2006.4.P113.
② （意）L.本奈沃洛等著,西方现代建筑史［M］.邹德侬等译.天津科学技术出版社,1996—09月.P674.

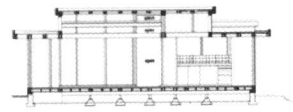

图4-44 辛德勒住宅系统的剖面图

图4-45 辛德勒住宅系统板柱构造系统的四种原型

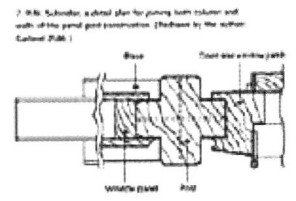

图4-46 辛德勒住宅板柱构造系统构件的链接节点

（图片来源：JIN-HO PARK. An Integral Approach to Design Strategies and Construction Systems R.M. Schindler's "Schindler Shelters"［J］. Journal of Architectural Education. Volume 58 Issue 2, 2006-3-13. P29-38.）

好的设计、个性化的住宅。他结合弹性设计策略以及结构系统提出"空间建筑理论"（Space Architecture）。这种系统的设计策略可以用来达成大量生产的住宅的弹性配置。这产生了"辛德勒住宅系统"（Schindler Shelters），其特点是：运用以单元组件和可交换式的组装为特色的板柱构造系统，低成本，可大量生产。

1）辛德勒住宅系统的设计策略

1933年，辛德勒刚刚开始研究时，住宅系统基本的空间计划设想为：有高窗的中心走廊单元，结合厨房、浴室，形成核心。其他房间以风车形式安排至周围，壁橱作为弹性隔间墙之用。车库可以被附加至建筑的任一面。基本单元可沿街进行各种变化。住宅单元可完全由工厂制造，运至场地组装。

起先采用尼尔盖瑞特（Neal Garrett）的混凝土壳构造系统，整座建筑类似单一材料的整体外壳而没有接合点，所有管道被包进墙中。1935年，R.M.辛德勒开始使用自己设计的板柱构造系统（Panel Post Construction），使成本更低，更具有设计弹性，在4英尺的模数系统上使用"木柱"和"夹板"。根据模数系统决定的垂直墙板的预制件高度没有标出。根据这个基本平面，又提出住宅系统两间卧房规模的四种变化。变化是基于房间尺寸的些微修改，并伴随附加一些建筑元素。使用"旋转"、"镜射"手法，产生不同的单元平面。附加的建筑元素包括：棚架、悬挑入口板、种花台等。同时提出辛德勒住宅系统使用板柱构造系统的四种原型。

2）板柱构造系统

R.M.辛德勒认为预制房屋中的设计差别来自结构系统。盖瑞特的混凝土系统太贵，他选择木制的板柱结构系统。1943年在《加州艺术与建筑》（California Arts and Architecture）杂志发表"预制语汇"（Prefabrication Vocabulary）一文，辛德勒住宅系统才正式公布于世。

板柱构造系统是一种完满的适于大量生产的预制过程。所有的组件在工厂预制，现场组装。构件减轻重量与体积，容易包装，不需要沉重吊具设备，标准卡车可运送。细部简化使现场组装和变更替换构件更加容易，并且不需要高技术人力及重型机械。

为了便于操作，R.M.辛德勒将结构系统分成9种构件类别：楼板（the floor panel）、柱（post）、屋面板（roof panel）、通风板（vent board）、基础（base）、墙面板（wall panel）、窗板（sash panel）、门板（door panel）、端头椽（end-rafter）和挑口板（fascia）。

柱起到骨架的功能，接点设计的很简单，设计成十字形状，竖立在4英尺的模数系统上，可以使板构件插入沟槽内。隔间墙与板：可以用便宜的夹板和木板，形成非承重墙系统。① 墙板是由两层1/2英寸的夹板，以16英寸间距的壁骨构成，隔绝材料填充进其间。② 窗与门框板有顶板和壁骨在边条上，边条用来插入垂直柱上。③ 地板以着色剂或油布覆盖。

R.M.辛德勒的板柱构造系统似乎也预见其他人类似的发展，例如1941年，格罗皮乌斯与K.瓦克斯曼为通用制板公司（The General Panel Corporation）开发的通用板体系（General Panel System）。

在R.M.辛德勒的板柱构造系统中，所有构件的向度都与他的"空间参照框架"有关。在预制住宅中构件的接点系统是基本要求，因而模数设计成为工业化住宅的基础。在辛德勒的板柱构造系统中，构件的全部尺寸是4英尺的倍数与分数。实际尺寸会稍短于4英尺的模数单元是因为柱的厚度，所以R.M.辛德勒在组装构件时使用了"实际尺寸"和"名义上尺寸"两个概念。

最有启发的是，板柱构造系统的板构件透过填隙方式而非固定方式，易于拆卸、组装、交换。R.M.辛德勒认为接头应该是"不明显但必须是时常可触并可更新，且不损害完成的建筑体"。这可以通过板柱构造系统的横断面图说明构件的组合方式。系统通过结构柱的骨架，连接至材料可变化的墙板，包括玻璃。使建筑内部与外部的接合更加清晰。

一旦建筑建造，所有基础设施，包括电、管道和供热系统都已安装好。机械系统和动力连接在外部，便于修复、改变和更新。轻质材料的管线可以预埋在构建内。所以可以提高建筑效率，降低现场人力。R.M.辛德勒认为家具可以让使用者

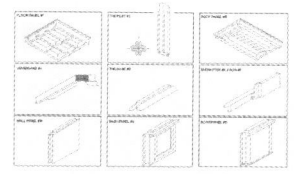

图4-47　辛德勒住宅板柱构造系统的9种构件类别

（图片来源：JIN-HO PARK. An Integral Approach to Design Strategies and Construction Systems R.M. Schindler's "Schindler Shelters"［J］. Journal of Architectural Education. Volume 58 Issue 2, 2006-3-13. P29-38.）

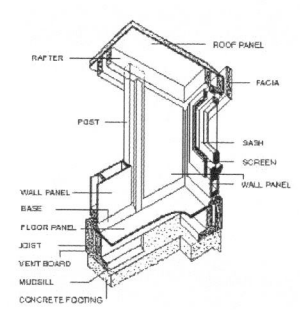

图4-48　辛德勒住宅板柱构造系统横断面图轴测图

（图片来源：JIN-HO PARK. An Integral Approach to Design Strategies and Construction Systems R.M. Schindler's "Schindler Shelters"［J］. Journal of Architectural Education. Volume 58 Issue 2, 2006-3-13. P29-38.）

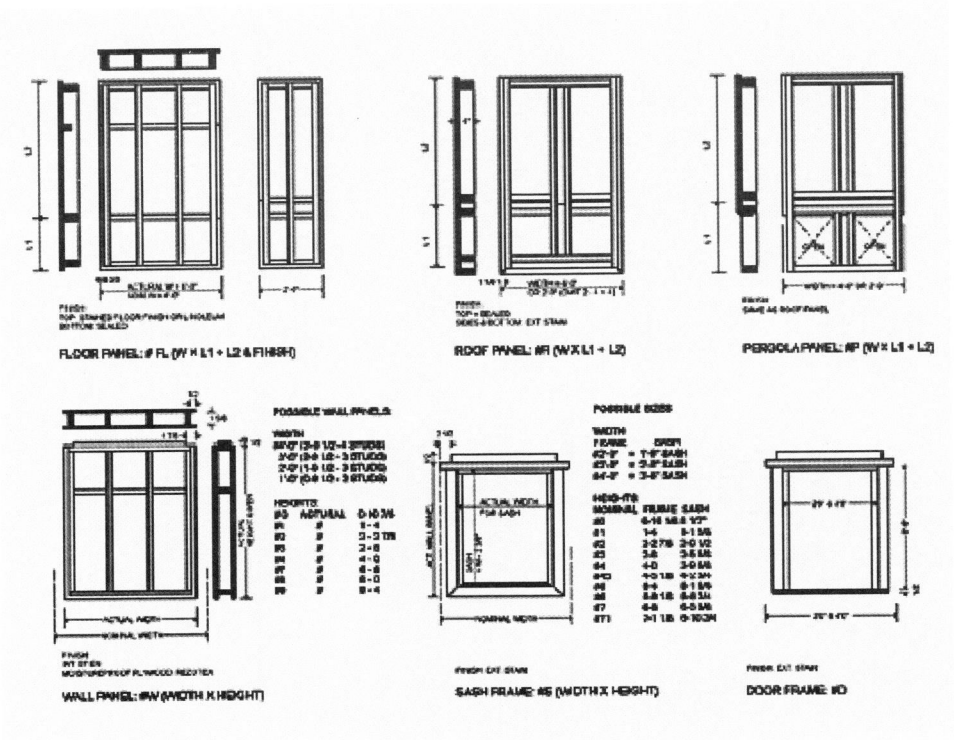

图4-49 辛德勒住宅板柱构造系统的细部

（图片来源：JIN-HO PARK. An Integral Approach to Design Strategies and Construction Systems R.M. Schindler's "Schindler Shelters" [J]. Journal of Architectural Education. Volume 58 Issue 2, 2006-3-13. P29-38.）

　　自行依需要选择,所以不必加进板柱构造系统中。

　　R.M.辛德勒的板柱构造系统是一个有交换性的构造整合系统。回应了政府部门和建造商大量生产住宅的要求。尽管在建造和价格上都很经济,但是在1930和1940年代,预制住宅并没有广泛应用。R.M.辛德勒走在了时代的前面。①

---

① JIN-HO PARK. *An Integral Approach to Design Strategies and Construction Systems R.M. Schindler's "Schindler Shelters"* [J]. Journal of Architectural Education. Volume 58 Issue 2, 2006-3-13. P29-38.

4.2.6　理查·布克明斯特·富勒：最小能耗住宅

美国有预见性的跨领域设计科学家理查·布克明斯特·富勒（Richard Buckminster Fuller, 1895—1983）的职业很难定义，如果根据富勒涉及的领域和取得的成果，他将是"工程师、发明家、数学家、建筑师、地理绘图师、哲学家、诗人、宇宙学家和综合领域设计师"。富勒本是海军工程队成员，对科技具有广泛兴趣，他曾试制新型汽车，因而联想到成批生产民居问题。以地球村、球体建筑、能量回流运转等理论著称。

1. 张拉整体结构住宅

富勒根据球体用最小面积包最大体积这一原理，谋求以最少材料，造成最大容积。他用高拉力铝合金甚至卡纸编成球形网架，附着透明塑料或敷盖夹板，作为各种生活或工作场所。他的哲学，和密斯的"少就是多"不一样，而是"少里求多"（体现其"少费多用"思想）。球体网架是继1851年伦敦铁架玻璃水晶宫进一步发展体型。

1927年富勒试制的球顶住宅，用枞木架外包木夹板，室内直径 12 m。1946年又试制圆形住宅，可照飞机制造程序大量生产。他又试验用 1.8 m 长竹竿编结网架，成为 7.6 m 直径球体住宅，在亚洲大量产竹地区有实用与参考价值。他的预制半球体房屋，被美国五角大楼看中，可用飞机空投作临时营房或北极雷达站。[①]

富勒最先提出"张拉的整体"这个概念。创造了"tensegrity"（张拉整体）这个词，它由"tensegrity"（张拉的）和"integrity"（整体）两个词的英文缩写组合而成。富勒把张拉整体结构比喻成"受压的孤岛分布于拉力的海洋之中"，这句话被引用在国际空间结构杂志上。

富勒提出"网线圆球顶"的理论，主张运用细小的组件，如铁管、塑料管，甚至纸板，这些都可以组装成大尺度空间，而这样的空间，理想上是可以无限度放大。这样组织而成的泡

图 4—50　富勒设计的圆顶夹板住宅

图 4—51　空运富勒设计木和塑料骨架的球体住宅，30英尺高，1954年

（图片来源：童寯.近百年西方建筑史［M］.南京：南京工学院出版社,1986.02.P1390.）

图 4—52　富勒设计的木材与聚酯薄膜建成的半球穹顶，1953年

（图片来源：dodeckahedron. the dymaxion world of buckminster fuller［EB/OL］, http://flickr.com/photos/dodeckahedron/sets/72157594523432157/, 2007-2-7.）

---

① 童寯.近百年西方建筑史［M］.南京：南京工学院出版社, 1986.02.P138–140.

图4–53　富勒设计的双层空气密封透明薄膜穹顶，比阳光下温度低10%

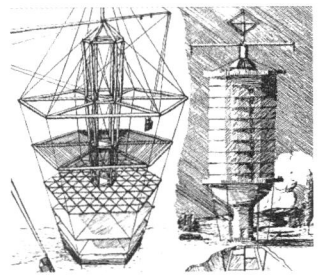

图4–54　富勒设计的"4D"草图

（图片来源：Stanford University Libraries & Academic Information Resources, 2008–9–6.）

图4–55　富勒设计的戴麦克辛住宅原型，1928年

（图片来源：（美）理查德·韦斯顿著，20世纪住宅建筑［M］.孙红英译.大连：大连理工出版社，2003.9.P83、84.）

形建筑，可说是"张力完整收缩"（Tenegrity Structure）的结果。在同样容积下，圆球形所包庇的空间表面积最小，而且里外的受压力也最均匀。

1945—1946年间，富勒研究中心出版了一本小册子，名为："De-signing a New Industry" Wichita, Kansas。在这本小册子中富勒写道："在宇宙的力学状态中，我们发现受压的部分只局限于天体自身的空间范围之内，而广袤的宇宙却只存在无限的拉力，我们把它称为重力吸引（万有引力）。这是一条真理，我将沿着这条真理来寻求人类技术的进步：我必须在最大程度上把这些原理应用于人类直接控制的范围之内。"

1949年4月，富勒在密歇根大学召开的世纪中叶住宅大会上第一次提出张拉整体的概念，并在1963年发表完整的定义，他明确指出："……张拉是广泛存在的，世界通过张拉把非同时发生的事物聚集在一起，……宇宙是张拉的整体。"[①]

1959年富勒在伊利诺伊州的卡本代尔自费建造的大地穹顶。[②] 到了20世纪60—70年代，富勒又设计出"张力轻质直构件制造的穹顶"，巴克敏斯特·富勒甚至还想大面积推广这种住宅，要在"城市中建满这种房子"。

2. 戴麦克辛住宅（Dymaxion House）

富勒1928年出版了他设计的第一座房子称为"4D"。1929年，芝加哥的一家以实物大模型制作未来派新家具的商店——马歇尔·菲尔德（Marshall Field）商店赋予它一个众所周知的名字——戴麦克辛住宅（由"dynamic（动力）"、"maximum（最大）"和"…ion（离子）"造出来的一个词。意指动态加效率，以最少的结构提供最大效能的住宅）。

戴麦克辛住宅是20世纪20年代构思的工业化住宅的设计方案。将应用于宇宙飞船技术的"4—D"房屋作为典型房进行改进。住宅构造明显地分为硬铝合金柱的压缩部分和合金钢缆绳牵引部分，总重量控制在3吨之内，设备计划方面探

① （法）勒内·莫特罗著，张拉整体——未来的结构体系［M］.薛素铎、刘迎春译.北京：中国建筑工业出版社发行，2007–11.P9.
② （美）肯尼斯·弗兰姆普敦著，现代建筑：一部批判的历史［M］.张钦楠等译.北京：生活·读书·新知三联书店，2004.3.P265.

讨了使用装配式浴室和利用循环水等,也作为各种各样的技术平台进行构思。虽然没有建造这种住宅,但1945年采用与此不同的形式,作为预制装配式住宅(名为"Uitita"房)而实用化,大量建造。[①]

　　富勒不考虑任何文脉,把他的房子设计成一种系列生产的原型。戴麦克辛住宅使"居住的机器"这个词名副其实。设想可以漂浮在世界各地,这个原型使用的是轻质的飞船材料和技术。它是被这样设计的:居住区被六边形玻璃墙所包围,像纺车一样,悬挂在一个配置齐全的中央桅杆上。中央空气压缩和真空系统可以完全调节并清洁空气,衣物被自动洗涤、烘干、熨平并摆放在储藏容器内;衣物与食物都存放在旋转架上。房中设计了相对独立的自来水总管道。喷雾浴只需两品脱的水,这些水用过之后还能被过滤、消毒、再循环使用。马桶也可以在无水的情况下使用……许多付了设想的工艺当时没能立即投入使用,但现在其中大多数已经随着太空旅行得到实现。

　　富勒认为像砖、石头这类沉重的压缩材料无疑已经过时,而且造价很高。他估计戴麦克辛住宅可以以每磅25美分的价格大批量生产,这只比1928年生产的福特和雪铁龙汽车略贵一点。

　　1938年至1940年间,他设计了戴麦克辛浴室,那时已预料到了工业化生产的"全合一"单元,现在已经付诸实现。1944年为了探索航空技术他设计出了可循环使用的全金属外壳戴麦克辛居住机器,这次是个可居住的样板房。比第一个戴麦克辛住宅更实用,富勒后来的原型是为了利用第二次世界大战结束后航空业的多余能量而设计。[②]

　　1949年,富勒发表了轻量级铝皮圆顶屋"Wichita House"。

　　3. 相关论述及其他

　　富勒被认为是"可持续设计"的先锋。早在1928年就已经提出设计师的责任所在:环境的可持续发展、对环保材料

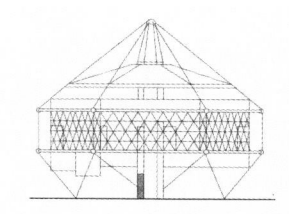

图4-56　富勒设计的戴麦克辛住宅(Dymaxion House)立面图

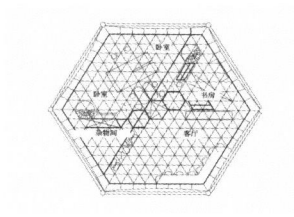

图4-57　富勒设计的戴麦克辛住宅(Dymaxion House)平面图

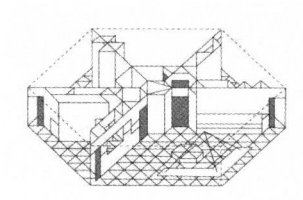

图4-58　富勒设计的戴麦克辛住宅(Dymaxion House)轴测图

(图片来源:(日)日本建筑学会编,建筑设计资料集成——居住篇[M].重庆大学建筑城规学院译.天津:天津大学出版社,2006.4.P65.)

①　(日)日本建筑学会编,建筑设计资料集成——居住篇[M].重庆大学建筑城规学院译.天津:天津大学出版社,2006.4.P65.
②　(美)理查德·韦斯顿著,20世纪住宅建筑[M].孙红英译.大连:大连理工出版社,2003.9.P83.

图4-60 富勒设计的金属圆顶自宅

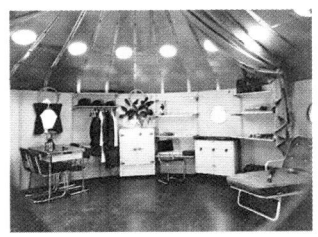

图4-61 富勒设计的金属圆顶自宅室内布置

（图片来源：Stanford University Libraries & Academic Information Resources, 2008-9-6.）

图4-62 富勒设计戴麦克辛住宅原型，美国堪萨斯州威奇托，1944年

（图片来源：（美）理查德·韦斯顿著，20世纪住宅建筑[M].孙红英译.大连：大连理工出版社，2003.9.P83、84.）

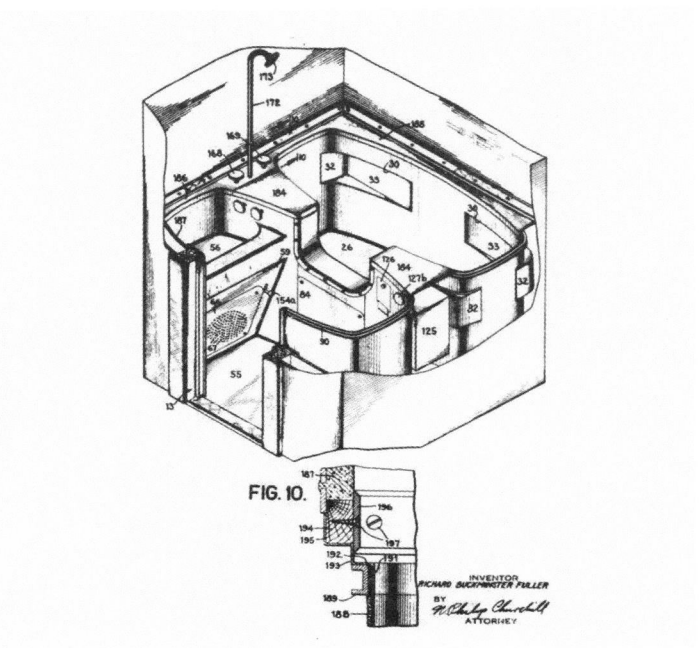

图4-59 富勒设计的预制浴室，1938—1940年专利

（图片来源：（美）肯尼斯·弗兰姆普敦著，现代建筑：一部批判的历史[M].张钦楠等译.北京：生活·读书·新知三联书店，2004.3.P266.）

的应用、制造方法和分销渠道等等。富勒还认为，设计师是改变世界的动力来源，是他们将科学和技术转化为实际的应用。这一观点在今天引起广泛共鸣。

富勒在住宅工业化理论方面也有贡献，他在20世纪30年代末期对"大规模生产"和"工业化"所做的区分非常吻合；富勒所说的"工业化"强调的是组织原则的概念化范畴，由此产生的是许多不同的产品，而不是将某一特定对象进行最优化，目的是使可能的结果出现更少的种类。①

富勒的想法把现代主义者的全球工业化梦想变成了一种逻辑结论。他彻底拒绝了把住房建筑称为一种文化，即一种对技术的挑战。因而这种逻辑注定是不完美的。但是对以下两类人仍充满吸引力：20世纪60年代的英国阿基格拉

① 吕俊华，彼得·罗，张杰.中国现代城市住宅：1840—2000[M].北京：清华大学出版社，2003.1.P284-285.

图4-63　纽约惠特尼美术馆"巴克明斯特·富勒：从宇宙开始"展览中的戴麦克辛住宅组团模型，2008-06

（图片来源：NICOLAI OUROUSSOFF. Fixing Earth One Dome at a Time［EB/OL］. Design Review: Buckminster Fuller. http://www.nytimes.com/2008/07/04/arts/design/04full.html?_r=2&oref=slogin&oref=slogin, 2008-4.）

图4-64　民众之家

（图片来源：二川幸夫.素材空间02［M］. Tokyo: A.D.A. EDITA Tokyo Co., Ltd, 2001-01: 32.）

姆派那样的技术乌托邦者和高技派建筑师，例如，1985年英国建筑师理查德·霍登开发的房屋建筑系统及使用了铝制游艇部件。

4.2.7　让·普鲁韦：技术物的诗学

让·普鲁韦（1901—1984）是著名法国艺术家、现代设计运动早期最有影响力的家具设计师、建筑师，它的主要成就在于将制造业技术转引入建筑，并未丧失其美学特征。勒·柯布西耶说，"经普鲁韦触摸和设计过的每一样东西立即显示出一种优雅、富于艺术魅力的品质。同时他还对关于材料强度和制作问题提出了相当出色的解决方法。"

1929年，他拿到可移动隔间墙的专利权。20世纪30年代，他潜心研究建筑的施工新方法，开发了以工厂为基础的工艺，如制造新部件和非施工现场装配整个或部分建筑物的生产线。第二次世界大战期间，1 200个6平方米的住宅单元的紧急订单使非施工现场装配整个或部分建筑物的技术应用成功。这些房屋在和平时期仍有人居住。

1939年，普鲁韦得到轻便屋的专利权；帮法国军队制造800间小屋；1941年和Lods一起设计轻便屋；1944年在Lorraine和Vosges帮无住屋者建造110多间组合屋；1946年在马赛帮勒·柯布西耶设计马赛公寓。1949年为艾伯·皮埃尔

图4-65　2008年1月热带小屋在德国汉堡设计博物馆的展览 Jean Prouvé—The Poetics of the Technical Object

（图片来源：www.dezeen.com/.../）

图4-66　热带住宅预制构件细部1

（图片来源：www.hammer.ucla.edu/exhibitions/95/work_444.htm）

图4-67 2005年热带住宅在UCLA铁锤博物馆的展览（maisons tropicales）

（Tropical House, 1951. Installation completed, Hammer Museum courtyard, October 2005. Photo by Elon Schoenholz, 2005.）

（图片来源：www.hammer.ucla. edu/exhibitions/95/work_444.htm）

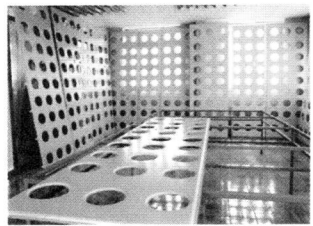

图4-68 热带住宅预制构件细部

图4-69 热带小屋铉窗效果

图4-70 热带小屋楼梯细部

（图片来源：www.dezeen.com/.../）

（Abbé Pierre）设计了双卧50平方米活动房屋。普鲁韦还在南希的《共产党员》报的头条位置发表了一篇题为"不用七个小时就能建好的房屋"的文章。[①]1950年他还和勒·柯布西耶在马赛帮Cite' Radieuse设计楼梯和厨房；1963年从国际联合建筑师获得Auguste Perret大奖。

1）民众之家

1935年普鲁韦与Roland Garros飞机公司合作，在凡尔赛附近进行了他的第一个试验。他设计了一个简单的小棚，全由几个工厂生产的部件组成——从支撑屋顶、墙壁的巨大肋梁、墙板到厕所都是预铸的。没多久，就在同一年，他放大并修改这个设计，建造了位于克里奇（Clichy）的"民众之家"（Maison du Peuple）。民众之家是一座结合小区活动中心与市场机能的优雅预铸建筑，内部的无柱大空间由骨式框架支撑。其他现代建筑师，像柯布西耶，曾经梦想打造可居住的机器，普鲁韦则动手把它做出来。[②]

2）热带住宅

普鲁韦不曾停止修改他的设计，并把它应用到更多的用途上——从学校、营房、救灾临时建筑到大型展览馆、工厂和办公空间。设计于1949年的"热带住宅"（maisons tropicales）可能是他的巅峰代表作。在四五十年代，曾有三座热带房屋出口到汤加和尼日尔作为临时的民用房屋使用，以解决当地（法属殖民地）住房紧缺的情况。这座住宅，由折叠钢构架和铝板组成，易于组装拆卸。设计时考虑了当地气候，设有外廊和铝制遮阳。内墙是可灵活滑动或是固定的铝制墙板，上面设计了很多镶有蓝色玻璃的圆形舷窗，在引入光线的同时可以阻挡当地强烈的紫外线。双层屋顶设计可以有效形成自然通风。尽管是为大量生产设计，但被证实并不比当地普通住宅便宜，更不要说这种工业美学难以被保守的法国移民官僚接受了。因此，这项早期试验并没有发展成可满足社会主义理念的预铸轻质建筑，也没有设厂量产质量合乎标准的组件。事实是，它们距

---

① （美）理查德·韦斯顿著.20世纪住宅建筑［M］.孙红英译.大连：大连理工出版社,2003.9.P86.
② 王敏颖.民众的现代主义者尚·普维（Jean Prouvé）.minyingw.spaces.live. com/blog/［EB/OL］,2008-01-11.

离被大量使用还有很多工作要做。①目前于2000年发现仅存的一座小屋仅成为当时激进建筑的一个表征而已。

"热带住宅",装有外伸支架的窗帘能够适应天气变化,也为诺曼·福斯特(Norman Foster)等高技派建筑师提供灵感。伦敦设计博物馆的主席 Deyan Sudjic 曾说:"让·普鲁韦塑造了英国的高科技建筑,后来的许多建筑设计师如理查德·罗杰斯、诺曼·福斯特、伦佐·皮亚诺和一代建筑大师都曾接受他的启发。"实际上正是他作为评委选中了现在蓬皮杜中心的设计方案。

3)默东预制房

1949年,法国重建和规划部长考虑大规模使用8平方米规格的房屋,委托让·普鲁韦设计一种新型的大批量生产的住宅,成本不得超过当时现有的最便宜的住宅。在1950年,法国政府采购了25套,在官僚主义的粗制滥造下这些房子以散布全法国告终,有些出现在阿尔及利亚,其中最大的一组散落到默东,他们也因此而得名默东预制房。②这些住宅都安装在 Meudon 实验住宅项目里。在 Meudon 的住宅大多数都销售给了相当富裕的人。已经过去了35年(到1985年),尽管对个别住宅做了某些修改和变化,但这些不动产现在仍然状况良好。③

4)南锡市的自宅

1954年,让·普鲁韦设计了位于法国南锡市的自家住宅,为钢结构的平房。该住宅是设计者本人与其家族自己动手建造的,所用材料是设计者曾经经营过的工厂的多余铝板和钢骨类工业产品。基本上没画设计图,全部工程都是根据现场判断来进行的。最开始本来是作临时性住宅之用,在1984年被南锡市收购,指定为历史性建筑文物。④

图4-71　让·普鲁韦设计的默东预制房,法国默东,1949年

(图片来源:(美)理查德·韦斯顿著,20世纪住宅建筑[M].孙红英译.大连:大连理工出版社,2003.9.P86.)

图4-72　南锡自宅外观

图4-73　南锡自宅室内

(图片来源:(美)理查德·韦斯顿著,20世纪住宅建筑[M].孙红英译.大连:大连理工出版社,2003.9.P86.)

① 王敏颖.民众的现代主义者尚·普维(Jean Prouvé)(翻译).minyingw.spaces.live.com/blog/[EB/OL],2008-01-11.
② (美)理查德·韦斯顿著,20世纪住宅建筑[M].孙红英译.大连:大连理工出版社,2003.9.P86.
③ 丁成章.住宅产业化概念绝非日本人首创[EB/OL].新浪房产.http://sz.house.sina.com.cn/sznews/2005-05-12/1295051.html,2005-05-10.
④ (日)日本建筑学会编,建筑设计资料集成——居住篇[M].重庆大学建筑城规学院译.天津:天津大学出版社,2006.4.P64.

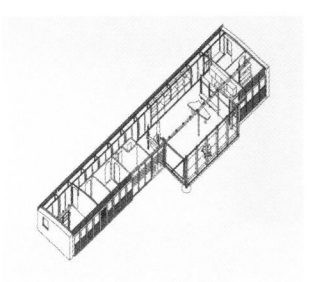

图4-74　南锡自宅轴测图

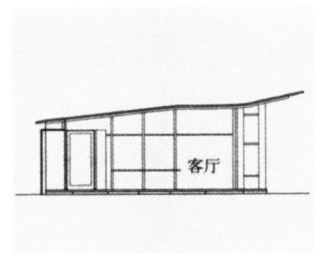

图4-75 南锡自宅剖面图

(图片来源:(日)日本建筑学会编,建筑设计资料集成——居住篇[M].重庆大学建筑城规学院译.天津:天津大学出版社,2006.4.P64.)

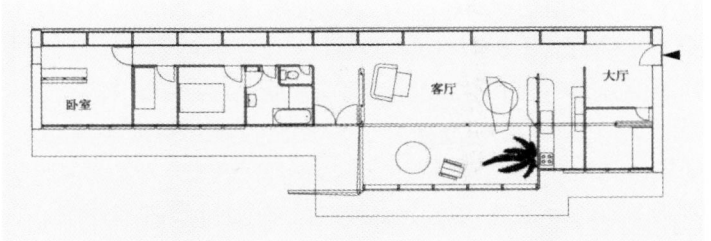

图4-76 让·普鲁韦设计的南锡自宅平面图

(图片来源:(日)日本建筑学会编,建筑设计资料集成——居住篇[M].重庆大学建筑城规学院译.天津:天津大学出版社,2006.4.P64.)

该住宅现在被认为是对预制房屋的主要贡献。[1]南锡的自宅试验了带小"舷窗"的铝板和作用于屋顶的三合板。

5)相关论述及其他

让·普鲁韦的理论是:现代主义是为了帮助群众,而机械量产是达到这个目的的最佳工具。唯有机械,才能达到手工艺运动的理想。普鲁韦科学地归纳出结合机能、最适材料、简单经济造型,且省事的量产模式。他认为"个人住房必须明亮、有生气,是大批量生产的表现,因而具有工业特性"。普鲁韦对建筑工业依旧停顿在中世纪的手工步调感到吃惊。他疑惑:为什么不像造车子、椅子、飞机那样,预铸量产建筑?只要把一座建筑切分成几个组件、量产这些组件,再加以拼装就可以了。

普鲁韦在富勒的技术乌托邦和主流建筑之间架起桥梁。

4.2.8 保罗·鲁道夫:模块住宅单元

保罗·鲁道夫(Paul Rudolph, 1918—1997)是美国五六十年代居领导地位的建筑师。早年毕业于哈佛大学设计研究院,1904—1943年间他得到格罗皮乌斯的指导,1958年起任耶鲁大学建筑系主任。保罗·鲁道夫重视建筑的创造性,在教学上他宣扬设计简化哲学。保罗·鲁道夫完成的工程约有一百六七十项,其中有住宅、公寓、室内设计、各种类型公共建筑和改建、修复工程以及规划等。代表作品有波士顿政府服

---

[1] Le musée Jean Prouvé(1901-1984)[EB/OL]. http://www.jeanprouve.com/pages/1/index.htm, 2008-8-6.

务中心（1963）、纽黑文克劳福德老人住宅（1962）、北达特茅斯东南马萨诸塞大学新校园（1963）、纽黑文耶鲁大学艺术与建筑系大楼（1963）等。[①] 保罗·鲁道夫的设计作品对20世纪后半期的建筑风格产生了深远的影响。

1）维吉尼亚大学已婚学生宿舍（University of Virginia Married Student Housing, 1967）

保罗·鲁道夫于1967年设计的位于美国维吉尼亚州夏洛特的维吉尼亚大学已婚学生宿舍，初步运用了预制单元叠加的设计手法。

2）东方共济会花园（Oriental Masonic Gardens, 1968—1971）

据1970年9月的《建筑报道》（*Architectural Record* 148: 3, *Sept.* 1970）杂志资料介绍：东方共济会花园的每个模块尺寸为12英尺宽、27.39或51英尺长，每平方英尺造价17.16美元。每个单元售价为21 000 ～ 23 000美元，在一连串的挫败后，这与在基地建造住宅价格相差无几。为了遵守当地的建筑规范，这些住宅不能被当成价格低廉的移动住宅生产。在建造当时，建造移动住宅比建造模块住宅更为有利，因此只有极少的公司愿意冒此风险。在这些住宅被生产出来，运输并安置在基地时，也遇到了不小的困难。在工作中总是与2×4型材和成品窗户等标准建材打交道的建筑师总是被模块建筑的话题所鼓舞。在东方共济会花园项目，保罗·鲁道夫设计了房间大小的模块，却发现这种介于部品和整所住宅的尺度，既不经济也不具

图4-77　保罗·鲁道夫设计的维吉尼亚大学已婚学生宿舍模型鸟瞰，1967年

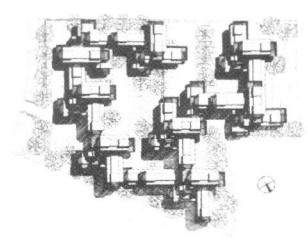

图4-78　维吉尼亚大学已婚学生宿舍平面布置图

（图片来源：（美）保罗·鲁道夫著，保罗·鲁道夫专辑［M］.荣茂编辑部译.台北：荣茂图书有限公司，1982.2.P106-107.）

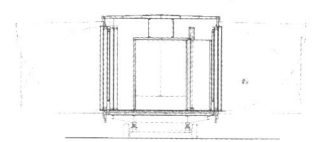

图4-79　已婚学生宿舍，在运输时可折叠的预制单元剖面图

（图片来源：kelviin. University of Virginia Married Student Housing［EB/OL］，http://www.flickr.com/photos/73172555@N00/sets/，2008/10/29.）

图4-80　保罗·鲁道夫设计的维吉尼亚大学已婚学生宿舍模型，1967年

（图片来源：kelviin. University of Virginia Married Student Housing［EB/OL］，http://www.flickr.com/photos/73172555@N00/sets/, 2008/10/29.）

---

① 佚名.美国建筑师保罗·鲁道夫（Paul Rudolph）［EB/OL］. http://design. sunbala.cn/Ehome/News/GoURLDesign.asp?200510010130805, 2007-3-11.

普遍性。[①] 实际上工厂生产住宅的发展趋势更倾向于住宅形式的模数化而不是整个住宅完全由工厂生产。

图4-81　建造中的东方共济会花园1

图4-82　建造中的东方共济会花园2

图4-83　东方共济会花园实景1

图4-84　东方共济会花园实景2

（图片来源：The Kidder Smith Images Project. Oriental Masonic Gardens［EB/OL］, http://libraries.mit.edu/rvc/kidder/photos/CT_OMG1a.html, 2008-9-15.）

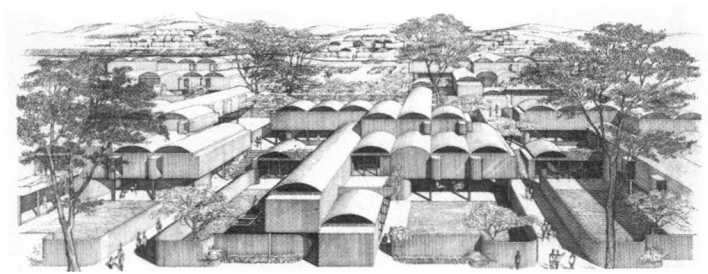

图4-85　保罗·鲁道夫设计的东方共济会花园透视图

图4-86　东方共济会花园单元轴测图

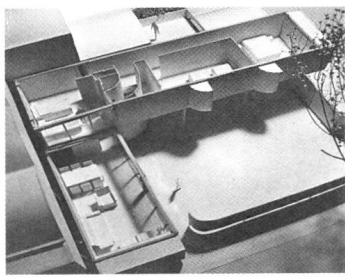

图4-87　东方共济会花园单元室内模型

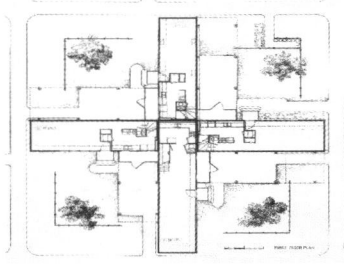

图4-88　东方共济会花园组团一层平面

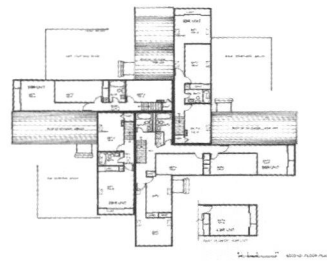

图4-89　东方共济会花园组团二层平面

（图片来源：kelviin. Oriental Masonic Gardens［EB/OL］, http://www.flickr.com/photos/73172555@N00/494075661/in/set-72157600205119545/, 2008-9-15.）

① Paul Rudolph［EB/OL］. http://www.gsd.harvard.edu/studios/s97/burns/p_rudolph.html, 2008-09-15.

此项目最终于1981年被拆毁。保罗·鲁道夫在1998年发表的文章《对60年代设计的再思考》(*Rethinking Designs in the 60s, Perspecta,* 1998)一文中也承认设计东方共济会花园可能是一个错误。除了房屋漏水的质量问题，在心理上人们认为住在这样的房子里有失身份，并非他们喜爱的那种住宅。即使为赢得住户的好感，为每个家庭设计了微型院落也无济于事。[1]

3) 新加坡柱廊公寓 (Colonnade Condominiums, Singapore, 1980)

新加坡柱廊公寓是保罗·鲁道夫运用"20世纪的砖块——预制单元"的又一次尝试。鲁道夫运用这种类似结构最早可追溯至20世纪60年代。1967年，鲁道夫设计的曼哈顿绘画艺术中心奠定了其后60年他设计高层建筑的基本原则。

图4-90　竣工后的东方共济会花园

(图片来源: kelviin.Oriental Masonic Gardens [EB/OL], http://www.flickr.com/photos/73172555@N00/494075661/in/set-72157600205119545/, 2008-9-15)

图4-91　柱廊公寓顶层　　**图4-92　柱廊公寓阳台转角细部**

(图 片 来 源: amorphity. Architecture Singapore—Private Housing [EB/OL]. http://flickr.com/photos/25943292@N00/285238175/, 2006-10-31.)

柱廊公寓设想将一系列预制住宅单元置于结构框架之上，构成公寓塔楼。虽然由于技术和经济原因，柱廊公寓更多地采用了常规的现浇混凝土的方式，而非预制单元，但是最终作品在视觉上的冲击力，还是体现出了预制单元住宅的原始概念。

塔楼的底层平面划分为四个矩形空间，其间有充足的间隔提供水平和垂直的空间流动。由两层紧密地柱子支撑的塔楼底部离开地面有不同高度，柱廊公寓因此而得名。住宅

图4-93　保罗·鲁道夫设计的柱廊公寓外观

(图片来源: Roberto de Alba. *Paul Rudolph: the Late Work* [M]. Newyork: Princeton Architectural Press, 2003: 108-113.)

---

[1] Oriental Masonic Gardens, New Haven, CT, 1968-1971 [EB/OL]. http://www.gsd.harvard.edu/studios/s97/burns/p_rudolph.html, 2008-09-15.

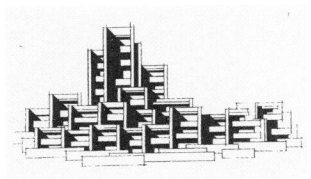

图4-94　伍重设计的摩洛哥集合住宅方案立面图,1947年

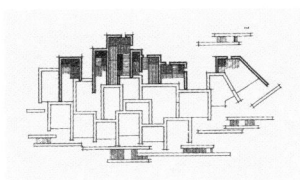

图4-95　摩洛哥集合住宅方案平面图

（图片来源:（美）肯尼思·弗兰姆普顿著,建构文化研究——论19世纪和20世纪建筑中的建造诗学[M].王骏阳译.北京:中国建筑工业出版社,2007.07.P259.）

图4-96　伍重自宅,1950—1952年

图4-97　伍重自宅细部

（图片来源:jørn utzon, architect's own house, hellebæk, 1950-1952. flickr.com/photos/seier/2400908319/, 2008-9-23.）

单元豪华而宽敞,起居室两层通高,有深陷的楼台和悬挑的阳台。①

4.2.9　戴恩·约翰·伍重:单元复加

约恩·伍重（Dane Jørn Utzon, 1918—　　）的建筑标志着第三代现代主义建筑师用有机环境秩序取代第一代现代主义建筑师自命不凡的理性主义的一种转向。密斯的建筑思想对伍重的影响非常深远。时刻对地形地貌、气候、时间、材料和建造工艺保持敏感,遵循自然法则,这些都是伍重的建筑原则。建构形式的建造逻辑（constructional logic of tectonic form）和几何形式的句法逻辑（syntactic logic of geometry）构成了伍重建筑中两个相辅相成的指导原则。

1）模块化的尝试:伍重自宅与米德勒布住宅

1948年的摩洛哥之行使伍重认识到一种类似分子结构生成模式的"单元复加建筑"（additive architecture）法则。通过在设计中贯彻系统生成系统的思想,伍重力求做到在满足重复生产的标准化要求的同时,又不必牺牲对解决人类功能的不确定性领域来讲至关重要的灵活性。②摩洛哥台阶式几何住宅方案就是从当地建筑中吸取的灵感。

图4-98　伍重设计的米德勒布住宅（Middlebøe House）1,丹麦菲里索湖,1953年

（图片来源:（美）理查德·韦斯顿著,20世纪住宅建筑[M].孙红英译.大连:大连理工出版社,2003.9.P177.）

---

① Roberto de Alba. *Paul Rudolph: the Late Work*[M]. Newyork: Princeton Architectural Press, 2003: 108-113.

② （美）肯尼思·弗兰姆普顿著,建构文化研究——论19世纪和20世纪建筑中的建造诗学[M].王骏阳译.北京:中国建筑工业出版社,2007.07. P253-257.

伍重第二次世界大战时在斯德哥尔摩工作了三年，1949年赴美。1952年在北西兰岛上蜀葵（Hellebaek）的一大片树林中为自己建造别墅。他运用了一些模块化元素以适应将来可能发生的变化。他以有限的材料——染色的木板和一种光滑的黄色砖块，并以丹麦的传统方式组织起来。

伍重1953—1955年设计的哥本哈根附近的米德勒布住宅（Middlebøe House），由于地势原因，到达场地很困难，于是运用了模块化预制构件。伍重设计了一种简单有效的预制混凝土结构系统，横梁只依靠重力置于呈矩形排列的双层柱子之上。里层的柱子仅用于制层第一层楼板，而外层的柱子则穿过楼板支撑着屋顶。由于平面上柱子是两层的，衡量也就内外重叠在柱子上面。两端横梁为标准长度，并超出柱子，以后可以扩建。[①]

2）单元复加原则的运用：院落式住宅

1959年，伍重到远东研究中国建筑的营造方法，首次接触到中国建筑法典《营造法式》。这部法典对伍重的"加法原则"影响十分巨大。其意义在于：说明标准构件按照一定木构法则连接起来，可形成变化丰富的建筑类型；同样的组合元件可适应不同的气候条件；中国木构体系优良的抗震性能。

伍重的单元复加概念不但运用于公共建筑，也运用在很多住宅设计上。最有特色的是院落式住宅：周边式承重墙体成为围合建筑和院落空间的主体（尽管室内隔墙常常是轻质的），同时将基座简化为一个位于单坡屋面覆盖下的薄薄平台。首先采用周边式墙体的是1953年为瑞典南部的斯科纳（Skåne）地区设计的具有扩建可能的斯科纳小住宅系列单元（Skåneske hustyper）。同样的概念还体现在伍重早期设计的两个住宅小区中：1958年的金戈（Kingo）小区和1963年的弗雷斯登堡（Fredensborg）小区，以及1963年为丹麦欧登塞（Odense）市设计的新区方案之中。

图4-99　伍重设计的米德勒布住宅2

图4-100　伍重设计的米德勒布住宅混凝土框架结构细部设计

（图片来源：christoffer pilgaard. utzon, middelboe house, holte, june 2007. http://www.flickr.com/photos/seier/529475175/in/set-72157600103941003/, 2008-9-23.）

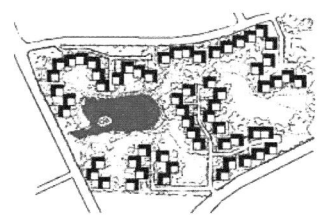

图4-101　伍重设计的金戈（Kingo）住宅小区总平面图，1958年

（图片来源：The Kingohouses. http://www.romerhusene.dk/index2003eng.htm, 2008-9-23.）

---

① （美）理查德·韦斯顿著，20世纪住宅建筑［M］.孙红英译.大连：大连理工出版社，2003.9.P175-176.

图4-103 伍重设计的金戈 （Kingo）住宅院落，1958年

（图片来源：The Kingohouses. http://www.romerhusene.dk/ index2003eng.htm, 2008-9-23.）

图4-104 伍重设计的金戈 （Kingo）住宅私人花园，1958年

（图片来源：utzon, kingohusene, helsingør 1956-1960.flickr.com/ photos/seier/2400908319/, 2008- 9-23.

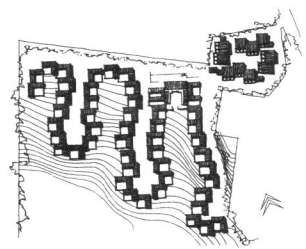

图4-105 伍重设计的弗雷 斯登堡住宅小区总平面图， 1963年

（图片来源：（美）肯尼思·弗兰姆 普顿著，建构文化研究——论19 世纪和20世纪建筑中的建造诗 学［M］.王骏阳译.北京：中国建 筑工业出版社，2007.07.P268.）

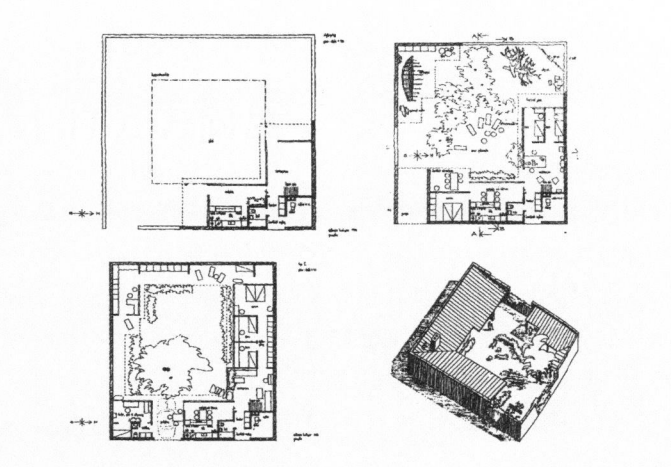

图4-102 伍重设计的金戈（Kingo）住宅小区平面单元变化及轴测 图，1958年

（图片来源：（美）肯尼思·弗兰姆普顿著，建构文化研究——论19世纪和 20世纪建筑中的建造诗学［M］.王骏阳译.北京：中国建筑工业出版社， 2007.07.P269.）

1958年赫尔辛厄埃尔辛诺雷（Elsinore）地区的金戈 （Kingo）小区方案是由63幢单层院落建筑组成的住宅小区，分 成11个大小不一的组团坐落在高低起伏的地形上面。伍重认 为居住单元应该更具未来使用要求进行扩建，提出一系列在 标准的L形三居室单元变化下的不同平面方案。[①]

在1967年为欧登塞居住区规划方案之中，伍重将毯式住 宅概念（capet housing paradigm）于更大范围的城市整体融合 在一起。

3）预制住宅系统：伊斯潘西娃住宅系统

在1969年，受丹麦木材工业委托所设计的伊斯潘西娃 （Espansiva）预制住宅系统中就应用创造性的木构住宅，对丹 麦住宅砖结构的主导性提出挑战，反映了伍重对日本传统建 筑的喜爱。

---

① （美）肯尼思·弗兰姆普顿著，建构文化研究——论19世纪和20世纪建 筑中的建造诗学［M］.王骏阳译.北京：中国建筑工业出版社，2007.07. P262-268.

图 4-106   伍重设计的弗雷斯登堡(Fredensborg)住宅小区鸟瞰

(图片来源: Arne Magnussen. Joern Utzon. www.majogmagnussen.dk/.../default. htm, 2008-09-23.)

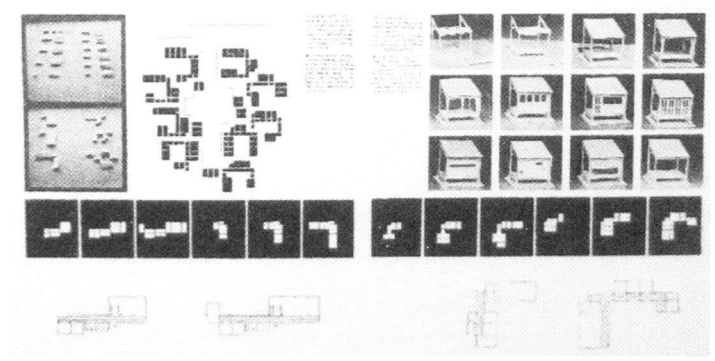

图 4-107   伍重设计的伊斯潘西娃住宅系统示意图

(图片来源:〔美〕理查德·韦斯顿著,20世纪住宅建筑〔M〕.孙红英译.大连: 大连理工出版社,2003.9.P179.)

图 4-108   伍重设计的伊斯潘西娃住宅 外墙,1969 年

图 4-109   伍重设计的伊 斯潘西娃住宅厨房

图 4-110   伍重设计的弗雷 斯登堡(Fredensborg)住宅 实景,1963 年

(图片来源: Arne Magnussen. Joern Utzon. www.majogmagnussen.dk/.../default. htm, 2008-09-23.)

图4-111　伍重设计的伊斯潘西娃住宅正立面

图4-112　伍重设计的伊斯潘西娃住宅入口

图4-113　伍重设计的伊斯潘西娃住宅走廊

（图片来源：Arne Magnussen. Joern Utzon. www.majogmagnussen. dk/.../default.htm, 2008-09-23.）

4）相关论述及其他

伍重在设计欧登塞居住区规划方案时，曾写道："……标准建筑元素的组合方式都力求避免现代住宅通常出现的可怕的刻板和僵化。即使书架的方式也应当是多种多样的……"

1970年，伍重在丹麦《建筑》（*Arkitektur*）杂志上刊登了有关单元复加原则的思考：工业化生产的建筑组件必须具备可添加的功能，同时又不必为适应不同情况改变组件的规格，只有这样，我们才能够一贯地使用这些组件。新的建筑形式可以从这种纯粹的单元附加原则中产生。……单元附加原则具有很强的灵活性。与纯粹根据艺术要求设计的建筑相比，在产品控制、造价和施工时间等诸多问题都有独到的优点。[①]

4.2.10　黑川纪章：新陈代谢

黑川纪章（Kisho Kurokawa, 1934—2007）是日本战后一代建筑师中最为重要的一位，中银舱体大楼（Nakagin Capsule Tower）是其成名之作，并且是日本"新陈代谢运动"（Metabolist）的建筑代表作之一。中银舱体楼的建筑可变性原则隐喻了新陈代谢，象征生物学中的物质不断交换学说。中银舱体楼是世界上第一座真正可使用的"胶囊"建筑。[②]

"中银舱体大楼"坐落在东京繁华的银座附近，建成于1972年。这幢建筑物实际上由两幢分别为11层和13层的混凝土大楼组成。为钢筋混凝土结构，部分钢结构，地下1层，地上13层。用地面积442 m²（建筑密度97%），总建筑面积3 091 m²（容积率7.0），总户数140个（蜂巢个数）。[③]中银舱体楼中140个外壳为正六面体的舱体组成，分十至十二层悬挂在两个内没电梯和管道的钢筋混凝土井筒上。黑川纪章与运输集装箱生产厂家合作，采用在工厂预制建筑部件并在现场组

---

① （美）肯尼思·弗兰姆普顿著，建构文化研究——论19世纪和20世纪建筑中的建造诗学［M］.王骏阳译.北京：中国建筑工业出版社，2007.07. P297.

② Allison Arieff & Bryan Burkhart. *Prefab*［M］. Gibbs Smith, September 13, 2002. P13.

③ （日）日本建筑学会编，建筑设计资料集成——居住篇［M］.重庆大学建筑城规学院译.天津：天津大学出版社，2006.4.P122.

图4-114　黑川纪章设计的中银舱体大楼近景，日本东京，1970—1972年

图4-115　中银舱体大楼细部

（图片来源：黑川纪章的"中银舱体大楼"将被拆毁.http://www.tumugongcheng.cn/jianzhu/20070705/hcjzd_zyctdl_jbch_27665.html, 2007-10-26.）

图4-116　中银舱体大楼舱体的安装

（图片来源：www.tokyoartbeat.com/tablog/entries.en/2007/0..., 2008-9-5.）

建的方法。所有的家具和设备都单元化，收纳2.3 m×3.8 m×2.1 m的居住舱体内。

　　"中银舱体大楼"是建筑师对"新陈代谢运动"的完美表达，而长期受到赞赏。但在近年来，居民表现出对石棉建材的担心。2007年4月15日，这幢建筑物的管理协会批准了拆毁这幢建筑物，用一幢新的14层建筑物取代的计划。黑川纪章提出一个折衷方案，让"中银舱体大楼"表现它最初的设计品质之一：灵活性。他提出去掉每一个居住舱体，用新的居住单位代替，让基础大楼保持不变。这个提议并未被采纳。①

　　中银舱体大楼所有舱体都是一样的结构，其形状和大小对一个最小的独立居住单元来说是最低限度的要求。它的卫生和舒适靠电子设备来保证。这些舱体可以搬动，其总体形象成为技术世界的符号，意味着一种标准化了的、纯净化的生活方式。每个舱体用高强度螺栓固定在"核心筒"上。几个舱体连接起来可以满足家庭生活需要。开有圆窗沿的舱体单元被黑川纪章称为居住者的"鸟巢箱"。黑川纪章受到当时苏联工业化建筑形态的影响，并认为在价值观剧烈变化的现代，

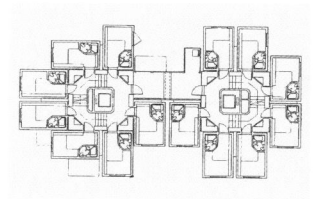

图4-117　中银舱体大楼标准层平面图

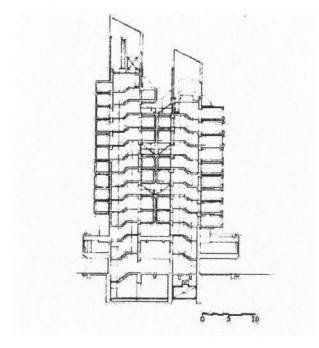

图4-118　中银舱体大楼剖面图

（图片来源：郑时龄等，黑川纪章[M].北京：中国建筑工业出版社,1997-04.P47-48.）

①　ABBS编译.来源：美国"建筑新闻网站".黑川纪章的"中银舱体大楼"将被拆毁.http://www.tumugongcheng.cn/jianzhu/20070705/hcjzd_zyctdl_jbch_27665.html, 2007-10-26.

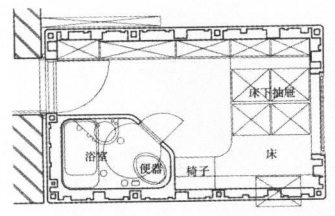

图4-119 中银舱体大楼舱体平面图

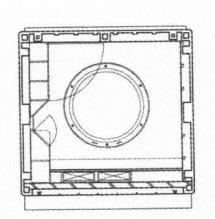

图4-120 中银舱体大楼舱体剖面图1

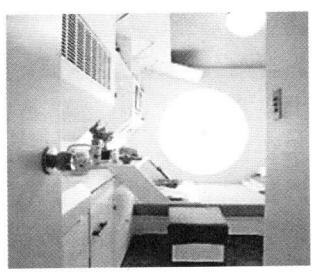

图4-124 中银舱体大楼舱体室内1

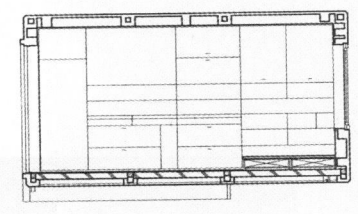

图4-121 中银舱体大楼舱体剖面图2

图4-122 中银舱体大楼舱体剖面图3

(图片来源:(日)日本建筑学会编,建筑设计资料集成——居住篇[M].重庆大学建筑城规学院译.天津:天津大学出版社,2006.4.P122.)

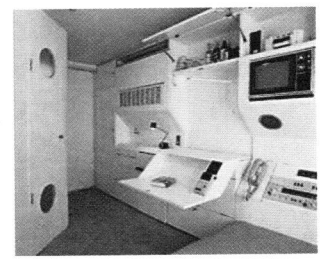

图4-125 中银舱体大楼舱体室内2

(图片来源:www.tokyoartbeat.com/tablog/entries.en/2007/0...,2008-9-5.)

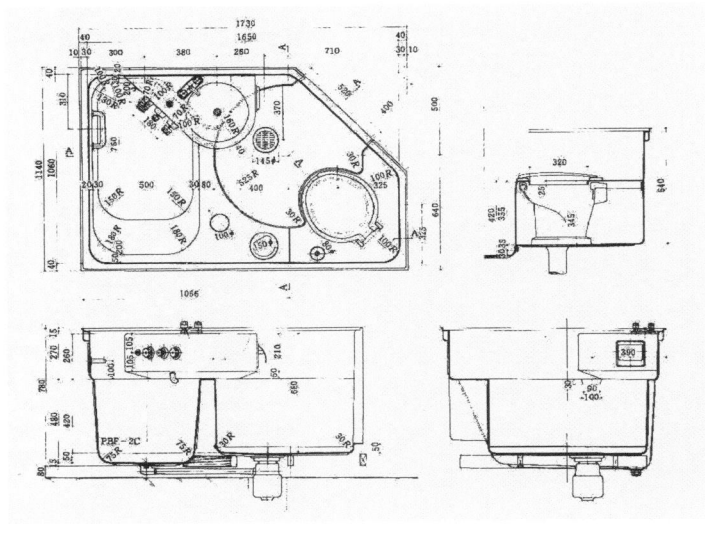

图4-123 黑川纪章设计的中银舱体大楼卫生间平面图及卫生用具示意图

(图片来源:郑时龄等,黑川纪章[M].北京:中国建筑工业出版社,1997-04.P47-48.)

图4-126 中银舱体大楼卫生间

(图片来源:Kisho Kurokawa.www.arcspace.com/.../nakagin/nakagin.html,2008-9-6.)

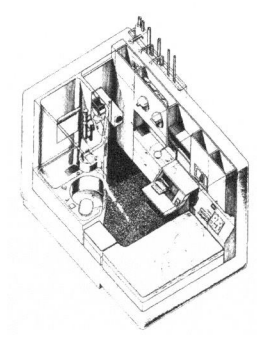

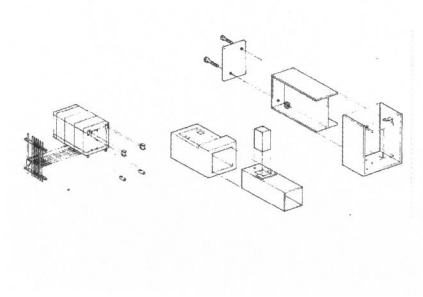

图4-127　中银舱体大楼舱体内部轴测图　图4-128　中银舱体大楼构造示意图

（图片来源：郑时龄等，黑川纪章［M］.北京：中国建筑工业出版社，1997-04.P46-48.）

建筑形态将呈现单元化。[1]

　　除了中银舱体大楼外，黑川纪章还设计了类似结构的几个建筑：1970年，大阪世界博览会天体主题展示馆胶囊屋（Capsule House at the Celestial Theme Pavillion, Expo'70, Osaka.）和1972年，长野胶囊形塔楼（Nakagin Capsule Tower Building, Tokyo.）。在1976年设计了大阪的索尼公司大楼，进

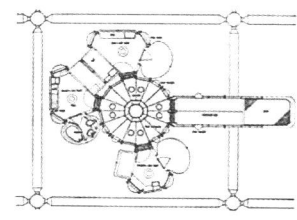

图4-129　黑川纪章设计大阪世界博览会天体主题展示馆——胶囊屋，1970年

（图片来源：CATALOGO［1］ELEMENTOS CAPSULARES 01-03［50/60/70］. ARQUEOLOGÍA DEL FUTURO［EB/OL］. http://arqueologiadelfuturo.blogspot.com, 2009-1-9.）

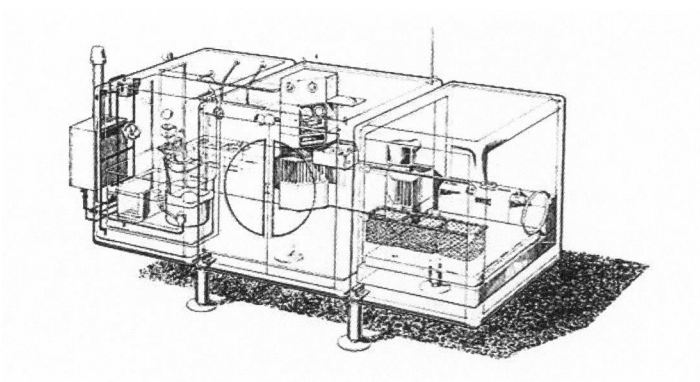

图4-130　黑川纪章设计的实验胶囊（Leisure experimental capsule），1971—1972年

（图片来源：CATALOGO［1］ELEMENTOS CAPSULARES 01-03［50/60/70］. ARQUEOLOGÍA DEL FUTURO［EB/OL］. http://arqueologiadelfuturo. blogspot.com, 2009-1-9.）

---

[1]　郑时龄等，黑川纪章［M］.北京：中国建筑工业出版社，1997-04.P45.

图4-131 伦佐·皮亚诺设计的 Ⅱ Rigo Quarter住宅玻璃立面夜间效果

图4-132 Ⅱ Rigo Quarter住宅室内

图4-133 Ⅱ Rigo Quarter住宅利用轻质桁构梁加建

（图片来源：Ⅱ Rigo Quarter［EB/OL］. http://www.rpbw.com/，2008-10-15.）

一步推进了这种模数单位、预制构件组合建筑的思想。

4.2.11 伦佐·皮亚诺：建造工艺的掌控

伦佐·皮亚诺，1964年毕业于米兰理工学院的建筑学校。1970年起他开始了与里查德·罗杰斯（Richard Roges）的合作，成立了皮亚诺·罗杰斯（Piano & Rogers）设计事务所，并成功地完成了蓬皮杜中心的建筑设计工作。1980年以后，他的事务所改称为伦佐·皮亚诺建筑工作室（Renzo Piano Building Workshop）。1998年获普立兹（pritzker）建筑大奖。

伦佐·皮亚诺是一个少见的结合艺术、建筑和工程技术于一身的杰出建筑师。在他的作品中，广泛地体现着各种技术、材料和各种思维方式的碰撞。伦佐·皮亚诺最重要的良师益友是让·普鲁韦，他们之间的友谊对其职业生涯产生了深远的影响。早期他还受到了阿基格拉姆派（Archigram），以及20世纪中叶加利福尼亚现代主义建筑师伊姆、富勒等的影响，倾向于表现建筑的光线、开放和透明，探求材料的潜力。[1]以上几位建筑师均在工业化住宅史上占有一席之地。因此不难想象皮亚诺在一些住宅作品中展示的对技术的多方面的理解和掌握。

（1）意大利 Ⅱ Rigo Quarter工业化住宅系统（Ⅱ Rigo Quarter in Corciano, Perugia, 1978—1982）

在试图靠预制建筑系统带来建筑新的可能性的众多提案中，本项目在构思上独具匠心，甚至有一定冒险性。皮亚诺并没有刻意通过对精确地划分空间而追求在形式和原型上与传统住宅保持协调，而是更关注空间对个体的基本需求的满足和文脉的转变，并对住户参与设计进行了实验。[2]

本项目最基本的结构模块是两个相互拼合的"C"形结构，以此限定了一个可自由变化的盒子空间。每个住宅都是6 m高，6 m宽，楼板面积50～120 m²不等。住户可通过向外推动盒子自由端的玻璃立面，或通过室内的轻质门，可以扩大

① 冯江、苏畅. 主题，在技术之外——伦佐·皮亚诺的设计活动和设计观分析［J］. 华中建筑，第18卷2000（02）：23.
② Pizzi, E. *Renzo Piano*［M］. Basel: Birkhäuser, 2003: 204.

或缩小室内空间。在底层平面还可以使用轻质桁构梁搭建另一层楼面,扩展起居室的双层空间。①

依靠各种部件以及为提高连接部件简便性进行的细部研究,使该住宅产生了多种可能性,最终使用户在选择平面和空间组织时更加灵活。②

（2）法国巴黎德莫大街街区住宅（Rue de Meaux Housing in Paris, 1987—1991）

1991年,伦佐·皮亚诺在巴黎德莫大街（Rue de Meaux）的街区中插建的共220户为低收入者建造的公寓建筑是一个以预制模数构件为基础的建筑产品。在此住宅设计中,皮亚诺通过研究材料的质感和色彩,设计了将结构、装饰和施工构造巧妙地结合在一起的双层表皮（"double-skinned" facade system）,用体形和红色陶瓦与原有传统建筑协调,而突出白色支撑结构的做法又和旁边的蓬皮杜中心相呼应。③

90 cm×90 cm方格网中的各种填充元素巧妙结合,大大丰富了建筑的表面肌理。在那些需要为建筑内部提供自然采光的部位,模数网格中的填充材料就变成玻璃,同时在需要遮阳的部位采用玻璃钢强化水泥（GRC）百叶。

图4-134　伦佐·皮亚诺设计的Ⅱ Rigo Quarter住宅外观

图4-135　伦佐·皮亚诺设计的Ⅱ Rigo Quarter住宅总体轴测图

（图片来源: Pizzi, E. Renzo Piano ［M］. Basel: Birkhäuser, 2003: 204-205.）

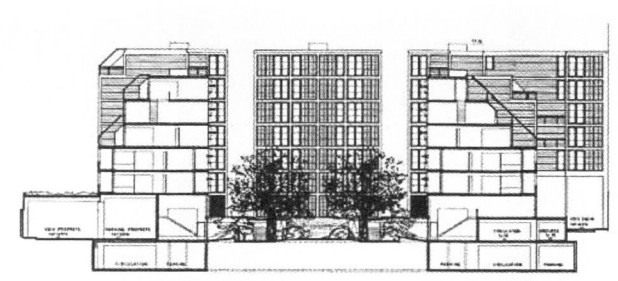

图4-137　伦佐·皮亚诺设计的德莫大街住宅剖面图

（图片来源: De Meaux［EB/OL］. http://housingprototypes.org/images, 2008-10-13.）

图4-136　Rigo Quarter住宅两个"C"型结构的拼合过程

---

① Ⅱ Rigo Quarter［EB/OL］. Renzo Piano Building Workshop. http://www.rpbw.com/, 2008-10-15.
② Pizzi, E. Renzo Piano［M］. Basel: Birkhäuser, 2003: 204.
③ 冯江、苏畅. 主题,在技术之外——伦佐·皮亚诺的设计活动和设计观分析［J］. 华中建筑,第18卷2000（02）: 23.

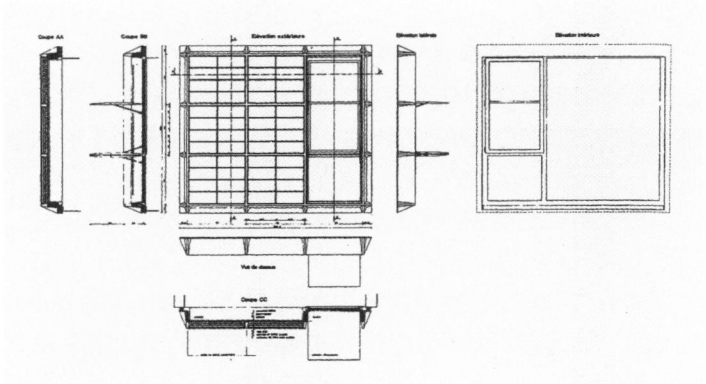

图4-138　伦佐·皮亚诺设计的巴黎德莫大街住宅立面构造，1987-1990年

（图片来源：（美）肯尼思·弗兰姆普顿著，建构文化研究——论19世纪和20世纪建筑中的建造诗学［M］．王骏阳译．北京：中国建筑工业出版社，2007.07.P394.）

图4-139　德莫大街住宅底层　**图4-140　伦佐·皮亚诺设计的德莫大街住宅沿街立面**

（图片来源：De Meaux［EB/OL］．http://housingprototypes.org/images，2008-10-13.）

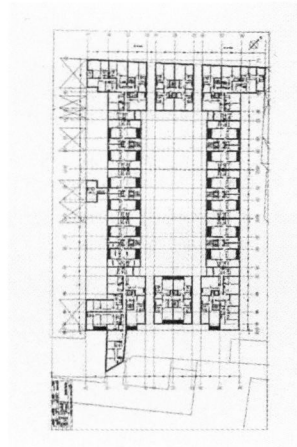

图4-141　德莫大街住宅标准层平面

　　整个建筑中最富创造性的部分是墙体的面层处理。在这些部位，90 cm×90 cm方格网中填充了一种玻璃钢强化水泥板。水泥板用钢模浇铸而成，然后再将20 cm×42 cm大小的陶土面砖干挂在与玻璃钢强化水泥板整体浇铸在一起的金属构件上面。

　　这是一种通过松散的大块面砖处理建筑表面的做法。它体现了一种现实而微妙的隐喻手法，通过对理性的模数产品进行调解处理，在我们时代喜闻乐见的形式中唤起了一种深厚的建筑传统。①

（3）建造工艺的掌控

伦佐·皮亚诺的作品展示了他从一个技术的爱好者成长为一位用技术表达深刻思想的建筑大师的历程。伦佐·皮亚诺及其建筑工作室（Building Workshop）近年来的成就与其善于在内部和外部进行集体合作有很大关系。伦佐·皮亚诺及其合作者总是能够从建筑设计的角度保持对建造工艺（métier）的掌控。恰当地处理建造中出现的全新的技术和经济问题。

4.2.12 莫什·萨夫迪：三维模数

莫什·萨夫迪（Moshe Safdie, 1938—　）是加拿大籍以色列裔建筑师，1967年于蒙特利尔举行国际博览会（Expo 67）的设计生境馆（Habitat' 67）使他瞬间声名大噪。

虽然他远远在前担任预制混凝土系统构件的先锋工作，但这戏剧化的成功，如此接近且清晰地表现于适当的建筑形式，在1923年他自己的 "Baukasten im GroBen" 的计划案中尤其可以看出，而那些预制构件的组合已经被格罗皮乌斯预言了。② 莫什·萨夫迪早在60年代初在麦吉尔大学学习建筑时，发现了一种城市和三维房屋的概念，这种概念以一种可以接受的密度形式重组了"单亲家庭的住处"。Habitat 67便是这种概念的整体体现。

莫什·萨夫迪在设计建造 Habitat 67时，基于向中低收入阶层提供社会福利（廉价）住宅的理想，将每一盒子式的住宅单元都设定为统一的模块，然后预制建造出来，再像集装箱那样以参差错落的形式堆积起来。

Habitat 67为钢筋混凝土结构，地下1层，地上11层用地面积62.5 m²，重约70吨。由354个标准结构单元组成158套住宅，每套规格从一卧室的600平方英尺到四卧室的1 700平

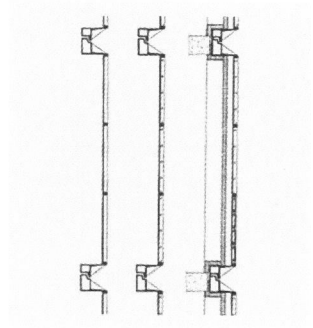

图4-142　德莫大街住宅墙体剖面表现了结构框架、预制混凝土板和玻璃层

图4-143　德莫大街住宅立面细部

（图片来源：De Meaux［EB/OL］. http://housingprototypes.org/images, 2008-10-13.）

图4-144　建造中的 Habitat 67

---

① （美）肯尼思·弗兰姆普顿著.建构文化研究——论19世纪和20世纪建筑中的建造诗学［M］.王骏阳译.北京：中国建筑工业出版社，2007.07.P394.
② 佚名.建筑大师萨夫迪（Moshe Safdie）［EB/OL］.设计之家.http://www.sj33.cn/architecture/jzsj/200606/8918_2.html, 2006-6-6.

图4-145 蒙特利尔 Habitat 67 立面

（图片来源：佚名.建筑大师萨夫迪（Moshe Safdie）[EB/OL].设计之家.http://www.sj33.cn/architecture/jzsj/200606/8918_2.html, 2006-6-6.）

图4-146 Habitat 67 局部 1

图4-147 Habitat 67 连廊

（图片来源：http://www.idchina.net/, 2008-06-06.）

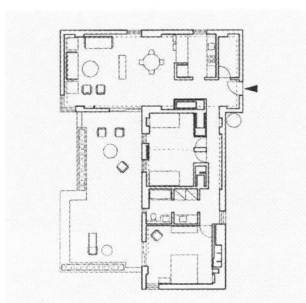

图4-149 Habitat 67 平层4室型平面图

图4-150 Habitat 67 平层3室型平面图

（图片来源：（日）日本建筑学会编，建筑设计资料集成——居住篇[M].重庆大学建筑城规学院译.天津：天津大学出版社，2006.4.P123.）

图4-148 蒙特利尔 Habitat 67 鸟瞰

（图片来源：佚名.建筑大师萨夫迪（Moshe Safdie）[EB/OL].设计之家.http://www.sj33.cn/architecture/jzsj/200606/8918_2.html, 2006-6-6.）

方英尺不等，共计15种。

所有建筑都以一个外尺寸为17.5英尺宽、38.5英尺长、10.5英尺高（1 173 cm×553 cm×305 cm）的方盒子为基底构成，并为各住户和来访者提供带顶的停车场。箱体的地面和墙壁是一个模型浇注而成，屋顶则是后来另外浇注，壁厚根据组合件最终的安装位置不同而异。住户由1～3个箱体组合件组装而成，可组合成16种不同规格的设计。各个箱体的重心处于下一层模块墙壁的中心位置上。为确保各住户的日照和阳台，采用了收进重叠方式。

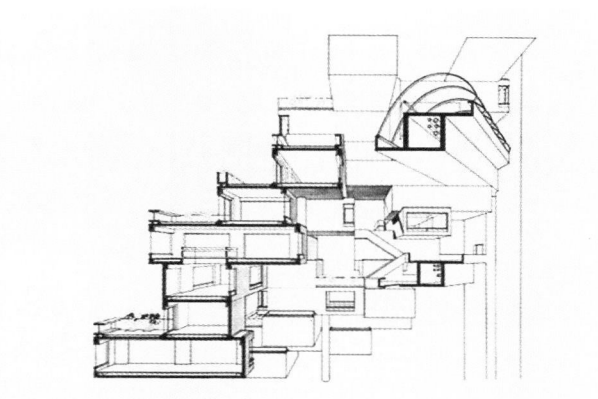

图 4-151　Habitat 67 剖透视图

（图片来源：佚名.建筑大师萨夫迪（Moshe Safdie）［EB/OL］.设计之家.http://www.sj33.cn/architecture/jzsj/200606/8918_2.html, 2006-6-6.）

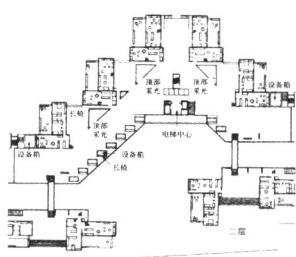

图 4-152　Habitat 67 二层平面图

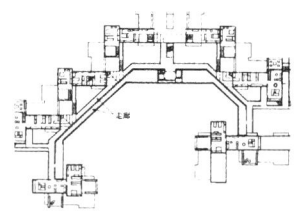

图 4-153　Habitat 67 五层平面图

　　三组竖井用于上下载客，电梯每隔四层停靠，与水平交通连接。住宅的入口处正对着人行道，有的入口处比人行道高一层或低一层，沿着贯穿整个建筑群体的空中走廊，布置游戏场地。人行通道设在五层和九层，作为电梯的停靠层。该人行通道是嵌入了缆索的悬吊式结构的梁，可承受组合部件的垂直负荷以及地震和风的水平负荷。另外，在人行通道的下部，可将设备的各类配管容纳其间。①

　　Habitat 67 是一个三维的空间结构，其中各个建筑构件，甚至包括住宅单元，人行街道乃至电梯井，都作为承重部分参与工作，通过预应力、高强度的杆件、拉索和焊接将各个单元相互连接起来，形成一个整体上连续的悬挂受力系统。

　　莫什·萨夫迪还据此完成了《一个三维模数建筑体系》（*A Three-Dimensional Modular Building System*）和《一个城市居住的案例》（*A Case for City Living*）两份报告。1967 年在 Habitat 计划的圆满完成后，这种在预制组合式住屋中运用模数的大胆实验在当时引起国际间相当大的兴趣，然而却没能为这类低成本的单位住屋开创出大量建造的风气。摩什·萨夫迪利用 Habitat 的观念完成一定数量的商业建筑。例如在

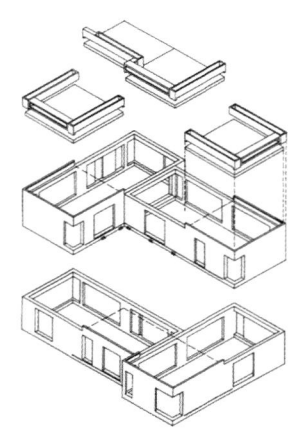

图 4-154　Habitat 67 单元分解轴测图

（图片来源：（日）日本建筑学会编，建筑设计资料集成——居住篇［M］.重庆大学建筑城规学院译.天津：天津大学出版社，2006.4.P123.）

──────────

① （日）日本建筑学会编，建筑设计资料集成——居住篇［M］.重庆大学建筑城规学院译.天津：天津大学出版社，2006.4.P123.

图4-155　Habitat 67屋顶花园

（图片来源：http://www.idchina.net/, 2008-06-06.）

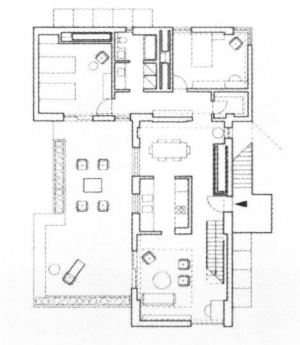

图4-156　Habitat 67跃层4室型下层平面图

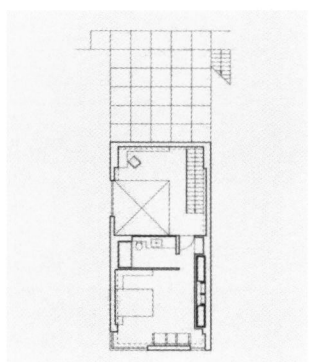

图4-157　Habitat 67跃层4室型上层平面图

（图片来源：（日）日本建筑学会编，建筑设计资料集成——居住篇［M］.重庆大学建筑城规学院译.天津：天津大学出版社，2006.4.P123.）

图4-158　新加坡Ardmore Habitat Condominiums远景

图4-159　新加坡Ardmore Habitat Condominiums入口细部

（图片来源：佚名.建筑大师萨夫迪（Moshe Safdie）［EB/OL］.设计之家.http://www.sj33.cn/architecture/jzsj/200606/8918_2.html, 2006-6-6.）

纽约，波多黎各，这些包括的项目的处女岛屿和以色列。在这个领域他与工业（加拿大塑料公司）开发者、主任工程师合作（T.Y. Lin，康拉德工程师），还包括美国住房及城市发展部门（U.S. HUD，以色列）。

在生境馆（Habitat）和之后（post-Habitat）的计划中，莫什·萨夫迪在预制系统带来的标准化和模矩化以及创造多样性的建筑物空间架构中，全神贯注地寻求解决的办法。这样，更大的三维空间变化的设备工业化的想法（一个生产的概念），在发现这具有许多置换和结合可能性时，与他们所探索的环境层次，就可以同时被操纵及考虑。

Habitat 67已有40年历史，至于今天有人质疑它的节能问题，整体来说，它的一些观念和做法在今天依然具有领先意义。

4.2.13　吕内·雅努斯基：预制混凝土构件的表现力

吕内·雅努斯基（Manuel Nuñez Yanowsky, 1942—　　）1942年出生于乌兹别克斯坦，是巴塞罗那Taller de Arquitectura设计事务所的创始人之一。吕内·雅努斯基作为里卡多·波菲尔（Ricardo Bofill）的原合作者，参与了波菲尔的大部分早期工程。1991年与米丽亚姆（Miriam Teitelbaum）合作成立

图4-160　吕内·雅努斯基设计的毕加索广场住宅

（图片来源：Les Arènes de Picasso（Social Housing Scheme）[EB/OL]. www.
bluffton.edu/.../paris/arenes/yanowsky.html, 2008-9-15.）

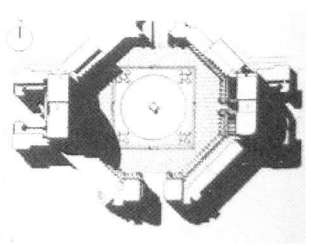

图4-161　毕加索广场总平面图

（图片来源：周静敏.世界集合住宅——都市型住宅设计[M].北京：中国建工出版社,2001.01.P22.）

图4-162　毕加索广场住宅部分建筑

图4-163　毕加索广场住宅圆盘部分侧面

图4-164　毕加索广场住宅圆盘部分细部

（图片来源：Les Arènes de Picasso（Social Housing Scheme）[EB/OL]. www.bluffton.edu/.../paris/arenes/yanowsky.html, 2008-9-15.）

SADE，专门研究建筑和城市规划。[1]

巴黎毕加索广场住宅（Les Arènes de Picasso/Pablo Picasso Place）是吕内·雅努斯基的最出名的作品之一。它把社会住宅掩盖在一件超现实主义和古董风格的外衣之下。以其新颖大胆的艺术造型和精美的彩色骨料混凝土预制构件引起了人们的重视。

毕加索广场住宅环绕毕加索广场修建，1980年开始设计，第一期工程于1982年开工，1983年底完工，共有422套住宅，总建筑面积43 056 m^2，每平方米居住面积造价3 500法郎。包括540个住宅单元，一所幼儿园和一所中学及其他教育机构，还包括一些商店等设施。[2]规划当局和业主要求这组建筑表现强烈的城市特色，广场要像个古罗马的圆形竞技场，环绕广场的建筑底层须设3.50 m高的拱廊，建筑物之间的交通路线要明晰、简捷，总平面布局要切实可行。

建筑师在设计中力图体现法国建筑的特点，特别是巴黎建筑的特色。整个住宅群组织在一个八角形的平面内，广场轴线的两端安排了两个高度相当于18层的圆盘状建筑，以此来象征巴黎圣母院、荣军院等古建筑中常见的圆形花饰。

① MANUEL NUNEZ YANOWSKY[EB/OL]. whc.unesco.org/.../pgs.part/yanoswsky.htm, 2008-9-15.
② MANUEL NUNEZ YANOWSKY[EB/OL]. whc.unesco.org/.../pgs.part/yanoswsky.htm, 2008-9-15.

图4-165 毕加索广场住
宅装饰艺术风格的柱廊

图4-166 毕加索广场
住宅柱廊细部1

图4-167 毕加索广场住宅柱廊细部2

（图片来源：Les Arènes de Picasso（Social Housing Scheme）
[EB/OL]. www.bluffton.edu/.../paris/arenes/yanowsky.
html, 2008-9-15.）

图4-168 毕加索广场住宅花园细部

图4-169 毕加索广
场住宅花园中心雕塑

（图片来源：Les Arènes de Picasso（Social Housing Scheme）[EB/OL]. www.
bluffton.edu/.../paris/arenes/yanowsky.html, 2008-9-15.）

建筑师采用了丰富多彩的造型，既富于幻想，又精雕细刻，没
有丝毫杂乱之感。住宅中间是公园绿地，中心布置了尺度巨
大的人物雕塑。[①]

该住宅群采用墙体承重，承重墙和楼板用工具式模板现
浇，外墙采用预制装饰构件。小批量构件用木模，大批量构件
（重复使用100～150次）用钢模。混凝土的配比和配筋经精
心计算，采用彩色骨料。构件质量很高，6 m长构件误差仅为
5 mm，外墙板重0.3～7吨。第一期工程使用了49种5 000件

---

① Les Arènes de Picasso（Social Housing Scheme）[EB/OL]. www.bluffton.
edu/.../paris/arenes/yanowsky.html, 2008-9-15.

外墙构件,共用8 600吨混凝土。[①]吕内·雅努斯基运用古典语言来表现这座庶民之城的庄重与威严,反映了80年代以古典语言来塑造集合住宅庄严形象的一种倾向。[②]

4.2.14 富永让:超越SI住宅的尝试

富永让(Yuzuru Tominaga, 1943—),1967年东京大学建筑学毕业,1972年成立富永让+form system设计研究所((富永讓+フォルシステム設計研究所)),2002年起任政法大学教授。其住宅作品,茨城县营长市公寓获选2001年日本建筑学会作品奖。主要著作:《真实的勒·柯布西耶》(TOTO出版)、《勒·柯布西耶建筑巡礼12》(丸善)、《再读近代建筑空间》(彰国社)、《特集·富永让》SD 1990年10月号(鹿岛出版会)、《建筑师的住宅论——富永让》(鹿岛出版会)等。

1)茨城县营长町公寓(1993—1999)

1999年,富永让及其结构系统设计研究所设计了茨城县县营长町公寓。为钢筋混凝土4层住宅,共48户。用地面积3 498 m²(建筑密度41%),总建筑面积4 773 m²(容积率1.36),户型面积为65 ~ 75 m²。

这是对建在城市高密度街道的公营住宅改进后形成的社区。通过采用一个方向为墙壁、另一个方向为框架结构以及中空板的结构系统,确保了住宅平面的可变性。另外,墙壁使用了类似自行车车架的钢骨架结构,具有较好的耐久性。在具有共用楼梯的每一个住宅单元中建有光庭,以确保各住宅中央部分能获得充分的采光和通风。在每个光庭中,还种植有各种植物,形成各单元不同的特征。在底层,光庭通过公共空间连通,向外一侧是配给各住户的停车场,可确保每户一个停车位。[③]

图4-170 茨城县营长町公寓内院

图4-171 茨城县营长町公寓立面效果

图4-172 茨城县营长町公寓底层细部

(图片来源:茨城県営長町アパート. http://ken1sainokuni.blog23.fc2.com/blog-entry-373.html,2008/11/8.)

① 法国工业化住宅的设计与实践[M].娄述渝,林夏编译.北京:中国建工出版社,1986.2.P147.
② 周静敏.世界集合住宅——都市型住宅设计[M].北京:中国建工出版社,2001.01.P22.
③ (日)日本建筑学会编,建筑设计资料集成——居住篇[M].重庆大学建筑城规学院译.天津:天津大学出版社,2006.4.P95.

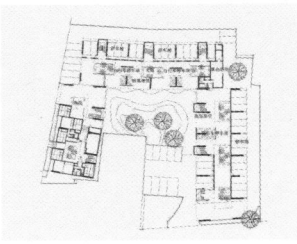

图4-173 茨城县营长町公寓一层平面图

（图片来源：（日）日本建筑学会编，建筑设计资料集成——居住篇[M]. 重庆大学建筑城规学院译. 天津：天津大学出版社，2006.4.P95.）

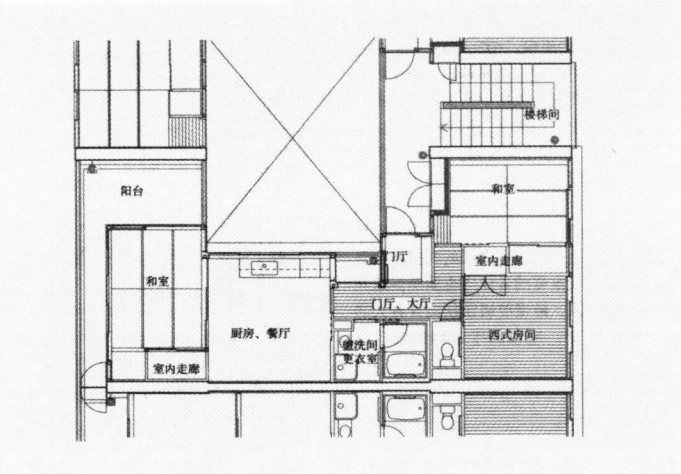

图4-174 茨城县营长町公寓住户平面详图

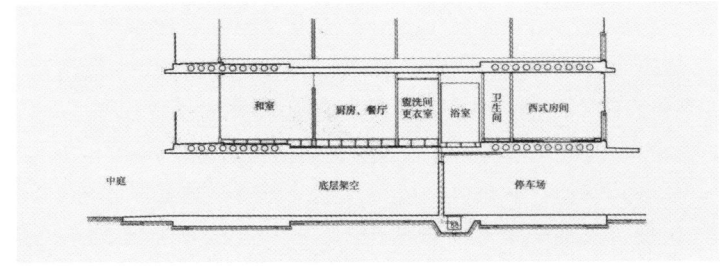

图4-175 茨城县营长町公寓住户剖面详图

（图片来源：（日）日本建筑学会编，建筑设计资料集成——居住篇[M]. 重庆大学建筑城规学院译. 天津：天津大学出版社，2006.4.P95.）

图4-176 长野市今井新区D区西北方向外观

2）长野市今井新区D工区（竣工于1998年）

长野市今井新区D工区，位于长野县长野市川中岛町，占地面积12 942 m²，设计户数141户。整个建筑物设计得像"口"字形环围的结构。中央庭院设计成一个扇形的广场，在广场的场地中间设计了一栋半埋在地下的集会室。

用工厂生产的金属板将与楼体外壁分离的构造进行系统包装。确保铺设的管道、设备的自由度和美观。建筑物内部用MDF板材隔离系统构件。根据系统结构的不同将住宅户型从1DK（一间居室，另外带有D：餐厅、K：厨房）到4DK（4间居室，另外带有D：餐厅、K：厨房），分为18种不同户型。

图4-177 长野市今井新区D区基桩式底层与开敞式夹缝

3）超越 SI 住宅的尝试

富永让设计的茨城县营长町公寓和长野市今井新区 D 区与 NEXT 21 住宅楼和共团的 KSI 住宅楼的方向一致，但是富永让的设计思路远远超越了技术的主题。富永让在这两个项目中，组入空隙框架（由大块空隙岩板，一面为墙壁，一面为框架的构造）与合金格框，采用钢板外壁板。理由是可以自由构成各种各样的设计类型，能够对应将来生活方式变化的备用基桩，即所谓由框架、部材、壁板表示的朦胧态状况。

富永让初次将这一工艺应用于茨城县营长町公寓，对此解释为"优先考虑生活所用的不变的地板结构"、"确保备用基桩富有的水平扩展空间"、"日本以地板为生活中心的居住空间特质"等。最终该项目中空隙框架、部材的想法未能实现，住宅区主要停留在建造、供给、管理的水平。①

从富永让这两个项目的实践中可见，工业化住宅的设计始终需要设计师来自生活环境的观点，而不仅仅是工厂制造那么简单。

4.2.15　石山修武：机器式组装

石山修武（OSAMU ISHIYAMA, 1944—　　），建筑家，早稻田大学理工学部教授。1944 年出生于日本冈山县，1966 年毕业于早稻田大学理工学院建筑系，后获该大学硕士学位，同年组成达姆单俱乐部（后改名达姆单空间工作所），现在早稻田大学任教。

石山对所谓的进步概念持怀疑态度。他试图通过复活现代建筑所排斥的形态、装饰、技艺来与高度发达的消费社会相抗争。工艺素材施工与艺人的艺术处理相结合是他的作品的一大特征，而且，石山在设计中总是尽力采用建筑以外的材料和技术来构筑他的建筑。②

石山修武用感觉来思考住宅，希望居住者以组装计算机的感觉，来建构自己的住宅。而他本人更以自己的住宅增建

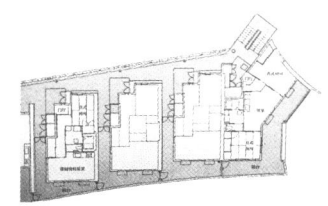

图 4-178　长野市今井新区 D 区第 4 栋楼部分二层户型平面

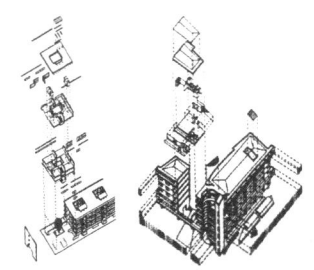

图 4-179　茨城县营长町公寓和今井新区 D 工区构造图

（图片来源：(日) 井出建、元仓真琴编著, 国外建筑设计详图图集.12：集合住宅 [M]. 卢春生译.北京：建筑工业出版社, 2004-09.P159-160.）

图 4-180　幻庵立面外观

图 4-181　幻庵室内效果 1

---

① （日）井出建、元仓真琴编著, 国外建筑设计详图图集.12：集合住宅 [M]. 卢春生译.北京：建筑工业出版社, 2004-09.P156-160.
② 杨永生主编.中外名建筑鉴赏.爱知县"幻庵".中外名建筑鉴赏 [M]. P555.

图4-182　幻庵室内效果2

（图片来源：Osamu Ishiyama Laboratory摄，石山修武研究室.幻庵.http://ishiyama.arch.waseda.ac.jp/www/worksfile/gen_an.html，2008-11-13.）

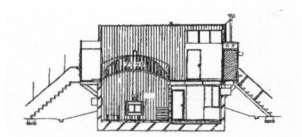

图4-184　幻庵P剖面图

（图片来源：关肇邺，吴耀东主编.20世纪世界建筑精品集锦1900-1999第9卷东亚[M].1999-05P125.）

图4-185　建造中的开荒人的住宅

为实验，带领学生与社会大众，立志要把当地的小区经营成"世田谷村"。后来石山还进一步对台湾和尼泊尔工匠的传统工艺制品试行开发。正因为他的作品中包含了对建筑的经济性和流通手段的过问，因此才受到注目。

1）幻庵，1975年

1975年，石山修武在爱知县建造的一位名为"幻庵"的别墅成为石山修武的宣言式的建筑。

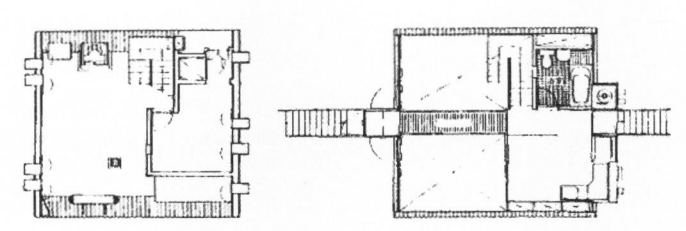

图4-183　幻庵一层、二层平面图

（图片来源：关肇邺，吴耀东主编.20世纪世界建筑精品集锦1900-1999第9卷东亚[M].1999-05.北京：建筑工业出版社，P125.）

幻庵是采用土木工程中大量生产和使用的素材波纹建造的住宅。建筑的主要部分只是由四种建筑材料构成，两种类型的瓦楞铁板65张，总重量4 709公斤，以两种类型的1 400根螺栓加以固定。波纹薄钢板被自由的切割、拼贴，并被刻意地雕琢出许多几何图案的窗洞，石山声称这是为了表现圆筒外包罗万象的宇宙秩序。[1]

幻庵的施工方法是极端单纯化，一般人也可以建造。而且，直接与建材的生产流通节相连，避开了复杂的流通机构，不是把住宅当作商品购入，而是尝试居住者、建筑师与建筑的关系更为紧密相连。

尽管"幻庵"的钢板外壳带有明显的"技术"的意味，但其颇具匠心的手工技艺的细部处理使它与高度重工业化生产力生产出的冷冰冰的现代建筑有显著的区别。幻庵同时也是20世纪70年代后，日本反现代主义潮流的代表作之一。

[1] 程世丹.石山修武.建筑·空间·艺术现代世界百名建筑师作品[M].P114.

2）开荒人的住宅（開拓者の家），1986年

开荒人的住宅位于日本长野县小县郡，钢管造2层楼，建筑面积143 m²，由石山修武设计。开荒人的住宅花费了不止10年的时间，由一个外行居住者建造了这幢住宅，之所以将住宅造成这样的理由是，不仅施工简便，而且造价很低，还可以使用远比建筑构件廉价的工业制品。[1]

从石山修武的幻庵和开荒人的住宅这两个住宅作品中可以明确发现布克明斯特·富勒的戴麦克辛住宅（Dymaxion House）的源流（详见前文：理查·布克明斯特·富勒：最小能耗住宅），即机器美学特征和对工业产品的利用。

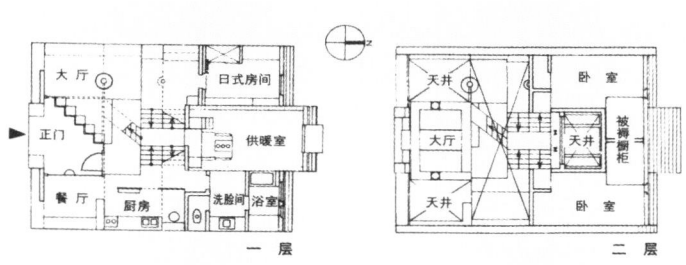

图4-186 开荒人的住宅立面
（图片来源：Osamu Ishiyama Laboratory摄，石山修武研究室.開拓者の家.http://ishiyama.arch.waseda.ac.jp/www/worksfile/kaitakusha.html, 2008-11-13.）

图4-187 开荒人的住宅一层、二层平面图

4.2.16 让·努维尔：高技派的公共住宅

让·努维尔（Jean Nouvel, 1945— ）是当代法国最具世界影响的建筑大师之一。1945年8月12日生于法国的福梅尔市（Fumel），1966年考入巴黎国家美术学院。1972年获得建筑师资格文凭。1987年获得了法国国家建筑大奖（Grand Prix National de I'Architecture）。让·努维尔于1994年建立了Jean Nouvel工作室。1993年和1995年被接受为AIA（美国建筑师协会）和RIBA（英国皇家建筑师协会）的荣誉会员，1997年被授予艺术与文学勋章（Ordre ddes Arts et des lettres），2008年赢得普里茨克奖。

图4-188 让·努维尔（Jean Nouvel）设计的莫斯住宅（Nemausus 1）远景

[1] （日）日本建筑学会编.新版简明住宅设计资料集成[M].滕征本等译.北京：中国建工出版社,2003.6.P46.）

图4-189 莫斯住宅端立面

（图片来源：Nemausus Experimental
Scheme—Nimes, France. http://
www.cse.polyu.edu.hk/~cecspoon/
lwbt/Case_Studies/Nemausus/,
2008-11-22.）

因善于运用最先进的建造技术和新材料创造独特的技术形象，努维尔被许多评论家划入高技派的行列，但他从早期作品便显示出与英国的高技派同行们明显不同的取向，他在重视高技术的同时对文化内涵深切关注。

1985—1987年，让·努维尔设计了"莫斯住宅"（Nemausus 1）。该项目从完成起，就因为其恰当的将革新运用在这个社会住房项目上而举世闻名。莫斯住宅是一个将工业化建筑的原则和材料应用于社会住宅的实验性项目。与努维尔其他"工业美学"的项目一致，该公寓用工业化构件框架表达了航海和航空意象。

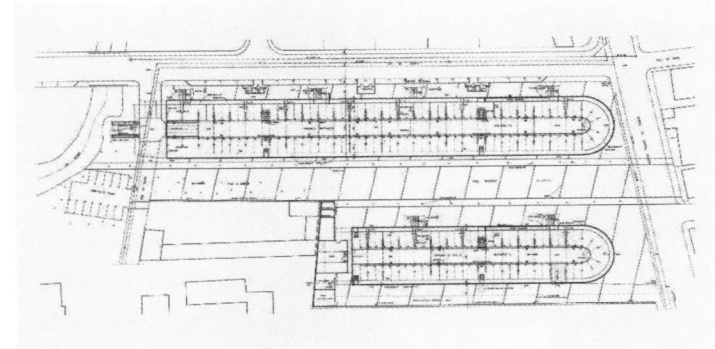

图4-190 莫斯住宅（Nemausus 1）一层总平面图

（图片来源：Nemausus Experimental Scheme—Nimes, France. http://www.cse.
polyu.edu.hk/~cecspoon/lwbt/Case_Studies/Nemausus/, 2008-11-22.）

该项目位于法国尼姆，是一个地中海附近的小镇，具有良好的气候和户外生活传统。基地的特别之处是，属于植物园的一部分，因此一些树木应予保留。周围的市容是一个混合的低水平住房和轻工业。[①] 作为一个20世纪60年代公共住房衰落区更新项目的一部分，莫斯住宅也为一个通常为租金限制，给予有限津贴的公共住房提供一个新图像。应用工业化的建筑技术以寻求在减少建筑费用的同时，提供更大、更好的住宅。[②]

图4-191 莫斯住宅侧立面

（图片来源：Nemausus Experimental
Scheme—Nimes, France. http://
www.cse.polyu.edu.hk/~cecspoon/
lwbt/Case_Studies/Nemausus/,
2008-11-22.）

① Nemausus social housing project［EB/OL］. http://www.jeannouvel.com/
english/preloader.html, 2008-11-24.
② Nemausus1［EB/OL］. http://housingprototypes.org/project?File_
No=FRA004, 2008-11-24.

图4-192　莫斯住宅端部住宅细部　　图4-193　莫斯住宅室外楼梯细部　　图4-194　莫斯阳台细部

（图片来源：Toutes les photos de ANDIAMO. http://wizzz.telerama.fr/andiamo/photos, 2008-11-22.）

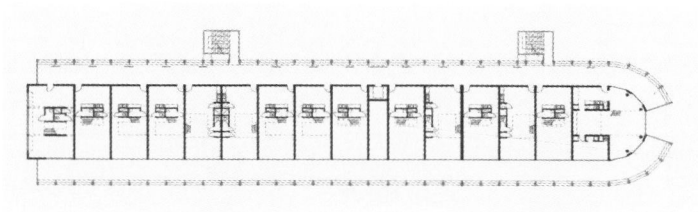

图4-195　莫斯（Nemausus 1）公共集合住宅标准层平面图

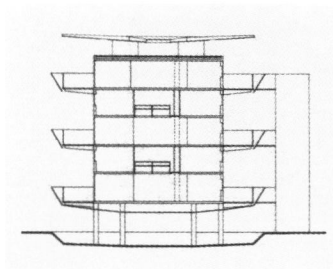

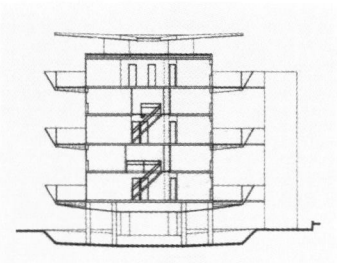

图4-196　莫斯（Nemausus 1）住宅剖面图1　　图4-197　莫斯（Nemausus 1）住宅剖面图2

（图片来源：（日）日本建筑学会编，建筑设计资料集成——居住篇［M］.重庆大学建筑城规学院译.天津：天津大学出版社，2006.4.P112.）

　　该住宅为6层，共114户的公共集合住宅。总建筑面积10 300 m²、户型面积52 ～ 170 m²。在各住户的南面是3 m宽的阳台，北面是相同宽度的室外道路。穿孔PVC遮篷从大厦顶端延伸。两侧穿孔金属楼梯栏杆的悬臂阳台遮掩了5 m×12 m的重复开间。外廊式入口布置在每个模块的北边,在结构框架之内与电梯模块连接,金属外楼梯附在外廊的边缘。大厦另一边的悬臂阳台形成沿每所住宅南侧的一个连续的大阳台。

在户型设计时,通过尽量减少公用空间,如楼梯和大厅,来提供规模尽可能大的公寓。通过对单层、跃层和三层住宅的组合,设计了17种不同的模数平面的公寓(一室户工作室,二层的房型,三层的房型,等等)混合到公寓两翼中的114个住宅套型中,来提高灵活性。

典型的公寓模块是由包括由悬臂阳台空间的5 m×12 m开间定义的。每栋公寓住宅都有可全部打开的两褶金属门。大多数多层住宅有二层的大空间,其中一些有二层高的门。波纹铝板、铝窗和漆成白色的两褶的门嵌在混凝土结构框架和分隔墙之间。穿孔镀锌工业栅用作为楼梯栏杆,PVC农业用天窗用作屋顶天窗。[①]

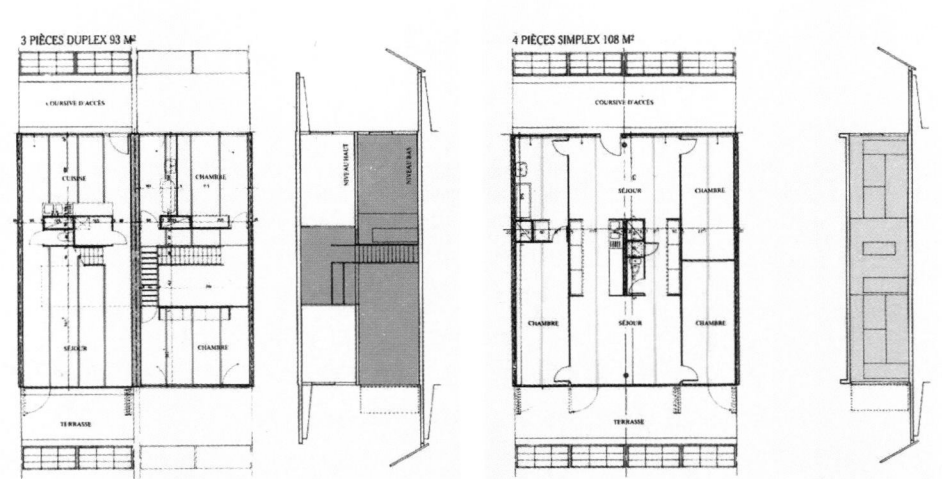

图4-198 莫斯(Nemausus 1)一户二层单元,93 m² 　图4-199 莫斯(Nemausus 1)一户一层单元,108 m²

(图片来源:Nemausus Experimental Scheme—Nimes, France. http://www.cse.polyu.edu.hk/~cecspoon/lwbt/Case_Studies/Nemausus/, 2008-11-22.)

----

① Nemausus1[EB/OL]. http://housingprototypes.org/project?File_No=FRA004, 2008-11-24.

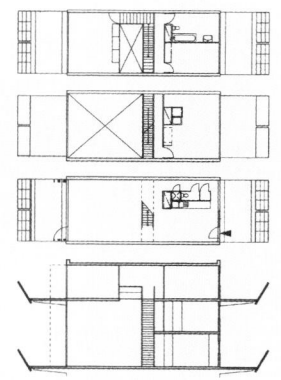
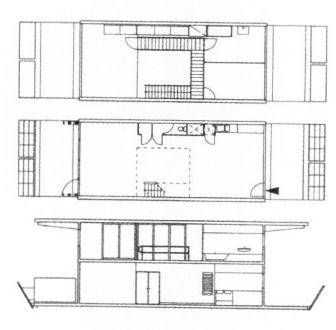

图4-200　莫斯（Nemausus 1）一户三层住宅式公寓平面、剖面图　图4-201　莫斯（Nemausus 1）一户两层住宅式公寓平面、剖面图

（图片来源：（日）日本建筑学会编，建筑设计资料集成——居住篇［M］.重庆大学建筑城规学院译.天津：天津大学出版社，2006.4.P112.）

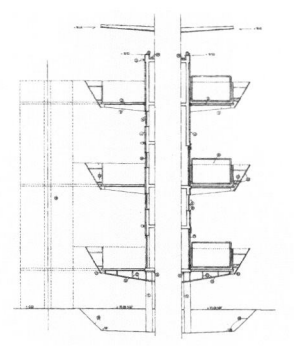

图4-202　莫斯住宅（Nemausus 1）入口细部

（图片来源：Toutes les photos de ANDIAMO. http://wizzz.telerama. fr/andiamo/photos, 2008-11-22.）

　　住宅采用起居室、餐厅和厨房的开敞式空间。工业感延伸到室内设计：包括清水混凝土墙，加工过的二手面板和台阶。在某些房型内5 m开间被划分成了更小的房间，但是在大多数公寓，保留了全开间并将顶楼空间开敞，开阔感令人印象深刻。

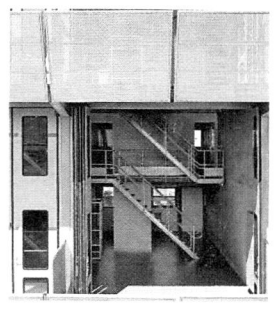

图4-203　莫斯住宅室内空间自由平面和设备　图4-204　莫斯住宅入口细部

（图片来源：Nemausus Experimental Scheme—Nimes, France. http://www.cse. polyu.edu.hk/~cecspoon/lwbt/Case_Studies/Nemausus/, 2008-11-22.）

图4-205　莫斯（Nemausus 1）住宅结构细部

（图片来源：http://www.cse.polyu. edu.hk/~cecspoon/lwbt/Case_ Studies/Nemausus/, 2008-11-22.）

　　在回收和再利用方面，该项目用标准化金属板来作为表层，使需要时更换每个面板和构件成为可能。另一方面，替下的金属板可回收，不会带来大量爆破废物。当大厦被拆毁时，

图4-206 莫 斯（Nemausus 1）住宅立面金属板细部

图4-207 莫 斯（Nemausus 1）住宅遮阳细部

（图片来源：Toutes les photos de ANDIAMO. http://wizzz.telerama. fr/andiamo/photos, 2008-11-22.）

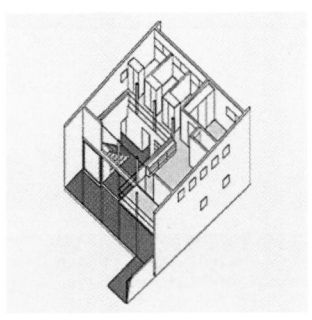

图4-208 箱の家1轴测图，1995年

图4-209 箱の家1外观，1995年

所有金属板都可以回收或再利用。

住宅设计总是处于在标准化的项目中提供更多多样性的斗争中。让·努维尔试图"脱离过去公共住房的一般形式"。在本设计中，借用从办公室设计的开放布局和半透明的隔断，以及在多个层面提供选择，赋予其基本的多样性。努维尔本意是靠采用工业化建造技术和经济的内部装修，来减少建筑费用，提供给房客以更加宽敞廉价的住宅。但遗憾的是这点并未实现，显然房屋的租金取决于面积而不是造价。[①]

4.2.17 难波和彦：箱的构筑

难波和彦（Namba Kazuhiko, 1947—   ），东京大学工学研究科建筑学专业教授。1977年设立一级建筑师事务所界工作舍。难波和彦被日本工业化住宅和建筑技术史的权威松村秀一称为"住宅产业中的建筑师"（"箱子"的构筑，2001年）。与工业化住宅相关著作包括：《想住在箱子一样的家里》（王国社，2000年）、《"箱子"的构筑》（TOTO出版，2001年）。相关作品包括：EX机器1990别墅信息馆（1990）、箱子之家系列（1—100, 1995—2004）等。[②]

1）"箱"系列住宅

难波和彦以设计"箱"系列住宅闻名，他通过住宅的生产和构法探索住宅设计。难波和彦认为通过对"箱"的构筑，"箱"成为生成空间的主要场所，其构成材料必须极少而又高效。"箱"系列住宅正是为达到这一目标进行的尝试。"箱"系列住宅的早期设计只是利用最少材料来满足基本的都市居住功能，而后又发展到标准化设计。随着系列的发展，功能层次的提高，促使了建造技术更加混合多样。最近"箱"系列住宅除了能满足独户住宅的需求，已经发展到可满足集合住宅的需求。[③]

① Nemausus1［EB/OL］. http://housingprototypes.org/project?File_ No=FRA004, 2008-11-24.
② （日）难波和彦.21世纪的"工学技师美学"［J］.建筑与文化,2007(5). P99.
③ 难波和彦.住宅产业的中的建筑家［M］.「箱」の構築.東京都：TOTO出版,2001-06: 07-09.

图 4-210　箱の家 22 外观, 2000 年

(图片来源: 箱 の 家 1. http://www.kai-workshop.com/, 2008-10-12.)

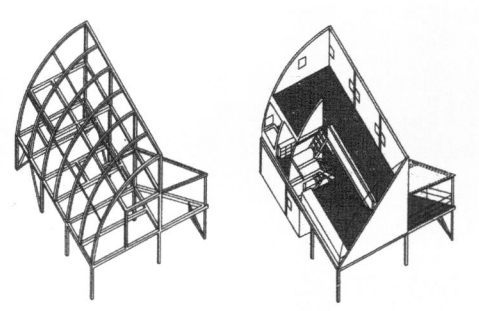

图 4-211　难波和彦设计的箱の家 7 (神保公馆) 结构示意图和轴测图

(图片来源: (日) 日本建筑学会编, 建筑设计资料集成——居住篇 [M]. 重庆大学建筑城规学院译. 天津: 天津大学出版社, 2006.4.P55.)

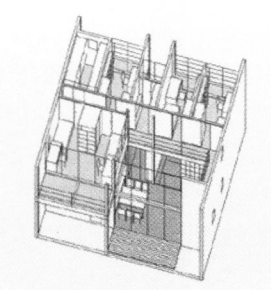

图 4-212　难波和彦设计的箱の家 22 钢结构、轴测图和室内, 2000 年

(图片来源: 箱の家 22. http://www.kai-workshop.com/, 2008-10-12.)

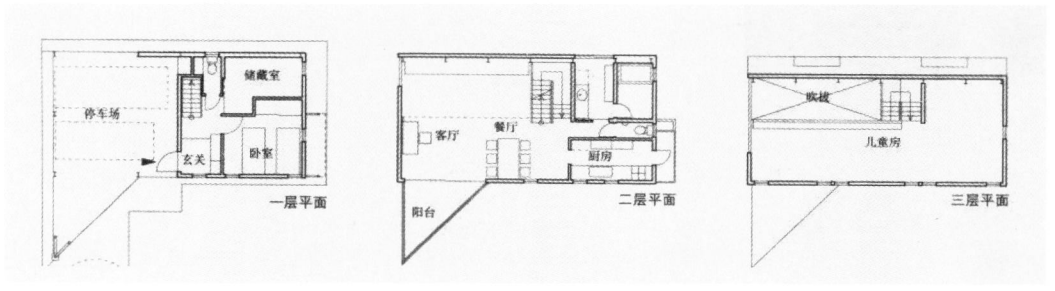

图 4-213　箱の家 7 (神保公馆) 平面图

(图片来源: (日) 日本建筑学会编, 建筑设计资料集成——居住篇 [M]. 重庆大学建筑城规学院译. 天津: 天津大学出版社, 2006.4.P55.)

图4-214 难波和彦设计的铝合金生态住宅外观,1999年

图4-215 铝合金生态住宅结构

1995年设计的"箱の家1"住宅是箱系列住宅的原型。"箱の家22"住宅使用了为传统的木结构设计的标准平面,但结构却采用了钢结构。标志着箱系列住宅进入构造多样化的阶段。

1997年,难波和彦设计了"箱の家7(神保公馆)"。该住宅为钢结构3层。用地面积112 m^2,基地面积65 m^2,总建筑面积163 m^2。该住宅是作为标准样板房而设计的盒子系列住宅,钢结构。居住部分受斜线限制,集中安排在半径5.4 m的四分之一圆弧状框架内,内部通过天井制造出一体性的空间效果,同时能使将来房屋的使用具有灵活性。由此住宅可见:在进行部件材料工业成品化、建筑细部标准化时,要充分认识到住宅不仅仅是个结构性的问题,而且是个社会性的问题。基于此种认识,建筑设计师在建造住宅时不能局限于只考虑造价低,还要考虑到住宅对社会的关联作用。该住宅被列为典范。[1]

"箱"系列住宅的主题就是达到功能的高效。但这只是发现一种新的空间形式的媒介。标准化和多样性及适应性构成其发展过程。在设计了第一个"箱"住宅后,材料、建造方法和工具和空间构成均被标准化。体现为以下的8个方面:三维最小化住宅、内外开放的住宅、单一空间住宅、城市中的自然、建造方法标准化、绿色建材、最高的性价比、都市住宅的原型。[2]

日本的大规模住宅制造厂比设计师和客户个人从小型零售店购买的建材具有规模—成本的优势,导致预制住宅的成本价格不透明。"箱子"住宅非常"易懂",难波和彦尽可能使用现成便宜得的集成木材和铝合金材料,构造设计考虑使一般工人可以实施。虽然构造还没有通用,但是可进行各种新的尝试。住宅内部空间建筑感很强,针对客户的设计能更好地提高性价比。[3]

实际上,日本的住宅制造厂将客户的爱好分类,将不同风格的住宅变成名单而制定相应的销售战略。难波和彦与住宅

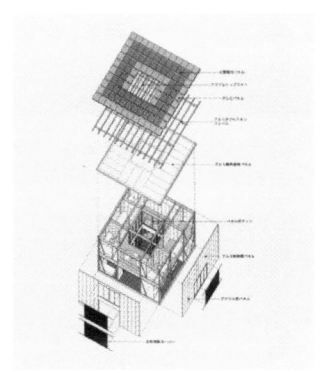

图4-216 铝合金生态住宅分解轴测图

(图片来源:アルミエコハウス.http://www.kai-workshop.com/,2008-10-12.)

① (日)日本建筑学会编.建筑设计资料集成——居住篇[M].重庆大学建筑城规学院译.天津:天津大学出版社,2006.4.P55.
② 难波和彦.住宅产业の中の建筑家[M].「箱」の构筑.東京都:TOTO出版,2001-06:07-09.
③ 难波和彦.住宅产业の中の建筑家[M].「箱」の构筑.東京都:TOTO出版,2001-06:28-31.

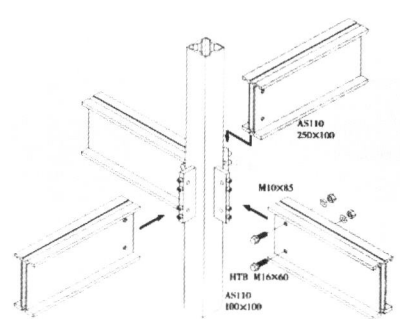

图4-217　难波和彦设计的铝合金生态住宅结构节点示意图

(图片来源：王静.日本现代空间与材料表现［M］.东南大学出版社，2005-
05.P73-74.)

**图4-218　铝合金生态住宅
中庭**

(图片来源：アルミエコハウ
ス.http://www.kai-workshop.com/，
2008-10-12.)

制造工厂的工作有所区别，他在理解客户需求的同时，设计出
容易使用、性能出色的住宅。近年日本住宅市场出现了多样
化的趋势（例如某大型住宅制造厂成交住宅客户的17%是单
身人士，传统的核心家庭比重下降）。这导致住宅开发设计时
的主要客户目标变得模糊。住宅制造厂的大批量相同订单减
少，市场更加细分了。难波和彦"箱子"系列住宅的成功经验
也引起了住宅制造厂的研究兴趣。

　　2）铝合金生态住宅

　　除了"箱子"系列住宅，1999年，难波和彦受日本新能源
产业技术综合开发组织（NEDO）的委托，曾为日本筑波市设
计了"铝合金生态住宅"。

　　该住宅为2层铝轴组合结构。基地面积92 m²，总建筑
面积148 m²。住宅全是用铝合金制品建造起来的，建筑构件
尽可能在工厂生产，进行工厂成品化，将现场安装工作降到
最低限，从而可大大缩短工期。从铝材料特性、合理性导出
4 m×4 m的尺寸，设计时遵循将此尺寸作为基本尺寸的原则。
此形式正在被用于高级旅馆的居住实验。①

　　该住宅采用由双肋式H形横梁、角型支柱和特殊的偏心

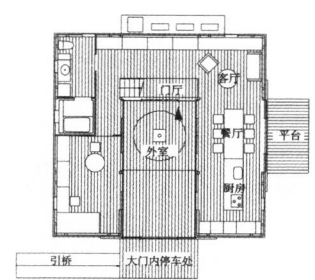

**图4-219　铝合金生态住宅
一层平面图**

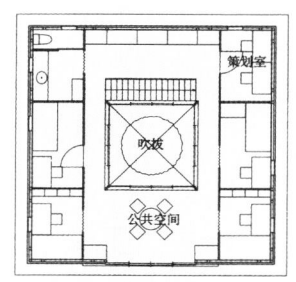

**图4-220　铝合金生态住宅
二层平面图**

----

① （日）日本建筑学会编，建筑设计资料集成——居住篇［M］.重庆大学建
　　筑城规学院译.天津：天津大学出版社，2006.4.P59.

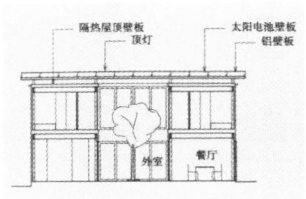

图4-221　铝合金生态住宅剖面图

（图片来源：（日）日本建筑学会编，建筑设计资料集成——居住篇［M］.重庆大学建筑城规学院译.天津：天津大学出版社，2006.4.P59.）

图4-222　难波和彦设计的无印良品之家外观，2004年

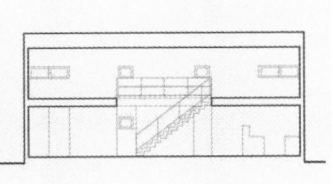

图4-223　难波和彦设计的无印良品之家剖面图

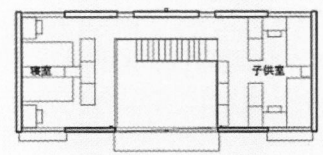

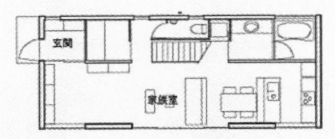

图4-224　难波和彦设计的无印良品之家平面图

（图片来源：MUJI+INFILL. http://www.kai-workshop.com/, 2008-10-12.）

图4-225　难波和彦设计的无印良品之家室内，2004年

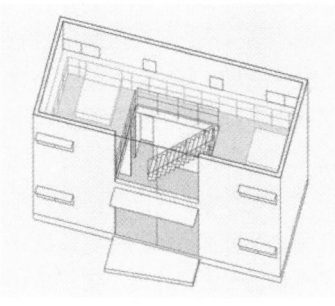

图4-226　无印良品之家轴测图

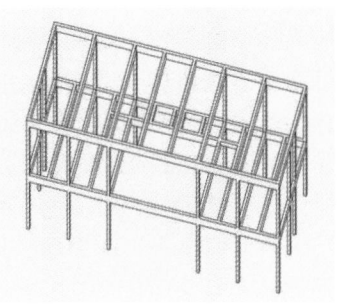

图4-227　无印良品之家结构轴测图

（图片来源：MUJI+INFILL. http://www.kai-workshop.com/, 2008-10-12.）

支撑（Eccentric Brace）等构成的骨架结构。[①]

　　难波和彦的做法是用隔热材料将结构构件与室外进行隔绝，使结构不成为影响建筑热环境的冷桥，同时，建筑设计中也注重解决热辐射、蓄热量等构造技术问题，从整体设计中解决热环境的问题。在形象上隐藏结构，在造型上拥有较大的灵活性，也易于形成简洁的立面形象，是现代建筑常用方法。

---

① 佚名.新产品新工艺：建筑结构材料铝合金应用新领域［EB/IOL］.上海铝业行业协会.http://www.sata.org.cn/fb04009.htm, 2008-9-13.

（3）无印良品之家（MUJI+INFILL）

2004年4月，难波和彦设计的无印良品之家（MUJI+INFILL），体现了对工业化、商品化的建材的集成运用。

4.2.18　艾维·弗雷德曼：生长住家

艾维·弗雷德曼，建筑师，教授，1982—1984年就职于蒙特利尔市的La Tulipe发展公司，负责设计。1987年获得蒙特利尔大学的博士学位。"生长住家"（the grow home）是对福雷德曼首先创造并付诸实施的经济适用型住宅的称呼，它是窄面阔连排住宅的形式，追求的目标是成为年轻家庭买得起的第一套住房。1990年6月"生长住家"的示范单元在麦吉尔大学的校园中正式落成，之前一年福雷德曼和同事已在系里建立了这个教学项目，至今福雷德曼仍主持这一课题。到1999年前后，约有10 000套住宅在加拿大建成。[①] 他为此获得多项殊荣：包括AIA教育奖、建筑学院协会的创新成就奖以及联合国人类居住奖。

"生长住家"很快作为一种新型途径投入到大规模的建设之中，成为城市规划师认可的一种有效解决城市居住问题的方案。"生长住家"的尝试证明，设计完备、制作精良的住宅完全可以控制在可承受的价格之内，可以同样充满吸引力。

大量的建成事例启发福雷德曼及其同事们以工厂化的模式来生产住宅，通过将有限的室内外面板进行装配，来得到丰富的变化。生长住家的建造非常迅速和高效，承建商轮流到现场完成他们的工作，各道程序完美衔接组成装配式的生产线。模数化预制构件的发展是提高生产效率的一大进步，当构件互相之间的尺寸相匹配时，组装过程将十分简单。例如：木板条每隔405 mm（16 in）设置，以安装相同宽度的絮状保温材料，指定尺寸的墙板则按照木板条的中线安装。[②] 此外，在模数化的建造过程中，楼板和单元拼装式的很多资源得以保

图4-228　生长住家在麦吉尔大学校园的示范单元

图4-229　莫迪莱斯公司正在装配生长住家的预制墙板

（图片来源：（加）艾维·福雷德曼著，适应型住宅［M］.赵辰、黄倩译.南京：江苏科技出版社，2004.6.P45~47.）

---

① （加）艾维·福雷德曼著，适应型住宅［M］.赵辰、黄倩译.南京：江苏科技出版社，2004.6.前言.
② （加）艾维·福雷德曼著，适应型住宅［M］.赵辰、黄倩译.南京：江苏科技出版社，2004.6.P109.

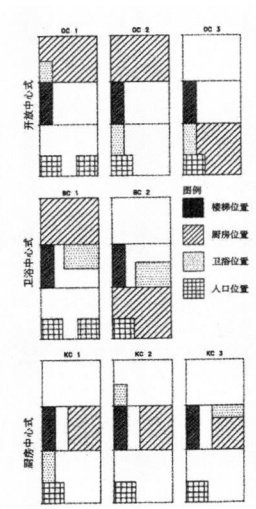

留,客观的能源得到节约。

生长住家没有采用模数化(Module)和构件组合(A Kit of parts)的预制工业方式,而是采用了结构板式化(Panelize)方式,即:构件是不同尺寸的板材,一些仅仅有基本框架(开放式面板),另一些则配有绝缘材料并已经开了窗洞(封闭式面板),他们被运送到现场,根据设计图纸进行安装。采用这种方式是因为它与传统的建造技术比较相似,用于墙体是现场制作,板式化相比传统的实践方法并没有根本的变化,因此比较容易被较为保守的住宅工业接受。

生长住家提供了多种可选项目,使用了少量简单的标准化构件,这个过程促进了大规模预制构件的生产,并且是设计程序开放化之后,人们可通过简单的赠机或替换构件对室内布局进行修改。设计过程是由内到外的,首先对住宅总体进

图4-230 生长住家蒙特利尔地区开发商建造的房屋平面示意图

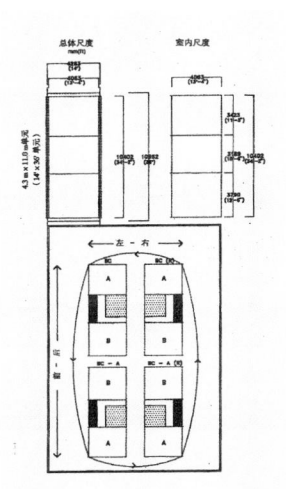

图4-231 生长住家平面反转的选择

(图片来源:(加)艾维·福雷德曼著,适应型住宅[M].赵辰、黄倩译.南京:江苏科技出版社,2004.6.P113-116.)

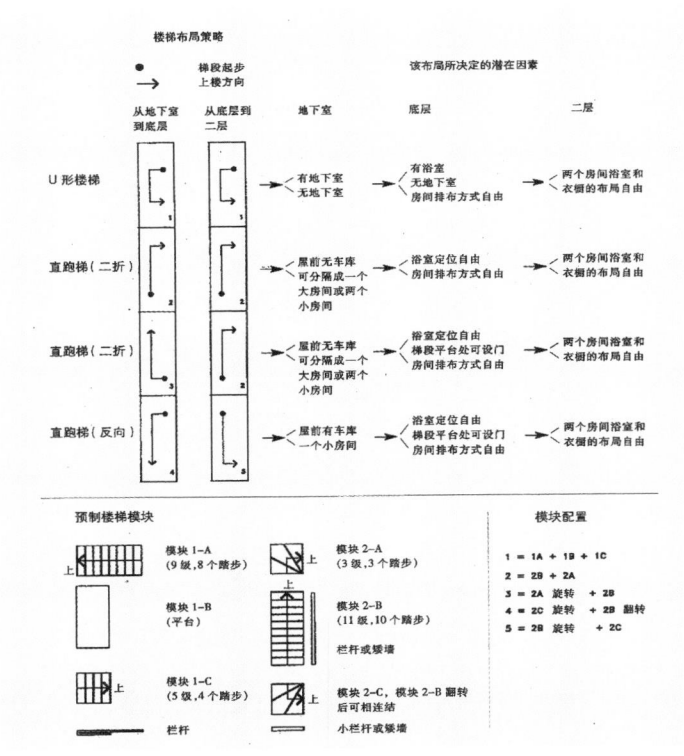

图4-232 生长住家平面不同楼梯配置和预制模块

(图片来源:(加)艾维·福雷德曼著,适应型住宅[M].赵辰、黄倩译.南京:江苏科技出版社,2004.6.P118-119.)

行模块尺寸的分析，再到细致的室内规划布置，最后是外墙的设计。这个顺序的合理性在于承认了外墙的灵活性和适用性对室内布局的依赖。设计立足于房屋的四个方面：总体尺寸、楼梯的外形和方向、室内隔断以及外墙。由于设计到合理安排既定尺寸的模数化标准构件，在设计过程中使用了计算机，以进行高效的组合和不同方案的比较。

　　底层内部空间设计了四种基本布局方案，其组合部分可定义为楼梯单元（SC）、开敞单元（OC）、浴室单元（BC）以及厨房单元（KC）。[①]通过前后翻转或者左右翻转，可产生更多的选择，例如让较大模块位于房屋的前面还是后面。

　　生长住家开间在4.27 m（14英尺）左右。作为一种经济型并易于改造的住宅形式，面积大约有92.9 m²（1 000平方英尺），底层布置有厨房、卫生间、起居室，二层为无分隔的大空

图4-233　蒙特利尔Notre-Dame-de-Grace生长住家项目

图4-234　蒙特利尔Longueuil生长住家项目

图4-235　蒙特利尔Point-aux-Trembles生长住家项目

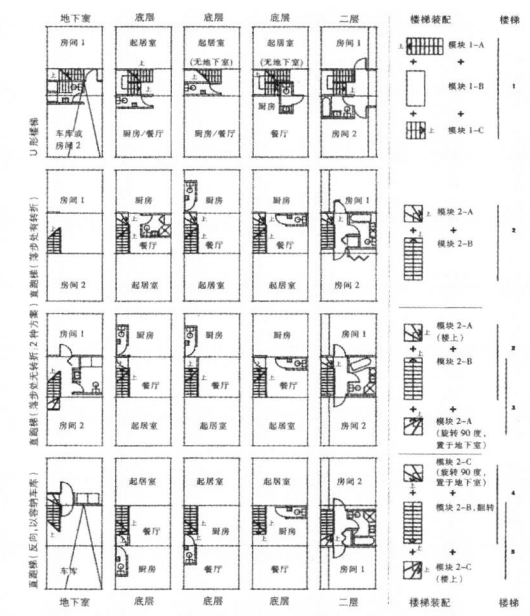

图4-237　生长住家不同室内楼梯布置方案

（图片来源：(加)艾维·福雷德曼著,适应型住宅［M］.赵辰、黄倩译.南京：江苏科技出版社,2004.6.P118-119.）

图4-236　蒙特利尔SteDorothee生长住家项目

（图片来源：(加)艾维·福雷德曼著,适应型住宅［M］.赵辰、黄倩译.南京：江苏科技出版社,2004.6.P66.）

---

① (加)艾维·福雷德曼著,适应型住宅［M］.赵辰、黄倩译.南京：江苏科技出版社,2004.6.P112-117.

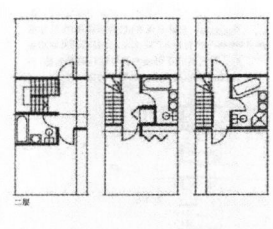

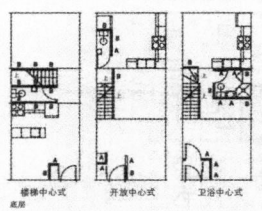

楼梯中心式　开放中心式　卫浴中心式
底层

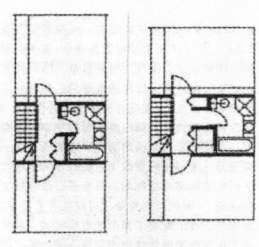

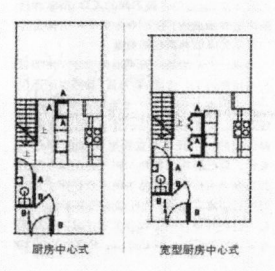

厨房中心式　　宽型厨房中心式

图4-238　生长住家平面隔墙定位应用示例1（根据核心位置功能不同）

（图片来源：(加)艾维·福雷德曼著,适应型住宅[M].赵辰、黄倩译.南京：江苏科技出版社,2004.6.P122.）

间,可以灵活分隔成两间卧室和一个卫生间。[①]

生长住家的内部布局的基本出发点在于楼梯。其大小、类型、结构和方向以及位置将影响房间的尺寸到空间的整体外观和功能布局。预制楼梯必须能够为同样尺寸的地板开口提供多样的选择。生长住家采用一种可调节的钢制楼梯框架系统(由斯戴尔福雷木Stairfram建筑构件厂设计),包括梯段侧板、踏步支撑板和一系列零件。

图4-237显示楼梯对空间利用潜力及空间的可调整能力的影响。一般楼梯的方位将会影响到是否可以在地下室设置车库等室内布局的许多方面。

在室内设计方面,生长住家项目设想提供数种既定规格

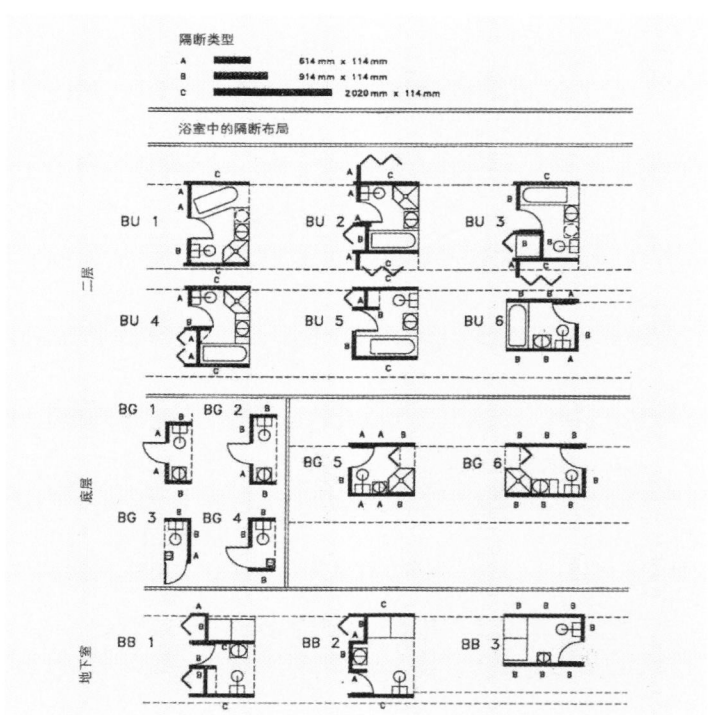

图4-239　生长住家使用标准规格隔墙布置的多种浴室方案

（图片来源：(加)艾维·福雷德曼著,适应型住宅[M].赵辰、黄倩译.南京：江苏科技出版社,2004.6.P118-123.）

---

① （加）Avi Friedman著,经济型小开间连排式住宅社区——城市膨胀后的另类选择[J].王焱译.规划师.2001年（3）第17卷.P68-72.

的内部隔墙,通过不同搭配,提供不同的布置选择。在设计中采用三种标准尺寸,分别是610 mm(2 ft)、915 mm(3 ft)和1 200 mm(4 ft)。尽管较多的小块墙体的安装比整体墙需要更多的装配元件,但与增大的灵活性、安装的速度,以及标准化可以形成的规模效益相比,增加的成本可以得到补偿。

图4-239显示了运用相同规格的隔墙,在地下室、底层以及上层所建造的15种不同配置的浴室(包括浴缸、双槽水池、独立淋浴、亚麻衣橱和洗衣机与烘干机)。一旦楼梯、浴室和入口标准化以后,就可以将它们当成模块,发展多种室内布局。

生长住家项目采用标准外墙面板,兼顾满足不同的室内布局方案和节约成本(通过使用较大的面板和在墙体结构之间尽量使用简单的标准尺寸的开口)。共开发了9种面板构造,其中6种是为前后立面设计的,3种为房屋侧立面设计,联排住宅的单元需要2—4块面板,双连住宅和尽端单元需要3—6块面板。为了使面板品种数量最小,一种方法是把面板设计成可以翻转使用,另一种方法需要让面板双面可用,要求面板断面对称,因此只适用于夹芯板,不适用于配备了电缆线槽的结构板。

在生长住家的外立面设计方面,经济性要求设计师不使用古怪新奇的材料或标新立异的建筑形式(通常是十分昂贵的)。它需要的美学元素是符合严谨的建筑结构这一主题的,恰当的比例尺度,适合的虚实对比和装饰元素可以使简单的设计耐人寻味。例如,在Parc Madaire项目中,建筑设计使用老虎窗、门廊和不同材质、颜色的外墙以富于变化。在L'llot

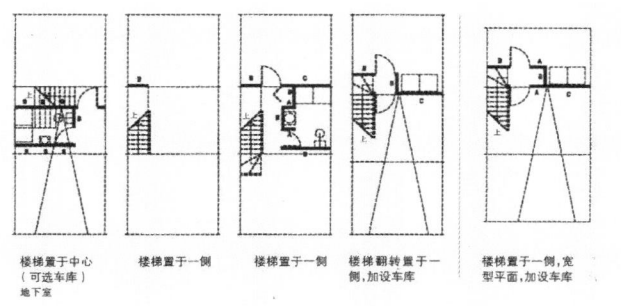

图4-240　生长住家平面隔墙定位应用示例2(根据楼梯位置不同)

(图片来源:(加)艾维·福雷德曼著.适应型住宅[M].赵辰、黄倩译.南京:江苏科技出版社,2004.6.P118-123.)

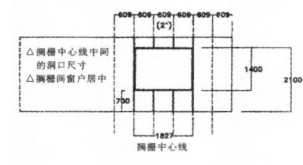

图4-241　生长住家楼板开口的标准化

(图片来源:(加)艾维·福雷德曼著.适应型住宅[M].赵辰、黄倩译.南京:江苏科技出版社,2004.6.P124.)

图4-242 生长住家项目预制件的供应商,位于魁北克省的"技术建造系统"(Technology Building System)

图4-244 生长住家使用标准元件的底层平面示例,运用各种不同的入口、浴室和楼梯模块组装而成

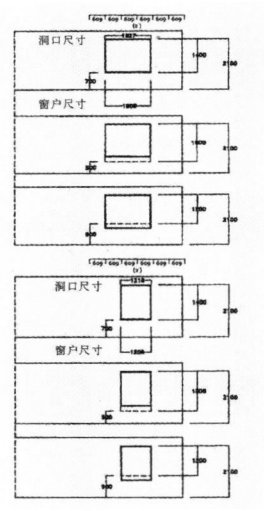

图4-243 生长住家楼板开口的变化尺寸

(图片来源:(加)艾维·福雷德曼著,适应型住宅[M].赵辰、黄倩译.南京:江苏科技出版社,2004.6.P124-127.)

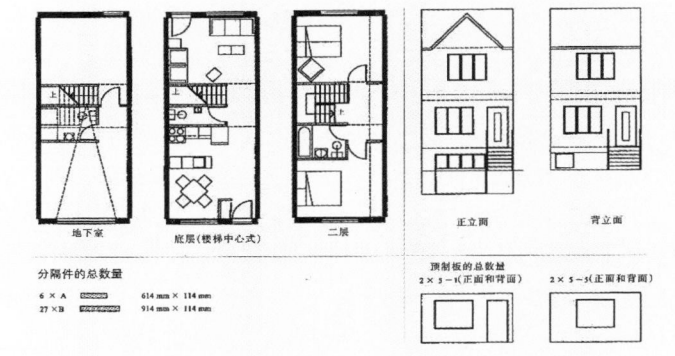

图4-245 生长住家平、立面范例及其应用的元件种类和数量

(图片来源:(加)艾维·福雷德曼著,适应型住宅[M].赵辰、黄倩译.南京:江苏科技出版社,2004.6.P125-126.)

de Marseille 中,外立面的设计各有变化,并使每幢住宅室内采光程度达到最好。[1]

1999年,开发商克莱里(Danny Cleary)为生长住家运作的"技术建造系统"(Technology Building System)在加拿大魁北克成立。艾维·福雷德曼和合作者们深化了概念并测算了造价。克莱里销售建筑用的生长住家包,每份售价8 000美

① (加拿大)Avi Friedman 著,经济型小开间连排式住宅社区——城市膨胀后的另类选择[J].王焱译.规划师.2001年(3)第17卷.P68-72.

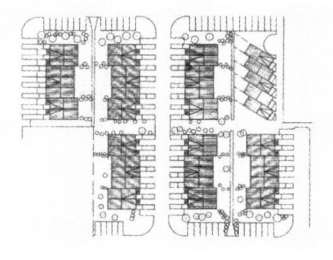

**图 4-246　生长住家 Ste Catherine
项目场地平面**

场地面积：0.8 hm²
密度：58 户/hm²

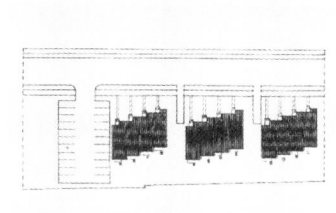

**图 4-247　生长住家 Chomedey
项目场地平面**

场地面积：0.28 hm²
密度：43 户/hm²

**图 4-248　生长住家项目室内1，
加拿大魁北克 Laval 市**

**图 4-249　生长住家项目室内2，
加拿大魁北克 Laval 市**

（图片来源：（加）艾维·福雷德曼著，适应型住宅［M］.赵辰、黄倩译.南京：
江苏科技出版社，2004.6.P86—89.）

元。为北美的开发商定购和运送。[1]

　　艾维·福雷德曼在生长住家之后，还设计了一系列类似
的低造价住宅，例如，1997年设计的在墨西哥瓜达拉哈拉项
目——"楼书上的家"（La Casa a la Catra）项目，该项目包括了
对未来扩展的考虑。

4.2.19　葛西洁：木箱之家

　　日本建筑师葛西洁（プロフィール，1954—　），1982年
成立葛西洁建筑设计事务所。多次获东京都建筑师会"住宅
建筑奖"。

　　葛西洁从"拐弯处的土地的木箱"以来，开始使用"木箱"

---

① （加）艾维·福雷德曼著，适应型住宅［M］.赵辰、黄倩译.南京：江苏科技
　　出版社，2004.6.P121.

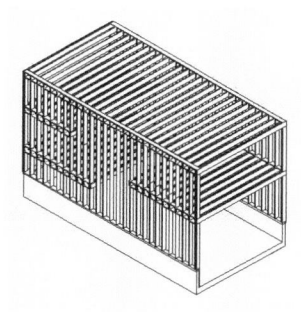

**图 4-250　葛西洁设计的木
箱·八千代住宅结构示意图**

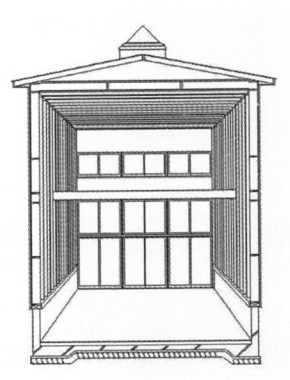

图4-251　葛西洁设计的木箱·八千代住宅剖透视图

图4-252　葛西洁设计木箱·210住宅

（图片来源：葛西潔建筑设计事务所.http://www.h6.dion.ne.jp/~kkasai/top.html, 2008-11-20.）

这个名字设计住宅。"箱子"是指外表简洁，内部没有柱子和墙的住宅，房间布局的变更加容易。这种住宅主要针对日本都市住宅基地狭窄的情况。住宅面宽狭窄，还要设置出入口和采光通风的窗的话，设置耐震墙的难度很高。现在的住宅考虑可变性，要求开放感和透明感，日本原有木造住宅很难实现。葛西洁从"木箱210"住宅的设计开始，尝试了把正面的宽度做为前面开口部，不在内部设柱，只在一方向外壁有柱子和耐震墙的架构系统。此后，不断改进成熟的木构做法。①

木箱212构法是为柱子和房梁连接，用了框组壁结构的简易施工的构造。由于有很多接头，在一个的接头上的应力变得很小，能确保住宅整体的耐震性。柱子与房梁形成了牌坊形的框架，通过了各种抗震实验。木箱212构法有以下几个

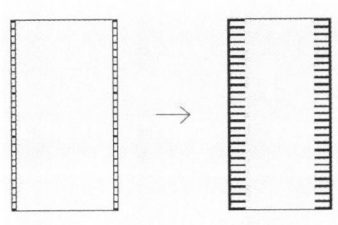

图4-253　木箱的框组壁结构发展示意图

图4-254　木箱的框组壁结构在日本住宅木材技术中心的实验

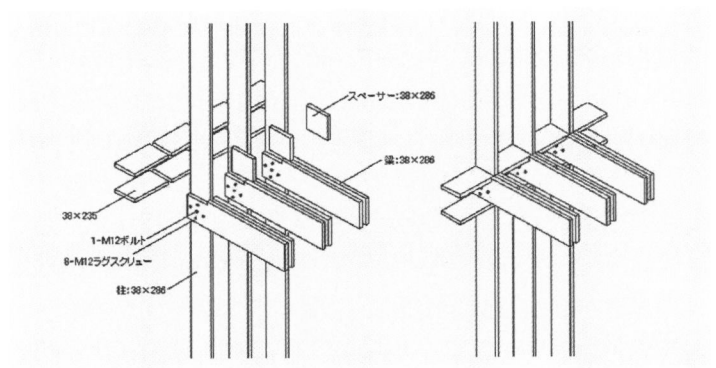

图4-255　木箱的框组壁结构接缝部分详图

---

① 木箱仕口212による展開.葛西潔建築設計事務所.http://www.h6.dion.ne.jp/~kkasai/top.html, 2008-11-20.

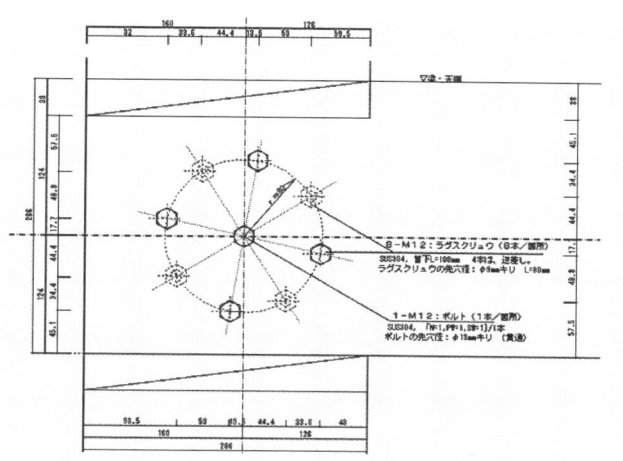

图4-256　木箱接头212详图

（图片来源：葛西潔建築設計事務所.http://www.h6.dion.ne.jp/~kkasai/top.html,
2008-11-20.）

图4-257　木箱·210住宅夜景

图4-258　木箱·210内景2

图4-259　川辺の木箱外观

图4-260　川辺の木箱格架收纳

（图片来源：葛西潔建築設計事務所.http://www.h6.dion.ne.jp/~kkasai/top.html.）

特征。

简易施工。"木箱接头212"构法不使用特殊的金属器具（只需有钻头，电钻和铁锤就足够了），使用部件的种类也极少。接头的加工也很简单，房主亲自制作住宅也是可能的。木造住宅的成本根据制造者的工时左右。这个施工方法的木匠的人工数是原有施工方法的1/3或1/2，是与低成本住宅相配的施工方法。

不做饰面。住宅内部基本就是构造部件的本来面目。还根据房梁树种（SPF，埠松）和构造用三合板种类（OSB，针叶树三合板）的选择。

因为没有顶棚背面和墙体内部的构造，电气设备的线路露明。但由于柱子和房梁的构成部件凹凸多，在室内并不显眼。根据弱电技术的发达和居住方法的变化，预测了线路的追加和重做。

收纳。因为室内不做内饰面，门型框架的柱子外侧面贴绝热木材，确保了其绝热性。在室内的柱子之间铺设搁架（212柱子的进深为286 mm），从地板到顶棚的都变成收纳墙。[1]

① 木箱仕口212による展開.葛西潔建築設計事務所.http://www.h6.dion.ne.jp/~kkasai/top.html, 2008-11-20.

（2）木箱·210住宅

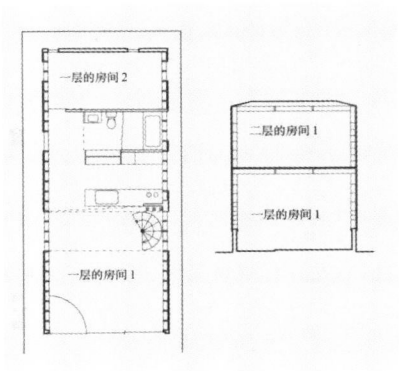

图4-261　木箱·210平面图、剖面图
（图片来源：（日）日本建筑学会编，建筑设计资料集成——居住篇[M].重庆大学建筑城规学院译.天津：天津大学出版社，2006.4.P55.）

图4-262　木箱·210内景1
（图片来源：葛西潔建築設計事務所.http://www.h6.dion.ne.jp/~kkasai/top.html.）

图4-263　川辺の木箱厨房

图4-264　川辺の木箱卫生间

（图片来源：葛西潔建築設計事務所.http://www.h6.dion.ne.jp/~kkasai/ top.html.）

　　1996年，葛西洁设计了木箱·210住宅，该住宅为2层木结构（2×10框组壁结构）。用地面积144 m^2，基地面积69 m^2总建筑面积139 m^2。位于东京都练马区。该住宅采用2×10的框组壁构造法的房屋框架中，建造出4个不同台阶的地面。南北方向只有简单的间壁，无墙壁，中心是天井，整个房间几乎是拉通的一间房。因为有钢结构的螺旋楼梯倾斜面的因素，所以增添了空间的可变性。[1]

4.3　本章小结

　　住宅工业化是现代主义建筑师不可避免的时代任务，时势造英雄，英雄亦造就时势，这些杰出的建筑师恰如住宅工业化潮流中的英雄人物，把工业化住宅的设计水准提升到与其他建筑类型一样的层面。

———————————
[1]（日）日本建筑学会编，建筑设计资料集成——居住篇[M].重庆大学建筑城规学院译.天津：天津大学出版社，2006.4.P55.

"住宅是居住的机器"不仅仅是个口号,彼得·贝伦斯(Peter Behrens)被誉为"标准化之父"。早期工业化住宅的主要推动者沃尔特·格罗皮乌斯和勒·柯布西耶不论在实践上还是理论上,都在工业化住宅上有一系列的深入研究。在大洋彼岸,弗兰克·劳埃德·赖特以织理性砌块和美国风住宅进行了试验。

理查·布克明斯特·富勒"源于宇宙的"的技术乌托邦幻想在让·普鲁韦手中变为"技术物的诗学",伦佐·皮亚诺(Renzo Piano)和让·努维尔对建造工艺的掌控,使社会住宅呈现出高技派的表象。吕内·雅努斯基(Manuel Nuñez Yanowsky)的设计是少见的表现预制混凝土张力的后现代主义作品。

日本建筑师始终在工业化住宅中有着一席之地,黑川纪章的作品是新陈代谢的诠释,富永让、难波和彦和葛西洁则进行着超越SI住宅的尝试,并发展了新的建筑体系。石山修武的设计与其说是工业化住宅不如说是一种理念的表达。

鲁道夫·M.辛德勒、保罗·鲁道夫、约恩·伍重、莫什·萨夫迪(Moshe Safdie)、艾维·弗雷德曼也在工业化住宅设计史上留下了令人印象深刻的作品。

总结本章内容,我们不难看出:从工业化住宅诞生之日起,建筑设计师从未放弃过对住宅建筑艺术性的追求。工业化住宅的设计非常多元,即使在低造价的工业化社会住宅中,也能诞生出兼顾大量生产、适用性和美观并重的住宅建筑精品,有些甚至是革命性的经典之作,例如柯布西耶的马赛公寓。虽然有些工业化住宅的设想未能实现或是不具有大量建造的普遍性,但是,这些思考和尝试仍为我们今天的工业化住宅设计带来无尽的启示。

第**5**章
住宅工业化思想的理论谱系

5.1 导　　言

　　19世纪，西方建筑界在与占主导地位的复古主义和折衷主义建筑潮流对抗下，"新建筑运动"产生。在新建筑运动发展过程中形成的现代主义①建筑流派对20世纪的建筑发展，有重大的影响。现代主义自30年代起迅速向世界其他各地区传播，终于成为20世纪中叶现代建筑中的主导潮流。

　　"现代主义"，与所谓英克尔斯体系（传统工业化时代的现代化标准），即主要从工业化的角度衡量现代化程度的评价方法基本同拍。当时人们面临的问题是随着工业化的步伐，城市化急速发展，无产阶级生活环境加速恶化，城市住宅的需求急速膨胀，要求建筑迅速从中世纪式的手工业操作发展为工业化操作，加上在同一要求下新的建筑材料，新的建筑结构和建筑设备的不断涌现，以及人的审美观念的更新，促成了这一浩浩荡荡的建筑革命。

　　工业化住宅的思想是在现代主义建筑思想在居住建筑中的一个具体表现。早期的现代建筑设计大师如沃尔特·格罗皮乌斯、勒·柯布西耶等，都是工业化住宅思想的奠基人，也是工业化住宅设计的先驱。在现代建筑理论发展的不同时期，工业化住宅的发展都与当时盛行的哲学思潮和建筑理论思潮影响密不可分。一些现代主义建筑的分支和流派（如理性主义、功能主义、结构主义、阿基格拉姆派、新陈代谢派、高技派等）也直接表现在一些代表性建筑师设计的工业化住宅上。

　　众所周知现代主义是以机器作为它的意象。勒·柯布西耶的名言："住宅是居住的机器"正是典型的表达。英国建筑理论家和设计家威廉姆·莱瑟比（Willam Lethaby）在其著作中认为"在工业革命后建造的所谓现代建筑，它是属于工业社

---

① 本文所指的现代主义，是广义上的现代主义，区别于Modern Architecture或Modernism所表示的狭义现代主义建筑。

会里中产及劳工阶级的，并以机器的意象来代表：（中产及劳工阶级）+机器的意象 = 现代建筑"。①

下文就从"平等空间和标准住宅"、"理性居住与最小化生存"、"系统架构与可变单元"、"技术至上与居住机器"、"移动和生长的住所"这五个方面来分析住宅工业化思想产生的理论根源和其发展过程中现代主义建筑思潮对它的影响。

5.2　现代主义建筑思潮下的住宅工业化思想

5.2.1　平等空间和标准住宅

1. 现代主义建筑运动的英雄主义色彩

当我们重新审视 20 世纪初现代主义建筑运动历史时，常常会被现代建筑运动所具有的强烈的英雄主义色彩所感染。当时的科学家和建筑师们希望能够促进社会的健康发展，促进社会的正义，利用建筑设计改变劳苦大众的困苦。因此，他们的思想实践探索具有非常强烈的知识分子理想主义成分和乌托邦（Utopianism）色彩。

现代主义沿袭了理性至上的早期人文主义思想原则。它认为理想的世界就是依靠理性建立的一个充满秩序的社会，同时，它又是一个人人平等的世界，是科学与民主精神得以全面贯彻的社会。现代主义大师们对理想世界的幻想包括两个方面：社会的公平和文化的均质，即人人平等，处处一样。他们不断地探索正是朝着世界大同和绝对秩序的方向努力。

现代主义大师们以现实主义的态度去解决社会问题的对策。在现代主义运动中，建筑思想一直与社会改良思想密切相关，从而表现出住宅建筑的特征，而这种社会性正是建筑师改造世界的英雄主义雄心的反映。追求"空间平等"是其理想所在。

他们所进行的低收入者住宅的设计，不仅是建筑设计，更是"社会工程活动"，即对社会进行工程化的改革。目标就是：人人享有适当住宅。甚至在 1906 年，工业化住宅思想才刚刚萌芽，爱迪生发明的混凝土住宅的重要目的即是：贫民也可负担。勒·柯布西耶在《走向新建筑》中说："现代建筑关心住宅，为普通而平常的人关心普通而平常的住宅……为普通人，所有的人，研究住宅，这就是恢复人道的基础。人道的尺度、需要的标准、功能的标准。情感的标准是最重要的，这就是一切。这是个高尚的时代。"他希望通过住宅设计来改变社会的状况，利用设计来达

----

① 魏光吕.日本当代建筑（1958~1984）[M].台北：詹氏书局，1987.08.P9-11.

到改良的目的,从而避免流血的社会革命。[①]理查·布克明斯特·富勒的大半生都致力于为改善人类居住环境而进行的技术研究。

可以说,"工业化住宅"是现代主义的"圣杯"(the holy grail):这是一种将建造过程合理化、提供比例上的经济性、为普通大众带来优良设计的理想方式。建筑师的野心是无限的,但是令人遗憾的是,在现代主义早期,很少有超越乌托邦理想和模数尺度外的实际建筑贡献。建筑师的设计原型很少会离开画板,变成现实。直到现在,唯一被广泛接受的制造住宅只是"拖车"(the trailer)而已。[②]

2. 平等主义的社会理想

"平等主义"是基于所有个人要求在社会上的平等政治主张,以及所有人应平等地得到社会的保障。社会的保障包括法律权利、政治权利、公民权利等。平等主义核心的思想是平等必须不分种族和不分性别,所以政府的政策是不应由于个人的性别、种族和宗教信仰而有所偏袒。对平等的追求自然也包括"居者有其屋"的社会理想。

1)意识形态影响下的社会主义工人住宅

第一次世界大战(1914—1918)以后的欧洲,许多建筑师都在住宅方面体现出工业化和社会主义的倾向,其中尤以德国为最,带有社会主义色彩的魏玛共和国重视工人住宅建设,其紧急国民住宅计划推动了最低标准住宅的研究。

第二次世界大战后,在前苏联和东欧"现实社会主义"模式国家中,对于人们居住条件的改善就成为一个具有头等重要意义的国民经济问题,受到政府的重视。而工业化的方法可以大大降低住宅建筑造价和加快其速度的有效方法,因而全苏联开始设想"建立巨大的住宅建筑工厂,推行在建筑工地上实行住宅施工过程的全盘机械化,用自动传送机来安装住宅"。[③]

图5-1 苏联宣传画:一个工人的孩子感谢工厂为他家分了房。苏联注重工人住宅区的建设。保证每个工人都有自己的住房,而且价钱极低。

(图片来源:苏联宣传画.http://www.cccpism.com/soviet/huahemedel/xuanchuan1.htm,2009-02-04.)

① 宋昆,赵劲松.英雄主义归去来[J].建筑师.总第109期,2004-06.P76-78.
② Allison Arieff & Bryan Burkhart. *Prefab*[M]. Gibbs Smith, September 13, 2002. P13.
③ 现阶段住宅建筑中建筑师的任务(苏联第二次建筑师代表大会文件集)[M].(苏)A.查里茨曼城市建设部办公厅专家工作译.北京:城市建设出版社,1956-08.P1-2.

一方面，为解决现实的、日益尖锐的住宅需求问题；另一方面，在革命理想主义笼罩下，为国家意识形态服务的集体主义或阶级化服务，展现社会主义的优越性，这两方面，成为社会住宅建设的一个重要推动力。

在 1955 年的全苏联建筑工作人员会议文件中，有这样的叙述："在苏维埃国家里，建筑是一种与人们的生活要求密切结合的艺术，他有一切条件充分而协调地表现其各方面的质量。这是因为我们的建筑是为人民服务的，并且其主要目的是关怀人们生活水平的提高。这一思想具体表现在包括住宅在内的为劳动人民服务的建筑物不断增长的建设中。第一次摆在建筑面前的任务就是要为人民进行整体的、大量的建设；这也就是苏维埃的建筑与旧时代的建筑，特别是与现代资本主义国家根本不同的地方。"[①]

在苏联经济条件恶劣的条件下，为了降低施工成本和保证工期，在住宅设计和建设中厉行节约，杜绝铺张浪费。"赫鲁晓夫卡（ХРУШЁВКА）"这类后来广遭诟病的简易大板住宅楼大兴土木。当时，苏共中央还特别要求，"加快住宅建设的工程进度，以确保 1980 年每户家庭都能在属于自己的住宅里迎接共产主义的到来"[②]。我国在建国初期，面临住宅短缺，由于历史和意识形态的原因，在对苏联标准设计思想的选择性学习中，也开始艰苦探索适于国情住宅工业化道路。

2）福利社会的公共住宅

完美的平等主义乌托邦世界虽然永远不会实现，但是为城市低收入群体解决住房问题却是近代和当代各国城市发展中不可避免的难题。欧美资本主义国家均先后建立了福利性国家，住宅政策已成为社会保障政策的一部分。发展社会福利"公共住宅"，不但可以救助缺乏经济能力的住宅需求者，而且对于缓解社会矛盾、提高就业率与降低犯罪率等

图 5-2　加拿大的典型公共住宅：St James Town

---

① （苏）M.B.勃索欣著，住宅及公共建筑物在工业化大量修建条件下的建筑艺术问题（全苏联建筑工作人员会议文件）[M].徐日珪、费世琪译.北京：建设工业出版社，1955-05.P4.

② 于宏建.莫斯科加快城市建设告别简易"赫鲁晓夫楼"[EB/OL].转自人民日报（本报莫斯科电）.陕经网 http://sei.gov.cn/ShowArticle2008.asp?ArticleID=76862, 2006-8-7.

图5-3　法国的典型公共住宅: Cité Balzac in Vitry Sur Seine

图5-4　新加坡的典型公共住宅

（图片来源: Public housing［EB/OL］. http://en.wikipedia.org/wiki/Social_housing, 2009-2-13.）

都能起到积极的作用。主要的国家有美国、加拿大、法国、德国、英国、爱尔兰、西班牙、荷兰、奥地利、芬兰、瑞典、苏联、以色列、澳大利亚、新西兰、中国香港和新加坡等。

在英语中"公共住宅"、"社会住宅（Social housing）"和"可负担住宅（Affordable housing）"的含义有所不同。公共住宅是指住宅使用和占有的一种形式，所有权归当地或是中央政府所有。社会住宅是对一种由国家或非营利机构（或两者均有）所有和运营的租赁房（rental housing）的概括，通常其主要目标是提供可负担住宅。尽管公共住宅的一般目标是提供可负担住宅，但是对贫困及其他标准的细节、术语和定义有很多不同。[①] 香港称为"香港公屋"；新加坡称为"组屋"；在我国常用是"保障性住宅"、"经济适用房"和"廉租房"的概念。在西方社会，社会福利公共住宅的广泛发展，在某种程度上，受到以"平等"为基本价值和核心要素的社会民主主义（Social democracy）[②]的影响。

公共住宅大多是集合住宅的形式，往往预算很低。而工业化住宅的可降低造价、可大规模、重复建设的特点正可满足社会住宅"经济、适用、美观"的要求。这使得公共住宅成为工业化住宅发展的理想舞台。

第一次世界大战后在公共住宅中探索工业化方法的实践有：1925年恩斯特·梅（Ernst May）在德国法兰克福的实践和"法兰克福厨房"的发明。实际上，第二次世界大战后法国、苏联、东德进行的大规模住宅建设、瑞典的著名的"百万住宅"计划等都是以工业化住宅为主体的。在亚洲，香港的"公屋"和新加坡"组屋"中也广泛地使用预制构件。

使用工业化预制方法建造的公共住宅中，不乏高质量的精彩设计，以勒·柯布西耶于1946至1953年为解决当地工人居住问题设计的马赛公寓（United-habitation）最为著名。此

---

① Public housing［EB/OL］. http://en.wikipedia.org/wiki/Social_housing, 2009-2-13.
② 社会民主主义思想要求将自由、平等、博爱的基本原则推广到全社会。作为西方社会政治生活中的重要力量，发挥着重要作用。许多民主国家如俄罗斯、法国、奥地利、德国、比利时、荷兰、瑞典等国家都有社会民主主义的政党。社会民主主义的思想，形成了一种比较宏观的，以福利作为主要体现的社会政治制度。

外，1980 年吕内·雅努斯基设计的巴黎毕加索广场住宅（Les Arènes de Picasso/Pablo Picasso Place）；1987 年，让·努维尔在法国设计的 Nemausus 1 社会住宅；1990 年，加拿大艾维·弗雷德曼（Avi Friedman）设计的"生长住家"（the grow home）经济适用型住宅；1991 年，伦佐·皮亚诺在巴黎德莫大街（rue de Meaux）低收入者建造的公寓，也各具特色。

5.2.2　理性居住与最小化生存

1. 理性主义与功能主义

"现代性"的启蒙来自"理性"。现代主义在思想上是继承了传统的理性主义和启蒙运动的拜物教。其思维的基本特征是用科学的客观方式去理解事物，以逻辑推理的方式追求万物之本原，用精确的定义、清晰的思路和几何数理规律去把握设计程序。对秩序的追求是要以人为中心，以逻辑为关系，最终达到标准组合无限扩展的目的。从哲学层面上讲，工业化思想的根源是理性主义，而住宅工业化思想体现了理性居住的思想。

在物质层面上，对理性居住的支持包括两个方面：对生产方式条件的多种需求所形成的适宜性——这种生产方式最适于提供"消费者的住房"即商品房，而且是数量巨大的；工业化生产——"大多数人有着相似的需求。因此这种情况……从经济发展方面来讲，就要以单一的和相似的方式来满足这些类似的群体需求。"①

理性主义在建筑的技术和经济领域，通过强调结构规律和使用功能来表现自身。表现在技术领域最突出的特点便是对"功能—结构"的合理性与逻辑性的崇拜。在功能主义影响的几十年间，对建筑乃至社会发展都留下了它的烙印。功能主义对工业化住宅产生了深刻的影响。

功能主义否定历史影响以及一切与阶级有关的住房模式。例如，1930 年介绍博览会内容的资料中说明：从此以后所有住房都将按新的美学原则设计，但大小尺寸可以有所不同（《住宅部分总目》，1930 年）。当时的口号是：只有具有科学根据的需要，才能指导建筑师的工作。实际上，有些建筑师做了一些非常不科学的作品。在宣传新的美学观点时，他们的观点既武断又顽固。对以前的文化，不论是中产阶级的，还是工人阶级的，一概予以否定。

功能主义可以解释为一种对未来超工业化社会的理想在建筑方面的反映。认为在那种社会中，房屋及其装修、配件，全部都是成批生产的。实际上，那种理想在当时为时过早。以瑞典为例，在 1930 年，瑞典 50% 的人口仍居住在农村地区。直到

---

① （英）尼古拉斯·佩夫斯纳、J.M. 理查兹、丹尼斯·夏普编著，反理性主义者与理性主义者［M］. 邓敬等译. 北京：中国建工出版社，2003.12. 序言.

30、40年代之后，社会的进步才得以使当时的理想成为现实。那就是所谓的"百万住宅计划"，即1967年瑞典政府制订计划，要在十年之内在郊区建起一百万套新住宅。在30和40年代，功能主义思潮不仅影响当时的社会民主改革，对瑞典当时的规划工作也有较大影响。这就是为什么到了60、70年代，当社会具有大规模工业化生产的条件后，大批原有住房就被轻易地拆除。[①]

2. 卫生主义与最小化生存

在早期工业化住宅发展工程中，功能主义思想的指导下的"最小化生存空间"一度成为工业化住宅的主流。世界卫生组织关于健康住宅的定义，是指能够使居住者在身体上、精神上、社会上完全处于良好状态的住宅。可从日照、采光、室内净高、微小气候及空气清度等方面对住宅提出卫生标准。在现代主义早期的许多低造价住宅中，仅以满足基本的卫生要求为目的。因此卫生主义成为一种最低标准住宅的设计依据。

20世纪20年代，一些领导潮流的建筑师纷纷投身于专门为低收入家庭设计压缩式房屋，体现了最小化生存[②]的思想。这与当时匮乏的物质条件密切相关。这也是住房紧缺和经济状况急剧恶化条件下的唯一选择。

例如，1926年G.舒特—李霍茨基（G. Schütte-Lihotzky）设计的像实验室般的紧凑的法兰克福厨房[③]。以及1929年CIAM在德国法兰克福举行第二次会议，讨论的主题就是"生存空间的最低标准"（Die Wohnung für Existenzminimum），研究合理的最低生活空间标准。同年，国际现代建筑协会（CIAM）在巴黎举行一个大型博览会，展览的主题是：严格按照功能主义的要求，为欧洲贫穷的工人阶级设计小的可适用于有限面积的居住单元。而1928至1929年，富勒设计的"4D"和戴麦克辛住宅（Dymaxion House）把"最小化生存"空间发挥到了

图5—5　微型概念住宅 m-ch（Micro compact home）1

图5—6　微型概念住宅 m-ch（Micro compact home）2

图5—7　微型概念住宅 m-ch（Micro compact home）的运输和安装

（图片来源：http://prefabcosm.com/blog/2008/01/10/m-ch-micro-compact-home/, 2008—12—14.）

---

① （瑞）瑞典建筑研究联合会合著，斯文·蒂伯尔伊主编，瑞典住宅研究与设计［M］.张珑等译.北京：中国建筑工业出版社，1993年11月.P64.
② 现在指为提供食物和其他生存必须条件的最少经济收入。
③ 详见 P60。

极致。[①]

　　在1955年，苏联第二次建筑师代表大会中给建筑从业人员提出："在最近十年内满足全国住宅需求，并使每个居民的住宅面积都能达到苏联采用的卫生标准的任务。"直到今天，紧缩型的拖车住宅和集装箱住宅（Container House）仍然是工业化住宅的一个大类。

　　2008年7月美国MOMA艺术馆举行的预制住宅展览（Home Delivery: Fabricating the Modern Dwelling）中的微型住宅（Micro compact home）[②]，体现了工业化住宅"最小化生存"这一永恒主题。该住宅由Horden Cherry Lee Architects事务所设计，基于伦敦和慕尼黑工业大学的研究成果。包括一个卧室和一个卫生间，为2.6 m宽的全预制住宅。

　　又如德国方块屋Loftcube，Loftcube是一个一体化微型住宅，由德国设计师Werner Aisslinger设计，And8工程设计，由Loftcube Gmbh制造生产。是为屋顶设计的预制住宅，可由直

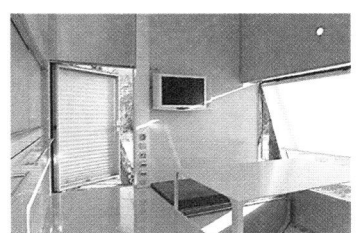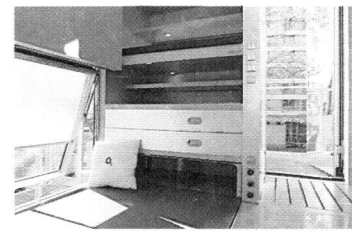
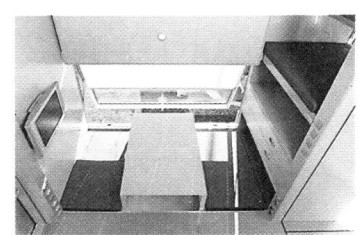

图5-8　微型概念住宅m-ch（Micro compact home）室内实景1—4

（图片来源：http://prefabcosm.com/blog/2008/01/10/m-ch-micro-compact-home/，2008-12-14.）

图5-9　德国方块屋Loftcube

---

① 详见：本书第4章"理查·布克明斯特·富勒（Richard Buckminster Fuller）：最小能耗住宅"。
② 详见：http://www.momahomedelivery.org.

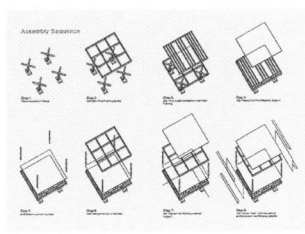

图 5-10　德国方块屋 Loftcube 的安装过程

（图片来源：http://www.loftcube.net/.）

图 5-11　KitHAUS 外观

图 5-12　KitHAUS 外观室内和细部

（图片来源：http://www.kithaus.com/）

升机运输。^①Loftcube 颠覆了城市人的居住逻辑。具有高质量的室内设计，兼具卫浴厨房设备的全功能生活机能方块小屋。整座 Loftcube 的基本单位约为四十平方公尺，主要结构的素材以木头和玻璃为主。Loftcube 特殊隔热隔音的材质可以解除一般顶楼加盖的夏热冬冷窘况。再如由 Tom Sandonato 和 Martin Wehmann 联合设计的 KitHAUS^②，由铝制框架支撑，两天之内即可完全安装完毕。

工业化住宅的建设项目多为受成本限制的社会住宅，大空间意味着高造价，因此紧凑的功能和对有限空间的合理利用尤为重要，而且"压缩型"的工业化住宅更适合大规模的工业化生产，也更便于移动。随着社会生产力和人们生活水平的提高，极限狭小的生存空间早已不是工业化住宅的追求目标，现在"最小化生存"这一概念更多地与节约地球能源和环保意识相关。

5.2.3　系统架构与可变单元

1. 结构主义：整体秩序与群化思维

1）概述

二次大战后，随着 CIAM 的结束与 TEAM X 的兴起，以及集合住宅的急遽改变，使得结构主义成为 20 世纪六七十年代西方思潮中的显学。

结构主义起源于现代主义小组十（Team X）中的荷兰建筑师成员阿尔多·范·艾克（Aldo Van Eyck）、赫尔曼·赫茨伯格（Herman Hertzberger）和雅各布·巴克马（Jacob Bakema），在小组十外，其他建筑师的思想也影响和推进了结构主义的运动的展开。如美国建筑师路易斯·康（Louis Kahn）、日本建筑师丹下健三（Kenzo Tange），以及荷兰建筑师约翰·哈布瑞根（J.N. Habraken）。荷兰建筑师赫尔曼·赫茨伯格和比利时建筑师阿特里尔·吕西安·克罗（Atelier Lucien kroll）则在实际项目上对结构主义有很大贡献。赫尔曼·赫茨伯格曾说，"在结构主义中，有结构生命周期和填充

---

① 详见 http://www.loftcube.net/.
② 详见 http://www.kithaus.com/.

体相对较短生命周期的区别"。[①]

结构主义的主要思考方式受到费尔迪南·索绪尔
（Ferdinand de Saussure）[②]的语言理论所影响，认为所有的语言
皆可简化至由"语言系统"与"语言活动"所构成之语言模型，
结构主义即以此语言模型发展出许多原则，以期透过表面寻求
底层的关系，找到一个放诸四海皆准之秩序与结构。结构主义
建筑主张一种构成上的理性主义，注重表现严格的整体秩序和
几何形式的逻辑性，从而使建筑产生一种强有力的形式效果。

2）结构主义建筑的两个分支

结构主义建筑有两个明显的分支，在某些情况下两者又
彼此联系。

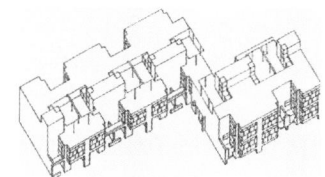

图5-13　赫尔曼·赫茨伯格
设计 Diagoon 8 个居民参与试
验住宅 1，1971 年，荷兰戴尔
夫特

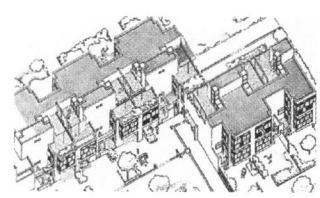

图5-14　赫尔曼·赫茨伯格
设计 Diagoon 8 个居民参与试
验住宅 2

（图片来源：Structuralism. http://en.
wikipedia.org/wiki/Structuralism_
（architecture），2009-2-7.）

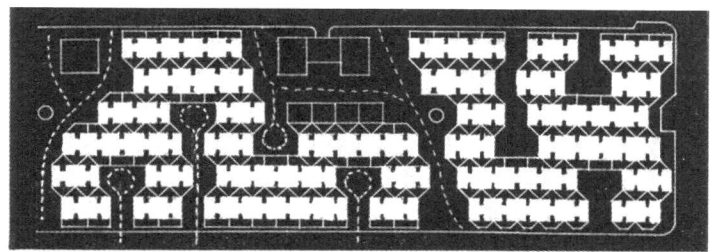

图5-15　凡·艾克：LimaPeru 通过住居增殖来表达数量美学

（图片来源：http://en.wikipedia.org/wiki/File: Van_Eyck_Lima.jpg, 2009-2-7.）

结构主义建筑的一个分支是以阿尔多·范·艾克（Aldo
Van Eyck）所表述的"数量美学"（The Aesthetics of Number）
为代表，此概念类似于细胞状组织（cellular tissue），指的是
"建筑的空间结构"。阿尔多·凡·艾克表明他对于建筑和作
为一个整体的城市设计的看法：面对大量的住宅需求问题，克
服来自"数量"的威胁，必须要扩展我们的美学感觉，去发现
在连续或重现规律下的有些被遗忘但始终隐藏着的统一和变

---

① Structuralism. http://en.wikipedia.org/wiki/Structuralism_（architecture），
2009-2-7.

② 弗迪南·德·索绪尔（Ferdinand de Saussure, 1857—1913），生于日内瓦，
瑞士语言学家。索氏是现代语言学之父，他把语言学塑造成为一门影响
巨大的独立学科。他认为语言是基于符号及意义的一门科学——现在一
般通称为符号学。

化的古老法则,即"数量美学"。

"多价空间"的思想是对凡·艾克的"数量美学"——"迷宫式的清晰性"理论的发挥。结构主义建筑这种单元性以及在生长结构中的连贯性使建筑方案具有一种格网(grid)的结晶化(crystallize)效果。实际上,这种簇状形式(cluster type)只是一种极端化的特例。

"数量美学"(The Aesthetics of Number)理论,为工业化住宅创作提供了许多的思考和有益的启示,许多建筑师的工业化住宅作品都用不同的方法同样表达了个体与整体两者融合的思想。[①]

结构主义建筑的另一个分支是以约翰·哈布瑞根(J.N. Habraken)所表述的"真实多样性的建筑"为代表,这个概念与住户参与住宅的课题相关。指的是"建筑的多样性"或"多元建筑"。[②]

2. 开放建筑理论:空间使用与构造系统的开放性

1961年,荷兰约翰·哈布瑞根提出了一个住宅建设的新概念,称之为"骨架支撑体"理论。1960年代中叶在哈布瑞根教授的带领下,在荷兰成立了由设计事务所等民间企业出资的建筑研究机构SAR(STICHTING ARCHITECTEN RESEARCH)开始专门从事支撑体与填充体的研究以及城市设计与建造方法的应用。

开放建筑理论主要是在以不同于传统的建筑构成方式建造住宅房屋。以二阶段供应为中心的开放理论,基本概念大约可分为:二阶段供给方式、空间选择多样性、层级性三大方向作为主要构成方法,即为支架体系统(Support System)与填充体系统(Infill System)。而能让使用者对于自己的住宅空间使用有更多的选择性与独特性(约翰·哈布瑞根,1997年)。在约翰·哈布瑞根理论之后除了荷兰当地对于开放概念的推广之外,世界各地也相继跟进相关研究和实践。

"开放建筑"的将建筑物的设计与施工分为"支架体"及"填充体"两个阶段来进行:首先,先设计与兴建一个公共的"支架体";其次,再由每个使用者根据其需求,在现有支架体架构之下,运用各种"填充体",来建构所需要的室内空间。此外,"开放建筑"主张将构成建筑物的支架体与填充体构件层级化、系统化、规格化;着重系统间的界面整合设计;并通过模数化的方法,充分协调支架体与填充体的构件尺寸。

开放性系统在SAR理论发展中可将其分为"空间使用开放性"与"构造系统开放性"两方向。两者间具有不同的开放性能诉求与共同的发展性需求。"空间使用开放性"主要针对使用者在空间使用上能有更多样的选择性以及未来发展机会,能

---

① 蔡勇.整体秩序与群化思维——结构主义建筑观的启示[EB/OL].新建筑.1999(16).P38-40.

② Structuralism. http://en.wikipedia.org/wiki/Structuralism_(architecture),2009-2-7.

随着使用者不同时期及需求而改变不同空间内容。"构造系统开放性"在荷兰SAR理论的原始出发概念为能涵容不同空间使用的支架体设计,即为支架体与填充体系统。

1)区带与区段概念

"区带"主要功能在于划分空间的纵向深度及空间与空间的界线位置,在空间机能分析及定义完成后,可在空间中依照所需要的空间深度来做划分,成为不同的区带深度,目的在将不同的空间机能属性界线加以界定,并且赋予每个不同区带不同空间属性,让使用空间在纵向安排上具有一套遵循规则。同时也给每区带不同属性及名称,以便操作平面的空间界定。

"区段"主要功能在于划分空间的横向宽度,如此将可以决定构架系统的架体横向宽度位置。在此也须有模数化的宽度(通常以30公分为倍数宽度)及对于空间的使用可能性进行分析。模数宽度的设定可以使每个空间宽度能有更多的组合可能性发生。对空间使用可能性分析,可决定将采用的横向宽度。如此两者互相配合则可发展在区段内的空间组合及区段的横向宽度。

2)基本变元&次变元

"基本变元"(Basic-Variations)指在区段内之空间使用可能性分析后,将可能的使用空间加以划分安排成为几种不同的空间组合形式,而此这些组合的形式则称之为基本变元。由于其空间长期使用特性的关系,对于某些特定空间的位置组合将有所限定,同时对于空间组合形式的种类也将有所限制,其组合种类也将有所下降。

所谓"次变元"(Sub-Variatuons)即是基于相同基本变元情形之下发展各种可能的组合空间,依据可行的变化规则,发展出基于原始基本变元所产生变化的空间组合形式,称之为次变元。无论是基本变元或是次变元,两者主要的目的都在于在一定的区带与区段发展之时,发展各种不同并具有可能发展的平面使用空间,进而也能使在其中的使用者能有更加多样化的空间使用选择性。[①]

3. 结构主义及开放建筑理论对工业化住宅的影响

结构主义提出了"体系论"和"结构论"的思想,强调从大的系统方面来研究其结构和规律性。其整体秩序与群化思维深刻影响了工业化住宅的组织方式。而开放建筑理论则为工业化住宅的设计提供了切实可行的理论依据和设计方法。它们对住宅和住宅工业化思想的影响主要有以下几个方面。

---

① 李皇良.集合住宅外墙构法设计——以开放建筑理论为操作手法[PPT].台湾朝阳科技大学建筑及都市设计研究所专题研讨,2007.04.11.

1）常与变的观念

成长与改变一直是现代建筑师所追寻的理想。结构主义着重于时空之纵断面的分析，将时间视为一连串之分离的事件，空间则视为许多不同属性的事物所组成。常与变的观念影响日本新陈代谢派与英国建筑电讯派，也持续影响着当代建筑构筑方法的观念。日本新陈代谢派与英国建筑电讯派发展出一种永久性的基本架构与可变性的临时单元概念，并对城市提出了插入式城市与居住细胞等观念。

2）集体形式

集体形式的概念是一种人类普同性与本质性的组织原则，除了了解个体与群体间的结构关系外，更知道个体与群体间是如何凝聚及其间的互动关系。集体形式的形成影响了住宅观念的改变。其原则为：数量的美学观（动的协调）；开放形式；集体形式：组合形式（机能区分，将个体与群体结合起来）、超大形式（在一大架构下可快速分离与改变）、群体形式（具有生殖能力，每一单元都是基本形式）。密集建筑（集合体，经由不同机能来丰富其组织）。

柯布西耶的马赛公寓就是将个别住宅的单元放置在超大结构中形成整体的集体住宅形态。相似的工业化住宅的例子还包括莫什·萨夫迪（Safdie Moshe）设计的生境馆（Habitat' 67）、保罗·鲁道夫和戴恩·约翰·伍重设计的一些模块住宅单元集合住宅。

3）系统化和模数化

在其系统化和模数化方面。模数化设计思想最早可以追溯到结构主义建筑的早期。像诺曼·福斯特、皮阿诺等一批建筑师为了追求建筑结构的整体灵活性、适应性，一直都倾向于探索一种新结构形式。

这种模数化，不同于建筑模数制，也不同于工业产品中采用模数标准化的生产。而是为了满足现实灵活实用的需求，也为了设计、施工及未来扩展设计的方便，结合人体工程研究，依据使用功能划分出典型空间，归纳出合理的平面网格、结构柱网、轻质隔断、设备布局等采用的一种空间组织方式。这种组织方式既能满足灵活多样的需求，也能为不确定的未来提供扩展设计的余地。这种方式很好地保证建筑空间的灵活性，并且这种模数化标准化的设计保证了分期工程的整体性和可生长性，体现了一种可生长的持续性。

4）双向互动

在住宅的规划与设计观念上，启发了双向互动的思维方式，并激发了一些较人性化的想法。如群众参与、自发性、可加性的一些行动等。例如，1985年，五人设计组（Atelier）在瑞士伯尔尼（Bern Switzerland）设计的塔马特住民参与住宅（Siedlung Thalmatt 2），以及1988年，G. 多梅尼格（Gunther Domenig）在奥地利格拉茨（Graz Austria）设计的32户住民参与及未来型住宅（Wohnbau Neufeldweg）等等。

5.2.4　技术至上与居住机器

1. 技术至上主义与技术乌托邦

1）技术至上主义

从近代发展史来看，"技术"的革新造就了工业革命，工业革命带来了新的社会制度，并使城市与建筑的形态以一种全新的方式组合起来。技术作为一种不可见的而又是最富革命性的因素一直决定着我们的城市意象。在工业化住宅设计领域，无疑，对技术的赞赏或只是将技术单纯地视为一种工具的中性观念始终占据上风。极端的"乐技派"坚信技术的进步可以解决当今的问题，并保持持续的胜利和辉煌成就。这种观点反映了从形式主导设计向技术主导设计思维的转换。之后的"技术至上主义"把建筑还原为"由生产条件决定的构配件的组合"。人们在认识到技术带来的巨大破坏性后果后，"技术至上主义"的倾向受到批判。

长期以来，人们一直对"技术决定论/技术至上"有着一种偏颇的理解，认为强调了技术即丢失了最可珍视的对人的尊重，偏离了人本主义的传统。然而，技术进步的本身就是一种人本主义思想的体现。技术的进步由于始终渗透着对人们自身需求的关注，而成为人类文明进步发展的标志。

对技术决定论的否定始于70年代以来全球性问题的逐步突显，许多人们认为这是对技术过分依赖的结果，技术成为了人们推托自身失误的替罪羊。不可否认，今天的建筑界不会再有人坚持"住宅是居住的机器"，人们更多地关注住宅的地方化、生态化和可持续发展，这恰恰是人们对技术目的认识的进步结果。建筑技术的运用已经从为传统美学原则服务、为效率优先原则服务，发展到为整体原则服务、为生态优先原则服务。

2）技术乌托邦

人类对理想社会的构想往往有建筑和城市的乌托邦设想穿插其中。身负改造社会理想的建筑师希望通过物质环境的改造来达到改良社会的目的。"技术乌托邦"（Scientific and technological utopia 或 Techno-utopia）是个假想的社会，在这个社会，法律、政府和社会将为全体人民的利益和康乐运转。在

图5-16　技术乌托邦的城市意向

（图片来源：Techno-utopia. www.techno-utopia.com, 2009-01-4.）

或远或近的将来，先进的科技将容许理想的生活标准实现，例如，死亡和病痛的解除、人类未来和生存环境的改变等等。这些乌托邦科学家倾向于改变人类的所有一切。认为技术会影响人类的生存方式，例如睡眠、吃饭，甚至再生产都可以被人工方式取代。

个别20世纪和21世纪的意识形态与思想运动，例如乐观假定的思想体系"超人主义"（transhumanism）和"技术稀有主义"（singularitarianism）的形成与发展都以"技术乌托邦"作为一个形式上可达的目标。这些思想认为技术发展通常有利于社会和人文环境的发展。[①]

技术乌托邦对某些人具有吸引力的因素之一，是它提供了一种通过技术统一全球的远景。理查·布克明斯特·富勒为技术乌托邦提供了理论基础，并为实现这一目标，发展了从地图到汽车和住宅的各种技术。

在工业化住宅设计领域，作为"技术派"的鼻祖，富勒被称为"工程师、发明家、数学家、建筑师、地理绘图师、哲学家、诗人、宇宙学家和综合领域设计师"，他在20世纪20年代设计的戴麦克辛住宅（Dymaxion House）和4D是工业化住宅发展史上的里程碑。富勒对"居住的机器"的清晰表述，持续影响了20世纪60年代的英国阿基格拉姆派那样的技术乌托邦者和后来的高技派。

2. 从包豪斯到高技派

技术正持续地扩大设计的可能性，同时设计的同化作用又不断地把技术溶于自身，从而得到最终的解决方案。在工业化住宅设计史上，技术的线索从开始的"包豪斯"到最后的"高技派"，像是思维的逻辑延伸，一脉相承。如何对待技术的作用以及如何将新技术运用住宅建筑设计中是近现代建筑师都无法避免回答的问题。把工业化大生产思想作为设计的基础，始于20世纪20年代的包豪斯。包豪斯通过工厂技术应用与制造建筑构件，填补了进步的工业和建筑学之间的裂缝。在包豪斯的思想中，建筑是由低成本、高效生产的高质量构件建造而成的。这些构件将是最现代的，采用先进技术的，是全社会都可以共享的。

1923年，在《走向新建筑》中，勒·柯布西耶的名言："住房是居住的机器"（Une Maison est une Machine a Habiter），鼓吹以工业的方法大规模地建造房屋"建筑的首要任务是促进降低造价，减少房屋的组成构件"。对建筑设计强调"原始的形体是美的形体"，赞美简单的几何形体。柯布西耶有关机械精确性的理论在当时被认为是一种片面的理论眼光。但事实上却反映了对一个不断发展的棘手的物质现实领域进行例行控制的愿望。

---

① Utopia. http://en.wikipedia.org/wiki/Utopia、Techno-utopia. http://en.wikipedia.org/wiki/Techno-utopia, 2009-1-8.

　　不可否认，在现代主义建筑中"技术至上主义"受到一定程度的推崇，一方面是由于所谓的技术最优化原则，另一方面就是"技术美学"观念的确立，这主要得益与"技术"在改变世界物质环境的同时也改变了人自身对技术的态度和审美情趣。这一点也反映在格罗皮乌斯在包豪斯对机器生产和艺术质量结合的提倡。"技术美学"的宗旨是强调工业化特色，突出技术细节，已达到表现的目的。"技术美学"的真正提出者则是勒·柯布西耶。他在《走向新建筑》中宣扬的"机器美学"（Machinic Aesthetics）也算是"技术美学"的前身。而密斯则将其发展到一个新的高度。①

　　随着工业化技术的不断发展，"技术美学"进一步向"高科技"发展，尤其是认为"工业化的结构就是工业化时代的形式"的"高技派"更将对技术追求直接变为了目的。

　　高技派最优秀的实践者通过把机器的复杂的生命力注入建筑的本质，从而超越了早期现代主义的"机器美学"。"高技派"的真正开始可追溯至20世纪30年代法国建筑师让·普鲁韦设计的建筑，尤其是热带住宅（maisons tropicales）和南锡市的住家②，让·普鲁韦在勒的技术乌托邦和主流建筑之间架起桥梁，他设计的工业化住宅在体现了技术物的诗学，富于艺术魅力。可以说让·普鲁韦塑造了英国的高科技建筑，后来的许多建筑设计师如理查德·罗杰斯、诺曼·福斯特、伦佐·皮亚诺等都曾接受他的启发。

　　"高技派"开始的另一个标志是1945年，美国建筑师查尔斯·伊姆斯与埃罗·沙里宁（Eero Saarinen）合作完成的伊姆斯住宅。③伊姆斯住宅标志着工业化设计应用于居住建筑的开始。虽然也有更早的住宅实例使用了相同的创意和材料，但这个设计被广泛地认为是真正的起点。④

　　当时一代建筑大师的相互影响和合作也推动了工业化住宅的发展，例如，让·普鲁韦1945年为勒·柯布西耶的马赛公寓开发出钢架装置原型；1950年他还与柯布西耶合作在马赛为Cite'Radieuse设计楼梯和厨房。正是让·普鲁韦作为评委之一，选择了皮亚诺和罗杰斯设计的蓬皮杜中心方案（1972—1975）。高技派建筑大师诺曼·福斯特从1971年起就与富勒建立了一种工作关系，一直持续到1983年富勒去世。⑤

---

① 戚广平."非同一性的契机"关于"建构"的现代性批判［D］.上海：同济大学建筑系,2007.
② 详见前文：让·普鲁韦（Jean Prouvé,1901—1984）：技术物的诗学。
③ 详见前文：住宅案例研究计划（Case Study Houses project）,案例研究住宅8号——伊姆斯住宅（Eames House）。
④ （美）伦纳德R.贝奇曼著,整合建筑——建筑学的系统要素［M］.梁多林译.机械工业出版社,2005-07.P293.
⑤ （美）伦纳德R.贝奇曼著,整合建筑——建筑学的系统要素［M］.梁多林译.机械工业出版社,2005-07.P360.

近年体现高技派影响的工业化住宅作品,可见1985—1987年让·努维尔设计的莫斯公共集合住宅(Nemausus 1)①和1987—1991年,伦佐·皮亚诺设计的法国巴黎德莫大街街区住宅(Rue de Meaux Housing in Paris)。②日本建筑师石山修武于1975年设计的幻庵和1986年设计的开荒人的住宅(開拓者の家),则是技术美学的另类演绎。

随着高科技设计和模拟软件应用的日渐广泛,高技派工业化住宅的美学特征从早期的工业机器形态逐渐转变为如今的连续曲面外表和与生态、节能技术高度结合的生态美学上来。

5.2.5　移动和生长的住所

1. 移动的住宅:"游牧"生活方式的载体

20世纪60年代欧洲兴起了名为"激进建筑"(radical architecture)的运动。目的是通过向概念和艺术实践开放,而超越作为一门学科的建筑。这个运动由许多激进的建筑组合推动,包括建筑电讯、超级工作室(Superstudio)、豪斯陆克团体(Haus-Rucker-Co,鲁克尔及合作人公司)、建筑伸缩派(Archizoom又称建筑至上,建筑视窗)等。他们试验了从住宅到城市规划的各种尺度的设计。从此建筑不仅仅作为一个建造项目而出现,而是成为在某个时间行动下永恒确定的环境。③

"激进建筑"运动重视"移动"概念。呈现游牧民族式的城市景观,城市环境可以变动重组,呼应时代脉动。从法国居伊·德波(Guy Debord)④的"巴黎精神地形学地图(*Guide Psychogeographique de Paris*,1957)"到英国建筑电讯的"立即城市(*Instant City*,1969)",都体现了"激进建筑"运动对

图5-17　建筑伸缩派(Archizoom)设计的"无终止城市"(No-Stop City)拖车住宅停车场

(图片来源:同上)

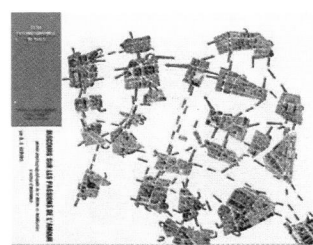

图5-18　居伊·德波的巴黎精神地形学地图

(图片来源:MAPPE FRA UTOPIA E ATOPIA.www.quatorze.org,2008-3-13.)

---

① 详见前文:让·努维尔(Jean Nouvel, 1945—　):高技派的公共住宅。
② 详见前文:伦佐·皮亚诺(Renzo Piano, 1937—　):建造工艺的掌控。
③ 建筑实验室——法国中央地区当代艺术基金会建筑收藏展(Archilab: Collection du FRAC Centre)[EB/OL].www.frac-centre.asso.fr, 2008-08.
④ Guy Ernest Debord,理论家、电影导演和社会运动者,生于1930年11月28日,是国际情境主义(Situationist International,简称SI)的创始人和理论贡献者。1953年德波参与了Lettrist International者所标志了巴黎的精神地形学地图,借用自由联想式的行走步调漫游于巴黎城中,这些活动之后被收录在Naked Lips一书之中。1967年出版《景观社会》。

"移动"概念的重视。这些作品呈现出一种因信息流动和即时事件而活跃的、短暂的、游牧式的乌托邦城市。

在"可移动的住宅"的概念下，产生了许多试验性的工业化住宅设想。这些设计，充满了未来感和乌托邦色彩，反映了20世纪50—70年代的乐观主义精神。

2. 尤纳·弗莱德曼的住宅思想

居住在法国的尤纳·弗莱德曼（Yona Friedman, 1923—　）是一位纯粹的空想建筑家，并没有直接去把他的建筑设计附之现实，然而，弗里德曼却是影响了20世纪60年代之后许多建筑家的思想家。

20世纪40年代，弗莱德曼开始探索一种能够创造居住者想象中房子的"技术"道路。第一个技术想法来自非几何的"变形虫式"（amoebic）形态，一种完全不规则但有着任意变形调整能力的规划。40年代，随着"预制装配件"技术的兴起，"板材"（panels）开始普及。弗莱德曼想了一种"折叠屏风"（folding screen），一系列用铰链接连在一起的折板。

随着这种"空想建筑"思考的深入，它又引入了一种可移动的元素——"类家具"（quasi-furniture）。浴室固定设备将通过易弯曲的塑料软管与排水管道连接在一起，从而使它可以灵活地从一个地方移到另一个地方。厨房区域采取的是另一种"类家具"，就算卫生间里原来固定设施现在也可以在主排水管上旋转。这样一来，根据居住者的自主决定，根据空间的不同位置，"类家具"将构架再细分至每一个房间。后来弗莱德曼将这种办法运用在筒体住宅（1956年）、撒哈拉舱体住宅。1957年"家具舱"（furniture-cabins）问世。[1]

1956年，弗莱德曼参加了杜布罗夫尼克（Dubrovnik）第十届国际现代建筑大会（CIAM）。会议上，当人们把"可变化建筑"（Mobile Architecture）理解为"可变化的住所"时，它提出了"可持续变化的建筑"需要一个"可变化的社会"、一个由居住者决定的住宅与城市规划的理念。引起了很大争论。1958年出版的《移动建筑》（Mobile Architecture）可被认为是一个

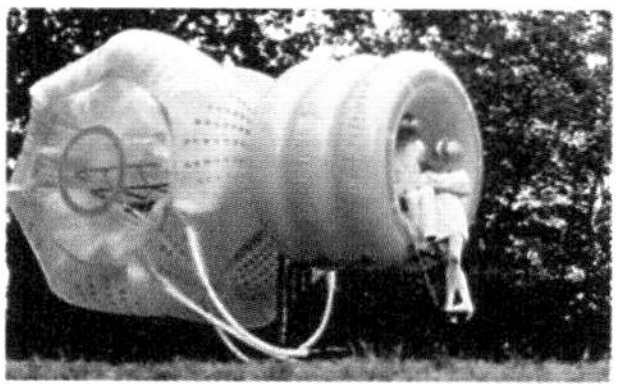

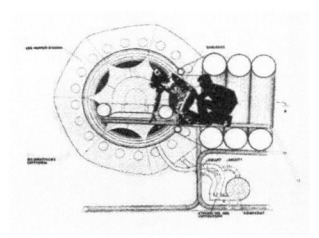

图5-19　豪斯陆克团体（Haus-Rucker-Co）设计"两个人的气球"（Corazón Amarillo）实物

（图片来源：Haus-rucker-legendar［EB/OL］. http://www.archispass.org/2008/02/16/, 2009-1-15.）

图5-20　豪斯陆克团体（Haus-Rucker-Co）设计的"两个人的气球"（Corazón Amarillo）临时住宅，塑料材质，1967年

图5-21　建筑伸缩派（Archizoom）设计的"无终止城市"（No-Stop City）

（图片来源：ARQUEOLOGÍA DEL FUTURO［EB/OL］. http://arqueologiadelfuturo.blogspot.com, 2009-1-9.）

---

① 小手玫瑰.Yona Friedman 的空间［EB/OL］. http://blog.sina.com.cn/s/reader_4b6318d90100071f.html, 2007-03-24.

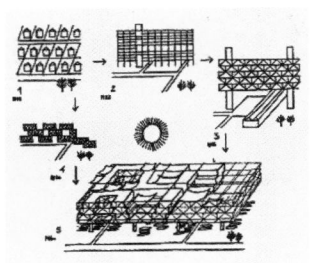

图5-22 尤纳·弗莱德曼
（Yona Friedman的移动建筑
（Mobile Architecture）

图5-23 尤纳·弗莱德曼
（Yona Friedman的空中城市
（The ville spatiale）1

图5-24 尤纳·弗莱德曼
（Yona Friedman的空中城市
（The ville spatiale）2

（图片来源：Yona Friedman. http://
www.moma.org/collection/browse,
2008-12-04.）

宣言。弗莱德曼认为住宅的决定与设计不应该靠建筑师，而是未来的使用者——当地的居民，给予居住者以新的选择的自由。弗里德曼强调：建筑应该是可以移动的，他的用途可以由于居住者的愿望而改变。只要通过"不确定"的基础设施，才能实现"不确定"的"移动建筑"，"移动建筑学"因而成为"移动社会"的建筑学。

弗里德曼对"移动建筑"有三个要求：接触地面要在一个极小的区域；是能够被拆除和被移动的；并且是可以根据居住者的要求进行修改。

空中城市（Ville Spatiale）是弗里德曼最著名的乌托邦方案。他从1958年就提议用柱子来支撑大型的建筑结构，从而让居民能够建造属于自己的住宅。"空间之城"，或者说一个三维跨距的结构原理，主要思想就是灵活性和个体的自由性。1958年与此有关的方案有："空中突尼斯"和"空中巴黎"；1959年"空中摩纳哥"和"空中威尼斯"。

1950年代末他提出的"移动建筑"的概念和空中城市的研究启发了60年代伦敦的"建筑电讯"。和日本六七十年代开始的"新陈代谢派"。

弗莱德曼曾试图建立一种"常规可变性理论"，在一番天真的实验与表达未果后，现在他不得不承认："重要的是过程，不是过程的步骤。至于最后一步，从来就不存在。"

3. 建筑电讯

20世纪60年代的英国建筑电讯也是典型的技术乌托邦者。"建筑电讯"是1960年以彼得·库克（Peter Cook）为核心，伦敦建筑专业学生集团为主体成立的建筑集团。作为英国实验建筑的设计团队，活跃于20世纪60年代到70年代初。Archigram这个英文词是Achitecture+Telegram（建筑学＋电报）两个词的略语组合。亦译成"建筑电讯团"或"阿基格拉姆集团"。

"建筑电讯"在战后快速成长的消费市场中找寻灵感，对于未来建筑与都市设计提出了狂野的构想。主要受当时发展的航天技术影响，亦受到理查·布克明斯特·富勒（Richard

Buckminster Fuller）的很大影响。①

　　基本上，"建筑电报"的理念在当时并没有得到正面的评价，然而在实际上，"建筑电讯"的提案却不断地影响当代的建筑圈，显示出其无法忽视的前瞻性。比较具体可见的影响是在所谓"高科技派"（Hi-Tech）的建筑设计上。晚近的生态建筑设计与应用计算机辅助的数字建筑设计，也可在"建筑电报"的设计稿中找到源头。

　　"建筑电讯"的建筑理念已超越了柯布在20世纪初期所建立的现代建筑原则。而是以"汽车"为主要参考对象，强调建筑可以由一体成型的组件组装以便大量生产，采用自动机械与轻质材料，抛弃既定的美学形式规范，并在没有计算机辅助绘图的时代推广非欧几何的自由型体设计。

　　"游牧"是他们的中心理念之一，代表一种借由交通工具可以达成的流动不居的新形态生活方式，如"自由时间节点拖车公园"等；甚至整个都市也可以游走移动，如"行走城市"（Walking City）。

　　"插入"是"建筑电讯"所发明的主要概念，意指建筑可以像插头一样插上或拔下，也就是说，建筑应是一种可以随时调整更换的组件；"插头城市"案提示整个城市由可更换的单元所构成；"海边泡泡"提出由悬吊的充气式居住单元所组成的生活空间。"气垫屋"是一个可以收纳携带的充气房屋。这些理念影响了人们对工业化住宅的"移动性"和"可变"的要求。住宅既要容易搭建，又要容易拆卸和移动。

　　"生活荚"是一个像登月小艇般，可以适应严苛环境的住宅。由侧图可见其与富勒设计的"4D"②的渊源。"建筑电报"注重建筑空间中的各种维生机械设备，管线常常有如宇宙飞船的设计般暴露于外，以利操作、维修与更换。③

　　由以上几种"建筑电讯"关于住宅的理念可见："建筑电

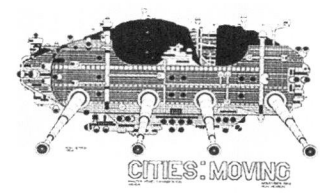

图5-25　建筑电讯（Archigram）的行走城市（Walking City）

图5-26　建筑电讯（Archigram）的生存舱（living-pod）模型

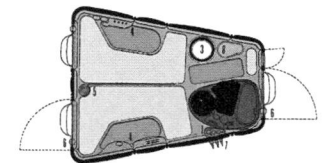

图5-27　建筑电讯（Archigram）的生活荚（Capsule Homes）平面图

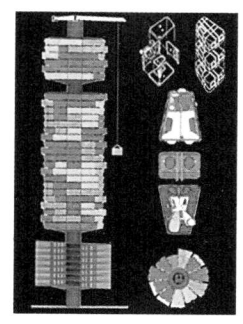

图5-28　建筑电讯（Archigram）的生活荚（Capsule Homes）大楼

（图片来源：Archigram. http://archigram.net/index.html, 2008-08-14.）

① 详见前文：理查·布克明斯特·富勒（Richard Buckminster Fuller, 1895—1983）：最小能耗住宅。
② 详见前文：理查·布克明斯特·富勒（Richard Buckminster Fuller, 1895—1983）：最小能耗住宅。
③ Archigram［EB/OL］. http://www.tfam.gov.tw/archigram/theme_frame.htm, 2008-12-2.

讯"在60年代所提出的各种提案不但逐渐在现实世界应验，还甚至成为未来工业化住宅的预言。

4. 新陈代谢派

在"建筑电讯"活跃的同时，在亚洲日本"新陈代谢派"团体也已结成，各个团体之间相互影响，相互交流。而早在60年代，日本就介绍过弗里德曼的"移动建筑"思想，从而对日本的"新陈代谢派"产生起到决定性的影响。

1960年世界设计会议在东京召开，新陈代谢派由此会议产生，并通过次会议在日后向世界转达了日本建筑的意向。所谓"新陈代谢"其实是一个生物学名词，表示"食物转化为生命养料或经生物体消耗为他种成分之过程"，此派别的一切主张，基本上就是以这个名词表达。

新陈代谢派所带来的对建筑的意象并非机器而是一个生物意象即将建筑比拟为一种活，类似于器官的机构，并能进行新陈代谢作用。表达为一种可随时更改的建筑和逐渐扩展的社会。

新陈代谢派一直反对现代主义一成不变的状态，认为它缺乏"随时间的演变而变化的观点"。他们采用大自然有机体的成长过程作为研究模式，来研究城市和建筑成长和发展的"永恒结构"，主张"可以生长的建筑"和"过程设计"。他们将有机组织的概念引入建筑领域，强调建筑内部应该具有系统有机的结构形式。此外，他们还将简单有机体的细胞繁殖方式引入建筑领域，采用结构构件或组织单元预制生产和有机重复的方式，使建筑具有有机生长的特点和高度的灵活性。新陈代谢派在包括住宅在内的建筑中，加入了时间轴的概念。

在60年代早期，绝大多数建筑师使用钢筋混凝土来建筑，试图准确表达建筑结构和构造，这是一个适合当时社会需求的理想方法。而建筑工业的进展超乎建筑师的视野，成为鼓舞建筑师努力创造未来意象的动力源泉。①

1958年，日本"新陈代谢派"的旗手菊竹清训（Kiyonori

图5—29　建筑电讯的1990 House 1

图5—30　建筑电讯的1990 House 2

（图片来源：Archigram. http://archigram.net/index.html, 2008—08—14.）

---

① 魏光吕.日本当代建筑（1958~1984）[M].台北：詹氏书局，1987.08. P9~11.

Kikutake）提出"海上都市"的乌托邦式规划方案，已包括可以更换的单元与超大结构的构想。可称为代谢主义中最具诗意的幻想。

　　同年菊竹清训发表了他自己的住家"空中住宅"的设计。[1] 1972 年，丹下健三的后继者黑川纪章的成名之作——中银舱体大楼（Nakagin Capsule Tower）[2] 具体实现了"建筑电报"的"插入"理念，可以看到日本的建筑设计理念在当时对"建筑电报"具有一定的影响，且曾超越"建筑电报"进入实践的阶段。

　　"新陈代谢派"的产生根源于日本传统的建筑观，"成长"与"更新"，对长效住宅的追求不但体现在当时"新陈代谢派"可归为工业化住宅的代表作中，同时又在 20 世纪末期与 60 年代源于荷兰的开放住宅（Residential Open Building）理念结合，发展成为成熟的工业化住宅理念——SI（Skeleton+Infill）住宅。

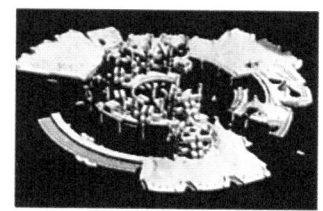

图 5-31　菊竹清训设计的"海 上 都 市（Marine City）"模型 1，1958—1963 年

图 5-32　菊竹清训设计的"海 上 都 市（Marine City）"模型 2

（图片来源：http://www.fabiofeminofantascience.org/RETROFUTURE/RETROFUTURE16.html，2008-12-2.）

5.3　本章小结

　　总结本章内容，可得出以下结论：工业革命的爆发，催生了现代主义建筑思潮，而工业化住宅则是现代主义建筑思想在居住建筑中的一个具体表现。工业化住宅多方面的特征都根源于现代主义建筑思想，并随着现代主义建筑内涵的扩展和工业化技术的进步而不断发展。

　　（1）平等空间和标准住宅：工业化住宅的这一特征体现了现代主义建筑改造社会的英雄主义情节和平等主义的社会理想，这一理想在早期表现为在意识形态影响下的社会主义工人住宅，随着社会的发展，如今则以福利社会的公共住宅为载体。

　　（2）理性居住与最小化生存：现代主义启蒙于理性主义，"功能—结构"的合理性与逻辑性的崇拜使得功能主义对工业

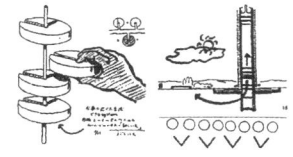

图 5-33　菊竹清训设计的移动 系 统（Sistema MOVA）示意图，1968 年

---

① 详见前文：日本，① 空中住宅（Sky House、菊竹清训，1958 年）。

② 详见前文：黑川纪章（Kisho Kurokawa，1934—2007）：新陈代谢。

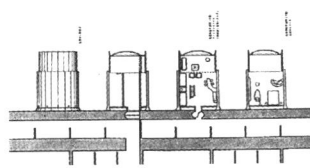

图5-34 菊竹清训设计的"海上都市（Marine City）"的太空舱，1968年

（图片来源：CATALOGO［1］ ELEMENTOS CAPSULARES 01- 03［50/60/70］. ARQUEOLOGÍA DEL FUTURO［EB/OL］. http:// arqueologiadelfuturo.blogspot.com, 2009-1-9.）

图5-35 新陈代谢派的住宅构想

（图片来源：workjes.wordpress. com/.../clusters-in-the-air/, 2008- 12-2.）

化住宅设计影响深远，而这种理性居住的极致，就是"最小化生存空间"，至今仍是工业化住宅的一个重要特征。

（3）系统架构与可变单元：结构主义的整体秩序与群化思维直接为工业化住宅的空间组织方式提供了方法。在结构生命周期和填充体相对较短生命周期的区别的观念基础上产生的开放建筑理论为工业化住宅的设计提供了切实可行的理论依据和设计方法。

（4）技术至上与居住机器："住房是居住的机器。"工业化住宅崇尚技术，许多激进的实验性工业化住宅表达了技术至上主义和技术乌托邦对未来居住空间的设想。机器美学、技术美学、高技派将工业化住宅提升至"技术物的诗学"。

（5）移动和生长的住所：在"可移动、可生长的住宅"的概念下，产生了许多试验性的工业化住宅设想。其中包括"激进建筑"运动、尤纳·弗莱德曼的住宅思想、建筑电讯和新陈代谢派的建筑思想与设计实践。

住宅工业化思想的理论谱系图详见图5-36。

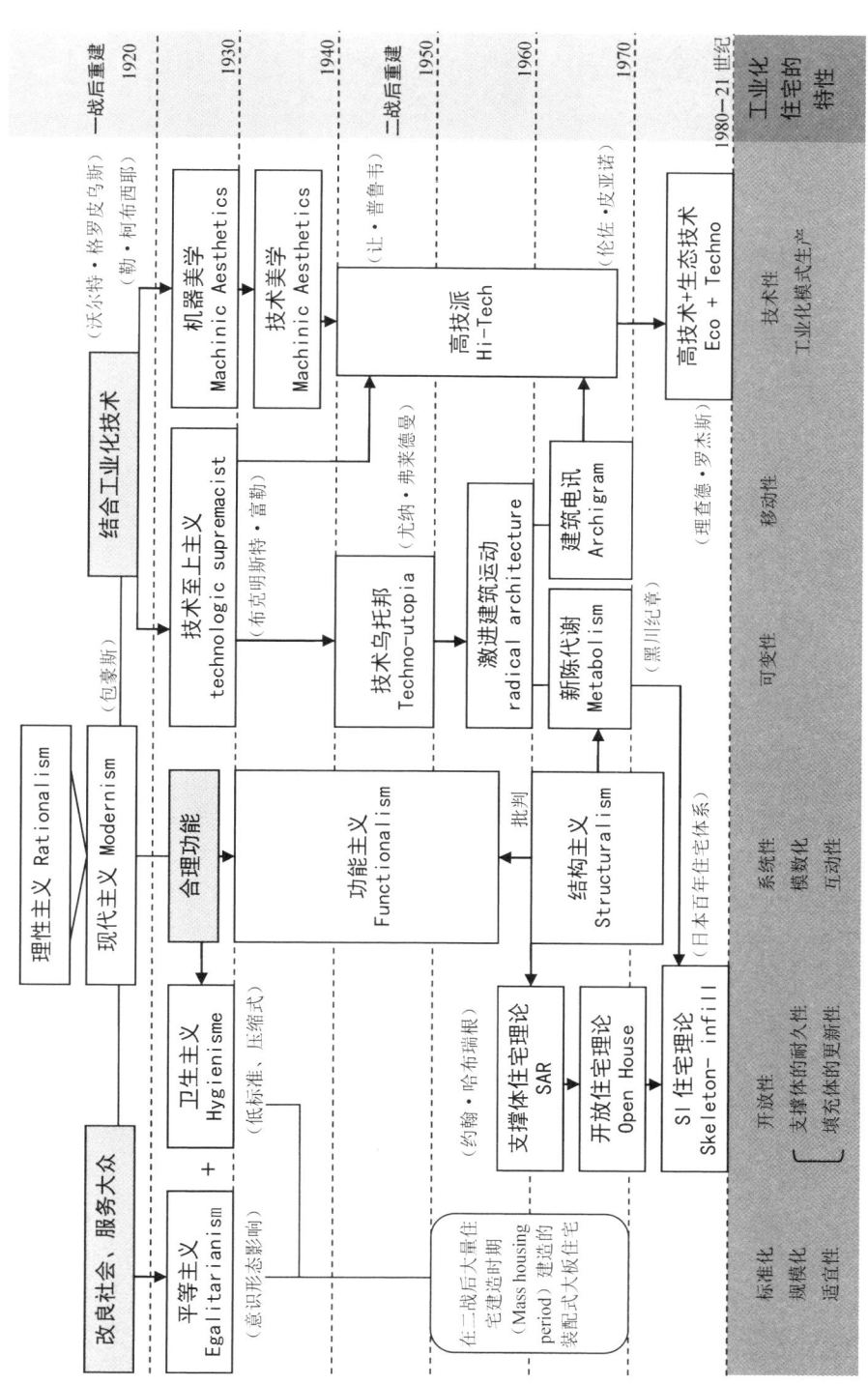

图5-36　现代主义建筑思潮影响下，工业化住宅思想发展谱系图

第 **6** 章
工业化住宅设计的历史向度

6.1　导　　言

1959年，K.瓦克斯曼（Konrad Wachsmann）在他的著作中说，"未来的建筑将采用符合相应的技术、科学和社会发展水平的建筑方法"，他相信建筑行业的转折点已经到来。[①]

正如K.瓦克斯曼所说，"工业化建筑是工业化长期进化的结果之一"。如果我们将住宅工业化的思想和发展置身于广阔的社会背景下，就会发现其随着社会生产模式的演变而变化的规律。这一点能够解释在建筑学领域工业化住宅从定性设计方法发展到开放设计方法的背后动因。

对建筑师来说，如何将工业化的"伟大优点"——生产品质高、性能良好的产品，选择形态最适合的材料以及制定节约型的生产标准，与住宅设计结合？这个难题的解决，一方面依靠住宅建筑自身的模数化和模数协调。模数化为工业连续化生产住宅提供了契机，使大规模生产得以实现。另一方面，在于理解建筑设计与制造业相交的部分，这就要求建筑师对制造业先进理念和工业化产品设计流程进行了解和融合，与制造业结合的工业化住宅设计流程将彻底改革传统的住宅设计过程。

连续生产和标准化在过去无异于被认为是按部就班的大批量生产，在住宅建筑方面更是如此。但是，如今运用虚拟技术可以实现在适当的价格下存在多种样式的变化，甚至可以按需求来定制，人的情感和体验受到重视。而可持续发展要求带来的住宅系统复杂化，要求更轻的结构、更新的环保材料，这些都将不断地将工业化住宅的解决方案推向一个多项整合的新层面。

---

① Thomas Bock.轻质结构与体系［J］.建筑细部（DETALL）——轻质结构与体系，2006.12.P768—776.

6.2　生产模式与设计特征：从规模生产到量产定制化

6.2.1　社会发展与生产模式演变

如果将人类社会发展按照工业化发展程度，可分为前工业化时代（pre-industrialization era）、工业化时代（industrialization era）和后工业化（post-industrial era）和工业化后（Post-Industrial）[1] 四个文化时期。以上四个阶段，反映了工业化进程中生产模式、社会和文化特征变化的一般情况。与进入工业化时代后社会发展的三个阶段相对应，20 世纪 30 年代到 90 年代，在发达的资本主义社会的社会生产的组织形式也大致经历了三个历史阶段，从"福特模式"（Fordism），到"丰田模式"（Toyota Production System），再到"温特尔模式"（Wintelism）[2]。

工业化时代的主题，就是追求更多的产量，创造更大的市场。对此，泰罗进行了理论上的创建——"泰勒模式"（Taylorism），而福特采取了实践上的行动。"福特模式"是典型的资本主义大工业生产的组织形式，代表了传统机器大工业生产的最高水平。继 20 世纪初"福特模式"取得成功后，20 世纪七八十年代，"丰田模式"是经典的、最成功的生产组织方式。这种模式实际上是"福特模式"在日本的改良。进入 20 世纪 90 年代，出现了所谓的"3C"问题，即顾客要求个性化提高，企业之间的竞争加剧，政治、经济和社会环境发生了巨大变化。"3C"问题的出现大大缩短了新产品的生命周期，需求的多样化和市场的不确定性空前提高。传统的企业组织形式受到挑战，由"福特模式"、"丰田模式"最终转变为"温特尔模式"。

从理论上讲，传统的福特模式以分工和效率为基础，强调生产的内部化过程，形成了大而全、强而有力的单一生产体系。日本的丰田模式重视了生产的社会化，在社会中形成自己零部件生产体系，以高效廉价创建了丰田王国。温特尔模式强调以建立和发展产品的标准为主线，在经济全球化中将产品分解为不同的模块，在资源能够最佳组合的地方从事生产和组合，同时也体现了标准对于模块生产者的全方位控制。从生产的角度讲，福特模式是自己开发形成产品的模块，丰田模式是使模块围绕着产品诞生，而温特尔模式则是用标准控制模块的区位生产与组合。[3]

福特模式是内部化的产物，强调的是标准化产品，只注重大规模生产而忽略

---

① 详见：（美）丹尼尔·贝尔著.后工业社会的来临［M］.高铦等译.北京：新华出版社，1997.
② 所谓"温特模式（Wintelism）"，是由英文 Windows（微软公司的视窗操作系统）和 Intel（英特尔公司的中央处理器 CPU）合成而来。
③ 黄卫平.经济全球化的机遇与挑战.中国人民大学中国人文社会科学发展研究报告 2004.

了客户的需求，是一种典型的生产为中心的生产者决定论；丰田模式是专业化的产物，开始强调产品的差异化，利用一切优势降低成本，扩大市场份额，提供一种"价廉物美"的产品；而温特尔模式则是全球化的产物，强调一种大规模定制生产策略，提出了按照客户需求定制的大规模生产方式，它通过制定标准和锁定客户群来获利，具有一种以技术领先为优势的行业领先性。下表是三种不同生产模式的比较。

表6-1　三种不同社会生产模式的比较

	福特模式	丰田模式	温特尔模式
生产主体	大企业	核心企业	产业链、价值链上的所有企业和组织
产　品	单一化产品	低成本产品	个性化产品
竞争核心	价格、质量、服务	低成本、高质量、高效率	设计研发与销售服务的领先
竞争优势	产业规模	产品的差异性	创造价值增值
竞争模式	垂直一体化	采购式	水平型、节点式
生产体系	内部化	社会化、产业化	全球化
变动趋势	不同产业的更替	同一产业分工细化	制定标准、锁定客户群、控制要素
变动原因	技术、市场、政府、企业	专业化水平提高	网络、信息和工程等新技术的出现
信息传递	人工化	专业化	信息数码化
市场机制	大规模生产	精益生产	大规模定制生产
市场绩效	产业现代化	知识、人力资源的积累	业务、流程集成和产业整合
结构模式	结构更替演进	专业化结构成长	专业化和行业融合结构
产业标准	标准化产品	标准化作业	标准化模块
产业联动	技术、资本、人才	产业链	价值链
产业策略	生产者决定	市场决定	技术决定

由上述比较分析,我们不难看出:工业化时代的社会生产模式以"福特模式"为代表;后工业化时代以"丰田模式"为代表;工业化后时代(信息时代)则以"温特尔模式"为代表。

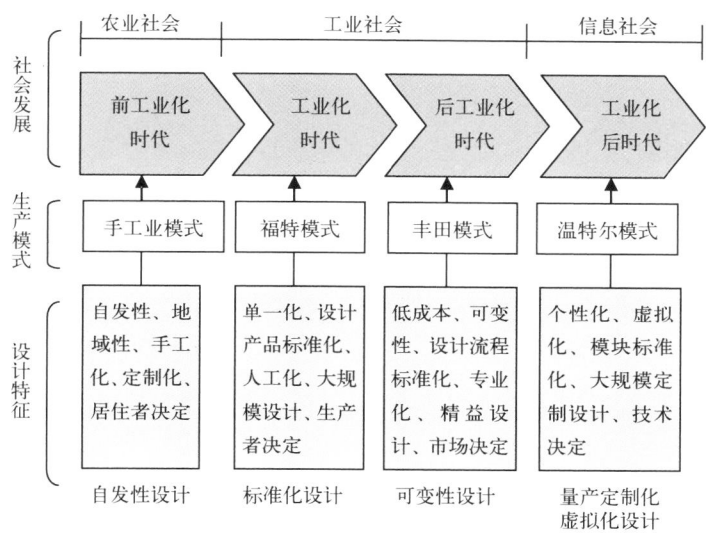

图6-1　社会发展阶段、生产模式与工业化住宅的设计特征

如上表所示:回到建筑行业,建筑工业化是按照大工业生产方式改造建筑业,使之逐步从手工业生产转向社会化大生产的过程。以工业化技术和为基础而发展的工业化住宅,作为建筑工业化的重要部分,在前工业化时代、工业化时代、后工业化时代和工业化后时代这四个不同的时期,也相应地体现了不同的设计特征,这些特征正与"福特模式"、"丰田模式"和"温特尔模式"一一对应。因此,工业化住宅的设计可分为四个有明显差异的阶段:自发性设计阶段、量产标准化设计阶段、可变性设计阶段和虚拟化设计与量产定制化设计阶段。

6.2.2　生产模式与工业化住宅设计特征

1. 前工业化时代:自发性设计

尽管工业化住宅被视为工业时代的产物,对居住建筑预先建造部件,然后在现场组装的建造方法是一种纯粹的古代行为。前工业化时代的住宅谈不上工业化,但是许多国家和民族自发性的用预制构件建造建筑,包括住宅。例如在西亚和罗马,世界上最早期的标准建筑构件——砖成批生产。房屋的所有尺寸是以最通用砖的倍数为基础的。日本人则制订了以席垫大小为基础的建筑尺寸系统。蒙古包则是典型的可移动住宅。许多欧洲中世纪的木质建筑都重新使用了早期有关联的标准组件框架系统作为结构单元。①

最典型的是中国古代建筑的斗拱结构，其预制思想甚至可算现代工业标准化的典范。匠师按所用材等真长绘制以份值表示的丈杆交给工匠，工匠能背诵以口诀形式表达的各构件份值，即可直接据以进行预制，甚至在外地进行预制件的加工。早在中国宋代（大约公元12世纪）的《营造法式》一书中就系统地阐述了这种方法。

在这个时期，运用预制构件建造的住宅属于自发性的行为，有如下特点：

（1）住宅地域性特色显著。

（2）简单的结构和构造形式。

（3）建造仍以现场施工为主。

2. 工业化时代：标准化设计

20世纪人类跨入了以"加工机械化、经营规模化、资本垄断化"为特征的"工业化时代"。工业化的最显著的影响是性能更好，更耐用的先进材料的开发。在可以相互替代的材料之间，有了更多的选择。其次，建筑构件被标准化成可以用机器高效生产的零件。第三，技术背后的技术。工业生产与工业制造的相互影响，效率、经济和质量都在产量的螺旋上升中得到提高。②

包豪斯所处的时代即是标准化生产的时代。所谓标准化生产从本质上讲是一种拒绝面向使用者的生产模式，按照功效最优化原则，生产方式以标准化的组件作为基础，在设计中以系列化产品作为价值取向。因此，当时的现代主义者的目标就是通过"清晰"的设计，来确保整个建筑产业中严格的统一性。大量生产（Mass Production）和批次生产（Batch Production）是前工业化时代的两种生产标准。前者通常集中表现为自动化流水线，后者是一种数量有限的多种零件的生产。③

在工业化时代中"量产"的结果通常是同一化的产品，"量产"一定意味着"标准化"。因为生产过程一旦发动，大量生产线的严格纪律，以及巨大的资本投入，就没有留下任何改变的余地，除非对整个流程进行大规模和高成本的大修。这等于我们已经假定工业化必然意味着成系列产品的设计，以及标准化组件的设计。

在工业化住宅"标准化生产"时期，沃尔特·格罗皮乌斯在1910年3月给AEG公司（一家德国大型电器联合企业）的艾米尔·拉特诺提交了一份合理化生产住

---

① （英）波普编著，实验性住宅（Experimental House）[M].张亚池等译.北京：中国轻工业出版社，2002–01.前言.
② （美）伦纳德R.贝奇曼著，整合建筑——建筑学的系统要素[M].梁多林译.机械工业出版社，2005–07.P12.
③ 戚广平."非同一性的契机"关于"建构"的现代性批判[D].上海：同济大学建系，2007–05.P164.

宅建筑的备忘录——《根据美学一致性原则所作的一家房产公司的建设计划》①，到今天仍然是对标准化住宅单元的预制、装配及分布的先决条件最为透彻流畅的阐述。

对建筑业影响巨大的福特模式直接推动了一战后欧洲标准化住房的兴起。②福特模式的思考起点"低价格导致大量生产和大市场"同样适用于住宅生产。福特模式的内容③至今仍然对工业化住宅生产有指导意义：① 由住宅部件的互换性，建立了住宅制造标准化。以消耗、损耗部件的替换来实现住宅寿命的延长，以交换改良过的部件来防止住宅的陈旧化；② 移动制造生产线（Moving-Assembling Line），根据工程顺序及最短距离来配置工人和工具的位置。尽可能地利用地球重力来调动、搬运部件、工具。使用移动生产线，对于要是使用的部件，距离上进行合理的配置。

第二次工业革命之后，工业化的商业模式形成了，其特点就是先生产、后销售，有三个核心词"标准化"、"流水线"、"大规模"以及由此带来的低成本。先产后销，通过广告把已经做好的产品卖给别人。这也反映在当时社会住宅的供应方式上。第二次世界大战后大量建设的为解决数量问题的社会住宅即所谓的"Mass House"时期，则是"标准化生产"阶段的大规模实践。

在工业化时代后期，随着工业化技术的进步，建筑构件之间的关系更加明晰；工程条件衡量下的标准进一步细化；性能因素下的专业分工更加严格。随着建筑变得越来越技术精细化，因地制宜的标准取代了模式化的设计向导和标准操作。最终，建筑因为有无数的产品选择而得到保证，制造商在标准化的限制中竞争，这些标准是以传统的建筑实践为基础的。最终需要设计的东西越来越少，而处理线程零件之间相互协调的方式越来越多。④

受前工业化技术的限制，"重复"成为当时工业化住宅的建构特征，这既是"技术最优化"原则的体现，也体现了现代主义的"整体性"概念。当时的设计手法往往采用重复式和模数化的单元。有如下特征：

（1）建造单元的清晰分离。

（2）重复，呈现模数化和单元化不断重复的韵律形式。

（3）连接点和细部构造的美化。

① （英）尼古拉斯·佩夫斯纳、J.M.理查兹、丹尼斯·夏普编著，反理性主义者与理性主义者［M］.邓敬等译.北京：中国建工出版社，2003.12.P50-54.
② 详见前文：第三章　住宅工业化思想发展简史，2.萌芽期：将工业模式带入住宅（1920s-1930s），2.3.2各国工业化住宅的发展。
③ 福特模式［EB/OL］.http://baike.baidu.com/view/562346.html，2008-11-29.
④ （美）伦纳德R.贝奇曼著，整合建筑——建筑学的系统要素［M］.梁多林译.机械工业出版社，2005-07.P23.

（4）直线形式,便于标准化的生产,附和经济效率的要求。[①]

3. 后工业化时代：可变性设计

三次工业革命奠定了后工业化时代的基础。第三次工业革命以及信息化革命的持续推进,极大地提高了社会的信息化程度,人类社会也由此迈进了后工业化时代[②]。后工业文化显示了商品向服务的转化,能量向控制的转变,实际数据向操作可能性的转变。作为一个保守的行业,建筑业远远落后于其他行业的后工业化革命。当建筑师还在对数十年前富勒的结构和最优化概念充满敬意时,建筑行业却比最新技术落后了一代人的时间。[③]

在1934年的《技术和文明》一书中刘易斯·芒德福指出,刚刚过去的机器时代是"旧技术的、硬质的、人适应机器的",而即将到来的机器是"新技术的、软质的、机器适应人的"。赖特也敏锐地察觉到这一变化,他在《消失的城市》中说,建筑的工业化并不意味着式样的标准化,所有的形式皆是机器生产的结果,但不一定相同。[④]

从工业思想到后工业思想的最显著的变化,是完全技术控制论的让步,和对技术与设计的更有机的相互作用的接受。对此,伦佐·皮亚诺的首席合作者、结构工程师彼德·莱斯(Peter Rice)曾在论述自己在蓬皮杜文化中心设计构成中的作用的文章中,表现出对控制论方法(cybernetic approach)的乐观态度,他认为："当前计算机和现代分析技术以及现代实验手段使设计已经从工业化的标准的桎梏中解放出来……建筑设计作品应该体现设计者的个人风格……要求人们通过观察和感受来理解问题。"[⑤]

在后工业文化的这些转变中,信息文化的兴起对于建筑师是最重要的。在建筑行业,计算机辅助设计(CAD)、计算机辅助工程建模(CAE)和计算机辅助制造(CAM)的应用,有力地推动了工业化住宅的发展。

在后工业化时代,从经济方面来说其标志是由商品生产经济变为服务经济。后工业化时代的核心是大规模定制,按需生产,包括生产、设计、物流、销售和服务。后工业化时代大规模定制的第一个要素是客户驱动,根据客户的需求生产有针对性的产品。生产模式由标准化生产向可变性生产转变。

---

① 参见：戚广平."非同一性的契机"关于"建构"的现代性批判[M].上海：同济大学建筑系,2007–05.

② 发达国家的后工业化时期一般从20世纪40年代开始.

③ (美)伦纳德R.贝奇曼著,整合建筑——建筑学的系统要素[M].梁多林译.机械工业出版社,2005–07.P12.

④ (美)克里斯·亚伯著,建筑与个性——对文化和技术变化的回应[M].张磊、司玲、候正华、陈辉译.北京：中国建筑工业出版社.2003.P3.

⑤ (美)肯尼思·弗兰姆普顿著,建构文化研究——论19世纪和20世纪建筑中的建造诗学[M].王骏阳译.北京：中国建筑工业出版社,2007.07.P395.

可变性生产在传统工业化的两种生产模式之间，建立了一种新的生产模式，它既是自动化的，又是具有可变性的。可变性的出现得益于计算机辅助设计CAD和计算机辅助制造CAM技术的发展，并成为人们对最终产品的控制能力的延伸。可变性生产时代的最大特征是实现了格罗皮乌斯曾经梦想的手工业和工业的统一，建筑师在工业化生产条件下终于能够在一定程度下摆脱标准化的束缚，通过使用不同类型的生产方式，产生不同类型的建筑组件，从而使建筑设计在观念上不必再受生产方式统一性的限制，这样就为工业化住宅突破千篇一律的形式提供了物质基础。

"可变性"也反映在这时期工业化住宅供应方式上，例如日本两阶段供应的SI住宅。而开放性住宅理论、可变住宅、适应性住宅的理论与实践的蓬勃发展，则成为工业化住宅向基于用户需求的"可变性"发展趋势的明证。

后工业时代工业化住宅的特点如下：

（1）住宅预制构件部品化、商业化。提倡工业化构件和它可预制品质的衔接。

（2）住宅成为各种独立系统的整合。

（3）重视住宅的可变性和住户的个性化需求。

（4）重视住宅整个生命周期的生态意义，对自然健康栖居——可持续发展的诉求。

4. 工业化后时代：量产定制化和虚拟设计

"工业化后"概念是对应于"工业化前"和"工业化"的。工业化后社会的观念并不是对未来的时间确定的预言，而是一个理论的构造。人们把现在所处的时代和不远的未来的新时代有多种命名：信息时代、知识经济时代、第六次产业革命等等。实际上这种社会只是初露端倪，尚未成熟到能够给它明确命名（即定义）的程度。然而某些趋势已经超过了工业化社会的界线。[1]

工业时代的量产化、批量化和后工业时代的小型化，小批量正逐渐变为通过定制和自助实现的"个人化"。历史上，消费者只是被动地接受别人认为合适的产品设计、功能和特性。在今天的消费者世界，我们看到的是不断增强的定制化的趋势。在所有的行业里，在所有的层级上，我们将看到更多的产品定制。而产品将前所未有的智能化。

1）量产定制化

依格雷戈·林恩（Greg Lynn）所说，"量产定制化"就是在统一性和唯一性、共性化和个性化，集配式和特殊式之间找到平衡点的一种生产模式。它是一项颇有诱惑力的模式，一旦推广开来，在满足量产的同时，每个产品都是新式的、非标准化的、

---

① 详见：（美）丹尼尔·贝尔著.后工业社会的来临[M].高铦等译.北京：新华出版社,1997.

定制的和个性的,更优质、更廉价的产品满足不同人群的喜好。这一生产模式有两重含义。

第一重含义是"定制化的自由生产",即在同一个数学控制下的对象域(Objectile)[①]中的规模化、定制化的产品生产。举一个例子,方程式$X^n=A$,A、n是常量,X是变量,方程的解是n个,假如以此方程控制生产,那么产品的式样就是n个产品各不相同,而由于同属于一个方程,产品的式样又不是无关联的。上面的例子只是个简单的示意。相比起来,在胚胎住宅中,控制生产的数学程式要复杂得多,"解"也多得多,甚至是无穷多个,它们构成某一"解"的范围。因此在某个产品独具个性的同时,其他产品又形成同一个系列、同一个主题。

另一重含义是"非标准化的普遍性"。组成工业化住宅的每个构件都不是孤立的、而是相关的,没有哪个部分可以随意增减,即使是最微小部件的形状和尺寸也是唯一的。在密斯那个时代这是无法想象的,但是在程序的控制下,一切都简单了许多。[②]

综上所述"量产定制化"也就是"在电脑控制下,快速地、非标准化地生产"。它在满足功能需要和文化需要的同时又使得每个产品各不相同。

2)虚拟化生产

在"工业化后"的社会,新的智能技术产生。我们能够利用建模型、模拟和其他系统分析的工业以及决策理论,去获取有关经济和工程的问题的更有效和"合理的"解决方法。而技术决策时计算机的精确性,使得富勒那种"以更少资源盖更多住宅"的可能性越来越大。近年,利用计算机技术和计算机控制的生成方法进行工业化住宅的设计也屡见不鲜,使工业化住宅脱胎换骨,展现了工业化住宅设计的无限可能。

未来的建筑过程将直接与工厂中电脑控制的用户定制生产联系在一起。客户的设计在网上不断更新;客户和建筑师将参观与之相关的公司的展览室,在那里他们可以全面检查建筑的部件以及室内的陈设,并将在未来的住宅中真正地游历一番。单个建筑部件的价格也被同时列出,并且总成本也被精确地计算出来。由于已经确定了单个建筑部件和模件的价格,对于客户、买主和租赁者来说,成本的增长变化从一开始就清清楚楚,也简化了工程建筑过程中的预算和价格对比。采用这种真实的建筑过程,使设计过程中出现的错误和偏差实现了最小化。这样就避免了由此产生的额外花费。在革新、重新布置格局、维修以及建筑循环利用的各个方面都是如此。把所有的建筑部件(尺寸、材料、制造商、代理公司)的字母数字数据与建筑

---

① 对象域(Objectile)是德勒兹的哲学概念,指一个潜能的区域。
② 王立明,龚恺.解读格雷戈·林恩[J].建筑师.2006/3.总第122期.P13–19.

的图表说明连接在一起,这样它就转化成设备的管理程序,保证资料的连续性,进而确保在建筑物的生命周期中成本与收益变化的清晰性。建筑师把数据输入生产车间的软件(存于工厂技术档案中),同时连接生产软件并且检查建筑的开始阶段以及工地后勤装配的各个方面。

客户在工程完工时收到的服务手册中列出了维修保养周期。因为建筑师都参与了这些工作的执行,所以对所使用产品的质量更为熟悉,并使产品达到他们所希望的最佳效果。在建筑完工后。建筑师不能只在完成其建筑学方面的附加值工作后就对其置之不理,他们要与不同的合伙人共同照看建筑,这样就确保了后续的责任。[①]

因此,我们可以预见未来工业化住宅的特点:

(1)工业化技术将与生态技术和绿色节能技术无缝相接,并成为可持续发展住宅的基础和特征之一。

(2)更先进的结构,更环保的材料、更轻的预制住宅的出现。

(3)由于需求的减少,大规模生产已不是工业化住宅的主要目的。住宅定制成本降低,将使住宅造型和布局更符合住户要求。

(4)计算机技术的发展,使住宅设计、制造和建设过程得到精确控制,模数概念将日渐式微。

(5)广泛的定制和自助式服务借助高科技的发展将得以实现。DIY设计和建造住宅成为潮流。

6.3　设计基础:住宅模数协调的演进

6.3.1　概述

在高度工业化的国家,在建筑业内部普遍采用模数协调(modular coordination)将是推动建筑过程(从原材料的生产到整栋建筑物的建成)全面工业化的最有效的手段,也是现今为人所普遍承认的真正解决这些国家的住房问题的最有效的手段。作为建筑业实现标准化的必要工具,模数协调为建筑工业化奠定了牢固的基础。

模数协调,通过可能采用的建筑构件协调尺寸的标准化将使建筑业合理化,因此,普遍采用的构件就可以用工业的办法生产并可以和其他构件在现场进行组装,不需作很大的调整,很少浪费或根本就没有浪费。进一步的模数协调将通过以明确的方法确定所有构件的尺寸、确定各个构件相互间及其与建筑物的相对位置的方法

---

① Thomas Bock.轻质结构与体系[J].建筑细部(DETALL)——轻质结构与体系,2006.12.P768-776.

的合理化。这样,模数协调一方面为不在施工现场生产的建筑构件的大批量工业化生产铺平了道路;另一方面有可能使更多的建筑构件采用工厂生产的方法。

在工业化住宅中进行模数协调,可以达到以下目的:

(1)实现住宅建筑的设计者、制造业者、经销商、建筑业者和业主等人员之间的生产活动互相协调。

(2)能对住宅建筑各部位尺寸进行分割,并确定各部件的尺寸和边界条件,使部件规格化,有不限制设计自由。

(3)优选某种类型的标准化方式,达到使用数量不多的标准化部件,建造不同类型的住宅建筑。

(4)能使住宅建筑部件标准尺寸的数量达到最优化。

(5)促进部件的互换性,是部件的互换与其材料、外形和生产方式无关。

(6)采用合理化的方法定位、吊装和组装部件,以简化施工现场作业。

(7)协调住宅设备及部件与相应功能空间之间的尺寸。[①]

6.3.2　住宅模数协调的发展历程和现状

1.建筑模数的发展的三个阶段

建筑模数是选定的标准尺寸单位,古今中外的建筑都有模数这一概念。人们在模数制的研究工作中一直企图寻找一种数列,它既要数值简捷,又要满足建筑功能、经济和工业化的要求。住宅建筑标准化和模数化的发展可分为以下三个阶段。

1)古代和早期工业阶段

砖的大量生产是世界上最早期的标准建筑的成批生产。在西亚和罗马,房屋建筑的所有尺寸是以最通用砖的倍数为基础的。古罗马长度单位以人体尺寸(指宽、掌、足、步度)为基础。但当时建筑物的最小计量单位,和我们今天的基本模数(100 mm)相似,为四指宽,即手的宽度。日本人则制订了以席垫大小为基础的建筑尺寸系统,而席垫尺寸以人体尺寸

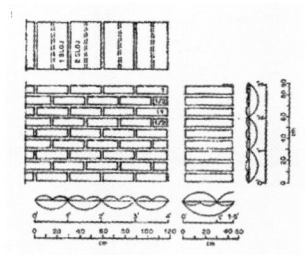

图6-2　罗马时代所用符合模数尺寸的砖和砖砌体

(图片来源:(印)R.纳贾拉简著,建筑标准化[M].苏锡田译.1982.02.)

① GB/T 50100−2001,住宅建筑模数协调标准(Standard for modular coordination of Residential buildings)[S].P1.

为基础。罗马时代所用符合模数尺寸的砖和砖砌体。[①]

中国古代建筑中，模数体系就已经发展到十分完善和成
熟的程度。斗拱结构可算现代工业标准化的一个模式。斗拱
是在中国大式木构建筑的屋顶与屋身过渡部分的一种特有
的构件。南北朝以来以材高为模数的设计方法在唐代又有发
展。以材高的十五分之一为分模数，称为份。清以斗口为基
本模数单位。匠师按所用材等真长绘制以份值表示的丈杆交
给工匠，工匠能背诵以口诀形式表达的各构件份值，即可直接
据以进行预制，甚至在外地进行预制件的加工，而无须绘制图
纸。木材的加工和施工可以同时进行，大大加速了整体建筑
完工的时间。

图6-3 宋《营造法式》殿堂
大木作制度示意图

在公元前27年的罗马已有关于尺寸配合的最早说明，模
数配合思想出现。标准化构件意义组合与配合系统的制造水
平与当时的生产力水平一致。标准化作为协调同一房屋中各
个不同零部件和保证各个不同零部件与房屋本身之间的尺寸
配合的一种手段由于审美原因，其重要性从古希腊的建筑物
和庙宇中就充分显示了出来。新型建筑材料的研制及其在工
厂条件的生产：钢铁产品和水泥在工厂条件下生产。研制型
钢和轧材的标准化，以便制造和仓库管理。[②]

2）现代工业阶段

模数协调作为一种使建筑工业合理化的手段是近代的
事。18世纪末美国人伊利·惠特尼（Eli Whitney）在大批量的
枪炮制作中首创了关于互换性零件、劳动分工和大批量生产
的原始概念，互换性、公差等概念由此出现。这些基本概念导
致产生了制造公差精度和质量管理、工具和机械、螺钉、螺栓
和螺母标准设计的概念等，促成了互换性。

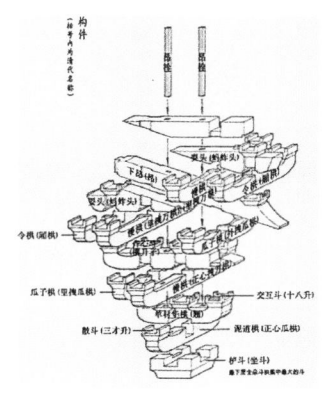

图6-4 宋代斗拱构件

（图片来源：刘敦桢.中国古代建
筑史［M］.中国建筑工业出版
社,1984年6月.）

第二次世界大战前不久，奥尔培塔·F.贝米斯（Albert F.
Bennis）在美国提出了基于使用建筑部件基础上的建筑工业
整个尺寸协调的基本轮廓，这个尺寸是一个基本单位——模
数——的倍数（扩大模数），他还建议，这个基本模数应该是4
英寸。

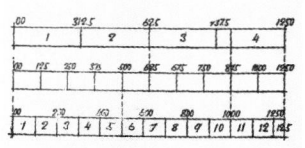

图6-5 德国"八音步"模数
协调体系

① （印）R.纳贾拉简著,建筑标准化［M］.苏锡田译.1982.02.
② （印）R.纳贾拉简著,建筑标准化［M］.苏锡田译.1982.02.

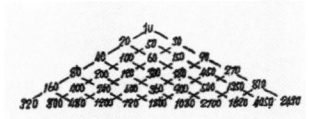

图 6-6 欧洲生产力管理署的模数提案

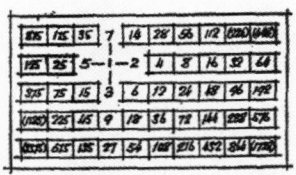

图 6-7 日本的模数提案

（图片来源：徐勤.工业化住宅建筑参数几个问题的探讨［J］.哈尔滨建筑工程学院学报,1982（4）.P68-80.）

在第二次世界大战期间,爱尔耐斯塔·劳依范尔塔（Ernst Neufert）在德国继续进行了大量的研究工作。他清醒地预见到模数协调对建筑工业未来的工业化的重要性。他在"八音步"体系的基础上提出了他的尺寸协调体系,即一个基本模数为 12.5 cm 或 1/8 m。在第二次世界大战期间,瑞典的贝尔格伏尔和达尔贝格（Bergvall and Dahlberg）也对模数协调问题进行了全面研究。他们所做的工作是,在一个模数为 10 cm 的基础上,把一个完整的模数协调作为一个统一体,来考察其对建筑工业（包括设备工业）所造成的后果。米制的 10 cm 等于贝米斯建议的 4 ft（4 ft=11.6 mm）。第二次世界大战后把美国和瑞典所做的工作加以对照可以表明,分别在两个国家独立进行的研究在最大程度上得出比较一致的结论。[①]

这些模数方案大都从数学理论出发而提出,大多停留在学术理论上的探讨。模数制的研究,更重要的是它能适合各类建筑的功能和技术要求。

3）组织化阶段

1901 年世界上第一个国家标准团体英国标准学会（BSI）诞生。负责对建筑用各种型钢实现标准化。第二次世界大战以后,模数协调这个课题引起了欧洲其他几个国家的关注。1947 年联合国标准协调委员会决定成立国际化标准组织（ISO）。1953 年成立国际建筑研究学科和文献工作委员会,主要目标之一是协助在科研成果的基础上建立建筑标准。[②]

1955 年,欧洲生产力管理署（European Productivity Agency EPA）开始研究模数协调的问题,大多数西欧国家都参加了这个研究工作。欧洲生产力管理署在 1960 年中止了活动之后,它所进行的模数协调研究工作由一个称之为"国际模数小组"（International Modular Group IMG）的新的研究小组继续进行下去,这个新的研究小组以后就成为国际建筑咨询委员会（Conseil lneerational du batiment）的工作委员会。这样,国际模数协调研究的基本队伍就扩大了。参加国际模

---

① 中国建筑技术研究院.《住宅建筑模数协调标准》审查会议资料汇编（二）,1999 年 12 月.P1-11.
② （印）R.纳贾拉简著,建筑标准化［M］.苏锡田译.1982.02.

数小组的成员不仅有东、西欧国家的成员，而且也有非欧洲国家的成员。国际标准化组织（International Organisation for Standarisation—ISO）也已着手研究模数协调，虽然至今尚未通过一个有关模数协调的建议。在 1963 年 9 月 10—13 日在波兰华沙召开的国际模数小组会上通过《模数协调简明原则》对模数协调作了更为全面的介绍。[1]

1965 年在哥本哈根举行的第三届国际建筑研究、学习与文献工作委员会（CIB）大会期间，首先使用"模数标准化"这个术语，大全的中心议题是工业化建筑。当时建筑业的工业化落后于其他制造业，建筑标准化日益引起各国的关注。一方面为了降低公共房屋的费用，而实施最小生存空间的住宅，另一方面为了公平的验收承包商的建筑工程。

从上述简要介绍的模数协调的发展史来看，建筑业的工业化在发展到某一阶段，尺寸协调必然成为一种需要。只要房屋建筑采用预制构件或规定的最终尺寸的构件，至少在施工现场能生产出最终尺寸的构件来建造，就不必采用任何特殊手段来实现房屋建筑所有不同构件之间必要的尺寸协调。但是，建筑构件和建筑材料的工厂化生产程度愈高，就愈需要采用某些手段来对这些构件采用尺寸协调。因此，这些行业愈要转变为大规模的生产，它们就愈需要产品的标准化。

2. 各国模数协调的发展现状

建筑业的工业化，是目前大家都普遍承认的事实，是大多数国家解决住宅问题的关键。但是，没有标准化就不可能实现真正的工业化，对于建筑业说，没有系统的尺寸协调，就不可能实现标准化。推动模数协调的目的恰恰就是要使之成为实现所必需的尺寸协调和以后进一步工业化的工具。以下简要回顾工业发达国家及我国的模数协调发展的现状。一般说来，到目前为止，模数协调还是在一有限的范围内加以实践应用，甚至在很多在理论上对作过比较深入研究的国家也是如此。值得指出的是，在很多发达国家，模数协调作为一种重要事物，现在已经达到一个重新进行组织的阶段。

1）美国模数协调的现状

美国在 1920 至 1930 年已经对模数协调进行研究。美国标准协会（American Standards Association ASA）于 1945 年通过了第一个有关模数协调的标准，所编纂的"A62 模数协调指南"充分肯定了 4 英寸作为模数尺寸，并于 1946 年由模数推广协会（The Modular Service Association）出版了这本指南。通过了模数建筑原理、介绍了模数尺寸的建筑材料、采用了模数尺寸协调。

美国模数建筑标准协会（Modular Building Standards Association（MBSA））于

---

[1]　中国建筑技术研究院.《住宅建筑模数协调标准》审查会议资料汇编（二），1999 年 12 月.P1—11.

1957年着手进行模数协调的工作。该协会于1959年对美国具有一定规模的全部建筑事务所所作的调查表明,在美国平均有11%的建筑师在其设计工作中采用了模数设计。[①]

2)加拿大模数协调的现状

加拿大模数协调的现状在很多方面是与美国有共同之处的。加拿大一开始就接受4英寸作为模数尺寸而且以"A62模数协调指南"作为在加拿大进一步推行模数协调工作的基础。

加拿大材料工业在向模数尺寸转换方面取得了某些进步。加拿大的制砖工业已向加拿大模数砖尺寸方面转变,结束了该工业在尺寸方面的混乱局面。与此同时,混凝土砌块工业也大部分转向于采用模数尺寸。最近,加拿大木材工业提出了一个模数房屋构件的计划,同时,不少窗生产商也认识到采用模数协调给他们带来的好处。

3)北欧各国模数协调现状

在瑞典、丹麦、挪威、芬兰,由于这些国家最近10年来在这方面的密切合作,尽管在推广模数协调的具体做法上有所不同,但是模数协调的发展在很多方面是相同的。

早在1940年,瑞典就开始着手进行模数协调方面的工作。在瑞典,模数协调的工作一开始就由建筑标准研究所(Byggstanderdiseringen)负责。从20世纪60年代起建筑部品的规格化逐步纳入瑞典工业化标准(SIS),使通用体系得到较快的发展。瑞典国家标准和建筑标准协会(SIS)出台了一整套完善的工业化建筑规格、标准。如"浴室设备配管"标准(1960)、"主体结构平面尺寸"和"楼梯"标准(1967)、"公寓式住宅竖向尺寸"及"隔断墙"标准(1968)、"窗扇、窗框"标准(1969)、"模数协调基本原则"(1970)、"厨房水槽"标准(1971)等。瑞典新建住宅中通用部件占80%。[②]

丹麦在1960年制定了工业化的统一标准"(丹麦开放系统办法)"Danish Open System Approach。丹麦是世界上第一个将模数法制化的国家。1960年的《建筑法》规定,"所有建筑物均应采用1M为基本模数,3M为设计模数",并制定了20多个必须采用的模数标准,包括尺寸、公差等。通过模数和模数协调,保证了不同厂家构件的通用性。国家规定,除自己居住的独立式住宅外,所有的住宅都必须按模数进行设计。同时,丹麦以"产品目录设计"为中心,发展住宅通用体系,推行建筑工业化。

---

① 中国建筑技术研究院.《住宅建筑模数协调标准》审查会议资料汇编(二),1999年12月.P1-11.

② (瑞)瑞典建筑研究联合会合著,斯文·蒂伯尔伊主编,瑞典住宅研究与设计[M].张珑等译.北京:中国建筑工业出版社,1993.11.

在瑞典、挪威和芬兰,采用模数协调是自愿的;在丹麦,采用模数协调是强制性的,因为在那里任何由国家投资,达成后用以出租的房屋都必须符合模数协调的原则。为了便于后来出现的向模数设计的转变,政府给建筑业派了一定数量从事模数研究的顾问。在强制性的模数标准中,不仅包括了 10 cm 的基本模数,而且还包括了30 cm 的扩大模数(3M)。

4)法国模数协调的现状

法国是欧洲第一个出版以 10 cm 为基本模数的模数协调标准的国家(1942 年)。在法国,采用模数协调是自愿的,但法国建筑科学技术中心(CSTB)和建筑业已建立了密切的联系。

法国是重型混凝土预制工业最先进的国家之一,在这个领域里,有几家法国的大企业也把其技术推广到其他国家(如 Coignet,Camus 公司等)。但大多数企业还是采用封闭式体系。在这种情况下,即使没有作为一般工具的模数协调,尺寸协调也能付诸实践。

法国政府在第三代住宅工业化过程中,编制了《构建逻辑系统》。构造体系以尺寸符合建筑模数为基础,由施工企业或设计事务所所提出的主体结构体系,由一系列能互相代换的定型构建组成。近年针对混凝土预制,编制一套 G5 软件系统,将遵守统一模数协调规则、安装具有兼容性的建筑部件汇集在产品目录内,设立了通用的协调规则、各种类型部件的技术数据和尺寸数据、特定建筑部位的施工方法,主要外形部位之间的连接方法,实现了标准化和模数化。[①]

5)英国模数协调的现状

英国虽然在 1945 年就讨论过有关尺寸协调的问题,但直至最近十几年对模数协调感兴趣的各个不同组织才找到了它们共同工作的领域。目前世界各国实际上采用的 10 cm 模数,在一个像英国这样采用英制度量衡制度的国家并没有很大的意义,如果英制国家继续保持 4 英寸的基本模数,这必然会充及采用英制国家和采用米制国家之间实际采用的尺寸协调(例如某些厨房设备的尺寸)。

在英国政府部际建筑委员会近年成立的"满足工业化建筑尺寸要求工作小组",所采用的模数和国际模数小组所采用的模数几乎完全一样,采用 3 个不同的"优先增量",1 英制英寸相当国际模数小组 M/4 分模数,M/4=2.5 cm,英制的 4 英寸等于基本模数 M=10 cm,英制的 1 英尺等于国际模数小组采用的 3M 的扩大模数,3M=30 cm。这就意味着,根据工作小组所通过的决定,英国在尺寸协调问题上,最终采用了和欧洲其他国家一样的模数。

---

① 法国工业化住宅的设计与实践[M].娄述渝,林夏编译.北京:中国建工出版社,1986.2.

6）德国模数协调的现状

德国的模数协调的现状是特殊的历史发展条件所造成的。在第二次世界大战期间，德国的制砖工业转而采用在于8韵步体系的。

第二次世界大战结束后，德国就面临重建被战争毁坏的国家的巨大建筑任务。人们清楚地认识到在这巨大的建筑工作中要采用某些尺寸系列，但是，由于需要尽快地开始建设，因此很少去研究这个问题。因此，德国还是决定保持以往的砖的尺寸。这样，德国的模数协调标准就提供了两套不同的尺寸，一套是以12.5 cm为模数的，用于砖砌体、砌块等以及直接与此类的工程部位，例如门、窗的尺寸等；另一套是以10 cm为模数的，用于设备和辅助设备。

实际上，存在这两种尺寸协调的局面是因为12.5 cm的模数在一定程度上占优势所造成的。然而，经过一段时间，由于预制构件使用量的增加，要求建筑业降低尺寸误差。同时，在所有与联邦德国交往的国家一致采用10 cm的模数体系也使人感到以往一时认为是最合理的妥协也越来越成问题了。因此，在欧洲经济共同体内各国经济密切合作之际，德国完全采用10 cm的尺寸协调的做法。

德国的尺寸协调是德国标准化体制的一部分（德国标准DIN—Normen），在某种程度上说，起德国建筑标准的作用。因此，在德国采用尺寸协调是带有强制性的。得到国家贷款投资房屋建设的先足条件是，该房屋必须按模数协调的标准来设计和建造。

7）苏联和其他东欧国家模数协调的现状

在大多数东欧国家，模数协调的状况是非常相似的。因为面临着战后的重建任务。在20世纪50年代，苏联广泛采用模数制。苏联建筑中的模数系统是以100 cm为统一的模数，在设计时，建筑物所有主要尺寸及其单元与构件的主要尺寸都是模数化的，是基本模数100 cm的倍数。除了基本模数，还采用了扩大模数，又称为"个别模数"。根据使用范围，使用不同的扩大模数。为了正确地选择扩大模数，前苏联进行专门的研究和技术经济调查。

在住宅方面，苏联采用的扩大模数为：居住建筑墙轴间的距离采用200 cm，400 cm的倍数；居住房间尺寸也是200 cm的倍数；层高是200 cm或300 cm的倍数；木与钢筋混凝土板梁轴间距离是200 cm的倍数；居住建筑砖墙的厚度是100 cm的倍数。当时，前苏联的设计者们成功运用了这个统一模数制，绘制了许多质量高的定型设计（标准化设计），并把它推广到住宅建筑的其他部分。如窗间墙、窗上和窗下部分墙的高度，门窗的宽与高，墙和间隔墙的厚度，梁的厚度等均是基本模数的倍数。这样就使得整个建筑物的尺寸互相协调，并能使结构构建互换代替。

由于在这些国家推行中央集权的经济体制，在推行模数协调所遇到的困难要少一些。因此，苏联和其他东欧的社会主义国家对模数协调在大型预制构件体系中的

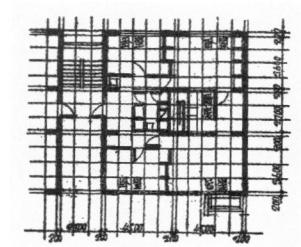

实际应用取得了非常丰富的经验。西欧国家模数协调主要用于住宅建筑,而东欧国家也大量用于诸如工业建筑、各种类型的公共建筑、会堂等其他类型的建筑,这也反映在对扩大模数的应用研究上。因此,强调把模数协调用于结构构件和承重构件(框架)上。①

8)日本模数协调的现状

日本用了20年时间推行住宅部品的标准化、通用化。无特殊要求的住宅,完全可以用通用部件组合而成。由于日本有一个以标准的草垫(榻榻米)的尺寸为基础的结构房屋的尺寸协调的传统,虽然旨在为建筑工业化服务以10 cm为基本模数的模数协调在很多方面和用"榻榻米"方法的尺寸协调是不相同的。但是,这种体系在设计方面允许有很大的自由度,因此,在日本采用以10 cm基本模数的模数协调还特别规定了保留这个模数协调的固有方面。日本传统的尺寸是用尺或者寸这样一些单位。近代的日本一尺等于303 mm,一寸等于30.3 mm。木结构房子的网格是用3尺,也就是309 mm标准,实际上向政府机关提供的图纸都是按910 mm进行的,现在在日本形成了一个共同的认识,就是以910 mm作为一个标准的网格。②

图6-8 日本的80年代清水大板住宅的模数设计网格

(图片来源:徐勤.工业化住宅建筑参数几个问题的探讨[J].哈尔滨建筑工程学院学报,1982(4).P68~80.)

日本模数协调的工作是由日本建筑研究所(The Architectural Institute of Japan)和国家标准组织(The National Standards Organization)共同负责的。迄今为止,已制订出"建筑模数"、"建筑模数所采用的术语"、"建筑构件的基本误差"以及"建筑师和施工人员制图操作"的各种标准。所有这些标准都是以10 cm的基本模数为基础的。模数协调实用原则的总标准也在近年制订,该总标准包括:"模数协调的原则,参考平面、构件的尺寸概念、优先尺寸"以及"构件的安装"。③

日本研究建筑系部构法以及模数方面的权威专家深尾精

① 中国建筑技术研究院.《住宅建筑模数协调标准》审查会议资料汇编(二),1999年12月.P1~11.
② (日)深尾精一.尺度体系和模数设计对于可持续性住宅的重要性[EB/OL].住宅可持续发展与集成化模数化研讨会,焦点房地产网house.focus.cn2007-06-08.
③ 中国建筑技术研究院.《住宅建筑模数协调标准》审查会议资料汇编(二),1999年12月.P1~11.

一则认为15 mm可以成为世界的标准。在大阪煤气公司1990年开始研制，1993年开始建设的实验集合住宅NEXT 21，使用了高度组合在一起的平面设计，考虑到各种零部件，然后进行综合性的把它们重叠在一起来设计、施工。其尺寸的系列有150 mm、300 mm、450 mm、600 mm、700 mm、900 mm、1.2 m等等。具体来讲，它的躯干的柱子的中心位置的尺寸是3 600 mm和7 200 mm的组合。也就是说15公分是基本的尺寸。

9）我国模数协调的现状

在20世纪50年代，我国为了工业建设的需要，向苏联的经验学习，提出标准设计和工业化、模数化，出现了许多相关讨论。基本上都是研究数理上的变化，强调基本模数和扩大模数这个概念。[①] 当时在模数协调方面概念比较弱，仅把模数协调定位在结构构件的变化上面，对于内装产品、结构部品方面关注得比较少。当时赵冠谦做了第一代模数系列扩大模数，并开始在房屋当中实行。

1956年建筑工程部经苏联专家的指导编制56年标准住宅、宿舍及办公楼设计时，首先采用了模数制。从那时起，建筑工程部即着手编制我国的建筑统一模数制标准。1955年12月经国家建设委员会审查批准，于1956年1月1日起开始试行。在1955年建筑工程部召开的各设计院长扩大会议上，曾把在设计中必须贯彻模数制的问题，列为重要讨论和措施之一。1956年4月，《人民日报》发表了"大力开展标准设计"的社论。

在1956年前后，在住宅的开间、跨度、高度上采用的扩大模数，综合考虑了以下几方面的因素：房建民及在使用上和面积上定额的要求；技术经济指标的要求；材料供应方面的规格以及构建尺寸是否经济；最后是门窗的安排和艺术处理等。"建筑统一模数制"对全工业与民用建筑的标准化、工业化起到了积极的推进作用。特别是在建筑构配件预制和安装的发展中达到相当的水平。在逐步采用模数制的过程中，还存在着不少问题和质疑的声音，如砖的尺寸、设计困难、机械地采用模数等。

在20世纪70年代和80年代期间，我国工业化出现了一些新的高潮。从原来主要借鉴苏联的经验转向广泛借鉴国外的经验。很多重要的模数也出现一些工法的实践。80年代以后，中国建筑技术研究院根据国际标准化组织提出的模数协调TC95文件原则，对1970年的文本进行了必要的修订和扩充，形成《建筑模数协调统一标准〔GBJ 2-86〕》。1987年，主要的模数标准形成。已经形成了3M为主、6M、12M为辅的扩大的体系。

在此之前，我国的模数协调原则的应用和实践，主要是局限在房屋建筑的结构构件及配件的预制与安装方面。对住宅产品、设备和设施开发、生产和安装方面缺

---

① 开彦.中国住宅标准化历程与展望［J］.中华建设,2007.6,22-24.

少模数协调的应用和指导。模数化主要对应的是砖混结构和大板等工业化住宅。改革开放，广东学习香港现浇混凝土，逐渐推广到全国，模数概念逐渐淡出。①

进入 20 世纪 90 年代，我国住宅部品大量扩充，部品的生产和安装极大地影响住宅的品质、生产效率和成本的控制。改变了建筑模数以结构为主体的编制思路。90年代以后开始出现一些适合部品层面关系的，包括厨房模数的标准。新标准主要是借鉴 1987 年的建筑模数统一标准，但是这些标准主要是结构构建方面的协调比较单一。90 年代，我国编制的住宅模数协调标准，主要是针对模数内装产品的标准化问题来编制的，因此改变了建筑模数以往的传统的编制方法。目前 1986 年发布的《建筑模数协调统一标准（GBJ 2-86）》仍在使用。1987 年发布的《住宅建筑模数协调标准》（GB/T 50100-87），在 2001 年，建设部在广泛调查研究，认真总结实践经验，参考有关国际标准和国外先进标准的基础上重新修订，制订出《住宅建筑模数协调标准》（GB/T 50100-2001）②。

2006 年发布了《住宅整体卫浴间》（JG/T 183-2006）和《住宅整体厨房》（JG/T 184-2006），2007 年发布了《住宅厨房家具及厨房设备模数系列》（JG/T 219-2007）。关于楼梯、卫生间的模数标准也正在编制中。

至此，我国的住宅模数协调研究随着住宅工业化的不断发展又迈进了一大步。但是仍存在不少问题：我国受苏联的影响，长期以来在分模数的概念应用没有得到长足的利用和发展，影响了整体模数水平的发挥。住宅模数协调研究限于结构主体，而没有注重数量众多的住宅部品的标准化和模数化的应用研究。模数标准的编制总体数量不足，关于建筑模数和协调尺寸的标准：ISO 国际组织有 15 种、日本有10 种、德国有 8 种、英国有 11 种，中国仅有 6 种③。部位模数标准更加不够。目前只有楼梯、门窗、厨房和卫生间三类部位模数标准，而大多部位标准尚且缺项。

在模数协调的运用上也有不少问题，例如我国目前都是以内墙作为中轴线来定位的，但是这种定位方法在室内装修中带来了非模数化的尺寸。因为室内净尺寸要扣除墙体厚度尺寸。为了使室内净尺寸达到模数化的要求，应采用净模定位方法，即将墙体的轴线定在墙体边缘。这样室内就是符合扩大模数网的净尺寸，对于装修材料及室内设备的尺寸来说，就都能符合模数，从而有利于设备及装修的标准化。

住宅部品缺乏模数协调的指导，连接接口的技术水平低，粗放型的安装是普遍的现象。在配套化、系列化方面水平很低。部品认证制度方面始终没有建立起来，产品多但是供应不够规范。

---

① 开彦. 中国住宅标准化历程与展望［J］. 中华建设，2007.6，22-24.
② GB/T 50100-2001，住宅建筑模数协调标准［S］.
③ 详见附录 4：中外工业化住宅相关标准（模数、设计及部品）。

6.3.3　模数和模数协调的基本概念

原则上说，模数协调的目的是要协调所有建筑构件相互间的尺寸及其与待建的建筑物的尺寸。以下简短地介绍一下有关模数协调的基本概念。

1）尺寸互换性概念

尺寸互换性（Dimensional Interchangeability）：尺寸互换性是功能互换性（Functional Interchangeability）的一个方面。当两个成品的线性尺寸互相达到足以保证互换时，尺寸互换性便可达到。互换性产品具有可于其中随便任选一个产品以代替另一产品保证进行预定操作的某些特性。

三角形互换性概念：标准的技术要求是尺寸、功能、质量、互换性（涉及与其他项目的一致性）。这些概念体现如下：

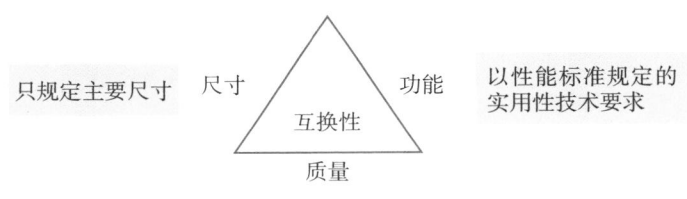

图6-9　三角形互换性概念

（图片来源：作者绘）

2）建筑统一模数制

为了便于设计，尺寸协调，根据组合尺寸的特征用统一的基准尺寸作为计算外件或内件尺寸的基准，这个基准尺寸称为模数。现代建筑为了实现工业化大规模生产，使不同材料、形式、制造方法的建筑构配件、组合件具有一定的通用性和互换性。建筑中选定一个标准的尺度单位作为尺度协调中的增值单位。它是建筑设计、建筑施工、建筑材料与制品、建筑设备、建筑组合件等各部门进行尺度协调的基础——这就是现代建筑中的统一模数制。

3）基本模数、扩大模数和分模数

作为模数配合法上基础的模数叫做基本模数（M）。国际模数工作组将该术语定义为：为保持建筑物和通用建筑构件的尺寸协调并使之具有最大灵活性和方便性时所选用的尺

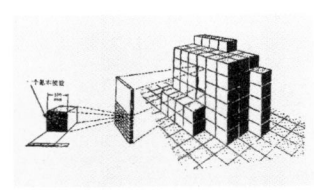

图6-10　基本模数示意图

（图片来源：(印)R.纳贾拉简著，建筑标准化[M].苏锡田译.1982.02.）

寸。基本模数必须相当小，以便在各种用途的各种建筑物的设计中具有必要的灵活性。但是，基本模数又应相当大，以便进一步简化各种构件尺寸的数目。为了保证在本国和国际范围内的尺寸协调，基本模数必须在国际范围内为人所接受。1969 年用 ISO 推荐标准"模数配合—基本模数"国际协议的形式达成最终的基本模数值：公制单位国家为 100 mm，英制单伦国家为 4 英寸。

为了协调模数尺寸的选择，应采用经同意的扩大模数，它是基本模数的整倍数 m×M。在国际模数小组内，同意采用 3M、6M 的扩大模数，虽然某些工业建筑预先规定要采用更大的扩大模数。对于建筑物的某些部件，如管理设备，甚至基本模数也显得不够灵活，为此，要规定分模数——基本模数的整分数 M/m，到目前为止，在国际模数小组内，同意采用分模数为 M/4 = 2.5 cm。扩大模数和分模数都是从基本模数派生出来的，所以称之为导出模数。①

表 6-2　模数数列

模数名称		分 模 数			基本模数	扩 大 模 数				
模数基数 代号		$\frac{1}{10}M_0$	$\frac{1}{5}M_0$	$\frac{1}{2}M_0$	$1M_0$	$3M_0$	$6M_0$	$15M_0$	$30M_0$	60
尺寸(毫米)		10	20	50	100	300	600	1500	3000	600
系列号		一	二	三	四	五	六	七	八	九
		10			100					
		20	20		200					
		30			300	300				
		40	40		400					
		50		50	500					
		60	60		600	600	600			
		70			700					
		80	80		800					
		90			900	900				
		100	100	100	1000					
		110			1100					
		120	120		1200	1200	1200			
		130			1300					
模		140	140		1400					
		150		150	1500	1500		1500		
数			160			1800	1800			
			180			2100				
数			200	200		2400	2400			
			220			2700				
			240			3000	3000	3000	3000	
列				250		3300				
			260			3600	3600			
			280			3900				

（图表来源：GB/T 50100–2001，住宅建筑模数协调标准（Standard for modular coordination of Residential buildings）[S].）

——————————

① GB/T 50100–2001，住 宅 建 筑 模 数 协 调 标 准（Standard for modular coordination of Residential buildings）[S].

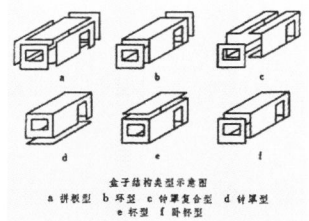

盒子结构类型示意图
a 拼接型　b 环型　c 钟罩复合型　d 钟罩型　e 杯型　f 哥杯型

图 6-11　盒子结构类型示意图

（图片来源：黄蔚欣，张惠英.盒子结构建筑[J].工业建筑.2001年第 31 卷（09）.）

4）模数数列

模数数列的适用范围规定为：分模数：1/10Mo、1/5Mo、1/2Mo 的数列主要用于缝隙、构造节点、建筑构配件的截面及建筑制品的尺寸；3M 模数：1Mo、3Mo、6Mo 的数列主要用于建筑构件截面、建筑制品、门窗洞口、建筑构配件及建筑物的跨度（进深）、柱距（开间）、层高的尺寸；扩大模数：15Mo、30Mo、60Mo 的数列主要用于建筑的跨度（进深）、柱距（开间）、层高及建筑构件配件的尺寸。分模数往往不起控制构件尺寸的作用。扩大模数数列的范围直接影响到控制构件尺寸的简化程度。

盒子结构多层住宅建筑体系是一种预制化程度很高的工业化住宅建筑体系。以下以工业化的盒子结构为例，解释模数数列的应用：盒子构件产品采用统一的建筑模数，其标准件有 2.7 × 5.0 m，3.0 × 5.0 m，3.6 × 5.0 m，3.9 × 5.0 m 等模数的盒子。

表6–3　盒子房屋构件尺寸

构件名称	标　志　尺　寸			构　造　尺　寸			用途
	宽度	长度	高度	宽度	长度	高度	
A 型盒子	3 300	5 000	2 700	3 280	4 990	2 690	各种住宅房间
B 型盒子	3 900	5 000	2 700	3 880	4 990	2 690	各种住宅房间
C 型盒子	2 700	5 000	2 700	2 680	4 990	2 690	楼梯间
D 型盒子	3 300	6 300	2 700	3 280	6 290	2 690	各种房间

（图表来源：黄蔚欣，张惠英.盒子结构建筑［J］.工业建筑.2001年第31卷（09）.）

在住宅建筑中，房间的开间可以统一或者通过合理的组合进行统一，如普通标准住宅的大、中居室并非采用两种不同开间，厨房、卫生间、小居室可以通过组合和大居室的开间相统一。居室采用3.3 m开间，起居室采用3.9 m开间，楼梯间采用2.7 m开间，这些开间尺寸的数值均比较合理。组合尺寸用数系对住宅的高低、长度进行组合，和搭积木一样，可以实现建筑物立面设计的多样化，下表列出盒子房屋构件规格。

5）模数协调

模数协调是指一组有规律的数列相互之间配合和协调的学问。合尺寸用数系[①]提供了模数协调的理论基础。

---

① 优先数系的建立，是标准化领域取得的一项重大突破，但是它不能保证尺寸拼加性，因为优先数之和或差不再是优先数，因而许多尺寸相同或不同的产品对接组合在一起时，它的组合尺寸标准化就不能采用优先数系，而组合尺寸采用数系，可以弥补它的不足。

生产和施工活动应用模数协调的原理和原则方法，规范住宅建设生产各环节的行为，制定符合相互协调配合的技术要求和技术规程。工业化住宅是典型的组合产品。各住宅部品制作成通用件，将各通用件组合成住宅这种最终产品，各通用件在不同行业的工厂里生产，不同的部件在不同行业中有不同的模数。实现模数协调就是使所有建筑构件的尺寸以及建筑物本身的尺寸成为基本模数或导出模数的倍数。同样，房间的尺寸，各种洞口的尺寸以及墙和楼板的厚度等也是如此。

模数协调标准有三个层次，分别是：住宅模数协调标准（术语、定义、模数网格、公差配合、协调、原则）；部位模数协调规定（支承结构、内墙墙体、厨卫、住宅楼梯、住宅门窗）；统一分类部品（目录）（规格尺寸、部品性能要求、验收标准）。

6）模数网格

模数网格由正交的网格基准线构成，它的各条连续线（面）之间的距离等于基本模数、扩大模数或分模数。排列成相等距离的基本模数或扩大模数的三维垂直坐标基准称为空间模数网格（modular space grid）。

为了保证建筑物的设计能适应模数化、标准化的构件，建筑师可以用一个模数网格来进行设计。模数网格分为基本模数网格、扩大模数网格和分模数网格几种。扩大模数网格通常来确定房屋结构及其构件相互协调关系。而基本模数网格和分模数网格则用来确定各种产品之间的联接接口相互协调关系。所允许的基本的、也是最小的设计网格是基本模数网格，网格的宽度等于基本模数。如果采用扩大模数构件，受这些构件影响的建筑物或建筑物的那些部分可以按照扩大模数网格进行设计。

模数设计网格的目的：保证结构组合件（或现浇混凝土模板）的模数化系列尺寸。为结构主体所包容空间（或称可容空间）提供了一个模数化空间，为建筑部品（称之为容纳件）提供了模数化可能。为各种部品或是组合件提供了标准定型化、模数系列化和组合装配化的前提条件，使住宅产品及其配件生产和安装纳入工业化、集约化和组装化的道路。

7）误差

有关尺寸协调的规则可以保证各种构件的尺寸在公称上

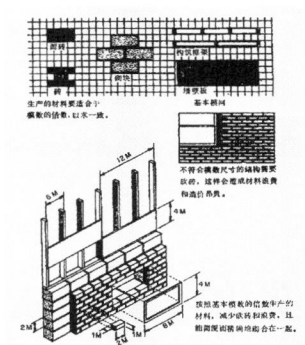

图6-12　建筑模数协调概念示意图

（图片来源：(印) R.纳贾拉简著，建筑标准化 [M].苏锡田译.1982.02.）

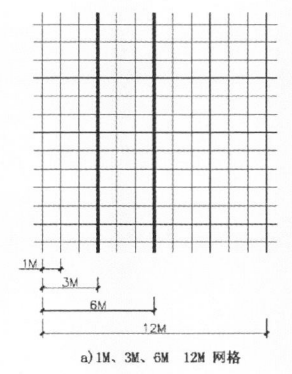

a) 1M、3M、6M 12M 网格

图6-13　1M、3M、6M、12M 重叠模数网格

（图片来源：GB/T 50100-2001，住宅建筑模数协调标准（Standard for modular coordination of Residential buildings) [S].）

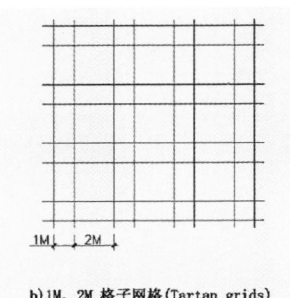

图6-14　1M、2M格子网格（Tartan grid）

（图片来源：作者绘）

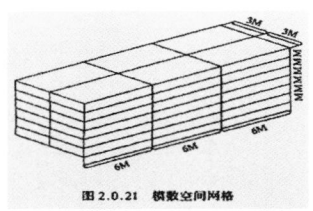

图6-15　模数空间网格

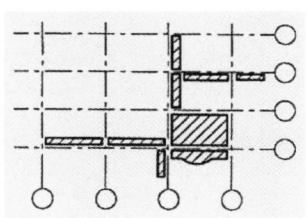

图6-16　界面定位法在多个部件汇集安装

（图片来源：GB/T 50100-2001，住宅建筑模数协调标准（Standard for modular coordination of Residential buildings）[S].P5.）

相互适应并和建筑物相适应。但是，至今为止，还不能绝对准确地生产出一个构件并绝对准确地安装：尺寸偏差是可以预见的。因此，为了保证所有建筑构件在施工现场也能有效地相互配合，要参照其他工业在模数协调方面所取得的经验，制订出一套用于生产和安装的误差系统。

在多种场合，模数协调只要和普遍认可的标准化结合起来就能得到实际的好处。如果在有限的几种高度之中，层高是非标准化的，即使各种构件（如墙体构件）的水平尺寸做了充分的模数协调也是无用的。因此，在有限的几种高度之中，层高及与之密切相关的几种构件尺寸的标准化是非常重要的。国际模数组织已经考虑到这个问题。

如果所有的构件以及建筑物都能做到充分的模数协调，仅仅对建筑业来说，现在国际模数组织（IMG）内所认可的尺寸协调体系就能收到100%的好处。但是，这也并不意味着必须做到充分的模数协调或不按模数协调处理。恰恰相反，即使某些构件是非模数的，或整个建筑并不是完全按模数设计的，模数协调的大部分优点还是可以保住的。可是，如果在一栋建筑物中采用了某种模数构件，它与模数构件的尺寸偏差必须在某处标明清楚。但是，在众多可以采用这种做法的场合下，在哪一种场合可采用这种做法，这完全掌握在设计人员手上。因此，从尺寸协调的角度考虑，这些尺寸偏差一般。能在它们造成的影响不大或没有什么影响的部位就地"消化"掉。

6.3.4　模数协调在工业化住宅中的应用

模数和模数网格是建筑参数选择的基本尺度要素，随着住宅建筑向工业化生产发展，定型构件日趋增多，产生了构件的统一、互换、减少规格数量等问题，模数协调就成为一个尖锐的问题。由模数的非网格到模数网格以促进了工业化住宅设计方法的完善：早期工业化住宅基本上是以幢定型的，构件由一个特定的平面所规定，其组合有一种限定关系，往往只根据面积要求、平面功能等因素选取参数。很多平面只有一个向度的参数在模数系列中选取，而另一个向度往往不合模数。以后随着设计方法的改进，组合单位由大变小，为使各基本组合单位之间有良好的协调关系,两向参数都得在模数网格中选取。这些都说明了随着工业化建造手段的发展,使平面参数的选择不得不纳入模数网格的轨道之中。[①]

　　探讨工业化住宅设计中模数和模数网格应用的规律,对于我国工业化住宅的进一步发展很有意义。工业化住宅设计中的模数协调应包括两个方面的内容:应用模数数列调整住宅建筑及部件或组合件的尺寸关系和种类。部件或组合件与基准面关联到一起时,能明确各部件或组合件的位置,使设计、制造和销售及安装等各个环节的配合简单、明确,达到高效率和经济性。[②]

　　目前工业化住宅正在朝纵横两个领域发展着,纵的方面各个体系本身从整体往构件分化,不断增加灵活性,横的方面各体系之间相互渗透,不断增加通用性,这就要求它们之间取得高度的模数协调。今天我们考虑工业化住宅的参数形式时,必须充分注意到这个因素。

　　1. 部件的定位与模数网格的确定

　　在利用模数网格进行住宅设计时,首先要进行定位坐标和基准面的设定。在同一住宅平面上,可同时具有多个定位坐标系。部件或组合件制定的模数空间,包含了用于接头和允许尺寸误差所必需的空间。在模数网格中,建筑构件所通过的网格线叫作定位线,它是确定建筑主要结构构件位置及其标志尺寸的基线。

　　部件的定位可采用中心线定位法和界面定位法。中心线定位法是定位线通过构件中心的布置方式,构件位置简单明确,主要结构构件,如梁、板、柱等都是模数构件。例如,对于柱子部件的安装,或柱子建设置的隔墙,一般采用中心线定位法。目前我国建筑设计中采用这种布置形式较多。

　　随着建筑工业化的发展,模数网格不断出现新的形式,定位线也相应出现不同的布置方式,如界面定位法。例如,当隔

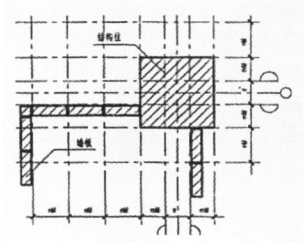

图6-17　柱及墙板安装网格叠加的示例

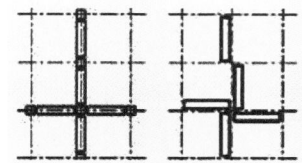

图6-18　单线网格的应用1

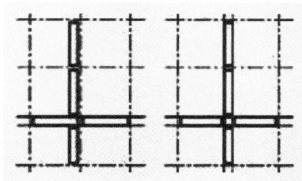

图6-19　单线网格的应用2

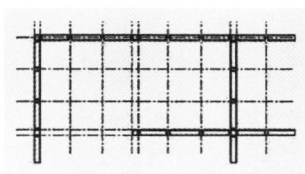

图6-20　双线网格的应用2

(图片来源:GB/T 50100—2001,住宅建筑模数协调标准(Standard for modular coordination of Residential buildings)[S].)

①　李耀培.扩大模数及其网格在工业化住宅设计中的应用[J].建筑学报.1982-08.P39-44.
②　GB/T 50100-2001,住宅建筑模数协调标准(Standard for modular coordination of Residential buildings)[S].P17.

墙的一侧或两侧要求模数空间时,或是多个部件能汇集安装在一条线上,宜采用界面定位法。

对于板状部件的安装,可以采用中心线定位法和界面定位法,应根据多个部件汇集安装时的具体方法来确定。无论何种形式,都以有利于构件定型,受力合理,结构构造简单为原则。为保证部件互换性和位置互换性,可采用混合定位法,以取得经济和有效的结果。

单线网格常被用于中心线定位法中。由于板状部件厚度的因素,使部件种类增多。单线网格也被用于界面定位法中,同样由于板状部件厚度的因素,部件不能排成一条线,或需要增加部件的种类。双线网格被用于界面定位法中,具有部件的包容性,可使部件种类减少,且易于直线排列。但部件的位置互换性会受到限制,设计自由度降低。

双线网格和单线网格也可混合应用,从而增大部件的互换性和位置的互换性。因此,可采用双线网格的界面定位法,保证每个部件的领域范围复合模数,达到结构网格和装修网格的协调性。模数网格的中断区可以用来调整两个或两个以上模数网格之间的关系。

由于部件尺寸不一定符合模数,根据基准面安装定位后会产生模数空间和非模数空间,在处理时应该优先保证为模数空间,或在非模数空间内留出技术尺寸空间。例如在厨房或卫生间这种多道工序的空间,应该满足下道工序安装各种部件或组合件的模数空间。

从国内外工业化住宅发展来看,选用模数网格大致有以下几种形式:

(1)小网格:一般为200×200、300×300。其特点是可供设计选择的范围大。在早期工业化住宅中多用之。因为这时期的平面形式多近乎传统住宅的平面形式,其参数大多数由传统住宅移植而来。其实这种平面往往只是可以套进小网格之中,并没有按网格作有规律的变化,故可称其为不完全的网格法。

(2)大网格:一般采用1 200×1 200、1 500×1 500等。其特点是构件简化,规格少,便于工业化生产与安装。一般来说,大网格可供选择的参数少些,但利用其相互之间的模数对应关系可增加组合灵活性。

(3)中网格:一般采用600×600、900×900等。其组合灵活性比大网格增加,构件规格可适当控制。

2. 模数网格与构件尺寸规格的选择和调整

1)应用模数网格作为选定构件的基准

在为数众多的专用体系中,住宅是由一定平面形式导出的构件组成的,构件类型和数量往往受到严格的限制。为使有限的构件增加组合变化的可能性,常应用模数网格选定基本组合单位,如基本面积块或基本结构单元等。借助模数的协调关系,增加各部分的组合灵活性。住宅建筑体系解决标准化与多样化的矛盾,也离不开应用模数及其网格。它如同一条纽带,将各组成部分有机地联系在一起,构成一个和谐的整体。

工业化住宅从房屋定型发展为构件定型,构件的性质起了质的变化。它必须具有广泛的适应性,构件在三个向度都必须产生有机的联系。在模数网格基础上选定构件系列的程序为:

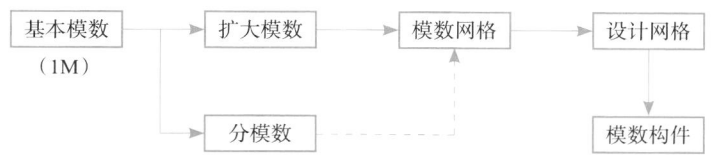

图6-21 模数与模数构件的关系

它们之间是一环套一环紧密相连的,中间缺少任何一个环节都难以对住宅最基本的结构要素—建筑构件做出合理的选择。

例如,前苏联建筑构件定型以《居住建筑和公共建筑统一构件汇总表》的形式出现,构件的选择建立在3M。网格基础上。由于网目过小,构件数量非常庞大,据有关资料反映不可能完全实施。1970年完成的《莫斯科市定型工业化构件统一目录》,采用6Mo网格,个别部分保留3Mo以作暂时过渡。采用《目录》设计,构件品种大为减少。据苏联有关资料分析,25种不是采用《目录》构件设计的标准住宅,所需混凝土构件不少于3 000个品种。而采用统一《目录》构件的住宅,总共只需780个品种。

波兰的W70开放体系是以模数构件组合的。体系编制者经过深入分析以后,选定模数网格为600×600,设计网格为600×1 200,开间方向为12Mo、进深方向为6Mo,所有内外墙板均按网格有规律地变化。由于采用了带活动边模和芯模的模板生产构件,因而能很好地适应这种要求。楼板宽度为1.2、1.8、2.4 m三种,可以适应各种进深的变化。实践证明,该体系选用的设计网格符合规律性,因而提供了国际合作的可能性。波兰和前东德建立了合作关系,前东德采用与W70体系相似的原则编制了WBS—70体系。

2)构件尺寸规格调整的方法

虽然不少住宅体系中,已有尺寸规格定型的模数构件,但在实际设计过程中还需根据不同情况,依据模数网格进行调整。此外,大多数不符合模数尺寸的部件也需要进行调整。

从尺寸调整的手法上来看,可把工业化住宅构成的材料分成多个部分。网格和构成材料之间的调整,可从中央进行调整或从周边进行调整。单网格的调整可以以中心为单位,把网格起点设定在中心位置;双网格则以周边为单位进行调整。

例如,若使住宅平面坐标网保持不动,墙的中心线置于网线上,它表示房间尺寸将是非模数的;坐标网保持不变,墙的一个面配置在模网线上。墙的这一边是完全合乎模数的,而另一边则是非模数的;用"中间区"将坐标网隔开,使实际墙厚度与相应的模数厚度之间出现差异。于是,房间尺寸便完全是模数的。不符合模数尺寸的非承重部件,采用前两种方法;承重墙来说,实际上采用所有三种方法。

尺寸调整的对象首先考虑附加价值较高的部品(如整体浴室),而今后需要持续更换的部品,优先进行尺寸规格的调整。某些类型的构件,例如墙体构件,为了达到一个功能构件的总长度(墙的长度,往往是由一个一个的构件组装在一起的。适当地选择这种构件的尺寸,就能在组合上达到功能构件所要求的任何模数尺寸体量)。但是,另一些类型的构件,例如楼板构件,并不能采用相互叠加的方法来构成一面楼板的自由跨;一种特殊的楼板构件必须按要求跨度生产。因此,为了满足各种模数间距(modular interval)的要求而生产这种构件(单一构件)往往是不经济的,必须重新做选择。

(1)网格与墙体尺寸的调整方法

在运用模数网格进行住宅设计的实践中,模数网格与墙体尺寸的调整有以下6种方法:

方法A:采用设计网格的墙体布置方法,种类繁多。在单线网格的交点上设置立柱和墙体骨架柱,并在柱与柱之间嵌入墙壁的这种方法中,墙壁的长度虽然相等,但是,交点处必须设柱,当墙壁呈直线连续状设置时,这种方法就不一定适合了。

方法B:在以墙壁中心线构成的网格上单纯设置墙板(墙中心线控制法),虽然只要隔断墙的宽度与网格一致就行,然而在墙壁会交的节点部位,必须设置尺寸短的墙板。

方法C:类似钢制隔断墙墙板的做法,将墙板的表里两面分开制作,这样便可增加标准宽度墙板的比率。

方法D:将隔断墙的墙板端部加工成45°角,只用一种墙板便可以构成各种平面图案。不过墙板的结合部将会变得很

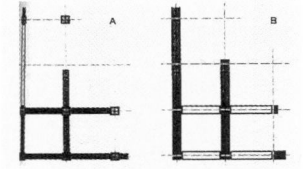

图6—22 网格与墙体尺寸的调整A、B

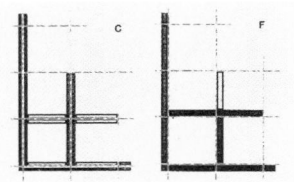

图6—23 网格与墙体尺寸的调整C、F

(图片来源:(日)日本建筑学会编.新版简明住宅设计资料集成[M].滕征本等译.北京:中国建工出版社,2003.6.P139.)

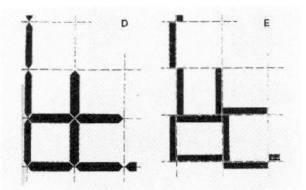

图6—24 网格与墙体尺寸的调整D、E

复杂,实际工程很少用到。

　　方法 E:按照壁面控制的方法,将墙板的一面沿网格布置,此时,汇交的墙板在网络的交点处形成"卍"形排列,虽然只要一种墙板就够了,但是,难以布置出常见的连续墙。

　　方法 F:适当选择墙板在网格上的位置,尽管在布置平直的连续墙时,也需要短墙板,但是数量可以大大减少。[①]

　　(2)水平板件及墙壁的尺寸的调整方法

　　在运用模数网格进行住宅设计的实践中,水平板件及墙壁的尺寸的调整有以下 6 种方法:

　　方法 G:室内地面和顶棚之类的水平板件如能在设计网格中,按照网格间距的约数来排列和布置的话,便可用尺寸相同的板材铺设任何面积的地面和顶棚。

　　方法 H:当墙壁是按照中心线控制法布置,而且还要在墙壁之间铺设水平板件时,必须使用扣除墙壁厚度的板材。若是墙壁的间距多于一个网格时,再使用相同尺寸的板材铺设时,就会出现间隙。

　　方法 I:当墙壁布置在双线网格中时,虽然可使网格尺寸与板材尺寸相一致,但布置方法没有任何改变,仍会出现间隙。

　　方法 J:如果要不留缝隙地将水平板件铺满,并且严实合缝的话,必须使用尺寸不同的板件。

　　方法 K:如果能将供铺设水平板件用的网格与隔断墙间距之间的倍数关系加大,就会增加网格间距与同样大小板件的使用比率。当墙壁围成的是一个正方形时,如取比率为 7,此时,与网格尺寸相同的标准板件将达到半数。当比率取为 12 时,标准板材可达 7 成左右。

　　方法 L:如果只将墙壁按双线网格布置,那么全部都是标准板材了。[②]

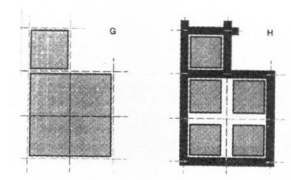

图 6-25　水平板件及墙壁的尺寸的调整 G、H

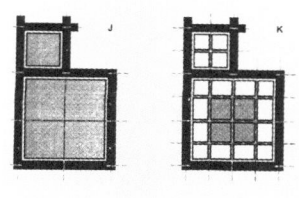

图 6-26　水平板件及墙壁的尺寸调整方法 J、K

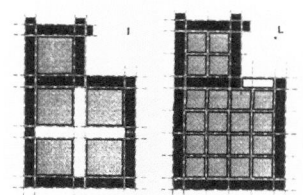

图 6-27　水平板件及墙壁的尺寸调整方法 I、L

(图片来源:(日)日本建筑学会编,新版简明住宅设计资料集成[M].滕征本等译.北京:中国建工出版社,2003.6.P139.)

---

① (日)日本建筑学会编,新版简明住宅设计资料集成[M].滕征本等译.北京:中国建工出版社,2003.6.P139.
② (日)日本建筑学会编,新版简明住宅设计资料集成[M].滕征本等译.北京:中国建工出版社,2003.6.P139.

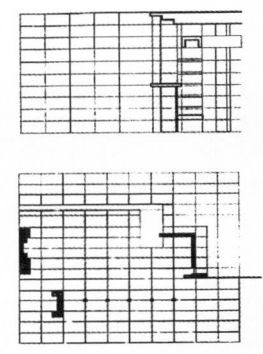

图6-28 赖特设计的美国风住宅的格网系统

（图片来源：Justonly.赖特住宅建筑风格分析——美国风usonian［EB/OL］. http://www.abbs.com.cn/bbs/post/view?bid=1&id=4363619&sty=1&tpg=15&ppg=1&age=0#4363619, 2004-09-15.）

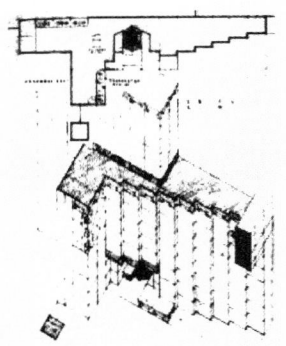

图6-29 赖特设计的理查德·劳埃德·琼斯住宅，火炉细部设计，1929年

（图片来源：（美）肯尼思·弗兰姆普顿著，建构文化研究——论19世纪和20世纪建筑中的建造诗学［M］.王骏阳译.北京：中国建筑工业出版社，2007.07.P112、P117.）

3. 模数设计网格的应用

如果说模数系统可以有因地制宜的变化的话，那么无论哪一种模数系统都不仅是为了满足经济、适合大众和机械化生产和节省人工成本而使用的一种手段，而且在同样程度上也是一种建筑概念的体现。

1）赖特的模数设计网格

赖特早期的木构建筑与晚年的织理性砌块结构建筑一样，都是建立在模数关系的基础之上的。总的来说，赖特使用的织理元素一般为格形或者方形，但是从中西部森林时期（the midwestern Forst Period）的3英尺方格到加利福尼亚州织理性砌块住宅的16英寸方格，再到20世纪30年代和40年代的美国风住宅（the Usonian house）墙面上出现的13英寸宽的水平木板凹槽，这些元素的模数尺寸都不尽相同。[1]

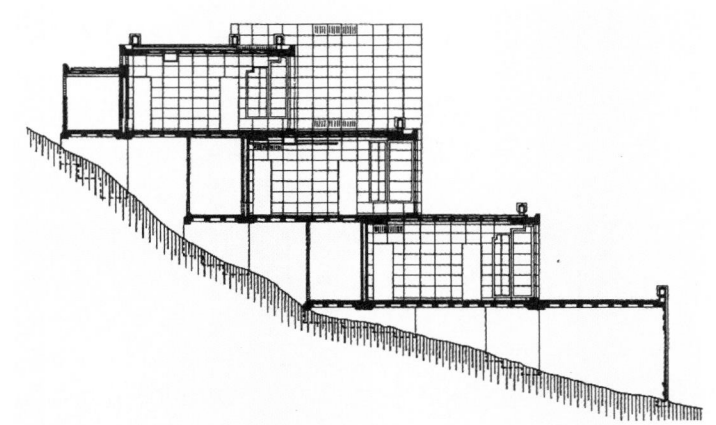

图6-30 赖特设计的亚利桑那州桑·马科斯沙漠住宅剖面，1927年

（图片来源：（美）肯尼思·弗兰姆普顿著，建构文化研究——论19世纪和20世纪建筑中的建造诗学［M］.王骏阳译.北京：中国建筑工业出版社，2007.07.P112.）

2）勒·柯布西耶的"模数"系列

勒·柯布西耶运用文艺复兴时期达·芬奇的人文主义思想，演变出一套"模数"系列，这套"模数"以男子身体的各部

---

[1] （美）肯尼思·弗兰姆普顿著，建构文化研究——论19世纪和20世纪建筑中的建造诗学［M］.王骏阳译.北京：中国建筑工业出版社，2007.07. P106.

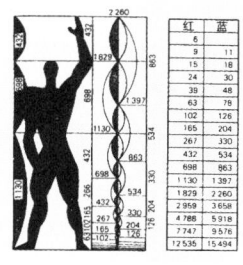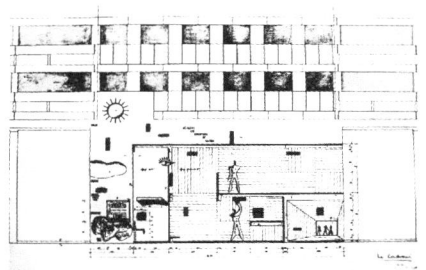

图6-31　勒·柯布西耶的　图6-32　马赛公寓"模数"系列示意图
人体尺度

（图 片 来 源：W. Boesiger. *Le Corbusier*［M］. Zürich: Verlag für Architektur
（Artemis），1995: P177-197.）

分尺寸为基础形成一系列接近黄金分割的定比数列，他套用
"模数"来确定建筑物的所有尺寸。

　　勒·柯布西耶创制的以人体为依据的基本模数是根据
人体尺寸与数字结合的方法创制的。作为设计的基本尺度是
以：包络高举手臂的人体的2倍正方形；人体各部的黄金比；
身高183 cm的人等为基准，根据从183 cm的正方形与被正方
形所形成的菲伯纳齐数列推导出了两个尺度体系：红色数列：
43 cm、70 cm、113 cm及蓝色数列：86 cm、140 cm、226 cm。[1]

　　3）辛德勒住宅系统的模数设计网格

　　辛德勒住宅系统有两个理性规划与构造的优点：在建造
过程，所有构件的位置及尺寸都是明确的。使空间形式可以
被想象于三维系统中。起先采用尼尔盖瑞特（Neal Garrett）的
混凝土壳构造系统，盖瑞特的系统是5英尺的模数，但R.M.辛
德勒认为尺寸是建筑师的选择，他发展出一套比例系统："空
间参照框架"以4英尺为基本单位，再以1/2、1/3、1/4去细分。
选择这个尺寸有两个原因：以人体数字（6英尺）来满足房间、
门以及天花高度；4英尺的材料是当时加州可提供的最常见的
标准尺寸。[2]

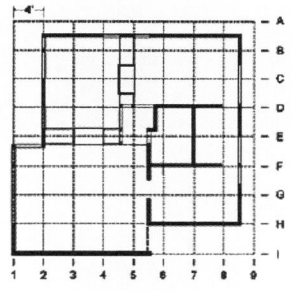

图6-33　辛德勒住宅系统的
基本平面，不包括车库

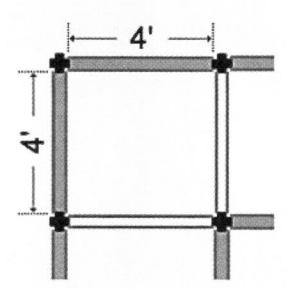

图6-34　辛德勒住宅板柱构
造系统4英尺的模数

（图 片 来 源：JIN-HO PARK. An
Integral Approach to Design
Strategies and Construction
Systems R.M. Schindler's
"Schindler Shelters"［J］. Journal
of Architectural Education. Volume
58 Issue 2, 2006-3-13. P29-38.）

---

① （日）日本建筑学会编, 新版简明住宅设计资料集成. 滕征本等译. 北京：
中国建工出版社, 2003.6.P18.
② JIN-HO PARK. *An Integral Approach to Design Strategies and Construction
Systems R.M. Schindler's "Schindler Shelters"*［J］. Journal of Architectural
Education. Volume 58 Issue 2, 2006-3-13. P29-38.

4）法国新样板住宅MAI LLE的模数设计网格

1972年，法国住房部进一步要求样板住宅必须在建筑设计或建筑技术方面有所创新，选中的方案称为"新样板住宅"（Modèle Innoration）。1973—1975年，全国共选了25种新样板住宅。上图是MAI LLE样板住宅方案的模数设计网格。

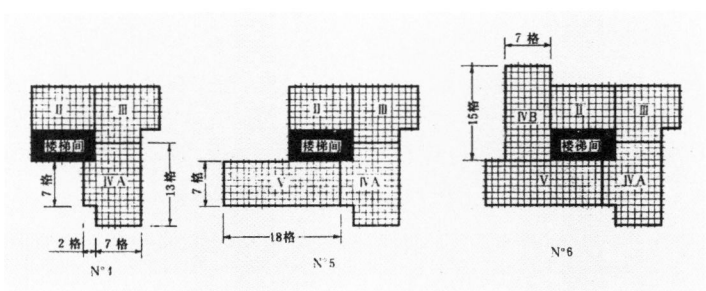

图6-35　MAI LLE样板住宅楼层平面组织过程示例

（图片来源：法国工业化住宅的设计与实践［M］.娄述渝，林夏编译.北京：中国建工出版社，1986.2.P32.）

5）日本住宅的模数设计网格

（1）木造框架体系的都市和农村房屋的开间方法

日本住宅的模数设计网格种类很多，其中有代表性的当属一直沿用的木造框架体系的都市和农村房屋的开间方法。

农村房屋的开间方法为以江户为中心的地区一直沿用的网格设计体系，所以，也称为关东开间法。柱子立在3尺（910 mm）间距的单线网格的交点上。尽管对于木造框架体系的组装是一种清楚明了的手法，然而，榻榻米的尺寸将随着房间大小的不同而有所改变，这种网格设计体系便于按墙壁中心线的面积计算。

都市民房开间法在关西地区也被称为正宗开间法，为了使3尺1寸5分×6尺3寸的榻榻米能够紧密无缝地铺入，将柱子的净距统一定取为955 mm的倍数。柱子的领域统一定为4寸，所以又可称为双线网格法。当住宅的南北两侧的房间数目不同时，双线网格就不能合拢了，不过，通常的做法是利用走廊和壁橱等将其调整过来。

同样是8块榻榻米的房间，按都市民房开间法和农村房屋开间法设计的结果，房间大小相差近两成。按农村房屋开

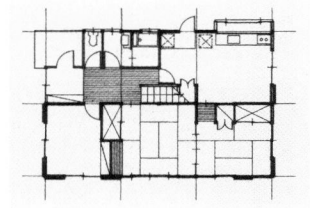

图6-36　日本农村房屋开间法平面设计实例

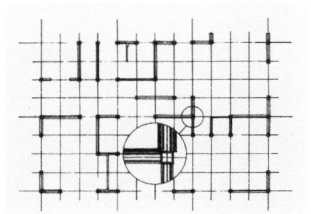

图6-37　日本农村房屋开间法模数设计网格

间法设计的开间尺寸,在走廊和楼梯方面都说没有多少余地,但是现在,用于住宅上的木料尺寸都是以农村房屋开间尺寸作为主要对象确定的。在工业化的建造方法中,也是采用农村房屋开间尺寸体系的居多。此外在不同地区也存在着各式各样的尺寸控制方法。

　　日本的公寓式集合住宅中,完全用承重墙作为隔断的情况是很少见的,而是与木制或其他材料的轻型隔断墙同时并用的。在这种情况下,钢筋混凝土墙的尺寸调配和轻型隔断墙的尺寸都使用同样的网格来进行就不妥当了。如果将承重墙至于双线网格中,那么对于室内空间来说,承重墙的内表面就成了控制面,室内空间的尺寸保证是网格的倍数,再在室内空间中,采用中心线控制法来配置轻型隔断墙,这就大大方便了室内各类构件的尺寸调配。[①] 即便是按照这样的网格法进行承重墙的设计,那么,在浴室单元和厨房配套装置等的主体结构或构件的尺寸调配上,也还要增加许多考虑,因为市场出售的制品(通用配件)未必能够与网格尺寸相符。

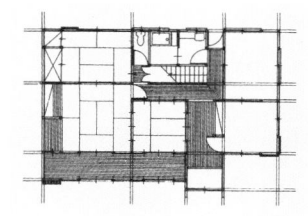

图6-38　日本都市民房开间法平面设计实例

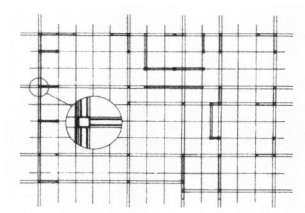

图6-39　日本都市民房开间法模数设计网格

(图片来源:(日)日本建筑学会编,新版简明住宅设计资料集成[M].滕征本等译.北京:中国建工出版社,2003.6.P138.)

图6-40　日本钢筋混凝土承重墙式集体住宅(清水建设)

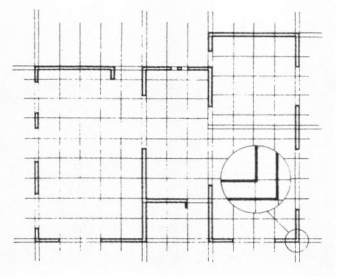

图6-41　日本钢筋混凝土承重墙式集体住宅模数设计网格(清水建设)

(图片来源:(日)日本建筑学会编,新版简明住宅设计资料集成[M].滕征本等译.北京:中国建工出版社,2003.6.P138.)

　　(2)百年住宅体系的模数设计网格
　　日本百年住宅体系的模数设计网格采用,柱网:600×

---

① (日)日本建筑学会编,新版简明住宅设计资料集成.滕征本等译.北京:中国建工出版社,2003.6.P138.

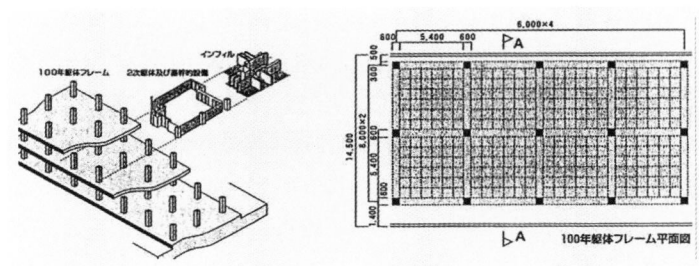

图6-42　日本百年住宅体系的模数设计网格

600 mm；楼板：900×900 mm的布置方法。

　　（3）NEXT 21的模数设计网格

　　"试验集合住宅NEXT 21"为了满足住户多样化需要，采用与一般多层工业化住宅不同的统一协调模数网格体系，来调整控制各住宅部件的组合关系。一般多层工业化住宅只考虑结构部件的标准化，而开放体系的"NEXT 21"既要考虑结构部件与填充体部件尺寸大小的协调，又要考虑定位关系。在考虑结构部件标准化的基础上，考虑室内空间与部件之间的协调性。"NEXT 21"住宅利用网格体系实现尺寸的调整，特别是对需要调整尺寸的对象部件，设置了有效的网格体系，来实现尺寸上的调整。其尺寸的系列有150 mm、300 mm、450

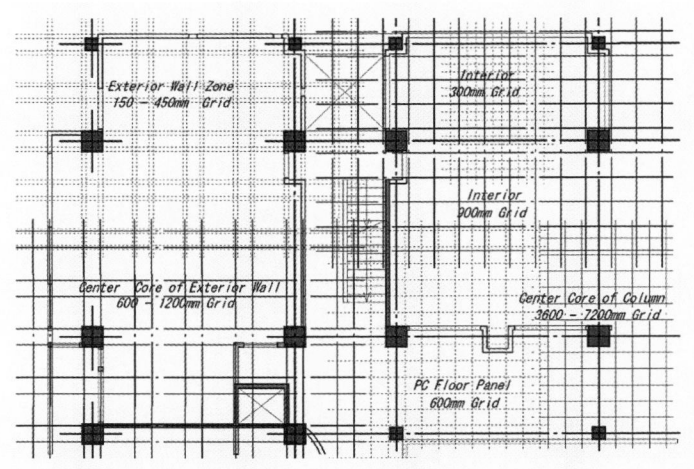

图6-43　NEXT 21的模数设计网格

（图片来源：开彦.中国住宅产业化及标准化历程与展望［PPT］.2008-04-03.）

mm、600 mm、700 mm、900 mm、1.2 m等等。具体来讲,它的躯干的柱子的中心位置的尺寸是3 600 mm和7 200 mm的组合。也就是说15公分是基本的尺寸。

主体柱轴线的位置依7.2 m与3.6 m两种跨度构成的柱网进行配置。调节控制外墙位置的是150、450 mm的网格,450 mm网格的中心线与住宅主体的结构柱轴线的位置一致,150 mm网格中心线决定外墙的配置。住宅主体的柱截面按750 mm×750 mm考虑,柱表面与外墙表面相一致,这样外墙的中心线形成600 mm网格与主体网格错半格。内装修网格按适于住宅设计的900 mm网格设定,网格与主体网格错半格。

6）荷兰的模数设计网格——SAR方法

荷兰建筑师哈布瑞根提出的工业化住宅设计理论—SAR方法。它首次将住宅的设计与建造,明确划分为骨架和可分开的灵活构件两个范畴。

根据这种概念产生出两种不同尺度的构件形式,即较大的主体结构构件和较小的内部隔断,并常相应以两种不同大小的模数网格来决定构件尺度。可以将决定主体构件尺度的网格称为外围网格,将决定内隔断尺度的网格称为内部网格。为了克服主体结构墙厚的影响,取得内外网格的统一,便于内隔断的划分,内部网格采用了各种布置方式。如SAR方法内部网格就是一种很特殊的形式。基本尺度为3M。划分为

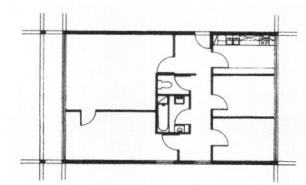

图6-44　欧洲集体住宅平面图

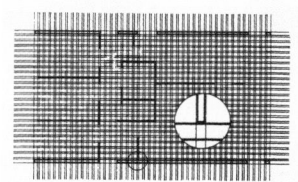

图6-45　欧 洲 集 体 住 宅（SAR方法）模数设计网格

（图片来源:(日)日本建筑学会编,新版简明住宅设计资料集成[M].滕征本等译.北京:中国建工出版社,2003.6.P138.）

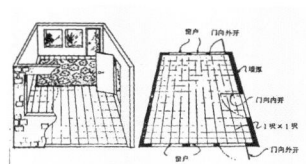

图6-47　伦 敦 艾 德 莱 德 路（Adelaide）支撑体住宅,向住户发出的基本空间平面资料之一

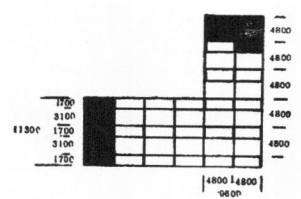

图 6-48　帕 本 德 莱 希 特（Papendrecht）支撑体住宅模数设计网格

（图片来源:鲍家声,倪波.支撑体住宅[M].南京:江苏科学出版社,1988.4.P17.）

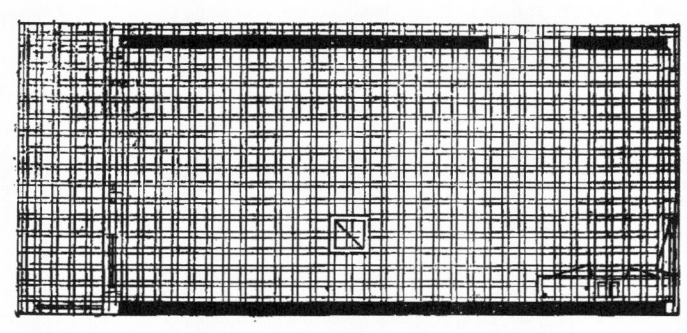

图6-46　荷兰安格布尔格住宅单元支撑体平面

（图片来源:鲍家声,倪波.支撑体住宅[M].南京:江苏科学出版社,1988.4.P25—28.）

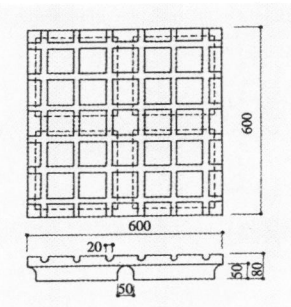

图6-49 MATURA 填充体部品体系格子状板块的尺寸

（图片来源：(日)松村秀一著,住区再生[M].范悦、刘彤彤译.北京：机械工业出版社,2008.07.P33.）

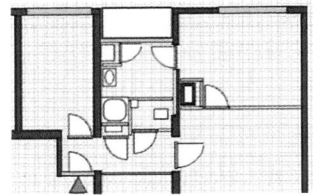

图6-50 运用 Matura Cad 软件可进行 MATURA 体系的快速设计和可能的规格测算

（图片来源：The MATURA System, an overview[EB/OL],www. habraken.com,2008-11-12.）

图6-51 原西德新家乡体系住宅

（图片来源：陆仓贤.西德"新家乡"住宅建筑体系[J].世界建筑,1980(2).P7.）

20 cm 和 10 cm 两部分,构成宽窄相间的网格形式。由这种网格确立一般构件的布置原则。各构件端部必须布置在所有宽 10 cm 的条带范围内,也就是把 10 cm 条带作为构件相互调整的范围。根据这项原则,从各式各样的构件布置结果中产生出的空间尺寸总是 30 ± 10 cm,因而参加设计的人员便于既考虑构件宽度和厚度尺寸,又使用了 30 cm 这个模数尺度,从而方便了构件的划分与连接。

SAR 方法如图所示,建于 1976 年的伦敦艾德莱德路支撑体住宅基本空间平面资料、建于 1977 年的荷兰莫利维利特住宅的模数设计网格和建于 1982 年的荷兰克安布尔格(Keyenburg)住宅模数设计网格。

20 世纪 80 年代开发的荷兰 MATURA 填充体部品体系(Matura Infill System)为住宅提供一套完全预制、非常灵活的室内系统。其基础构件"格子状板块"和整个系统的设计都继承了荷兰 SAR 住宅的模数设计网格。

7)匈牙利大板体系的模数设计网格

20 世纪 70 年代,匈牙利大板体系其外围网格取 9Mo,内墙以中线定位,外墙轴线距内皮为内墙厚度的一半,内墙厚 15 cm,外墙厚 30 cm,这样在墙轴线之间的净空均由 1.5Mo 网格构成。其内部隔断、壁柜和较大的卫生设施均按 1.5Mo 布置,同样取得外围网格和内部网格之统一。

8)原西德新家乡体系的模数设计网格

前西德 20 世纪 70 年代的新家乡体系在现浇大开间住宅体系中采用了净模的形式。它吸取了 SAR 的设计方法,但没有采用 SAR 的轴线定位方式和内部网格形式,其内外网格的网目是一致的。为了取得扩大模数的内部网格,便于简化内部构件。一般来说,净模对内分隔构件简化有利,墙中线定位对主体构件简化有利,两者各有利弊。①

新家乡体系采用 6M 的扩大模数(1M=10 cm)。建筑参数为净模尺寸。开间为净 7.2 m,进深为净 12 m。在进深方向的中央部位设置一根水平基线,基线的一侧布置厨房和卫生间,

---

① 李耀培.扩大模数及其网格在工业化住宅设计中的应用[J].建筑学报,1982-08.P39-44.

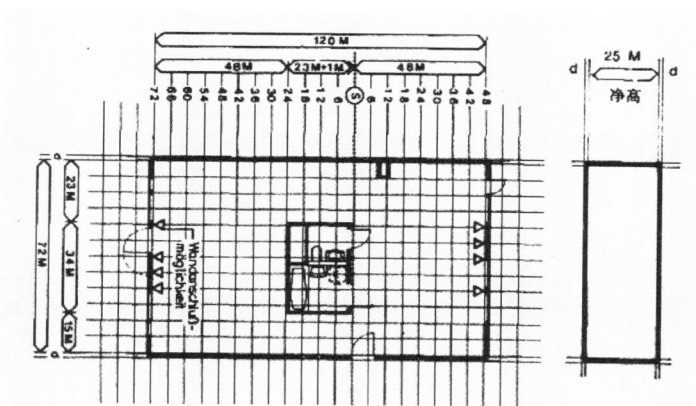

图6-52 原西德新家乡体系的建筑参数：平面参数和竖向参数

(图片来源：陆仓贤.西德"新家乡"住宅建筑体系[J].世界建筑,1980(2).P7.)

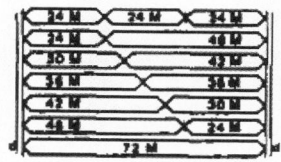

图6-53 原西德新家乡体系的基本模数网格

(图片来源：李耀培.扩大模数及其网格在工业化住宅设计中的应用[J].建筑学报,1982-08.P39-44.)

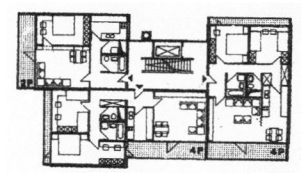

图6-54 新家乡体系单元住宅组合示例

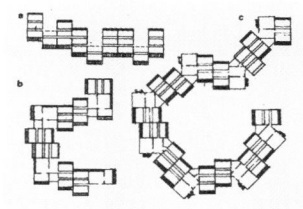

图6-55 新家乡体系单元组合方式

(图片来源：陆仓贤.西德"新家乡"住宅建筑体系[J].世界建筑,1980(2).P7.)

另一侧为交通走廊，两者组成了固定的中心区域。中心区两侧布置居室，可按6Mo选取不同进深。其使用对象大多数户型为3～5口之家，每户有效面积约为80平方米。开间具有4种组合方式：3×2.4 m、2.4×4.8 m、3.0×4.2 m、2×3.6 m。进深12 m划分为3个区域：两边为住房，中间部分为定型的湿区（浴室、卫生间）。选择净模的建筑参数的优点是增加了一部分使用面积。尤其是对开间2.4 m的卧室，非常有效。6M的模数网格是楼板构件和轻质隔断的规格型号少，重复使用量大，有利于构配件的大批量生产。竖向参数（层高）为了节省材料，只有2.5 m。[1]

9）波兰主要体系的模数设计网格

20世纪70年代，波兰7个主要体系选用了不同的模数设计网格[2]：例如，波兰什切青体系为大板体系，在12Mo网格中选用4 800×4 800、2 400×4 800两个面积块，各种户型的组成均由基本面积块相互结合而成。根该体系编制了49个5层和11层的单元式、内廊式和点式住宅单元实例，灵活单元组合在一定程度上消除了大板住宅造型呆板的弊病。

① 陆仓贤.西德"新家乡"住宅建筑体系[J].世界建筑,1980(2).P7.
② 李耀培.扩大模数及其网格在工业化住宅设计中的应用[J].建筑学报,1982-08.P39-44.

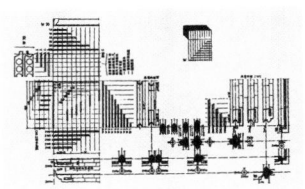

图6-56 20世纪70年代波兰W70体系的建筑构件

（图表来源：李耀培.扩大模数及其网格在工业化住宅设计中的应用[J].建筑学报,1982-08.P39-44.）

表6-4 20世纪70年代波兰7个主要体系模数设计网格的运用

体系名称	工艺方法	模数网格或模数面积块
W70	大板	1 200×600 网格
什切青	大板	基本面积块 4 800×2 400、4 800×4 800
SBO	框架	600×600 网格
SBM	大模	600×600 网格
WUF-T	大板	基本面积单元 1 500×4 800
OWT-67	大板	基本面积单元 5 400×4 800
WWP	大板	基本面积单元 5 400×5 400、5 400×4 800

（图表来源：李耀培.扩大模数及其网格在工业化住宅设计中的应用[J].建筑学报,1982-08.P39-44.）

10）其他运用模数设计网格的例子

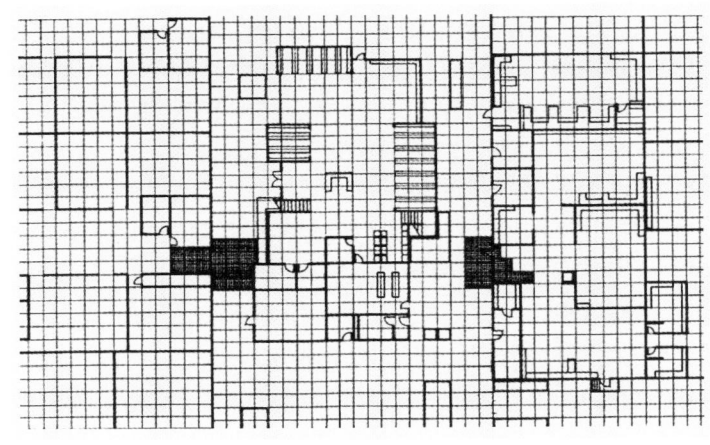

图6-57 应用模数设计网格的某住宅平面图2

（图片来源：开彦.中国住宅产业化及标准化历程与展望[PPT].2008-04-03.）

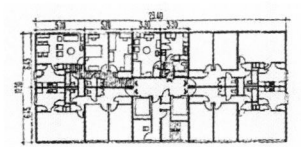

图6-58 英国某标准住宅设计,用定型单元组成的标准层平面

6.4 设计方法：从定型单元到开放构造设计

6.4.1 定型住宅设计法

工业化住宅发展早期的标准化住宅,以"住宅单体（楼幢)"或"套型"为定型单位。灵活性差，工业化程度很低。但它们在外形上的区别不大，从而也决定了大量建造居住区的千篇一律。另一问题是新建城市面貌呆滞刻板。随着工业化住宅建筑设计的发展，所采用的设计方法也越来越多，归纳起来主要有"定型单元组合法"和"定型构件组合法"两种方法。

1. 定型单元组合法

定型单元组合设计法是由一些定型的单元体组合成一幢幢住宅。定型单元组合法一般设计一种或几种定型单元，由定型单元组合成不同户室比，不同面积标准的组合体。每套单元组合体在结构平面布局上有统一参数，它们本身又是多样化的，组合的方式也是多样的。例如，直线方向的组合可以取得连续不断地向两个方向发展的住宅体型，三个方向或四个方向的组合则可取得变化更多的住宅体型。

定型设计系列明细表是由一套单元组合体形成的。考虑到家庭人口组成、不同朝向和建筑艺术上的变化，利用这些单元组合体可以拼成不同长度、不同形状、不同层数以及立体轮廓交替变化的住宅。

应该指出，在实践中采用这种方法，必须解决拼接的专门问题，这与设计、施工方法及施工组织有关。当设计具体街坊时，考虑到构图的需要以及具体的建设条件方向、地形、人口组成等，在单元组合体目录中选择所需要的单元组合体的类型。在施工图阶段，即可方便地采用单元组合体拼接整幢建筑。这时需要把所有的设计文件分成可变部分和不变部分。根据具体建设条件，可变部分的图纸是可以修改的，如地基图、工程设备管网图、外墙装配图以及住宅内部或附设在外部的服务性房间的配套图。不变部分是不依赖于具体条件而可多次重复使用的单元组合体的图纸。因此，必须明确地把不变的界线确定下来。

最后，设计的组合工作只要在所指定的组合中粘贴加工订货表，根据具体条件挑选所需要的方案并累积单元组合体的各种指标。对房屋的工程设备部分进行房屋管网计算。房屋的管网标在被粘贴的加工订货表上，并附有连接街坊外网位置的指令。这样，一幢建筑的全部设计可压缩成数量很少

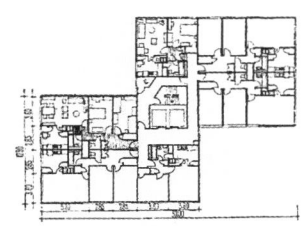

图 6-59　英国某标准住宅设计,错开的组合体平面

(图片来源:陈登鳌.试论工业化住宅的建筑创作问题——探索住宅建筑工业化与多样化的设计途径[J].建筑学报,1979/02.P6-11.)

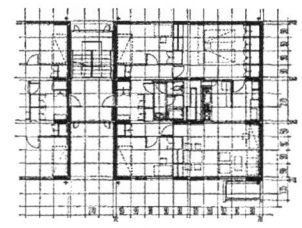

图 6-60　日本某装配式大板住宅以一户为定型单元的布置

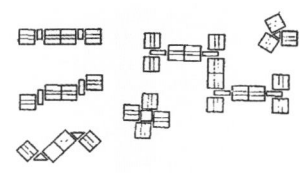

图 6-61　日本某装配式大板住宅用一户为定型单元组成的几种平面组合

(图片来源:窦以德.工业化住宅设计方法分析[J].建筑学报,1982/09.P57-61.)

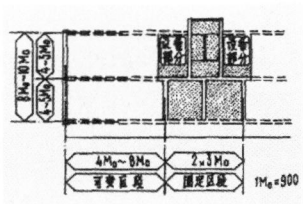

图6-62　日本PC—东急试验住宅的可变与固定区段

(图片来源：窦以德.工业化住宅设计方法分析[J].建筑学报，1982/09.P57-61.)

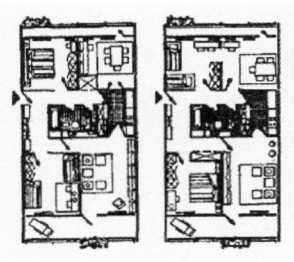

图6-63　前西德新家乡住宅体系平面布置1、2

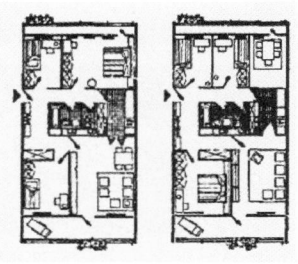

图6-64　前西德新家乡住宅体系平面布置3、4

(图片来源：陈登鳌.试论工业化住宅的建筑创作问题——探索住宅建筑工业化与多样化的设计途径[J].建筑学报，1979/02.P6-11.)

的一套图纸，并集中了全部必要的资料。[①]

1）以"户"为定型单位的设计方法

在工业化住宅设计中为了争取更大的灵活性，打破以"住宅整体"为定型单位趋向：采用较"住宅整体"更小的定型单位，通过组合的方法，达到较大的设计灵活性。

这种方法系以一户作为完整的定型单位，一般在组合时户并不跨越定型单位。户与户都采用相同的布局（有时也有用面积相同的数种定型户型，以求得户型变化），构件、部件均按户而定。户间则依靠交通部分联系构成房屋。这种方法的优点是构件等完全统一，由于每户都有两个朝向，组合灵活，形成的住宅类型与房屋体型多样。但采用这种方法是有条件的。首先当每户需占有两个朝向时（即除长内廊住宅类型外），每户就要有足够的面积，否则户的单位块的开间或进深尺寸就要受到限制，或用地上不经济，或内部空间不够大而欠灵活。此外，在室内空间处理上如无大开间灵活隔断的设置，户型则显得单一。所以如采用以户为单位的组合方法则多用大开间灵活分隔以实现多样变化。另外，在组合时由于以户为单位，户间不易连通，对面积的发展变化适应性差。[②]

例如：英国某标准住宅的建筑设计，把每一户作成定型单元，其中将厨房、卫生间、壁柜、管井等均作成定型设计，使其具备构配件统一生产及施工安装方便的条件，而后将定型单元布置成不同的组合平面，使之在工业化建造的前提下获得灵活多变的效果。

日本的一种工业化住宅设计，以一户为一个定型单元，把定型的厨房、卫生间等设于单元的中心部位（所有房间均靠外墙面），使各种管道集中敷设在中跨管井内，避免了分散设置、增加管线和预制楼板留洞过多而增加板型。将插入式楼梯间作为两个单元的连接体，然后灵活组成多种组合体。

2）以"部分单元"作为定型单位的设计方法

这种方法的特点是将一个居住单元按照其功能、结构或

---

① 李德耀.苏联工业化定型住宅的设计方法[J].世界建筑.1982-03.P62-66.
② 窦以德.工业化住宅设计方法分析[J].建筑学报，1982/09.P57-61.

设备区划沿纵轴分成数段,成为更小的定型单位,然后利用这些"条块"按严格的组合规则(如外墙、内墙与门洞均要对正)组合成不同户型的住宅。定型单位一般是按功能内容,如交通部分、居住部分或按其所包含的设备、构件内容的繁简程度不同来划分的,如将包含有厨、厕间以及垂直交通枢纽的部分划归为一个单位,以求得统一。

例如:日本的PC—东急试验住宅方案所采用的将单元划为可变与固定区段的方法和国内一些采用插入开间的做法都属此类。采用这种方法可以在构件、设备保持不变的前提下,形成户型在一定范围内的变化,房屋的长度可随建筑地段要求有所伸缩。[①]

前西德新家乡住宅建筑体系的设计,在一个定型单元的范围内用轻质隔断可灵活地调整房间布置,但定型的厨房、卫生间及管井不变,使其在整个主构件统一不变的条件下,做到了内部布置的多样化,也取得了较好的效果。

前东德WBS体系的住宅设计,以6.0 m×6.0 m为统一参数,在此范围内作成单元定型设计,装配式的厨房、卫生间设于中部,前后部房间可作灵活布置,并可灵活调整其户型。[②]

3)以"基本间"作为定型单位的设计方法

在墙承重的建筑结构体系中,基本间是由一个开间、一个进深和一个层高组成的基本空间,其平面形状一般为矩形,一个基本间内可包含若干住宅空间,如卧室、厨房、卫生间、走廊、过道、厅等。以"基本间"作为定型单位的设计方法的特点是以基本间为最小的定型化对象。它的提出主要是考虑到居住单元方案应有高度的灵活性以满足住户在功能上不断增长的要求。这种方法可归纳为以下个基本要点:

建立形成一套系列所必要的各种单元。它们在平面布局、结构以及构图上有共同特点;以必要的户型组合形成若干原始单元;在每个原始单元的基础上按朝向—立体—平面布局的各种变化,以最大的变化的可能性组成一套派生单元。

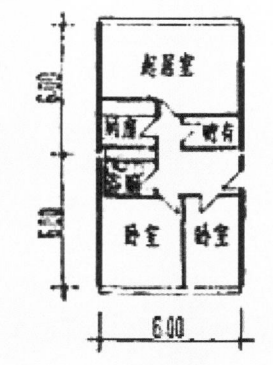

图 6-65　前东德WBS体系定型单元平面

(图片来源:陈登鳌.试论工业化住宅的建筑创作问题——探索住宅建筑工业化与多样化的设计途径[J].建筑学报,1979/02.P6-11.)

---

① 窦以德.工业化住宅设计方法分析[J].建筑学报,1982/09.P57-61.
② 陈登鳌.试论工业化住宅的建筑创作问题——探索住宅建筑工业化与多样化的设计途径[J].建筑学报,1979/02.P6-11.

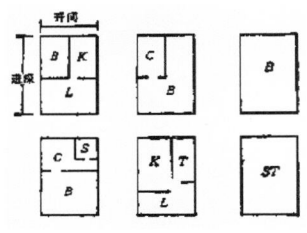

图6-66 常见的基本间

L：厅，S：储藏室，ST：楼梯，B：
卧室，T：卫生间，C：走廊，K厨房
（图片来源：孙家广，唐泽圣.
KAD——一个基于知识的住宅方
案计算机辅助设计系统［J］.计
算机学报1991年6月.P462.）

形成一系列必要的各种单元是一些原则性的方案。它们是设计工作者在设计系列的最初阶段所拟定的图。

通过这些单元可形成一套系列所必要的各种单元图，使之具有更大的灵活性，其基本方法是：增加结构—平面布局单体。可增加个别房间，也可增加一组房间；可以在任何方向重新布置原始单元的某一局部；在水平方向或垂直方向错接半单元。

原始单元是由一对定型的结构—平面布局组件围绕交通枢纽所组成的。每一个结构—平面布局组件本身在结构—平面布局上是一个完整的单体，体现为一户或二户的半单元形式，结构上可采用大板或盒子结构。

每种原始单元可以产生二种具有基本不同特点的派生单元。一种派生单元是根据空间—平面布局的变化而形成的。另一种是根据朝向的不同而形成的。其中每一种均可在平面上错接，有时为了增强立面的垂直感，可同时在水平及垂直方向错接。每种原始单元中的相邻住户，其起居室的朝向均布置在正立面，但其派生单元住户的起居室可以朝正面，也可以朝背面，甚至一个单元中正面、背面均有起居室。[1]

2. 定型构件组合法

定型构件组合法是根据大量住宅方案的分析比较和实际使用情况进行分析归纳，按着一定的模数系列，编制定型构件产品目录，同时确定组合原则。设计者可以查阅产品目录，选择定型构件组合各种需要的房屋。这种方法设计的灵活性比"定型单元组合"方法更大。虽然总的构件类型数目较多，但由于构件重复利用率大，组合的方案多，与若干种同时使用的定型设计相比，总的数量并不多。[2]

1）以"构件"为定型单位

为了进行大规模生产，工业化住宅不仅需要产品的标准化，而且需要产品的稳定性，即构件品种和数量及其相互关系的稳定，数量应当在一定时期内保持不变。

---

① 李德耀.苏联工业化定型住宅的设计方法［J］.世界建筑.1982-03.P62-66.
② 徐勤.工业化住宅建筑参数几个问题的探讨［J］.哈尔滨建筑工程学院学报,1982（4）.P68-80.

定型构件是住宅单元的一部分，从基础到屋顶，包括各种户型及建筑的其他功能部分，例如楼梯、电梯间，以采用统一目录中工业化定型构件为基础。每一个定型构件都是独立的，但在形成单元和整幢住宅时，具有与其他组件组合的可能性。

定型化的二次组件是指目录定型住宅单元，是由定型构件组合体所形成的。编制定型化一次和二次组件应当在及时地拟定安排施工和设计的计划的基础上进行。为了按照预定时期编制生产计划，就要拟定基本的成套的定型住宅单元。在这些基本的成套的住宅单元中包括相互有关的定型构件的全部类型。这些类型与房屋工厂的年生产和施工的年平均安排相适应。在基本单元基础上利用定型构件必要的组合拟制一些派生单元，这时，同时处在生产中的定型构件的总数应该是持久不变的，而且与生产规划相适应。

例如，前东德在工业化住宅的系列化问题从以下方面着手：首先把构件系列化，可以从构件目录系列中，选择组成不同标准单元体，构成不同的平面和体型。另外把建筑部件，例如：单元门入口、阳台、楼梯间、厨房、卫生间、特别是外墙板的装修种类及色彩，均结合工业化生产手段在标准化的同时又达到系列化。这样，建筑师就可以在系列的范围内进行选择组合设计。①

前苏联为了解决城市规划多样化和生产有机性之间的矛盾，拟定和采用统一构件目录能满足城市规划多样化的需要，保证构件一览表的稳定性。莫斯科建筑设计院同苏联国家及莫斯科大板房屋建造机构，共同拟定了一种新的设计—生产体系，称之为"目录空间—平面布局组件设计法"。它能在统一目录构件及较高水平标准化的基础上，保证建筑的多样化。这种方法的基本目的是在构件目录和品种数量最少的前提下，保证生产的节奏性和稳定性，以达到城市规划和立体—平面布局多样化要求。解决办法是把两三个"目录空间—平面布局组件"的组合体拼装成目录住宅单元和不同层数及平面布局的住宅。②

2）以"结构单元块"为定型单位

一个结构单元块，即由四面墙体与楼板等构件构成的一个不变几何体。从尺度来看，结构单元块有时与一个建筑空间单元等大，但有时还可以包括两个或更多的房间。

以波兰的WUF—T体系为例，即是以面积模数（单元）来组合房屋的。体系的编制者在综合考虑了每户建筑面积指标、房间尺度与结构工艺等各方面因素后，选定1.5×4.8 m的"块"作为基本面积单元，这个单元也正是其基本的楼板单位尺寸

① 魏永生.东德工业化住宅建筑的多样化[J].住宅科技,1982/07.P13-14.
② 李德耀.苏联工业化定型住宅的设计方法[J].世界建筑,1982-03.P62-66.

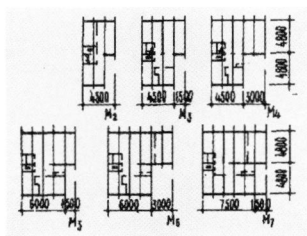

图6-67 波兰WUF—T体系的基本单元

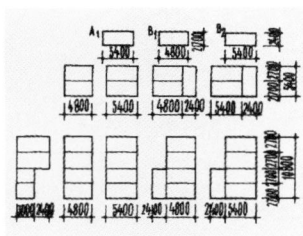

图6-68 波兰WWP大板体系：A1、B1、B2三种面积模板及组成的户型

（图片来源：窦以德.工业化住宅设计方法分析［J］.建筑学报，1982/09.P57—61.）

（1.5×4.8 m纵墙承重），这样就使得建筑与结构两方面因素有机地结合起来。之后，利用这一基本面积单元去组成不同标准类别的户型，这一面积块既是组成房屋的最小因子也是形成不同户型的基本面积单位。

这种以"块"作为定型单位的方法已将定型单位缩至一个结构的基本单位。基于房屋是由若干基本结构单元构成的规律，通过功能分析找出各种建筑空间单元与结构单元间的尺度关系，综合考虑结构、施工等问题，选定合理的单元块参数然后依据一定的连接工艺技术水平，对这些块的组合规则加以规定，即可通过这些块的组合形成其有多样变化的住宅房屋。

这种方法适于在要求严格控制每户面积指标，建筑工业化生产水平不是很高，采用中、小开间结构体系的条件下使用。由于设计定型的块体可以在纵、横两个方向组合变化，所以该方法具有足够的灵活度。

在以"块"作为定型单位的设计方法中，"块"的选定十分关键，必须使这个块既有组合的灵活性又具有统一构件的典型性，否则这个"块"就失去了作为基本定型单位的意义了。要使"块"具有组合的灵活性和统一的典型性，解决好外墙、厨厕设备以及内墙开洞、隔断设置等涉及建筑布局，结构构件统一等问题是十分重要的。此外，影响到组合灵活性的另一重要因素就是块间的组合方式。这一问题直接关系到使用、经济和技术工艺、结构的可能等多方面因素，举足轻重[①]。

6.4.2 开放住宅设计法

1961年哈布瑞根教授提出支撑体住宅理论："支撑体是房屋的基本结构，住宅就建在其中，买一架住房内部的装修、变动或拆除可独立自如地进行而不牵连他人。"首次提出了将住宅设计和建造分为两部分——支撑体（Support）和可分体（Detachable Units）的设想。该理论提出后，在欧洲（联邦德国、法国、意大利、英国、瑞士等）和一些发展中国家中不断得

---

① 窦以德.工业化住宅设计方法分析［J］.建筑学报，1982/09.P57—61.

到反响。1980年代后,SAR理论向开放建筑理论演进。主要是发展建住宅层级的营建系统,以建筑结构体的设计作为提供个别空间自由变化的手段。1990年代以后开放建筑逐渐被一些发达国家作为住宅建设的主要模式加以研究并推广。

开放住宅明确区分支撑体(S)和填充体(I),具有居民参与、结构体耐久、空间使用容易更新等资源循环的可持续发展特质。日本借鉴开放住宅原理探索新型的可持续住宅建设以及产业化的模式,取得很大成果,成为当今工业化住宅设计的领军国家。

1. 开放住宅的二阶段设计过程

二阶段供应住宅(TWO STEP HOUSING SUPPLY,TSHS)是基于定型化的住宅格局与实际居住情形的脱节,固定的房型不可能符合变动的居住者,引用SAR的支架体/填充体理论将集合住宅分成"公、共、私"三种空间属性而由不同的主体与流程来控制其内容。与之对应的二阶段住宅设计过程,就是将住宅设计划分为开发商设计和用户设计两个阶段。

第一阶段——开发商设计。主要是设计住宅的公共性、安全性较高的基础、主体和共用部分。该阶段设计是在调查研究的基础上,通过设定典型家庭和典型生活,确定该住宅项目的目标市场定位,进行住宅项目的框架设计。如确定住宅建筑的外形形状和尺寸、基础形式和埋深、主体结构形式和尺寸、围护结构形式、建筑物的耐久性和隔音、防水性能、公共空间和公用设施的确定、水、电、暖气等设备的种类等。第一阶段设计要求满足公共安全和耐久性,符合有关法律法规的规定,能够长期为用户安定的生活提供物质上的支撑,同时为用户的多样化、个性化生活提供一个平台。

第二阶段——用户设计。用户设计是在第一阶段商家设计的基础上,通过入住者与设计小组之间的设计商谈来实施。在房屋预售(或集资)确定入住者之后,设计者通过面对面交谈、问卷调查或会议等形式,全面了解住户对住宅的空间分隔、细部装修、设备、价格等的要求,然后按照用户的要求进行住宅的细部设计,在可能的条件下最大限度地满足用户的多样化、个性化要求。

通过二阶段设计,既可以保证建筑物的结构安全性、城市规划对住宅建设的要

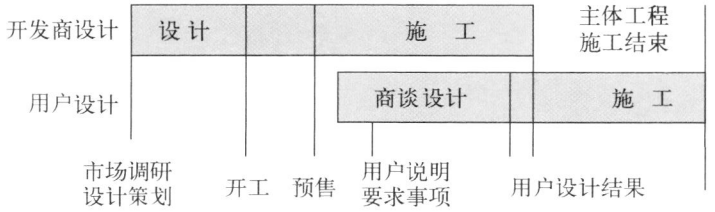

图6-69 工业化住宅的二阶段设计过程

求，又可以最大限度地实现用户对多样化、个性化居住需求的追求，也为解决长期以来存在的"二次装修"问题提供重要途径。二阶段设计适用于企业按照市场需求和预测进行住宅开发时的设计过程。

2. 日本SI住宅的设计

1）日本SI独栋小住宅的设计

（1）SI独栋小住宅结构骨架技术

为了实现小住宅的长寿命化，需进行提高结构骨架的物理耐久性的技术开发及分隔墙、住宅部件、设备机器等的内装、设备的填充体的技术开发。以下是以此理念为基础将都

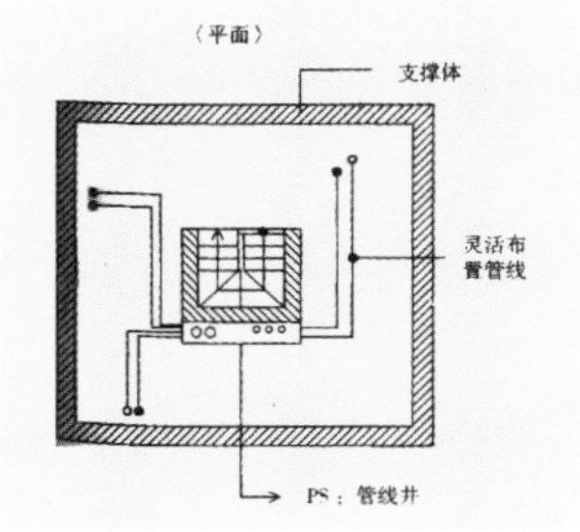

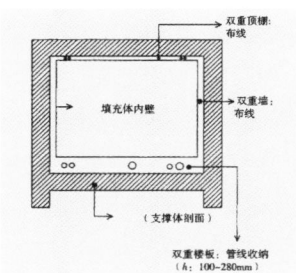

图6-70　SI独栋小住宅：支撑体平面示意图

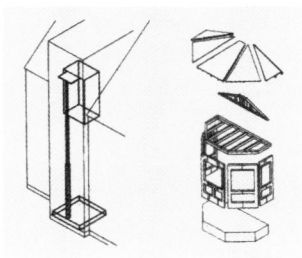

图6-71　SI独栋小住宅：支撑体剖面示意图

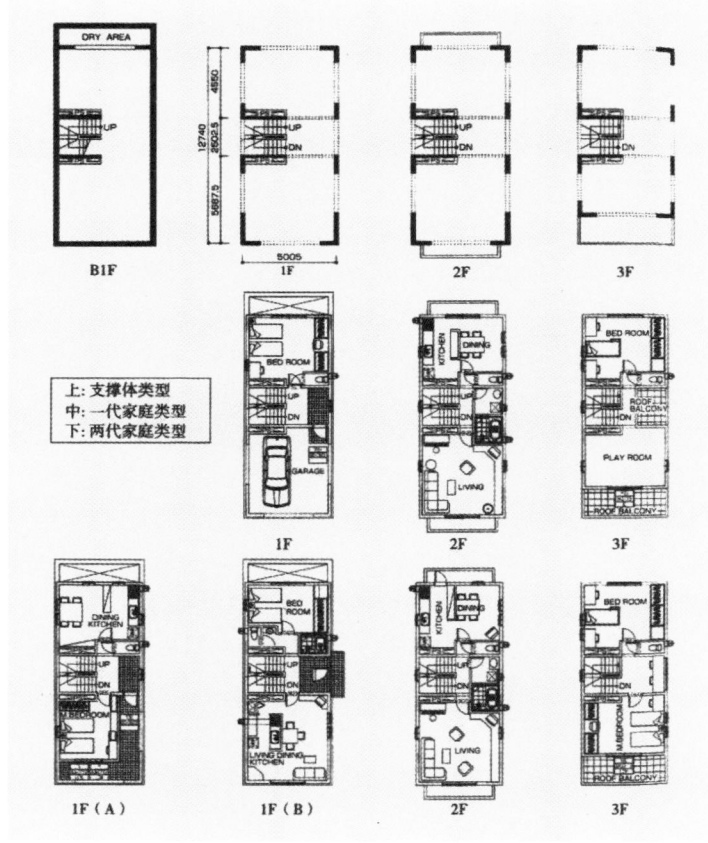

图6-73　结构支撑体的布局及填充体进行改变的实例

（图片来源：日本住宅开发项目（HJ）课题组编著，（日）松树秀一、田边新一主编.21世纪型住宅模式［M］.北京：机械工业出版社，2006.9.P84.）

图6-72　SI小住宅增设电梯

（图片来源：日本住宅开发项目（HJ）课题组编著，（日）松树秀一，田边新一主编.21世纪型住宅模式［M］.北京：机械工业出版社，2006.9.P85.）

市住宅的承重部分的布局及填充体进行改变的实例。采用了即使"合和分"发生了变化也不会对结构形成影响的"支撑体的开口部分"的方法。而且使顶层或水平方向上的支撑体的增建成为可能的。

支持小住宅的长寿命化的技术开发有以下几种类型：2×4做法，适合于改造、翻新的住宅系统。在日本，运用2×4做法建造的住宅在近20年内已达到60万户。

轴组（木构架）住宅的长寿命化技术：为了延长木制小住宅的寿命，要在主体部分（支撑体）使用耐久性良好的材料，还要提高连接部的结构性能。包括住宅的主体S部分的长寿命化的材料开发和居住方式可以自由变换的木制轴组（木构架）系统两方面。

混凝土结构（RC）工业化住宅的结构体的长寿命化技术：在调查中了解到混凝土结构（RC）工业化住宅大约在建造30年后被拆除重建。这并不是因为主体结构性能的劣化而引起的，而是其机构体无适应生活周期需求、户型的改变以及增改建的需求。为了经得起长久使用有必要提供一种能适应家庭结构变化及用途变化的自由度大的空间。

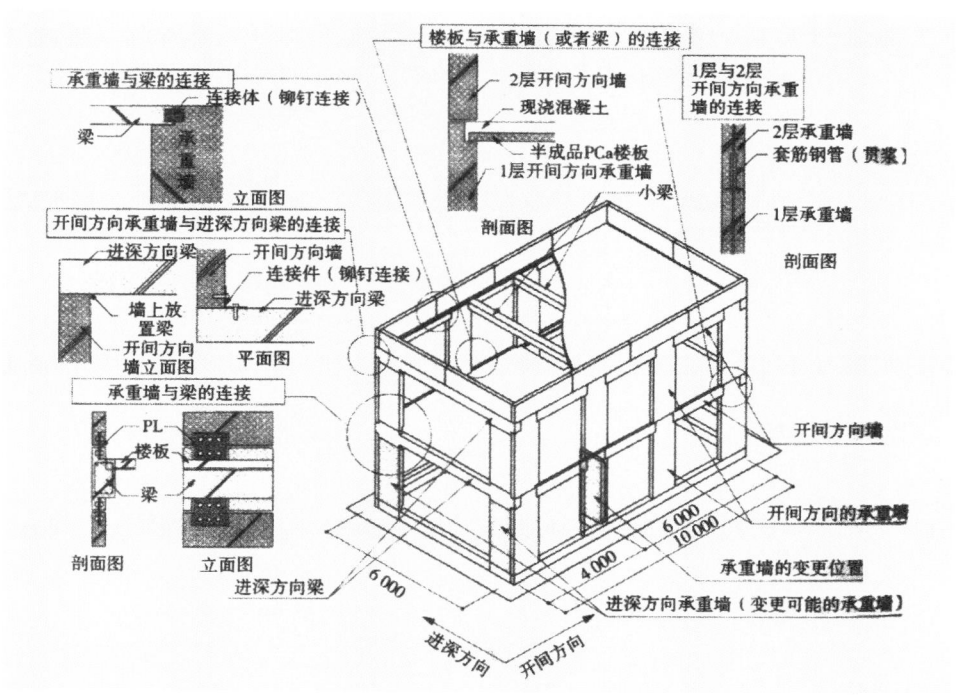

图 6-74 混凝土结构 SI 小住宅实现长寿命化的技术构法

（图片来源：日本住宅开发项目（HJ）课题组编著，（日）松树秀一、田边新一主编.21世纪型住宅模式〔M〕.北京：机械工业出版社,2006.9.P91.）

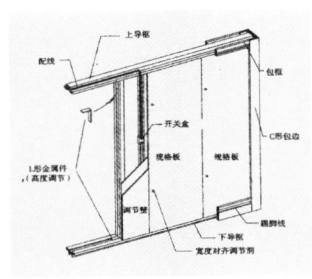

图6-75　SI住宅简易分隔墙
板轴测图

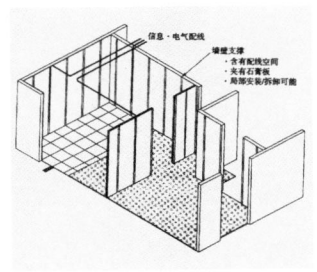

图6-76　SI住宅网络及电气
类配线通过空间的想法

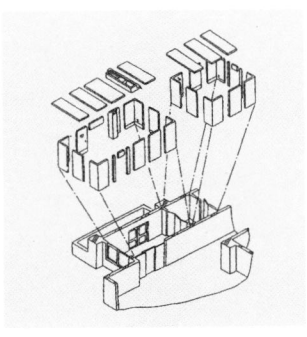

图6-77　SI小住宅室内组装
式的室内装饰系统概念图

（图片来源：日本住宅开发项目
（HJ）课题组编著,（日）松树秀
一、田边新一主编.21世纪型住宅
模式［M］.北京:机械工业出版
社,2006.9.P101,103.）

（2）SI独栋小住宅填充体(Infill)技术

日本住宅开发项目（HJ）课题组开发了简易分隔墙的技术,适应改造、翻新的住宅产品的技术,适应改造、翻新的室内组装式装修系统的技术及开发了提高厨房设备机器的生活周期性能的技术等。

这些长寿命化的填充体技术并没有包罗所有的填充体构成部件,还有诸如储藏、房屋门窗设备、厨房卫生间设备等技术。按这种新的填充体构法的思路来实践的话,有望实现住户全体的填充体的LCC的大幅降低。而且为使住户内装填充体构成系统能长期保存下去,要让整个填充体构成系统经过10年、20年以至到60年以后,仍能适应改造、翻新的变化,它的部件供给、施工系统及维护系统的机能是缺一不可的。

① 简易分隔墙

在SI住宅中,使用简易（DIY）的分隔墙可以确保大的空间以适应生活周期的变化。这种用在改造、翻新中的简易分隔墙比通常分隔墙的施工费用降低20%。现有的顶棚、地面几乎无损伤（只有螺栓眼）,可以灵活地展开。规格板材可以再使用,废材少。配线、开关等都集中在调整壁上,可以变更、增加。易调整横向、高度。可安装市场上销售的开口材料（门）。

因为主要部件大部分都实现了规格化,在施工现场调整工作,只要使用锯或电动竖线锯缩短（调整壁的）长度及宽度,或用电动旋具拧紧螺栓来进行固即可。施工上比以往的分隔墙施工时间缩短了30% ～ 40%。

② 适合改造、翻新工程的住宅产品

在考虑墙、顶棚系统的时候,如何恰当地安装与信息、电气配线、供水、供热水、排水等配管的对接是非常重要的。

考虑到要把信息、电气配线安装到墙壁或顶棚里面,配线可以从顶棚内和每隔一定间隔设置的龙骨中通过,也可以从那里取出和拆卸下来这样施工不用波及或拆卸已装修完毕的关联部分,只需电气部分的专职人员就可以改装配线。厨房卫生间的墙、顶棚部分,由于空间的限制比较大,没有必要将这部分与全部系统进行整合,所以排除在外。

③ 改造、翻建时的室内组装式的室内装饰（内装）系统

适应生活周期的变化的室内装配式的改装系统是保持原有的居室内装修的基础上，在其内部将住宅室内重新进行组装的系统。完全不进行拆卸改造施工，无需费用，施工的工种及工时也减少了。在使用了一定的期间后进行拆卸，组装成别的类型的房间，由此可实现的LCC减少10%。

系统的构成可以分类成"地板材+壁板材+顶棚+开口部施工+设备施工"。不需要因为设备的设置而发生的现有的主体及内装的拆卸改造施工，如给排水系统只需与现有的设备露出的配管连接就可以解决。开口部的处理，也不用考虑现有的窗户尺寸，而采用规格尺寸的窗户嵌进系统。板材可以装配事先组装好的电气、通信线及供水、供热水配管，必要时可以连接到配线、配管在居室内利用。

居室的形状尺寸是各种各样的，所以首先设定主要构成板材的基本尺寸，其他局部的、个别尺寸的板材也可以在工厂进行加工，从而提高了生产效率。基本板材的尺寸设计长为2 200 mm，宽为450 mm。①

④ 提升厨房设备机器的生涯周期循环性能的技术

厨具与建筑主体是独立设置的，改装时，可以只局部地更换损伤部分及部件。门及橱柜等材料在工厂进行加工，所以用十字旋具就可以用DIY方式完成组装。而且，门板材、橱柜隔断构成也可以自由变换。

2）日本SI集合住宅的设计

（1）SI集合住宅结构骨架技术

SI集合住宅的承重结构部分，在提升其地基、骨架混凝土、外装、屋顶防水等基础部位耐久性的同时确保其安全性（防震装置）。

（2）SI集合住宅填充体技术

为了适应居住者在房间布局及改变内部装饰等方面的多种需求，考虑老化时改造的便利性，需做好以下三方面的设计。灵活的设计：在计划、建设阶段，可以适应居住者的需求

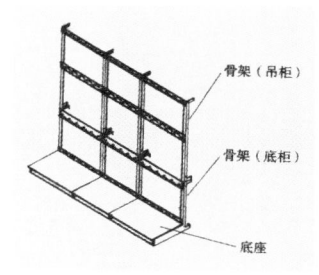

图6-78　SI小住宅厨房安装框架

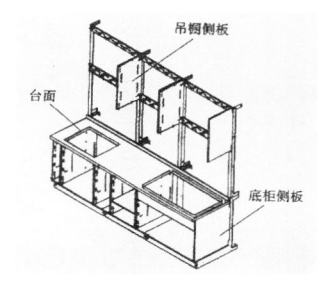

图6-79　SI小住宅厨房台板等部件

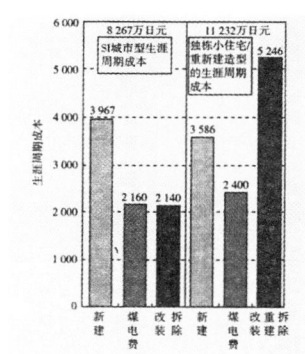

图6-80　SI小住宅LCC概算结果

（图片来源：日本住宅开发项目（HJ）课题组编著，（日）松树秀一、田边新一主编.21世纪型住宅模式[M].北京：机械工业出版社，2006.9.P103~104、P86.）

---

① 日本住宅开发项目（HJ）课题组编著，（日）松树秀一、田边新一主编.21世纪型住宅模式[M].北京：机械工业出版社，2006.9.P104.

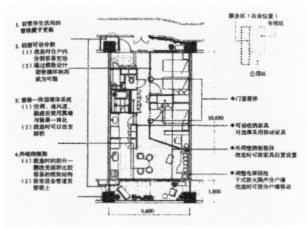

图6-81　SI集合住宅适合改造的户型平面和技术要素

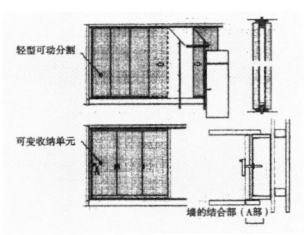

图6-82　SI集合住宅填充体系统：轻型可动分割、可收纳单元

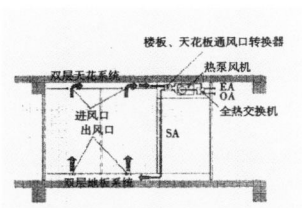

图6-83　SI集合住宅填充体系统：适合自由平面的空调系统

（图片来源：日本住宅开发项目（HJ）课题组编著，（日）松树秀一、田边新一主编.21世纪型住宅模式［M］.北京：机械工业出版社，2006.9.P116.）

及住宅供应商的各种事业计划。适配的设计：当家庭人员构成发生变化，或设备机器、内部装饰等功能或性能下降时，能比较方便地加以修理、改造。前瞻性设计：为了使建筑物在30年甚至50年后也能继续使用，在设计时留出余地，以应对将来户型单元规模及用途发生变化时的需求，可称之为超越时代的设计。

具体来说，包括可在平面、断面两个方向进行空间设计的户型单元系统，可应对生活方式、生活阶段变化的集合住宅系统，可轻松地重新进行改造的顶棚、分隔墙系统，以及厨房卫生间设备系统。

① 可在平面、断面两个方向自由进行空间设计的户型单元

这种内装生产系统和构成部件系统，可灵活地对户型单元进行设计，方便地进行增扩建、部件更换，生产率高。它不仅追求房间布局的灵活性，还可以在断面方向自由地进行空间设计。具体来说，由轻型可动分隔墙和可动收纳单元、简易施工双层地面系统、顶棚单元基底系统等构成。另外，作为设备系统，可根据房间布局变化自由进行调整的空调系统，及利用了户型单元内双层地面空间的省资源型户型单元内排水系统，以及可以实现居室内任意位置配线的电缆布线系统，窗框一体型外墙系统（系统外墙）等。

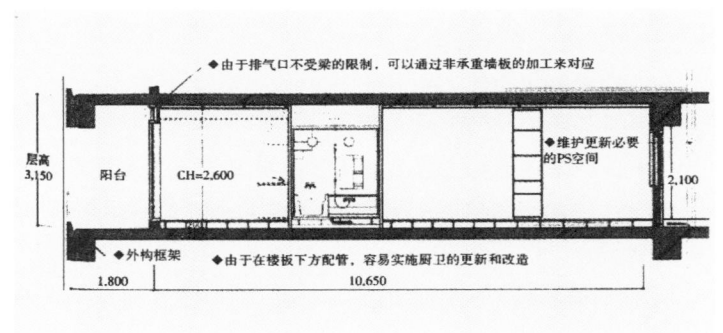

图6-84　SI集合住宅适合改造的户型断面和技术要素

（图片来源：日本住宅开发项目（HJ）课题组编著，（日）松树秀一、田边新一主编.21世纪型住宅模式［M］.北京：机械工业出版社，2006.9.P115.）

② 可适应生活方式、生活阶段变化的集合住宅

为了适应居住者生活方式、生活阶段的变化，SI住宅构件

开发了可变分隔墙、新配线系统、可由居住者自行选择厨房卫生间变更位置的自由选择（freechoice）系统。

为了配合不同使用目的、部位的性能要求，有以下三种可变分隔墙可供选择：可由居住者自己移动设置的简易壁；已安装好配线的标准型；用于厨房卫生间等处提高了隔声性能的高性能型。

自由选择系统，作为 SI 住宅对应型设计手法，将在某种程度上限定了厨房卫生间变更位置的"分区自由方案"（zoning free plan）和完全自由的"全自由方案"（all free plan）的设计手法相比较后，在较易实现的"分区自由方案"基础上，开发出了使用计算机（CD-ROM）的自由选择"Free Choice 系统"。

在本系统中，将每一户型单元分割为"起居"（living）、"私密"（private）、"设备"（utility）三个区域，通过让用户自行选择并组合各个区域，使其可以选择符合自己生活方式的设计方案。不只是在购买住宅时可以选择最佳方案，在重新改造、翻新需要考虑变更设计方案时也能提供参考。

③ 实现顶棚、分隔墙系统重新改造

包括低成本化的一般型和为今后改为商用预留出多次重新改造余地的 SOHO 型两种。SOHO 型的顶棚和分隔墙可以逐单元安装、拆卸，表层更换后犹如重新进行了装饰。另一方面，由于一般型采用的是无法在表层保持的以往的装饰方式，所以需要重新贴壁纸。房间布局变更可以通过移动单元式可动分隔墙实现。

④ 灵活的厨房、卫生间设备系统

通过提高厨房、卫生间空间的配置自由度，可以提供高灵活性的居住空间，提升住宅的保值性。因此，将配管设备小型化（省空间＋集成化）；可自由布局（在任何地方均可设置＋模数化）；可方便地施工（DIY＋多能工化）。

系统采用压送泵强制排水，可以节省空间，提升设计自由度。将厨房、卫生间空间系统化，减少了施工时的限制，便于重新改造。厨房、卫生间的安排消除了因排水坡度引起的设备位置限制，在任何位置都可以简单地配置厨房、卫生间。

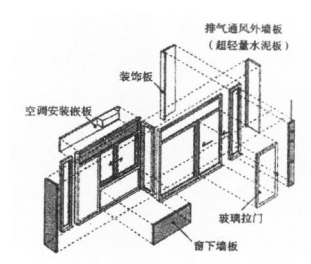

图 6-85 SI 集合住宅填充体系统：窗扇一体型墙体系统

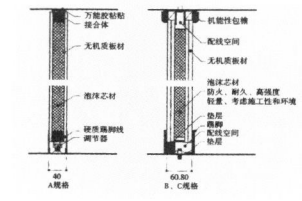

图 6-86 SI 集合住宅填充体系统：三种类型的可变墙体

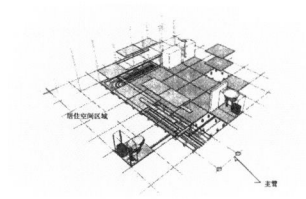

图 6-87 SI 住宅灵活的厨房单元

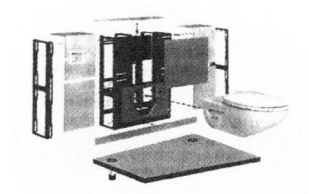

图 6-88 SI 住宅灵活的厕所单元

（图片来源：日本住宅开发项目（HJ）课题组编著，（日）松树秀一、田边新一主编.21世纪型住宅模式［M］.北京：机械工业出版社,2006.9.P124.）

6.4.3 开放式界面的构造设计

1."弹性使用"与"使用者参与"的构造要求

建筑构造（Construction）可谓是一种接合的艺术与技术，构造是物质构成的规律，也是形式组合的逻辑。其构成或组合的空间位置即界面。"构法"侧重材料组合，以大样设计为主；"工法"侧重材料组立，以工程设计为重。构造在空间位置上的界面关系类别可分为元素间的及构件间的两大类。依界面的构造意义区分出四种不同的接合情况，乃与力学作用、工程性质及形式要求有密切关系，称之为"接合形态"。其属性有：接触（Contacting）、定位（Positioning）、固定（Fixing）、承重（Bearing）四种。

在工业化住宅发展史中，结合建筑系统的发展，"弹性"的构造设计一直是设计师们追求的目标。"弹性"是个范围很宽的字眼，它意味着可适应各种状况，而这种"弹性"的实现，一方面依靠"构成"而非"塑性"的构造设计来实现，另一方面，当它面对"使用者"时，使用者所需要的弹性就是"选择"、"改变"及"成长"，而这些唯有透过"使用者参与"才能做到。

1960年代以前所谓的弹性，只是以有限的构件、特制的结构系统与接头设计来提供有限的弹性，实际上选择的多样性并不多。例如，"构成"式的构造方式在美国有独特的发展，2′×4′的木材尺寸，配合钉子，发展出气球骨架（balloon frame）和板柱（platform frame）的结构系统。欧洲地区一直要到铁材出现，在构成式构造的应用上才有明显的发展。随着工业革命的来临，使得系统化（包含构件化与标准化）及预制技术的发展突飞猛进。

勒·柯布西耶在提出所谓新的建筑构造系统的概念时，已有提供多样选择之想法与作法，可谓为"使用者参与"观念的始祖，并埋下"弹性使用"的种子。1926年，勒·柯布西耶将"多米诺住宅"在帕萨库的集合住宅（Cité Frugés, pessac, Bordeaux）中进行试验。但由于受限于个案的特殊情况，均是建筑师自己的想法，并不真正了解使用者如何参与，因此多年后被证明是失败的。

包豪斯在格罗皮乌斯领导下也致力于开发新的建筑系统，其中包括"弹性使用"的可能性，例如多样选择、增建延伸、活动隔间墙等。

英国受勒·柯布西耶与包豪斯的影响，于1930年代至战后期间在苏塞克斯（Sussex）、赫特福德（Hertfordshire）等地及1960年代"地区特定计划组织（CLASP: Consortium of Local Authorities Special Programme）"等组织所建造的学校建筑，强调结构跨距的多样性及基地配置的适应做法。在当时的条件下，构件种类有限。

1970年代，美国加州的"学校营建系统发展计划（SCSD: School Construction Systems Development）"致力于多用途开放空间的使用，有可移动的隔间墙及家具,但使用者并不清楚或熟悉该功能。同期受其影响的英国"都会教育建筑组织"
（MACE: Metropolitan Architectural Consortium for Education）也为弹性使用的目的
开发了精致的接合方法与接头设计,以增加构件组合的多样性,但以特殊的专用的
系统为依归,使用者难以改变。

由上述分析可见,在工业化住宅的发展过程使住宅建筑构造技术有很大的改
变,但并不彻底:元素或构件是已经达到一定程度的预制化,但界面处理并未预制
化。20世纪70年代能源危机使构造的热学性能有所改进,但界面处理方式只是
更复杂一些。直到1990年以后,开放建筑理论以发展建筑构件的界面构造技术
（interface technology）为主要课题,才将构造界面也纳入预制住宅的研究议题中。为
适应可持续性建造的复杂需求,开放的界面构造是其关键技术,目标是在整建与拆
除的过程中减少物质耗损及增加构件再使用的潜力,以减少环境的负荷及能源与资
源的消耗。

在开放性的工业化住宅中,构造应具有可逆性,材料可回收,但不是以再生的方
式。构造具有开放性,构造设计是为了改变,而不是为永恒。

2. 工业化住宅的开放构造

基于开放住宅的理论工业化住宅的构造应能够适应环境变化而实现的自主变
动。其构造的操作方式和构造属性如下所诉:

1）适应环境自主变动的构造

开放住宅的理论源自生活内涵的持续性"变动"。例如,因为住户换人、喜好或
需求不同而改变住宅平面布局;或随个人喜好为增加气氛而改装室内元素;因空间
不够使用而向外扩充、屋顶加盖、窗户出挑、扩建厨房等;或维修损坏、将耗损的设
备以旧换新,使其维持原有功能;用新产品,使功能升级或增加等等。而开放系统
营建之构造目的为方便而自主地变动。从技术层面来看,变动需要的构造技术可分
为以下六种操作方式:

（1）拆解

前述各种工程皆有拆解的动作,但拆解的方式可能是敲碎、切开或一一分解,视
构造方式、施工机具及工程要求而定。

（2）原物重组

此种操作主要用在"移位工程",但有时也会用在"维修更新工程";因为有时须
将欲更换的构造或设备之周围相接元素先拆开,更换完毕再将周围的元素组合回去。

（3）替换重组

此种操作是指原物与他物交换再组合起来使用,主要用在"改装工程"及"维
修更新工程"。重组时该物的种类可改变,但原有位置及接合尺寸不变,例如将木门
替换成塑钢门。

（4）变形重组

此种操作是将原物改变形貌后再组合起来使用，主要用在"改装工程"，有时亦会用在"维修更新工程"。重组时该物的形状、尺寸或材料皆可能改变，例如将二扇横拉窗改成四扇凸窗。

（5）累加式组合

此种操作是将新的元素与原有的组合起来，属于延续性的增加，不影响已有结构，主要用在"改装工程"及"增建工程"。但新元素与原有的种类相同，例如新增隔间墙、设置夹层。

（6）包容式组合

除了"拆除工程"，此种操作用在其他四种工程上。主要是指管线等设备，非构造物质，与建筑构造的组合是可有可无的，但当必须放在一起时，即如构件之一，故可视同构造的组合。

2）适应环境自主变动的构造属性

综观上述各种空间变动所需的技术操作方式，可知与传统的技术理念有很大的差异；空间变动的"弹性"不只来自空间设计，更重要的是构造的"可逆性"。环境自主变动的构造有以下三种构造属性：

（1）界面拆解性

拆解为改变的第一步；容易拆解才便于改变，因此可谓是构造开放性的手段。而拆解后元素或构件是否能再使用会影响重组的效果，因此为"重组"的先决条件。拆解的关键则在构造界面，与"界面类型"及"界面物"本身有关。

（2）界面重组性

各种重组或组合方式可增加改变的可能性，改变可能性愈多，使用之选择性就愈高，如此更能满足变动的需求。因此可谓是构造开放性的目的。重组的关键也在构造界面，与"界面类型"及"元素或构件"本身有关。

（3）构造包容性

针对设备的管线及出入口，因与建筑构造如影随形，配合构造的"拆解"与"重组"，管线及其出入口必随之拆解与重组；建筑构造与设备管线二者虽各为独立的个体，但彼此依附的关系实为另一种组合。此种组合关系并非如建筑元素或构件的组合一般具有必然性，是可有可无的，视需要而定。再者，建筑设备的技术日新月异，可能因技术发展而有组合上的变化，或增或减，难以预料。例如无线遥控技术可能使设备不再需要管线输送能源与资源，或有新发明的设备需要依附在建筑构造上，或固定家具与家电及建筑构造结合简化为一体。总而言之，构造需要容纳这些变化，才能有效适应生活环境变动的需求，在此称之为"包容性"。其关键也在构造界面。

综上所述,可总结工业化住宅适应环境自主变动的构造分析图,如下:

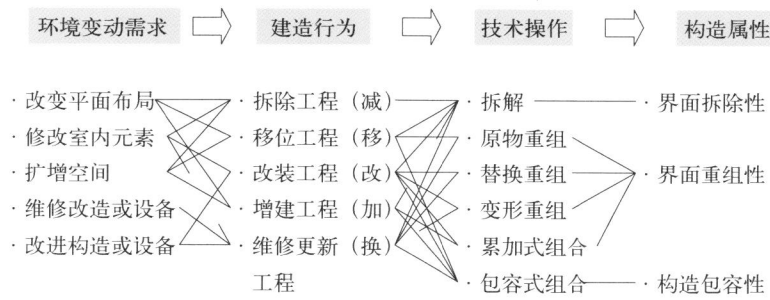

图 6-89　工业化住宅适应环境自主变动的构造分析图

(图片来源: 林丽珠.开放式界面之建筑构造理论[D].台湾: 国立成功大学建筑研究所,2002.P34.)

3. 开放式界面的构造设计原则

总而言之,开放式界面的构造应具有可逆性和开放性。

构造材料可回收,但不是以再生的方式。可逆性的内涵基本上是"拆解性"与"重组性"两者,从平衡资源利用的角度来看,"零废弃"及"重复使用"是更进一层的内涵。对于物质的逆循环而言,拆解为手段,重组为目的。为了回收,构造必须可拆解,但不是粉碎性地拆解为素材。为了再利用,构造必须可重组,包括设施管线在内。回收可减少废弃物,再利用可减少生产制造的物质用量,如此才能缩小可用物质流失的缺口(即最终处置),使自然环境形成良性循环。

构造设计是为改变,不非永恒。开放性是在市场上具有通用性,由尺寸协调以成就标准化或模块化的系统,可作互换组合或变化组合。这种通用性虽能提供多种组合的可能性,但基本上只提供启用时的一次选择的弹性,选择后的构造施工方式多是使永久不变。开放性不止于此,更重要的是为方便日后"改变"(change),而这改变是建立在环境层级的关系上。

开放性构造的主要特征为"形状的通用性""市场的兼容性""环境的层级性"及"物质组合的多样性"等,为了便于改变,必须辅以可逆的"拆解性"与"重组性"。开放性所提供的改变是人性化的、自主性的或参与式的构造。[①] 因此以界面为主的工业化住宅构造设计原则如下:

① 林丽珠.开放式界面之建筑构造理论[D].台湾: 国立成功大学建筑研究所,2002.P67.

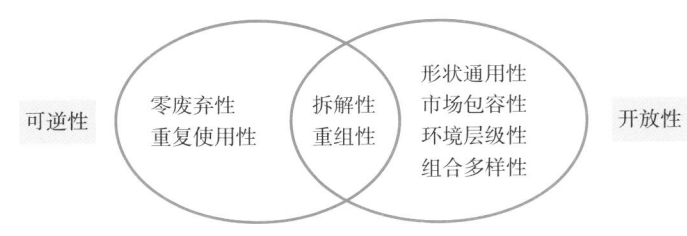

图6-90 可逆性与开放性关系图

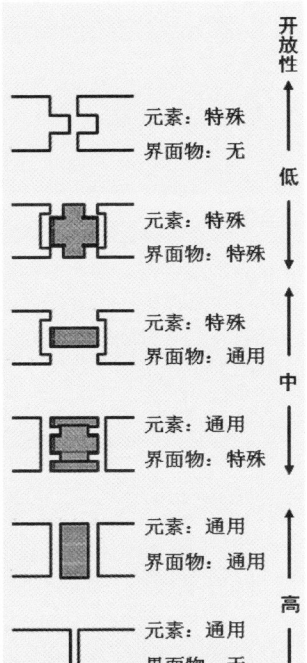

图6-91 构造界面类型的开放性

（图片来源：林丽珠.开放式界面之建筑构造理论［D］.台湾：国立成功大学建筑研究所，2002.P17.）

1）组件形式及特性

（1）构造材料或元素的"构成化"

从物质层级的角度来看，构造的接合是以"构成"的方式进行，这就意味着预制化。成品化是构造可逆的必要条件，有助于拆解。也就是说构造要可逆，第一步必须将材料成品化，但成品化并不表示就一定构造可逆，还牵涉到界面物的拆解性。

（2）元素或构件之形状与机能"简要化"

界面包括，界面是否具有开放性在于此界面物及相接元素的边缘二者之间的关系——界面类型。开放性界面的元素其接合面之形状要简单完整（generic in form），元素的机能则要独立且单一化（separate in function），同时元素本身之材料要坚固耐久（durable in material）。

（3）界面物系统化

随着隔热、隔音等物理性环境要求的精致化，界面物所扮演的角色已愈趋复杂与重要，甚至可能取代构件。元素或构件的发展有朝向简单化，而界面物的发展朝向复杂化的趋势，界面物甚至可自成一系统。其实，真正的开放系统不应只是元素或构件系统化，界面物也应予系统化。

（4）界面物之可拆解性

除了元素的构成化，若接合元素的界面物不可拆解，仍然无法做到构造的可逆。

2）组合关系

（1）元素与构件依环境层级与物质层级组合

界面的位置关系优先于界面的尺寸关系，因尺寸关系可调整与协调，但位置关系有特定的意义，影响构造的开放性。由于不同的环境层级其变动频率不同，开放性之标准可依环境层级而异；其中层级低者因变动频率高，开放性较高。

（2）接着方式以"点接"较"面接"为佳

界面的面积大小因界面类别而异，接着密度亦依结构需求而定，但一般而言，接着面积愈少愈容易拆解，物质用量也可减少，同时可发挥分缝的作用，减少龟裂发生。

（3）构造内部相关位置及工序依材料寿命及使用寿命而定

拆解施工既有先后顺序，为方便维修替换，材料寿命短的宜放置在外部以便经常拆换，寿命长的则放置在内部而不受影响。同理，使用寿命长短不同者亦可依此顺序，尤其是在同一环境层级中的元素或构件。

（4）接合方向以"外接"较"内接"为佳，但视情况而定

外接是指界面物在构造的表层，拆解时容易着手。内接是指界面物尤其是接着物在构造内部，被层层包覆住，拆解时须一步步将外层拆除才能构到，如此拆解较复杂，影响的构件也多。内接虽有此缺点，但从防盗保全的角度来看可能是优点，因此对于室内与室外可作不同的考虑。[①]

6.4.4 从封闭走向开放的工业化住宅设计方法

应当指出的是，在工业化住宅的设计实践中，某一国家、地区采用何种设计方法，没有统一的模式，某一设计方法的选定取决于一定的技术、经济条件，相应于一定的工业化水平。在同一国家也可能同时采用多种设计方法。所以，任何一种工业化住宅设计方法的采用都是有条件的。但是从世界范围内看，工业化住宅设计方法的走向有不少共同点，从定型住宅设计到开放住宅设计和开放界面构造设计，体现了设计领域从宏观→微观；设计重点从单体→构件→构造；建筑系统从封闭→开放；建筑构件从专用→通用的趋势。

过去工业化住宅建筑系统失败的原因主要就是在于它们的封闭性。开放系统，本质上是具有通用性的系统，即在共同的标准下，包括尺寸、形状或材料，可以互换或替换构件，或是

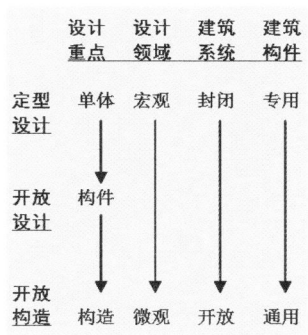

图6-92 工业化住宅设计方法的走向

① 林丽珠.开放式界面之建筑构造理论［D］.台湾：国立成功大学建筑研究所，2002.P67.

可以互换位置或移动位置。通用性须建立在标准化上，在经过尺寸、形状、位置或材料的协调后，标准即具有容纳市场上不同厂牌、不同构件种类的"多样性"的潜力。工业化的条件就是通用系统加上多样性，如此才能做到既量化生产，又满足使用者的需求。

对工业化住宅设计方法类型的总结，详见表6-5。

表6-5　工业化住宅设计方法发展表

方法类型			方法名称	特征	举例
定型住宅设计法	定型单元组合法	以"户"为定型单位	单元组合体	以几种基本户型单元和楼梯间组成不同户型	英国某标准住宅；日本某种工业化住宅
		以"部分单元"为定型单位	插入体	由定型单元和插入连接体组成不同户型，例如基本单元的尽端单元不变，中间插入多个变化的中间单元	日本的PC—东急试验住宅；前西德新家乡住宅建筑体系；前东德WBS体系
			开间组群	由多个基本单元拼成多个住宅单元组群	
		以"基本间"为定型单位	基本间	由几个参数构成多个基本间，可组成多个户型	
	定型构件组合法	以"结构单元块"为定型单位	空间单元与结构单元间的结合	由几个参数构成多个面积基本单元，以面积模数（单元）来组合房屋单元	波兰的WUF—T体系、盒子体系住宅
		以"构件"为定型单位	定型构件和定型化二次组件	定型构件是从基础到屋顶，包括各种户型及建筑的其他功能部分。利用定型构件必要的组合拟制一些派生单元	前苏联统一构件目录、波兰WWP大板体系
开放住宅设计法	大开间灵活布置法		大开间、大柱网	空间内可按住户的需要，用轻质隔断灵活布置。有的厨卫部分仍集中设置	美国、英国的大开间住宅体系
	支撑体住宅（SAR）设计法		支撑体(Support)+可分体(Detachable Units)	以使用者为本，SAR将建筑的支撑体和填充体进行分离，运用30 cm的基本模数格网，各个子系统可进行互换	荷兰SAR组织、英国PSSHAK组织的住宅实践
	开放建造（Open Building）设计法		要素技术和填充体的部品体系	将构成住宅的各种部品系统化，适当更新。强调模数协调的重要作用	日本住宅部品化系统（CHS）、荷兰MATURA填充体部品体系

（续表）

方法类型		方法名称	特　征	举　例
开放住宅设计法	SI（Skeleton-infill）住宅设计法	支撑体S（Skeleton）+ 填充体I（Infill）	提高结构骨架的物理耐久性的技术开发及分隔墙、住宅部件、设备机器等的内装、设备的填充体的技术开发	日本SI住宅
	开放界面构造设计（Open Interface Construction）	干式拆组的构法与工法	以填充体为主要对象，开放式界面的构造具有可逆性和开放性，包含界面拆解性、重组性、构造包容性的属性	荷兰的IFD技术

6.5　设计趋势：先进技术与可持续发展目标的整合

6.5.1　概述

整个20世纪，建筑师们不断地创造出上百种设计更好一点的、较能负担的、更容易制造的房屋给予大众，但是接受度并不大。我们发现，预制确实充满着极为吸引人的发展潜力，但却因为造价低，沦为低价而毫无美感的房屋、工厂行列，像工业制品一般统一无变化。在21世纪，情形或许会改变。经过近百年的发展，勒·柯布西耶"以汽车和飞机工业生产方式大规模建造住宅"的前瞻视野，终于清晰显像，迫近落实。在人们面临的可持续发展与环境保护、全球膨胀人口和贫穷问题等方面，预制住宅再次成为解决这些难题的首选答案和主要途径。工业化住宅，也可以展现一般大量制造的集合住宅或（成品房屋）所无法提供的良好的、个人化的居住质量。随着时代的发展，它将继续激励创新的制造业和有想象力的住宅设计产生。

2008年6月，美国纽约惠特尼美术馆（Whitney Museum of American Art）举行了"巴克明斯特·富勒：从宇宙开始

图6-93　系统3住宅（System 3 House）

图6-94　系统3住宅（System 3 House）的安装

图6-95　微缩住宅（Micro Compact Home）单体

图6-96　微缩住宅（Micro Compact Home）的安装

（图片来源：http://www.vitruvius.com.br/arquitextos/arq100/arq100_02.asp, 2009-2-9.）

图6-97　新奥尔良住屋（HOUSING FOR NEW ORLEANS）立面效果

（Starting with the Universe）"的展览；2008年7月美国MOMA艺术馆举行了名为"房屋交付：预制现代住宅"（Home Delivery: Fabricating the Modern Dwelling）的展览。这两个与工业化住宅相关的重要展览相继举行使得工业化住宅的话题重新成为业界讨论的焦点，这似乎预示着工业化住宅将以全新的面貌重新成为住宅建设的前沿话题。

美国MOMA艺术馆的"房屋交付：预制现代住宅"（Home Delivery: Fabricating the Modern Dwelling）展览可谓是现今最彻底的对工业化住宅的历史和现代的展示和检验。该展览对工业化住宅的过去、现在和未来做一个回顾，并在博物馆的西侧地块展示了五座新款工业化住宅。展览中实际建造的五座新款工业化住宅，以准确精良且"满足心灵和视眼"的整体、细部外形和结构，说明当代工业化住宅在建筑设计师与个别品味的创造力、计算机科技、工业产能联手合作下的无限可能性发展潜力。策展人贝里·博格多尔（Barry Bergdoll）表示，这些作品并不完全是独栋的住宅，也许应将它们看作是能够配置出多重组合变化的新式建屋系统。

拥有十年预制住宅建造经验的奥地利建筑师奥斯卡·里欧·考夫曼和艾伯特·鲁弗（Oskar Leo Kaufmann and Albert Ruf）所设计的"系统3住宅"（System 3 House），可依个人预算和需求应变，从570平方英尺的基本单位空间扩建为三层楼1 700 m^{2}的豪华别墅，或变更组装方式叠砌为公寓、旅馆乃至商用大楼。

弗里兹·哈勒根据达芬奇绘制的人体比例和黄金分割而来的2.6公尺立方块"微缩住宅"（Micro Compact Home）是一个短小精悍型的节源式迷你屋，简洁格局的空间不容多余家具，但配备有微波炉、矮柜冰箱、液晶电视屏幕、LED灯照、手提电脑、网络联机、行动电话等，千禧年科技新发明一应俱全，很适合作为寄宿学生或繁忙都会上班族的巢居。其次，不超过三吨的轻量级体型让它可以随时用举重机添加组构单位，或以直升机装卸到山坡林地、湖边、岛屿，权充商务舱级的度假行动屋。这种系统原本是用于连续生产，但没能发展改进超过原有的模型阶段，而其的副产品"USM办公设备"却以较高的价格在全世界范围内出售。[①]

　　由美国剑桥麻省理工学院建筑教授劳伦斯·萨斯（Lawrence Sass）带头设计的灾区重建"新奥尔良住屋（HOUSING FOR NEW ORLEANS）"，利用新型数码模型方法（digital modeling）和预制技术，制造出复杂的复古风格预制立面。MIT建筑学院的设计者Daniel Smithwick, Dennis Michaud 和剑桥大学的 Larry Sass 称其为 "the first digitally fabricated house"，并预计将其发展为一种DIY式的住宅制造方法，类似于对用户开放的软件。[②] 采用沟槽嵌合法以取代铁钉的友善设计，只需三个人和几根橡胶棒槌，就能在短短两个月内完成交屋。

图6-98　新奥尔良住屋鸟瞰

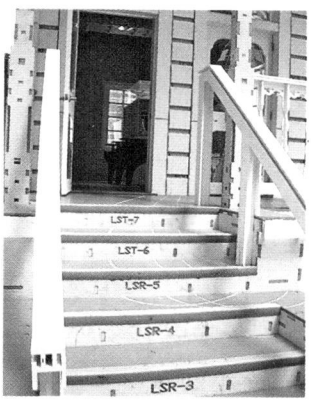

图6-99　新奥尔良住屋入口细部

（图片来源sokref1.Home Delivery: Fabricating the Modern Dwelling at MoMA. http://www.flickr.com/photos/sokref1/2772511988/, 2008-08-14.）

图6-100　新奥尔良住屋设计模型

图6-101　新奥尔良住屋的安装

（图片来源：http://www.vitruvius.com.br/arquitextos/arq100/arq100_02.asp, 2009-2-9.）

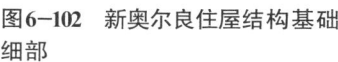

图6-102　新奥尔良住屋结构基础细部

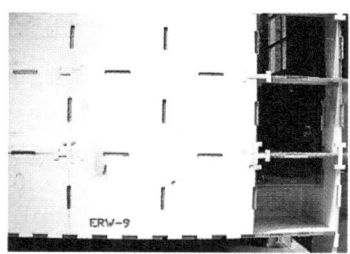

图6-103　新奥尔良住屋墙体构造细部

（图片来源：sokref1.Home Delivery: Fabricating the Modern Dwelling at MoMA. http://www.flickr.com/photos/sokref1/2772511988/, 2008-08-14.）

----

① Thomas Bock.轻质结构与体系［J］.建筑细部（DETALL）——轻质结构与体系,2006.12.P768-776.
② 详见：http://www.momahomedelivery.org.

图 6-104　玻璃屋(Cellophane House)

图 6-105　玻璃屋的安装

图 6-106　迸发 003(Burst)

图 6-107　迸发 003(Burst)

(图片来源：http://www.vitruvius.com.br/arquitextos/arq100/arq100_02.asp, 2009-2-9.)

"玻璃屋"(Cellophane House)，是一栋由回收再利用的建材构件拼组成的层楼洋房，铝框骨架、半透明屋身、与蝴蝶翼太阳光能板等绿建筑设计重点，明显反映乔治·佛瑞德·凯克(George Fred Keck)在 1933 年芝加哥万国博览会中所展示的温室"水晶屋"(Crystal Hous)创作精神，两者皆是强调与户外景观结合的弹性生活空间和起居经验，并同时从环保节源的出发点，提醒社会和生态环境道义认知的建筑理念。

澳大利亚产"迸发 003"(Burst)海滩屋，则是现场五幢组装屋里最具挑战性的高难度建物，勒·柯布西耶生前提出的底层架空、直线型自由立面、横向长窗等新建筑元素，尽见于这一件由上千组件塑合的夹板棱角屋作品中。除了示范高效率、高性能的科技家居建筑愿景外，严格品管、大幅降低工地噪声和事故风险、少尘土垃圾废物等组装物附加优点，也在这次开放观摩全程施工进度的即席展览中获得验证。①

当代工业化住宅在建筑设计师与个别品位的创造力、计算机科技、工业产能联手合作下的无限可能性发展潜力。通过交互运用计算机制图、操控产线、雷射裁切建材尺寸的先进智能技术，赋予工业化住宅一个迎向崭新世纪的活泼形象。以上五座展览住宅可谓是当代引导潮流的工业化住宅的缩影和样板。实际上当代工业化住宅的发展非常多元，但是在先进计算机技术、产品精益制造和可持续发展要求的社会背景下，它们无疑有不少共性，这种共性也预示着未来工业化住宅设计的发展走向。

下文将从工业化住宅的设计建造过程的全生命周期精确控制、物理性方面的轻质结构与新型建材、制造业与工业化住宅的深度结合，以及预制+高技术+可持续的整合设计策略这四个方面对未来工业化住宅的设计趋势进行展望。

6.5.2　住宅全生命周期的精确控制

1. 工业化住宅对信息平台的内在需求

今天，信息化设计和制造在飞机、汽车等制造领域，已经十分普及。计算机技术用于建筑设计也已有多年。但是新一

---

① 刘明惠.热带屋与意料中的惊奇［J］.典藏·今艺术.2006.01，第 160 期.

代工业化住宅建筑设计师、结构设计师和制造商所面对的问题是：如何将更有艺术感的住宅设计与制造能力结合起来，使设计出的住宅造型能够实际地被生产出来，成为真正的产品，这也是令传统CAD软件用户头疼的事情。

一方面，目前绝大多数产品生产线都是自动化的，当建造转化为工厂数字化信息传递过程时，传统的对建造过程的安排和组织方式将发生改变，"建造"转换为"制造"，而制造完全是在"数字"信息控制之下。让建筑设计从二维走向了三维，并走向了数字化建造，这是建筑设计方法的一次重大转型。这同时也带来了一个无法回避的问题：越是艺术性高的设计，越难以制造。

另一方面，住宅工业化是住宅从设计、建设开始，到入住及维修，实行工业化生产，以工厂化方式生产各种住宅构配件、成品、半成品，然后进行现场机械化装配的全生命周期。无论在设计、建造阶段，还是在使用、维修阶段，都需要大量的住宅部件产品资料，以供设计人员、建造商、住户及维修人员来挑选和使用。同时，整个生产过程的信息管理也是十分必要的，它是实现生产过程集成化管理的基础。

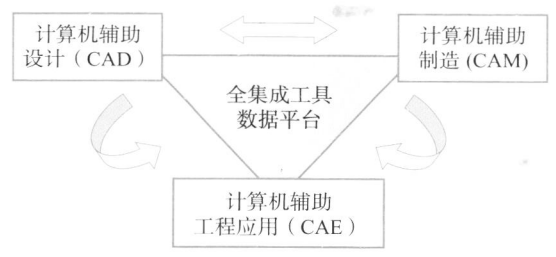

图6-108 工业化住宅的全集成计算机辅助设计工具示意图

因此，建筑设计师和结构设计师需要的是功能覆盖整个设计过程，从概念设计到深化、制造和施工全过程的全能集成工具。作为工业化住宅的理想计算机辅助设计技术是——在计算机辅助设计（CAD）的建筑设计、计算机辅助工程应用（CAE）的工程建模和计算机辅助制造（CAM）的生产控制三个独立系统之间交换的一种信息平台。

这种信息平台现在已经实现，这就是建筑信息模型BIM（Building Information Modeling）。它包括了建筑设计、工程设计、详细设计、项目管理、控制制度、建造安装这六个工业化住宅设计和生产、施工的各个方面。建筑信息模型BIM以三维数字技术为基础，可以集成工业化住宅项目各种相关信息的工程数据模型，支持工业化住宅工程的集成管理环境，使建筑工程显著提高效率和大量减少风险。

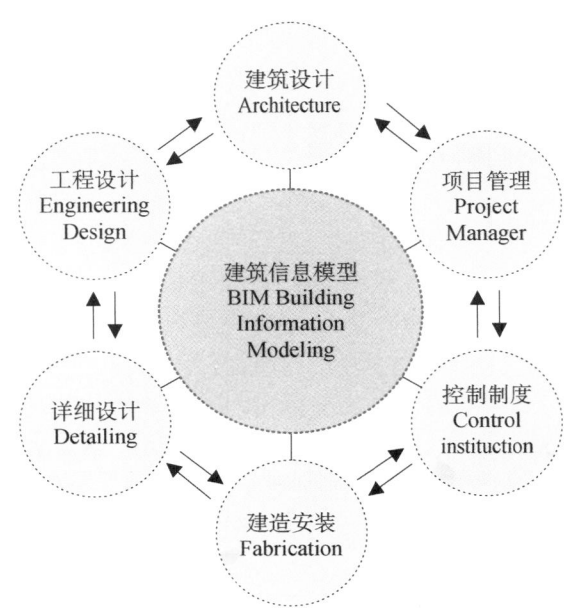

图6-109   工业化住宅的信息平台：建筑信息模型BIM示意图

（图片来源：作者绘）

2. 建筑信息模型BIM

1）BIM的概念

所谓BIM，是指通过数字信息仿真模拟建筑物所具有的真实信息，在这里，信息的内涵不仅仅是几何形状描述的视觉信息，还包含大量的非几何信息，如材料的耐火等级、材料的传热系数、构件的造价、采购信息等。实际上，BIM就是通过数字化技术，在计算机中建立一座虚拟建筑，一个建筑信息模型就是提供了一个单一的、完整一致的、逻辑的建筑信息库。

BIM的技术核心是一个由计算机三维模型所形成的数据库，不仅包含了建筑师的设计信息，而且可以容纳从设计到建成使用，甚至是使用周期终结的全过程信息，并且各种信息始终是建立在一个三维模型数据库中。BIM可以持续即时地提供项目设计范围、进度以及成本信息，这些信息完整可靠并且完全协调。BIM能够在综合数字环境中保持信息不断更新并可提供访问，使建筑师、工程师、施工人员以及业主可以清楚全面地了解项目。这些信息在建筑设计、施工和管理的过程中能促使加快决策进度、提高决策质量，从而使项目质量提高，收益增加。

BIM的应用不仅仅局限于设计阶段，而是贯穿于整个项目全生命周期的各个阶段：设计、施工和运营管理。BIM电子文件，能够在参与项目的各建筑行业企业间共享。建筑设计专业可以直接生成三维实体模型；结构专业则可取其中墙材料强度及墙上孔洞大小进行计算；设备专业可以据此进行建筑能量分析、声学分析、光学分析等；施工单位则可取其墙上混凝土类型、配筋等信息进行水泥等材料的备料及下料；发展商则可取其中的造价、门窗类型、工程量等信息进行工程造价总预算、产品订货等；而物业单位也可以用之进行可视化物业管理。BIM 在整个建筑行业从上游到下游的各个企业间不断完善，从而实现项目全生命周期的信息化管理，最大化地实现 BIM 的意义。

2）在工业化住宅全生命周期运用 BIM 的益处

BIM 使建筑师们抛弃了传统的二维图纸，极大地拓展了建筑师对住宅形态探索的可实施性，让住宅设计从二维走向了三维，并走向了数字化建造，实现真正的"制造"住宅。

BIM 使建筑、结构、给排水、空调、电气等各个专业基于同一个模型进行工作，从而使真正意义上的三维集成协同设计成为可能。BIM 使得住宅设计修改更容易。只要对项目做出更改，由此产生的所有结果都会在整个项目中自动协调，各个视图中的平、立、剖面图自动修改。BIM 提供的自动协调更改功能可以消除协调错误，提高工作整体质量，使得设计团队创建关键项目交付文件更加省时省力。

在工业化住宅的施工阶段，BIM 可以同步提供有关建筑质量、进度以及成本的信息。可以方便地提供工程量清单、概预算、各阶段材料准备等施工过程中需要的信息，甚至可以帮助人们实现建筑构件的直接无纸化加工建造。利用 BIM 可以实现整个施工周期的可视化模拟与可视化管理。BIM 可以帮助施工人员促进建筑的量化，以进行评估和工程估价，并生成最新评估与施工规划。

在建筑生命周期的运营管理阶段，BIM 可同步提供有关建筑使用情况或性能、入住人员与容量、建筑已用时间以及建筑财务方面的信息。建立 BIM 建筑信息模型后，还可以很方便地为开发商销售招商引入虚拟现实技术，实现在虚拟建筑中的漫游。[1]

3. 虚拟设计解决方案

目前世界上一些先锋建筑师正在探索如何用借鉴工业造型设计软件进行三维设计，例如格雷格·林恩、本纳赫·弗兰肯、纽约 CAP 设计小组（Contemporary Architecture Practice）以及 dECOi 设计小组等等。他们不仅探索如何直接利用计算机软件进行三维设计，而且进一步探索了如何进行三维数字化建造。

国际上有许多公司开发 BIM 软件系统，其中比较著名的有 4 个公司：Autodesk

① 王廷熙.BIM——建筑业的信息革命（来源：中华建筑报）[EB/OL]，建筑时空网.http://www.buildcc.com/index.php/viewnews-424612, 2008-11-24.

图6-110　采用CATIA V5设计分析构件3D模型：梁和墙面板

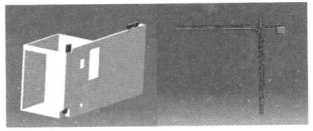

图6-111　采用CATIA V5设计分析构件3D模型：结构单元和塔吊

（图片来源：李恒、郭红领、黄霆等.住宅工业化成功的关键因素［J］.住区，2007.8（总第26期）.P28-31.）

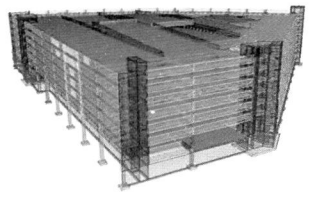

图6-112　Tekla Structures 设计实例1

图6-113　Tekla Structures 设计实例2

公司、Bentley工程软件公司、Graphisoft公司以及Nemetschek公司。Autodesk公司发展了为Revit软件为代表的参数化建筑模型；美国奔特力工程软件公司开发了基于Microstation平台的奔特力建筑软件Bentley Design++ V8i；匈牙利Graphisoft公司主要产品是ArchiCAD；德国Nemetschek的产品是Allplan 2006 Architecture。[①]

建筑信息模型的出现并非偶然，而是顺应整个设计制造行业发展潮流而生，它与机械制造行业的计算机辅助设计（Computer Aided Design, CAD）技术发展密不可分。基于BIM的虚拟设计和虚拟施工的计算机解决方案，目前也来越多的应用于工业化住宅的设计、建造和施工，如CATIA、Tekla Structures、VISKON V2.X、Allplan Precast等。

（1）高端CAD/CAM软件：CATIA

CATIA是法国达索公司（Dassault System）与IBM开发的个人计算机版本高端CAD/CAM软件。CATIA软件以其强大的曲面设计功能而在飞机、汽车、轮船等设计领域享有很高的声誉。CATIA的曲面造型功能体现在它提供了极丰富的造型工具来支持用户的造型需求。

从产品的概念设计到最终产品的形成，该软件以其精确可靠的解决方案提供了完整的2D、3D参数化建模、电子样机建立及数据管理手段，同时，作为一个完全集成化的软件系统，CATIA将机械设计、工程分析仿真、工厂设计、数控加工及CAT web网上解决方案有机地结合在一起，为用户提供了严密的无纸化工作环境，从而帮助客户达到缩短设计生产周期，提高产品质量，降低生产成本的目的。随着新的CATIA个人计算机版本（V5）的推出，许多世界级的汽车、航空航天、造船、电子等部门的企业广泛地采用了CATIA V5。

CATIA V5同样也应用于工业化住宅的设计领域。从CATIA软件的发展，我们可以发现现在的CAD/CAM软件更多地向智能化、支持数字化制造企业和产品的整个生命周期的方向发展。

---

① 傅筱.从二维走向三维的信息化建筑设计［J］.世界建筑，2006（09）.P153.

（2）建筑结构信息建模系统：Tekla Structures

Tekla Structures 是一个建筑结构信息建模系统（BIM），功能覆盖整个设计过程，从概念设计到深化、制造和安装。Tekla Structures 是第一种涵盖从概念设计到细节和施工设计这一过程的全集成工具。这一过程的承担人可以拥有自己的解决方案，完美地满足自己的需求。

图6-114　Tekla Structures 设计实例3

Tekla Structure 的大数据量处理能力可以创建适用于设计和建造各环节的3D细部模型。从计划和设计开发到建造安装，Tekla 各模型按照平行模式制作，这体现了建筑物的"实际建成"模样。Tekla Structures 能有效地与最佳软件驱动工作流程进行整合，同时能够维持自身数据最高水平的完整性和准确性。这种协同工作流程则是最小化失误和最大化效率的基础，最终实现项目的高效益和按时完工。Tekla Structures 包含结构工程师、钢结构深化设计人员和制造人员、预制混凝土设计人员和制造人员以及承包商等人的专用配置。

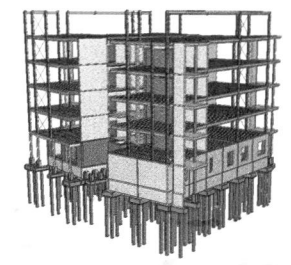

图6-115　Tekla Structures 设计实例4

在软件的发展中，预制混凝土深化是极大的跨域。Tekla Structures 是第一个为混凝土结构设计师和制造者开发的、真正的三维参数建模软件解决方案。这一综合性的软件解决方案为日常的预制混凝土深化工作，提供了一个单一的整合环境。现在设计师可以搭建智能的三维计算机模型，它为工厂制造和现场建造提供所有的参考和所需信息。现在已经到了从2维绘图跨入3维建模的时候了。Tekla Structures 是唯一能够将预制混凝土建筑作为一个整体进行建模的软件。

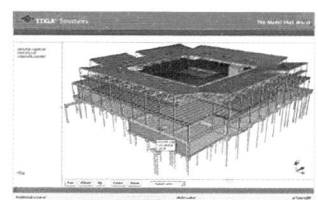

图6-116　Tekla Structures 运行界面

（图片来源：http://www. Tekla.com, 2008-08-14.）

Tekla Structures 中的无缝协作和信息管理程序都基于Tekla 的全球领先的BIM（建筑信息模型）方案。同一个模型可以用于与项目组协作、管理分析与设计结果，以及生成图纸与报表。因此，结构设计可以在建筑项目的任何阶段，在同一个共享的、永远处于最新状态的模型中与其他项目组成员一起进行。Tekla Structures 最小化了工作阶段的重叠和错误，这些使得我们获得更短的项目引导时间、明显的经费节省和更高的建筑质量。

多个项目组成员可以在同一个模型中同时地进行工作，不管他们的位置或专业如何，一旦信息被输入，它可以在项目的全程中被共享，并且保持最新状态。项目的建筑师和结

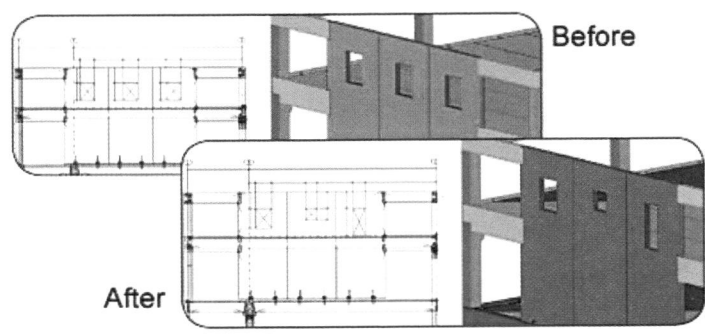

图6-117　Tekla Structures预制混凝土设计模型和图纸的同步修改

（图片来源：http://www. Tekla.com, 2008-08-14.）

图6-118　运用Allplan Precast软件设计的某泰国住宅

（图片来源：http://www.scia-online. com/en/, 2008-12-23.）

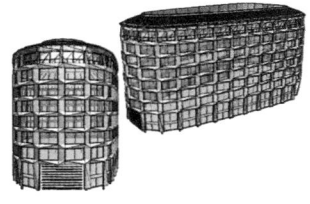

图6-119　比利时Decomo预制混凝土公司运用Allplan Precast软件设计的英国伦敦科尔曼街（One Coleman Street）一栋办公楼

构工程师可以使用IFC［链接到Tekla IFC证书页］语言格式进行协作；使用Tekla开放的API或者标准格式比如xrefs、DWG、DGN或DXF。这一有效的整合和协作减少了设计任务中所有的重复性工作，因此项目可以很容易地被管理。[①]

（3）Nemetschek Scia软件系列和Allplan Precast设计软件

Nemetschek Scia为建筑业的三个重要方面：概念设计、稳定计算、执行活动，提供先进的软件解决方案。这涉及从简单建筑到复杂结构的所有建筑形式和像钢材、混凝土、木材和铝合金等各种建材。合作企业有工程公司、建筑设计事务所、制造商、主管权力部门、预制混凝土工业、一般的承包人、公共机构、高校等等。

Nemetschek Scia的软件包括分析和设计类（Analysis & Design/CAE）、细部工程（Engineering Detailing/CAD）、生产和后勤（Fabrication & Logistics/CIM）、工程管理（Project Management）这四个大的产品系列。

Nemetschek Scia的软件可以帮助实现：建筑细部设计的快速实现；以半自动化的方式更改设计；为客户提供更好的解决方案；提供简单有效的计算；有助于项目合作者间的数据交换；提高生产力。简而言之，这些软件为从草图到计算和最终的执行阶段提供了一套综合解决的捷径，并使所有的更

---

① 详见：http://www.Tekla.com.

改都保持一种灵活可变的状态。①

下面以细部工程系列的"Allplan Precast"为例,进行说明:

"Allplan Precast"是一个设计、生产和交付预制混凝土构件的智能CAD解决方案,专为自动化生产预制混凝土墙体和楼板服务,保证了整个过程的无缝衔接。在技术方面,为预制混凝土构件提供了新的发展前景。作为一个整体系统,"Allplan Precast"为整个设计阶段(从草图到结构分析及为实现项目所需提供的文件)提供了强大的数据过程工具;界面高效且人性化。

"Allplan Precast"代替了当前技术方案的"手工"劳动,使系统地细分预制混凝土构件成为可能,使流水化设计、生产和现场组装预制混凝土构件成为可能。软件模块可以根据客户需要提供:单一产品线、混合产品(墙体、楼板、平板)、建筑整体、结构现场预备、NC数据生成等。

"Allplan Precast"与建造技术发展同步,如金属网线焊接机器人(Wire-mesh welding robots)和加固的最优化技术(Optimization of reinforcement)等等。

(4)多维工程设计解决方案:Bentley Design++ V8i

奔特力系统公司(Bentley Systems, Incorporated)为全球基础设施生命周期提供软件。公司针对建筑物、工厂、民用建筑、地理空间垂直物的全系列产品组合涵盖了建筑、工程与营建(AEC)及实施。通过在奔特力公司的DigitalPlant产品组合中整合Design++和Plant Wise的功能,可以提供一个先进的、基于规则的工厂工程及设计解决方案。它将在设计早期极大地提高生产力,进而在整个工厂生命周期里极大地、持续地节约成本和时间。

该公司核心解决方案是基于知识的多维工程设计解决方案Bentley Design++ V8i,通过灵活的延伸业务规则,在诸如Micro Station等工程设计平台上进行自动化设计迭代,Design++获得了室内工程设计的专业技术。这样,在确定的经济条件下,通过所获得的知识,创建了最佳的启发式设计。这极大地促进了生产力、提高了质量、加快了产品交付速度,

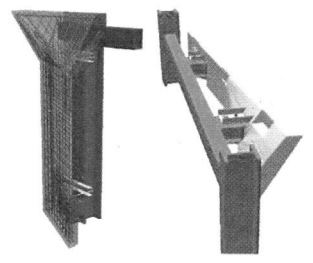

图6-120 英国伦敦科尔曼街(One Coleman Street)办公楼结构

(图片来源:Customer Project: One Coleman Street—Decomo[EB/OL]. http://www.scia-online.com/eNews/en/eNewsMarch08_EN.html, 2008-12-23.)

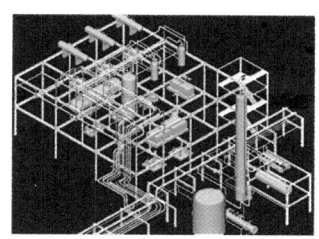

图6-121 Bentley Design++ V8i软件自动生成的3D钢结构和设备管道

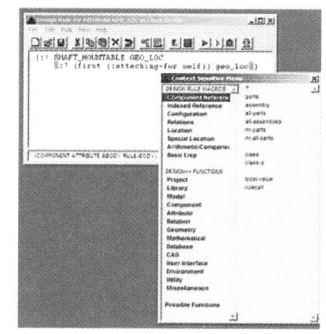

图6-122 Bentley Design++ V8i软件用户对设计规则的修改

(图片来源:http://www.bentley.com/en-US/Products/Design/. 2009-4-17.)

---

① Nemetschek Scia[EB/OL], http://www.scia-online.com/en/, 2008-12-23.

图6-123　Bluethink® House Designer软件设计的住宅

（图片来源：Design Automation That Works. http://www.bentley.com/en-US/Products/Design/Stories-SBT.htm, 2009-4-17.）

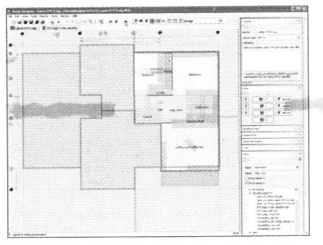

图6-124　Bluethink® House Designer软件是有效的功能和平面布局草图绘制工具

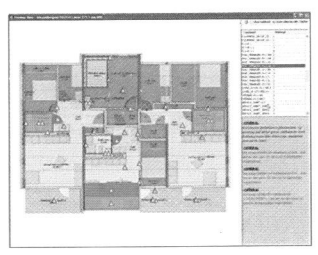

图6-125　Bluethink® House Designer软件可以自动检查与设定规则的冲突并提出报告

（图片来源：http://www.selvaag.no/en/Companies/Selvaagbluethink/Products/housedesigner/Sider/default.aspx, 2009-4-17.）

同时还形成了持续的竞争优势。

Design++自动化解决方案支持团体用户更加有效地提供复杂的按订单设计的系统和产品。这些解决方案提供了基于设计的配置、建议和技术图纸，并通过自动化重复使用设计标准以及最佳的制造设计实践降低成本，通过确保设计的可行性最小化进行重复劳动，通过提高对最初建议和变化要求的响应能力确立用户忠实度。

Bentley Design++ V8i软件有三方面的优势：Bentley BIM（building information modeling）模型、自动生成软件GC（Generative Components™）可以快速容易地生成复杂建筑的直观形象，解放建筑师和工程师的创造性，以及能量分析和模拟系统（Bentley Energy Analysis and Simulation），可以帮主建筑师创造环境友好、高效运行的建筑。[①]

（5）住宅设计软件：Bluethink® House Designer

Selvaag Bluethink公司是挪威的一个建造商，该公司开发的软件产品，利用专家技术，优化住宅设计，防止住宅设计中的重复性错误，并将建筑整个生命周期导向工业化过程，为建筑工业带来革命。该公司的计算机解决方案Bluethink® House Designer是一个有效的产品和住宅设计绘图工具。在该系统中限定了多种规则，如几何规则（geometry rules）、功能规则（functional rules）和建筑系统（building systems）等等。

Bluethink® House Designer基于Design++技术，容许住宅开发企业创造并进行高质量的"假定推测（what-if）"住宅方案分析。住宅方案的选择，通过运用住宅设计智能模型（The House Designer's Intelligent Model Builder）来进行，该在BIM（Building Information Model）模型中囊括的一系列相关规则。通过提出申请，建造商收集的专业知识系统基于工程条件、规范、居住者人口和居住质量统计、开始搜索"最佳住宅"解决方案，为决策者提出灵活的建议。

用户可以绘出功能和平面草图，系统可在此基础上提供规则和自动计算出各种各样的元素和结果最后组成整个建筑设计的解决方法。当设计发生冲突或设计规则被违反时，系

---

① 详见：http://www.bentley.com/en-US/Products/Design/.

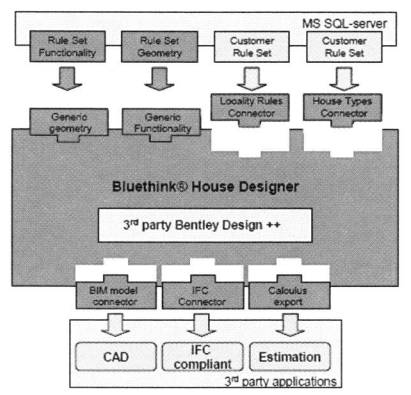 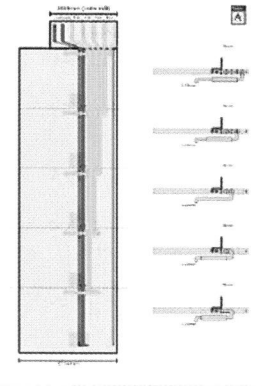

图 6-126　Bluethink® House Designer 软件的输入和输出　　**图 6-127　Bluethink® House Designer 软件自动生成的暖通管道布置图**

（图片来源：http://www.selvaag.no/en/Companies/Selvaagbluethink/Products/housedesigner/Sider/default.aspx, 2009-4-17.）

统会立即对用户发出警告。

　　设计成果可以被储存成一个 BIM，可以在 CAD 或 BIM 系统中作为普通数据输出（IFC-export）输出，也可以导入预算软件（cost estimation tools）和结构分析软件（structural analysis tools）进行深入设计。由于系统将会对违反既定设计规则立即做出反应，因此应在设计初期进款建立一个高质量的 BIM 系统。这样将会降低不同领域专家间的核对次数，工程时间将会大大缩短。[1]

　　（6）专业木结构设计软件：VISKON V2.X

　　VISKON V2.X 是木结构专用画图软件、通用木结构专业设计软件，应用于木结构、屋顶结构、木框架结构、原木结构、木制脚手架、木制车间、木制塔楼等的设计。可以完成完整的大型的木结构建筑的三维建模工作；提供平面建模、空间建模两种模式。

　　包含单根构建设计、桁架设计、拱设计、曲梁设计；包含所有的构件信息、连接件信息；可以自动导出材料详细清单，可以供材料采购。可以自动导出所有节点所包含连接件信息，

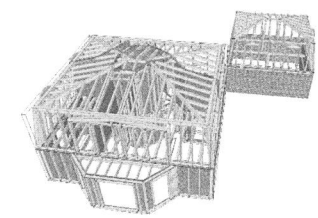

图 6-128　VISKON V2.X 设计实例 1

（图片来源：http://www.weto-software.cn/, 2008-08-14.）

图 6-129　VISKON V2.X 设计实例 2

（图片来源：http://www.weto-software.cn/, 2008-08-14.）

---

[1]　详见：http://www.selvaag.no/en/Companies/Selvaagbluethink/Products/housedesigner/Sider/default.aspx.

供施工和材料采购用；可以通过三维导出二维图，作为结构施工图，保证设计的准确性；可以进行详细节点自动设计、出图功能；可以自动生成所有构件的详细标尺；可以进行钢结构的辅助设计；可以制作一般的效果图；数据库可以任意添加、编辑。

可以生成供机床加工用的数据文件；可以导出构件切割详图，包含所有的切割尺寸数据和孔洞尺寸和定位数据；支持Hundegger P10, K1, K2, K2-5, Schmidler, Integra3000等数控机床设备。[①]

4. 虚拟施工解决方案

虚拟施工技术是通过应用虚拟现实、计算机仿真等技术对实际施工过程进行计算机模拟和分析，达到对施工过程的事前控制和动态管理，以优化施工方案和风险控制。

针对住宅设计信息，虚拟施工技术可以提供设计平台和存储平台，即各构件的3D模型，如梁、墙面板、结构单元，或施工设备的3D模型，如塔吊。对于施工过程信息，虚拟施工技术同样可以提供过程模拟信息。无论是设计人员、施工人员，还是维修人员，都可以根据需要，重新利用这些信息，并进行再存储。因此，通过虚拟施工技术可以有效地建立、存储、管理和再利用住宅相关构件或设备的信息，为住宅工业化生产提供信息支持。虚拟施工技术在为住宅工业化提供知识管理及再利用平台的同时，也可用来预测在设计和施工过程中潜在的风险与问题，以及分析装配过程的合理性并进行施工优化。

（1）碰撞检查

设计过程中构件碰撞的检查主要是采用虚拟施工技术检测构件尺寸的合理性，即各构件之间是否存在冲突或不一致，从而保证设计方案的可施工性。而施工过程中的碰撞检查主要是采用虚拟施工技术检测住宅构部件在吊装过程中与其他构件或设备之间，或者设备与设备之间可能存在的碰撞及问题。

（2）方案评估

采用虚拟施工技术既可以通过模拟施工过程确定施工方

图6-130　DELMIA V5模拟分析施工过程实例：香港OIE项目结构框架，对构件设计可能的冲突进行自动检测

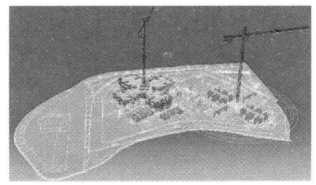

图6-131　香港葵涌住宅施工过程模拟

（图片来源：李恒、郭红领、黄霆等.住宅工业化成功的关键因素[J].住区，2007.8（总第26期）.P28-31.）

[①]　详见：http://www.weto-software.cn/.

案的可行性,又可以对几个不同的施工方案进行比选,尤其是比较复杂的施工方案。

（3）成本和工期优化

对于建筑商来说,在保证质量的同时,成本和工期是其关注的焦点,通常情况下,成本与工期息息相关。采用虚拟施工技术可以有效地优化工期,降低成本。一方面,采用虚拟施工技术可以模拟施工工期,并通过调整施工程序可以缩短工期,从而降低成本,尤其是对于施工过程比较复杂的项目或个性化较强的住宅项目,更为明显。

由上述分析可知,虚拟施工技术可以有效地预测设计和施工过程中存在风险和可能出现的问题,同时可以评估施工方案的可行性,并进行方案的比较、选择和优化,为住宅工业化生产提供保障。[①]

数字企业精益制造交互式应用（Digital Enterprise Lean Manufacturing Interactive Application, DELMIA）是法国达索公司的产品。DELMIA 主要有两个独特的优化制造流程应用软件。DELMIA Automation 为单个机器、某个工作单元甚至整条生产线控制提供数字化设计测试和检验。DELMIA PLM 则为整个产品生命周期提供了持续创建并检验制造流程的流程和资源能力。DELMIA 的服务对象主要是那些看重制造流程的行业,如汽车、航空、制造和装配、电力电子、消费品、工厂和造船业。

DELMIA 为企业用户所开发的产品提供了一套完整的数字化制造解决方案。DELMIA 将数字化制造分为三个不同的领域,分别是:① 工艺规划。包括布局规划、时间安排、工艺与资源规划、产品评估和成本分析。② 工艺细化与验证。包括制造与维护、焊点布局、装配序列、制造车间与单元布局、加工操作和劳动力配置与交互。③ 资源建模与仿真。包括工厂流程仿真、机器人工作单元的配置与离线编程、数控加工、虚拟现实场景和人机工程分析。

针对上述三大领域中的所有方面,DELMIA 都有专门的

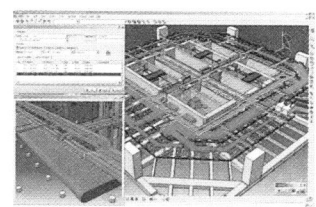

图 6-132　DELMIA V5 模拟分析施工过程实例: OIE 项目结构框架检测结果

图 6-133　DELMIA V5 模拟分析施工过程实例: OIE 项目施工过程碰撞检测

（图片来源: http://www. Tekla.com, 2008-08-14.）

图 6-134　瑞士苏黎世联邦理工大学（ETH）建筑系用数字技术控制施工机器人砌的砖墙

（图片来源: 董一平摄,2007 年）

① 李恒,郭红领,黄霆等.住宅工业化成功的关键因素［J］.住区,2007.8（总第 26 期）.P28-31.

子模块来辅助实施,在3D数字环境中完成一个完整的虚拟制造流程,很多实际制造过程中可能出现的问题可以事先查明并且解决,从而减少了产品的制造时间,并且大幅度节省了成本。[①]

除了以上几个成熟的商业软件外,美国麻省理工学院建筑系(MIT)、斯坦福大学、瑞士苏黎世联邦理工大学建筑系(ETH)均有相关的前沿研究。

6.5.3　轻质结构与新型建材的开发和应用

材料是建筑学的一个基本问题,从古到今,建筑师们不断探索新材料以其结构性能所带来的空间和形式潜力。事实证明,不论是过去、目前,还是今后,工业化的结构和材料一直在不断改革建筑业。但是,正如克里斯·亚伯说:"相比于其他的工业部门,建筑物的生产似乎永远陷于过时的实践当中,无法反映新的技术和生产方式。"[②]如今,人们越来越关注地球资源的问题、普遍重视节能环保建筑材料的生产,力求大幅度减少能源的消耗量,从而减少环境污染和温室效应。这给建筑材料的发展带来新的契机和动力。

弗赖·奥托(Frei Otto)[③]在1977年曾说过"停止你现在建筑的方式"。他假定采用革新的虚拟工具,通过工业轻质建筑结构系统和装配过程来实现新型的建筑方式。他把轻质结构看作是具有一系列用途的"多功能"结构,融合了多种功能的结构可以摆脱其他的建筑部件或建筑群,他还认为:"无论是自然(有生命的)事物的进化还是科技产品的革新,轻质结构都是其最重要的基础之一。"[④]

轻质结构与新型建材成为21世纪工业化住宅进一步发展的物质基础。

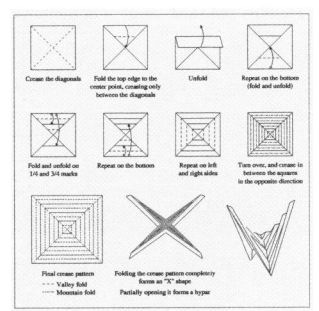

图6-135　弗赖·奥托对折叠轻质结构的分析

(图片来源:http://www.marmolradzinerprefab.com/,2009-3-15.)

---

① 详见:http://www.delmia.com.
② (美)克里斯·亚伯著,建筑与个性——对文化和技术变化的回应[M].张磊、司玲、候正华、陈辉译.北京:中国建筑工业出版社.2003.P3.
③ 德国著名建筑师,1972年慕尼黑奥运会体育馆的屋顶设计者。
④ Thomas Bock.轻质结构与体系[J].建筑细部(DETAIL)——轻质结构与体系,2006.12.P768-776.

1.轻质结构

1）轻质结构原理

弗赖·奥托把轻质结构定义为能够以相对较小重量承载较大荷载的对象。因此，通常来说，结构形式要比材料对建成建筑产生更大的影响；建造过程的最优化是结构形式的最优化。轻质结构原理应用包括没有通常保障的设计；这些原理在遵循材料硬度的统一和实现结构形式的最优化的要求之外，还要遵守结构质量较小的原则。自然界的轻质结构按照各自部分功能不同而生长出的形态实现了材料的最佳使用。生长的战略也意味着要适应不断变化的条件，而且最佳化的使用在这个过程中并没有随之递减。如何在建筑学上达到同样的成就？运用部件模块化，这样就可以实现建筑的灵活性和适应性，也避免了自然资源的浪费。有效地利用材料除了降低成本之外也保存自然资源，这是工业化的主要目的之一。

图6-136 使用GLARE材料制造的A-380壁板

（图片来源：http://www.afwing.com/intro/Jumbo/8.htm）

20世纪70年代，久洛·谢拜什真（Gyula Sebestyen）指出："轻质结构体系在建筑形式上的应用是格外成功的，建筑形式可以进行连续生产，而且一定会获利。"依赖技术标准的体系建筑的最初成本是相当高的。这些结构包含在信息技术中并且高度自动化（建筑机器人技术），由于它们适用于不同用途，从中获取的利润会随着时间持续增长。额外的初期投资会迅速得到回报。

革新产生于学科交叉的边缘地带；无论从经济上还是生态上讲，它都很值得做进一步的研究。理查·布克明斯特·富勒评论说："这些建筑师不会喜欢新型材料。"他把自己关于自然结构的研究和知识应用到所设计的戴麦克辛住宅上。他猜想最优化的潜能存在于对材质的研究上；今天，纳米技术已经证实了这一点。举例而言，合成材料GLARE（一种铝碳纤维薄板制品）已应用于空中客车A380远程喷气式飞机中。[①]Glare层板是由0.3—0.5 mm的铝合金薄板与预浸玻璃纤维带（0.2—0.3 mm）交替层压而成的，Glare层板具有优良的抗拉—压疲劳性能。

---

① Thomas Bock.轻质结构与体系［J］.建筑细部（DETALL）—轻质结构与体系,2006.12.P768—776.

图6-137　轻钢结构小住宅的框架结构

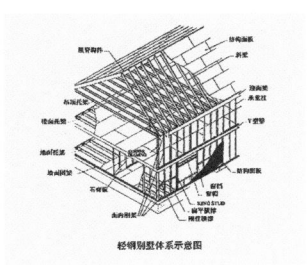

图6-138　轻钢小住宅结构体系

（图片来源：北京豪斯泰克钢结构有限公司.http://www.hostec.com.cn/htm/home.htm）

图6-139　The Desert House外观

图6-140　The Desert House客房

（图片来源：http://www.marmolradzinerprefab.com/，2009-3-15.）

轻质结构通常是发展最优化的产物。轻质结构不仅适用于包括张拉和壳体结构在内的光面、平面结构，也同样适用于不同的建筑体系。尤其在强调合理性的工业化住宅设计和生产下，材料的谨慎使用起到了至关重要的作用。

2）轻钢结构预制住宅

钢材的应用使一些很有潜力的结构设计方案成为可能，这些方案涉及配件的标准化、装备的可变性以及设计的弹性。利用轻钢结构可以增大建筑的空间并可以在现存的建筑肌理的基础上创造更大的建筑密度，从而可以为人们提供买得起的建筑。钢结构中对资源的优化留用日益引起人们的重视。

轻钢结构的预制住宅已经非常常见，采用轻钢立筋结构的优点就是自重小、承重能力强、用途广泛。薄壁C形、U形和Z形轻钢型材有多种可供选择的连接方式，可以采用不同材料覆盖其表面而且不易燃烧。轻钢框架结构的采用为住宅更大程度地进行配件预制提供可能。在工厂或者构件供应商进行配件预制是最佳选择，所有的房间模块都可以采用轻钢框架进行配件预制，然后再在工地进行安装。

在国外轻钢以其环保、抗震性能好、施工速度快等显著优点早已被应用到建筑体系中，逐渐形成了完整配套的轻钢结构住宅体系，已占据了低层民居的相当比例，在美国轻钢建造的民居有20%的比例，在加拿大则有30%左右的比例。[1]在德国这种建造方式还没有得到广泛应用，只有1%的居住建筑采用了轻钢部件。在日本和瑞典大约有15%。[2]在我国，目前这种轻钢结构住宅体系已经开始进入建筑市场，用镀锌冷弯薄壁型钢制作的型材作为结构承重部分，主要以低层轻钢别墅的建造为主。

美国洛杉矶的MARMOL RADZINER预制住宅公司在钢结构预制住宅行业已有20多年的历史。产品有"THE

---

① 冷弯薄壁型钢住宅体系.建设部住宅产业化促进中心.http://www.chinahouse.gov.cn/zzbp5/z1004.htm，2009-3-15.
② 轻钢框架结构建筑［J］.建筑细部（DETALL）——轻质结构与体系，2006.12.P860-870.

SKYLINE"系列和"THE RINCON"两个系列。[1]位于美国加州沙漠热泉市(Desert Hot Springs)的原型住宅"The Desert House",建成于2005年。体现了钢结构住宅在适应顾客需求的建筑艺术和节能设计上的潜力。

"The Desert House"包括4个预制住宅模块。带有遮蔽的室外生活区域穿过景观区域向外延伸出去,面积是185.8 m²的室内面积的两倍。住宅和北侧耳房连接起来呈L形,形成客房和工作室空间。住宅通过预制技术在工厂里建成。模块在工厂内预制,运至现场,同时也包括预先安装的成品,如定做的木橱柜和抛光的混凝土地面。在现场,它们用起重机吊起,安装到基础上,只需要最少量的工作就能完成安装工作。

模块包括生活区域的内部模块、有遮蔽的室外生活区域的外部模块,提供日光防护的遮阳模块。住宅3.7 m宽的模块使用钢框架,长19.5 m。模块使用了不同类型的覆层,包括金属、木材或玻璃。抗弯钢框架具有可持续性和耐久性,同时在创造大范围开放空间和玻璃上拥有最大程度的灵活性。设计师设计了5种标准楼层平面。

设计和辅助预制方法着重强调合理使用自然资源和减少能源消耗。住宅的电力来源是屋顶上的太阳能板。深深的突出部分遮挡着住宅,使其免受耀眼的夏日阳光的照射;隐藏的层面预留洞口控制着窗子的阴影,提供额外的遮阳作用。在

图6-141　PALMS House外观

图6-142　PALMS House的生产

图6-143　PALMS House的运输

图6-144　PALMS House的安装

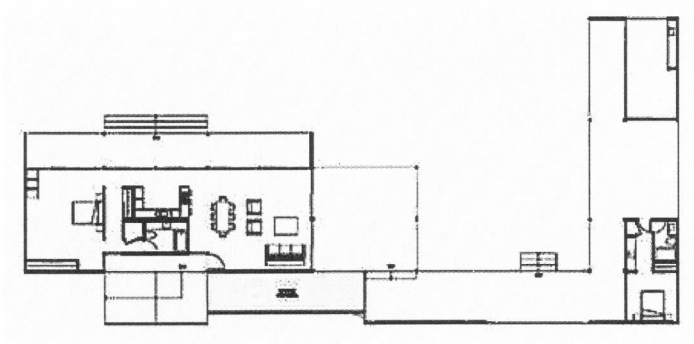

图6-146　The Desert House平面图

(图片来源:http://www.marmolradzinerprefab.com/, 2009-3-15.)

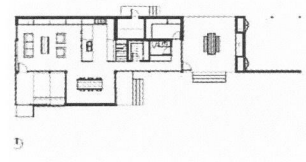

图6-145　PALMS House一层平面图

(图片来源:http://www.marmolradzinerprefab.com/, 2009-3-15.)

① 详见http://www.marmolradzinerprefab.com/, 2009-3-15.

较冷的几个月里,混凝土地面在白天吸收太阳能,夜晚释放储存的热量,有助于保持房间温度的一致。为了增加大面积开窗的保温效果,住宅在窗子和玻璃门上使用了低辐射、充氩气的绝缘玻璃。因为这种方法能够保证切割材料时有较大的精度,并有助于节约和重复使用多余材料,所以不在现场建造更能减少浪费。[1]

3)铝结构预制住宅

铝合金作为一种新型建筑结构材料,具有轻质、美观、不易腐蚀、易回收利用等优点,因此在建筑结构中的应用日益广泛。早在20世纪50年代,欧美等国家就建成了许多铝合金结构,70年代美国和欧洲先后颁布了铝合金结构设计规范。

一般来说,铝合金结构可用于采用钢结构建造的各种结构形式。与钢结构相比,铝合金结构有如下特点:自重轻,密度大概只有钢材的1/3;低温力学性能好,其强度、延伸率在低温下比在常温下更好;可以挤压成型。这是铝合金在加工方面相对于钢材的最主要的优点。挤压成型可以生产出热轧和焊接所不能得到的复杂截面的型材,可以使得构件截面的形式更加合理;弹性模量低,仅为钢材的1/3左右,稳定问题显著;焊接工艺复杂。焊接热影响区材料和焊缝材料不能达到和母材等强度;抗疲劳性能差。根据上述特点,铝合金结构适用于恒载大活载小的结构、腐蚀环境、恶劣环境、可拆装结构、一些需防腐的抗低温等特殊要求的结构及建筑物的围护结构。

目前铝合金结构在建筑中的使用还主要集中在大跨度屋盖及玻璃幕墙支撑体系等结构中,用于住宅的实例还比较少见。但铝合金结构的发展潜力十分巨大。首先,铝合金由于其自重轻、强度高,可大大减少结构的自重,从而减小下部结构及基础的荷载,从总体上大量节约工程造价,达到节材的目标。其次,铝合金型材使用后回收时能耗低,仅相当于原铝生产的5%,且熔炼时回收率高,每循环一次损耗为3.5%—8.5%,可反复回收利用,避免了资源的浪费和对环境的污染。第三,铝合金耐腐蚀性好,合理采用铝合金结构代替钢结构,将大幅

图6-147　鸟栖市Ecoms铝结构住外观,山本理显设计

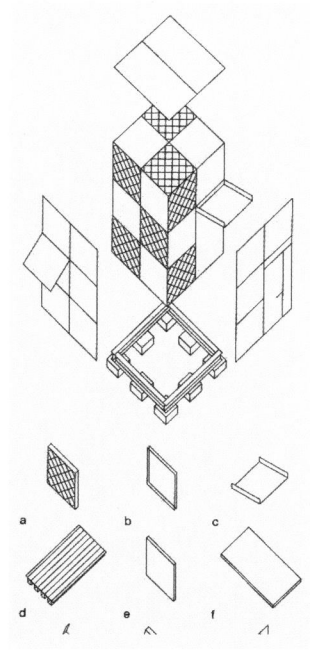

图6-148　Ecoms铝结构住宅体系

---

① 沙漠热泉市的住宅[J].建筑细部(DETALL)——轻质结构与体系,2006.12.P813—817.

度地降低防腐维护费用,降低成本。[1]

1999年,难波和彦受日本新能源产业技术综合开发组织(NEDO)的委托,曾为日本筑波市设计了"铝合金生态住宅"[2]。我国台湾工研院材料所利用铝材,设计出模块化的铝结构住宅,只要一个月就可以组装完成。近年来我国一些专家也提出铝合金与其他材料的组合结构,如碳纤维增强复合材料(CFRP)与铝合金组合结构。这种组合结构的延性大大增强,且轻质高强耐腐蚀,充分发挥了两种材料的优势。

图6-149 Ecoms铝结构住宅室内

(图片来源:http://www.riken-yamamoto.co.,2009-3-15.)

2005年,山本理显设计工场(Riken Yamamoto & Field Shop)为日本一家生产特殊金属部件和铝模块家具的公司开发了一种工业轻质体系的原型。[3]位于鸟栖市的这个示范住宅将日本经典的模数结构应用到现代的形式上。该团队的意图是在最优程度上使用铝的特质,并表达美学特性。位于佐贺县的工厂旁边的Ecoms住宅,是这一体系的原型。他们还试图在表达结构和视觉创新之外,寻找一种对不断变化的城市生活建筑学的解决方案。生活和工作可以强有力地结合起来并相互交换。基本住宅的一层包括两间卧室、洗手间和储存区域;位于上层的是厨房、起居室、餐厅和工作区域。

图6-150 Ecoms铝结构住宅室内构

(图片来源:http://www.afwing宅点细部)

实际上,挤压铝部件可以以极高的精确度制成任何形状。与钢相比,铝的熔点较低。而且与单位重量有关,铝传递荷载的能力是钢的150%倍。在制造过程中,一定程度上也可以使用循环材料。标准化的组件数量保持在可计算的最小量的时候,预制就是一种非常经济的结构形式。

预制的、提前装配的、控制质量的构件的最优化减小了建造时间,并因而减少了总成本。每个基本模数尺寸都是1 200 mm×1 200 mm。其填充的斜格子结构是十字形部件的组合体,这些十字形部件通过末端互锁连接而连接在一起。因为这种结构似乎可以无限增加,模块可以在工厂设定成不同的尺寸,然后按照所需的空间配置灵活安排。每个构件在现场简单地用十字形连接部件拴接在一起。适合格子尺寸的

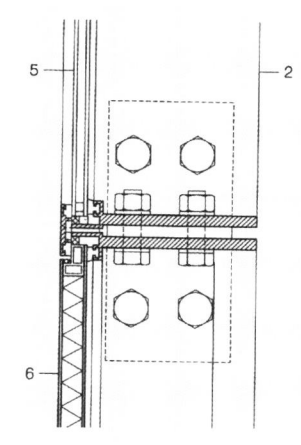

图6-151 Ecoms铝结构住宅节点细部

(图片来源:http://www.marmolradzinerprefab.com/,2009-3-15.)

---

① 罗英康,贾松林,胡强.浅议铝合金结构在节能省地型住宅中的应用[J].广西城镇建设,2007-3.P66-68.

② 详见前文"难波和彦(Namba Kazuhiko):箱的构筑"。

③ 详见http://www.riken-yamamoto.co.jp/,2009-3-15.

立面、门和窗构件组成外表面。由于制造过程中的高精度,装配上的容许误差是最小的,可以用螺栓接合进行补偿。地面构件也是用铝模数体系完成的,结构可以适合不同的天花板高度,或者可以通过增加中间地面和中层楼或走廊层来延伸。

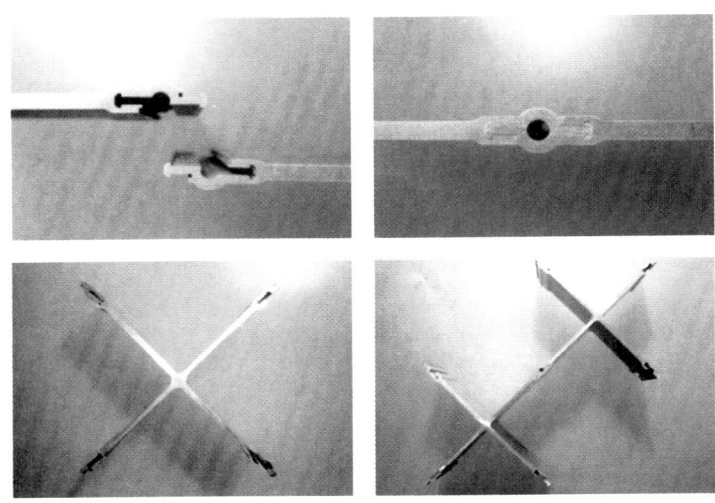

图6-152　Ecoms铝结构住宅结构构件的连接

(图片来源:http://www.marmolradzinerprefab.com/,2009-3-15.)

迄今为止,除了工厂和Ecoms住宅还有两个较小的建筑竣工了。至于将来的工程,Riken Yamamoto & Field Shop正准备租赁全部或部分体系。建筑可以在水平方向上或垂直方向上改变或延伸——只需最少的工作量,在任何时候都可以满足不同的要求。拆除也能很快、很简单地完成。因为组件是轻质的,运输费用也很节约。相关家具系列的开发基于同一系列原则,结构结合在一起。家具和建筑体系在结构上已经在一系列测试中得到优化,向大批量生产和专利的进一步发展已在进行中。①

2. 新型建材

工业化的材料一直在不断改革建筑业,例如胶合板、石膏墙板、沥青瓦、聚乙烯防水材料、棉絮绝缘体和外墙系统。目前在建筑材料工业,除了在传统的水泥、钢材、玻璃等领域不断创新外,陶瓷、玻璃纤维、耐火材料、人工晶体、纤维增强塑料、非金属矿等方面的新型建材也层出不穷。下文以在工业化住宅中有较大运用前景的玻璃纤维增强混凝土构件(GRC)、新型陶瓷外墙材料和塑木复合材料为例,对目前成熟的新型建材略加介绍。

---

① 鸟栖市的示范住宅[J].建筑细部(DETALL)——轻质结构与体系,2006.12.P796-801.

1）玻璃纤维增强混凝土（GRC）

玻璃纤维增强混凝土（Glass Fiber Reinforced Concretes, GRC）是水泥、沙、石、耐碱玻璃纤维、水及外加剂经混合及养护而成的混凝土材料。耐碱玻璃纤维的使用，提高了混凝土的结构强度，从而大大降低了构件的截面厚度和混凝土的使用量，达到减轻产品重量的效果。GRC产品具有良好的耐久性和防火性能，是一种非常理想的建筑材料。GFRC建筑装饰构件是指用玻璃纤维增强混凝土制成的建筑装饰构件，可以用于建筑物室内外的装饰。它具有类似石材的质感，造型细腻逼真，强度高，坚固耐用，力学性能好，是一种优秀的新型建筑装饰材料。

GFRC板的制造过程中的工艺是十分独特的，将配制好的玻璃纤维混凝土喷射在模板上，质感细腻，能够保证产品达到优良的密实性、强度和抗裂性能。这样制作出来的产品在品质上与普通的混凝土涂抹工艺有着天壤之别。在美国，单层GFRC薄板是应用最广泛的饰板。一般这类板的衬材厚为13～16 mm，不包括外露骨料饰面或镶面。根据设计要求或饰板大小要求可能需要增加厚度或使用加劲肋。

20世纪40年代，人们在玻璃纤维增强塑料的发展过程中认识到玻璃纤维混凝土的潜力；但是早期硼硅酸盐玻璃纤维耐碱能力差，影响了与混凝土结合以后的强度，为此，必须发展一种特殊的玻璃纤维产物，具有耐碱能力。60年代末，耐碱玻璃纤维研究成功，随之并进行了大量抗碱玻璃纤维混凝土特性的试验研究。70年代初以来，耐碱玻璃纤维在美国得到推广和应用。随后在许多工程中得到了大量的应用，成为一种成熟的建筑装饰材料。90年代以后，GFRC开始被引进到中国大陆。

GFRC饰板在许多方面与其他材料相比具有不可比拟的优点。

其可塑性为创造性的建筑设计提供了机会，可以根据建筑设计需要，塑造各种外形。建筑师可以任意选择凹槽和折线变化或各种曲线造型。GFRC饰板可以用作墙饰、窗饰、拱肩、柱饰、封檐板、挑檐底板、遮阳板、折线形屋顶及内部装饰等。

表面外装饰可采取用外露骨料、整体着色、白色水泥、纹

图6-153　运用GRC的某英国住宅

图6-154　香港浅水湾道129号住宅项目，在建筑过程中大量采用预制GRC

图6-155　运用GRC的巴塞罗那奥运会住宅

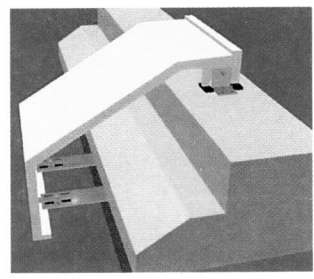

图6-156 运用3D软件设计 GRC构件细部过程：安装的 可视性

（图片来源：国际GRC协会.http://www.grca.org.uk/, 2009-3-9.）

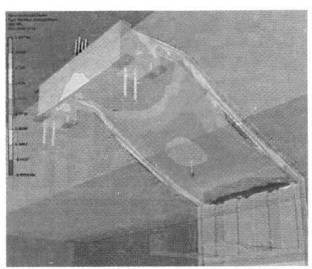

图6-157 运用3D软件设计 GRC构件细部：确保构件安 装在合适的位置

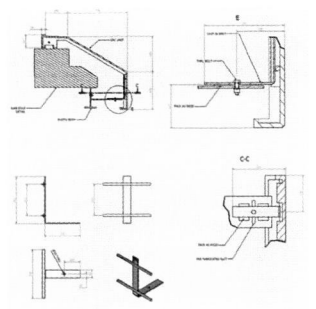

图6-158 最终形成的结构 和预制构件设计图1

理饰面或镶板等多种材质肌理处理。建筑设计有较大的选择余地。质感丰富，表现力强，有多种颜色和肌理可供选择。此外，经合理设计的厚为1/13 mm的GFRC饰面板长度可达9 m。在实际应用中非常方便、灵活。

重量轻；自身强度高；抗冲击能力强；抗渗透性、抗冻融性能较好；防火性能好，并且能长期使用而不开裂，这是一般混凝土所无法比拟的。此外，GFRC建筑饰板还便于进行工业化大批量生产。运输方便，安装简便，可减小结构承重构件和基础的外加荷载，从而降低造价，特别适于地质条件不良的多层砖混结构；在高层框架结构中显得更加理想，因饰面材料越重，框架构件要求越大。

由于GFRC建筑饰板自重轻，安装简单、强度高，可以大量的在工厂中预制，缩短工期。GFRC建筑饰板可以方便地塑造成各种形状，表面质感强，作为现代建筑的围合构件，具有很强的建筑表现力。

2）新型陶瓷和塑木复合材料

无机材料"陶瓷"也是建筑行业广泛关注的焦点。协同结构陶瓷材料、纳米晶粒超级金属、清洁环境减少污染的陶瓷材料、生物陶瓷、超塑性陶瓷、与能源相关的陶瓷、轻质材料等均是工业技术研究的前沿课题。木塑材料也是顺应这以世界性课题的新素材，为保护森林资源做出贡献。在北美地区，"plastic lumber（PL）"已经成为替代传统木质产品的总称，中文可称作"塑木"。Plastic lumber替代的产品是指非常广泛的一类产品，包括纯塑料产品；除木纤维之外，还有玻璃纤维甚至无机填料增强的塑料；以及没有增强材料的树脂。这些产品有些也被叫做"复合材料"。"天然纤维增强塑料"是指产品中含有木纤维和植物纤维的那类产品。含有木纤维作为填充增强的塑料有几种命名，最常用的是"塑木复合材料"（wood-plastic composites, WPCs）。WPCs中也可能包含无机填料。[1]

以下以日本三泽房屋自主开发的"新一代陶瓷"和"M-Wood"为例，对这两种运用在"HYBRID"工业化住宅系

① "塑木"称谓解读［EB/OL］.中国塑木网 http://www.wpc.cn/KnowledgeDetail. aspx?id=26, 2009-3-14.

列的成熟新型建材进行介绍。

　　日本三泽房屋（MISAWA HOMES）是全球著名的住宅制造商、世界500强企业。三泽房屋在进行房屋建设的同时非常注重环境保护、废弃物再利用等循环经济，最大的特色是生产环保的建筑材料。早在1971年，三泽房屋综合研究所就开始了新材料的开发课题。之后，又参与了由日本通产、建设两省推进的"55栋住宅计划"国家课题，利用共同研究体制，经过多种实验后，1972年，一种新型的陶瓷质多功能外墙材料——新一代陶瓷研发成功。1977年，新一代陶瓷完成材料、部品、构造等基础研究，进入产品化阶段。1986年，New York世界发明竞赛中，在来自世界42个国家200个竞争作品中，凭借新一代陶瓷这一新的原材料获得金奖。此外，三泽房屋自主开发的新型复合木材"M-Wood"在1996年正式商品化。这两种新型建材成为三泽房屋HYBRID住宅系列的核心技术。三泽房屋还研发出一种太阳能屋面材料，用这种材料建造的房屋，可满足建筑自身的用电需要。

　　（1）新一代陶瓷

　　三泽房屋自主开发的新一代陶瓷以日本产的高纯度硅石和石灰石为主要原料，在生产过程中不会像木材一样出现废料，可以将原料百分之百地充分利用。生产出的新一代陶瓷可以实现如金刚石一般稳定的托贝莫来（Tobermorite）结晶（注：硅质、钙质材料在高温高压的条件下，反应生成托贝莫来石晶体，其性能极为稳定，故以这种晶体为主要成分的硅酸钙板具有防火、防潮、耐久、变形率低、隔热等特点，尤其适合用作建筑内部的墙板和吊顶板，并且还有各种其他用途）。为了追求强度、隔热性、隔音性等的最佳平衡，其设定状况为：比重0.54、含水率13%以下、干燥收缩率0.05%以下。对于高温多湿的日本来说，新一代陶瓷是一种最佳的材料。

　　新一代陶瓷不仅具有良好的耐久性、耐火性、抗震性、防风性，而且还大幅度提升了外墙材料所应具备的各种安全性能。是一种兼备了高品质与性能的多功能材料，今后必将成为顺应时代潮流的住宅材料。不仅能够适应气温、湿度等较为恶劣的自然环境，在发生火灾、地震、台风等天灾人祸时它还可以充分发挥自身的强度，从而为家庭的安心生活提供

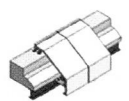

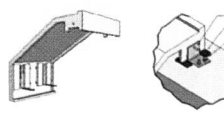

图6-159　最终形成的结构和预制构件设计图2

（图片来源：国际GRC协会.http://www.grca.org.uk/，2009-3-9.）

图6-160　HYBRID-Z是取得同行业首个官方机关认证的"零能源住宅"

图6-161　New Ceramic外墙材料

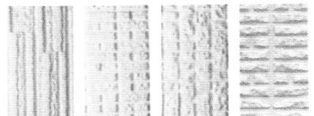

图6-162　手雕花纹的模板制作及4种材料表面效果

（图片来源：日本三泽房屋产品介绍：HYBRID住宅.楚先锋的BOLG. http://blog.sina.com.cn/chuxfcoco, 2009-3-9.）

图6-163　新一代陶瓷外墙材料双向配钢筋（拐角外墙为单向）

保障。

通过独特技术而形成面板状的新一代陶瓷，通过在其内部形成稳定的微小气泡，从而综合地获取外墙材料所应具备的高度隔热性、隔音性、调湿性等。不仅可以预防结露，而且可以预防导致疾病的壁虱、霉斑等的产生。

新一代陶瓷内部具有无数的微小气泡。这些气泡能够抵御冷暖空气，同时确保一定的室温，因此混合型的住宅冬暖夏凉。与普通的混凝土相比，新一代陶瓷的隔热性能约为其12倍。此外，这些气泡还可以像木材一样吸收、吐出空气中的水分（湿度），从而确保湿度适宜。良好的调湿性能可以预防导致住宅受损的结露现象。新一代陶瓷还能够抵抗1 000℃的高温加热而不会出现有毒气体的耐火材料，是一种非常安全的耐火材料。新一代陶瓷的表面非常硬，可以阻挡声音的侵入，因此它具备很好的"隔声"效果。此外，由于其内部存在着无数的气泡，因此它的"吸音"效果同样优秀。

新一代陶瓷是构成厚度234 mm的复合外墙中的一层，其自身具备了80 mm的厚度。HYBRID住宅通过将新一代陶瓷大型板材化，从而减少了外墙的接缝，实现了更好的隔热性和密封性。可以根据房屋尺寸制造成一块大型的整体面板。使用新一代陶瓷建造的住宅由于外墙的结合部分极少，从而实现了较高的密封性。

新一代陶瓷不仅具备了作为住宅外墙材料所应具备的各种性能，同时还营造出了美丽的外观。通过最新技术，以浆料在雕花模板内直接浇注成型，并采用一体成型的大型面板化、特殊涂饰等方技术，从而实现了接缝较少的美观图案以及高耐候性。

新一代陶瓷的理想综合性能来自先进的制造工序。在工厂内的计算机统一管理的生产线下，其制造工序可分为：① 正确计量、调和下的原材料混炼；② 钢筋的防锈处理；③ 模板的组装；④ 浇注泥浆；⑤ 从模板中脱模（浇注泥浆后30分钟左右脱模）；⑥ 为使面板完全硬化而进行预养护；⑦ 180℃、10个大气压的巨大压力釜下的高压蒸汽养护；⑧ 强制干燥；⑨ 防水加工及外饰面涂饰。通过以上精确的生产体系,实现了 New Ceramic 的高品质与高性能。[1]

（2）木塑材料 "M-Wood"

日本三泽房屋为了节省木材的使用量,提出了节省木材资源、开发木材的代替品和循环利用三大课题,挑战新素材的开发。历时 14 年,工厂研发生产了新的原材料 "M-Wood"。成为日本建筑商中唯一进行原材料开发的企业。

图 6-164 New Ceramic 的复层壁

"M-Wood" 是由超微粉化的木粉（MISAWA 木粉）与树脂的微粉粒混合加热熔融而成型的。其他的材质虽也有使用类似的加工方法的,但却失去了木材的质感。三泽房屋依靠独特的微粉化技术,成功生产了稳定均一的木粉。而且,表面的无机物微细粉末采用依靠物理性能固定的粉体混合技术,防止了成型时因热产生褪色变色现象。这样,便诞生了具备木材优越性和超越木材性能的新素材。

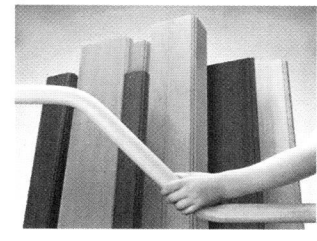

图 6-165 三泽房屋开发的 "M-Wood"

"M-Wood" 的成型,是采用压铸成型的技术,将加热后的原料从任意形状的铸口按一定速度压制而成。切面的形状依据铸口形状可以随意变更,长度也可以自由设定。由于可以进行真空、空压成型加工,轻易实现 "弯曲、扭曲",所以以前使用木材不能加工的形状,现在可以既轻松又无浪费的实现商品化。而且,同木材一样可以进行两次加工。此外,表面的木纹同真正的木材一样,富于变化。即使截面切开,木纹也是连续的。

以三泽房屋的木质面板工厂使用剩余的优质针叶林木为木粉原料,无任何浪费的有效利用木材资源。而且,"M-Wood" 一旦成型完成,粉碎后仍能作为原料再次加工。与金属材料相比,在再利用比较困难的木材行业,实现了循环利用。这是建筑业界循环利用的第一步。作为森林资源的一大消费国,日本具备了领先世界的原创技术。

图 6-166 "M-WOOD" 协调的室内

（图片来源：日本三泽房屋产品介绍：HYBRID 住宅.楚先锋的 BOLG. http://blog.sina.com.cn/chuxfcoco, 2009-3-9.）

"M-Wood" 的质感与木材完全一样。从外观上与木材没有分别,在空间上也能让人感受到木材的温暖与舒畅,但是却摒弃了木材的缺点。因为能防水抗湿气,不会腐蚀,具有良好的耐久性,所以可使用于水槽等以往不能使用木材的地方。

---

[1] 日本三泽房屋产品介绍：HYBRID 住宅.楚先锋的 BOLG. http://blog.sina.com.cn/chuxfcoco, 2009-3-9.

图6-167 预制现代住宅展中的水砖墙体

图6-168 预制现代住宅展中的扁平结构细部

（图片来源：5 excellent ideas for prefabricated housing. http://dvice. com/archives/2008/08/5_great_ ideas_f.php, 2009-3-9.）

图6-169 扁平结构中的片状突起

（图片来源：http://www.core.form-ula.com/wp-content/uploads/2009/02/ flatform, 2009-3-9.）

作为浴室的墙壁、天花也能发挥优异的性能。①

3. 住宅建材和结构的可能性

2008年7月美国MOMA艺术馆举行的"房屋交付：预制现代住宅"（Home Delivery: Fabricating the Modern Dwelling）展览中，委托几家设计事务所，提出工业化住宅结构和材料的概念设计，这些前瞻性的设计，基于先进的数码设计和生产技术，颇具先锋态度和启示性。

（1）水砖住宅

"水砖住宅"（Water block）由日本建筑师事务所Kengo Kuma & Associates设计。"水砖"外观类似于传统的建造单元，实际上是一种塑料水桶构成的模数化建造系统。它轻质便携，可以将水或其他液体储藏其中。水赋予其坚固性和天然的绝缘性，注满水后，可以建造从家具到住宅的各种东西。

每块水砖的尺寸是100 mm×100 mm，由表面带有5个凹孔的立方体互相交错连接，可以呈现出多样化的外形。更进一步，它可以通过凹凸面的紧密连接形成坚固的结构。"水砖"同时也是一个聚酯（PET）的应用性能试验，这种环境友好的水／生物降解聚酯（Hydro/Biodegradable polyester）可以最终完全降解。如果获得成功，它将用于制造集装箱、建造材料甚至作为土壤使用。②

（2）扁平结构

"扁平结构"（Flatform）由美国建筑事务所Marble Fairbanks的建筑师Scott Marble和Karen Fairbanks设计。

"扁平结构"是一种模数化的面板系统，运用先进的数码生产程序，充分发挥了不锈钢标准尺寸板的物理特性。开拓了新颖的设计和组装逻辑。不锈钢平板通过激光切割、刻划和折叠自身形成结构，无需外部加固构件。两块标准尺寸钢板通过内部互锁的小片相互连接。两侧钢板的表面几何形式受限于内部片状突起的特性和材料的延展性。表面图案反映了构成的逻辑性，片状突起的方向和方式的多样化，提高了这

① 日本三泽房屋产品介绍：HYBRID住宅.楚先锋的BOLG. http://blog.sina. com.cn/chuxfcoco, 2009-3-9.
② Water Block House［EB/OL］. http://www.kkaa.co.jp/E/main.htm, 2009- 3-9.

图6-170　预制现代住宅展中的扁平结构墙体　图6-171　扁平结构剖面

（图片来源：http://www.core.form-ula.com/wp-content/uploads/2009/02/flatform, 2009-3-9.）

种系统的形式表现力。尽管"扁平结构"更像个雕塑而非产品，但其看似复杂实则逻辑性的精美设计预示了我们在工业化住宅中使用金属板材的未来。[1]

图6-172　扁平结构概念示意图

（图片来源：http://www.momahomedelivery.org/, 2009-3-9.）

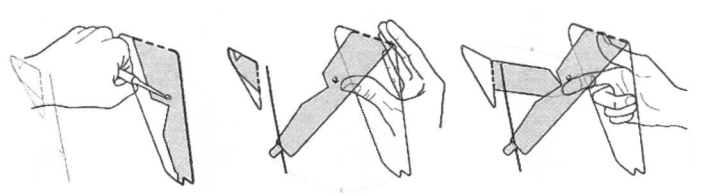

图6-173　扁平结构的安装过程示意图

（图片来源：flatform installation. http://blog.bellostes.com/, 2009-3-9.）

（3）矢量墙

"矢量墙（Vector Wall）"由美国建筑事务所Reiser+ Umemoto RUR Architecture PC的建筑师Jesse Reiser和Nanako Umemoto设计，早在2002年已有研究。"矢量墙"试图用简单的激光穿孔板材形成刚性或半刚性的多向图案墙体，重新诠释"墙"的概念或定义一个空间。一经切割，一张不锈钢板即可形成鳞片状的精巧纱幕，结构、体量和围合都在同一个系统里实现。这种灵活墙体模块可从原来的4×4英尺扩展

---

[1]　Flatform［EB/OL］. http://www.moma homedelivery.org/, 2009-3-9.

图6-174　矢量墙的结构

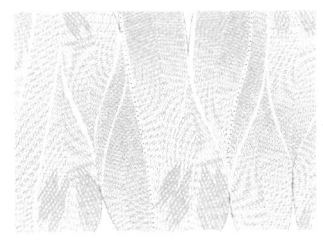

图6-175 矢量墙的切割图案示意图

（图片来源：Vector Wall［EB/OL］．http://www.reiser-umemoto.com/，2009-3-9.）

图6-176 预制现代住宅展中的矢量墙

图6-177 移动结构（Migrating Formations）示意图

（图片来源：http://www.momahomedelivery.org/，2009-3-9.）

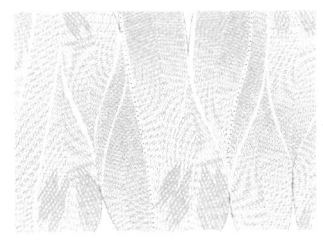

到5×10英尺，甚至更大，视材料、切割图案和拉力而定。运用激光切割，使矢量墙可在三维方向变化，因而拓展了它的潜在用途。[1]

（4）移动结构

"移动结构（Migrating Formations）"由美国建筑事务所Contemporary Architecture Practice的建筑师Ali Rahim和Hina Jamelle设计。该事务所以前卫的数码设计风格而著称。在"移动结构"中计算机软件使标准墙体产生有规律的图案变异。该作品拓展了三维印刷的可能性，也拓展了在大量生产的建筑构件，尤其是住宅中，数码设计的能力。

该结构在提供广泛的用户定制机会的同时，不会产生明显的额外费用。墙体上的一系列空洞大小、深度和清晰度不一，导致透光性的不同。这同时也造就了墙体本身抽象的形态。[2]

6.5.4 制造业与工业化住宅的深度结合

制造业是工业部门中除了建筑业和采矿业以外的行业的总称。与建筑业相比，制造业的产品较小，产品是可移动的，标准化程度较高，可以在工厂生产线上进行大规模生产。制造业的产品通常是按照市场预期需求进行生产，生产出的产品还要通过市场销售环节才能被顾客接受和使用。生产组织基本固定，大部分属于技术、资金密集型生产，其总体技术水平和管理水平高于历来是一个粗放型行业的建筑业。

一方面，随着社会的发展，住宅越来越多地被视为一种产品或是服务。工厂生产提供了更低价和更高质量的产品。人们希望将生产技术运用到住宅制造上来，同样能够提供高质量、可负担的价格和易达性。另一方面，工业化住宅产业的生产方式介于制造业与建筑业之间，兼备了二者的特点，但比普通住宅更接近制造业。既要提高住宅部品的工业化，提高现场生产的集约化管理水平，同时也不可避免建筑业的最终现

---

[1] Vector Wall［EB/OL］．http://www.moma homedelivery.org/，2009-3-9.

[2] Migrating Formations［EB/OL］．http://www.moma homedelivery.org/，2009-3-9.

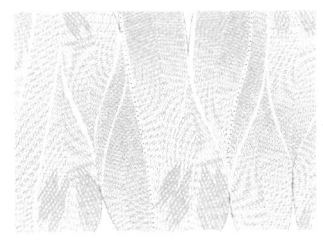

场安装生产的方式,因此工业化住宅特别适合采用制造业的先进生产方式,而从在大量生产的基础上快速满足客户的个性化需求。

随着制造技术的发展,人们可以用原用于机械和汽车、飞机的软件进行住宅的虚拟设计和智能制造,住宅的生产和装配都在流水线上进行,住宅的工程和品质管理也制造业同步。因此,工业化住宅的设计系统、建筑系统、生产系统、装配系统、后勤系统和市场营销这6个子系统,每一个都与制造业一一对应。虽然像"汽车"一样生产住宅永远都不会在普遍意义上实现,但不可否认的是,工业住宅与制造业的联系比以往更加紧密。

1. 制造业对工业住宅发展的影响

在建筑师的个体实践中,与产品制造企业的合作屡见不鲜。沃尔特·格罗皮乌斯在1910年给AEG公司(一家德国大型电器联合企业)的艾米尔·拉特诺提交了一份合理化生产住宅建筑的备忘录——《根据美学一致性原则所作的一家房产公司的建设计划》,可谓是预制装配建筑的最早理论研究。1931年,格罗皮乌斯开始与德国铜制品工厂Hirsch共同致力于对铜制房子的研究。1942年到1945年间,格罗皮乌斯和K.瓦克斯曼为通用制板公司(The General Panel Corporation)从事"组装式住宅体系"(packaged-house system)的设计。

实际上,制造业进入房地产领域是住宅产业化的重要标志。与住宅建设相关的建材和设备制造企业具有进入工业化住宅领域的天然优势,除了这些企业,也有不少汽车、航空工业、家居制造业凭借先进的产品生产经验,也进入了工业化住宅生产领域。以日本为例,日本三菱重工、做简易房出身的大和、做给排水起家的积水、以电器为主业的松下(PanaHome),等等,都进入到工业化住宅生产领域。

1)汽车、航空工业与工业住宅

大量产品的生产线可以为大众生产高质量的、如同汽车一样的住宅产品,始终是工业化住宅的终极理想。工业化住宅从一开始就受到汽车工业的启发。1908年,亨利·福特(Henry Ford)的T模式取得巨大成功,他的自传《我的生活和

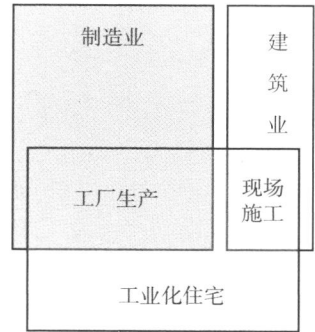

图6-178 工业化住宅的生产方式介于制造业与建筑业之间,但更接近制造业

(图片来源:作者绘)

图6-179 丰田筑屋建筑实例

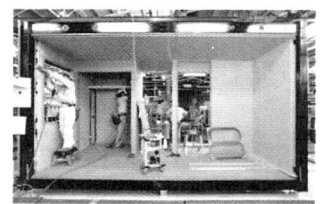

图6-180 丰田筑屋(Toyota Home)预制住宅的建造

(图片来源: http://www.toyotahome. co.jp/ownersplan/042/, 2008-08-14.)

图6-181　IKEA的"明智生活（Bo Klok）"工业化住宅1

图6-182　明智生活（Bo Klok）住宅2

图6-183　明智生活（Bo Klok）的安装

图6-184　明智生活（Bo Klok）住宅室内

（图片来源：Bo Klok by IKEA（prefab）.http://greenlineblog.com,2009-3-27.）

工作》（*My Life and Work*）中描述的T模式和所引导的新观念，从美国一直风行到苏联和德国。在福特的T模式投入生产不久以后，工业生产进入了预制领域，即利用大规模的工厂和设备、高效率的规划，集中形成大规模的高效工地以及移动建筑系统。

1922年，勒·柯布西耶的"雪铁龙"住宅，这个名字就是引用一家著名汽车厂的商标名称，表示房子也可以像汽车一样地标准化。在1935年，让·普鲁韦与Roland Garros飞机公司合作，在凡尔赛附近进行了他的第一个预制试验。1944年，理查·布克明斯特·富勒（Richard Buckminster Fuller）为了探索航空技术他设计出了可循环使用的全金属外壳戴麦克辛居住机器，利用了第二次世界大战结束后航空业的多余能量。[①]1960年，勒·柯布西耶也曾与雷诺工厂签订合同，采用金属结构大量生产"居住单位"。[②]同样是汽车生产企业，日本丰田汽车制造带来了"精益生产"（Lean Production）[③]的理念。丰田筑屋（Toyota Home）也是日本成功的工业化住宅生产企业之一。"丰田模式"的生产与管理模式也受到我国致力于工业化住宅生产的企业万科的推崇，提出"像造汽车一样盖房子"的口号[④]。

直到今天，工业化住宅的设计仍然深受汽车、航空工业的启发。

2）家居制造业与工业住宅

瑞典IKEA开发的"明智生活"（Bo Klok）[⑤]住宅系列和日本无印良品MUJI的预制住宅等，代表了家居制造行业在工业化住宅领域的成果。

① （美）理查德·韦斯顿著,20世纪住宅建筑［M］.孙红英译.大连：大连理工出版社,2003.9.P83.
② （意）L.本奈沃洛著,西方现代建筑史［M］.邹德侬等译.天津科学技术出版社,1996年9月.P674.
③ 精益生产,得名于1990美国麻省理工学院詹姆斯·P.沃麦克（J.P.Womack）、丹尼尔·T.琼斯（D. Jones）所著的《改变世界的机器》（*The Machine That Changed the World*）一书。是一种起源于丰田公司的流水线制造方法论,也被称为"丰田生产系统"。
④ 楚先锋.也谈造汽车与造房子［EB/OL］.楚先锋的BLOG. http://blog.sina.com.cn/s/blog_4d9ac255010009rd.html, 2007-06-2.
⑤ 详见：http://www.boklok.com.

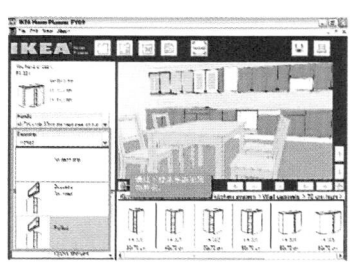 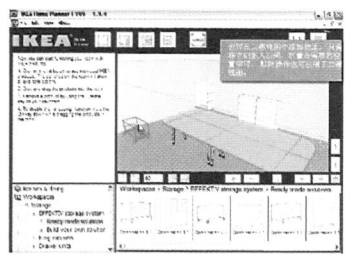

图6-185　IKEA的家居设计软件：厨房　**图6-186　IKEA的家居设计软件：工作室**

（图片来源：http://www.ikea.com/cn/zh, 2009-3-27.）

IKEA家具产品的高度标准化和模数化为工业化住宅提供了出色的范例。使用IKEA宜家的设计软件，人们可以选择符合家里房间精确尺寸的家具。体验不同的组合，尝试不同的风格。

IKEA的"明智生活"预制住宅系列于1996年开始生产。除了瑞典，"明智生活"还销售到英国、芬兰、丹麦、挪威等国家。这种住宅是低收入家庭也可以负担，风格与IKEA家具一致。"明智生活"有几个不同的系列全都基于相同的结构和物流。它的成功来自简洁的设计、牢固的结构、社会认同和低造价。据说80%的结构都在工厂生产，现场装配仅需一天就可全部完成，当然也包括家具。低造价归功于工厂生产系统和IKEA与SKANSKA强大的原料采购能力。此外，在"明智生活生态系统"（Bo Klok ecosystem）中，有一个专业的生态设计合作伙伴。IKEA还提供免费的2小时专业室内设计现场咨询。

户主通过收入和家庭大小通过标准程序筛选。有趣的是，尽管在社会主义式的房屋所有权方面，有不少抱怨，但是IKEA坚持认为这是建立稳定的社区所必需的：住宅一旦购买便不能在公开市场上销售，而必须再售回住宅共同体（housing collective），作为其保持所有权的一个途径。据报道，每当"明智生活"开发商宣布可提供大量新的住宅申请时，总是大受欢迎，可见这一概念的成功。[1]

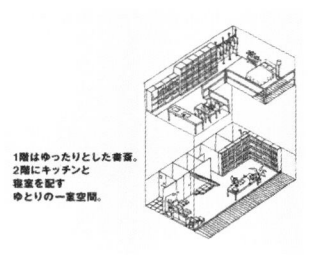

图6-187　无印良品の家随着生活方式和家族构成改变空间布局：书房

图6-188　无印良品の家随着生活方式和家族构成改变空间布局：亲子的卧室

---

[1] Bo Klok by IKEA(prefab). http://greenlineblog.com, 2009-3-27.

图6-189 MUJI"朝 の 家"住宅系列

图6-190 MUJI的住宅系列基本构造

（图片来源: Bo Klok by IKEA（prefab）. http://greenlineblog.com, 2009-3-27.）

日本无印良品MUJI创立至今已有21年,堪称日本国民品牌,是日本最大的Life Style Store（生活形态提案店）。靠着清一色无华简朴,及还原商品本质的讲究手法,成为闻名世界的"No Brand"（无品牌）。对环保再生材料的重视和将包装简化到最基本的状态,也使无印良品赢得了环境保护主义者的拥护。

图6-191 无印良品之家的室内空间

（图片来源: 无印良品の家. http://www.muji.net/ie/, 2009-3-27.）

无印良品MUJI的预制住宅"木の家"、"窓の家"、"朝の家"系列①,体现了骨架与填充体分离的SI住宅理念。他们认为重建住宅是一种资源的浪费,会对地球环境造成负担,主张住宅的可变性和长久的使用,从人们的生活方式来考虑住宅的设计。在外观和室内和家居设计中继承了无印良品的品牌个性,以洗练的、基本的、不被时代左右的设计为目标。2004年4月,难波和彦设计的无印良品之家（MUJI+INFILL）,是在工业化住宅中集成运用工业化、商品化建材的范例。

2.制造业先进理念的借鉴

在某种程度上说,住宅工业化甚至建筑工业化,脱胎于工业和制造业,因此工业化住宅的设计和建造必须深刻理解制造业,这包括工业化住宅的设计、生产、装配、管理等各方面与制造业的结合和对先进制造业理念的理解,如与工业化住宅相关的:产品开发体系设计、精益生产、敏捷制造（agile manufacturing, AM）、大规模定制（mass customization,

---

① 详见: 无印良品の家.http://www.muji.net/ie/.

MC）、快速动态响应协同产品设计理论、面向大量定制的延迟制造理论、并行工程（concurrent engineering, CE）、虚拟制造（virtual manufacturing）等等。而理解这些制造业先进理念的基础是"部品标准化"和"模块化产品"概念。

　　1）部品标准化的方法

　　部品标准化是大规模生产与定制的结合点。标准化部品的种类、数量越多，越容易提高产品的多样性，从而可能使定制的部品种类和数量减少。但种类过多的标准化部品会使成本大大增加，因此要将标准化部品的种类和数量控制在一个各方都可以接受的范围内，在这个范围内，标准化部品的成本与定制产品的成本之和最小，同时还可以满足用户多样化和个性化的需要。部品标准化问题包括部品通用化、标准化接口、机具通用化、工艺标准化几个方面的内容。

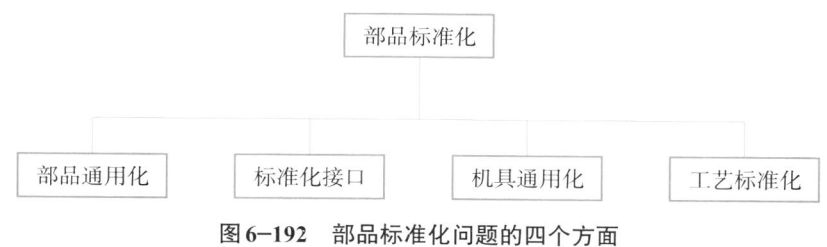

图6-192　部品标准化问题的四个方面

　　部品通用化是指通过某些使用功能和尺寸相近的部品的标准化，使该部品在住宅的许多部位和纵、横系列产品间通用，实现跨系列产品间的模块的通用，从而减少部品种类和数目。通过部品的通用化，使得各部品的生产不因其外部产品品种和功能的变化而改变制造工艺，从而减少由改变生产格局带来的生产延误和改变工艺所增加的管理成本，降低产品成本，取得规模效益。同时也有利于充分利用现有的规模生产设备，为各功能模块的规模生产奠定基础。

　　模块接口部位的结构、尺寸和参数的标准化，容易实现模块间的互换，从而使模块满足更大数量的不同产品的需要。应使标准化的接口简便易用、容易区分并保证接口可靠。制造或生产部品的机具应尽可能地通用化，以消除制造过程中重新定位和更换工具等辅助性工作对生产过程的影响。机具通用化将对部品的开发、设计和制造产生重要的影响。在进行部品的开发设计时，必须要考虑生产机械和工具是否容易得到、对产品可能带来什么影响等。将部品的生产工艺标准化能保证在不大量改变生产系统设置和操作方式的情况下，大规模生产不同类型的定制产品，并避免降低制造柔性。标准化的生产工艺还有利于提高效率和质量、降低成本。

　　如何确定标准部品单元的划分基准是部品标准化的技术基础。如果部品划分过粗,会导致部品标准数量少,这样虽有利于大规模生产但不利于产品的多样性和个性化;部品划分越细,部品标准数量就会越多,虽不利于大规模生产,但会使最终住宅产品的排列组合数量呈指数级增加,有利于产品的多样性和个性化。对同一种部品,标准部品的种类越多,定制部品的种类和数量就越少,这就出现了一对矛盾。标准化的部品单元必须能够二者兼顾,寻求到一个划分标准单元的基准点。①

2)模块化产品体系

模块化产品是实现以大批量生产的效益实现单件生产的目标的最佳方法,也是支持用户自行设计产品的一种有效方法。产品模块是具有独立功能和输入、输出的标准部件。在进行产品设计时采用柔性的、模块化的产品设计方法,产品的功能和性能可以根据用户的需要进行改变,很容易地得到新的功能和性能,可以实现产品的成本与批量无关。从产品看是单件生产,而从具体的设计和制造部门看,却是大批量生产。住宅产业的模块化产品主要指部品及其部分组件。

模块化产品设计方法的原理是,在对一定范围内的不同功能或相同功能不同性能、不同规格的产品进行功能分析的基础上,划分并设计出一系列功能模块,通过模块的选择和组合构成不同顾客定制的不同产品,以满足市场的不同需求。这是相似性原理在产品功能和结构上的应用,是一种实现标准化与多样化的有机结合及多品种、小批量与效率的有效统一的标准化方法。

3)成组技术

成组技术(group technology, GT)揭示和利用事物间的相似性,按照一定的准则分类成组,同组事物能够采用同一方法进行处理,以便提高效率的技术,称为成组技术。在机械制造工程中,成组技术是计算机辅助制造的基础,将成组技术用于设计、制造和管理等整个生产系统,改变多品种小批量生产方式,以获得最大的经济效益。

成组技术的核心是成组工艺,它是把结构、材料、工艺相近似的零件组成一个零件族(组),按零件族制定工艺进行加工,从而扩大了批量、减少了品种、便于采用高效方法、提高了劳动生产率。零件的相似性是广义的,在几何形状、尺寸、功能要素、精度、材料等方面的相似性为基本相似性,以基本相似性为基础,在制造、装配、生产、经营、管理等方面所导出的相似性,称为二次相似性或派生相似性。近年来,成组技术与数控技术、计算机技术相结合,水平有了很大提高,应用范围不断扩大,已发展成为柔性制造系统和集成制造系统的基础。

---

① 李忠富.住宅产业化论:住宅产业化的经济、技术与管理[M].北京:科学出版社,2003.11.

4）大规模定制

大规模定制（mass customization, MC）的思想已逐渐成为信息时代制造业发展的主流模式。大规模定制的生产方式是根据每个客户的特殊需求以大批量生产的效率提供定制产品的一种生产模式，是解决工业化大规模生产与住宅多样化、个性化矛盾这个两难问题的有效方法。大规模定制在提高住宅质量、降低成本，提高住宅产业生产水平的同时，尊重并最大限度满足顾客对住宅的个性化需求。大规模定制的基本思想是：将定制产品的生产问题通过产品重组和过程重组转化为或部分转化为批量生产问题。

大规模定制从产品和过程两个方面对制造系统及产品进行了优化，其中，产品优化的主要内容是：正确区分用户的共性和个性需求、产品结构中的共性和个性部分。将产品维的共性部分归并处理。减少产品中的定制部分。过程优化的主要内容是：正确区分生产过程中的大批量生产过程环节和定制过程环节。减少定制过程环节，增加大批量生产过程环节。

3. 面向先进制造业的工业化住宅系统流程

1）工业化住宅系统中需解决的两个关系：DBC 和 BPS

由于住宅的构成分为住宅产品和部品，因此面向先进制造业的工业化住宅设计必须考虑二者的关系。可以有以下两种关系：基于部品的住宅设计（design based components, DBC）和面向部品的产品结构分解（breakdown of product structure, BPS）。

DBC 是在现有大量多品种标准化部品的基础上，通过部品的有机组合来设计住宅的方法。设计中将大量的多品种、标准化的部品根据构造逻辑规则和模数协调规则，再加上设计经验和艺术准则，进行有机组合，产生成千上万的产品设计方案，再进行优化选择，得到满意的住宅产品设计，由用户进行最终选择。

BPS 是上述 DBC 的逆过程。首先由设计者按照用户的要求、建筑结构、建筑艺术等进行住宅产品的设计，然后根据模数协调、构造逻辑和构件技术规则等对设计产品进行分解，分解结果应该与产品目录中的标准化部品一致。[①]

理论上无论组合还是分解，都会有极多的解（方案）。因此两种方法的实施必须要用计算机进行复杂的计算才能实现。例如，近年法国推行的 G5 软件系统。国外的很多大型住宅产业集团，如日本的大和房屋工业公司、积水化学工业等都有类似的系统在使用。

2）工业化住宅设计的系统流程

设计阶段首先是根据定制要求进行功能分解，将住宅整体分解成为组件、部品

---

① 李忠富.住宅产业化论：住宅产业化的经济、技术与管理［M］.北京：科学出版社，2003.11.

和零件，分解成的组件、部品和零件包括通用的和定制的两类，其中通用的部分可以按照标准进行生产或采购，而定制的部分则必须按照住宅企业的要求进行设计和生产。从而最后将所有住宅所用组件和部品、零件等按照用户的要求设计完成。

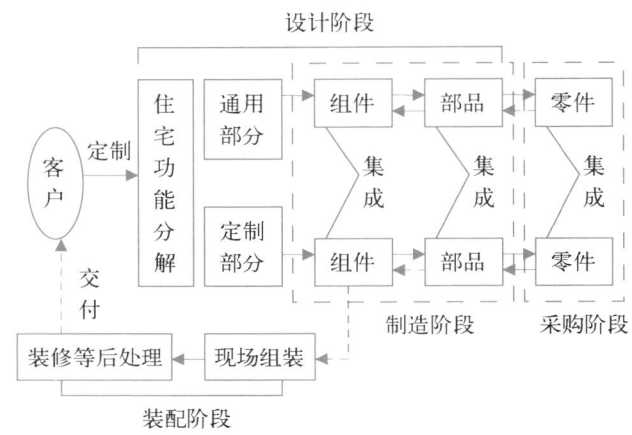

图6-193　工业化住宅的整个系统流程

而工业化住宅的实现过程则和设计过程恰好相反，首先是零部件生产，大部分按照标准进行生产，少部分按照部品生产商的要求进行定制，然后通过生产线上的交叉组合形成不同品种规格样式的部品。这一过程可看作前期的采购过程。部品生产商和组件生产商一方面根据产品标准进行部品和组件生产，同时依照住宅生产商的要求进行部品和组件的定制生产，不同品种规格样式的组件在现场交叉组合，形成不同规格样式的住宅产品，装修完成后交付用户使用。[1]

① 李忠富.住宅产业化论：住宅产业化的经济、技术与管理［M］.北京：科学出版社,2003.11.

6.5.5　可持续发展要求下的整体设计策略

1. 可持续发展对住宅设计的要求

"系统整合"（system integration）可谓是现代建筑的系统概念的延续，源自系统工程。其原意为借着将系统内的构件重新作合理的组合，以达到整体性的节省资源提高效率的目的。过程中会对每一构件的质与量作评估，然后选择效益最高的组合方式。其选择的依据是整体效益而非个体效益。建筑系统的观念早期只针对结构系统，后来延伸至内装构件。在 1990 年代后，随着社会正逐步向环保型及资源循环型转变，住宅建设进入面向环境保护和可持续发展理念。"工业化建造住宅"本身就是比"现场建造住宅"更加环境友好的建造方式，可持续发展在此基础上对工业化住宅的"系统整合"设计提出了新的要求：

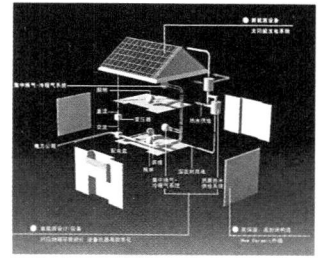

图6-194　日本三泽房屋的太阳能发电系统操控的"零能源住宅"的系统构成

（图片来源：日本三泽房屋产品介绍：HYBRID 住宅.楚先锋的 BOLG. http://blog.sina.com.cn/chuxfcoco.2009-3-12.）

一方面，能源问题已经强势进入了住宅设计的主流，并且在 20 世纪的最后十年，建造有效节能的典型住宅的实践在世界各地相继开展。随着 21 世纪的到来，消费者对住宅更优性能和长寿命化的需求与日俱增，生命周期成本（LCC）更低、耐久性更高的"长寿命化"住宅受到欢迎。以适应居住者的多种需求和生命周期变化，在设备机器的功能、性能劣化时能自由地进行维护、更换作为提高集合住宅耐久性的方法。对住宅的设计来讲，以保持人们身心健康、延长生命使人与自然即主体与客体处于最佳的状态为最高目标，这也预示着更环保住宅的产生。建筑师和住宅开发商因而面临着巨大挑战。

另一方面，在从工业化向信息化演进的过程中，社会生活、产业结构乃至思想观念都在发生巨变，而且从各方面影响着住宅产品开发与住宅设计的目的、手段和思维方法。人们的眼光也逐步由"实物中心"转向"系统中心"；住宅设计已不是建筑师独立的创作，设计将作为战略性手段介入了更为复杂的系统化过程。与可持续发展要求相对应，住宅也日益复杂化，成为一个典型的复杂系统。除了结构、外维护和设备这些常见的建筑系统和子系统，为了提升住宅更广义的价值——可持续化，被动和主动节能设备，如空气微循环系统、太阳能和风能利用、地源热泵、水源热泵等等也逐渐成为住宅中不可或缺的一部分。

因此,如今的住宅,尤其是工业化住宅比以往任何时候更接近"居住的机器"或是一个"生命维护系统"(life support system),必须确保在它的整个生命周期(建造、运行、维护)功能的有效性。不论是政府部门,还是开发商或是生产商都倾向于提供更多,具有多重优点的住宅产品和部品。这些知识、物质和系统的积累已经对我们的生存环境产生了积极的影响,并且提高了人居环境的质量。

综上所述,在可持续要求与高技术(Eco+Techno)的整合设计成为建筑界趋势的背景下,在可以预见的未来,将不存在为区别于传统建造方式的所谓"工业化住宅",也不再有所谓的"生态住宅"、"绿色住宅"的特定称谓,住宅将是"可持续+高预制"的结合体。这种"整合"的实现,是建立在高度发展的工业化制造技术之上的,而这种"整合"的有效性则取决于我们在整合设计过程中对多项并行的设计系统的运用。

正如世界上第一批建造可持续的,建筑上令人信服的,致力于解决环保问题的住宅建筑师之一——托马斯·赫尔佐格(Thomas Herzog)所说,"发展灵活方式的建造系统,和它们的组装、拆卸、再组装的有效解决方案,需要很大范围的协作。对建筑专业来说,这是它的中心任务,同时也意味着和工业的密切合作。"[1]

说到底,"预制技术"是手段;"可持续性"是发展理念,实现"更美好的人居环境"才是真正的目的。

2. 工业化住宅的整体设计策略与并行设计系统

1)工业化住宅的整体设计策略

(1)整体的设计哲学(A Holistic Design Philosophy)

建筑设计的"整合设计"(Integrated Design)概念有着多种多样的含义和解释。概括来讲,所谓整合设计,是指从整体的角度,将各种片段或分散的对象元素或单元再建构,使之具有可以发挥功能的总体性能。在此建构的意义不再是原有分析概念下之分解/结合的合成或综合,而是提升至另一种可以和谐运作的机制,使各部分性能得以相容、适应、互动及配合。

"整合设计"并不是什么新鲜的概念。早在1969年,理查·布克明斯特·富勒就曾说:"协同(Synergy)是我们设计语言中唯一的词汇,它意味着从系统部分出发的孤立的观察行为并不能对整体系统的行为做出预测。"[2]今日,著名的Arup工程顾

① 托马斯·赫尔佐格访谈摘选.托马斯赫尔佐格的作品与思想[M].中国电力出版社,2006-1-1.
② Don Prowler, FAIA-Donald Prowler & Associates. Whole Building Design[EB/OL]. http://www.wbdg.org/wbdg_approach.php, 2009-3-29.

问公司就是致力于使用"整合设计"方法的公司之一。公司的创始人 Ove Arup 在1970年就提出"整体建筑"的理念,指出其表示应对所有与设计相关的决定进行全局考量,并且由组织严谨的团队集成为一个整体。

"整体建筑设计(Whole Building Design)"[①]策略在工业化住宅上的应用,将会帮助我们正确地思考和行动。通过系统分析住宅设计中的相依因素,平衡整个设计阶段来达到多个层面的收益——建造环境友好和低成本的工业化住宅。例如,工业化建筑体系的选择将会影响到住宅维护和运行成本是否能够降低、是否环境友好,以及住宅的维护系统如何运行。与此同时,这些工业化建筑体系、材料和构件的选择也影响着住宅的美观、可达性和安全性。

(2)工业化住宅的整体设计

那么在工业化住宅设计中的整体设计指的是什么呢? 工业化住宅的整体设计包括两方面的内容:整合设计方法和整合团队合作过程(Integrated Team Process)。整合设计方法要求开发商、规划、设计和结构团队客观地看待项目,以各种角度审视建筑材料、设备系统和装配形式。这种设计方法是与制造业联系密切的工业化住宅的必然选择,不同于传统的依赖某些孤立领域的权威专家的方式。[②]

设计的客观性无疑对每个项目都至关重要,但是一个真正成功的整合设计是:项目设计目标在设计早期就已经明确,并且在设计过程中始终保持平衡;在策划和

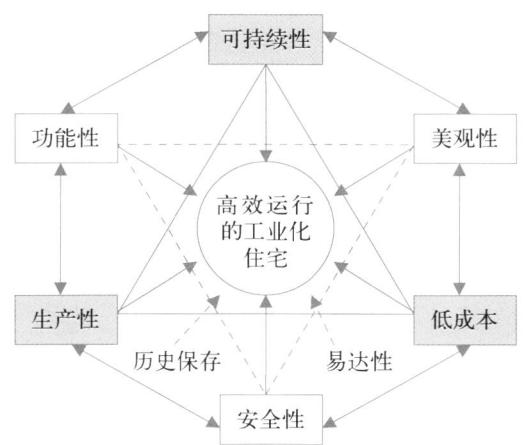

图6-195　工业化住宅整合设计的要素构成

---

① 详见 Whole Building Design Guide. http://www.wbdg.org/.

② Don Prowler, FAIA-Donald Prowler & Associates. Whole Building Design［EB/OL］. http://www.wbdg.org/wbdg_approach.php, 2009—3—29.

设计过程中不断产生的各系统的相互联系和互相依赖能够得到适当的理解、评估和应用。这包括以下几个要素：易达性（Accessible）、美观性（Aesthetics）、低成本（Cost-Effective）、功能性（Functional/Operational）、历史保存（Historic Preservation）、生产性（Productive）、安全性（Secure/Safe）、可持续性（Sustainable）。对工业化住宅的整合设计来说，除了满足传统住宅要求的功能性、美观性和安全性，住宅的低成本、生产性和可持续性，较普通的住宅变得更为重要。

实际上，作为设计活动的一部分，整合活动沿着建筑师的思维所形成的路线前进。技术要求限制了这种判断的主观自由性，并且给建筑师设立了一系列的整合的难题去解决。整合设计的一个重要特点是：建筑设计的每个过程，均有各个工种的工程师参与，设计阶段成果递进性衔接，逐步深化。整合设计对建筑师提出更高的要求，承担着更加重要的作用。

整体设计在实践上还需要一个整合的设计团队合作，在合作过程中，设计小组和所有相关的人员在整个项目过程中一同工作，不断检验设计的成本、生活质量、未来的灵活性、效率；整体的环境影响、生产效率、创造性，以及使用者将如何使用。整体设计过程通过建筑整个生命周期的规划、建筑设计、建造和运行，逐步明确建筑需求。

一个在项目开始举行的专注而合作的头脑风暴——设计专家研讨会，为真正的整合设计解决方案敞开大门。所有的项目成员被鼓励跨越本身的专业领域考虑问题。这种设计专家研讨会在多个不同利益代表产生冲突的复杂情况时更加有效。保持一种开放的、互动的设计过程比做出最终的设计决定更加重要。仅有整体设计的态度是不够的，还需要不断检测整体设计的有效性和成果。

2）工业化住宅的并行设计系统

在实施工业化住宅的整体设计过程中，传统住宅设计的串行模式已不能处理这种复杂系统，并行设计系统成为工业化住宅的设计模式。并行设计源于并行工程（concurrent engineering, CE）技术，实际上是制造业产品设计的系统方法，重视整体性、综合性、联系性、动态性、有序性、结构性、最优化、开放性，与建筑的整体设计哲学不谋而合。如果说"整体设计"是一种建筑学领域的设计策略，那么"并行设计"就是与制造业深度结合的工业化住宅设计的具体方法。

基于"整体设计"概念，"并行设计"方法扩展到更广的层面，包括了工业化住宅的生产过程、管理过程甚至是商品化过程，并且可以通过"产品多向系列"的设计，利用模块化，解决工业化住宅普遍性和个性化的矛盾，并且提出模块结合面的重要性。

（1）系统设计方法——并行设计

如果说设计的串行模式是以要素的顺序结构关系为基本特征的话，那么设计的并行模式则是以要素的网络结构关系为基本特征。设计的并行模式就是对产品及相关过程进行集成、并行设计的系统化的设计模式。这种设计模式力图使产品开发设计一开始就要考虑到产品整个生命周期中的各种因素,包括概念的形成、需求定位、可行性、进度等。

所谓相关过程,就是指整个产品开发设计过程中所要涉及的诸如市场需求定位、实施设计和生产制造等过程,甚至还包括商品化过程。这些过程的参与者往往由来自不同专业领域的成员组成,如生产决策人、市场研究者、设计师、工程师、营销人员等。这些相关过程作为设计系统中的子系统或要素,共同形成网络关系,相互协同,相互支持,相互制约。

需要强调的是,并行模式并非是设计活动的并行,那样就是各自为政。并行模式是设计过程中相关过程的协作。并行模式也不能被理解为一种管理方法,而是包括人员组织、信息、交流、需求定位和新技术应用等要素的综合和同步。并行模式也不排斥其他模式,而是传统模式的继承和发展。并行模式中的某些子过程往往含有其他模式的特点。

在并行设计模式中产生的产品多向系列,所体现的往往不一定是形式上的系列感,而是技术和原理上的共性,有时是通过通用件或模块来实现的。所以,在具体设计时要特别注意和解决好基型产品与通用件或模块结合面等结合要素的合理性和精确性。在这一点上传统的住宅设计者容易从思想上松懈,认为这只是属于技术上或工艺上的问题,与外形无关。然而,在许多情况下,衔接的问题不仅与外形密切相关,而且好的设计往往可以利用衔接的特点,形成设计上的特点,从而在视觉上、使用上都会取得良好的效果。

（2）工业化住宅的并行设计体系

工业化住宅的整个系统流程分成设计阶段和实现阶段两部分,这两阶段是交叉在一起的,因此要建立住宅产品的并行设计体系。并行工程(concurrent engineering, CE)技术是对产品及其相关过程(包括制造过程和支持过程)进行并行、集成化处理的系统方法和综合技术。它要求产品开发人员从一开始就考虑到产品全生命周期(从概念形成到产品报废)内各阶段的因素(如功能、制造、装配、作业调度、质量、成本、维护与用户需求等),并强调各部门的协同工作,通过建立各决策者之间的有效的信息交流与通信机制,综合考虑各相关因素的影响,使后续环节中可能出现的问题在设计的早期阶段就被发现,得以解决,从而使产品在设计阶段便具有良好的可制造性、可装配性、可维护性及回收再生等,最大限度地减少设计反复,缩短设计、生产准备和制造时间。[①]

---

① 李忠富.住宅产业化论:住宅产业化的经济、技术与管理[M].北京:科学出版社,2003.11.

在工业化住宅设计中要在保证基本的逻辑关系和专业次序的基础上，尽可能地实现并行化，从而加快设计进度。而在并行设计过程中，各专业、各工序之间不可避免地会出现冲突。为及时处理这些问题，必须要建立住宅产品标准化数据模型，依此统一认识，消除相互之间对问题的不同看法，并且保证设计过程中及时的交流和信息沟通，实现数据共享。

工业化住宅的并行设计体系，改变了以前设计部门设计图纸、制造部门生产加工的串行方式，应用设计/制造共同进行产品开发的并行方式。并行工程的特点在于其集成性、并行性和交互性。由于制造、装配等下游技术人员参与住宅产品设计工作，所以住宅产品设计与部品制造、现场建造三大过程不再脱节。住宅产品生命周期中的所有因素在产品开发过程中均加以考虑。

许多工业专家预言住宅将直接由建筑信息模型BIM产生的数字模型生产出来。BIM有助于对评价设计的可变性，逐渐成为整合设计团队工作的一部分。采用建筑信息模型BIM全部零件部品的CAD/CAM都以三维实体模型进行设计，形成统一的产品模型，减少各部门之间定义的偏差和含混之处，还可以将三维模型向平面信息转化，方便地计算或推导出实现制造、分析、文档编制所需要的信息。使得设计数据数值少，设计、制造部门数据共有化，缩短了制造流程所用的时间；同时三维实体的数据可直接用于数控加工，不再需要模线、样板、标准样件等标准工装，提高了效率和精度，而且模型修改容易。

采用虚拟制造技术，在计算机屏幕上模拟产品制造和装配全过程。借助建模与仿真技术，在产品设计时，可以把产品的制造过程、工艺设计、作业设计、生产调度、库存管理以及成本核算和零部件采购等生产活动在计算机屏幕上显示出来，以便全面确定产品设计和生产过程的合理性。

3. 多向整合的工业化住宅案例

（1）奥地利林茨的霍尔茨大街住宅项目（Housing development Holzstrasse in Linz），1994—1999年

德国著名建筑师托马斯·赫尔佐格受到乌尔姆学院与建造过程工业化的影响，努力通过不同途径在建筑与自然、设计

图6-196　奥地利林茨的霍尔茨大街住宅项目外观

与工业生产之间建立联系。

1994—1999 年,托马斯·赫尔佐格设计了奥地利林茨的霍尔茨大街住宅项目。开发商打算在林茨内城的东部边缘开发一个住宅区。业主希望建筑容积率能尽可能地高。设计的显著特征是一个带玻璃顶的中心入口门厅,它提供了自然通风,并有良好的绿化环境供人们休息和聚会。从能源节约上,它起着重要作用。阳光直射和从周围墙体中直射出的热量使厅内温度升高,冬天,可以大大降低其暖气需求量。而在夏天,热量从门厅经有屋顶的通风口排出,冷空气从地面进入室内,保证舒适的室内温度。目前,400 套大小不同的住房已经建成了,由于使用了可移动的内部隔墙,住宅可被改成其他布局,以适应将来可能产生的变化。设计成功地实现了低造价,低能耗,并将这种标准间通过简单的制造程序大批量生产。[①]

托马斯·赫尔佐格对可以大量生产的建筑组件或高度发展的建造子系统很感兴趣。实际上直到 1986 年,他一直主持德国卡赛尔大学的"工业化建筑设计与开发"工作。托马斯·赫尔佐格还对建筑体系和构件进行研究,如佩托卡波那外墙体系、黏土面砖立面板系统、适用于低层高密度建筑的钢结构体系开发、集合感温层的透光建筑构件等等。

图 6-197　霍尔茨大街住宅项目部分立面

图 6-198　霍尔茨大街住宅项目中庭

(图片来源:霍尔茨大街住宅项目,林茨,奥地利[J].世界建筑,2007-06.P47-51.)

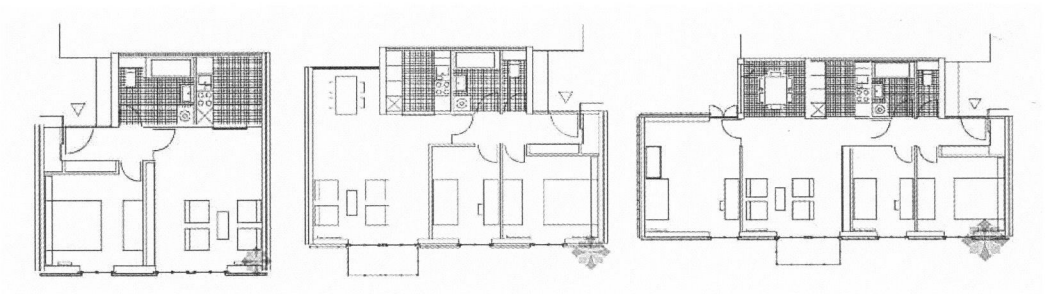

图 6-199　霍尔茨大街住宅户型平面图

(图片来源:霍尔茨大街住宅项目,林茨,奥地利[J].世界建筑,2007-06.P47-51.)

① 霍尔茨大街住宅项目,林茨,奥地利[J].世界建筑,2007-06.P47-51.

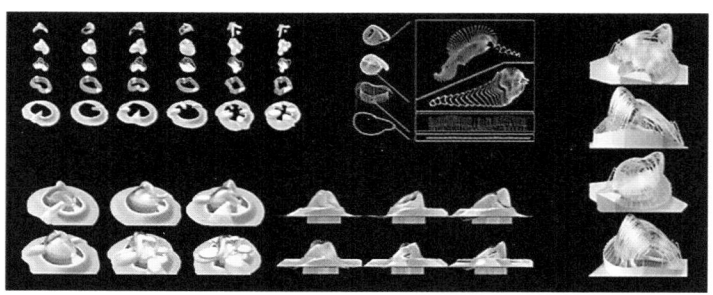

图6-200 格雷戈·林恩（Greg Lynn）设计的胚胎住宅的生成过程

（图片来源：Greg Lynn's Embryological House: case study in the preservation of digital architecture. http://www.docam.ca/en/wp-content/GL/GL3ArchSig. html, 2009-3-23.）

图6-201 胚胎住宅模型

（图片来源：http://www.glform. com/, 2009-3-23.）

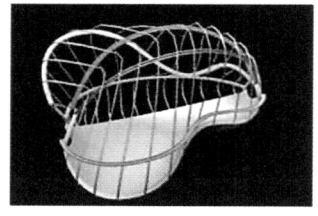

图6-202 胚胎住宅的结构

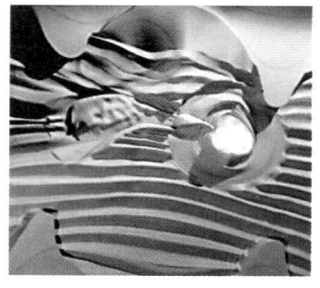

图6-203 Villa Cornaro 的基地分析

（图片来源：Greg Lynn's Embryological House: case study in the preservation of digital architecture. http://www.docam.ca/en/wp-content/GL/GL3ArchSig.html, 2009-3-23.）

（2）量产定制化的胚胎住宅，1998—1999年

格雷戈·林恩是新生代数字建筑师的典型代表。除了在个体设计上的应用，林恩还探索了"参数/自动生成"的设计方式在规模化生产上的意义——量产定制化（one-of-a kind）。"胚胎住宅"（Embryological Houses）就是有关这方面的一个研究项目。该研究项目的时间范围是1998—1999年，受到国际设计论坛UIm（International Design Forum UIm）的资助和韦克斯纳艺术中心、UCL建筑系、瑞士ETH等机构的支持，项目的全称是：胚胎住宅——格雷戈林恩事务所助您实现"量产定制化"住宅。

"量产定制化"源于林恩和一个汽车制造商的探讨，这个制造商希望以同种风格制造形式各异的汽车以满足消费者对于个性产品的需求。林恩在新技术的支持下，真正地实现了"标准化"和"量产"的脱离，也就是"量产定制化"。"量产定制化"是"在电脑控制下，快速地、非标准化地生产"。它在满足功能需要和文化需要的同时又使得每个产品各不相同。

在胚胎住宅中，控制生产的数学程式要复杂得多，"解"甚至是无穷多个，胚胎住宅在这一范围内连续地、动态地生成，结果是某一时刻的凝固画面。因此在独具个性的同时，六个胚胎住宅又看起来是同一个系列、同一个主题的产品。由于形式的动态成形，在组成胚胎住宅的2 048块面板、9个钢架和72个铝杆中，每个构件都不是孤立的，而是相关的，没有哪个部分可以随意增减，即使是最微小部件的形状和尺寸也是唯

一的。虽然"胚胎住宅"并未建成。但是"量产定制化"的生产模式在其他一些委托工程中付诸了实践：在阿雷西公司项目中，林恩制造出形式各异的茶、咖啡容器，目前已经有5万多个同一风格、不同式样的产品投入市场。[①]

（3）斯洛文尼亚俄罗斯方块公寓（Tetris apartments），2003年

该社会住宅位于斯洛文尼亚的卢布尔雅那（ljubljana，slovenia），由 OFIS ARHITEKTI 事务所设计，项目开始于2003年，完成于2006年。是当地最大的住宅开发项目之一，总面积54.700 m²。4个住宅块，共计650栋公寓和1 200个地下停车位。

住宅均为4层（顶层为斜屋顶），58 m长。每个建筑都由包括42个房间的4个相同模块组成，附带楼梯和电梯。结构上只有分户墙是固定的，其他隔墙不承重，可使平面灵活布局。户型从35 m²的工作室到103 m²的3居室不等。

由于是政府计划，所以每套公寓结构造价必须低于700欧元/m²，因而产生了重复使用低价预制建材的设计思路。立面预制模块尽管相同，但是利用几何上的反向和不同的连接造成丰富的效果。公寓立面共有三层，主层用混凝土和彩色塑料板，第二层玻璃形成冬季暖廊，第三层的片层构成围栏和

图6-204　格雷戈·林恩设计的 Blobwall

（图片来源：Blobwall. http://www.phillipsdepury.com, 2009-3-23.）

图6-205　俄罗斯方块公寓部分立面

图6-206　俄罗斯方块公寓顶层局部　　**图6-207　俄罗斯方块公寓底层局部**

（图片来源：http://www.architecture-page.com/go/projects/650-apartments__all, 2009-1-18.）

[①] 王立明，龚恺.解读格雷戈·林恩[J].建筑师，2006/3.总第122期.P13-19.

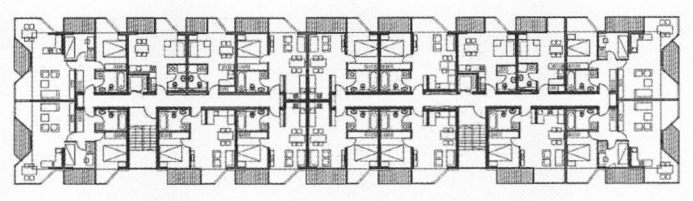

图6-208　俄罗斯方块公寓1—3层平面

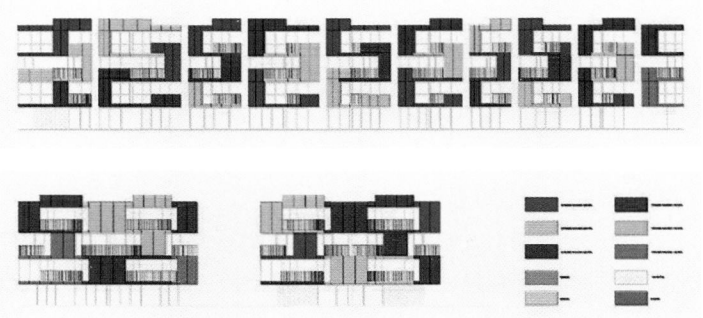

图6-209　俄罗斯方块公寓立面模块构成

（图片来源：http://www.archdaily.com/3547/tetris-apartments-ofis-arhitekti/,
2009-1-18.）

阳台储藏空间。

在可持续发展设计方面有两点：在东西立面，阳台与冬季暖廊相结合，形成缓冲带，维持居住空间温度保持不变。服务和交流空间最小化，因此日光充分利用，给予社会住宅的定位，每月能源和服务费也降到最低。[①]

（4）奥地利"艺术之家"，2004年

"艺术之家"（The Art for Art House）由维也纳建筑师Gerhard Steixner设计，位于奥地利Haringsee。建设工期仅为两个月。这座多功能预制住宅的样板房是15年的研制成果，它带有混合式建筑构造和被动式太阳能供暖设备，并将承重墙的优势与框架结构结合在一起；精密的预制构件和细部处理、便捷的安装和简单的材料使用都结合在蓄热体中，从而建

图6-210　奥地利"艺术之家"立面

① Tetris apartments［EB/OL］. http://www.archdaily.com/3547/tetris-apartments-ofis-arhitekti/, 2009-1-21.

成一座经济型建筑。

　　在建筑的北部，两层的钢筋混凝土承重核心筒内包含了交通通道以及水箱间。服务区可灵活布置，并可以根据顾客的需要和喜好而加以扩展，或者根据地形进行调整。带有大型玻璃窗的架高休息室采用了框架结构，并接在服务区之上。这座构造清晰的建筑采用了多种不同的楼层平面设计方式。从一室的工作室到更加袖珍的小卧室。它同样也涵盖了各种功能，如住宅、工作室、办公单位或幼儿园。下方的带顶空间可用做停车场或娱乐休闲场所。工程胶合板支架将包括电线管道在内的技术设施和用来放置四周地板对流加热器的沟槽合并到了一起。该建筑采用最少的钢用量获得了相对较大的跨度和建筑的悬挑部分，而且这些钢构件的高度也保持了最小值。此外，构造层压板装配体系在铺设地板的同时也提供了保温效果。位于建筑北部的整层高的油浸落叶松木可操控通风构件、黑色涂蜡的特隆布混凝土墙以及南面的采光天窗，都融入了被动式太阳能概念。与此同时，这些特色也起到一个重要作用：使该建筑具有一种体量削减的美感。安装有垂直百叶窗的热缓冲区不但提供了遮阳及防眩功能、具有私密性，还能确保室内气候可以单独灵活地控制。[①]

　　（5）迪拜动态摩天楼，2006年

　　意大利建筑师大卫·费雪设计的"动态摩天楼"（Dynamic Tower）是迪拜将建的最为创新的独特的建筑之一。该项目于2006年开始设计，2007年4月开始建造，预计将于2009年建成。

　　动态摩天楼将有80层，约400 m高。功能包括200套公寓、一个6星级旅馆和办公。顶层1 500 m² 的住宅，主人可以直接驾车进入楼内，特制的电梯将载车直达公寓楼层，停在家门口。

　　动态摩天楼每层楼形似甜甜圈，安装在容纳住宅电梯、紧急楼梯和其他设备的核心筒上。依靠独特的先进结构，每一层楼可由屋主以声音控制360度旋转角度，中控中心也可让整

图6-211　奥地利"艺术之家"外观

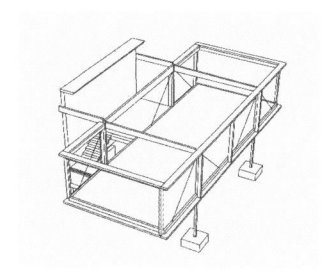

图6-212　奥地利"艺术之家"轴测图

图6-213　奥地利"艺术之家"底层

图6-214　奥地利"艺术之家"室内

（图片来源：下奥地利的预制住宅[J].建筑细部（DETAIL）—轻质结构与体系，2006.12.P826-829.）

① 下奥地利的预制住宅[J].建筑细部（DETAIL）—轻质结构与体系，2006.12.P826-829.

图6-215 迪拜动态摩天楼形体变化效果图

图6-216 迪拜动态摩天楼预制住宅单元的安装效果图

图6-217 迪拜动态摩天楼标准层平面

（图片来源：Mahesh Basantani. Rotating Wind Power Tower to begin construction in Dubai［EB/OL］. http://www.inhabitat.com, 2008-06-09.）

图6-218 迪拜动态摩天楼核心筒效果图

图6-219 迪拜动态摩天楼居住单元太阳能利用示意图

图6-220 迪拜动态摩天楼楼层间的风力涡轮效果图

（图片来源：An Incredible Dynamic Tower for Dubai［EB/OL］. http://www.dynamicarchitecture.net/21-06-08/new-web_23-06-08/dubai.html, 2008-6.）

栋楼有韵律感的转动，建筑整体因而呈现出瞬时即变的外观。

设计者声称动态摩天楼被设计成一个环境友好的、动力自足的建筑，是真正的绿色建筑。极具创意的风力发电涡轮机隐藏在楼与楼的夹层中，所以共有79组风力涡轮机，另外每一层的夹层空间所制造出的额外屋顶，可增加20%的太阳能接收面积。所以除了自己发电甚至可供给10栋相同的建筑。

动态摩天楼是当代工业化住宅的现成佳例。动态摩天楼的建筑部件将85%采用预制建造。唯一需要在现场施工起造的是建物中央的巨柱型水泥轴干，每一层楼的12个隔间单位，都是事先于杜拜西南方的海港城杰贝阿里（Jebel Ali）厂房装配齐全（包括内部的水电管路和空调设备）后，运送到工地，接着以机械拼接完成。在迪拜基地现场仅需要极少数的工人，因而极大地降低了建造成本。每层楼可以在仅仅6天内完工，目前工厂已将开工。这个过程被称为"费雪方法"。

动态摩天楼结合了动态性、绿色能源和高效的结构，改变了我们对建筑的陈旧观念，开启了动态居住的新时代。这个将建在迪拜的革命性的动态摩天楼，是迪拜第二座可旋转的高层建筑，之后将相继在莫斯科、纽约、米兰和巴黎建造。[1]

设计师费雪因1999年设计用于旅馆和豪华公寓的列

---

[1] An Incredible Dynamic Tower for Dubai［EB/OL］. www.dynamicarchitecture.net/, 2009-2.

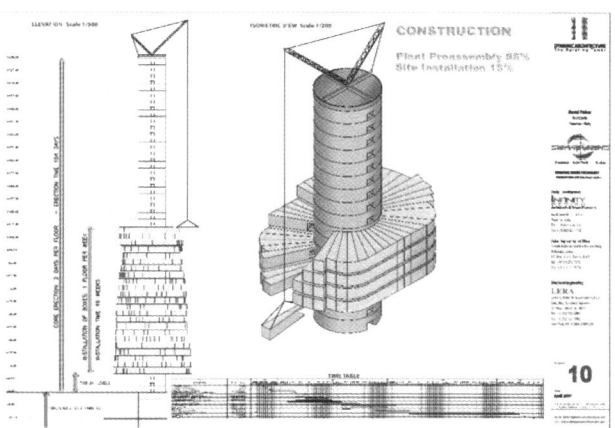

图6-221　迪拜动态摩天楼的建造过程示意图

（图 片 来 源：http://www.cnplus.co.uk/images/DynamicTower2_resized_150_tcm18-1655601.JPG，2009-02.）

奥纳多·达·芬奇智能预制浴室（Leonardo da Vinci Smart Bathroom）而闻名。

（6）MVRDV设计的高层综合楼（Stackable Sky Village High Rise），2008年

2008年MVRDV与Adept联袂赢得哥本哈根Rødovre摩天楼竞赛。该116 m高的综合楼，包括零售、住宅、办公、旅馆和其周围的公园。类似梯田的住宅部分，每个屋顶花园向阳，赋予建筑曲线的轮廓。

图6-222　Rødovre摩天楼街道视角效果图

图6-223　Rødovre摩天楼屋顶花园

图6-224　Rødovre摩天楼结构示意图

（图片来源：Sky Village in Rødovre/MVRDV http://www.archifield.net/vb/showthread.php?p=14550，2008-12-2.）

图6-225　Rødovre摩天楼地面层效果图

图6-226　Rødovre摩天楼剖面图

（图片来源：Sky Village in Rødovre/MVRDV http://www.archifield.net/vb/showthread.php?p=14550, 2008-12-2.）

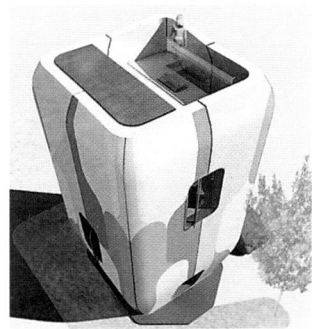

图6-227　尼尔·丹尼瑞设计的"u+a"住宅鸟瞰效果图

其主要设计概念围绕这一个堆叠的可变模块单元系统，每个钢结构模块单元约有60 m²，围绕混凝土核心筒组成整个建筑。模块单元可根据住户需要进行多种重新设计和改造（例如增加一个单元或是结构改造也都很容易），以此将使可用面积最大化。该建筑还应用了许多有力的可持续设计技术以降低环境影响。例如中水回用技术、将40%的回收混凝土用于基地，立面也将运用许多新的节能技术。①

（7）尼尔·丹尼瑞设计的"u+a"住宅，2008年

美国建筑师尼尔·丹尼瑞（Neil Denari）是一位洛杉矶建筑师，曾任南加州建筑学院校长。丹尼瑞使用高科技软件来辅助他的建筑设计工作，并以连续性建筑（Continuous Architecture），这一表达与融合各地特色与价值观的设计理念著称。2008年，他设计的"u+a"住宅（Useful+Agreeable House），是一种可订购的、预先设计的迷你高层住宅，室内空间十分紧凑，通过内表面连续平滑的曲面，试图表达该住宅的经济性（neil denari）。②

该住宅由NMDA机构开发，创新包括：轻质航空铝合金板材、太阳能动力、屋顶花园、雨水收集系统、灵活的楼层平面和部分内置家具。"u+a"住宅与其说是严格的"预制"住宅，不如说是"预设计"住宅。尼尔·丹尼瑞说，"u+a"住宅与大多数预制住宅设计有极大不同的是：它将非定制、成品化的外观溶于美学表现，这点类似于小尺度的产品设计。该住宅可算是一种工业造型在建筑尺度下的呈现。

"u+a"住宅可建成迷你紧凑小住宅和多层、宽大的住宅，面积最大可达167 m²。适用于各种文脉、气候和用途，包括狭小独栋或是一组房屋、可移动的度假屋、屋顶增减等。③

① Bridgette Steffen. MVRDV's Stackable Sky Village High Rise［EB/OL］. http://www.inhabitat.com/2008/11/06/sky-village-by-mvrdv-and-adept/, 2009-1-18.
② Useful-agreeable-house［EB/OL］. http://www.usefulandagreeable.com/magazine_2.php?id=151&page=1, 2009-1-18.
③ the u+a house［EB/OL］. http://www.archinect.com/news/article.php?id=69695_0_24_0_C, 2009-1-18.

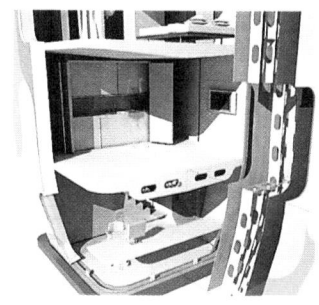

图6-228　尼尔·丹尼瑞设计的 "u+a" 住宅室内剖面效果图

（图片来源：http://www.
usefulandagreeable.com/magazine_2.
php?id=151&page=1, 2009-1-18.）

图6-229　尼尔·丹尼瑞设计的 "u+a" 住宅平视效果图

（图片来源：http://www.usefulandagreeable.com/magazine_2.php?id=151&page=1,
2009-1-18.）

6.6　本章小结

总结本章内容，我们可以得出如下结论：

（1）由于住宅工业化，属于整个人类社会工业化进程的一部分，因此工业化住宅的设计特征演变的深层驱动因素是社会生产方式的变化，体现为：前工业化时代的自发性设计→工业化时代的标准化设计（以福特模式为代表）→后工业化时代的可变性设计（以丰田模式为代表）→工业化后时代的量产定制化和虚拟设计（以温特尔模式为代表）。运用虚拟技术设计的与定制结合的工业化住宅体系，是未来的发展方向。

（2）通过对住宅模数和模数协调的发展历程和现状的分析，可见住宅设计与工业化结合的基础是模数化和模数协调，这一点落实在设计过程中对模数设计网格的应用。需要解决部件的定位、模数网格的确定、模数网格与构件尺寸规格的选择和调整等几个方面的问题。

（3）虽然在不同的社会条件下，工业化住宅的设计方法多种多样，但是总的来说都呈现出逐渐由"定型"设计转向"开放"设计的趋势，从定型单元组合法、定型构件组合法到开放住宅（以日本SI住宅为代表）的设计，系统逐渐由封闭走向开放。在如今使用者参与弹性使用的要求下，开放式界面的构造设计成为新的课题。开放式界面的构造应具有可逆性（拆解性与重组性)和开放性(形状通用性、市场包容性、环境层级性、组合多样性),以达到资源利用的零废弃及重复使用。

　　(4)建立在对当代住宅工业化发展情况的全面了解之上,工业化住宅体现出先进技术与可持续发展目标整合的设计趋势。包括以下几个方面:通过以建筑信息模型BIM为基础的虚拟设计和虚拟施工解决方案,实现对住宅全生命周期的精确控制;轻质结构与新型建材的开发和应用,拓展了工业化住宅建材和结构的可能性;制造业与工业化住宅的深度结合和对制造业先进理念的借鉴,面向先进制造业的工业化住宅系统流程为设计与制造搭建桥梁;可持续发展要求下的整体设计策略与并行设计系统。最终,这种多向整合的住宅将远远超越"工业化住宅"的原始定义,成为未来人们的理想居所。

第 **7** 章
历史的启示与我国的对策

7.1 导　　言

　　我们必须认识到当前我国进行的住宅工业化与过去有很大的不同。我国经济社会在加速工业化发展的同时,房地产业和建筑业也由主导产业向支柱型产业的历史性阶段发展。2007年房地产业和建筑业增加值占到GDP的比重达到10%,对经济增长的贡献率接近20%,真正起到支柱产业的作用。[①] 在全球可持续发展的潮流和我国政府对"节能省地型住宅"的持续推动中,住宅工业化扮演了越来越重要的角色。在这种背景下,如何结合国情有效推动住宅工业化的发展,成为一个关键问题。

　　理解现实的最好基础就是研究过去。通过前文对住宅工业化发展脉络的研究,我们可以从中总结出各国住宅工业化的发展规律,结合我国住宅产业的发展现状,从而明确我国住宅工业化的发展目标。通过对各国土地所有制、住宅供给渠道、居住模式、住宅建筑形式、社会保障性住房建设情况五方面的比较,对我国工业化住宅的市场进行分析和定位,将有助于我们明确我国工业化住宅的发展重点。通过对各国住宅工业化发展驱动模式的分析,提出建立适于我国的住宅工业化发展的驱动模式。

　　此外,在我国发展住宅工业化必须结合国情,这就意味着对目前住宅产业中粗放式的生产方式以及我国劳动资源变化趋势的深刻认识。最后本章提出提升我国工业化住宅的设计水平的几点建议。

---

① 孙克放.建设生态文明与中国住宅产业化发展之路[C].2008省地节能环保型住宅国家康居示范工程技术创新大会资料汇编,2008-5-29.P1.

7.2 住宅工业化的发展历程与我国
住宅工业化的发展目标

7.2.1 发达国家经历了从数量到质量,再到可持续的三步发展

在住宅工业化的发展史上,第一、二次世界大战后的住宅危机成为促进其发展的最大驱动力。而几次经济萧条和能源危机等重大社会事件也对世界各国的住宅市场造成不小的冲击,住宅工业化就在这种动荡的社会环境中起起落落,呈现了从兴起、到发展和繁荣而又衰落和转向的过程。

1. 为解决住宅危机而兴起和发展

住宅工业化由于其生产方式的转变,能够快速解决住宅建造"量"的问题。20世纪以来,欧洲各国普遍出现了缺房现象。第一次世界大战(1914—1918年)以后,各国开始将"预制"技术作为一种在时间和经济上都高效的建造方式,应付住房紧缺和经济状况急剧恶化中的住房建设问题。1929年美国经济大萧条,提起了人们对于大量建造住宅的兴趣,希望以此可以刺激低迷的经济。于是1930年以后,开始美国第一次预制建筑的大规模试验。

第二次世界大战(1939—1945)给欧美许多地区以及日本等亚洲国家的居住环境带来了巨大打击。由于战争的破坏以及战争期间建设停顿、人口增长、房屋老化,特别是由于战后国民经济工业化过程加速,大量农村人口和外国侨民涌入城市,变成工业人口,因而使一些欧洲国家的房荒问题更趋严重。因此,第二次世界大战后各国开始真正大量建设工业化住宅,这就是"大规模建造期"。

例如,第二次世界大战后,在东欧国际(包括原民主德国),大板装配式住宅建筑是战后主要的住宅建筑形式;大约有1亿7千万居民居住在大板建筑里,占东欧国家总人口的70%,东柏林有70万人口住在27万多套大板建筑住宅里。[①]原联邦德国到1972年创造了新建住宅数量最多的71万户记录。德国统一后,1958—1978年建造的住宅占全国住宅总数的40%。瑞典在1966年开始了有名的"100万户建设计划"(用10年时间新建住宅100万户的供给计划),此后的10年便成为瑞典的大规模住宅建设期。英国为了给第二次世界大战和清除贫民窟后的无家可归者提供住宅。到1948年为止,大约共建了160 000所预制住宅,花费约21 600万英镑。[①]苏联政府

[①] 李振宇.城市・住宅・城市——柏林与上海住宅建筑发展比较[M].南京:东南大学出版社, 2004.10.P281.

[①] Prefabricated housing[EB/OL]. http://en.wikipedia.org/wiki/Prefabricated_housing, 2009-4-12.

分别于1954—1963年、1964—1970年、1971—1980年分三期大规模地建设了三代住房,解决住房数量问题,仅1956—1960年,就建成4.74亿平方米住房。[②]日本的在1960年后,经济进入高速成长期,城市问题、住宅问题愈加严重。当时住宅需求急剧增加,而建筑技术人员和熟练工人明显不足。为了使现场施工简化,提高产品质量和效率,日本开始发展住宅产业化。

中华人民共和国成立后我国城市住宅的严重紧缺和资源的缺乏使得工业化在提高生产力和材料性能上的前景非常令人向往,因此采用简单易行的方法快速建造住宅,成为住宅建设的主要议题,住宅工业化开始逐步兴起。"文革"结束后,在住房体制改革的带动下,住宅建设快速发展,随着城市化水平的提高和人口的膨胀,使得城市建设用地更加紧张。严格控制住宅面积标准是缓解住宅紧张的重要措施,在此条件下,采用工业化住宅体系,可以得到更高的建筑面积。[③]此时我国住宅工业化又得到新的发展。

2. 因数量的相对满足和经济衰退而趋于减小规模、提高质量

在欧洲国家,住宅不足的问题,通过60年代集中的批量建设,基本得到解决。例如,法国在20世纪五六十年代大量建设时期,新建住宅户数在1972年创最高纪录达到55万户[④]。到70年代,住房矛盾有所缓和,工程规模缩小,建造量分散,订制式生产已不能适应建筑市场的新形势,预制工艺逐渐衰落,大批预制厂关门。原有构件厂开工率不足,再加上工业化住宅暴露出的千篇一律的缺点,迫使法国去寻求建筑工业化的新途径。法国在20世纪90年代每年新建住宅户数不超过30万户。[⑤]

20世纪70年代德国住房需求基本上得到满足。住房建设发展进入第二阶段,更多地强调住房质量和居住环境质量的提高。从1980年代以后,联邦德国再没兴建重要的大型住宅居住区,已建的也有部分未能完成或建设减缓。[⑥]在丹麦,到1999年,丹麦全国住宅总数为240万户,其中20世纪60年代以及70年代的20年建设的住宅占了30%多。20世纪80年代中期瑞典的住宅市场也急剧缩小。总的来说,70年代后,欧洲国家住宅工程趋向小型化,分散化。五六十年代常见的千户以上的大工程大幅度减少,代之以几十户、一百户左右的小型工程。[⑦]另一方面,随着住宅数量的相对满足和居民生活水平的提高,人们对住宅的质量要求提高。

② 陈光庭.国外城市住房问题研究［M］.北京:科学技术出版社,1991-11.
③ 吕俊华,彼得·罗,张杰.中国现代城市住宅:1840—2000［M］.北京:清华大学出版社,2003.1.P209.
④ (日)松村秀一著,住区再生［M］.范悦、刘彤彤译.北京:机械工业出版社,2008.07.P8-10.
⑤ (日)松村秀一著,住区再生［M］.范悦、刘彤彤译.北京:机械工业出版社,2008.07.P8-10.
⑥ Plattenbau［EB/OL］.http://de.wikipedia.org/wiki/Plattenbau,2009-2-17.
⑦ 法国工业化住宅的设计与实践［M］.娄述渝,林夏编译.北京:中国建工出版社,1986.2.P03-24.

日本到1973年,达成"一户家庭一户住宅"的目标。但是随着世界第一次石油经济危机的影响,日本也进入了持久低速经济发展的时期,在这样的背景下,住宅建设行业也开始了从数量到质量的运动。①

3. 因能源危机而转向可住宅再生和持续发展

20世纪50到60年代,人们在经济增长、城市化、人口、资源等所形成的环境压力下,对增长等于发展的模式产生怀疑,1992年联合国环境与发展大会上"可持续发展"要领得到与会者共识与承认。从此可持续发展也成为各国住宅建设的目标和方向。从住宅的设计、建造到使用、翻新以及拆除权过程所花费用,即住宅的生命周期成本(Lift Cycle Cost),日益受到重视,这一方面体现在对既有住宅的再生和改造上,一方面体现在提高住宅耐久性能的产品开发上。

20世纪70年代以后,西方国家面临着日益严重的经济增长和高水平国家福利所带来的社会负担问题,这些问题在20世纪70年代的世界石油危机时被激化。1973年第一次石油危机以来,世界经济环境发生了极大的改变。大多数西方工业化国家进入了经济衰退期。许多国家以1973年为界开始减少了代用公共性质的集合住宅建设量。②社会对于小型项目以及环境问题的关注度开始提高。城区插建和旧房改造工程增加。在这个过程中,住宅市场的重点不可避免地从新建向再生进行转移。

从1972—1978年间,原联邦德国的住宅市场新建住宅的建设量减少了1/2,而住宅再生的工程量增加了将近2倍。③从1991年到1998年的7年中,80%的住宅得到全面维修。④20世纪90年代德国开始推行适应生态环境的住宅政策。瑞典在1984年开始着手以住宅及小区的更新、改造为目的的工作。这个时期,有230万户住宅进行了改修,这相当于住宅建设总投资的60%。⑤20世纪90年代初荷兰开发的MATURA填充体部品体系,是一个瞄准新建住宅和再生住宅两个市场的部品开发的成功案例。

日本从1985年开始陆续进行针对21世纪型住宅模式的研究开发。日本SI住宅注重住宅的耐久性能(日本称之"长寿命")。注重在住宅的生命周期中的设备填充体的可更新性。

综上所述,纵观欧美日本等住宅工业化发达国家,住宅产业的发展大体上可分为三个阶段:解决住宅数量问题→解决住宅质量和性能问题→解决资源节约和循

---

① (日)日本建筑学会编,新版简明住宅设计资料集成[M].滕征本等译.北京:中国建工出版社,2003.6.P186.
② 范悦.PCa住宅工业化在欧洲的发展[J].住区,2007.8(总第26期).P:35.
③ (日)松村秀一著,住区再生[M].范悦、刘彤彤译.北京:机械工业出版社,2008.07.P11-14.
④ 李振宇.城市·住宅·城市——柏林与上海住宅建筑发展比较[M].南京:东南大学出版社,2004.10.P43-45.
⑤ (日)松村秀一著,住区再生[M].范悦、刘彤彤译.北京:机械工业出版社,2008.07.P17-20.

环利用问题。可见住宅的供需关系是住宅工业化发展的根本和现实基础。而自能源危机以来,各国住宅建设及产业化重点转向节能、降低物耗、降低对环境压力以及资源的循环利用成为新的趋势。

7.2.2　我国应实现住宅建设转型期的跨越式发展

1. 今日我国住宅建设发展态势

我国20世纪80年代初期住宅"数量性"短缺的矛盾也已经得到很大缓解,但是90年代中期的仍然表现为相当程度的"结构性"短缺。从那时起,中国迎来了真正意义的住宅建设新高潮。随着我国住房改革的深入和住房建设水平的提高,环境的改善,居民的住房条件有了较大改善。今日我国住宅建设发展态势如下:

(1)住宅建设仍处于总量增长型发展时期

随着国民经济的持续稳定增长,我国城镇住宅的供求总量仍将保持不断增长的趋势。原因一是城镇化进程加快带动住房需求增长。国家"十五"发展计划将"积极稳妥推进城镇化进程,建立布局合理、功能完善、结构协调的城镇体系"作为一项战略任务。预计到2010年城市化水平将达到45%,城镇人口将增至6.3亿,城镇人口增加将带来较大的住房需求。[①]二是居民消费结构升级,带来了改善住房条件的需求。随着国民经济的增长,城镇居民可支配收入也将保持持续增长,消费结构升级速度加快,改善住房条件的要求日益强烈,带动住宅建设增长。根据国家统计:2006年全社会住宅投资额达到19 333.054亿元[②]。2007年,上海市住宅投资额为达853.1亿元。以上两个方面表明,在相当长一段时期,我国住宅建设仍处于总量增长型发展时期。

(2)住宅需求出现转折时期

我国正处在住宅数量基本满足,住宅需求转向"质量和性能"提升的阶段。据统计,2007年底我国城镇居民人均住宅

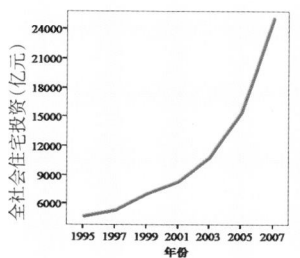

图7-1　1995—2007年,全社会住宅投资额统计表(单位:亿元)

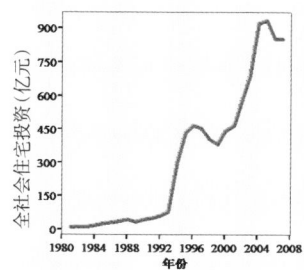

图7-2　1981—2007年,上海市全社会住宅投资额统计表(单位:亿元)

(图片来源:作者绘,数据来源:2008中国统计年鉴、2008上海统计年鉴)

---

① 刘志峰.住宅产业现代化的发展方向［EB/OL］(来源:中国房地产报).搜房网.www.soufun.com, 2002-1-28.
② 数据来源:2007中国统计年鉴。

建筑面积已达到约28平方米。2006年底,城镇居民住房私有率达到83%。^①经过改革开放20多年国民经济的快速发展,居民的生活水平和消费结构发生了很大的变化。从生存型到功能舒适型再向节能环保型发展。逐步形成追求舒适度和住宅全寿命性能的消费观:要求在较小的空间内创造较大的舒适度,提高住宅面积使用率和功能空间的合理性,对住宅节能、环保和延长耐久性提出了更高的要求。从1999年起,我国借鉴日本开始实行住宅认定制度。

(3)住宅生产方式进入变革时期

我国住宅产业发展目前是一种典型的粗放型发展方式。主要表现在:一是住宅建设的工业化程度低,施工仍以现场手工湿操作为主,生产效率低。二是建筑材料、设备及住宅部品的生产和供应,没有形成技术先进、规模生产、系列化配套的社会化供应体系,导致住宅质量不高、设备通用性差、性能成本比不合理。我国的材料、产品的生产企业很多,但大多数都是单项产品为主,缺乏技术、部品集成和配套能力。三是生产效率低下,导致住宅的建造和使用的资源消耗和浪费严重。

从对我国住宅建设发展态势的分析可见,中国的住宅建设已进入到一个重要的转型期:今后一段时期巨大的住宅需求仍是我国发展住宅工业化的前提和最根本的推动力。但是在满足住宅适量的快速增长的同时,又要追求质量的全面提升,同时也要合理利用和节约资源。而传统住宅生产方式技术含量低,不但难以提高住宅的质量和性能,而且耗费大量能源和资源,不适应发展"节能省地型住宅"的需要。因此,实现住宅产业由粗放型向集约型转变,发展住宅工业化是新时期经济发展的迫切需求。

2. 工业化住宅价值特征与住宅产业发展要求的对应

住宅工业化,用大规模生产的方式生产住宅产品,大减少资源浪费,并通过规模效益降低造价,使得住宅在生产制造、规划设计、施工建造、运营维护等理念和方法上产生质的变革,在住宅全生命周期内实现可持续发展。^②参照各国住宅工业化的发展历程,以万科的住宅工业化实践为例,我们可以发现工业化住宅的价值特征与我国住宅产业发展目标呈现出对应的关系,即工业化住宅通过生产方式的转变,既可提高劳动生产率,加快建造的速度,满足对住宅数量的要求;又可大力提高住宅质量和性能;同时还可以节约资源,实现社会的可持续发展。

(1)提高劳动生产率

住宅工业化可以使住宅的建造效率能够得到大幅度的提升。例如,法国1945

① 孙克放.建设生态文明与中国住宅产业化发展之路[C].2008省地节能环保型住宅国家康居示范工程技术创新大会资料汇编,2008-5-29.P1.
② 刘志峰.建立健康文明资源节约的住宅消费模式(一)——在2006年国家康居示范节能省地型住宅产业化技术创新大会上的讲话[J].住宅产业,2007.01.P14.

年住宅建筑能力仅为8万套,推行建筑工业化后,比传统建筑节约用工42.5%,到1970年代,建造能力已达到40万套左右。原苏联自1954年大力发展建筑工业化后,住宅建造量迅速由1957年的5 200万平方米,提高到1960年的1.096亿平方米,四年翻了番。日本从20世纪60年代发展建筑工业化,住宅建造量从50年代上半期的30万户,提高到60年代上半期的80万户,60年代下半期又提高到130万户。[①]新加坡采用预制技术后,现场生产率已提升到1平方米每工日。香港采用预制技术后,施工效率大为提高,公屋建设工期由过去的十数日一层提高到4—5日一层。[②]

根据万科企业集团开发的上海新里程项目20、21#工业化住宅楼测算:对12层左右小高层而言,工期可从10个月减少到7.5个月,减少幅度为25%。开发周期从19个月减少到15个月,减少幅度可达20%。对30层左右的高层而言,工期可从20个月减少到15个月,减少幅度为25%,开发周期从29个月减少到23个月,减少幅度为20%。[③]

（2）提高住宅质量和性能

工业化住宅能够提高住宅的质量和性能。由于生产方式的根本性转变,造成质量隐患的各个环节显著减少,因此,工业化的生产方式将使质量突破瓶颈,达到新的水准;现阶段对业主造成影响的主要质量问题,绝大多数都集中在墙面渗漏和裂缝方面,而这些问题具备工业化解决条件。

传统方式房屋质量问题层出不穷。工业化住宅能够最大程度改善结构精度,墙体开裂等质量通病。在建筑施工的精确度上,以混凝土柱的垂直度误差为例,按照传统施工方法制作的混凝土构件尺寸误允许值为5～8 mm,而在我国,实际现场经常会出现超过10 mm的误差。以万科1号工业化住宅实验楼的预制方式生产的混凝土柱子的误差在2 mm以内。混凝土的表面平整度偏差小于0.1%,外墙瓷片拉拔强度提高9倍。[④]同时,采用新的围护和隔墙体系,提高隔声和保温性能,通过设备分离的方式,便于系统维护及更新。

（3）节约资源,实现社会可持续发展

工业化住宅在能源、水源和材料节约方面有明显的优势。建造过程中的集中生产也使得建造能耗低于传统手工方式。因其围护材料的革新,使用能耗也远低于传统住宅。以万科1—2号实验楼所测试过的ALC、轻钢及预制PC墙体与普通烧结砖作对比,工业化外墙体系在导热性能方面大大优于传统墙体。

① 高田光雄.日本住宅产业的成立及发展的研究,2005.
② 杨尚平.上海万科基于"工业化住宅"的核心能力战略研究[D].上海:复旦大学管理学院,2008.
③ 万科集团工程部.万科工业化推进模式研究报告[R].2007.7.
④ 万科集团工程部.万科工业化推进模式研究报告[R].2007.7.

在水源方面,工业化生产改变了混凝土构件的养护方式,实现养护用水的循环使用。传统的现场施工中,混凝土的现场养护所使用的方法是泼水,用水量难以控制,被污染过的水,未经处理就直接排放到场地四周。而混凝土构件厂,对于混凝土构件使用蒸汽养护,或者使用统一的构件养护池,对混凝土构件进行浸泡。这些使用污染过的水,可以通过净化处理,进行中水收集再利用,从而达到节水的目的。以万科1—2号楼的建造过程为例,70%以上的工序均为干作业,大大减少了对水资源的浪费。同时,工厂在进行混凝土配比时,可以按比例严格的控制用水量。

在材料方面,工厂化集中生产的方式,降低了建筑主材的消耗;装配化施工的方式,降低了建筑辅材的损耗。住宅建设耗用的钢材占全国用钢量的20%,水泥用量占全国总用量的17.6%。工业化生产时,制作构件所用的钢模具、钢模板均为可多次循环使用约200次左右,报废后均可回炉;而现场制作模具的木模板可循环使用频率极低,仅2~3次。以万科1号楼为例,如果使用传统的木模板,所损耗的木模板约为600 m^2,但若使用钢模具则可全部回收再利用。据1号楼的数据分析,在整个施工过程中,瓷片损耗是传统模式的40%,钢筋损耗是传统模式的75%,混凝土损耗是传统模式的65%。[①]

此外,住宅产业化能够减少施工对环境造成的污染。现场装配施工相较传统的施工方式,极大程度减少了建筑垃圾的产生、建筑污水的排放、建筑噪声的干扰、有害气体及粉尘的排放。

综合以上对我国住宅建设发展态势和工业化住宅价值特征的分析可见:在推进建筑节能减排,建设资源节约型、环境友好型社会,成为我国战略决策的今日,"节能省地型住宅"成为住宅建设的指导方针,"住宅产业现代化"成为发展目标,而"住宅工业化"则是与实现上述目标的途径和手段。住宅工业化程度的高低体现了住宅产业现代化的水平,是住宅产业现代化的根本性标志。住宅工业化的进步,直接影响到资源节约型、环境友好型社会的建设,乃至我国和全球的可持续发展能力。因此,当前我国住宅工业化发展应当抓住历史机遇,在住宅建设发展的这个转型时期,与住宅产业发展要求同步,突破国外分三阶段的模式,实施"三步并举"的跨越式发展。[②]

---

① 万科集团工程部.万科工业化推进模式研究报告[R].2007.7.
② 孙克放.建设生态文明与中国住宅产业化发展之路[C].2008省地节能环保型住宅国家康居示范工程技术创新大会资料汇编,2008-5-29.P7.

7.3　"工业化"语境下各国住宅内涵对比与 我国住宅工业化的发展重点

通过住宅工业化的发展脉络研究,我们可以发现由于不同国家(地区)自然、社会、经济条件的不同,作为"工业化"对象的"住宅"也不相同。对这种差异的了解有助于我们对我国工业化住宅的发展重点的认识。以下通过对土地所有制、住宅供给渠道、居住模式、住宅建筑形式、社会保障性住房建设情况五方面的国际比较,试明确我国工业化住宅优先发展的重点。

7.3.1　土地所有制与住宅供给渠道对比

目前世界上有一百多个国家实行土地私有制。据了解,美国的土地私有化是实行最成功的国家之一。亚洲的韩国、新加坡、中国台湾和香港也是土地私有制。

而我国现行全部土地实行的是社会主义土地公有制,分为全民所有制(即国家所有)和劳动群众集体所有制(即集体所有)两种形式。其中,城市市区的土地全部属于国家所有。《中华人民共和国城镇国有土地使用权出让和转让暂行条例》规定,土地使用权出让是指国家以土地所有者的身份将土地使用权在一定年限内让与土地使用者,并由土地使用者向国家支付土地使用权出让金的行为。居住用地土地使用权出让的最高年限是七十年。直到2006年第十届全国人大常委会第二十四次会议进行第六次审议的"物权法"草案作出新的规定。"物权法"草案规定:业主对建筑物内的住宅、经营性用房等专有部分享有所有权,对专有部分以外的共有部分享有共有和共同管理的权利。"住宅建设用地使用权期间届满的,自动续期。"而住宅土地使用权续期是否付费暂不规定。

我国现行土地制度导致住宅供给渠道单一,难以满足巨大的社会需求。一般来说,各国的住宅供给都有三个渠道:市场供给、政府供给和居者自建。市场供给的对象为社会中的中、高收入群体;政府供给主要保障社会低收入群体的住房需求;自建房虽然在各国住宅政策体系中的地位不均,但需求群体一般都是城市郊区收入水平中等偏下的劳工阶层或农村居民。我国目前尚未与私人建房的政策规范。[①] 我国目前的住宅供给渠道可以概括为:城市住宅市场供给,农村住宅自建为主,没有形成多层次的住宅供应体系。而这一点又与现行的土地制度有密切的联系。而日本工业化住宅的供应模式,主要有部件集成销售商承担,承建商建房,可由该公司销

---

① 谢伏瞻等主编.住宅产业:发展战略与对策[M].北京:中国发展出版社,2000.6.

售商提供产品,或由销售商根据承建商要求,委托生产厂家生产。

城市土地国家所有,住宅用地只有70年使用权,这是城市住宅开发必须面对的制度背景。这就决定了政府作为国有土地所有权的代表,使得住宅生产的制度门槛很高,个人或非专业组织很难成为城市住宅的供给主体。《中华人民共和国城市房地产管理法》第二条明确规定:所有国有土地上的建房和基础设施建设都属于房地产开发。而开发就涉及资质问题,这在一定程度上就相当于否定了城市自建房的合法性。各国政府对自建房的态度"从反对到有监管的支持,大多情况下是默然",我国政府的态度目前虽然并不明朗,但倾向于是"反对"的。[①]

总之,土地所有制与住宅供给渠道对整个住宅市场,包括工业化住宅具有根本的影响。在一些土地私有制的国家,业主依托整个社会高度发达的住宅工业化体系DIY住宅并不鲜见,这反过来也促进了住宅部品和体系的标准化发展。业主对住宅主体结构的维护与可变部分的不断更新,使"百年住宅"成为可能。而某些高度工业化的住宅形式集装箱住宅、移动住宅等也有部分发展空间。在我国,购房者除了以政府主导的住宅合作社和经济适用房之外只能选择开发商。住宅只是在一定期限内拥有完全的产权,在这种条件下,工业化住宅要依靠开发商来实现,并被广大消费者接受,还有很长的路要走。

7.3.2 居住模式与住宅建筑形式对比

不同国家和地区人们的主要居住模式与住宅的建筑形式密切相关,而住宅的建筑形式在很大程度上决定了住宅工业化的两个重要方面——住宅的生产方式和建造方式,自然也决定了该国(地区)住宅工业化的对象。我国学者丁成章认为,"发达国家的住宅产业化所说的住宅就是'House',而非'Apartment',因此我们所说的'住宅产业化'与别人说的并不是一回事"……(丁成章,2004年)。此观点与笔者基本相同。

在美国,住宅有多种形式,包括高层住宅、中高层住宅、联立式多层住宅(例如两户联立或四户联立)、联立式低层住宅,户式独栋住宅(one-family detached house)等。由于人少地多的资源状况和私人土地为主的产权模式,使得独立式小住宅占有主导地位,2001年独户式小住宅仍占到76.8%,7层及7层以上的住宅只占到1.8%,一般集合式住宅分布在城市中心区。[②]建筑形式以低层木结构和钢结构住宅为主。在瑞典,目前独立式住宅约占80%,其中有90%是以工业化方法建造的。[③]因此在这些国家,"Housing Industrialization"中的"Housing",主要指的是独立式小住宅。

---

① 林家彬,刘毅.我国土地制度的特征及其对住宅市场的影响[J].中国发展观察,2007(7):16.
② 董悦仲等编.中外住宅产业对比[M].北京:中国建工出版社,2005.1.9.
③ 万科集团工程部.万科工业化推进模式研究报告[R].2007.7.P7—9.

在日本人多地少的情况与我国相似,人口密度大约每平方公里 1 000 人左右。据统计日本 2001 年新建住宅 117 万套,其中独户式住宅 54.8 万套,集合式住宅 62.2 万套[①]。由以上数据可见,日本近年有独立住宅的比例逐渐减少,高层集合住宅逐渐增加的趋势。此外,日本预制混凝土结构的住宅所占的比例较小,轻钢结构的工业化住宅占工业化住宅总量约 80%。

我国城市住宅的形式也是多种多样,按照层数划分为:高层住宅,中高层住宅,多层住宅,低层住宅(包括联排、独栋等)。我国城市居民住宅类型与人口的情况,尚无相应的统计数据,从了解的情况来推断:居住模式,以集合式住宅为主,按照使用类型分类,一般为单元式住宅。大城市中心城区住宅区的容积率很高,大多是高层或多层集合式住宅,户式独栋住宅比例很低,一般位于城乡接合部。北京、上海、深圳等大中城市,市区里大多为板式或塔式高层住宅。大城市郊区以砖混或框架结构的多层住宅居多。

我国地少人多的资源状况决定了我国住宅现在乃至未来只能以集合式住宅为主。伴随城市化的进程,大量农村剩余劳动力涌入城市,城市地价飙升,高层和多层集合式住宅成为我国城市住宅的主要形式。因此,推进我国的“住宅工业化”的发展,必然是以“城市高层和多层集合式住宅”为主要对象。“侧重我国与其他住宅工业化发达国家多、高层集合式住宅建筑技术的对比,有助于我们从比较中找到差距,明确今后我国住宅产业的发展方向。”。

另一个因素是抗震问题,欧洲是非地震区和我国香港地区的住宅一样,无须考虑地震因素,而日本地震灾害严重与我国相似,工业化住宅的抗震性能是考量其质量的最重要的因素之一。

7.3.3　社会保障性住房建设情况对比

各国的社会保障性住房都是面向城市低收入住房困难家庭供应,具有保障性质的政策性住房。保障性住房具有政府主持、建设量大、建设标准固定、户型与外观形式变化较少的特点,非常适于用工业化的方式生产和建造,更能体现工业化的优势。北欧三国(瑞典、丹麦、芬兰)正是通过非营利住宅供给来推动适应多元化需求的工业化体系的形成。

日本政府 1955 年成立住宅工团,具体实施公共住宅建设计划,1981 年与宅地开发工团合并组成住宅都市整备工团,负责住宅和城市基础建设,由国家和地方公共团体共同出资,专为中低收入阶层提供住宅。[②]在英国,政府资助的建房活动是英国

① 董悦仲等编.中外住宅产业对比[M].北京:中国建工出版社,2005.1.27.
② 董悦仲等编.中外住宅产业对比[M].北京:中国建工出版社,2005-1.24.

图7-3　新加坡组屋

（图片来源：王希怡，邱敏.经济观察：组屋助新加坡实现拥屋率近100%.来源：广州日报.http://news.xinhuanet.com/house/2008-02/28/content_7682616.htm, 2008-02-28.）

图7-4　香港公共屋村葵涌邨

图7-5　香港公共屋村元州邨

（图片来源：香港地方.http://www.hk-place.com/view.php?id=268, 2008-7-3.）

住宅保障的重要方式。

新加坡和香港都先后推行了"居者有其屋"计划。而新加坡的组屋计划获得了空前的成功，共有86%的新加坡人居住在组屋内，并且有83%的人对居住在组屋并感到满意，私人发展商所占市场份额不大。①

香港特别行政区政府在让私营物业市场持续健康发展的同时，也为没有能力租住私营房屋的人士提供资助公共房屋。2001年全港人口670万，住私人公司建造的永久性房屋的占49%，住公营租住房屋的占31.9%，房委会资助出售单位的占16.1%。可以说，近一半的香港住房是香港房委会经手建造的。80年代后期，香港房委会提出在公屋建设中使用预制部件。② 香港公屋应用预制混凝土外墙已经有三十多年的历史。

并不是每个国家都会兴建社会保障性住房。美国经过长期的住宅政策实践总结经验，对低收入阶层的住宅消费资助提供住宅补贴而不是直接兴建公共住宅。法国政府则通过税收政策，刺激旧房对外出租，也不直接提供公共住房，也不苛求"居者置其屋"。

我国《建设事业"十一五"规划纲要》中提出要加大力度发展面向中低收入阶层的普通商品住宅的战略目标。"十一五"期间，城镇平均每年新建住宅约为5—6亿平方米左右，其中：普通商品住宅所占比例为60%以上，经济适用住房等保障型住宅比例占到15%—20%。新建普通住宅（含经济适用住房）每套建筑面积一般为：保障型住宅面积在 40 ～ 60 m^2，经济型住宅面积在 60 ～ 80 m^2，舒适型住宅面积在 80 ～ 100 m^2。③ 根据《建设事业"十一五"规划纲要》我国各地相继出台的2008、2009年住房建设计划中，社会保障性住

---

① 佚名.新加坡与香港的"经济适用房"（来源：国土资源报）[EB/OL].天津市房地产管理局政务网.http://www.tjfdc.gov.cn/showarticle.asp?id=11698, 2001-11-7.

② 陈振基，吴超鹏，黄汝安.香港建筑工业化进程简述[J].墙材革新与建筑节能，2006年5期.54.

③ 中华人民共和国建设部.建综[2006]53号关于印发《建设事业"十一五"规划纲要》的通知[Z].中华人民共和国住房与城乡建设部，http://www.cin.gov.cn/zcfg/jswj/cw/200708/t20070823_120375.htm, 2006-03-15.

房[①]面积明显增加。例如,杭州市规划局组织编制的《杭州市住房建设规划》
(2008—2012年)显示,"十一五"期间,政府保障性住房建设总量将占全市住宅建设
总量的30%以上。保障性住宅中最主要的是经济适用住房,指政府提供政策优惠,
限定套型面积和销售价格,按照合理标准建设,面向城市低收入住房困难家庭供应,
具有保障性质的政策性住房[②]。

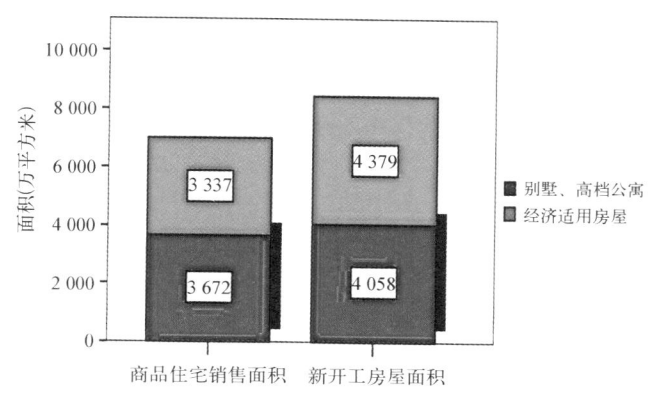

图7-6 2006年住宅统计数据

2006年,我国商品住宅销售面积中别墅、高档公寓类占3 672.44万 m²,经济适用
房屋占3 336.97万 m²。2006年房地产开发企业(单位)新开工房屋面积别墅、高档公
寓类占4 058.32万 m²,经济适用房屋占4 379.03万 m²。[③]由以上数据可见,经济适用
住房已占住宅建设总量的一半左右,业已成为我国住宅建设中的重要组成部分。据
统计截至2006年底,全国经济适用住房(含单位集资合作建房)竣工面积13亿 m²,累
计解决1 600多万普通家庭的住房问题。[④]

7.3.4 保障性住宅是我国住宅工业化的发展重点

将我国住宅工业化的发展重点放在保障性住宅建设上,既有工业化住宅本身市
场定位的因素,也有工业化住宅开发企业的考虑,其目的是在支持政府保障性住宅
建设的同时,促进住宅工业化的规模。

---

① 保障性住房是指政府在对中低收入家庭实行分类保障过程中所提供的限定供应对象、建设标准、销
　售价格或租金标准,具有社会保障性质的住房。包括两限商品住房、经济适用住房、政策性租赁住房
　以及廉租房。
② 中华人民共和国建设部.(建住房[2007]258号)经济适用住房管理办法[Z],2007-11-19.
③ 中华人民共和国国家统计局.中国统计年鉴(2007)[M].中国统计出版社,2007-09.
④ 孙克放.建设生态文明与中国住宅产业化发展之路[C].2008省地节能环保型住宅国家康居示范工
　程技术创新大会资料汇编,2008-5-29.P1.

1. 工业化住宅的市场性

在我国发展住宅工业化，明确其发展重点的前提是对工业化住宅的市场性的认识。对我国工业化住宅的市场定位，取决于其优势特征与市场需求的对应关系。

当工业化住宅进入流通领域，工业采购、批量生产、规模定制必然带来性价比优势。从理论上说，工业化住宅能够满足不同消费层次和消费观念的需求，但主要满足的应是普通中、低收入消费者的需求。因此，工业化住宅体系的建立，也应考虑三个层面：面向全国的应用于批量生产的低造价住宅（Low cost housing）、面向地区的适应消费者的个性化需求的商品住宅（Commodity housing），及两者之间面向地域的经济适用住宅。通过这三个层次的转移，不仅工业化作为产业可获得连续的发展，也容易形成多样性开放的共同市场。①

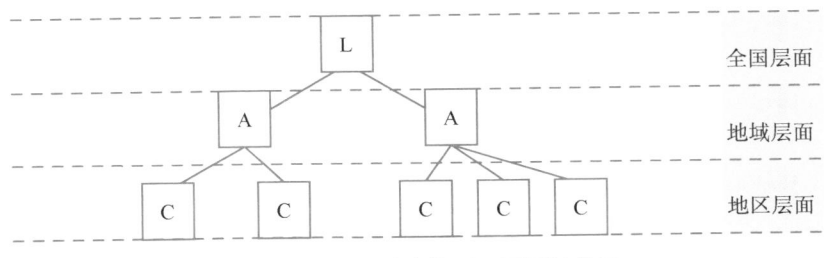

图7-7　工业化住宅体系三层面的关系

（图片来源：作者自绘，参考：范悦.可持续住宅工业化的世界.中外住宅产业对比［M］.北京：中国建工出版社，2005-01.210.）

工业化住宅体系的三个层面随着工业化的不断发展，体现出不同的特点，在住宅工业化进程中具有不同的位置：低造价住宅面对低端市场，随着工业化程度的提高，其标准化也通用性也随之提高，而多样化与开放性程度随之降低；商品住宅面对高端市场，工业化程度相对较低，体现高度的多样化与开放性；经济适用住宅介于两者之间。

由以上分析可见，在面对市场时，工业化住宅必须在标准化、通用性和与多样化、开放性之间达到一定程度的平衡，而这种平衡的实现取决于工业化住宅体系的所处的不同层面，也决定了其工业化的程度。逐步发展中间层次的经济适用住宅体系，一方面可以形成长期有效的工业化的载体，另一方面可以协调达成健全的供给的重心的转移。总而言之，发展满足普通中、低收入消费者的需求的工业化住宅最能体现其规模效益优势。

---

① 范悦.可持续住宅工业化的世界.中外住宅产业对比［M］.北京：中国建工出版社，2005-01.210.

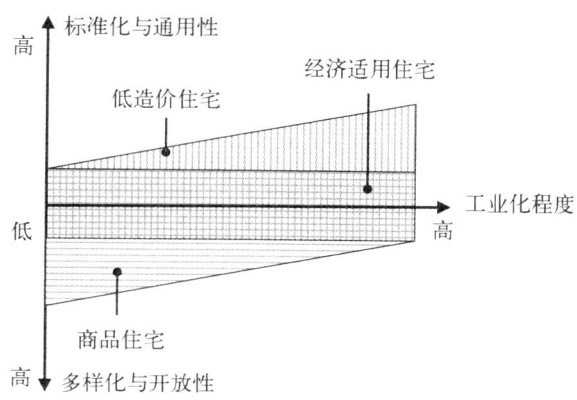

图7-8　工业化住宅体系三层面在工业化过程中的位置图

2. 保障性住宅是我国住宅工业化的发展重点

从国际经验来看,由政府大力推动的保障性住宅建设能够为住宅工业化的发展带来强有力的政策和经济的推动,并为建立完整的工业化住宅体系、促进住宅部品的通用性和标准化提供平台和基础。

(1)对政府来讲,推进住宅工业化是解决保障性住房建设的长远途径

分析国外经济发达国家,房地产市场普遍存在国家主导的保障性住房开发市场和私人开发商主导的高端住宅市场。保障性住房的供应是为了满足广大中低收入阶层的住房需求,政府主导的保障性住房的建设正是实施工厂化住宅的适合对象。例如,香港在公屋建设中,带头使用工业化技术,抛弃粗放式的建设模式,起到了积极的示范作用。由于预制装配式外墙的质量保证率较高,可以减少政府在后期维护的人力物力投入,又由于公屋的设计标准化,使得预制构件的规模化生产成为可能,因此带来了不错的效率和效益。

在我国住宅产业的发展中,保障性住宅无疑是重中之重。但是目前国家在保障性住房的开发中,在推进住宅工业化的方面没有太大的作为。因此,借鉴香港公屋或新加坡公共组屋的建设经验,研究适于社会保障性住房建设的住宅工业化技术,以政策推动其发展,对建设可持续发展的城市和和谐社会,非常有现实意义。

(2)对企业来讲,保障性住房建设为工业化住宅提供了广阔的市场和政策支持

工业化住宅在走向市场的时候,必须面对刚性成本提高带来的风险。工业化住宅的成本问题是在战略初期阶段面临的最重要的问题,而企业推行工业化住宅的最大问题又是生产规模问题。如果规模问题得不到解决,成本问题更加无法解决。国家保障性住房建设为工业化住宅提供了广阔的市场。保障性住房作为政府主导的产业,在推行住房保障体系的同时必须带头加强四节一环保的考虑,但是从管理模

式、生产方式等方面有很大的政策缺失空间。若有高标准的产业政策来主导保障性住房的建设，可以为工业化住宅快速发展提供强劲的动力。

积极参与保障性住房建设也体现出我国住宅企业对社会责任的承担。例如，万科企业集团除了进行了"小户型的研究与推广"，还对城市低收入人群居住模式进行研究，2006年万科举办第一届"海螺行动"，面向全社会征集城市中低收入人群居住解决方案，并将持续对城市中低收入人群居住问题的全面研究。在实践上万科还参与多个政府主导的经济适用房项目的开发，并且研制出节约资源、紧凑型住宅产品——"兰田一号"。致力于住宅工业化的远大住工，提出"安得广厦千万间"的口号，据远大宣称，公司拟在2007年后的五年内，对接国内50座大中城市的普通商品房和经济型政策房的建设，大规模、大批量、高速度建造低价高质普适型工业化成品房。为广大中等收入群体（家庭）解决住房难问题。[①]可见，为了更好地推进住宅工业化，企业必须积极承担更多的保障型住宅建造，加强与政府沟通，促进政府尽快推出促进其发展相关政策。

综上所述，通过在"工业化"语境下，对各国土地所有制、住宅供给渠道、居住模式、住宅建筑形式、社会保障性住房建设情况等方面的比较可见：我国与许多住宅工业化发达国家，在住宅工业化的发展对象上有所不同。因此，探索我国住宅工业化发展之路，积极引进国外先进理念和技术的时候，应该认识到此"住宅"非彼"住宅"，国外的经验不能生搬硬套。

立足于国情，基于土地公有、住宅供给渠道单一、城市居民居住形式以高层或多层集合式住宅为主、国家大力度发展面向中低收入阶层的保障性住宅的条件下，我国发展住宅工业化，必须将重点放在满足绝大部分城市居民需要、绝大多数居民可以负担的高层和多层集合式住宅上。但这并不意味着要放弃钢结构、木结构等低层工业化住宅的发展，因为他们也是住宅工业化的不可分割的部分，有助于整个产业的成熟和完善。就目前情况来看，我国工业化住宅的建造成本仍然居高不下，在造价较低的保障性住宅建设中的应用工业化技术还有待时日。实现发达国家工业化住宅性能价格双优势的目标是个渐进的过程。

---

① 罗锦秋.会议发言［R］.住宅可持续发展与集成化模数化研讨会.焦点房地产网.www.house.focus.cn，2007年06月08日14：08.

7.4　住宅工业化发展的驱动模式与
我国发展模式的建立

7.4.1　住宅工业化发展的三种驱动模式

由于历史背景的不同,各国住宅工业化的发展道路呈现不同的特点。有的国家以政府导向为主,无论在工业化标准制定、投资、制造上,政府都扮演很重要的角色。有的国家则以企业导向为主,这种发展模式是建立在高度商业化的社会环境之下的;有的国家则结合了政府和企业两方面的合力,两者的良性互动极大地促进整个国家住宅产业的发展。以下将结合各国情况,对住宅工业化发展的三种驱动模式进行简要阐述。

1. 以政府为主导

回顾第二次世界大战后住宅工业化在各国的发展,可以发现政府在往往发挥着重要作用,在政府职能、发展规划、标准体系、市场发展、经济社会政策等方面建立完善的法规体系,保障了住宅产业化的顺利推行。具体的措施,如制定计划和标准,并由有关部门进行监督和推广,或在公营住宅招标时,规定采取工业化系统,又或者利用补贴等财政手段鼓励采用工业化系统。政策路线也随着住宅工业化发展而发生变化,在发展前期直接推动工业化的政策较多,而后期向间接支援方式转变。

从主导力量上看,欧洲国家体现了较强的政府导向。瑞典曾在1960—1975年实施了著名的"百万套住房计划"。丹麦在1960年提出了"住宅工业化计划案",并以同年3月开始的Ballerup项目(7 500户集合住宅建设项目)为起点,展开了大规模住宅建设(Mass Housing)。第二次世界大战后预制住宅在英国各地的大量增加也归因于1944年的布尔特委员会[1](Burt Committee)和临时住宅法案(Housing(Temporary Accommodation)Act)。[2] 在苏联,遵照标准设计综合计划拟定进行并按应有的程序批准的住宅标准设计是具有国家法律效力的,住宅标准设计的工作中获得了显著的成就。类似的情况也出现在其他东欧社会主义国家。

在亚洲,新加坡建屋发展局在设计、预制加工与施工建造等方面的综合优势,使得与预制技术相关的各项技术、政策都能得以贯彻落实。[3] 在我国香港,政府在推动住宅工业化发展的作用也非常明显。一方面,政府出台一些限制性的政策,比如从20世纪90年代起,公屋建造强制性使用预制外墙,征收建筑废物处置费,使得

---

① 布尔特委员会是英国政府为解决住宅短缺而设立的机构,建立于1942年。该委员会认为预制住宅是解决这一难题的方法,并与1944年颁布临时住宅法案。

② Prefabricated housing[EB/OL]. http://en.wikipedia.org/wiki/Prefabricated_housing, 2009-4-12.

③ 董悦仲等编.中外住宅产业对比[M].北京:中国建工出版社,2005.1.P84-85.

建筑商使用预制部件的积极性提高;另一方面,政府对使用工业化技术的项目给予一定的优惠政策,缓解发展商因采用新技术带来的成本增加,起到引导作用[①]。我国新中国成立后也走的是前苏联国家主导住宅标准设计的道路,体现出明显的政府导向特点。

这种以政府导向为主的驱动模式,对整个国家住宅工业化水平的提升的推动作用十分有效,但是也存在一些问题:如果政府强制推广使用某种技术体系,并大规模使用容易造成技术的单一和设计的僵化;政策路线如果突然转变,将对住宅工业化带来巨大打击。例如在法国,由于政府主导的工业化政策在后期发生极大改变,致使PCa行业失去政府部门大规模订货,而使其产业趋于崩溃。英国和日本的工业化也有依靠公共住宅的推动背景,而在后期公共部门的弱化导致了工业化的衰退。[②]

2. 以企业为主导

在住宅工业化的发展模式上,美国体现出企业自由发展的固有特点,政府只是在工业化标准制定及宏观调控上起一定作用。美国住宅用户按照样本或自己满意的方案设计房屋,再按照住宅产品目录,到市场上采购所需的材料、构件、部品,委托承包商建造。美国住宅工业化的发达反映了社会商品经济的高度发达。

实际上从住宅工业化发展的最初阶段,美国的住宅企业就以工业化的方式开始生产住宅产品,成为住宅工业化的主导力量。例如成立于1906年,第一家提供成套住宅的阿拉丁预制住宅公司(Aladdin Readi-Cut Houses);第一家通过邮件提供预制住宅的西尔斯-罗巴克公司(Sears, Roebuck & Co.),以及美国之家(American Homes)、美国住宅公司(American Houses)和Homosote建材公司,等等。1950年代的卢斯特隆房屋公司(Lustron)和威廉·莱维特也是美国房地产开发历史上最有影响的开发商。当代美国的前四大住宅企业[③]之一的桑达克斯(Centex)于1994年,正式提出生产标准化项目。1997年,桑达克斯并购Cavco工业(Cavco Industries),宣告进入工业化生产住房市场。[④]

美国为了促进工业化住宅的发展,也出台了很多法律和一些产业政策,最主要的就是HUD技术标准。1976年后,所有工业化住宅都必须符合联邦工业化住宅建设和安全标准,它是全美所有新建HUD标准的工业化住宅进行初始安装的最低标准。

---

① 2001年、2002年香港政府发布《联合作业备考第1号》及《联合作业备考第2号》,规定采用露台、空中花园、非结构预制外墙等环保措施的项目将获得面积豁免。
② 董悦仲等编.中外住宅产业对比[M].北京:中国建工出版社,2005.1.P208.
③ 美国四大房地产公司分别是帕尔迪(Pulte Homes)、霍顿(D.R. Horton Inc.)、桑达克斯(Centex)和莱纳(Lennar)。
④ 美国四大房地产公司简介.MBA智库百科.http://wiki.mbalib.com/, 2009-6-17.

分析美国住宅工业化的发展，可见美国房地产开发更像专业零售商。政府关于工业化住宅的政策主要集中于工业化住宅发展到一定程度后的技术标准和性能认定等方面。这种以企业导向为主的发展模式存在的前提是社会的高度商业化，住宅部品标准化、系列化和通畅的流通渠道。我国目前还不具备这样的市场环境。

3. 政府驱动与企业驱动的结合

政府驱动与企业驱动的结合是促进住宅工业化发展的理想模式。一方面政府自上而下对企业进行引导和支持，调动企业发展住宅工业化的积极性；另一方面企业出于自身发展要求积极进行技术创新，自下而上促使政府相关政策和标准的出台和完善。

1）政府对住宅工业化的引导和支持

日本是最典型的政府驱动与企业驱动结合的住宅工业化发展模式。政府对住宅工业化的驱动的工作主要体现在以下三个方面：

专门机构的设置。早在1972年，日本建设省就设置了住宅生产工业化技术开发计划委员会。现在国土交通省（原建设省）住宅局代表内阁进行管理。

政策与标准的制定。日本建设省提出了一系列住宅产业化政策。如1966年的《住宅建设工业化基本设想》、1974年的《住宅生产工业化技术开发长期计划》；以及"建筑生产现代化的方针政策"、"住宅建设工业化的基本设想及中层公寓式住宅建设的工业化要点"、"住宅建设工业化的长期设想"、"关于住宅建设工业化问题"等政策性建议文件。1969年通产省委托工业技术院制订了《推动住宅产业标准化五年计划》。在1971年至1975年期间，仅住宅制品业的日本工业标准（JIS）就制定和修订了115本，占标准总数的187本的61%。1971年，通产省和建设省联合提出"住宅生产和优先尺寸的建议"，对住宅的功能空间、建筑部件、设备等优先尺寸提出了实施意见。[①]此外，还于1973年设立了工业化住宅性能认定制度[②]

财政金融方面的支持。日本建设省和通产省通过一系列的经济政策，引导和鼓励企业开发研究新技术，有力地促进了住宅产业化的发展。例如1972年建设省制定了"住宅生产工业化促进补贴制度"，鼓励住宅产业化所需的技术可发项目的实施。1974年通产省建立了"住宅体系生产技术开发补助金制度"。这项制度规定，对经同意进行的开发项目，向开发研究的企业提供50%的研究经费补助。[③]

① 董悦仲等编.中外住宅产业对比［M］.北京：中国建工出版社，2005.1.P35-36.
② 董悦仲等编.中外住宅产业对比［M］.北京：中国建工出版社，2005.1.P25.
③ 董悦仲等编.中外住宅产业对比［M］.北京：中国建工出版社，2005.1.P37.

2）住宅产业集团在政策引导下的发展和成熟

20世纪60年代中期，日本住宅建筑工业化有了相当发展，住宅的生产与供应开始从以前的"业主订货生产"转变为"以各类厂家为主导的商品的生产与销售"。日本政府围绕住宅生产与供应，将各有关企业的活动加以"系统化"协调。70年代是日本住宅产业的成熟期，其发展很大程度上得益于住宅产业集团的发展。日本目前各企业的技术开发和设计体制重点基本都转移到顺应市场变化的轨道上。参与工业化住宅的企业比较多，既有比较大型的房屋供应商，如积水、大和、松下、三泽、丰田等，也有大型的建造商，如大成建设、前田建设等，充分发挥了日本高水准的制造业和厂家的技术优势。

以下是部分日本企业在住宅产业化方面的业务发展：

表7-1　部分日本企业在住宅产业化方面的业务发展

机构名称	企业发展和研发情况	住宅建设量
积水住宅 （Sekisui House）	1960年成立，1961年设立滋贺工厂，开始B型住宅的开发建设，1971年上市。着重研究建筑的热工性能、老年住宅、结构体系和内装部品	1989年住宅建设量达170万户
大和房屋 （Daiwa House）	1955年成立，1957年建造日本首个工厂化住宅，1961年开始涉足钢结构住宅和厂房、仓库、体育馆等公建。着重研究与环境共生住宅、老年住宅、建筑热工以及建筑工程研究和实验	2000年住宅建设总量为132万户
三泽房屋 （Misawa House）	1962年成立集团，1964年大板系统开发，1965年设立预制构件工厂，1967年三泽房屋成立。着重研究住宅耐久性、住区微气候环境、地球环境问题、老年住宅等	2001年住宅建设总量为122万户
大成建设 （Taisei Corporation）	1917年设立，1969年进入住宅市场。着重研究工厂化住宅施工工艺、工程管理、生态环保等	2002年住宅建设总量为115万户
积水化学	1960年3月在公司内部创建了住宅业务部，同年8月将住宅业务部独立，并更名为积水住宅产业	
松下电工	1961年也成立了住宅业务部，在1963年由松下电器和松下电工共同出资3亿日元，设立新法人成立了松下住宅建材股份公司（现松下住宅的前身）	

（图表来源：作者绘，数据来源：楚先锋.国内外工业化住宅的发展历程（之二）[J].住区.2008年06期.P100-105.）

在欧洲，住宅工业化企业也是住宅产业发展的骨干力量。例如20世纪五六十年代，法国一些大、中型施工企业提出了自己的预制施工方法，如卡谬大板体系（Camus）、瓜涅大板体系（Coignet）等，一直被世界很多国家学习和引进。80年代初，全国选出的25种"构造体系"（Système Constructif），也是由施工企业或设计事务所提出的①。20世纪70年代，丹麦在大型板式构法为主的大规模住宅建设过程中，像Larsen & Nielsen这样的国际知名的工业化构法的企业充分发挥了作用。②20世纪60年代中叶芬兰由政府和民间共同开发的工业化标准体系BES得到广泛认可，在全国推广和普及。

3）联系政府和企业的纽带——民间组织和行业协会

在日本，有许多财团法人和住宅方面的协会，共同促进住宅政策和住宅计划的实施，如与工业化住宅关系密切的ＵＲ都市机构（ＵＲ都市機構について）和预制住宅建筑协会（プレハブ建築協会ホームページ，PREFAB CLUB）等。1990年与住宅产业有关的协会共有385家。③

在欧洲，早在1977年法国就成立了"构件建筑协会"（ACC）。负责制订尺寸协调规则。④丹麦推动体系建筑协会（BPS）是民间组织，其会员包括了200多家主要的建材生产厂，致力于推动通用体系化的发展。瑞典非营利住宅协会联合组织SABO与民间的设备厂家共同开发了在再生工程中可自由拆装的卫生间组件。

这种政府驱动与企业驱动结合的发展模式非常值得我国借鉴。

7.4.2　住宅产业集团是我国住宅工业化的发展主体

1）我国住宅产业集团的兴起

住宅产业集团（Housing Industrial Group, HIG）是应住宅产业化发展需要而产生出的新型住宅企业组织形式。住宅产业集团改变了住宅的生产方式，实现了住宅研究开发、设计、构配件和部品生产、现场安装的一体化，使住宅产业集团的生产作业方式、计划方式、质量管理方式、定价方式等均发生很大改变，由原来建筑产品的施工管理方式向制造业的生产管理方式发展。⑤

根据笔者对我国住宅工业化相关企业的调查显示⑥，在我国住宅工业化的进程中，企业集成化、规模化、集团化发展的趋势已十分明显。虽然专业企业仍占大多数，但是已有不少企业逐渐自发建立"产业联盟"或是自身形成"综合产业集团"。主要有以下几种建立模式：

---

① 法国工业化住宅的设计与实践［M］.娄述渝，林夏编译.北京：中国建工出版社，1986.2.P35.
② （日）松村秀一著，住区再生［M］.范悦、刘彤彤译.北京：机械工业出版社，2008.07.P17.
③ 佚名.日本住宅产业及其发展措施［EB/OL］.中国住宅产业网.http://www.chinahouse.gov.cn/gjhz7/7a02.htm，2009-6-18.
④ 法国工业化住宅的设计与实践［M］.娄述渝，林夏编译.北京：中国建工出版社，1986.2.P35.
⑤ 聂梅生.实现住宅产业集团化与信息化［EB/OL］.来源：《中国建设报》.国务院发展研究中心.http://drcnet.com.cn/DRCNet.Common.Web/，2000-12-4.
⑥ 详见：附录2：我国住宅工业化相关企业调查.

（1）动态联盟型：将现代化的信息产业与传统的住宅产业相结合，通过基于信息网络的住宅建造过程集成化，形成企业间的动态联盟，创建新兴的住宅产业集团。

（2）扩展型：房地产开发企业中形成"产业联盟"和"综合产业集团"，以房地产开发为主业，向产品生产方面延伸，或反之，进而形成集团，是当前住宅产业集团化发展的主流。房地产开发企业积极与产业链相关企业进行战略合作，范围包括集团采购的产品/服务、区域和一线公司的施工总承包、装修施工承包、监理/咨询、门窗幕墙、景观/园林工程。广泛的战略合作可以保障施工品质和降低采购成本。

（3）工厂化生产型：以工业化的手段生产住宅作为住宅产业化的出发点和归宿。钢结构住宅生产企业、装修与集成家居企业和建材与部品生产企业由于行业自身具有扩展性，因此往往形成横跨建材、施工、部品生产多个领域的综合产业集团，这种产业链比动态联盟型的"战略合作"关系更加稳固，并将随着企业住宅产业化的战略目标进一步扩展。

不论是以房地产开发企业为龙头形成的产业链，还是企业自身的综合化发展都为我国大型住宅产业集团的形成奠定了基础。

2）住宅产业集团是我国住宅工业化的发展主体

在我国住宅工业逐步发展过程中，一些行业领先的大型企业集团，瞄准国家住宅产业现代化进程的战略机遇，在企业自身规模发展和创新模式的要求下，逐步走上住宅工业化的道路，成为当前我国住宅工业化的发展主体。[①] 这些大型企业集团大多被评为"国家级住宅产业化基地"。

在房地产企业中，万科集团是我国新一轮住宅工业化热潮的领头羊和推手。早在1999年，就提出工业化生产概念。我国第一个"以房地产开发商为骨干企业的企业联盟型的国家住宅产业化基地"。2007年7月，上海新里程项目20号（香港工法）、21号楼（日本工法）以工厂化方式建设的楼封顶，是万科工业化生产资源的第一个市场化项目，在住宅产业界引起强烈反响。南京栖霞建设集团从建筑体系、住宅部品、成套技术三方面入手，以"技术集成"住宅为特点，从事创建新型环保节能型住宅、住宅产业物流建设。

制造业进入住宅建设领域是产业化发展的必然趋势，也标志着产业发展的水平。今天，中国的制造业也开始在房地产领域大显身手，例如：青岛海尔集团、长沙远大住工等。青岛海尔集团是以家居集成住宅为特色，涵盖海尔家居装修体系、海尔整体厨房、海尔整体卫浴、商用及家用中央空调、海尔社区和家庭智能化系统等。远大住宅工业有限公司是国内第一家以"住宅工业"行业类别核准成立的新型住宅工业企业。1997年以开发整体浴室为起点，2008年已发展到第五代集成住

---

① 详见：附录2：我国住宅工业化相关企业调查。

宅（BIH-V）。

　　我国钢结构住宅的发展速度很快。天津二建机施钢结构工程有限公司主要从事钢结构的住宅产业化,以"钢—砼组合结构住宅建筑体系"为特色;北新建材(集团)有限公司主要发展薄壁轻钢结构住宅,引进日本技术,开发了北新房屋KC体系。山东莱钢建设有限公司是建设部钢结构节能住宅技术产业化基地,形成了从H型钢的生产、研发设计、构件加工制作、墙板生产、施工安装、房地产开发、物业管理、部品集成、物流贸易一条完整的产业链。

　　除了这些国家住宅产业化基地,还有很多其他企业。有的是集建筑施工、住宅产业化和房地产开发等业务于一体的大型综合性企业,例如浙江宝业集团股份有限公司是浙江省国家级住宅产业园区,进行建材深加工,开发生产的终端产品为组装别墅及多层住宅。有的从房地产开发入手,从住宅标准化设计和成套技术应用起步,例如大连大有房屋开发有限公司;有的从家具生产、集成装修入手,例如青岛荣昌置业集团有限公司、大连嘉丽住宅产业配套有限公司;有的引进北美、日本轻钢结构体系从事钢结构集成住宅的生产。例如安徽贝斯住宅建筑有限公司、博思格钢铁集团建筑系统分部来实公司、北京华丽联合高科技有限公司等等。

　　我国香港发展成熟的PCa技术也逐渐被应用内地住宅建造上。瑞安房地产有限公司开发的上海创智天地"创智坊"

图7-9　万科上海新里程

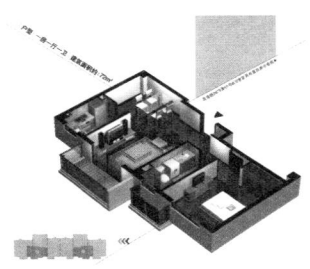

图7-10　万科上海新里程户型轴测图:建筑面积72平方米

（图片来源:万科新里程楼书）

图7-11　远大住宅工业有限公司第五代集成住宅(BIH-V)

（图片来源:罗晴秋.国家住宅产业化基地远大住宅工业产业化模式［PPT］.2008节能省地环保型住宅国家康居示范工程技术创新大会资料汇编,2008-5-29.）

图7-12　远大住宅工业有限公司第五代集成住宅(BIH-V)麓园部分平面图

（图片来源:罗晴秋.国家住宅产业化基地远大住宅工业产业化模式［PPT］.2008节能省地环保型住宅国家康居示范工程技术创新大会资料汇编,2008-5-29.）

图7-13　瑞安房地产有限公司上海创智天地"创智坊"（二期）项目外观

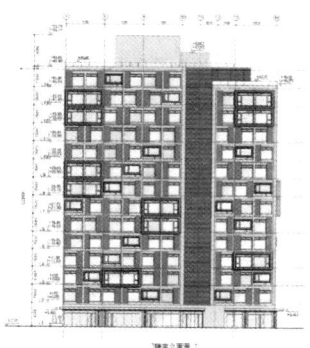

图7-14　上海创智天地"创智坊"（二期）项目部分立面图

（图片来源：上海瑞安房地产有限公司内部资料）

（二期）是我国第一个用夹层保温预制结构的项目。该项目引进香港成熟的装配式混凝土建筑技术，利用有限的预制外墙模组，创造出丰富的立面效果，为工业化集合住宅的设计开拓了思路。

表7-2　瑞安创智坊（二期）：预制外墙模组。预制外墙按宽度分A、B、C、D、P、Q及R共7组别共20个模组，使用18个模具

应用范围	模组组别	数量（件）	宽度（mm）	重量（t）
A幢/B幢/C幢 （层高2 800）	A	183	3 815	–
	B	211	3 285	–
	C	104	3 015	–
	D	208	2 310	–
T幢 层高（3 450）	P	187	3 585	–
	Q	38	3 090	–
	R	13	1 785	–
合　　计		944		

（图表来源：上海瑞安房地产有限公司内部资料）

　　住宅企业集团是住宅产业发展的骨干力量，也是产业走向成熟的标志。只有大型企业集团才能负担起使住宅产业从当前以带动密集型为主走向技术密集型，从分散式、外延型走向集成式、内涵型，从而完成系列化开发、集成化生产、配套化供应的目标。[①]引导住宅产业集团的形成和发展，已经成为促进我国住宅产业化工作的关键。

7.4.3　我国应建立以政府为主导、企业为主体的发展模式

　　我国正处在住宅建设的高峰期，也是发展住宅工业化的最佳时期。目前住宅企业集团发展态势良好，但是在推广应用工业化住宅建造技术的过程中，政府的工作还很不到位，企业对住宅工业化的技术标准和产业政策的呼声很大。因此，

---

① 聂梅生.住宅产业现代化的发展态势与特征［J］.住宅产业，2000，28（3）.P3-5.

笔者建议政府应在以下几个方面加强工作：

（1）专门机构的设立

我国住房和城乡建设部住宅与房地产业司负责我国住宅政策的制定和实施，建设部住宅产业化促进中心协助政府提出住宅产业化的相关政策并组织实施。2003年3月，建设部住宅部品标准化技术委员会成立。具体负责管理建设部归口的住宅部品标准化工作。秘书处设在建设部住宅中心。标委会的宗旨是组织从事住宅部品研究的专家学者和生产企业，积极参与和广泛开展住宅部品标准化工作。

目前我国还缺少一个集住宅市场、技术、政策于一体，为政府决策提供技术支持的住宅综合研究机构，以充分调动官方、官民结合和机构和组织的力量，共同促进住宅政策的实施。

（2）宏观政策和技术标准的制定

我国建设部于1996年发布《住宅产业现代化试点工作大纲》和《住宅产业现代化试点技术发展要点》拉开了我国推进住宅产业现代化的序幕。1999年，国家计委等公布《关于推进住宅产业现代化提高住宅质量的若干意见》，成为推进中国住宅产业现代化的纲领。1995年建设部颁布的《建筑工业化发展纲要》是唯一对"住宅工业化"发展有针对性的政策，但是目前在很多方面都已过时。关于推进"住宅工业化"的纲领性文件的缺失，导致我国发展住宅工业化的具体的目标、步骤和措施都很不明确，极大地阻碍了住宅工业化的发展。

我国关于工业化住宅的技术标准还很缺乏。1991年制定的装配式大板居住建筑设计和施工规程（JGJ 1-1991）早已过时。许多工业化住宅建造技术和国内现行的建筑技术标准、规范不兼容，即所谓的"超限"。这种情况就使得设计、审批、验收无标准可依。对工业化住宅的大规模推广是一个障碍。近年在万科集团、中国建筑科学研究院、同济大学和其他一些科研院所的推动下，国家和一些地方已经开始预制装配混凝土结构规范的编写，包括国家的预制装配式建筑技术标准和上海、深圳等地工业化建筑技术标准。

2001年，建设部发布《钢结构住宅产业化技术导则》、《钢结构住宅设计规程》后，钢结构住宅在上海、北京、山东都有大面积应用。住宅部品的技术规范也有所发展，根据笔者调查[①]，2006年颁布的住宅整体卫浴间（JG/T 183-2006）和住宅整体厨房（JG/T 184-2006）、2007年颁布的住宅厨房家具及厨房设备模数系列（JG/T 219-2007）对整体厨卫生产企业的发展有很大的促进作用。

总的来说，我国关于工业化住宅的宏观政策和技术标准（包括模数规范）缺口很大，有待逐步研究和制定阶段性的住宅工业化政策，制定相关技术标准和规范以

---

① 详见：附录2：我国住宅工业化相关企业调查，1.4.6.企业探索住宅工业化的开始时间与技术突破时间。

推进住宅工业化的工作。

（3）提出技术开发计划及课题研究工作

为推动住宅产业发展，各有关政府管理部门应根据各个时期形势需要提出相应的技术开发计划和课题，广泛吸收官、民、学各方面机构参加，提出研究成果。例如上海市科学技术委员会组织的"工业化住宅关键技术体系研究与综合示范"科研项目（2007—2009年），由上海市房屋土地资源管理局住宅建设监督管理处和上海市房地产科学研究院负责总体协调。参与单位还包括上海市房地产行业协会、同济大学建筑系和结构工程系、上海万科房地产有限公司和上海瑞安房地产有限公司。以"城花新园"和"四季花城"两个住宅小区为约20万平方米的工业化住宅示范项目。拟完成预制混凝土住宅建筑设计导则、工业化住宅部品和配套施工技术导则、预制混凝土住宅结构设计导则、预制构件质量控制标准和验收技术导则、预制混凝土住宅施工验收规范和施工技术导则等研究成果。

（4）提供金融支持

对于起步阶段的工业化住宅来说，研发经费的高投入，产品缺乏规模效应导致开发成本过高，是阻碍其发展的重要原因。只有在产业优惠政策的支持下，大量住宅新部品、新材料、新体系才可以得到开发和应用，不但可以降低市场风险和开发成本，而且还容易形成规模化和商品化生产。因此，目前工业化住宅开发企业呼声最高的就是产业优惠政策。

目前我国对住宅建筑体系、部品体系和技术支撑体系，缺乏必要的优惠政策和调控手段，缺乏有效的经济、技术政策作保障是个很大的问题。因此，应借鉴新加坡、日本和我国香港地区的经验，制定包括研发经费补贴、税收减免、贴息贷款等财政金融政策；以及建筑面积豁免、容积率或建筑高度限制放宽等非财政政策；或是对报批、报建等程序开辟绿色通道以减少工业化项目的审批周期，提高效率等行政审批措施。只有这样才能调动社会各界应用住宅工业化技术的积极性，形成以市场为导向的激励机制，推动住宅工业化的发展。

（5）建立多种形式的行业协会

行业协会一般是同行业按照自愿原则组织起来的民间组织。行业协会同会员企业之间的关系比较松散。协会通过为企业服务，推动行业的发展。同时，地会作为会员代表同政府各有关部门联系，反映企业的意见和要求。行业协会可在六个方面发挥着作用：① 调查研究与预测；② 收集整理技术、经济信息；③ 制订修订标准；④ 技术服务（组织会员进行技术开发，为中小企业提供试验研究设施等）；⑤ 为企业经营进行咨询指导；⑥ 人才培训，等等。

我国目前已建立的住宅行业协会有：

2001年12月成立的全国工商联住宅产业商会，是在中华全国工商业联合会直接领导下,由中国住宅产业集团联盟发起成立的大型国际化行业商会,属非营利社会组织。

2006 年 8 月成立的节能省地型住宅产业化技术联盟。性质是非经济实体性的技术创新联合体,其宗旨是构建住宅产业化技术交流的平台。工作主要包括开发、推广工业化住宅建筑体系,评价筛选、集成与推广"四节一环保"实用技术,完善与推广住宅性能认定标准与评定方法,建立住宅部品体系及技术认证,在试点、示范项目的基础上创建国家住宅产业化基地,开展农村住宅与建设的研究。

2007 年 3 月成立的中国钢结构住宅产业化联盟[1]。以钢结构住宅产业集成系统平台为核心,加强钢结构住宅集成系统供应商、部品部件生产厂商、房地产开发商、设计院科研院校之间的联系,建立完整的钢结构住宅产业链。

从住宅相关行业协会的发展来看,针对工业化住宅发展的行业协会还没有建立。此外,已建立的行业协会作用主要集中在产品和技术供求信息交流、评定奖项、优选部品的层面,组织科研和人才培训等方面的力量还没有充分发挥。

7.5　当前我国住宅工业化发展面临的挑战

7.5.1　我国住宅工业化发展程度仍处于较低水平

目前,我国住宅产业还未摆脱粗放型生产方式:工业化水平低、劳动生产率低、技术集成度低、资源消耗高、循环利用率低。粗放的建造生产方式导致资源浪费、环境污染、住宅产品品质和性能差是不争的事实。

早在 1995 年,我国建设部发布《建筑工业化发展纲要》。旨在加快我国建筑工业化发展步伐,确保各类建筑最终产品特别是住宅建筑的质量和功能,优化产业结构,改善劳动条件,大幅度提高劳动生产率。纲要中提出我国建筑工业化的两步走的发展目标。预计到 2010 年,实现全行业人均竣工面积达到 40 m² (2006 年建设部数据表明:人均竣工面积,日本

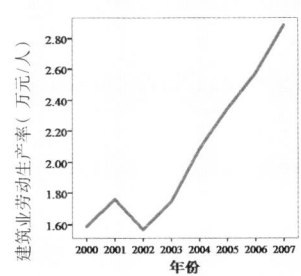

图 7-15　2000—2007 年,建筑业劳动生产率(单位: 万元 / 人)

(图片来源:作者绘,数据来源: 2007 中国统计年鉴)

---

① 中国钢结构住宅产业化联盟.http://www.cbsia.cn/、2008-6-16.

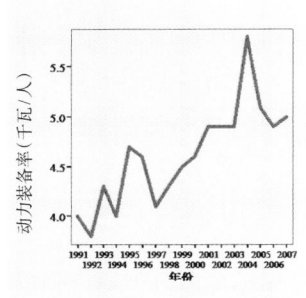

图7-16　1991—2007年,建筑业企业动力装备率(千瓦/人)

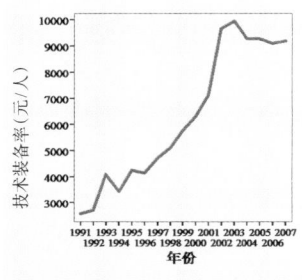

图7-17　1991—2007年,建筑业企业技术装备率(元/人)

（数据来源：2007中国统计年鉴）

为110 ～ 120 m²,德国为80 ～ 100 m²,美国为80 m²)[1];住宅工程质量和使用功能得到保证,室内声、光、热及卫生环境明显改善;标准化、系列化构配件、制品和设备的应用量显著提高;技术进步对建筑业发展的贡献达到45%。根据纲要目标,量化的指标可归结为:全行业劳动生产率、人均竣工面积以及行业动力装备率和技术装备率、住宅科技贡献率等几个方面。

2007年,我国建筑业劳动生产率为28 853 元/人。房屋建筑面积竣工面积为203 993万平方米,全行业从业人员总计3 133.7万人,据此测算全行业人均竣工面积达到65.1 m²。早已超过2010年的发展目标。2007年,我国建筑业企业技术装备率达到9 208(元/人),动力装备率达到5(千瓦/人)[2],离纲要中提出的"20世纪末实现行业动力装备率达到8(千瓦/人)"的目标还有很大差距。

科技对于一个产业的贡献率高低,直接反映出产业的发展水平。科技进步对产业的贡献率超过50%,才称之为集约型产业。据建设部统计,2002年科技对住宅产业的科技贡献率为31.2%,比"十一五"初期增加了3 ～ 4个百分点。据测算,2008年科技进步对住宅产业的贡献率至少达到38% ～ 40%。[3]我国学者根据"住宅产业科技进步贡献率测算公式"预测:2006—2010年,住宅产业科技进步贡献率将在41.67% ～ 43.75%之间;2011—2015年,住宅产业科技进步贡献率将在44.64% ～ 52.08%之间。[4]

除此以外,我国住宅部品的系列化程度较低。目前系列化产品不足20%。而瑞典新建住宅中通用部品占到80%左右。[5]日本用了20年时间推行部品通用化、系列化,在日本的工业化住宅建设中起到了举足轻重的作用。

① 刘志峰.建立健康文明资源节约的住宅消费模式(一)——在2006年国家康居示范省地型住宅产业化技术创新大会上的讲话[J].住宅产业,2007.01.P14.
② 数据来源:2007中国统计年鉴。
③ 孙克放.建设生态文明与中国住宅产业化发展之路[C].2008省地节能环保型住宅国家康居示范工程技术创新大会资料汇编,2008-5-29.P4.
④ 冯凯,李忠富,关柯.我国住宅产业科技进步贡献率现状与预测分析[J].科技进步与对策,2001-2.P136.
⑤ 孙克放.建设生态文明与中国住宅产业化发展之路[C].2008省地节能环保型住宅国家康居示范工程技术创新大会资料汇编,2008-5-29.P11.

总之，我国建筑工业化经过多年努力取得不少进步。随着科技进步逐步显示出对经济发展的推动作用，住宅产业逐步由投资拉动型向科技推动型发展，住宅产业的增长将逐步从"粗放型"向"集约型"转变。但是，据统计，我国住宅产业化率仅为 15%，欧美重要国家住宅产业化率约达到 70% 以上，例如美国、日本达到 70% ～ 80%[1]。因此与国外住宅工业化的发达国家相比，我国住宅工业化的发展程度与这些国家还有很大的差距。

基于我国住宅工业化在整体上的较低水平，我国致力于住宅工业化的相关企业积极引进欧洲、美国、日本等国家的成熟技术和人才，在提升我国住宅工业化水平上发挥了重要作用。[2]

7.5.2　劳动力成本对住宅工业化发展的影响分析

1. 建筑劳动力成本的高低，将促进或抑制住宅工业化的发展

使用工业化方式建造住宅，工地施工拼装化，施工周期短，生产效率高，具有明显的节约人力资源的优势。例如 20 世纪 50 年代苏联住宅的标准设计可使每立方米建筑所耗的劳动量（与 1939—1945 年的设计相比较）减低 36%。在高人工成本的社会资源配制情况下，工业化生产可以带来生产成本的降低。同时扩大工厂的规模也可以降低成本、提高效益。从各国发展住宅工业化的历程来看，一般来说，住宅生产领域采用工业化方法与建筑劳动力资源不足有一定因果关系。也就是说，相对于建设规模需求，如果劳动力不足的话有必要采用工业化；反之如果劳动力资源过剩则常规工法更为合理。

例如日本 1960 年后，在住宅需求急剧增加的情况下，建筑技术人员和熟练工人明显不足。为了使现场施工简化，提高产品质量和效率，日本开始发展住宅工业化。1970 年代芬兰劳动力高度缺乏，也使其走向工业化道路。香港工人工资高（混凝土工：900/天，木工：1 000/天，钢筋工：11 000/天，架子工：1 100/天），工人费约占建安成本的 30%[3]，因而住宅工业化也势在必行。在新加坡，本地人已经不再从事建筑施工工作，现场施工依靠外来劳工，如何减少外来劳工，降低对新加坡社会的负面影响，成为政府必须考虑的一个重要因素。[4]

以上述情况相反，原联邦德国在 1956 年制定了第二次建设法以后，开始了大规模建造期（Mass Housing）。但大型板式 PC 构法的应用并不多，即使在 20 世纪 60 年

① 孙克放.建设生态文明与中国住宅产业化发展之路［C］.2008 省地节能环保型住宅国家康居示范工程技术创新大会资料汇编,2008-5-29.P4.
② 详见：附录 2：我国住宅工业化相关企业调查,1.4.5.国外先进技术引进情况。
③ 万科集团工程部.万科工业化推进模式研究报告［R］.2007.7.P4.
④ 万科集团工程部.万科工业化推进模式研究报告［R］.2007.7.P6.

代的中期也只是占新建住宅的3%～4%。其原因主要是第二次世界大战后由于大批难民涌入,原联邦德国比起其他国家较容易获得廉价劳动力的缘故。在我国,20世纪80年代后农民工大量进城,为施工现场提供了最勤奋又低廉的劳动力资源,成为当时我国住宅建造采用混凝土现浇方式,放弃预制的主要原因之一。

2. 我国劳动力价格优势短期依然存在,对住宅工业化的驱动有限

人口多、就业压力大是我国的基本国情。就业是民生之本,就我国劳动力的供给来说,劳动力总供求失衡的状况在我国仍然严重存在,劳动就业压力非常沉重。据统计2006年我国劳动就业职工人数达11 160.584 2万人,年末城镇登记失业率为4.1%。[①]但是各种迹象表明,中国的劳动力供求形势正在发生根本性的转变。劳动力无限供给即将终结,社会增长方式将从生产要素投入推动型过渡到生产率推动型。2007年,中国社科院发布的《2007年人口与劳动绿皮书》指出,2004年以来,青壮年劳动力短缺现象正由沿海向内地蔓延,农村青壮年劳动力正逐步向供不应求转变。预测到2011年左右,劳动年龄人口开始不再上升,2021年开始绝对减少。因此,随着数量的减少,劳动力价格上升是大势所趋,同时劳动力素质上应该有进一步的提升。

尽管中国的劳动力成本在快速上涨,但仍大大低于发达国家日本以及韩国、新加坡等亚洲新兴国家和地区,而且也低于整个亚洲的平均水平。根据万科企业集团的内部统计,目前集团建安成本中劳动力成本约占16%,香港约占30%,日本约占65%。万科预计2039年才可以达到30%,到2081年才可能达到日本现在的水平。[②]因此,现阶段仅考虑劳动力成本上升对工业化的驱动还非常有限。

国内目前人工成本较低,现行的施工工艺并没有对行业的发展产生制约后果。在这种情况下,如果工业化住宅建设规模得不到很好的支撑,提高设备和技术的投入,势必提高建设成本。高成本是在开发商初期阶段必须面对的最大风险,这将直接降低项目的盈利能力。但是对开发商来说,住宅建筑成本占开发成本,以及占销售售价的比例相当低。因此,从开发总成本或售价水平这个角度来看待住宅工厂化生产带来的建筑成本的提高比例,成本的增加还是可以消化的。

3. 发展住宅工业化将促进我国劳动力市场的良性发展

实际上,"劳动力"作为一种"生产要素"是在全社会范围内流动的。当住宅工业化发展到一定程度时,原来传统建筑业的大量人力资源,必然向其他劳动密集型和技术密集型行业流动。根据2009年第一季度部分城市劳动力市场供求状况分析统计,从行业需求看,建筑业企业用人需求占全社会企业用人需求的4.4%,建筑业的

---

① 数据来源:2008中国统计年鉴。
② 万科集团工程部.万科工业化推进模式研究报告[R].2007.7.P19.

用人需求占第二产业全部用人需求的11.3%,而制造业则占83.1%。①

此外,住宅的工厂化生产势必培养新的细分产业和行业,如住宅部品制造、预制件的工厂生产、预制件的运输、专业的预制件吊装施工等等,也将为一定剩余劳动力提供就业机会,工人的劳动性质将从体力劳动向技术工作转变,从技术含量较低的手工业者转变成专业的产业工人,劳动环境和收入水平都将有所提升,对和谐社会的建设有所贡献。因此,发展住宅工业化将促使劳动力资源在全社会重新分配,并不会造成新的失业问题。

近年,我国对社会的可持续发展提出更高的要求,施工现场的人海战术将慢慢不复存在。从环境角度考虑,施工周期长、环境噪声污染大的现场浇筑建造方法将逐步被淘汰。在未来,可持续发展战略将是推动我国住宅工业化发展最强有力的因素。

7.6　工业化住宅设计能力的提升途径

7.6.1　住宅模数协调制度的完善和推广

1. 对模数协调知识的进一步推广

实际上到目前为止,在国际范围内,模数协调还是在一有限的范围内加以实践应用,除了前苏联这种中央集权命令式的强制推行外,各国在模数协调的推广中,都遇到了不同程度的阻力。

有的国家,就是强制执行,例如在丹麦将模数法制化,除了自己建造的独立住宅,其余住宅必须采用建筑法中规定的模数制。更多的国家是通过建筑师的职业教育进行推广。例如美国在模数协调的教育方面做了大量的工作。在1959年,已有一半左右的建筑学校给学生传授一定程度的模数协调的知识。在美国接受模数协调的理论并付诸实践都完全是自愿的。和美国一样,加拿大工作的重点是向建筑师、施工人员和生产厂家"兜销"模数协调的知识。例如在20世纪90年代近五年时间在多伦多的建筑学校里开办了以模数设计的夜校,以175人为核心的建筑师和制图人员学习了以模数进行设计的基本知识。从1955年迄今,在瑞典、挪威、芬兰和丹麦,模数协调的工作已由四国共同负责。其后,就分别出版了一系列供建筑师、施工人员和生产厂家用的关于使用模数协调的教材。在前苏联,模数协调也是各种建筑和工程学校及高等院校课程的组成部分。②

① 中国劳动力市场信息网监测中心.2009年第一季度部分城市劳动力市场供求状况分析[EB/OL]. http://www.lm.gov.cn/, 2009-05-07.
② 中国建筑技术研究院.《住宅建筑模数协调标准》审查会议资料汇编(二),1999年12月.P1-11.

2001年，我国建设部重新制订出《住宅建筑模数协调标准》(GB/T 50100–2001)[1]后，住宅建筑模数协调并没有因此而得到很大发展。究其原因一方面是混凝土现浇技术的普遍采用，模数协调似乎没有用武之地；另一方面，国家对模数协调的推广十分不够，建筑师的职业教育中也缺乏相关环节，因而模数的概念日渐淡漠。如今，我们必须认识到模数协调的最终目的是使构件尺寸的选择和调整有据可依，实现生产效益的最大化。标准化和模数化是住宅工业化的基础，提高对模数协调的应用程度意义十分重大。

此外，影响模数协调推广和应用的另一个重要因素是住宅部品、建材的模数化程度，这涉及一个国家或地区制造业水平和工业化的程度。例如在美国67%的建筑师声称，只要有模数尺寸的材料供应，他们都规定了使用这种尺寸的材料。造成这种局面的部分原因是，所有的混凝土制品及很大一部分黏土制品都早已按模数尺寸进行生产。最典型的如瓷砖、木材、钢材(钢结构住宅中模数协调应用较好)等等，都有一定的尺寸系列，这直接影响住宅设计的模数确定。例如，据万科工程师声称，在上海新里程示范性目中，立面预制混凝土墙面的高度，首先由规划确定层高，再结合立面拟采用的瓷砖尺寸确定(尽量不出现半砖的情况)。海尔集团负责人也提出在工业化全装修中，厨房、卫生间窗户的尺寸应使剩余墙面成为瓷砖的整数倍的问题。可见模数协调的推广，涉及整个住宅产业链，建筑师在工业化住宅设计时，必须对相关产品的尺寸和模数有所了解。

根据以上分析，笔者建议政府一方面继续完善和充实现有的模数协调标准，积极通过职业教育在建筑师中普及模数协调的基本知识，将模数制视为一种设计工具而非负担。另一方面，在住宅部品和产品的生产制造中，贯彻模数制，实现住宅部品和产品的标准化与通用化。

2. 对适于我国工业化住宅发展的模数探索

1992年国发(1992)66号《加快墙体材料革新和推广节能建筑意见》对发展新型墙体材料和节能建筑实行鼓励政策，对生产和应用实心黏土砖实行限制政策。2004年国家颁布《关于进一步做好禁止使用实心黏土砖工作的意见》加快了淘汰实心黏土砖和推广应用新型墙体材料的步伐。随着墙体改革的开展，我国住宅中传统的3Mo系统受到2Mo尺寸的挑战。

在外墙方面，目前常见的墙材有加气混凝土砌块、煤矸石多孔砖、混凝土多孔砖等等，厚度大多在200 mm左右。工业化住宅的预制混凝土外墙板，200 mm的尺寸也具有较广泛的适应性。例如：万科新里程预制外墙板为180 mm；瑞安创智坊(二期)预制夹心保温复合板为170 mm(60 mm厚混凝土板+50 mm厚XPS保温

---

① GB/T 50100–2001,住宅建筑模数协调标准［S］.

板 +60 mm 厚混凝土板）。

　　在室内隔墙方面,市场上住宅分户轻质隔墙材料的种类很多,厚度一般在 8—15 公分左右。主要有纸面石膏板隔墙、硅酸钙板隔墙及木作隔墙等,陶粒隔板墙或是轻质陶粒混凝土砌块比较常用。GRC 轻质隔墙板厚度一般为 9 cm 或 12 cm。住宅室内轻质隔墙完成面层后总厚度一般在 10 cm 左右。因此对于住宅室内轻质隔墙,100 mm 的尺寸具有较广泛的适应性。

　　过去 3Mo 系统与黏土砖 240 mm 尺寸相适应,若住宅平面布置采用由利于设备及装修的标准化的界面定位法,就会与新型墙体材料 200 mm 产生矛盾。如何解决 3Mo 与 2Mo 的矛盾?笔者拟借鉴荷兰 SAR 方法,兼顾结构与内装模数网格、研究结合 3Mo 和 2Mo 的分模数系列和模数设计网格。

　　即基本尺度为 3Mo,划分为 20 cm 和 10 cm 两部分,构成宽窄相间的网格形式。由这种网格确立一般构件的布置原则。根据这项原则,从各式各样的构件布置结果中产生出的空间尺寸总是 30 ± 10 cm,因而参加设计的人员便于既考虑构件宽度和厚度尺寸,又使用了 30 cm 这个模数尺度,从而方便了构件的划分与连接。

　　以下是在万科新里程 21 号楼平面图中试用 100+200 的模数网格进行调整的结果。可见这一设想是基本可行的,但是还需要在结合室内隔墙和家具布置的情况进行验证。

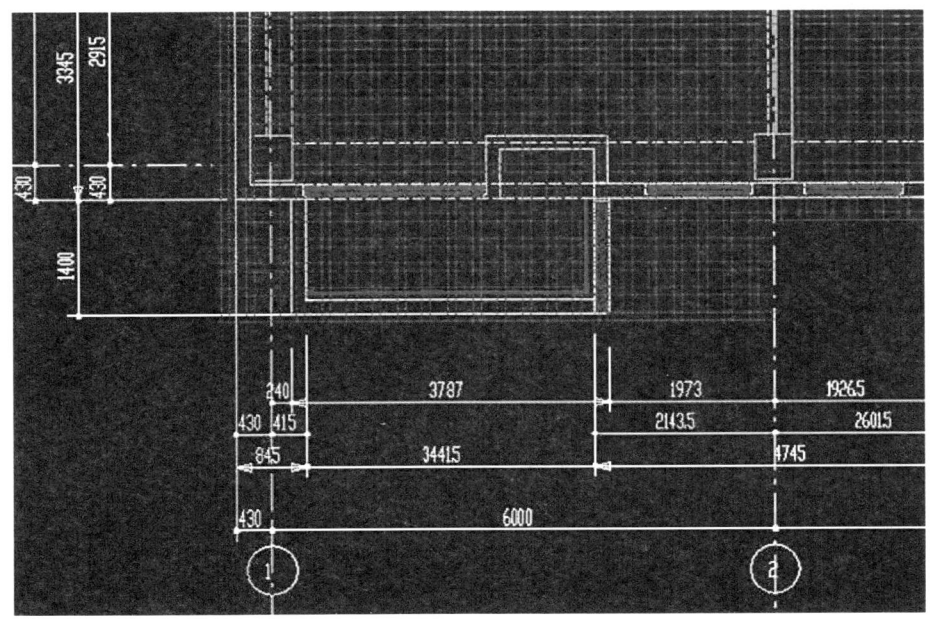

图 7-18　在新里程 21 号楼平面图中试用 100+200 的模数网格（局部）

7.6.2　住宅工业化技术方案竞赛制度的建立

通过在竞赛结果中扩大选择余地的做法，来推动住宅工业化技术上的创新，在许多国家中被广泛采用。通过住宅技术方案竞赛，可以提高全社会对住宅工业化的重视，充分提高开发企业和设计师的主动性和创造性，并将促成工业化住宅多样化发展的局面。

例如，从1968年开始，法国样板住宅政策要求施工企业与建筑师合作，共同开展标准化的定型设计。同时通过全国或地区性竞赛筛选出优秀方案，推荐使用。1973—1975年，全国最后确定了25种样板住宅。各年度的建设量分别为16 200户、20 800户和12 800户。法国住宅部委托建筑科技中心（CSTB）进行评审，1981年为止，又选出25种"构造体系"（Système Constructif），年建造量约为10 000户[1]。为了促进构造体系的发展应用，法国政府规定：选择正式批准的体系，可以不经过法定的招投标程序，直接委托，这种政策刺激了构造体系的发展。

日本将实行住宅技术方案竞赛制度作为促进技术开发的一项重要措施和方式。从70年代初起，围绕不同的技术目标，多次开展技术方案竞赛，包括：1970—1971年的"试验性住宅技术方案竞赛"；1972—1973年的"用工业化方法建造芦屋浜高层住宅方案竞赛"；1976年的"新住宅供应体系（住宅55）项目"竞赛；1980—1982年的"百年住宅体系"（CHS）技术方案竞赛；1985—1989年的"新型城市集合式住宅体系开发项目"竞赛；从1990年开始的"中高层住宅生产供给高度化项目"竞赛。[2]政府实行住宅技术方案竞赛制度，直接效果是使松下和三泽后来将参赛获奖的成果商品化，成为企业的支柱产品。[3]此外，该竞赛还从整体上推动了日本预制住宅产业的发展，提高了住宅产品的质量。在芬兰，开放系统营建也是在2000年芬兰政府举办的技术竞赛后才引起较广泛的注意。

在我国，1949年后学习苏联开展住宅标准化设计，受到计划经济的制约，从中央到地方的国营单位包揽从设计到生产、施工的所有方面，没有了竞争环境，体制僵化，技术创新难免停滞不前，工业化住宅也因此受到千人一面的诟病。实际上直到现在，我国还没有形成完善的住宅技术方案的竞赛制度。我国住宅竞赛和评选活动从1976年恢复开始，除建设部优秀设计奖，建筑工程鲁班奖外坚持如期评选外，其他评选总有间断，有头无尾。近年中国建筑学会、建设部住宅产业中心在发展节能省地住宅方针下举办不少设计竞赛，但并没有侧重于住宅工业化技术的

---

① 法国工业化住宅的设计与实践［M］.娄述渝，林夏编译.北京：中国建工出版社，1986.2.P35.
② 佚名.日本住宅产业及其发展措施［EB/OL］.中国住宅产业网.http://www.chinahouse.gov.cn/gjhz7/7a02.htm，2009-6-18.
③ 楚先锋.国内外工业化住宅的发展历程（之二）［J］.住区.2008年06期.P100-105.

方面。

针对上述情况,笔者建议政府尽快建立连续性、系列化的住宅工业化技术方案竞赛制度。在竞赛的对象和内容上、体现递进式和多层次的特点。关键是将竞赛本身视为技术开发的一种方式,鼓励获奖方案的商品化,甚至发展专利产品。最后将竞赛结果体现到示范住宅或住宅区的建设上,在全国范围内进行推广,引领工业化住宅设计水平的提高。在竞赛项目的运作上,可以借鉴国际钢铁协会举办的"Living Steel"钢结构住宅设计竞赛,[①] 充分调动企业的积极性。

7.6.3 工业化住宅设计方法的探索和人才的培养

1. 工业化住宅设计方法的探索

目前在我国,住宅工业化发展还在起步阶段,工业化住宅的设计不论从研发模式还是设计方法上都还在摸索阶段。

大多数有志于工业化住宅发展的企业,以从"住宅产品标准化"入手,初步建立起结合企业发展类型的标准产品,逐渐向工业化过渡。这种研发模式有利有弊:一方面标准化是工厂化的初级阶段。要做到工厂化,首先进行产品的标准化设计和生产,从而逐步实现产品的通用化和工业化。对企业来讲也比较容易执行。例如万科就走出了这样一条从"标准化"到"工业化"道路;另一方面,如果仅仅将已在某地成功的产品成熟化、定型化,异地复制,没有在"产品标准化"基础上深入开发的能力,就又会重蹈我国 60 年代工业化住宅的覆辙。"千人一面"、"缺乏个性化"等负面评价仍会不绝于耳。因此笔者认为从提高工业化住宅性能的技术角度进行研发更具核心价值,有利于工业化住宅的良性发展。

在设计方法方面,以万科为首的一些工业化住宅开发企业,主要采用以"户"为定型单位的定型单元组合法(例如万科新里程项目)。方法上较为单一,与传统工法的住宅设计方法相似。实际上,以"定型"为设计思路的"基本间"定型法、"结构单元块"定型法或"构件"定型法(例如上海瑞安创智天地项目)也可尝试采用。[②] 而以"开放"为设计思路的方法,近年由于日本 SI 住宅方法的普及,日益引起人们的兴趣。例如 2009 年 5 月济南市住宅产业化发展中心自主研发了 CSI(中国的支撑体住宅)住宅部品体系,并已申请相关专利十几项[③]。笔者认为这种"开放住宅(Open

---

① "Living Steel"钢结构住宅设计竞赛,旨在促进钢结构住宅设计的创新,于 2005 年 2 月成立。竞赛资助款项是由一批世界领先的钢厂提供,并将获奖方案予以实施。竞赛给建筑师们提供了在建造广大居民消费得起的住房过程中发挥其创造性的机会。

② 详见第六章 工业化住宅设计的历史向度,4. 设计方法:从定型单元到开放构造设计。

③ 王爽. 自主研发 CSI 住宅体系[EB/OL].(文章摘编自:济南日报).http://www.chinahouse.gov.cn/news/hqjj/200961213759.htm, 2009 年 6 月。

House)"设计方法更符合当前对环境和可持续发展提倡的新认识——过程化的建筑学(an architecture of process)。当设计深度达到"开放的构造界面"后,与先进的制造业技术结合,工业化住宅的设计将真正步入标准化与通用化、个性化的全面实现阶段。因此工业化住宅设计师一方面要从设计理念上学习和运用开放建筑理论,另一方面在设计手段上还要努力掌握BIM软件的使用。

2. 工业化住宅设计人才核心能力的培养

在工业化住宅的并行设计[①]流程中,致力于住宅工业化的新一代住宅建筑设计师成为一个技术整合者,除了与传统住宅建筑设计师一样,完成基于市场和客户需求的产品功能和外观设计的任务。还要了解产品设计到工艺设计转换的技术问题以及部品构件生产完成,根据安装工艺流程进行现场安装的技术。以及通过系统集成控制最终住宅产品的外观和性能的整个过程。

因此工业化住宅设计研发人才必须具备的核心技术能力除了对客户和市场需求的把握能力,据此来完成住宅的产品设计的能力外,还要具备将产品方案拆分成工厂化住宅部品与构件的工艺设计能力,掌握其拆分与组合的连接节点构造,据此来形成企业自己的专利技术和专利产品的能力。

尽管在工业化住宅的设计中,建筑师要掌握的新知识太多,不可能样样精通,但概念理解非常重要,否则无法在住宅设计的前期构思时提出具有大规模生产可能性的建议,也难以与其他专业人员,尤其是住宅构件制造商的人员沟通。因此还要具备将住宅看成一个整体,将各级系统整合的集成能力,以实现住宅的优良性能。

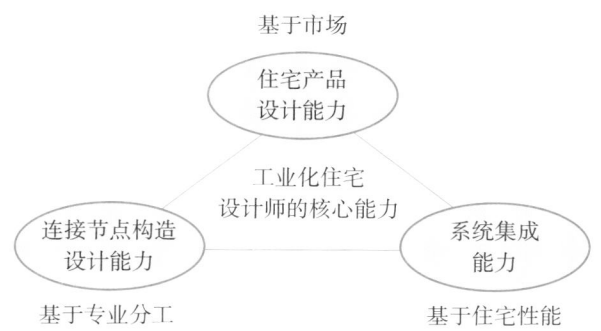

图7-19　工业化住宅设计师的核心能力示意图

---

① 详见第六章　工业化住宅设计的历史向度,5.设计趋势:先进技术与可持续发展目标的整合,5.4.3. 面向先进制造业的工业化住宅系统流程。

实际上在整个产业链上,除了在科研、设计、部品生产领域,在开发、施工、管理领域都需要既有专业特长,又具备技术整合能力,并能参与组织管理的复合型人才。因此建立培养这类专业人才的机构和机制是发展我国住宅工业化的当务之急。

7.7　本章小结

本章参照各国住宅工业化发展的历史经验,立足于我国国情和住宅工业化发展现状,试图为我国住宅工业化的发展提出一些建议和对策。

总结本章内容,可以得出以下结论:

(1)从发达国家住宅工业化的发展历程来看,大多经历了从数量到质量再到可持续发展的三个阶段。我国住宅建设总量仍在增长,随着住宅需求的转折和住宅生产方式进入变革,工业化住宅的价值得以凸显。因此我国住宅工业化应实现"三步并举"跨越式的发展目标。

(2)从"工业化"语境下,各国住宅内涵对比来看,基于我国土地公有、住宅供给渠道单一、城市居民居住形式以高层或多层集合式住宅为主、国家大力度发展面向中低收入阶层的保障性住宅的条件下,保障性住宅是我国住宅工业化的发展重点。

(3)从各国住宅工业化发展的驱动模式分析来看,有政府主导、企业主导和政府与企业驱动结合的三种方式。目前我国住宅产业集团正在兴起,成为我国住宅工业化的发展主体,应建立以政府为主导、企业为主体发展模式。

(4)在我国发展住宅工业化必须结合基本国情。一方面住宅工业化发展程度仍处于较低水平,还未摆脱粗放型生产方式,另一方面我国劳动力价格优势短期依然存在,对住宅工业化的驱动有限。因此盲目追求住宅工厂化程度,赶超发达国家水平是不现实也是不经济的。

最后对工业化住宅设计能力的提升提出三个建议:住宅模数协调制度的完善和推广、住宅工业化技术方案竞赛制度的建立以及工业化住宅设计方法的探索和人才的培养。

第**8**章
结论、创新点与展望

8.1 结 论

　　总结全书,可以得出如下结论:

　　住宅工业化是指用工业大规模生产的方式生产住宅建筑产品。包括住宅构件的标准化;住宅生产过程各阶段的集成化;机械化的生产和施工方式;住宅生产过程的连续性;工程的高度组织化以及与住宅工业化相关的研究和实验。工业化住宅是基于社会生产方式(工业化社会)提出的概念,以全部或部分采用工厂制造的构件建造住宅为主要特征。工业化住宅以实现可批量生产,易于建造,提供可负担的住宅为最终目标。

　　当代住宅工业化的发展是其历史的延续、活化和生成,呈现出清晰的发展脉络。整个住宅工业化的发展历程可分为4个阶段:以"将工业模式带入住宅"为特征的20世纪20至30年代、以"激进试验与大量建造的两极"为特征的20世纪40至60年代、以"向多样化与开放性转型"为特征的20世纪70至80年代、以"可持续发展目标下的部品体系化"为特征的20世纪90年代至21世纪。第二次世界大战后发达国家住宅工业化的发展历程,大多经历了从"数量"到"质量"再到"可持续发展"的三个阶段。从各国住宅工业化发展的驱动模式分析来看,有政府主导、企业主导和政府与企业驱动结合的三种方式。

　　工业化住宅则是现代主义建筑思想在居住建筑中的具体表现。工业化住宅多方面的特征:平等空间和标准住宅、理性居住与最小化生存、系统架构与可变单元、技术至上与居住机器、移动和生长的住所都根源于现代主义建筑思想,并随着现代主义建筑内涵的扩展和工业化技术的进步而不断发展。

　　住宅工业化属于整个人类社会工业化进程的一部分,发展程度与社会生产水平直接相关,因此工业化住宅的设计特征演变的深层驱动因素是社会生产方式的变化,体现为:前工业化时代的自发性设计→工业化时代的标准化设计(以福特模式为代表）→后工业化时代的可变性设计（以丰田模式为代表）→工业化后时代的量产定制化和虚拟设计（以温特尔模式为代表）。在设计方法上，呈现出逐渐由"定型"设计转向"开放"设计的趋势，系统逐渐由封闭走向开放。在如今使用者参与及弹性使用的要求下，开放式界面的构造设计成为新的课题。

今天全球可持续发展的主题则成为工业化住宅持续发展的最大推动力。工业化住宅体现出先进技术与可持续发展目标整合的设计趋势。包括以下几个方面：通过以建筑信息模型 BIM 为基础的虚拟设计和虚拟施工解决方案，实现对住宅全生命周期的精确控制；轻质结构与新型建材的开发和应用，拓展了工业化住宅建材和结构的可能性；制造业与工业化住宅的深度结合和对制造业先进理念的借鉴，面向先进制造业的工业化住宅系统流程为设计与制造搭建桥梁；可持续发展要求下的整体设计策略与并行设计系统。最终，这种多向整合的住宅将远远超越"工业化住宅"的原始定义，成为未来人们的理想居所。

我国目前住宅工业化发展程度仍处于较低水平，还未摆脱粗放型生产方式；而劳动力价格优势短期依然存在，对住宅工业化的驱动有限；目前新兴的住宅产业集团成为我国住宅工业化的发展主体。参照各国住宅工业化发展的历史经验和我国住宅工业化发展现状，笔者建议我国应建立以政府为主导、企业为主体发展模式，努力实现"三步并举"跨越式的发展目标，并应将保障性住宅建设视为其发展重点。最后通过住宅模数协调制度的完善和推广、住宅工业化技术方案竞赛制度的建立以及工业化住宅设计方法的探索和人才的培养进一步提升工业化住宅的设计能力。

8.2　本书创新点

本书的创新点主要有以下几个方面：

（1）住宅工业化概念体系的建立

本书视住宅工业化为社会工业化进程的一部分，首次将相关概念逐一界定，建立了清晰的概念体系，并对工业化住宅的范畴进行界定。住宅工业化概念体系的建立对该领域研究的学术争论，提供了前提和一致的基础。

（2）从整体上认识住宅工业化思想的发展

以解释性历史研究为方法论，注重对住宅工业化思想发展的相关背景知识的全面了解，将其作为一个整体去认识。首先，挖掘出大量被忽略的史实，追溯住宅工业化的源流，展现工业化住宅多形态、多元化发展的历史画卷，为该问题研究提供新证据；其次，对已有的历史材料做出新的解释。这包括一些工业化住宅的原型在不同时期表现形式的呈现,以及个体建筑师的思想和实践案例的解读;最后,第一次用书面文字的形式把当代住宅工业化发展的新信息记录下来,发现该研究领域的新动态。

本书还首次将我国住宅工业化的发展历程整合进世界住宅工业化的视野中,进行横向和纵向比对,有助于认清我国20世纪六七十年代住宅工业化的历史价值和失败原因,并对当今我国住宅工业化的发展有所启示。

(3)在前人研究的基础上,扩展住宅工业化的研究层面

本书提出产业经济学的新视角,将住宅工业化的发展驱动力归因于社会变革的巨大影响(如产业革命、一二次世界大战后的住宅短缺)和社会生产方式的演变。从概念辨析入手、探索在工业化社会前后,社会生产方式与工业化住宅的关系,将住宅工业化的发展置于社会大生产的语境下,扩展了该课题的研究的广度。此外,本书将可持续发展要求、先进制造业、虚拟制造等前沿课题整合进工业化住宅课题的讨论范围。最后对未来住宅工业化的发展趋势进行前瞻。

(4)对住宅工业化理论的深入探讨

本书将住宅工业化视为现代主义建筑思潮在住宅设计中一种反应。本书对两者进行了相关性研究,试图为住宅工业化思想建立清晰的理论谱系。这有助于我们在哲学和建筑学理论坐标中,对住宅工业化思想有个清晰的定位,也有助于我们构建开放的理论视野,在住宅工业化理论上进行自主创新。

(5)对工业化住宅的设计方法的总结与发展

本书将多种既有的工业化住宅设计方法进行总结和梳理,并对设计的关键问题——模数化和模数协调进行深入研究,最后总结出设计方法由封闭到开放的发展趋势,提出工业化住宅设计方法的新思路——开放的构造界面。

(6)提出指导实践的研究结果

基于住宅工业化发展脉络的研究,立足于我国国情和住宅工业化发展现状,为我国住宅工业化的发展提出建议和对策。

8.3 研究展望

住宅工业化作为住宅建设领域里前所未有的巨大变革,将彻底改变住宅产业的面貌,对相关行业和整个国民经济将产生深远的影响。今日世界住宅工业化的发展日新月异,而我国的研究基础还十分薄弱,住宅工业化的实现还有很长的路要走。由于作者本身学养与认识能力的不足,及手头资料所限,本书中还有许多理论与实践问题需要后续研究加以补充、完善。

（1）由于科研条件的局限，本书将研究范围界定于历史和方法论的讨论。与理论结合的设计实践是下一步要展开的研究工作。许多内容尚难进行深入细致的讨论，有待与相关企业进行合作研究，在实践中检验课题的研究结论。

（2）以建筑信息模型BIM为基础的虚拟设计和建造技术属于住宅工业化研究的前沿课题，这是解决工业化住宅标准化与多样化矛盾，实现从"住宅设计"到"住宅生产"的跨越的关键技术。但目前在我国还处于概念认知的阶段。国外先进设计和施工软件的引进和掌握是下一步要研究的内容。

（3）由于建筑学专业领域所限，作者对经济学、先进制造业理论和现代管理理论的探索难免肤浅。但是面对工业化住宅与制造业紧密结合的趋势，必须跳出建筑学的思维定式，真正理解住宅工业化的深刻内涵。

实际上，住宅工业化设计的研究课题博大精深，"住宅工业化思想的发展脉络研究"只是一个研究的新起点，更为深入全面、更具指导意义和实用价值的研究与应用工作有待今后开展。

参考文献

1. 中文著作

中文著作：

[1] A.查里茨曼.现阶段住宅建筑中建筑师的任务（苏联第二次建筑师代表大会文件集）[M].城市建设部办公厅专家工作科，译.北京：城市建设出版社，1956.

[2] 艾迪生·维斯理·朗文出版公司词典部.朗文当代高级英语词典（LONGMAN DICTIONARY OF CONTEMPORARY ENGLISH）[M].朱元，等译.北京：商务印书馆，2000.

[3] 艾维·福雷德曼.适应型住宅[M].赵辰，黄倩，译.南京：江苏科技出版社，2004.

[4] B.B.加连柯夫.住宅标准设计的编制方法问题[M].城市建设出版社，译.北京：城市建设出版社，1957.

[5] 鲍家声，倪波.支撑体住宅[M].南京：江苏科学出版社，1988.4.

[6] 保罗·鲁道夫.保罗·鲁道夫专辑[M].荣茂编辑部，译.台北：荣茂图书有限公司，1982.

[7] 波普.实验性住宅（Experimental House）[M].张亚池，等译.北京：中国轻工业出版社，2002.

[8] 陈光庭.国外城市住房问题研究[M].北京：科学技术出版社，1991.

[9] 戴伯勋，沈宏达.现代产业经济学[M].北京：经济管理出版社，2001.

[10] 大卫M.安德森B.约瑟夫·派恩二世.21世纪企业竞争前沿：大规模定制模式下的敏捷产品开发[M].北京：机械工业出版社，1999.

[11] 丁成章.工厂化制造住宅与住宅产业化[M].北京：机械工业出版社，2004.

[12] 丹尼尔·贝尔.后工业社会的来临[M].高铦，等译.北京：新华出版社，1997.

[13] 董悦仲，等.中外住宅产业对比[M].北京：中国建工出版社，2005.

[14] 范金.应用产业经济学[M].北京：经济管理出版社，2004.

[15] 龚唯平.工业化范畴论——对马克思工业化理论的系统研究[M].北京：经济管理出版社，2001.

[16] 胡世德.北京住宅建筑工业化的发展与展望[M].北京：北京中国建筑中心科技信息研

究所,1993.

［17］贾倍思.长效住宅：现代住宅建筑新思维［M］.南京：东南大学出版社,1993.

［18］贾倍思,王微琼.居住空间适应性设计［M］.南京：东南大学出版社,1998.

［19］井出建、元仓真琴.国外建筑设计详图图集.12：集合住宅［M］.卢春生,译.北京：建筑工业出版社,2004.

［20］建设部住宅产业化促进中心.中国住宅工程质量：现状剖析·国际借鉴·未来对策［M］.北京：中国建工出版社,2007.

［21］肯尼斯·弗兰姆普敦.现代建筑：一部批判的历史［M］.张钦楠,等译.北京：生活·读书·新知三联书店,2004.

［22］肯尼斯·弗兰姆普顿.建构文化研究：论19世纪和20世纪建筑中的建造诗学［M］.王骏阳,译.北京：中国建筑工业出版社,2007.

［23］L.本奈沃洛.西方现代建筑史［M］.邹德侬,等译.天津：天津科学技术出版社,1996.

［24］理查德·韦斯顿.20世纪住宅建筑［M］.孙红英,译.大连：大连理工出版社,2003.

［25］琳达·格鲁特,大卫·王.建筑学研究方法［M］.王晓楠,译.北京：机械工业出版社,2005.

［26］吕俊华,彼得·罗,张杰.中国现代城市住宅：1840—2000［M］.北京：清华大学出版社,2003.

［27］勒内·莫特罗.张拉整体：未来的结构体系［M］.薛素铎,刘迎春,译.北京：中国建筑工业出版社,2007.

［28］伦纳德·R.贝奇曼.整合建筑：建筑学的系统要素［M］.梁多林,译.北京：机械工业出版社,2005.

［29］法国工业化住宅的设计与实践［M］.娄述渝,林夏,编译.北京：中国建工出版社,1986.

［30］李忠富.住宅产业化论：住宅产业化的经济、技术与管理［M］.北京：科学出版社,2003.

［31］李振宇.城市·住宅·城市：柏林与上海住宅建筑发展比较［M］.南京：东南大学出版社,2004.

［32］李振宇,邓丰,刘智伟.柏林住宅：从IBA到新世纪［M］.北京：电力出版社,2007.

［33］M.B.勃索欣.住宅及公用建筑物在工业化大量修建条件下的建筑艺术问题［M］.徐日圭,费世琪,译.建筑工程出版社,1955.

［34］B.E.科列里科夫.2—5层住宅标准设计［M］.马嗣昭,译.北京：建筑工业出版社,1956.

［35］尼古拉斯·佩夫斯纳,J.M.理查兹,丹尼斯·夏普.反理性主义者与理性主义者［M］.邓敬,等译.北京：中国建工出版社,2003.

［36］П.Н.布罗欣报告人.全苏建筑工作人员会议文件：论在大量住宅建设中的住宅、单元和住户的型式［M］.王凤琴,钱辉煊,译.北京：建筑工程出版社,1955.

［37］派恩.大规模定制：企业竞争的新前沿［M］.操云甫,等译.人民大学出版社,2000.

［38］祁国宁.大批量定制技术及其应用［M］.北京：机械工业出版社,2003.

［39］清家刚,秋元孝之.可持续性住宅建设［M］.陈滨,译.北京：机械工业出版社,2005.

［40］日本建筑学会.建筑设计资料集成：居住篇［M］.重庆大学建筑城规学院,译.天津：天津大学出版社,2006.

［41］日本建筑学会.新版简明住宅设计资料集成［M］.滕征本,等译.北京：中国建工出版

社,2003.

[42] 日本住宅开发项目(HJ)课题组.松树秀一,田边新一.21世纪型住宅模式[M].北京:机械工业出版社,2006.

[43] 瑞典建筑研究联合会.斯文·蒂伯尔伊.瑞典住宅研究与设计[M].张珑,等译.北京:中国建筑工业出版社,1993.

[44] Reyner Banham.近代建筑概论(Guide to Modern Architecture)[M].王纪鲲,译.台北:台隆书店,1972.

[45] R.纳贾拉简.建筑标准化[M].苏锡田,译.北京:技术标准出版社,1982.

[46] 松村秀一.住区再生[M].范悦,刘彤彤,译.北京:机械工业出版社,2008.

[47] 三泽千代治著.2050年的理想住宅[M].朱元曾,等译.北京:中国电影出版社,2004.

[48] 童寯.近百年西方建筑史[M].南京:南京工学院出版社,1986.

[49] 托·施米德,等.体系建筑[M].陈琬,译.北京:中国建筑工业出版社,1980.

[50] 魏光吕.日本当代建筑(1958—1984)[M].台北:詹氏书局,1987.

[51] 王海军.延迟制造:大量定制的解决方案/华中科技大学管理学博士文库[M].武汉:华中科技大学出版社,2006.

[52] 王纪鲲.现代建筑——WEISSENHOF住宅社区[M].北京:博远出版有限公司,1989.

[53] 吴焕加.20世纪西方建筑史[M].河南:河南科学技术出版社,1998.

[54] 谢伏瞻等.住宅产业:发展战略与对策[M].北京:中国发展出版社,2000.

[55] 谢芝馨.工业化住宅系统工程[M].北京:中国建材工业出版社,2003.

[56] 约翰.W.克雷斯威尔.研究设计与写作指导:定型、定量与混合研究的路径[M].崔延强,译.重庆:重庆大学出版社,2007.

[57] 赵国鸿.论中国新型工业化道路[M].北京:人民出版社,2005.

[58] 中华人民共和国国家统计局.中国统计年鉴(2007)[M].北京:中国统计出版社,2007.

[59] 詹可生.住宅建筑优化设计[M].上海:上海科学技术出版社,1984.

[60] 周静敏.世界集合住宅:新住宅设计[M].北京:中国建工出版社,1999.

[61] 周静敏.世界集合住宅:都市型住宅设计[M].北京:中国建工出版社,2001.

[62] 周金祥.建筑标准设计.中国建筑年鉴(1984—1985)[M].北京:中国建筑工业出版社,1985.

[63] 郑时龄等.黑川纪章[M].北京:中国建筑工业出版社,1997.

[64] 朱文俊.居住品质与住宅功能[M].哈尔滨:黑龙江科技出版社,2003.

[65] 内田祥哉.建筑工业化通用体系[M].姚国华,吴家骝,译.上海:上海科学技术出版社,1983.

中文期刊:

[66] Avi Friedman.经济型小开间连排式住宅社区——城市膨胀后的另类选择[J].王焱,译.规划师,2001,3(17):68—72.

[67] 陈登鳌.试论工业化住宅的建筑创作问题:探索住宅建筑工业化与多样化的设计途径[J].建筑学报,1979,02:6—11.

［68］陈峰.砖混住宅标准化与多样化探讨［J］.黑龙江科技信息,2002,4: 82–82.

［69］曹凤鸣."TS"体系:灵活可变的居住空间［J］.建筑学报,1993,3: 14–17.

［70］曹麟.论预制混凝土墙板技术在当前的发展［J］.住区,2007,8(26): 51.

［71］蔡勇.整体秩序与群化思维——结构主义建筑观的启示［J/OL］.新建筑,1999(16): 38–40.

［72］楚先锋.日本KSI住宅［J］.住区,2007,8(26): 40–49.

［73］楚先锋.中国住宅产业化路在何方?［J］.住区,2007,8(26): 22–27.

［74］楚先锋.国内外工业化住宅的发展历程(之一)［J］.住区,2008,5.

［75］楚先锋.国内外工业化住宅的发展历程(之二)［J］.住区,2008,6: 100–105.

［76］楚先锋.国内外工业化住宅的发展历程(之三)［J］.住区,2009,1: 82–87.

［77］程友玲.英国工业化住宅建设——从"国际式"风格到多元化［J］.世界建筑,1989(06): 21–24.

［78］陈振基,吴超鹏,黄汝安.香港建筑工业化进程简述［J］.墙材革新与建筑节能,2006,5: 54–56.

［79］窦以德.工业化住宅设计方法分析［J］.建筑学报,1982,9: 57–61.

［80］方海.芬兰建筑的两极:阿尔托、布隆姆斯达特及其建筑学流派［J］.建筑师,2005,4(114): 44–55.

［81］冯江,苏畅.主题,在技术之外:伦佐·皮亚诺的设计活动和设计观分析［J］.华中建筑,2000,18(2): 23–24.

［82］范悦.PCa住宅工业化在欧洲的发展［J］.住区,2007,26(8): 32–35.

［83］范悦,程勇.可持续开放住宅的过去和现在［J］.建筑师,2008,6: 90–94.

［84］胡博闻.像制造汽车一样造房子:武汉万科城市花园标准化项目探索［J］.住区,2007,8: 60–65.

［85］胡惠琴.集合住宅的理论探索［J］.建筑学报,2004,10: 12–17.

［86］侯丽.社会主义、计划经济与现代主义城市乌托邦:对20世纪上半叶苏联的建筑与城市规划历史的反思［J］.城市规划学刊,2008(1): 106–114.

［87］黄泽雄."未来"型房屋(1968年)［J］.国外塑料,2004(12): 78.

［88］建筑科学研究院工业与民用建筑研究室.住宅建筑结构发展趋势［J］.建筑学报,1960(1): 32–35.

［89］开彦.中国住宅标准化历程与展望［J］.中华建设,2007.6: 22–24.

［90］陆仓贤.西德"新家乡"住宅建筑体系［J］.世界建筑,1980(2): 7.

［91］李杰.万科PC技术实验路——上海新里程PC项目探索［J］.住区,2007.8: 54–59.

［92］林家彬,刘毅.我国土地制度的特征及其对住宅市场的影响［J］.中国发展观察,2007(7): 16.

［93］李恒,郭红领,黄霆等.住宅工业化成功的关键因素［J］.住区,2007.8: 28–31.

［94］刘明惠.热带屋与意料中的惊奇［J］.典藏·今艺术,2006.1.

［95］李德耀.苏联工业化定型住宅的设计方法［J］.世界建筑,1982.3: 62–66.

［96］李耀培.扩大模数及其网格在工业化住宅设计中的应用［J］.建筑学报,1982.8: 39–44.

［97］鲁志强.技术及其产业化[J].新材料产业,2002,1:6.

［98］难波和彦.21世纪的"工学技师美学"[J].建筑与文化,2007(5):99.

［99］奥利·培卡·约凯拉,彭蒂·卡尤加,邹欢.赫尔辛基"纳里奥基尔"居住区,芬兰[J].世界建筑,1997,4:43.

［100］松村秀一.适于长久居住和高舒适度的部品化体系[J].住区,2007,8:37.

［101］单皓,岳子清.支撑体在高层住宅设计中的应用与实践[J].建筑学报,2004,4:14-16.

［102］宋昆,赵劲松.英雄主义归去来[J].建筑师,2004,6:76-78.

［103］孙家广,竺士敏.KAD——一个基于知识的住宅方案计算机辅助设计系统[J].计算机学报,1991,6:460-471.

［104］石永利.用工业化技术生产经济适用住宅——99TS住宅体系简介[J].建筑学报,2000,7:33-35.

［105］孙志坚.住宅部件化发展与住宅设计[J].工业建筑,2007,37(9):45-47.

［106］孙志坚.住宅设计的多样化对应手法——日本从住宅标准设计到支撑体住宅[J].工业建筑,2007,37(9):48-50.

［107］Thomas Bock.轻质结构与体系[J].建筑细部(DETAIL):轻质结构与体系,2006,12:768-776.

［108］王春雨,宋昆.格罗皮乌斯与工业化住宅[J].河北建筑科技学院学报,2005,6,22(2):20-23.

［109］魏永生.东德工业化住宅建筑的多样化[J].住宅科技,1982,7:13-14.

［110］徐勤.工业化住宅建筑参数几个问题的探讨[J].哈尔滨建筑工程学院学报,1982,4:68-80.

［111］佚名.丹麦住宅建筑工业化的特点[J].中国建设信息,1998,36:42.

［112］佚名.美国住宅建设工业化的特点[J].中国建设信息,1998,36:38.

［113］佚名.法国住宅工业化的发展[J].中国建设信息,1998,35:72-73.

［114］佚名.哥本哈根屋顶上的新式住宅工程[J].建筑细部(DETAIL):多层住宅,2006,8:559.

［115］于强.箱居——日本现代住宅新理念[J].中外建筑,2002,4:40-41.

［116］叶耀先.丹麦小城镇工业化住宅[J].小城镇建设,2000(1):86.

［117］住房和城乡建设部住宅产业化促进中心.住宅产业[J].2005-2008.

［118］周超.工业化构件的设计转换思维:埃姆斯住宅和普鲁威住宅的启示[J].新建筑,2007,5:107-111.

［119］张菁,刘颖曦.战后日本集合住宅的发展[J].新建筑,天津大学建筑学院,2001,2:47-49.

［120］《住区》.工业化住宅:高质量的量产住宅:访万科建筑技术总监伏见文明先生[J].住区,2007,8:66-69.

［121］张守仪.SAR的理论与方法[J].建筑期刊,1981,6:1-10.

中文学位论文:

［122］陈宏伟.计算机集成制造系统在住宅产业化领域的应用研究[D].武汉:武汉理工大

学建筑系,2006.

[123] 程勇.探索开放住宅理论在我国住宅设计的应用发展[D].大连:大连理工大学建筑系,2008.

[124] 高颖.住宅产业化——住宅部品体系集成化技术及策略研究[D].上海:同济大学建筑系,2006.

[125] 龚娅.住宅产业化进程中的住宅适应性研究[D].上海:同济大学建筑系,2005.

[126] 胡沈健.住宅装修产业化模式研究[D].上海:同济大学建筑系,2006.

[127] 胡向磊.中国经济发达地区的住宅产业化探索:基于轻钢板住宅体系适用技术初步研究[D].上海:同济大学建筑系,2004.

[128] 林丽珠.开放式界面之建筑构造理论[D].台湾:国立成工大学建筑研究所,2003.

[129] 刘名瑞.我国集成住宅发展和生产模式初探[D].北京:清华大学建筑系,2005.

[130] 王庭文.住宅产业大规模定制生产管理模式研究[D].武汉:武汉理工大学建筑系,2007.

[131] 肖中岭.制造模式对住宅立面影响初探[D].南京:东南大学建筑系,2007.

[132] 于春刚.住宅产业化:钢结构住宅维护体系及发展策略研究[D].上海:同济大学建筑系,2006.

[133] 杨尚平.上海万科基于"工业化住宅"的核心能力战略研究[D].上海:复旦大学管理学院,2008.

中文会议报告与企业资料:

[134] 李皇良.集合住宅外墙构法设计——以开放建筑理论为操作手法[Z].台湾朝阳科技大学建筑及都市设计研究所专题研讨,2007.

[135] 2007住宅可持续发展与集成化模数化研讨会资料汇编[Z].2007.

[136] 2008省地节能环保型住宅国家康居示范工程技术创新大会资料汇编[Z].2008.

[137] 海尔家居.海尔家具集成装修外包服务手册[Z].2008.

[138] 宁波方太厨具有限公司.方太完全集成厨房[Z].2007.

[139] 万科集团工程部.万科工业化推进模式研究报告[R].2007.7.

中文网络资源:

[140] 楚先锋的BOLG.[EB/OL].http://blog.sina.com.cn/chuxfcoco.

[141] 丁成章.住宅产业化概念绝非日本人首创[EB/OL].新浪房产.http://sz.house.sina.com.cn/sznews/2005-05-12/1295051.html,2005-05-10.

[142] 建筑实验室:法国中央地区当代艺术基金会建筑收藏展(Archilab: Collection du FRAC Centre)[EB/OL].www.frac-centre.asso.fr,2008-08.

[143] 聂梅生.实现住宅产业集团化与信息化[EB/OL].来源:《中国建设报》.国务院发展研究中心.http://drcnet.com.cn/DRCNet.Common.Web/,2000-12-4.

[144] 王廷熙.BIM——建筑业的信息革命(来源:中华建筑报)[EB/OL].建筑时空网.http://www.buildcc.com/index.php/viewnews-424612,2008-11-24.

［145］香港房屋委员会及房屋署.http://www.housingauthority.gov.hk/, 2009-2-4.

［146］住房和城乡建设部住宅产业化促进中心.中国住宅产业网.http://www.chinahouse.gov.cn.

中文标准与规范：

［147］GBJ 2-86,建筑模数协调统一标准［S］.

［148］GB 11228-1989,住宅厨房及其家具设备的协调尺寸（Co-ordinating sizes of kitchen in dwellings with furniture and equipment）［S］.

［149］GB/T 11977-1989,住宅卫生间功能和尺寸系列（Bathrooms in housing functions and series of dimensions）［S］.

［150］GB/T 50100-2001, 住宅建筑模数协调标准（Standard for modular coordination of Residential buildings）［S］.

［151］JG/T 219-2007,住宅厨房家具及厨房设备模数系列［S］.

［152］JGJ 1-1991,装配式大板居住建筑设计和施工规程（Specification for design and construction of fabricated board civil building structures）［S］.

［153］GB 50368-2005,住宅建筑规范（Residential building code）［S］.

［154］JG/T 183-2006,住宅整体卫浴间（Bathroom unit for housing）［S］.

［155］JG/T 184-2006,住宅整体厨房（Kitchen unit for housing）［S］.

［156］《住宅建筑模数协调标准》审查会议资料汇编（二）（1）国际ISO建筑模数协调标准（选编）;（2）日本JIS建筑模数协调标准（选编）［M］.北京：中国建筑技术研究院,1999.12.

［157］《住宅建筑模数协调标准》审查会议资料汇编（三）日本JIS建筑模数协调标准（1999年3月根据国际JIS标准修订）［M］.北京：中国建筑技术研究院,2000.5.

2. 外文文献

外文著作和期刊：

［1］Albern W F, Morris M D. Factory constructed housing developments: planning, design, and construction［M］. CRC Press, 1997.

［2］Arieff A, Burkhart B. Prefab［M］. Gibbs Smith Publishers, 2002.

［3］Barbara Miller Lane. Housing and Dwelling: Perspectives on Modern Domestic *Architecture*［M］. Routledge, 2006.

［4］Bergdoll B. Home Delivery: Fabricating the Modern Dwelling［M］. Birkhäuser Basel, 2008.

［5］Vale B. Prefabs: The history of the UK Temporary Housing Programme［M］. Routledge, 1995.

［6］Grubb C A, Phares M I. Industrialization: New Concept for Housing［M］. Praeger Publishers Inc., 1972.

［7］Carlson D O. Automation in housing & systems building news. illustrated/commercial dictionary of industrialized/manufactured housing［M］. Carpinteria, CA: Automation in Housing & Systems Building News Magazine, 1981.

［8］ Cutler L S, Cutler S S. Handbook of housing systems for designers and developers［M］. New York: Van Nostrand Reinhold Co, 1974.

［9］ David J. Brown. The HOME House Project: The Future of Affordable Housing［M］. The MIT Press, 2005.

［10］ E.J. Morris. Precast Concrete in Architecture［M］. George Godwin Limited, 1978.

［11］ Gallent, Nick, Tewdwr-Jones, Mark. Decent homes for all: planning's evolving role in housing provision［M］. London: Routledge, 2007.

［12］ James Grayson Trulove, Ray Cha. PreFab Now［M］.Collins Design, 2007.

［13］ Jill Herbers. Prefab Modern［M］.Collins Design, 2006.

［14］ Joseph Chuen-huei Huang. Participatory Design for Prefab House: Using Internet and Query Approach of Customizing Prefabricated Houses［M］. VDM Verlag. 2008.

［15］ Ko Ching Shih. American Housing: A MacRo View (Hardcover)［M］. Taiwan: K.C. Shih, 1990.

［16］ Koos Bosma, Dorine van Hoogstraten, Martijn Vos. Housing for the Millions — John Habraken and the SAR (1960–2000)［M］. NAi Publishers.

［17］ Lawson J M. Critical realism and housing research［M］. London: Routledge, 2006.

［18］ Anderson M. Prefab Prototypes: Site-Specific Design for Offsite Construction［M］. Princeton Architectural Press, 2006.

［19］ Martin Nicholas Kunz. Best Designed Modular Houses［M］. Birkhauser, 2005.

［20］ Buchanan M. PreFab Home［M］. Gibbs Smith, 2004.

［21］ Pizzi E. Renzo Piano［M］. Basel: Birkhäuser, 2003.

［22］ de Alba R. Paul Rudolph: the Late Work［M］. Newyork: Princeton Architectural Press, 2003.

［23］ Davis S. The Architecture of Affordable Housing［M］. University of California Press, June 25, 1995.

［24］ Schneider T, Till J. Flexible housing［M］. Architectural Press, 2007.

［25］ Koones S. Prefabulous: The House of Your Dreams Delivered Fresh from the Factory［M］. Taunton, 2007.

［26］ Kieran S, Timberlake J. Refabricating Architecture: How Manufacturing Methodologies are Poised to Transform Building Construction［M］. McGraw-Hill Professional, 2003.

［27］ W. Boesiger. Le Corbusier［M］. Zürich: Verlag für Architektur (Artemis), 1995.

［28］ 二川幸夫.素材空间02［M］. Tokyo: A.D.A. EDITA Tokyo Co., Ltd, 2001.

［29］ 難波和彦.「箱」の構築［M］.東京都: TOTO出版, 2001.

［30］ 松村秀一.工業化住宅・考—シリーズ・プロのノウハウ［M］,学芸出版社, 1987.

［31］ 松村秀一.「住宅」という考え方—20世紀的住宅の系譜［M］,東京大学出版会, 1999.

［32］ Bizley G. One Coleman Street, City of London［J］. In detail, 2008.

［33］ PARK J-H. An Integral Approach to Design Strategies and Construction Systems R.M. Schindler's "Schindler Shelters"［J］. Journal of Architectural Education. 2006, 58(2):

29—38.

外文网络资源：

［34］Almere Monitor. an Open Building/Lean Construction study［EB/OL］. http://www. agilearchitecture.com/AApages/AlmereMonitor.html, 2008/11/12.

［35］Arch Daily. http://www.archdaily.com.

［36］Archigram. http://archigram.net/projects_pages, 2008—8—14.

［37］ARQUEOLOGÍA DEL FUTURO［EB/OL］. http://arqueologiadelfuturo.blogspot.com, 2009—1—9.

［38］A short overview of steel framed houses. http://www.arch.mcgill.ca/prof/sijpkes/lecture-oct-2004/lecture-final-2004.html, 2009—2—2.

［39］bauhaus-dessau. http://www.bauhaus-dessau.de/.

［40］CIB* W104 Open Building Implementation. http://open-building.org/.

［41］Dassault Systems: DELMIA-PLM solutions. http://www.3ds.com/products/delmia.

［42］Flexiblehousing. http://www.afewthoughts.co.uk/flexiblehousing/index.php.

［43］Hermann Gruenwald. PRE-ENGINEERED BUILDING SYSTEMS［EB/OL］. THE UNIVERSITY OF OKLAHOMA-COLLEGE OF ARCHITECTURE, http://www.ou.edu/class/hgruenwald/teach/5970/5972l2.htm. 2008—6—8.

［44］Horden Cherry Lee and Haack+Höpfner. Home Delivery: Fabricating the Modern Dwelling ［EB/OL］. http://museumhours.blogspot.com/, 2008—8—13.

［45］Home Delivery: Fabricating the Modern Dwelling. http://www.momahomedelivery.org.

［46］Housingprototypes. http://housingprototypes.org/.

［47］HUD USER. http://www.huduser.org/.

［48］Inhabitat. http://www.inhabitat.com.

［49］Jonathan Ochshorn. Steel in 20th-Century Architecture［EB/OL］. http://people.cornell.edu/pages/jo24/writings steel-part4.html, 2009—2.

［50］Le musée Jean Prouvé (1901—1984)［EB/OL］. http://www.jeanprouve.com, 2008—8—6.

［51］levittowners. http://www.levittowners.com/building.htm, 2008—8—16.

［52］lustronconnection. http://www.lustronconnection.org, 2008—8—15.

［53］N. John Habraken. http://www.habraken.com.

［54］Nemausus Experimental Scheme-Nimes, France［EB/OL］. http://www.cse.polyu.edu.hk/~cecspoon/lwbt/Case_Studies/Nemausus/, 2008—11—22.

［55］Jean Nouvel. http://www.jeannouvel.com/english/preloader.html, 2008—11—24.

［56］Nemetschek Scia: Structural Engineering, construction software for steel-concrete design. http://www.scia-online.com/en/.

［57］Mobile home sweet what? Part 1［EB/OL］. affordablehousinginstitute.org/blogs/us/2006/..., 2006—5—1.

［58］NICOLAI OUROUSSOFF. Fixing Earth One Dome at a Time［EB/OL］. Design Review: Buckminster Fuller. http://www.nytimes.com/2008/07/04/arts/design/, 2008—8—6.

［59］ Open House International. http://www.openhouse-int.com/index.php.

［60］ Oriental Masonic Gardens, New Haven, CT, 1968－1971［EB/OL］. http://www.gsd. harvard.edu/studios/s97/burns/p_rudolph.html, 2008－09－15.

［61］ Prefab Home, Module Home-Prefabcosm. http://prefabcosm.com.

［62］ Ⅱ Rigo Quarter［EB/OL］. http://www.rpbw.com/, 2008－10－15.

［63］ Stanford University Libraries & Academic Information Resources Le Corbusier: Eyes which do not see［EB/OL］. Industrial Design History. industrially designed. blogspot. com/2008/03/le-..., 2008－3－13.

［64］ Tekla. http://www.Tekla.com.

［65］ The Kidder Smith Images Project. Oriental Masonic Gardens［EB/OL］. http://libraries.mit. edu/rvc/kidder/photos/CT_OMG1a.html, 2008－9－15.

［66］ Tropical House［EB/OL］. www.hammer.ucla.edu/exhibitions/95/work_444.htm., 2008－8.

［67］ Useful-agreeable-house［EB/OL］. http://www.usefulandagreeable.com/magazine_2. php?id=151&page=1, 2009－1－18.

［68］ Weberhaus. http://www.weberhaus.co.uk/.

［69］ WETO GROUP. http://www.weto-software.cn/.

［70］ Wikipedia. http://en.wikipedia.org.

［71］ Yona Friedman［EB/OL］. http://www.moma.org/collection/browse, 2008－12－04.

［72］ Daiwahouse. http://www.daiwahouse.co.jp/English/history/index.html, 2008－09－05.

［73］ 东京大学难波研究室.www.cocolabo.jp/08/laboratory/index.html, 2008－10－12.

［74］ 葛西潔建築設計事務所.http://www.h6.dion.ne.jp/~kkasai/top.html, 2008－11－20.

［75］ "建築" MUJI+INFILL 木 の 家 MUJIの "木 の 家"・SE工法［EB/OL］. http://d.hatena. ne.jp/udf/20041027, 2004－10－27.

［76］ MUJI+INFILL. http://www.kai-workshop.com/, 2008－10－12.

［77］ NEXT21の建築システム.http://www.osakagas.co.jp/rd/next21/b_system/b_system.htm, 2008－11－26.

［78］ 石 山 修 武 研 究 室.開 拓 者 の 家.http://ishiyama.arch.waseda.ac.jp/www/worksfile/ kaitakusha.html, 2008－11－13.

［79］ 松村・藤田研究室.http://www.buildcon.arch.t.u-tokyo.ac.jp/.

［80］ Toyotahome. http://www.toyotahome.co.jp/ownersplan/042/, 2008－08－14.

［81］ ＵＲ都市機構.http://www.ur-net.go.jp/.

［82］ 無印良品の家.http://www.muji.net/ie/.

［83］ プレハブ建築協会ホームページ (PREFAB CLUB). http://www.purekyo.or.jp/.

［84］ 家づくりネットホームページ.http://www.iezukuri-net.com/.